高等学校土建类专业“十四五”规划教材
“互联网+”创新型教材

地基与基础

（第2版）

主　审　武鲜花
主　编　张旭强
副主编　贾　超　武春燕　程　浩
参　编　申海洋　李显辉　魏嵩錡

武汉理工大学出版社
·武　汉·

内 容 简 介

本书包括绪论，土的物理性质及工程分类，地基土中应力，土的压缩性及地基变形计算，土的抗剪强度及地基承载力，工程地质勘察报告阅读，浅基础，桩基础，土压力、挡土墙及土坡稳定，基坑工程简介，地基处理，区域性地基，地基与基础的抗震问题等内容。

本书可作为高等学校土建类相关专业的专业基础课教材，也可作为工程技术人员的自学用书。

图书在版编目(CIP)数据

地基与基础 / 张旭强主编. -- 2 版. -- 武汉 ：武汉理工大学出版社，2024. 10. -- ISBN 978-7-5629-7267-9

Ⅰ. TU47

中国国家版本馆 CIP 数据核字第 20248Q7P78 号

项目负责人：戴皓华

责任编辑：戴皓华

责任校对：夏冬琴

版面设计：正风图文

出版发行：武汉理工大学出版社

地　　址：武汉市洪山区珞狮路 122 号

邮　　编：430070

网　　址：http://www.wutp.com.cn

经　　销：各地新华书店

印　　刷：武汉市籍缘印刷厂

开　　本：880×1230　1/16

印　　张：24.25

字　　数：786 千字

版　　次：2024 年 11 月第 2 版

印　　次：2024 年 11 月第 1 次印刷

定　　价：56.00 元

凡购本书，如有缺页、倒页、脱页等印装质量问题，请向出版社发行部调换。

本社购书热线：027-87391631　87523148　87165708(传真)

前　言

高等职业教育培养的是面向生产、建设、服务和管理所需的高层次技术技能人才，其课程体系及教学内容的制定，要与职业教育的人才培养目标相吻合。传统的理论教学已不能适应高等职业教育发展的需要，为达到培养高层次技术技能人才的目的，本书融入了实践环节的教学内容，采用了国家最新颁布的规范、标准，加强了专业知识的针对性、实用性，增加了有必要感性认识及实践性课程的比重，除了课堂讲授外，还有课程设计、土工试验、原位测试等实践环节，做到理论联系实际。

《地基与基础》(第 2 版)将党的二十大报告中的新观点、新论断融入教材，宣传贯彻党的二十大精神，推动党的理论创新最新成果进教材。用读者听得懂、学得会、用得上的方式方法，讲好讲活党的二十大精神。课程涉及的内容广泛，知识及技术信息量大，与其他课程的衔接关系密切。

鉴于上述情形，以培养土木建筑类高层次技术技能人才为目标，多方征求意见的同时，与同类教材内容进行了对比，在反复斟酌、分析研究和归纳总结下完成本书编写。本书的编写风格和架构主要体现在以下几方面：

1. 编排形式

编排形式上图文并茂。文字表述尽量做到简明扼要、条理分明。配有大量图表，力争做到形象直观，便于阅读、理解和掌握。力求篇幅简洁，避免冗长，最大限度减少读者阅读的疲劳感和枯燥性，尽可能提高学习效率和效果。例如在工程实践中常遇到的问题：挡土墙类型及构造、基坑支护类型及构造、地基处理方法等，在书中配置了大量的实物图片和二维码，通过分析其作用机理、结构特点、适用条件以及在工程中的应用，做到理论联系实际，激发读者的好奇心及学习热情。

此外，本书采用了许多表格，便于比较、归纳分析及总结。

2. 编排内容

在编排内容方面，对知识进行了整合，突出工程特点，加强适用性，尽量体现新知识、新技术、新方法。主要包括以下几点：

① 对重要的涉及实际工程需要掌握的计算原理，采用例题分析的方式，将相关原理贯穿并融合于其中，不再单纯依靠理论公式推导得到结论；同时，在解析完成每一个例题后，再引申分析其他适用性，进一步拓展读者的知识面，增加读者的知识储备，努力做到先着眼于对其基本知识、基本技能的培养，再延伸到对其分析问题和解决问题能力的培养。

② 增加了一定比例的土力学工程案例和地基基础工程案例，包括基础工程钢筋算量的内容等。

③ 为了加深读者对基本知识的理解、巩固、提高，扩展知识结构和知识面，切实提高分析问题和解决问题的能力，围绕本书的教学重点、难点、疑点，每一章均精选了对应的练习题，包括填空题、选择题、判断题、计算题。部分习题附有参考答案，以备自检。

3. 衔接与充实

① 本书进一步充实、完善了建筑物基础与上部结构的相关内容衔接和技术衔接。例如在教学实践环节中，涉及读者平法施工图的识读时，往往存在只注重上部结构的梁板柱和剪力墙的平法识读及钢筋算量，而忽视基础平法施工图深层知识点的情形(如柱下独立基础及筏板基础钢筋算量。该部分通常存在盲区)。本书填补了该部分的缺憾。

② 由于目前高等职业教育开设的抗震课程较少，而在阅读结构施工图时，又会涉及与抗震有关的场地、地基及基础的基本概念，如果缺乏该类知识点的储备，会使得读者在阅读结构施工图时出现障碍。因此，本书增加了第 12 章地基与基础的抗震知识。

③ 在建筑结构抗震设计中,增加了其基础和上部结构之间的隔震层概念,以充实房屋的抗震性能知识点,树立以柔克刚的新理念。此系教学内容随科技的发展而做出的有关调整。

本书内容比较系统、全面,较详尽地填补了高等职业教育地基与基础教材存在的盲区,尽管内容多,图片覆盖面大,但每项内容是高等职业教育应掌握的实用知识。书中设置了较多表格,便于比较、归纳分析及总结。本书可作为高等学校土建类相关专业的教学用书(如本科建筑工程、智能建造工程,高职建筑工程技术、钢结构和岩土工程等专业,并可根据教学计划做适当调整),也可作为工程技术人员的自学用书,各位读者可根据自身需求做灵活选学。

本书由山西工程科技职业大学张旭强担任主编,山西工程科技职业大学贾超、武春燕、山西省工业设备安装集团有限公司程浩担任副主编,山西工程科技职业大学申海洋、李显辉、魏嵩錡参与编写。具体的编写分工为:绪论、第1、2、3章由张旭强编写,第4、5章由贾超编写,第6、7章由武春燕编写,第8章由申海洋编写,第9章由李显辉编写,第10章由魏嵩錡编写,第11、12章由程浩编写。

全书由山西工程科技职业大学武鲜花老师担任主审,武鲜花老师在教学过程中提出了许多建设性的建议,对本书做了大量细致的审核工作并提出了宝贵意见,在此表示感谢;对使用本书的各校师生和岩土同行表示谢意;对整理教学 PPT 的几位在校学生张琪彬、陈玉超、许棋、边坤、王晓洋、王浩然表示感谢。

由于编者能力有限,书中难免存在不足之处,敬请广大读者批评指正,并希望能共同交流,以便改进。

编　者

2024年6月

目　　录

0 绪 论

【引 言】

上部结构将承受的各种作用(直接作用及间接作用)传给基础,基础作为承重骨架的下部结构将各种作用传给地基。地基、基础和上部结构三者相互作用、相互制约、共同工作,同时地基与基础设计必须满足一定条件,是保证建筑安全、适用及耐久的必要条件。地基工作能力与土力学有关,所以学习土力学基本知识是地基与基础设计的基础。

【学习要点】

了解土力学与工程地质学的研究对象;明确地基与基础的基本概念、设计要求;认识地基与基础在建筑工程中的重要性。

【思政元素】

本课程融入的思政内容包括:(1) 学科发展史、方法论;(2) 职业认知、职业理想、职业道德;(3) 行业领域的国家成就、榜样的力量;(4) 文化传承、创新发展;(5) 爱国奉献、使命担当;(6) 鲁班精神、大国工匠;(7) 工程质量与安全管理意识。

0.1 土力学与工程地质学的研究的对象

土力学是力学的一个分支,是主要研究土的应力、变形、强度、渗透性及长期稳定性的一门学科。土是由岩石风化形成的松散的堆积物,由于物质成分、成因条件、形成年代等诸多因素,土体具有分散性、复杂性及易变性的特点,如图 0.1 所示。因此,土体与一般刚性、弹性固体及流体等材料研究方法不同,主要通过勘探与试验,原位观测、理论分析与工程实践相结合,才能解决有关土的物理、力学性质指标,进一步确定地基承载力、地基变形及稳定性等问题,以保证工程结构的施工运营安全;反之,对土的工程性质认识的偏差可能会导致巨大的事故,造成很大的安全隐患。故土力学是一门实用的学科,学好土力学是设计地基与基础的必要前提。

图 0.1 岩石的风化

工程地质学是研究与工程建设活动有关的地质问题的科学。其研究目的是查明建设地区或建筑场地的工程地质条件(地形、地貌、地层岩性、地质构造、水文地质及地质作用),预测和评价可能发生的工程地质问题对工程的影响,提出防治措施。其主要任务为各类土木工程的规划、设计、施工提供工程地质资料,以便从地质上保证工程建设的安全可靠、经济合理、使用方便、运行顺利。工程地质学是工程地质专业的主要课程之一,建筑工程专业学生应对地质勘察报告中涉及有关地质学方面的基本概念有一定的认识。

0.2 地基与基础的基本概念、设计要求

0.2.1 地基与基础的基本概念

1. 地基

1) 定义

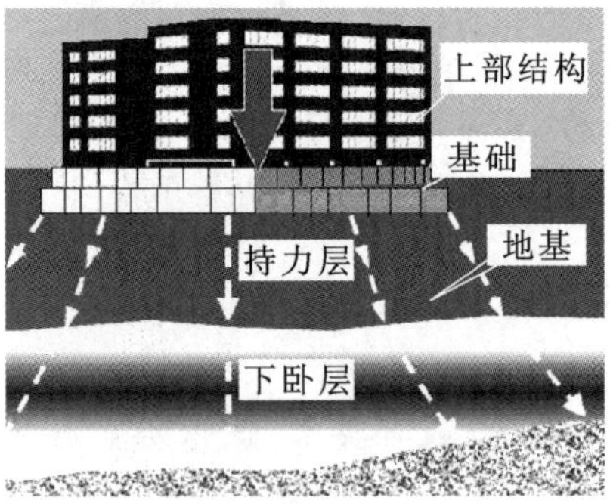

图 0.2 上部结构、基础、地基

地层受到建筑物荷载作用后,使地层在一定范围内的应力及变形状态发生改变,将附加应力、附加变形不能忽略的土体称为地基,如图 0.2 所示。

2) 分类

(1) 按岩、土分类

① 岩基:地基主要是由岩石组成。如:丘陵、山区,基岩埋藏较浅甚至裸露于地表,建筑物建造在基岩上,这样的地基最容易对房屋产生不均匀沉降。

② 土基:地基是由土层组成。如:地表覆盖土层较厚,建筑物建造在由土层所组成的地基上。当地基由两层及两层以上的土层组成时,直接与基础接触的土层称为持力层,其下的土层称为下卧层,如图 0.2 所示,强度低于持力层的下卧层称为软弱下卧层。工程中常见的地基主要是土基,本书主要研究的也是土基。

(2) 按地基是否经人工处理分类

① 天然地基:未经人工处理就能满足设计要求的地基。

② 人工地基:经人工处理(换土垫层法、深层挤密、排水固结等)后才能满足设计要求的地基。

2. 基础

(1) 定义

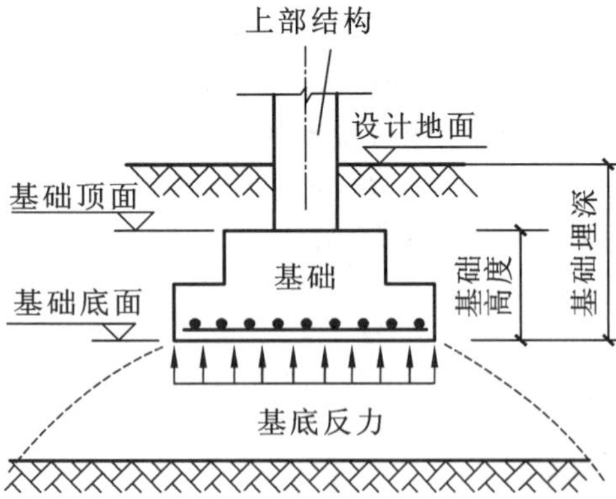

图 0.3 浅基础各部位的名称

建筑物的下部结构称为基础。基础的作用是将上部结构荷载有效传给地基。浅基础各部位名称如图 0.3 所示。基础对地基表面处的压力称为基底压力,地基对基础的反力称为基底反力。

(2) 基础按埋深及施工方法分类

① 浅基础:埋深较浅(一般不大于 5 m),只需普通施工程序就能建造起来。如:独立基础、条形基础、筏形基础等。

② 深基础:埋深较大(一般大于 5 m),需要借助特殊施工方法、施工机械才能施工。由于埋深较大,深基础侧壁摩擦阻力构成地基承载力的主要部分,如桩基础、沉井等。

0.2.2 地基与基础设计应满足的要求

建筑物上部荷载通过基础传给地基,基础起着连接上部结构和地基的桥梁作用,为保证整个建筑结构安全、正常使用,地基与基础设计必须满足三个基本条件:

(1) 地基承载力:地基压力不得超过地基承载力的允许值,以保证建筑物不因地基承载力不足而

造成破坏或影响正常使用，具有足够的安全储备。

(2) 地基变形(或基础沉降)：地基变形不得超过地基变形允许值，以保证建筑物正常使用，若变形过大，也影响地基承载力。

(3) 地基与基础的稳定性：指经常受水平荷载作用的高层建筑、高耸结构和挡土墙等，以及建造在斜坡上或边坡附近的建(构)筑物，应验算地基的稳定性，以保证地基与基础具有足够防止失稳的安全储备。

对于基础，除满足上述要求外，还应具有足够的强度、刚度及耐久性。

0.3 地基与基础在建筑工程中的重要性

0.3.1 地基与基础属于隐蔽工程

地基与基础是构成工程结构的重要组成部分，而且位于地下，属于隐蔽工程。它的勘探、设计、施工质量好坏直接影响到建筑物的安全、正常使用和造价。一旦发生事故，难以处理，甚至不可能恢复。历史上有许多成功的案例，但也有不少失败的实例。实践证明，许多工程事故的发生往往是因地基与基础问题。

1. 成功案例

赵州桥是一座举世闻名的石拱桥，位于河北省赵县，由隋朝李春设计建造，距今约有1400年。其净跨37 m、宽9 m、拱矢高度7.23 m。如图0.4所示。从受力角度分析：① 桥台砌置于密实的粗砂层上，地基承载力较大，通过专家论证得出：基底压力500 ~ 600 kPa，基本接近地基承载力，另地基沉降量约几厘米。 ② 上部结构为空腹式圆弧形石拱桥，在拱券两肩各设有两个跨度不等的腹拱，减轻桥身自重，拱结构为受压结构，所以上部结构设计合理、强度高。该结构既节省材料，又便于排洪、增加美观。

图 0.4 赵州桥

1991年，美国土木工程师学会在世界范围内遴选具有重大历史、科学价值的土木工程杰作时，将赵州桥确定为世界第12处“国际土木工程历史古迹”并赠铜牌以示纪念，这在我国尚属首例。我国桥梁专家茅以升、建筑大师梁思成都曾给予赵州桥高度的评价。

2. 失败的实例

国内外地基与基础事故典型案例也很多，如意大利比萨斜塔等，可参见相关书籍。图0.5所示上海锦江饭店是上海市早期的15层高层建筑，地基是深厚的淤泥质土，压缩性大。中华人民共和国成立初期，进入饭店要上几个台阶，1979年9月一层的室内地坪比长乐路室外地面反而低5个台阶，地基沉降量达150 cm。虽然地基严重下沉，由于其上部结构采用钢结构，未发生开裂事故，但是一层的门窗约一半沉入地面下，一层房间变成半地下室，无法正常使用。图0.6所示是砖混结构房屋，由于其整体性较差，地基不均匀沉降导致墙体开裂。

图 0.5　上海锦江饭店

图 0.6　地基不均匀沉降导致墙体开裂

0.3.2　地基与基础造价高、工期长

地基与基础工程造价和工期所占的比例与很多因素如上部结构的类型、层数、层高、总高，设防类别、抗震等级；地基与基础设计等级、工程地质条件；施工条件及施工方法等有关，可变动范围在百分之几到百分之几十之间。对于钢筋混凝土结构和一般地质条件而言，采用筏形基础和箱形基础，其基础工程费用占总费用的 20% ～ 30%，相应的施工工期占总工期的 20% ～ 25%，一般的桩基础成本与之相近；随着现代建筑向着高、大、重发展，地基与基础造价高、工期长显得更加突出。

0.3.3　地基与基础设计、施工面临着更深层次的技术挑战

随着城市化建设步伐的加快，超高层建筑、地下车库比比皆是；地下铁道、大型水电站、水库、高速公路和铁路、海港码头等现代化设施，以及预防各种自然灾害的基础设施正以前所未有的步伐推进。由于我国人均耕地面积有限，建筑物向着高、大、重方向发展，为了提高地基承载力，减少地基附加应力、附加变形，采用多层桩箱基础。地下工程基坑深度越来越深；良好的地质条件越来越少、地基条件越来越复杂；设计控制指标越来越严格；施工难度越来越大；人们对环保要求越来越严，对控制环境污染(泥浆、噪声、振动)的要求越来越高。而基础形式、规模不同于以往，例如桩基础、地下连续墙做得越来越深，越做越大，基坑支护越来越复杂，而工期却要求越来越短，这使得地基与基础在社会发展中占有越来越重要的地位，因此深基坑支护、基础工程设计、施工技术难度均会进一步提高，监测技术及手段越来越丰富、要求更加严格。

我国自 2010 年以后超高层建筑呈现出爆炸式发展，目前全国已建、在建超过 200 m 高度的建筑有近千栋，其中超过 500 m 高度的建筑如图 0.7 所示上海中心大厦($H=632$ m)、图 0.8 所示广州周大福金融中心($H=530$ m)、图 0.9 所示北京第一高楼中国尊($H=528$ m)、图 0.10 所示深圳平安金融中心($H=599.1$ m)。表 0.1 列举了我国部分建筑深基础开挖深度。

图 0.7 上海中心大厦

图 0.8 广州周大福金融中心

图 0.9 在建的中国尊

图 0.10 深圳平安金融中心

表 0.1 我国部分建筑深基础开挖深度

工程名称	开挖深度(m)	工程名称	开挖深度(m)
中央电视台	约 27.0	上海金茂大厦	19.65
中国大剧院基坑工程	23.50	上海中心大厦	33.2

续表 0.1

工程名称	开挖深度(m)	工程名称	开挖深度(m)
中国尊(北京)	37.8	深圳平安金融中心	33.8
武汉绿地中心	33	广州周大福金融中心	32.3

0.4 本课程的特点及学习方法

0.4.1 本课程的特点

(1) 本课程是土木工程专业的主干课程,其综合性较强,涉及工程地质学、岩土力学、材料力学、结构动力学、建筑结构及施工技术等学科的综合知识,故要求学生具有较广泛、扎实的基本知识。

(2) 地基与基础还是一门实践性和理论性结合较强的课程。由于地基土形成的自然历史条件不同,它的工程特性是复杂多样的。

(3) 目前解决地基与基础问题主要靠经验、试验,辅以理论计算给出大量经验公式、图表和近似计算法。另由于理论公式推导不是职业教育研究内容,学生根据给出公式、明确影响因素,掌握基本计算即可。

(4) 基础工程的设计,既需要丰富的理论知识,又需要较多的实践经验,并通过勘探和测试取得可靠的有关土层物理、力学性质资料。

0.4.2 本课程的学习方法

(1) 学习时应注重理论联系实际,通过各个教学环节和各种学习方法,紧密结合工程实践,提高理论认识和培养处理地基与基础问题的基本判断能力。

(2) 巩固土力学基础知识,熟悉岩土工程勘察基本手段。

(3) 本教材核心内容有浅基础、桩基础、挡土墙及深基坑支挡结构及地基处理。对于一般的浅基础,应掌握其设计基本理论、计算方法及基础施工图的平法表示;掌握常用地基处理方法的工作机理、适用条件。

思 考 题

1. 土力学研究对象是什么?
2. 地基与基础设计应满足什么条件?
3. 地基与基础的重要性有哪些?

1　土的物理性质及工程分类

【引言】

土的物理性质通俗来讲主要表现为干湿、轻重、疏密、软硬，而且又与力学性质之间有着密切的联系，如土疏松并且湿润则强度较低而且压缩性大；反之，强度较高且压缩性较小。为了定量分析土的物理性质对力学性质的影响，必须通过试验测定土的物理性质指标。本章主要内容为物理性质指标的测定方法与理论计算，并根据相关特征及指标对地基土进行工程分类，了解各类土的工程性质。

【学习要点】

(1) 测定土的物理性质并会进行有关指标的换算；掌握黏性土的物理状态指标的测定方法、无黏性土密实程度判断指标；

(2) 通过颗粒分析试验绘出颗粒级配曲线，并能根据颗粒级配曲线判别土的密实程度；

(3) 根据击实试验成果确定有关压实参数，并会进行填土压实质量的检查。

【思政元素】

本单元融入的思政内容包括：(1) 要以科学的态度对待科学、以真理的精神追求真理；(2) 贯彻总体国家安全观，有力应对一系列重大自然灾害，平安中国建设迈向更高水平；(3) 全方位、全地域、全过程加强生态环境保护。

1.1　影响岩土物理性质的因素

1.1.1　概述

1.1.1.1　地壳的物质组成

地球是由地壳、地幔、地核三部分组成的，地球的最外层为地壳，地壳厚度一般为 30 ～ 80 km，地壳以下存在高温、高压的复杂的硅酸盐熔融体，即人们所说的岩浆。地壳中已发现九十多种化学元素，含量最高的元素是氧，约占 48.6%；其次是硅，约占 26.3%；其他含量超过百分之一的元素依序为铝、铁、钙、钠、镁。地壳中的化学元素在一定的地质条件下结合而成的天然化合物、单质，就是矿物，矿物的种类很多，被人们开采利用的就是矿产，如盐、石墨、石英、铁矿石、煤、石油、可燃冰等。含矿产的岩石就是矿石，如石灰岩、花岗岩、大理岩。矿物是地壳物质最基本的组成单元，矿物的种类很多，但组成岩石的矿物(原生矿物)，其含量最多的有石英、云母、长石、方解石，岩石中的矿物很少单独存在，常常按照一定的规律聚集在一起组合而成。

1.1.1.2　岩石成因

地壳主要是由六大板块组成(亚欧板块、非洲板块、美洲板块、太平洋板块、印度洋板块和南极洲板块)，板块是在不断运动(其活动性主要表现为地震、火山、胀裂、错动、岩浆上升等) 和变化之中。岩石按成因分为岩浆岩、沉积岩、变质岩三大类,见表1.1。

表1.1　岩石按成因分类

成因分类	岩石的成因
岩浆岩	地壳活动可使岩浆沿着地壳薄弱地方侵入地壳或喷出地表(即火山爆发),随着温度、压力变化,岩浆冷凝后生成的岩石称为岩浆岩,常见的有花岗岩、玄武岩
沉积岩	① 地壳表层的岩石长期受自然界中空气、水、温度、周围环境及各种生物的共同作用,使大块岩体不断地破碎与分解,产生新的风化产物; ② 这些风化产物在山洪、河流、浪、冰川或风力作用下,被剥蚀、搬运到大陆低洼处或海洋底部沉积下来; ③ 在漫长的地质作用中,沉积物越来越厚,在上覆压力和胶结物质的共同作用下,最初沉积下来的松散碎屑被逐渐压密、脱水、胶结、硬化(钙化)生成一种新的岩石,称为沉积岩; ④ 沉积岩可分为砾岩、砂岩、页岩,还有的沉积岩是由生物遗体堆积而成,如石灰岩(制造水泥的原材料); ⑤ 沉积岩是一层一层沉积下来的,形成不同的岩层,常看到贝壳化石等,记录着地球的历史
变质岩	由于地壳运动和岩浆活动,岩石在高温、高压及挥发性物质的变质作用下,生成另外一种新的岩石,称为变质岩。如石灰岩受热变成大理岩,页岩受挤压变质为坚硬的板岩

1.1.1.3　岩石的分类

(1) 岩石坚硬程度分类

岩石的坚硬程度应根据岩块的单轴饱和抗压强度 f_{rk} 划分,见表1.2。

表1.2　岩石坚硬程度的划分

坚硬程度类别	坚硬岩	较硬岩	较软岩	软岩	极软岩
饱和单轴抗压强度标准值 f_{rk}(MPa)	$f_{rk}>60$	$30<f_{rk}\leqslant 60$	$15<f_{rk}\leqslant 30$	$5<f_{rk}\leqslant 15$	$f_{rk}\leqslant 5$

(2) 岩石观察定性分类

当缺乏饱和单轴抗压强度资料或不能进行该项试验时,可在现场通过观察定性划分,划分标准见表1.3。

表1.3　岩石坚硬程度的定性划分

<table>
<tr><th colspan="2">名称</th><th>定性鉴定</th><th>代表性岩石</th></tr>
<tr><td rowspan="2">硬质岩</td><td>坚硬岩</td><td>锤击声清脆,有回弹,振手,难击碎;基本无吸水反应</td><td>未风化或微风化的花岗岩、闪长岩、辉绿岩、玄武岩、鞍山岩、片麻岩、石英岩、硅质砾岩、石英砂岩、硅质石灰岩等</td></tr>
<tr><td>较硬岩</td><td>锤击声较清脆,有轻微回弹,稍振手,较难击碎;有轻微吸水反应</td><td>① 微风化的坚硬岩;
② 未风化或微风化的大理岩、板岩、石灰岩、钙质砂岩等</td></tr>
<tr><td rowspan="3">软质岩</td><td>较软岩</td><td>锤击声不清脆,无回弹,较易击碎;浸水后指甲可划出印痕</td><td>① 中风化的坚硬岩和较硬岩;
② 未风化或微风化的凝灰岩、千枚岩、砂质泥岩、泥灰岩等</td></tr>
<tr><td>软岩</td><td>锤击声哑,无回弹,有凹痕,易击碎;浸水后,手可掰</td><td>① 强风化的坚硬岩和较硬岩;
② 中风化的较软岩;
③ 未风化或微风化的泥质砂岩、泥岩等</td></tr>
<tr><td>极软岩</td><td>锤击声哑,无回弹,有较深凹痕,手可捏碎;浸水后,可捏成团</td><td>① 风化的软岩;
② 全风化的各种岩石;
③ 各种半成岩</td></tr>
</table>

(3) 岩体按完整程度分类

岩体的完整程度反映了岩体的裂隙性，而裂隙性是岩体十分重要的特性，因破碎岩石强度和完整程度大为削弱，极为影响边坡和基坑工程的稳定性。岩体的完整程度按完整性指数划分为完整、较完整、较破碎、破碎、极破碎 5 个等级(表 1.4)。当缺乏数据时，可按表 1.5 的规定进行划分。

表 1.4　岩体按完整程度划分(一)

完整程度等级	完整	较完整	较破碎	破碎	极破碎
完整性指数	>0.75	$0.55\sim0.75$	$0.35\sim0.55$	$0.15\sim0.35$	<0.15

表 1.5　岩体按完整程度划分(二)

名称	结构面组数	控制性结构面平均间距(m)	代表性结构类型
完整	$1\sim2$	>1.0	整块结构
较完整	$2\sim3$	$0.4\sim1.0$	块状结构
较破碎	>3	$0.2\sim0.4$	镶嵌状结构
破碎	>3	<0.2	碎裂状结构
极破碎	无序	—	散体状结构

(4) 岩石按风化程度分类

岩石按风化程度分为未风化、微等风化、中风化、强风化、全风化和残积土，其划分主要按岩质的新鲜程度，节理、裂隙的发育情况，岩石的破碎状况及人工挖掘与机具钻进的难易程度等确定。

1.1.2　影响土物理性质的因素

影响土的物理性质的主要因素有：土的成因、土的组成、土的结构与构造、土的地质年代等，分析如下：

1.1.2.1　土的成因

1. 地质作用

地壳是不断变化的，引起地壳表面形态不断变化的作用，就是地质作用。地球上沧海桑田的变化，千姿百态的地表形态，就是地质作用的结果。地质作用按能量来源可分为内力作用和外力作用。内力作用来源于地球内部的热能，表现为地壳运动、岩浆活动，如地震、火山爆发、山崩、泥石流等。外力作用能量来自地球外部，主要是太阳能，有了太阳能，风才能吹、水才能流、生物才会生长。外力作用表现为风化、侵蚀、搬运、沉积和固结成岩作用。

2. 土的生成

土是由地表岩石在地质作用下，特别是在风化作用下，不断崩解破碎和化学破坏残留在原地的风化物(残积物)，再经过不同的侵蚀破坏作用(风力作用、流水作用及生物活动)而形成的松散堆积物。土的风化有物理风化、化学风化及生物风化三种形式，见表 1.6。

表 1.6　土的风化类型

风化类型	风化特征
物理风化	(1) 长期暴露在大气中的岩石，受到温度、湿度变化影响引起体积的膨胀、收缩，从而逐渐崩解、破裂为大小和形状各异的碎块，这个过程叫物理风化。 (2) 物理风化的过程仅限体积大小和形状的改变，而不改变颗粒的矿物成分。其产物保留了原来岩石的性质和成分，称为原生矿物。砂、砾石和其他粗颗粒土即无黏性土就是物理风化的产物

续表 1.6

风化类型	风化特征
化学风化	(1) 如果原生矿物与周围的氧气、二氧化碳、水等接触,并受到有机物、微生物的作用,发生化学变化,产生出与原来岩石颗粒成分不同的次生矿物,这个过程叫作化学风化。 (2) 化学风化所形成的细粒土颗粒之间具有黏结能力。常见的黏土矿物包括蒙脱石、伊利石和高岭石等
生物风化	生物生长及活动对岩石的破坏作用,如树根的生长深入岩石裂隙产生机械破碎、植物树根的有机酸分泌物使岩石分解破碎、动植物死亡分解的腐殖酸导致岩石分解,这个过程叫作生物风化,生物风化会引起岩石机械破碎和化学结构破坏

注:各种风化作用相互影响、同时进行、互相促进,是一个复杂统一的过程。

3. 土按成因条件分类

成因条件不同对土的工程性质有不同程度的影响,下面简单介绍不同成因条件下几种主要类型的土。

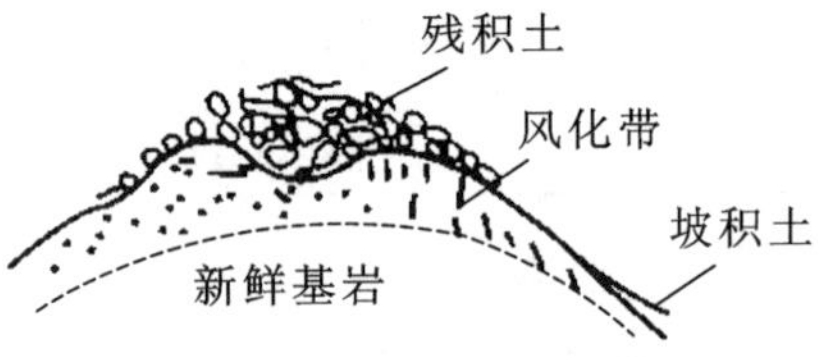

图 1.1　残积土示意图

(1) 残积土

残积土是指岩石风化后残留在原地未被搬运的堆积物(图1.1)。其基本特征是颗粒表面粗糙,颗粒棱角分明,没有层理构造,土的物理性质相差较大,且有较大的孔隙,作为建筑地基容易引起不均匀沉降。

(2) 坡积土及洪积土(表 1.7)

表 1.7　坡积土与洪积土特征比较

类型	坡积土	洪积土
示意图	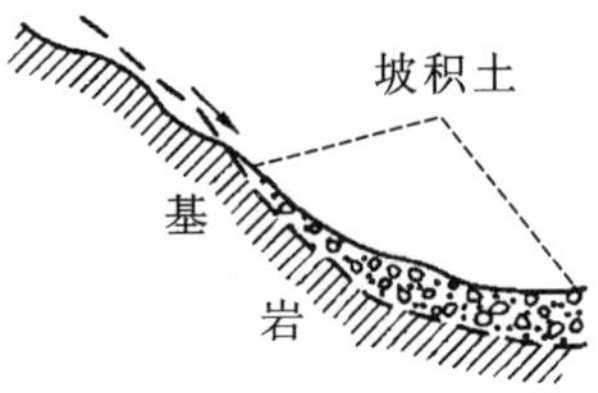	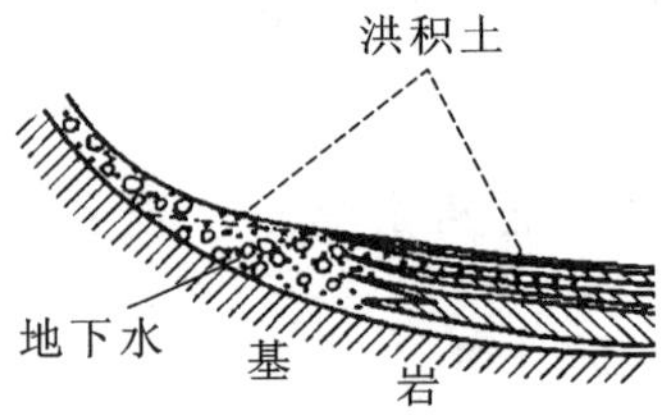
外力条件	降水水流的作用力	降水造成的暂时性山洪急流
沉积过程	坡积土是降水水流的作用力将高处岩石风化产物缓慢冲刷、剥蚀,顺着斜坡向下逐渐移动,沉积至较平缓山坡上而形成的沉积物	降水造成的暂时性山洪急流,具有很大的剥蚀和搬运能力。它可以挟带地表大量碎屑堆积在山谷冲沟出口或山前平原而形成洪积土
分布特点	分布于坡腰至坡脚,上部与残积土相接,坡积土随斜坡自上而下呈现由粗而细的分选现象,矿物成分与下卧基岩无直接关系,这一点与残积土不同	山洪流出山谷后,因过水断面增大,流速骤减,被搬运的粗颗粒大量堆积下来,离山越远,颗粒越细;由于搬运距离短,颗粒棱角仍较明显
工程性质影响	坡积土的颗粒粗细混杂,土质不均匀,厚度变化大,土质疏松,压缩性较大,为不良地基土	山前洪积土颗粒较粗,承载力一般较高,属于良好的天然地基;离山较远的地段洪积土颗粒较细,成分均匀,厚度较大

(3) 冲积土

冲积土是流水的作用力将河岸基岩上部覆盖的坡积土、洪积土剥蚀后搬运、沉积在河道坡度较平缓的地带形成的沉积物。随着水流的急、缓、消失重复出现,冲积土呈现出明显的层理构造。由于搬运过程长、搬运作用显著,棱角颗粒经碰撞、滚磨逐渐形成亚圆形或圆形的颗粒。搬运距离越长,沉积的颗粒越细。对于冲积土，在河流上游修建水工建筑物时，应考虑渗透和渗透变形问题。对于河流下游的建筑物，应考虑沉降和稳定等问题。

(4) 其他沉积土

除上述几种沉积土之外，还有海洋沉积土、湖泊沉积土、冰川沉积土、海陆交互相沉积土和风积土，它们分别由海洋、湖泊、冰川及风的地质作用形成。

1.1.2.2　土的组成

土是松散的堆积物，由固体颗粒(固相)、液体(液相)和气体(气相)三部分所组成(也称三相系)，如图 1.2 所示。固体颗粒构成土的骨架，骨架中布满孔隙，孔隙被液体、气体所填充；水及其溶解物构成土中液体部分；空气及其他一些气体构成土中的气体部分。这些组成部分之间的数量比例关系和相互作用，决定着土的物理性质。

1. 土的固体颗粒(soil)

土的固体颗粒的矿物成分及形状、大小、级配决定土的物理力学性质。

1) 土粒的矿物组成(图 1.3)

土粒的矿物成分取决于母岩的成分以及所经受的风化作用，主要为无机矿物，无机矿物可分为原生矿物和次生矿物两大类。原生矿物和次生矿物的特性及工程性质见表 1.8。

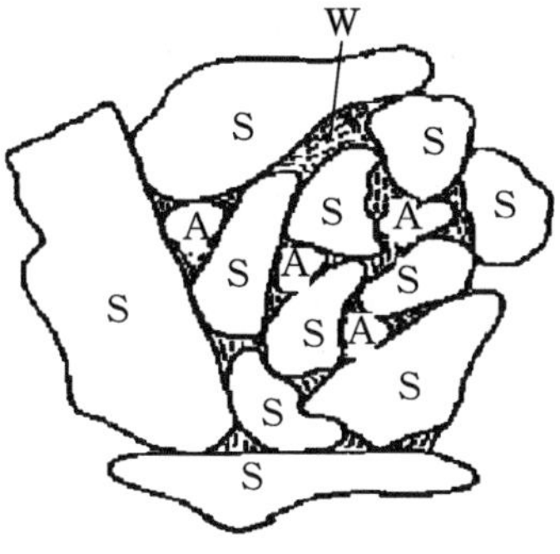

图 1.2　土的三相组成

S— 固体颗粒；W— 液体；A— 气体

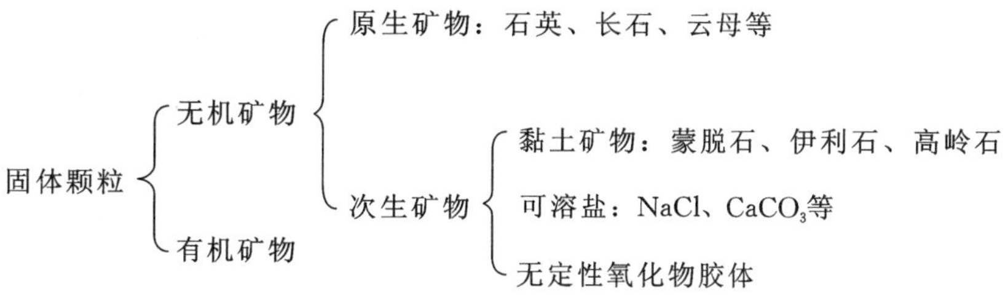

图 1.3　土粒矿物成分

表 1.8　原生矿物及次生矿物的特征及工程性质

类别	原生矿物	次生矿物
成因及成分	岩石在成岩过程中经物理风化作用形成粗粒的碎屑物，其化学成分未发生变化，与母岩(如石英、云母、长石等)的化学成分相同	岩石在化学风化作用下形成新的矿物，与母岩的化学成分是不相同的，如溶于水的石膏，不溶于水的黏土矿物(蒙脱石、伊利石和高岭石)
颗粒大小	颗粒粗大，呈块状或粒状，是碎石土、砂土的主要成分	颗粒细小，呈片状，是黏性土的主要成分
工程性质	(1) 性能稳定，对工程性质的影响与颗粒大小、形状、级配有关； (2) 级配好，则土密实，强度大，压缩性低，透水性小，是良好的天然地基	(1) 呈胶体性状； (2) 矿物颗粒越细，颗粒的比表面积(单位体积或单位质量颗粒的总表面积)越大，亲水性越强，亲水性对土的工程性质影响也就越大
备注	土在微生物作用下，产生复杂的腐殖质及动植物残体等有机物，如泥炭等；当有机质含量超过 5% 时，称为有机土；有机质亲水性很强，因此有机土压缩性大、强度低。有机土不能作为堤坝工程的填筑土料，否则会影响工程质量，这些有机质也构成了土的矿物成分	

2）粒组的划分

土粒由粗到细逐渐变化时，土的性质相应发生变化，由无黏性变为黏性，渗透性由大变小。粒径大小在一定范围内的土粒，其性质也比较接近，因此将工程地质性质相似的土粒归并成一组，称为粒组。按粒径的大小分为若干粒组；划分粒组的分界尺寸称为界限粒径。表 1.9 是常用粒组划分方法，表中根据界限粒径 200 mm、60 mm、2 mm、0.075 mm 和 0.005 mm 把土粒分成六大组，即漂石（块石）颗粒、卵石（碎石）颗粒、圆砾（角砾）颗粒、砂粒、粉粒和黏粒。

表 1.9　土粒的粒组划分

<table>
<tr><th colspan="2">粒组名称</th><th>粒径范围(mm)</th><th>一般特征</th></tr>
<tr><td colspan="2">漂石或块石颗粒</td><td>> 200</td><td rowspan="2">漂石、卵石和圆砾颗粒均呈一定的磨圆形状(圆形或亚圆形)，块石、碎石和角砾颗粒都带有棱角。透水性很大，无黏性，无毛细水</td></tr>
<tr><td colspan="2">卵石(碎石)颗粒</td><td>200 ~ 60</td></tr>
<tr><td rowspan="3">圆砾或角砾颗粒</td><td>粗</td><td>60 ~ 20</td><td rowspan="3">透水性大，无黏性，毛细水上升高度不超过粒径大小</td></tr>
<tr><td>中</td><td>20 ~ 5</td></tr>
<tr><td>细</td><td>5 ~ 2</td></tr>
<tr><td rowspan="4">砂粒</td><td>粗</td><td>2 ~ 0.5</td><td rowspan="4">易透水，当混入云母等杂质时透水性减小，而压缩性增加；无黏性，遇水不膨胀，干燥时松散；毛细水上升高度不大，随粒径变小而增大</td></tr>
<tr><td>中</td><td>0.5 ~ 0.25</td></tr>
<tr><td>细</td><td>0.25 ~ 0.1</td></tr>
<tr><td>极细</td><td>0.1 ~ 0.075</td></tr>
<tr><td rowspan="2">粉粒</td><td>粗</td><td>0.075 ~ 0.01</td><td rowspan="2">透水性小；湿时稍有黏性，遇水膨胀小，干时稍有收缩；毛细水上升高度较大、上升速度较快，极易出现冻胀现象</td></tr>
<tr><td>细</td><td>0.01 ~ 0.005</td></tr>
<tr><td colspan="2">黏粒</td><td>< 0.005</td><td>透水性很小；湿时有黏性、可塑性，遇水膨胀大，干时收缩显著；毛细水上升高度大，但速度较慢</td></tr>
</table>

3）土的颗粒级配

土中各个粒组的相对含量（即各粒组质量占土粒总重的百分数）表示土中颗粒的组成情况，称为土的颗粒级配。土的颗粒级配是通过土的颗粒大小分析试验测定的。对于粒径大于 0.075 mm 的粗粒组可用筛分法测定。图 1.4(a) 所示试验时将风干、松散的代表性土样（如 200g）通过一套孔径不同的标准筛，充分筛选，将留在各级筛上的土粒分别称重，然后计算小于某粒径的土粒含量（质量百分比）。

根据颗粒大小分析试验成果，可以绘制如图 1.4(b) 所示的颗粒级配累积曲线。根据工程中常用颗粒级配曲线直接了解土的级配情况。曲线的横坐标表示粒径（因为土粒粒径相差常在百倍、千倍以上，所以宜采用对数坐标表示），单位为 mm；纵坐标则表示小于（或大于）某粒径的质量百分比（或称累计百分含量）。为了定量地反映土的级配特征，工程中常用以下两个级配指标来评价土的级配优劣。

(1) 不均匀系数 C_u

$$C_u = \frac{d_{60}}{d_{10}} \tag{1.1}$$

式中　d_{60}—— 小于某粒径颗粒含量占总土重的 60% 时的粒径，该粒径称为限定粒径；

d_{10}—— 小于某粒径颗粒含量占总土重的 10% 时的粒径，该粒径称为有效粒径。

不均匀系数反映颗粒的分布情况，C_u 越大，表示颗粒分布范围越广，越不均匀，其级配越好，作为填方工程的土料时，比较容易获得较大的干密度；C_u 越小，颗粒越均匀，级配不良。工程中将 $C_u < 5$ 的土称为级配不良的土，$C_u > 10$ 的土称为级配良好的土。

不同的土粒颗粒级配不同，图 1.5 所示的颗粒级配曲线。曲线 b 较陡，则表示粒径范围较小，土粒较均匀；曲线 a 较缓，则表示粒径大小悬殊，土粒不均匀，即级配良好。曲线 a 的颗粒级配优于曲线 b 的颗粒级配。

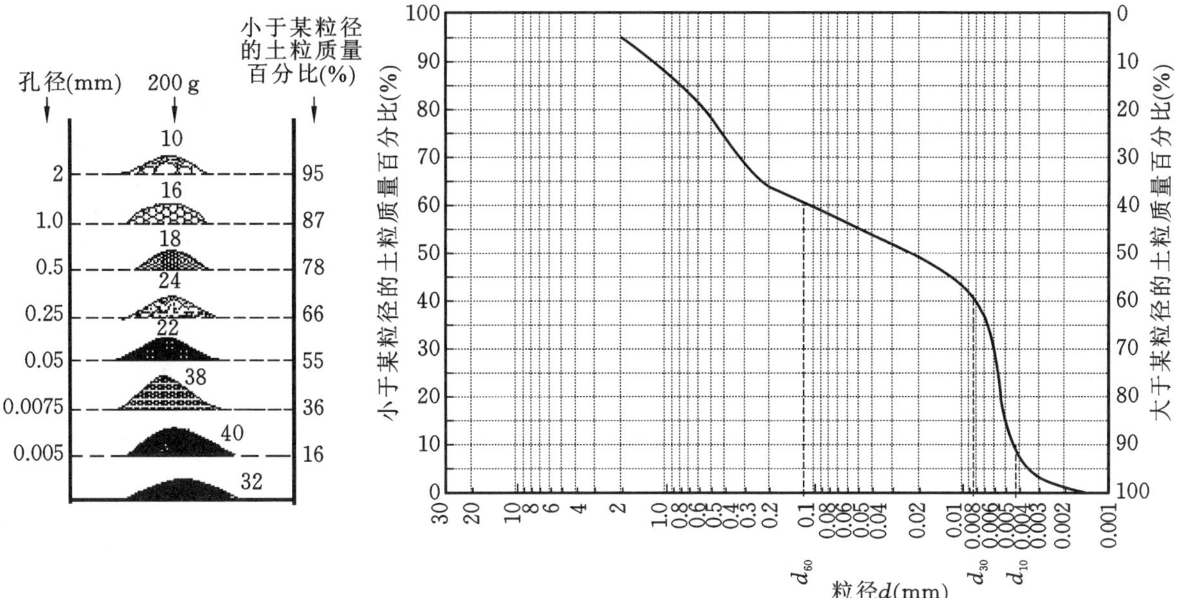

(a) (b)

图 1.4 土的颗粒级配试验及级配曲线

(a) 筛分法；(b) 颗粒级配曲线

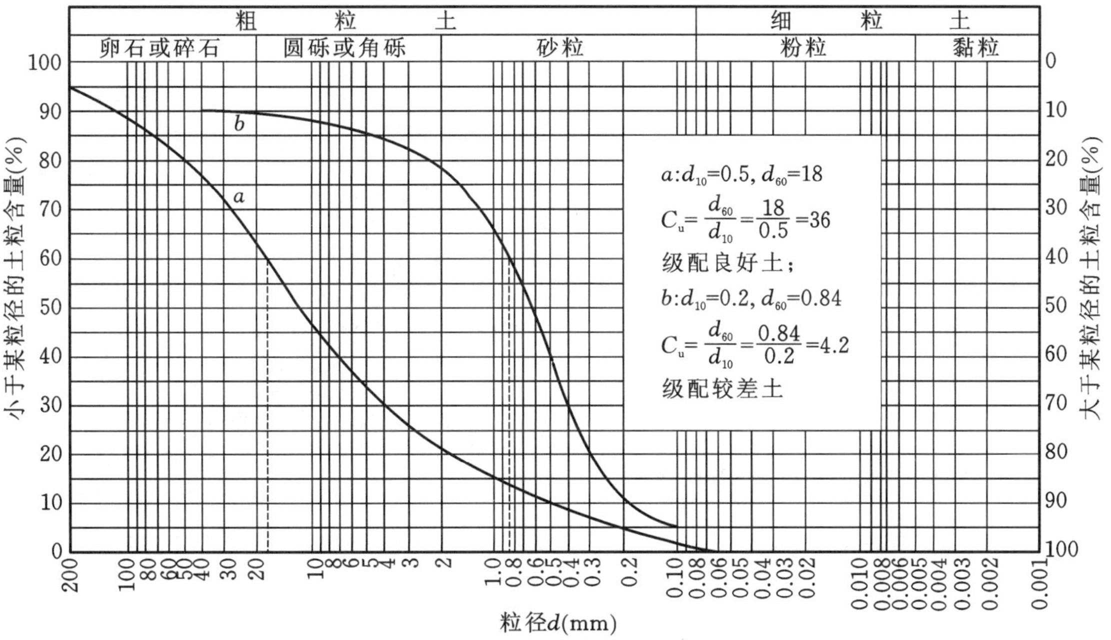

图 1.5 曲线 a、b 颗粒级配曲线分析比较

(2) 曲率系数 C_c

土的颗粒级配不连续，土缺少中间某些粒径，粒径级配曲线呈台阶状，它的组成特征是颗粒粗的较粗，细的较细，在同样的压实条件下，密实度不如级配连续的土密实度高，其工程性质也较差。

$$C_c=\frac{d_{30}^2}{d_{60}\cdot d_{10}} \tag{1.2}$$

式中 d_{30}—— 小于某粒径颗粒含量占总土重的 30% 时的粒径，该粒径称为中值粒径。

经验表明，当级配连续时，C_c 的范围为 1 ～ 3；当 $C_c<1$ 或 $C_c>3$ 时，均表示级配曲线不连续。

➡ 技术提示

工程上对土的级配是否良好，可按如下判断：

级配连续的土：工程中将 $C_u<5$ 的土称为级配不良的土，$C_u>10$ 的土称为级配良好的土；

级配不连续的土：对于砂类土需同时满足 $C_u\geqslant 5$ 和 $C_c=1\sim 3$，才为级配良好，反之级配不良。

对于级配良好的土，较粗颗粒间的孔隙被较细颗粒填充，颗粒之间粗细搭配填充好，易被压实，因而土的密实度较好，相应地基的强度和稳定性也较好，透水性和压缩性较小，可用作路基、堤坝或其他土建工程的填方土料。

粒径小于 0.075 mm 的粉粒和黏粒难以筛分，一般可以根据土粒在水中匀速下沉时的速度与粒径的平方成正比来判别，粗颗粒下沉速度快，细颗粒下沉速度慢。用比重计法或移液管法根据下沉速度就可以将颗粒按粒径大小分组测得颗粒级配。

2. 土中水(water)

土中细粒越多，液态水对土的性质影响越大。液态水主要是指以液态形式存在着的结合水与自由水，结晶水被认为是土体颗粒矿物组成的一部分，实际工程中，液态水对土的性质影响大，液态水组成见图 1.6。

(1) 结合水

研究表明：黏土颗粒表面一般带有负电荷，当土粒与水相互作用时，土粒会吸附一部分极性水分子，在土粒表面形成薄薄的水膜，这种水被称为结合水。被吸附后呈定向排列，在靠近土粒表面处，由于静电引力较强，能把水化离子和极性水分子牢固地吸附在颗粒表面而形成固定层，称为强结合水。在固定层外围，静电引力比较小，水化离子和极性水分子活动性比在固定层中大些，形成扩散层，称为弱结合水(图 1.7)。

- 液态水
  - 结合水
    - 强结合水：紧贴固体颗粒表面
    - 弱结合水：紧贴强结合水外围
  - 自由水
    - 重力水：在土体孔隙中受重力作用能自由流动的水
    - 毛细水：受到水与空气界面处表面张力作用的自由水

图 1.6　液态水的组成

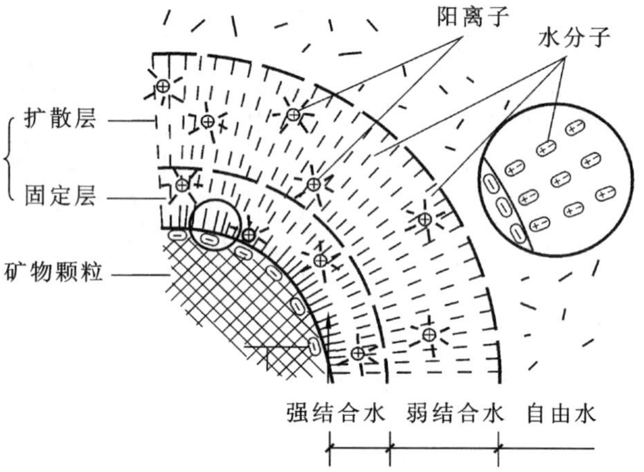

图 1.7　黏土矿物与水分子相互作用

➡ 预备知识

什么叫毛细现象？

毛细管插入浸润液体(水)中，管内液面上升，高于管外；毛细管插入不浸润液体(如水银)中，管内液体下降，低于管外的现象称为毛细现象。液体表面类似张紧的橡皮膜，如果液面是弯曲的，它就有变平的趋势，因此凹液面对下面的液体施以拉力，凸液面对下面的液体施以压力。浸润液体在毛细管中的液面是凹形的，它对下面的液体施加拉力，使液体沿着管壁上升，当向上的拉力与管内液柱所受的重力相等时，管内的液体停止上升，达到平衡。

(2) 自由水

电场影响范围以外的水称为自由水。自由水按其移动所受作用力的不同分为重力水和毛细水。重力水是存在于地下水位以下的透水层地下水，是在土体孔隙中受重力作用能自由流动的水。

毛细水是存在于地下水位以上，是受到水与空气界面处表面张力作用的自由水。毛细水与地下水位无直接联系的称为毛细悬挂水，与地下水位相连的称为毛细上升水。

土孔隙中局部存在的毛细水的弯液面和土粒接触处的表面引力反作用于土粒上，使土粒之间由于这种毛细压力而挤紧，土呈现出黏聚现象，这种力也称为毛细黏聚力，或称假黏聚力(图 1.8)。

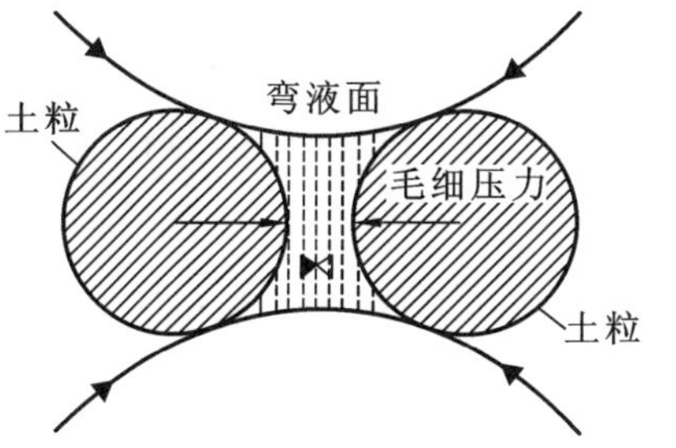

图 1.8　毛细压力示意图

在施工现场可见到稍湿状态的砂性地基可开挖成一定深度的直立坑壁，就是因为砂粒间存在着假黏聚力的缘故。当地基饱和或特别干燥时，不存在水与空气的界面，假黏聚力消失，坑壁就会塌落。土中水对工程性质的影响见表 1.10。

表 1.10　土中水对工程性质的影响

类别		对工程性质的影响
结合水	强结合水	水分子极牢固地结合在土颗粒表面上，不能传递静水压力，黏性土中只有强结合水存在时，呈固体状态，土粒越细，吸着度越大，没有溶解盐类的能力；密度为 1.2 ～ 2.4 g/cm^3，冰点为 −78 ℃；具有极大的黏滞性、弹性和抗剪强度
	弱结合水	紧靠于强结合水的外围形成一层结合水膜，当土中含有较多的弱结合水时，土具有一定的可塑性。黏性土的比表面积较大，含薄膜水较多，其可塑范围较大，是黏性土具有黏性的原因。随着与土粒表面距离增大，吸附力减小，弱结合水逐渐过渡为自由水，它仍不能传递静水压力
自由水	重力水	重力水在土的孔隙中流动时，能产生动水压力，带走土中细颗粒，而且还能溶解土中的盐类，导致土的孔隙增大，压缩性提高，抗剪强度降低。地下水位以下的土粒受水的浮力作用，使土的应力状态发生变化。在水头作用下，对开挖基坑、排水等方面均产生较大影响
	毛细水	在工程中，应特别注意毛细水上升的高度和速度，因为毛细水的上升对建筑物地下部分的防潮措施和地基土的浸湿和冻胀有重要影响。地基土的温度随大气温度变化，当地温降到 0 ℃ 以下时，土体便因土中水冻结而形成冻土
	自由水细粒土在冻结时，往往发生膨胀，即所谓冻胀。当土层解冻时，夹冰层融化，地面下陷，即出现融陷现象。对此，在道路、房屋设计中应给予足够的重视	

3. 土中气体(air)

土中的气体存在于土孔隙中未被水所占据的部位。在粗粒的沉积物中常见到与大气相连通的空气，它对土的力学性质影响不大。在细粒土中则常存在与大气隔绝的封闭气泡，使土在外力作用下的弹性变形增加，透水性减小。对于淤泥和泥炭及有机质土，由于微生物的分解作用，在土中蓄积了某种可燃气体(如硫化氢、甲烷)，使土层在自重作用下长期得不到压密，而形成高压缩性土层。

1.1.2.3　土的结构

土的结构是指土颗粒的大小、形状、相互排列及其连接关系的综合特征，一般分为单粒结构、蜂窝结构和絮状结构，其特点及对工程性质的影响见表 1.11。

表 1.11　土的结构对工程性质的影响

类别	单粒结构		蜂窝结构		絮状结构	
示意图	 紧密结构	 疏松结构	 颗粒正在沉积	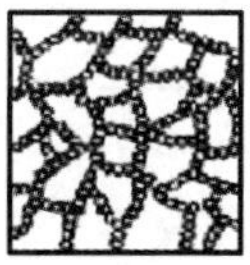 沉积完毕	 絮状集合体正在沉积	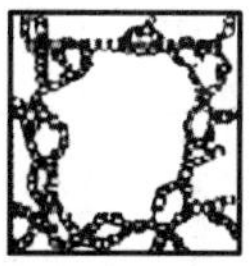 沉积完毕

续表 1.11

类别	单粒结构	蜂窝结构	絮状结构
粒径	较粗的砾石颗粒、砂粒	主要是粉粒，粒径为 0.075 ～ 0.005 mm	粒径小于 0.005 mm 的黏粒
沉积过程	较粗的砾石颗粒、砂粒在自重作用下沉积，颗粒较大，粒间没有连接力，有时仅有微弱的假黏聚力，土的密实程度受沉积条件影响	粉粒在水中沉积时，仍以单粒下沉，当碰到已沉积的颗粒时，它们之间的引力大于重力，故土粒停留在最初的接触点上不再下沉，形成的结构像蜂窝一样具有很大的孔隙	黏粒在水中处于悬浮状态，不能单个下沉。悬浮在水中的颗粒被带到浓度较大的电解质中，聚集成絮状的黏粒集合体，因自重增大而下沉，与已下沉的絮状集合体相接触，形成孔隙很大的絮状结构
工程性质影响	① 单粒结构：对于密实结构，其结构紧密、强度大、压缩性小，是良好的天然地基；对于疏松结构，一般较疏松，土的骨架不稳定，当受到动力荷载或其他外力作用时，土粒易于移动，同时产生较大变形，这种土不宜做天然地基。 ② 蜂窝结构和絮状结构：存在大量的细微孔隙、渗透性小、压缩性大，强度低，土粒间连接较弱，受扰动时，土粒接触点可能脱离，导致结构强度损失，强度迅速下降；而后随时间增长，强度还会逐渐恢复，这类土颗粒间的连接力往往由于长期的压密和胶结作用而得到加强		

1.1.2.4　土的构造

土的构造是指在同一土层中的物质成分和颗粒大小等都相近的各部分之间的相互关系的特征。通常分为层理构造、分散构造和裂隙构造，层理构造是最主要的构造形式。其特征见表 1.12。

表 1.12　土的构造及特征

<table>
<tr><th colspan="2">类别</th><th>层理构造</th><th>裂隙构造及分散构造</th></tr>
<tr><td colspan="2">示意图</td><td>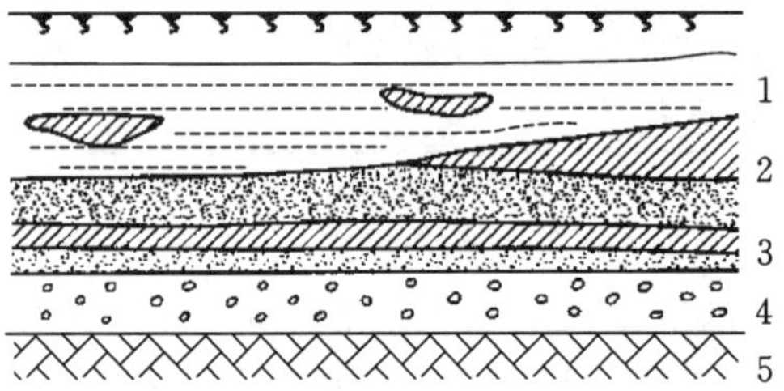
1— 淤泥夹黏土；2— 黏土尖灭层；3— 砂土夹黏土层；4— 砾石层；5— 基岩</td><td>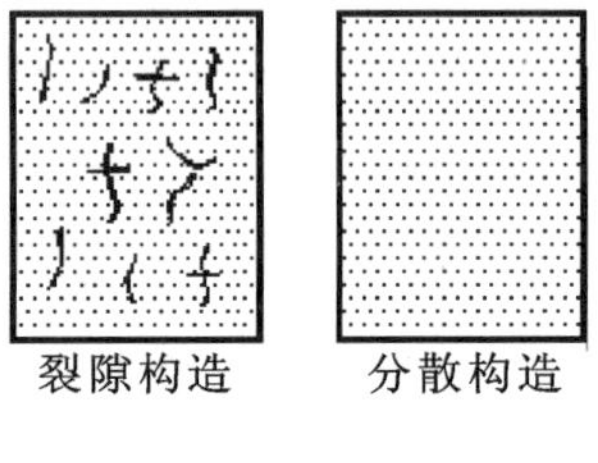</td></tr>
<tr><td rowspan="3">物理特征</td><td>层理构造</td><td colspan="2">主要的特征是成层性，包括水平层理和交错层理。它是在土的形成过程中，土粒在沉积过程中，由于不同阶段沉积的物质成分、颗粒大小或颜色不同，沿竖向呈层状的特征。常见的有水平层理构造和带有夹层、尖灭和透镜体等交错层理构造</td></tr>
<tr><td>裂隙构造</td><td colspan="2">主要特征是裂隙性。土体被许多不连续的小裂隙所分割，在裂隙中常充填有各种盐类的沉积物。不少坚硬和硬塑状态的黏性土具有此种构造。如黄土具有特殊的柱状裂隙。裂隙破坏土的整体性，裂隙的存在大大降低土体的强度和稳定性，增大透水性，对工程不利</td></tr>
<tr><td>分散构造</td><td colspan="2">土层中各部分的土粒无明显差别，分布均匀，各部分性质也相近。它是土颗粒在其搬运和沉积过程中，经过分选的卵石、砾石、砂等因沉积厚度较大而不显层理的一种构造。分散构造的土接近理想的各向同性体</td></tr>
</table>

1.1.2.5　土的地质年代

地球在漫长的地质历史发展过程中，在各种地质作用下，地壳不断运动演变，造成地层不同的构造形态。其中在地球表面经风化、搬迁、沉积而形成的松散物，在工程中称为“土”。土的沉积年代不同，其工程性质将有很大的变化，因此了解土的沉积年代的知识，对正确判断土的工程性质有着实际的意义。土的沉积年代通常采用地质学中的相对地质年代来划分。在地质学中，把地质年代划分为五大代（太古代、元古代、古生代、中生代和新生代），每代又分若干纪，每纪又分为若干世。

工程上遇到的大多数土是在距今较近的新生代第四纪地质年代沉积生成的，因此称为第四纪沉积物，见表1.13。由于其沉积的历史不长，尚未胶结岩化，通常是松散软弱的多孔体，因此与岩石的性质有较大的差别。

表1.13　土的生成年代

纪	世		距今时间（万年）
第四纪 Q	全新世	Q_4	2.5
	更新世	晚更新世 Q_3	15
		中更新世 Q_2	50
		早更新世 Q_1	100

1.2　土的物理性质指标

在影响土的物理性质因素中，其中土的组成是最重要的影响因素，土的三相（固相、液相及气相）组成部分质量、体积比例不同，其物理、力学性质也不同，如固相成分的比例越高，其压缩性越小，抗剪强度越大，承载力越高；对于无黏性土，土处于密实状态时强度高，松散时强度低；而对于黏性土，含水量小时硬，含水量大时则软。所以土的物理性质指标，对评价土的工程性质有重要的意义。

1.2.1　土的三相比例关系图

土颗粒、水和气体是混杂在一起的，为分析问题方便，设想将三部分分别集中起来，如图1.9所示，称为三相比例关系图，简称三相图。表示土的三相比例关系的指标有基本物理性质指标3个和换算物理性质指标6个，共9个物理性质指标。

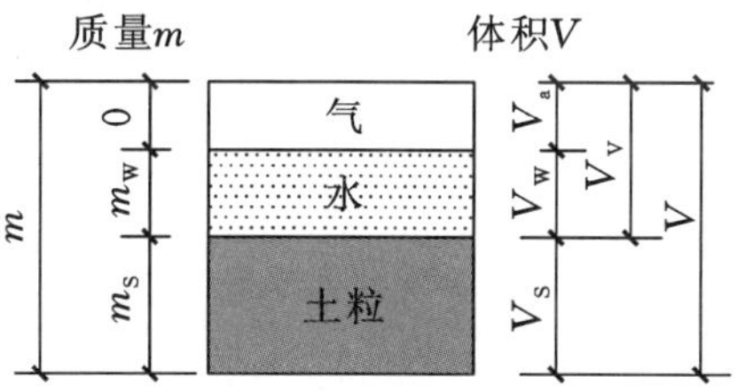

图1.9　土的三相比例关系图

m_S— 土粒质量，m_W— 土中水质量；

m— 土的总质量，$m = m_S + m_W$；

V_S— 土粒体积；V_W— 土中水体积；

V_a— 土中气体体积；

V_V— 土中孔隙体积，$V_V = V_W + V_a$；

V— 土的总体积，$V = V_S + V_V$

1.2.2　土的基本物理性质指标

基本物理性质指标指由土工试验直接测定的指标，有天然密度、天然含水量及土粒的相对密度。

1. 土的密度 ρ

单位土体积内湿土的质量称为土的湿密度 ρ，即

$$\rho = \frac{m}{V} \quad (t/m^3 \text{ 或 } g/cm^3) \tag{1.3}$$

土在天然状态下（即保持原始状态和含水量不变）的密度简称天然密度或密度；天然状态下，土的密度变化范围较大，一般黏性土 $\rho = 1.8 \sim 2.2\ g/cm^3$，当土较软时 $\rho = 1.2 \sim 1.8\ g/cm^3$；砂土 $\rho = 1.5 \sim 1.7\ g/cm^3$。有机质含量高或塑性指数大的极软黏性土密度可降至1.2 g/cm^3 以下。结构愈疏松，孔隙体积愈大，密度值将愈小。土的密度一般用“环刀法”测定（见土工试验）。

2. 土的天然含水量 w

在天然状态下，土中水的质量与土颗粒的质量之比，称为土的含水量（率）w，以百分数表示，即

$$w=\frac{m_W}{m_S}\times 100\% \tag{1.4}$$

含水量 w 是标志土含水程度的一个重要指标。天然土层的含水量变化范围较大,一般干砂土的含水量接近零,而饱和砂土的含水量可高达40%;黏性土处于坚硬状态时,含水量可小于30%,而处于流塑状态时,含水量可能大于 60%。一般情况下,同一类土含水量越大则强度越低,即土的力学性质随之而变。土的含水量一般用"烘干法"测定(见土工试验)。

3. 土粒相对密度(比重)d_S

单位土粒的密度 ρ_S 与同体积 4 ℃ 时纯水的密度 ρ_W 之比,称为土粒的相对密度 d_S,即

$$d_S=\frac{\rho_S}{\rho_W}=\frac{m_S}{V_S\cdot\rho_W} \tag{1.5}$$

式中 ρ_W——4 ℃ 时纯水的密度,一般取 1.0 g/cm³。

土的相对密度取决于土的矿物成分和有机质含量,一般在 2.60 ~ 2.75,但当土中含有较多的有机质时,土的相对密度会明显减少,甚至达到 2.40 以下。工程实践中,由于各类土的相对密度变化幅度不大,除重大建筑物及特殊情况外,可按经验数值选用,一般土的相对密度见表 1.14。土粒相对密度在实验室内用比重瓶测定。

表 1.14 土的相对密度的一般数值

名称	砂土	砂质粉土	黏质粉土	粉质黏土	黏土
相对密度	2.65 ~ 2.69	2.70	2.71	2.72 ~ 2.73	2.74 ~ 2.76

1.2.3 土的换算物理性质指标

土的换算物理性质指标,是在基本物理性质指标的基础上,在实际工程中根据不同的需要采用的换算指标(6 个)。常用土的换算物理性质指标名称、表达式及意义见表 1.15。

表 1.15 土的换算物理性质指标表达式、定义及作用

换算指标		基本表达式	定义及作用
土体密实程度指标	孔隙比 e	$e=\frac{V_V}{V_S}$ (1.6)	(1) 定义:孔隙比 e 指土的孔隙体积与土粒体积之比。 (2) 意义:是重要的物理性质指标,可以评价天然土层的密实程度。$e<0.6$ 时,为低压缩性的密实土;$e>1.0$ 时,为高压缩性土
	孔隙率 n	$n=\frac{V_V}{V}\times 100\%=\frac{e}{1+e}\times 100\%$ (1.7)	(1) 定义:孔隙率 n 指土的孔隙体积与土的总体积之比。 (2) 意义:一般粗粒土的孔隙率比细粒土的小,黏性土的孔隙率为 30% ~ 60%,无黏性土的孔隙率为 25% ~ 45%
潮湿程度指标	饱和度 S_r	$S_r=\frac{V_W}{V_V}\times 100\%$ (1.8)	(1) 定义:饱和度 S_r 指土中水的体积与孔隙体积之比。 (2) 意义:饱和度是孔隙被水充满程度的指标,即反映土体潮湿程度的物理性质指标。$S_r<50\%$ 时土为稍湿的;S_r 在 50% ~ 80% 时土为很湿的;$S_r>80\%$ 时土为饱和的;$S_r=100\%$ 时,土则处于完全饱和状态

续表 1.15

换算指标		基本表达式	定义及作用
土在不同状态下的密度（g/cm^3）	干密度 ρ_d	$\rho_d = \dfrac{m_S}{V}$　(1.9)	(1) 定义：干密度 ρ_d 指单位土体积内固体颗粒的质量。 (2) 意义：干密度反映了土粒排列的紧密程度，一般达到 1.50～1.65 g/cm^3 以上。干密度越大，土越密实，强度就越高，土稳定性也越好；干密度越小表明土越疏松。在填方工程中，常把干密度作为填土设计和施工质量控制的指标，以控制填土的施工质量
	饱和密度 ρ_{sat}	$\rho_{sat} = \dfrac{m_S + V_V \cdot \rho_W}{V}$　(1.10)	(1) 定义：饱和密度 ρ_{sat} 指土体孔隙被水充满时，单位土体积内饱和土的质量，即饱和土的密度。 (2) 意义：地下水位以下的土，其天然状态密度为饱和密度，是计算浮重度的依据
	浮密度 ρ'	$\rho' = \dfrac{m_S - V_S \cdot \rho_W}{V} = \rho_{sat} - \rho_W = \rho_{sat} - 1$　(1.11)	(1) 定义：地下水位以下的土，其土粒受浮力作用时，单位体积内土粒的质量称为土的浮密度，也称为土的有效密度。 (2) 意义：地下水位以下的土，由于受到浮力作用，在计算自重应力时应扣除浮力作用，按有效重度(浮重度)计算，而有效重度与有效密度有关

小结：

① 反映土密实程度的指标孔隙比 e 及孔隙率 n，其值越大，土中孔隙越大；在实际中可以分析砂土的密实度。二者关系：$n = \dfrac{V_V}{V} \times 100\% = \dfrac{e}{1+e} \times 100\%$。

② 反映土潮湿程度的指标 $S_r = \dfrac{V_W}{V_V} \times 100\%$ 是孔隙中被水充满的程度，其值越大，土中水越多，无单位。

③ S_r、n、e 其表示式均是体积三相之间的关系，无单位。

④ 土在不同状态下的密度（g/cm^3），地下水位以下的土体有饱和密度 ρ_{sat} 和浮密度 ρ'，其关系为 $\rho' = \rho_{sat} - 1$。

➡ 技术提示

(1) 质量(单位：t) 与对应重量(单位：kN) 之间存在下列关系：

土的总重量 W、固体颗粒重量 W_S、水的重量 W_W 依次为：$mg = W$，$m_S g = W_S$，$m_W g = W_W$；

重力加速度 g：在力学中 $g \approx 10$ N/kg。

(2) 重力密度(kN/m^3) 简称重度：指单位体积的重量，包括土的天然重度 γ、干重度 γ_d、饱和土重度 γ_{sat}、浮重度 γ'。

(3) 质量密度(g/cm^3)(简称密度) 与重度(kN/m^3) 之间的关系：

$\gamma = \rho g$，$\gamma_d = \rho_d \cdot g$，$\gamma_{sat} = \rho_{sat} \cdot g$，$\gamma' = \rho' \cdot g = \gamma_{sat} - \gamma_W = \gamma_{sat} - 10$；在计算土中应力、地基变形及地基承载力时，要考虑土的重度。

1.2.4　土的 9 个物理性质指标的换算关系

以上对各指标进行了定义，如测得三个基本物理性质指标后，其他换算指标可根据三个基本物理性质指标求出(推导过程略)，换算公式见表 1.16。

表 1.16　三相比例关系指标换算公式

名称	符号	表达式	常用换算公式	单位	常见的数值范围
含水量	w	$w=\frac{m_W}{m_S}\times 100\%$	$w=\frac{S_r e}{d_S}=\frac{\rho}{\rho_d}-1$		20% ～ 60%
土粒相对密度	d_S	$d_S=\frac{\rho_S}{\rho_W}$	$d_S=\frac{S_r}{w}e$		一般黏性土:2.67 ～ 2.75 砂土:2.63 ～ 2.67
密度	ρ	$\rho=\frac{m}{V}$	$\rho=\frac{d_S+S_r e}{1+e}\rho_W$	g/cm³	1.6 ～ 2.2
干密度	ρ_d	$\rho_d=\frac{m_S}{V}$	$\rho_d=\frac{\rho}{1+w}$	g/cm³	1.3 ～ 1.8
饱和密度	ρ_{sat}	$\rho_{sat}=\frac{m_S+V_V\cdot\rho_W}{V}$	$\rho_{sat}=\frac{d_S+e}{1+e}\rho_W$	g/cm³	1.8 ～ 2.3
浮密度	ρ'	$\rho'=\frac{m_S-V_S\cdot\rho_W}{V}$	$\rho'=\rho_{sat}-\rho_W$	g/cm³	0.8 ～ 1.3
孔隙比	e	$e=\frac{V_V}{V_S}$	$e=\frac{d_S(1+w)\rho_W}{\rho}-1$		一般黏性土:0.40 ～ 1.20 砂土:0.30 ～ 0.90
孔隙率	n	$n=\frac{V_V}{V}\times 100\%$	$n=\frac{e}{1+e}\times 100\%$		一般黏性土:30% ～ 60% 砂土:25% ～ 45%
饱和度	S_r	$S_r=\frac{V_W}{V_V}\times 100\%$	$S_r=\frac{wd_S}{e}$		0 ～ 1.0

【例 1.1】 某一原状土样,经试验测得基本物理性质指标为:土粒相对密度 $d_S=2.67$,含水量 $w=12.9\%$,密度 $\rho=1.67\ g/cm^3$。求土的 6 个换算指标,即干密度 ρ_d、孔隙比 e、孔隙率 n、饱和密度 ρ_{sat}、浮密度 ρ' 及饱和度 S_r。

【解】 **方法一**:由表 1.16 的换算公式直接计算。

(1) 干密度　$\rho_d=\frac{\rho}{1+w}=\frac{1.67}{1+0.129}=1.48\ g/cm^3$

(2) 孔隙比　$e=\frac{V_V}{V_S}=\frac{d_S(1+w)\rho_W}{\rho}-1=\frac{2.67(1+0.129)}{1.67}-1=0.805$

(3) 孔隙率　$n=\frac{e}{1+e}\times 100\%=\frac{0.805}{1+0.805}\times 100\%=44.6\%$

(4) 饱和密度　$\rho_{sat}=\frac{d_S+e}{1+e}\rho_W=\frac{2.67+0.805}{1+0.805}=1.93\ g/cm^3$　(其中 $\rho_W=1$)

(5) 浮密度　$\rho'=\rho_{sat}-\rho_W=1.93-1=0.93\ g/cm^3$

(6) 饱和度　$S_r=\frac{wd_S}{e}=\frac{0.129\times 2.67}{0.805}\times 100\%=43\%$

方法二:由三相图直接计算。

由三相图[图 1.10(a)]计算图中各参数,为计算方便,令 $V_S=1$,方法如下:

(1) 由 $d_S=\frac{m_S}{V_S\rho_W}=2.67$　得:$m_S=2.67V_S\rho_W=2.67$　(其中 $\rho_W=1$)

(2) 由 $w=\frac{m_W}{m_S}=0.129$　得:$m_W=0.129\ m_S=0.129\times 2.67=0.344V_W=0.344$

则:$m=m_S+m_W=2.67+0.344=3.01$

(3) 由 $\rho=\frac{m}{V}=1.67$　得:$V=\frac{m}{1.67}=\frac{3.01}{1.67}=1.805$　$V_V=V-V_S=1.805-1=0.805$

(4) 将以上计算参数填入三相图[图 1.10(b)]中，并用基本表达式直接求各换算指标。

$$\rho_d = \frac{m_S}{V} = \frac{2.67}{1.805} = 1.48\ \text{g/cm}^3 \quad \rho_{sat} = \frac{m_S + V_V \cdot \rho_W}{V} = \frac{2.67 + 0.805}{1.805} = 1.93\ \text{g/cm}^3$$

$$\rho' = \rho_{sat} - \rho_W = 1.93 - 1 = 0.93\ \text{g/cm}^3 \quad e = \frac{V_V}{V_S} = 0.805 \quad n = \frac{V_V}{V} = \frac{0.805}{1.805} \times 100\% = 44.6\%$$

$$S_r = \frac{V_W}{V_V} = \frac{0.344}{0.805} \times 100\% = 43\%$$

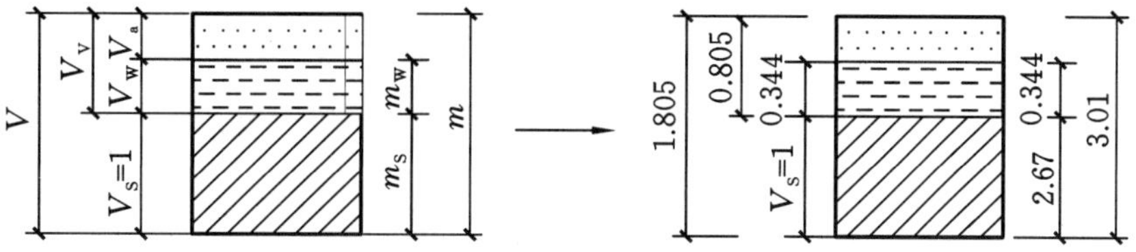

图 1.10　例 1.1 图

➡ 技术提示

通过本题计算引出的启示：

1. 通过上述两种方法计算，其结果完全相同。由基本物理性质指标利用换算公式计算方便快捷得多，但计算不够灵活，比较茫然、被动；利用三相图计算直观易懂，计算灵活，计算过程中能进一步加深对物理性质指标的理解，其技术层次更高。根据实际需要可灵活选择最佳计算方法。

2. 对各物理指标的进一步理解：

(1) 各种密度及重度之间的关系：$\rho_{sat} > \rho > \rho_d > \rho'$。

(2) 干密度与干土密度的区别：干密度是烘干后固体颗粒质量与原状土烘干前总体积之比；干土密度是烘干后固体颗粒质量与烘干后土总体积之比，因烘干的土体会干缩，其体积要明显小于烘干前原状土的体积，所以干密度要小于干土的密度。

(3) 土体颗粒的相对密度仅取决于土体颗粒本身的矿物成分，与孔隙比、孔隙率、含水量以及土是否扰动无关。

(4) 同一种土只要水没有蒸发，其含水量是不变的，与土是否扰动无关；即使土体含水不变，土体只要扰动，体积发生改变，其各密度也随之改变。

【例 1.2】　某一施工现场需要填土，坑体积 $V_2 = 2000\ \text{m}^3$，土方是从附近山丘开挖而来。经勘察，土粒的相对密度 $d_S = 2.7$，含水量 $w_1 = 15\%$，孔隙比 $e_1 = 0.6$；要求基坑填土的含水量 $w_2 = 17\%$，干密度 $\rho_{d2} = 1.76\ \text{g/cm}^3$。试求：

1. 取土场地的密度 ρ_1、干密度 ρ_{d1} 和饱和度 S_{r1} 是多少？

2. 应从取土场地开挖多少土(V_1)？

3. 碾压时应洒多少水？

【解】　1. 计算取土场地的密度 ρ_1、干密度 ρ_{d1} 和饱和度 S_{r1}

利用三相图，设 $V_S = 1$，则：

(1) 由 $d_S = \dfrac{m_S}{V_S \rho_W} = 2.7$　得：$m_S = 2.7 V_S \rho_W = 2.7$　(其中 $\rho_W = 1$)

由 $w_1 = \dfrac{m_W}{m_S} = 0.15$　得：$m_W = 0.15\ m_S = 0.15 \times 2.7 = 0.406, V_W = 0.406$

则 $m = m_S + m_W = 2.7 + 0.406 = 3.106$

(2) 由 $e_1 = \dfrac{V_V}{V_S} = 0.6$　得：$V_V = 0.6 V_S = 0.6, V = V_V + V_S = 1.6$

(3) $\rho_1 = \dfrac{m}{V} = \dfrac{3.106}{1.6} = 1.94\ \text{t/m}^3, \rho_{d1} = \dfrac{m_S}{V} = \dfrac{2.7}{1.6} = 1.69\ \text{t/m}^3, S_{r1} = \dfrac{V_W}{V_V} = \dfrac{0.406}{0.6} \times 100\% = 67.7\%$

2. 计算取土场地需开挖的土方量 V_1

(1) 计算填土场地固体颗粒质量 m_{S2}

由 $\rho_{d2}=\frac{m_{S2}}{V_2}=1.76$，得：$m_{S2}=1.76V_2=1.76\times2000=3520\ \text{t}$

(2) 计算取土场地取土体积 V_1（因取土和填土固体颗粒的质量不变，即 $m_{S1}=m_{S2}$）

由 $\rho_{d1}=\frac{m_{S1}}{V_1}=1.69$　得：$V_1=\frac{3520}{1.69}=2083\ \text{m}^3$

3. 碾压时应洒水量

$m_{W2}-m_{W1}=m_{S2}w_2-m_{S1}w_1=3520\times(0.17-0.15)=70.4\ \text{t}$

➡ 技术提示

通过本题计算引出的启示：

1. 由于基坑填土的干密度不等于挖方的干密度，故挖方的体积、质量不等于填方体积、质量，但填方固体颗粒质量等于挖方固体颗粒质量。

2. 干密度大者不一定含水量少，干密度小者不一定含水量多，与击实功及压缩程度有关；填方含水量大于挖方含水量时，挖方土需要加水，反之需要减水，其增减水量等于该填土或挖土固体颗粒质量与含水量之差的乘积。

1.3　土的物理状态指标

常见的土有黏性土、无黏性土，其中黏性土物理状态主要指软硬程度，主要受含水量影响；无黏性土物理状态主要指密实程度，主要受孔隙大小及级配影响。物理状态、力学性质不同，其工程特性也不同。

1.3.1　无黏性土的密实度

砂土、碎石土统称为无黏性土。颗粒较粗，土粒之间无黏结力，一般呈散粒状态。其密实度对工程性质有十分重要的影响。如密实状态的砂土具有较高的强度、较低的压缩性，是良好的天然地基。当无黏性土呈松散状态时，结构常处于不稳定状态，当地下水位比较高时，容易产生流砂。例如在地震作用下可能会发生液化，导致地基承载力失效，这样的地基为不良地基，要进行地基处理，以满足设计要求。

1.3.1.1　砂土的密实度判别方法

1. 根据室内砂土物理性质指标判断(表 1.17)

表 1.17　根据室内砂土物理性质指标判断砂土的密实度

<table>
<tr><td colspan="2">判断方法</td><td colspan="3">根据天然孔隙比 $e=\frac{V_V}{V_S}$ 判断</td><td colspan="3">根据相对密实度 $D_r=\frac{e_{max}-e}{e_{max}-e_{min}}$ 判断</td></tr>
<tr><td colspan="2" rowspan="2">密实状态</td><td><0.6</td><td>$0.6\sim0.95$</td><td>>0.95</td><td>$0\sim0.33$</td><td>$0.33\sim0.67$</td><td>$0.67\sim1$</td></tr>
<tr><td>密实</td><td>中密</td><td>松散</td><td>松散</td><td>中密</td><td>密实</td></tr>
<tr><td>计算公式及特点</td><td>天然孔隙比 e</td><td colspan="6">(1) 测定方法简单，但砂土在室内难以取得原状土，在现场采用灌砂法测定。
(2) 该方法最大缺点是没有考虑土颗粒级配的影响，分析如下：
① 即天然孔隙比 e 一样的砂土，即使 V_S、V_V 一样，固体颗粒级配不同，则孔隙形状不同，密实度不同，体现在相同荷载作用下，土的强度、变形不同；
② 孔隙比 e 小者不一定密实；孔隙比 e 大者不一定松散</td></tr>
</table>

续表 1.17

计算公式及特点	相对密实度 D_r 判断	(1) 相对密实度 D_r 是表示砂土紧密程度的指标，在表达式 $D_r=\frac{e_{max}-e}{e_{max}-e_{min}}$ 中： e_{max}—— 砂土的最大孔隙比，即最疏松状态的孔隙比，其测定方法是将疏松的风干土样，通过长颈漏斗轻轻地倒入容器，求其最小干密度，计算其对应的孔隙比； e_{min}—— 砂土的最小孔隙比，即最密实状态的孔隙比，其测定方法是将疏松风干土样分三次装入金属容器并加以振动和锤击，至体积不变为止，测出最大干密度，算出其对应的孔隙比。 (2) 若砂土的天然孔隙比 e 接近 e_{min}，D_r 接近 1，呈密实状态；当 e 接近 e_{max}，D_r 接近 0，呈疏松状态。 (3) 相对密实度 D_r 从理论上能反映土粒级配、形状等因素。但由于砂土最容易扰动，很难取得原状土样，故天然孔隙比 e、e_{max}、e_{min} 不易测得准确，其相对密实度的精度也就无法保证

【例 1.3】 某砂土样的密度 $\rho=1.77\ g/cm^3$，含水量 $w=9.8\%$，土粒的相对密度 $d_S=2.67$，烘干后测得 $e_{min}=0.461$，$e_{max}=0.943$，试求孔隙比 e 和相对密实度 D_r 并评定土的密实度。

【解】 由表 1.16 可知：

$$e=\frac{d_S(1+w)\rho_W}{\rho}-1=\frac{2.67\times(1+0.098)\times 1}{1.77}-1=0.656$$

由表 1.17 可知：

$$D_r=\frac{e_{max}-e}{e_{max}-e_{min}}=\frac{0.943-0.656}{0.943-0.461}=0.595$$

D_r 在 0.33 ～ 0.67 之间，所以该砂土的密实度为中密。

2. 根据标准贯入锤击数判断

从理论上讲，根据相对密实度划分砂土的密实度是比较合理的，但是测定 e_{max}、e_{min} 试验方法的缺陷，试验结果有较大出入，同时地下水位以下的砂土很难取得原状土，砂土的天然孔隙比 e 很难准确测定，因此在实际工程中，通常用标准贯入试验锤击数 N 来判断砂土的密实度。标准贯入试验(SPT) 是在现场进行的原位试验，其贯入试验设备见图 1.11，用 63.5 kg 的穿心锤，自 76 cm 的高度自由落下，将标准贯入器(由贯入器靴、贯入器身及贯入器头三部分组成，其中贯入器身尺寸长度＞50 cm、外径 5.1 cm、内径 3.5 cm)击入土中 30 cm 所需的锤击数，称为标准贯入锤击数 N。《建筑地基基础设计规范》(GB 50007—2011) 根据标准贯入试验锤击数 N 将砂土的密实度划分为松散、稍密、中密、密实四种密实度状态，如表 1.18 所示。

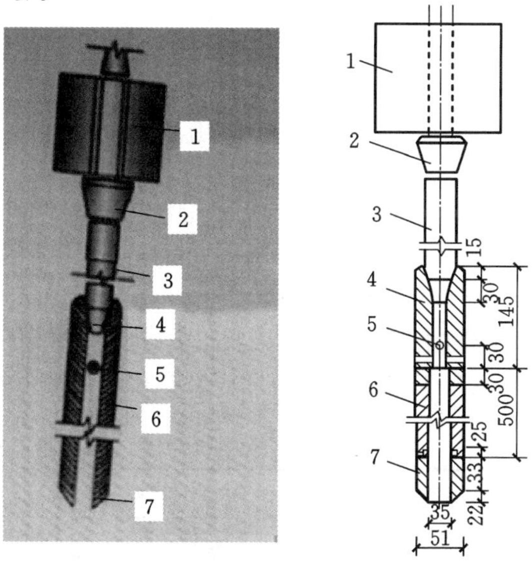

图 1.11　标准贯入试验设备示意图

1— 穿心锤；2— 锤垫；3— 触探杆；4— 贯入器头；5— 出水孔；6— 贯入器身；7— 贯入器靴

表 1.18　砂土的密实度

密实度	松散	稍密	中密	密实
标准贯入锤击数 N	$N\leqslant 10$	$10<N\leqslant 15$	$15<N\leqslant 30$	$N>30$

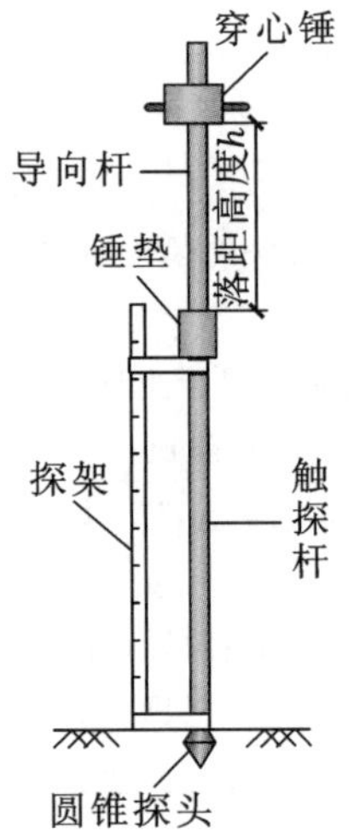

图 1.12　重型圆锥设备示意图

1.3.1.2　碎石土的密实度

➡ 预备知识

动力触探试验(DOT)也称圆锥动力触探试验，是现场原位试验的一种方法，由落锤、探头和触探杆(包括锤座和导向杆)组成，如图 1.12 所示。其原理是利用一定重量的穿心锤从一定高度自由落下，将与探杆相连接的有一定规格标准探头打入土中一定深度，根据所需的锤击数，判断土的力学性质。根据击实能量不同，动力触探分为轻型、重型、超重型三种，详见表 1.19。

表 1.19　动力触探类型及对应的参数、指标要求

动力触探击实能量		轻型动力触探	重型动力触探	超重型动力触探
落锤	质量 m(kg)	10	63.5	120
	落距 h(cm)	50	76	100
指标		贯入 30 cm 锤击数 N_{10}	贯入 10 cm 锤击数 $N_{63.5}$	贯入 10 cm 锤击数 N_{120}
适用条件		素填土、砂土、粉土和黏性土	中砂、粗砂、砾砂和中密以下的碎石土	卵石、密实和很密的碎石土、砾石类土

备注：

1. 探头根据轻型、重型及超重型击实能量不同，其直径、截面面积、圆锥角均有标准规定，详见《土工试验方法标准》(GB/T 50123—2019)；
2. 触探杆根据轻型、重型及超重型击实能量不同，其直径、每米质量、锥座质量均有标准规定，详见《土工试验方法标准》(GB/T 50123—2019)。

碎石土既不易获得原状土样，也难于将标准贯入器击入土中。对这类土可根据《建筑地基基础设计规范》(GB 50007—2011) 要求，用重型动力触探锤击数 $N_{63.5}$ 来划分碎石土的密实度，见表 1.20。

表 1.20　碎石土按密实度划分

条件	$N_{63.5} \leqslant 5$	$5 < N_{63.5} \leqslant 10$	$10 < N_{63.5} \leqslant 20$	$N_{63.5} > 20$
密实度	松散	稍密	中密	密实

对于平均粒径大于 50 mm 或最大粒径 100 mm 的碎石土，可以根据野外鉴别方法划分为密实、中密和松散三种密实度状态(表 1.21)，详见《岩土工程勘察规范》[2009 年版](GB 50021—2001)。碎石土的强度大，压缩性小，渗透性大，是良好的地基。

表 1.21　碎石土密实度野外鉴别方法

密实度	骨架颗粒含量和排列	可挖性	可钻性
密实	骨架颗粒含量大于总重的 70%，呈交错排列，连续接触	锹镐挖掘困难，用撬棍方能松动，井壁一般较稳定	钻进极困难，冲击钻探时，钻杆、吊锤跳动剧烈；孔壁较稳定

续表 1.21

密实度	骨架颗粒含量和排列	可挖性	可钻性
中密	骨架颗粒含量等于总量的 60%～70%，呈交错排列，大部分接触	锹、镐可挖掘，井壁有掉块现象，从井壁取出大颗粒处，能保持颗粒凹面形状	钻进较困难，冲击钻探时，钻杆、吊锤跳动不剧烈，孔壁有坍塌现象
松散	骨架颗粒含量小于总重的 60%，排列十分混乱，绝大部分不接触	锹易挖掘，井壁极易坍塌	钻进很容易，冲击钻探时，钻杆无跳动，孔壁极易坍塌

➡ 技术提示

标准贯入试验与重型圆锥动力触探试验的区别：

① 探头构造不同，标贯探头是管靴状，可以取土；重型圆锥探头是封闭的尖头。

② 试验对象不同，标准贯入试验的对象是黏性土、砂土，重型圆锥动力触探试验的对象是碎石土。

③ 落锤不同，标准贯入试验只有一个落锤，动力触探试验类型有 3 个，分为轻型、重型、超重型。

④ 测试依据及原理完全不同，动力触探试验是以动能方式，通过实心的锥尖反力推测被测试土的一些性质；标准贯入试验是以动能方式，使被测土进入管靴的方式来测求被测土的性质。

1.3.2　黏性土的物理状态

1.3.2.1　黏性土的界限含水量

黏性土由于含水量不同，分别处于流动状态、可塑状态、半固态及固态；黏性土由一种状态过渡到另一种状态的分界含水量称为界限含水量。如图 1.13(a) 所示，有液限 w_L、塑限 w_P、缩限 w_S 三种界限含水量。

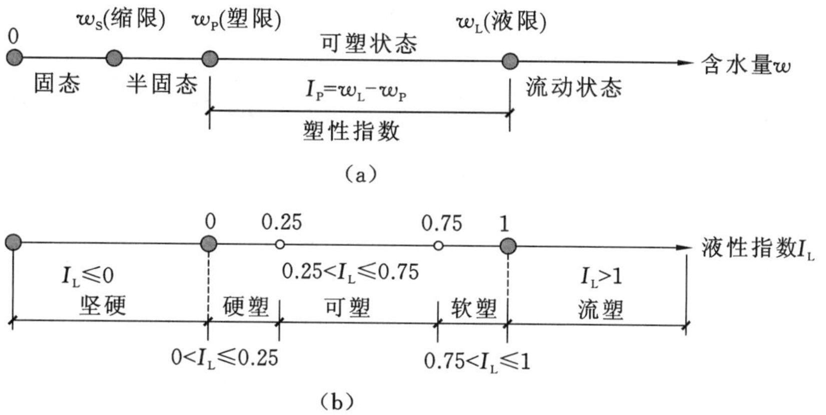

图 1.13　黏性土的物理状态

(a) 黏性土的界限含水量及塑性指数；(b) 黏性土由液性指数划分物理状态的标准

液限 —— 指黏性土从流动状态到可塑状态的界限含水量，是可塑状态的上限含水量。

塑限 —— 指黏性土从可塑状态到半固态的界限含水量，是可塑状态的下限含水量。

缩限 —— 指黏性土从半固态到固态后体积不再收缩的界限含水量。缩限对工程影响不大，对实际工程中影响最大的是液限、塑限。不同的黏性土，液、塑限含水率不同，其取值要通过室内试验测定液限及塑限。

1.3.2.2 塑性指数 I_P

液限与塑限的差值称为塑性指数,即

$$I_P = w_L - w_P \tag{1.12}$$

由于I_P反映了土的塑性大小和影响黏性土特征的各种重要因素,因此,《建筑地基基础设计规范》用I_P作为黏性土的分类标准,规定黏性土按塑性指数I_P(省去百分号)值可划分为黏土、粉质黏土。划分标准为:$10 < I_P \leqslant 17$为粉质黏土,$I_P > 17$为黏土。

➡ **技术提示**

塑性指数的大小表明了黏性土可塑范围的大小[图1.13(a)],其大小与土的黏粒含量、粒径及矿物成分等有关。

(1) 从土的颗粒讲,土粒越细、黏粒含量越高,比表面积越大,则结合水越多,塑性指数I_P也越大。

(2) 从矿物成分来说,矿物可能具有较多的结合水(其中尤以蒙脱石类为最大),因而I_P也大。

(3) 从土中水的离子成分和浓度来说,当水中高价阳离子的浓度增加时,土粒表面吸附的反离子层的厚度变薄,结合水含量相应减少,I_P变小;反之I_P变大。

1.3.2.3 液性指数 I_L

土的天然含水量w与塑限w_P之差与塑性指数I_P之比,称为土的液性指数,即

$$I_L = \frac{w - w_P}{I_P} = \frac{w - w_P}{w_L - w_P} \tag{1.13}$$

由图1.13(b)可以看出,当天然含水量$w < w_P$时,对应的$I_L < 0$,土体处于固体或半固体状态;当$w > w_L$时,对应的$I_L > 1$,天然土体处于流动状态;当w在w_P与w_L之间时,对应的I_L为0～1,天然土体处于可塑状态。

➡ **技术提示**

(1) I_L值越大,土体越软;I_L值越小,土体越坚硬。因此,液性指数是反映黏性土软硬程度的指标,利用液性指数I_L的大小可以判断黏性土所处的天然状态。

(2)《建筑地基基础设计规范》按I_L的大小将黏性土划分为坚硬、硬塑、可塑、软塑和流塑五种软硬状态(表1.22)。

表1.22 黏性土软硬状态划分

液性指数	$I_L \leqslant 0$	$0 < I_L \leqslant 0.25$	$0.25 < I_L \leqslant 0.75$	$0.75 < I_L \leqslant 1$	$I_L > 1$
状态	坚硬	硬塑	可塑	软塑	流塑

【例1.4】 已知一黏性土天然含水量$w=40.8\%$,液限$w_L=38.5\%$,塑限$w_P=18.6\%$,请给该黏性土定名并确定其状态。

【解】 (1) 计算塑性指数:$I_P = w_L - w_P = 38.5\% - 18.6\% = 19.9\%$。因为$I_P = 19.9\% > 17\%$,所以为黏土。

(2) 计算液性指数:$I_L = \frac{w - w_P}{I_P} = \frac{w - w_P}{w_L - w_P} = \frac{0.408 - 0.186}{0.385 - 0.186} = 1.12 > 1$

查表1.22可知该土的物理状态为流塑状态。

1.3.3 黏性土的其他特征

1.3.3.1 结构性

黏性土的天然结构主要是蜂窝结构和絮状结构，由于其结构特征原因使其在天然状态下，有较高的强度、较小的变形，但结构受到扰动后其强度明显降低、变形大，这种特性称为土的结构性。结构性的强弱工程上常用灵敏度 S_t 衡量。灵敏度是原状土的无侧限抗压强度 q_u 与重塑土(土样完全扰动后又将其压实成和原状土同等密实状态，其含水量不变)的无侧限抗压强度 q_0 之比，即

$$S_t = \frac{q_u}{q_0} \tag{1.14}$$

工程上可根据黏性土的大小将饱和黏性土分为三类：低灵敏度土：$1 < S_t \leqslant 2$；中灵敏度土：$2 < S_t \leqslant 4$；高灵敏度土：$S_t > 4$。

➡ 技术提示

灵敏度越高，结构性越强，受到扰动后强度降低越多，压缩增加越多。所以在基础工程中，对灵敏度较高的土，应注意保护基坑勿受扰动。

1.3.3.2 触变性

土的触变性与结构性正好相反，黏性土受到扰动停止后，静止若干时间，土粒间的联结会逐渐得到部分恢复，土的强度会随着时间的延长而逐渐有所增加(但增加是很缓慢的)，这就是土的触变性。

➡ 技术提示

掌握土的触变性对于工程实践还是很有意义的。例如：(1) 打桩时会使桩侧周围黏性土受到扰动，打桩停止后，强度会部分恢复，这也是我们常说的打桩要“一气呵成”的道理。(2) 在静力荷载试验确定单桩承载力时，也是从成桩到试桩要有一定休止时间的原因。

1.4 土的工程分类

土的分类方法很多，不同部门、不同行业由于研究的目的不同，所用分类方法也各不相同。《建筑地基基础设计规范》根据不同土的工程性质，分为一般土(碎石土、砂土、粉土、黏性土)、填土和特殊土。一个正确的设计必须建立在对土正确评价的基础上，而土的工程分类是工程勘察评价的基本内容。一般土分类界限条件见表 1.23。

表 1.23 一般土分类界限条件

一般土类型	划分界限及定义
碎石土	粒径大于 2 mm 的颗粒含量超过全重 50% 的土
砂土	粒径大于 2 mm 的颗粒含量不超过全重的 50%，而粒径大于 0.075 mm 的颗粒含量超过全重 50% 的土
粉土	粒径大于 0.075 mm 的颗粒含量不超过全重 50% 的土，且塑性指数 $I_P \leqslant 10$
黏性土	塑性指数 $I_P > 10$ 的土

1.4.1 碎石土分类

碎石土按粒组含量及颗粒形状分类，其划分标准见表 1.24。

表 1.24　碎石土按粒组含量及颗粒形状划分

土的名称	颗粒形状	粒组含量
漂石 块石	圆形及亚圆形为主 棱角形为主	粒径大于 200 mm 的颗粒占全重的 50%
卵石 碎石	圆形及亚圆形为主 棱角形为主	粒径大于 20 mm 的颗粒占全重的 50%
圆砾 角砾	圆形及亚圆形为主 棱角形为主	粒径大于 2 mm 的颗粒超过全重的 50%

注:分类时应根据粒组含量栏从上到下以最先符合者确定。

1.4.2　砂土的分类

砂土按粒组含量分类,其分类标准见表 1.25。

表 1.25　砂土的分类

土的名称	颗粒级配	土的名称	颗粒级配
砾砂	粒径大于 2 mm 的颗粒占全重的 25%～50%	细砂	粒径大于 0.075 mm 的颗粒超过全重的 85%
粗砂	粒径大于 0.5 mm 的颗粒超过全重的 50%	粉砂	粒径大于 0.075 mm 的颗粒不超过全重的 50%
中砂	粒径大于 0.25 mm 的颗粒超过全重的 50%		

注:定名时应根据粒径分组由大到小,以最先符合者确定。

常见的砾砂层、粗砂层、中砂层为良好地基,粉砂层、细砂层要具体分析,如为饱和疏松状态则为不良地基。

【例 1.5】　按表 1.26 所给的颗粒分析资料,根据粒径分组由大到小确定土的名称。

表 1.26　某无黏性土样颗粒分析结果

粒径(mm)	10～2	2～0.5	0.5～0.25	0.25～0.075	<0.075
相对含量(%)	4.5	12.4	35.5	33.5	14.1

【解】　(1) 由表 1.23 判断一般土的类型

大于 2 mm 的颗粒含量为 4.5%<50%,所以不是碎石土,而大于 0.075 mm 的颗粒含量为 4.5%+12.4%+35.5%+33.5%=85.9%>50%,所以为砂土。

(2) 由表 1.25 进一步判断砂土类型

① 粒径大于 0.5 mm 的颗粒含量为 4.5%+12.4%=16.9%<50%,可知:不是粗砂;

② 粒径大于 0.25 mm 的颗粒含量为 4.5%+12.4%+35.5%=52.4%>50%,可知:为中砂。

1.4.3　粉土的分类

粉土为介于砂土与黏性土之间,塑性指数 $I_P \leqslant 10$,且粒径大于 0.075 mm 的颗粒含量不超过全重 50% 的土。它具有砂土和黏性土的某些特征,根据黏粒的含量可分为砂质粉土(砂粒含量较多)和黏质粉土(黏粒含量较多)。砂粒含量较多的粉土地震时可能产生液化,类似于砂土性质;黏粒含量较多的粉土不易液化,其性质近似于黏性土;西北一带的黄土,颗粒含量以粉粒为主,砂粒及黏粒含量均很低。

1.4.4 黏性土的工程分类

(1) 黏性土按塑性指数分为黏土和粉质黏土。

(2) 黏性土按沉积年代分为新近沉积黏性土、一般黏性土、老黏性土。

新近沉积黏性土是指沉积年代较近的土，第四纪全新世晚期 Q_4(文化期以来) 沉积的土，分布在湖、塘、沟、谷、河道泛滥及山前冲积扇等。其结构性差，有的土体处于欠压密状态。

一般黏性土是指第四纪全新世 Q_4 早期(文化期以前) 沉积的土，分布于全国各地，是经常遇到的勘察对象，一般属于中等压缩的土。

老黏性土是指沉积年代在第四纪更新世 Q_3 或更早以前沉积的土，其力学性能优于一般黏性土。老黏性土的承载力比相同物理性质指标的一般黏性土高 1.3 ～ 2 倍，压缩性较低。

1.4.5 人工填土

人工填土是人类活动堆积而成的土，根据组成及成因分为素填土、杂填土和冲填土(表 1.27)。

表 1.27 人工填土工程性质

类型	组成及工程性质
素填土	① 是由碎石、砂土、粉土、黏性土等组成，其中不含杂质或杂质(碎砖、瓦砾、灰渣、朽木) 含量很少，是天然土受扰动后堆积而成的土； ② 组成物质简单，性能较好，经过分层压实或夯填后的素填土称为压实填土
杂填土	① 由各种物质组成的填土，其成分复杂，成因很不规律，分布极不均匀，包括生活垃圾、工业垃圾(矿渣、粉煤灰等)、建筑垃圾(碎砖、瓦砾、灰渣、朽木)； ② 结构松散，强度低，压缩性高，还具有浸水湿陷性和对基础的侵蚀性(有机含量较大时)，并普遍存在于古城镇区域，一般不宜做建筑地基，需经过地基处理方可
冲填土	① 冲填土是水力冲刷泥砂形成的填土，例如在整理和疏通江河航道，或围海造地时用挖泥船通过泥浆泵将夹有大量水分的泥砂吹送至洼地形成的填土，主要分布在我国长江、珠江、上海黄浦江以及天津海河等沿江沿海地区； ② 含水量很高，强度低。当为黏性土时，排水固结时间长

1.4.6 特殊土

特殊土是由于工程性质异于一般土，具有一定分布区域、特殊成分、状态和结构特征特殊的土。常见的有软土、红黏土、湿陷性黄土、冻土、膨胀土、盐渍土等，其特性将在第 11 章中详细介绍。

1.5 土的压实性

土的压实性是指填土在不规则荷载(如振动、碾压、夯击) 作用下其密实度增加的性能。在工程建设中经常遇到回填土的情况，如基坑的回填、地基处理、路基和堤坝的填筑，挡土墙墙后回填等，这些回填土的密实程度直接影响结构的安全、使用及耐久性，所以为了提高土体的密实程度、减少压缩变形、减小渗透性，对实际填土要在土工实验室做击实试验，研究土体压实规律，提供压实参数，从而指导施工。击实方法分为轻型击实试验和重型击实试验，轻型击实试验适用于粒径小于 5 mm 的黏性土，重型击实试验适用于粒径不大于 20 mm 的土。

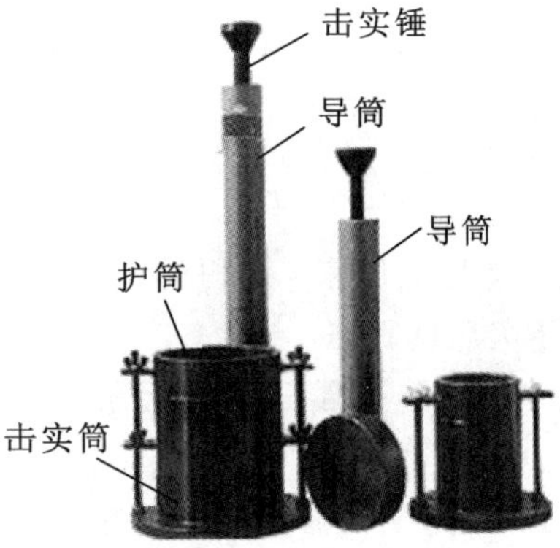

图 1.14　击实仪

1.5.1　细粒土击实试验

击实试验是在实验室进行,研究土压实性质的基本方法。试验时,先将土样风干、碾碎,过筛后掺入一定量的水制作扰动土样。将含水量为一定值的扰动土样分层装入击实筒(图 1.14)中,每铺一层厚,均用击锤按规定的落距和击数锤击土样,直到被击实的土样充满击实筒。细粒土主要指黏性土,应采用轻型击实试验。

1.5.1.1　细粒土试验基本原理

(1) 土样制备:制备不少于5个含水量 w 不同的试样,含水量一般相差为2%,且其中有两个含水量大于塑限,两个含水量小于塑限,一个含水量接近塑限(详见土工试验)。

(2) 击实土样:室内击实试验方法大致过程是把某一含水量的试样分三层放入击实筒内,每放一层用击实锤打击至一定击数,对每一层土所做的击实功为锤体重量、锤体落距和击打次数三者的乘积,击实参数见表1.28。将土层分层击实至满筒后,测定击实后土的含水量 w 和湿密度 ρ,算出干密度 $\rho_d=\dfrac{\rho}{1+w}$。

表 1.28　击实仪主要技术参数

试验方法	锤底直径(mm)	锤质量(kg)	落高(mm)	层数	每层击数	击实筒			护筒高度(mm)	备注
						内径(mm)	筒高(mm)	容积(cm^3)		
轻型	51	2.5	305	3	25	102	116	947.4	≥50	
				3	56	152	116	2103.9	≥50	
重型		4.5	457	3	42	102	116	947.4	≥50	
				3	94	152	116	2103.9	≥50	
				5	56					

(3) 用与上述(2)同样的方法做5个以上不同含水量的土样击实试验,每一土样均可得到击实后的含水量 w 与干密度 ρ_d。

1.5.1.2　绘制实际土样的击实曲线

以上述5个试样击实试验结果的干密度 ρ_d 为纵坐标,含水量 w 为横坐标,绘制干密度与含水量的关系曲线,称为击实曲线。图1.15为某土试样的击实曲线,曲线上峰点的坐标分别为土的最大干密度 ρ_{dmax} 与最优含水量 w_{0P},可知该土的最大干密度 $\rho_{dmax}=1.67\ g/cm^3$,最优含水量 $w_{0P}=20.3\%$。

通过大量试验,人们发现,黏性土的最优含水量 w_{0P} 与土的塑限 w_P 很接近,大约是 $w_{0P}=w_P+2\%$。因此,当土中所含黏土矿物越多、颗粒越细时,最优含水量越大。

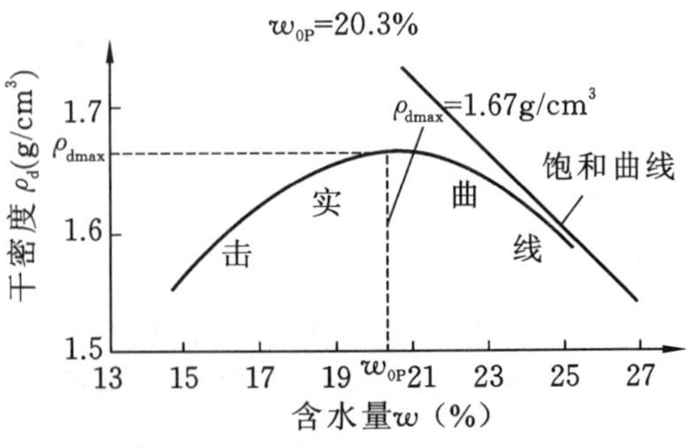

图 1.15　某细粒土的击实曲线

➡ 技术提示

实践证明，当含水量较低时，随着含水量的增加，土的干密度也逐渐增大，表明压实效果逐步提高；当含水量超过 w_{0P}，对过湿的土进行夯实或碾压会出现软弹现象（俗称橡皮土），此时土的密度是不会增大的，干密度则随着含水量增大而减小，即压密效果下降。对很干的土进行夯实或碾压，也不能将土充分压实。所以，要使土的压实效果最好，含水量一定要接近最佳含水量。

1.5.1.3　细粒土的理论击实曲线（饱和曲线）

理论上说，若将细粒土中的气从孔隙中全部排走，孔隙中只有水，变为完全的饱和土，这样的土最密实。在不同含水量的条件下，将土中孔隙气全部排走后，绘出干密度与含水量的关系曲线称为最大击实曲线或饱和曲线或理论压实曲线，在图 1.15 中有条曲线为饱和曲线。

从饱和曲线图可以看出：① 当 $w \leqslant w_{0P}$ 时，理想干密度会随含水量的减少几乎呈直线增加，而实际上孔隙中的气不容易排走，松散土是不可能达到这个密度的，所以理论击实曲线是不符合实际的，是不存在的；② 当 $w > w_{0P}$ 时，随着含水量的增加，孔隙中的气容易被排走，土体容易形成饱和土，所以到后期理论击实曲线接近实际压缩曲线，其差距缩小，这是符合实际的。

1.5.1.4　压实系数 λ_c

压实系数 λ_c 定义为现场土质材料压实后的干密度 ρ_d 与室内试验标准的最大干密度 ρ_{dmax} 之比，也称之为压实度，其表示为：

$$\lambda_c = \frac{\rho_d}{\rho_{dmax}} \tag{1.15}$$

在工程中，填土质量标准常以压实系数来控制。压实系数越接近 1，表明压实质量越好。根据工程结构的性质及填土受力不同，规范所要求的压实系数不同。必须指出的是，现场填土压实能力、压实方法与室内击实试验的击实效果都存在一定差异，因此，室内击实试验模拟工地压实仅是一种半经验的方法。《建筑地基基础设计规范》规定了压实填土质量控制指标，见表 1.29。

表 1.29　压实填土质量控制指标

结构类型	填土部位	压实系数 λ_c	控制含水量（%）
砌体承重结构及框架结构	在地基主要受力层范围内	≥0.97	$w_{0P}\pm 2$
	在地基主要受力层范围以下	≥0.95	
排架结构	在地基主要受力层范围内	≥0.96	
	在地基主要受力层范围以下	≥0.94	

1.5.2　粗粒土的击实曲线

粗粒土主要指砂土和碎石土。图 1.16 所示为中砂和粗砂的击实曲线。粗粒土击实曲线的特点为：

（1）击实过程中可自由排水，不存在最优含水量。

（2）在压实前完全干燥或充分洒水，土粒间无毛细压力挤压形成的毛细黏聚力，干砂容易振密，饱和砂毛细压力消失，在振动压力作用下，击实效果也良好，干砂或饱和砂容易压实到较大干密度，所以施工时要压实砂粒要么风干，要么充分洒水。

（3）潮湿状态下，由于存在毛细压力，存在假黏聚力，

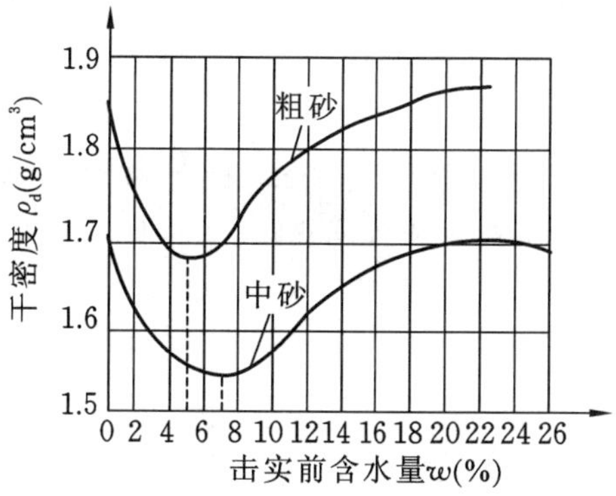

图 1.16　粗粒土击实曲线

加大了击实的阻力,击实效果不好,干密度明显降低。研究表明,粗砂 $w=4\%\sim5\%$,中砂 $w=7\%$ 时,干密度最低。

1.5.3 影响击实效果的因素

1.5.3.1 土的含水量

细粒土的含水量是影响填土压实性的主要因素之一。当含水量较小时,压实就比较困难;当含水量适当增大时,压实效果就变好;但当含水量继续增大时,以致土中出现了自由水,孔隙中过多的水分不易立即排出,击实效果反而下降。

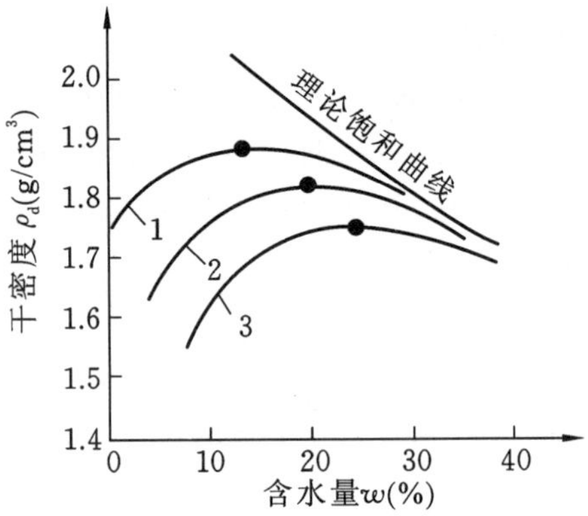

图 1.17 击实功对击实曲线影响

1.5.3.2 击实功

图 1.17 为某细粒土在不同击实功作用下的击实曲线,可以看出:对于同一种土料,随着击实功增加,w_{0P} 减小,则所能达到的最大干密度 ρ_{dmax} 增大;反之,击实功减小,w_{0P} 增大,最大干密度 ρ_{dmax} 减小。图中曲线 1 压实功最大,则最大干密度最大,最优含水量最小;曲线 3 压实功最小,则最大干密度最小,最优含水量最大;曲线 2 介于二者之间。

1.5.3.3 土的类型及颗粒级配

(1) 对于黏性土,在相同击实功下,塑性指数愈大,颗粒愈细,击实愈困难,最大干密度愈小,最优含水率愈大。

(2) 对于无黏性土的压实,应该有一定静荷载与动荷载联合作用,才能达到较好的压实度;另外,无黏性土的颗粒级配对土的击实效果影响很大,粗粒含量愈大,级配良好的土,其最大干密度愈大,击实效果愈好,最优含水率愈小;级配不良的土,击实效果差。

本章小结

(1) 在影响土的物理性质的诸多因素中,土的组成是最主要的影响因素,包括固体颗粒、水及气体的影响。

(2) 土的物理性质指标是定量分析三相组成之间比例关系的基础,共 9 个指标(3 个基本指标、6 个换算指标),是判断土的物理状态、确定地基承载力及计算地基变形的依据。

(3) 土的物理状态不同,其力学性质也不同,黏性土物理状态是软硬程度,其指标用液性指数描述。无黏性土物理状态是密实程度,其中砂土用孔隙比、相对密实度等室内试验指标描述,但由于存在不准确性缺陷,所以一般用现场原位标准贯入锤击数判断;碎石土可通过重型圆锥动力触探、野外鉴别判断密实程度。

(4) 为了评价土的工程特性,将工程性质相近的土根据《建筑地基基础设计规范》做了工程分类,一般土分为碎石土、砂土、粉土、黏性土、淤泥五大类。

(5) 在填土工程中,为了使回填土获得良好的压实效果,室内要做击实试验,测量压实性指标,控制现场填土的压实质量。

练 习 题

一、填空题

1. 土具有 ________、________、________ 的特点 。

2. 地质作用分为 ________、________。

3. 土的风化作用分为 ________、________、________ 三种。
4. 岩石按其成因可分为三大类，即 ________、________、________。
5. 土的级配是否良好，常用 ________ 和 ________ 两个指标综合确定。
6. 土的结构有 ________、________、________。
7. 在填土工程中，常用 ____________ 指标来控制压实填土的施工质量。
8. 黏性土结构性指标是 ________，结构性愈强，扰动后土的强度降低愈多。
9. 影响黏性土物理性质的主要物理指标是 ________，其物理状态指标是 ________；无黏性土物理状态的特征是 ________。
10. 影响土压实性的主要因素有 ________、________、________ 及 ________。
11. 某土样测得湿土质量 $m=8.7$ g，烘干后测得干土质量 $m=7.1$ g，则该土的含水率 $w=$ ________。
12. 某天然土样测得湿土质量 $m=18.7$ g，体积 $V=100$ cm^3，则该土的天然密度 $\rho=$ ________。
13. 某天然土样测得天然密度 $\rho=1.87$ g/cm^3，含水量 $w=22.5\%$，则该土样的干密度 $\rho_d=$ ________。
14. 某土体通过三相图计算：孔隙体积 $V_V=0.593$、$V_S=1$，则该土体孔隙比 $e=$ ________、孔隙率 $n=$ ________。
15. 某黏性土塑限 $w_P=22\%$，$w_L=40\%$，则塑性指数 $I_L=$ ________ 且为 ______。

二、单选题

1. 土的三相比例指标中，其中（　　）为实测指标。
   A. 含水量、孔隙比、饱和度　　B. 密度、含水量、孔隙比
   C. 土粒相对密度、天然含水量、天然密度　　D. 不均匀系数
2. 砂土分类的主要依据是（　　）。
   A. 颗粒粒径及级配　　B. 孔隙比及其液性指数
   C. 土的液限及塑限　　D. 砂土的相对密实度
3. 含水量是指（　　）。
   A. 土中水的质量与土的总质量的比值　　B. 土中水的体积与土粒体积的比值
   C. 土中水的质量与土的总质量的比值的百分数　　D. 土中水的质量与土粒质量的比值的百分数
4. 若土的颗粒级配曲线越陡，则表示（　　）。
   A.土粒较均匀　　B. 不均匀系数较大
   C. 级配良好　　D. 填土易于夯实
5. 由某土的颗粒级配曲线获得 $d_{60}=12.5$ mm，$d_{10}=0.03$ mm，则土的不均匀系数 C_u 为（　　）。
   A. 417　　B. 4167　　C. 2.4×10^{-3}　　D. 12.53
6. 处于天然状态的砂土密实度一般用（　　）方法测量。
   A. 载荷试验　　B. 现场剪切试验　　C. 标准贯入试验　　D. 轻便触探试验
7. 黏性土塑性指数 I_P 越大，则表示土的（　　）。
   A. 含水量越大　　B. 黏粒含量越高　　C. 粉粒含量越高　　D. 粒径越大
8. 工程中把密实度作为评定无黏性土地基承载力指标的依据，其密实程度的判定方法主要有（　　）。
   A. 砂土有孔隙比 e、相对密实度 D_r、野外鉴别法
   B. 砂土有不均匀系数 C_u、孔隙比 e、野外鉴别法
   C. 碎石土一般用野外鉴别法，砂土有孔隙比 e、相对密实度 D_r、标准贯入锤击数 N
   D. 土的压缩系数
9. 在土的颗粒级配曲线中，下列说法正确的是（　　）。
   A. 曲线越陡、土粒越均匀、级配良好、C_u 越大　　B. 曲线越陡、土粒越均匀、级配良好、C_u 越小
   C. 曲线越缓、土粒越均匀、级配良好、C_u 越大　　D. 曲线越缓、土粒越不均匀、级配良好、C_u 越大

10. 土的天然密度ρ、干密度ρ_d、饱和密度ρ_{sat}和有效密度ρ'的关系为(　　)。

A. $\rho_d > \rho_{sat} > \rho > \rho'$　　B. $\rho_{sat} > \rho_d > \rho > \rho'$

C. $\rho_{sat} > \rho > \rho_d > \rho'$　　D. $\rho_{sat} < \rho < \rho_d < \rho'$

三、判断题

1. 结合水能传递静水压力。(　　)
2. 在填方工程施工中,常用土的压实系数来评价填土的密实程度。(　　)
3. 无论何种土,均具有可塑性。(　　)
4. 塑性指数I_P可用于对无黏性土进行分类。(　　)
5. 砂土的分类是根据颗粒级配进行的。(　　)
6. 粉土是指$I_P \leqslant 10$,粒径大于0.075 mm的含量不超过全重的55%。(　　)
7. 由人工水力冲填泥砂形成的填土称为冲积土。(　　)
8. 土粒的相对密度d_S与固体颗粒的矿物成分有关,与土孔隙的大小无关。(　　)
9. 土粒的相对密度d_S与固体颗粒的矿物成分有关,与土的天然含水量大小有关。(　　)
10. 黏性土刚被扰动后,其强度降低,变形增大。(　　)
11. 塑性指数I_P的大小表明土塑性范围的大小,在一定程度上反映黏性土黏粒含量及黏粒的矿物成分,故其可作为黏性土分类的依据。(　　)
12. 粉土的密实度与孔隙比无关,湿度与含水量有关,在饱和状态下或地震作用下,砂粒含量较多的粉土易液化。(　　)
13. 土的灵敏度越高,土的结构性越强,受扰动后土的强度降低不多,因此,在施工中应没有必要保护基槽,因土的扰动对土的强度无影响。(　　)
14. 当黏性土停止扰动后,随着时间的增加,强度会逐渐提高,所以在黏性土中成桩完毕到试桩开始,则应给土一定的强度恢复时间。(　　)
15. 当黏性土停止扰动后,随着时间的增加,强度会逐渐提高,这种现象叫土的触变性;故在成桩过程中应尽量缩短接桩停顿时间。(　　)
16. 对于砂、砾石等无黏性土的击实性能,在干燥状态和饱和状态下,其干密度较大。(　　)

四、简答题

1. 什么叫最优含水量?压实黏性土时为何要控制含水量?
2. 简述影响土压实效果的因素。

五、计算题

1. 某原状土样,经试验测得$w=12.9\%$,密度$\rho=1.67\ g/cm^3$,土粒相对密度$d_S=2.67$,求土的6个换算物理性质指标(孔隙比e、孔隙率n、饱和度S_r、干密度ρ_d、饱和密度ρ_{sat}、浮密度ρ')。
2. 某工程地基土经夯实后取土做试验,测得含水量$w=22.5\%$,密度$\rho=1.89\ g/cm^3$,地基填土夯实后干密度需达到$\rho'_d=1.6\ g/cm^3$,问地基填土的密实度是否满足要求?
3. 某坝体填土,通过室内击实试验测得该土最大干密度$\rho_{dmax}=1.73\ g/cm^3$,在施工中压实填土后,测得填土$w=19\%$、密度$\rho=1.98\ g/cm^3$。设计要求压实填土后平均压实系数$\lambda_c \geqslant 0.95$,问地基压实质量是否满足要求?

2　地基土中应力

【引言】

建筑物荷载使地基土应力状态发生变化，为保证地基承载力、变形满足要求，必须计算土中应力。从外因而言，地基的变形主要由建筑物荷载使土中产生的附加应力引起的。另外，地基承载力、地基稳定性也与土中所受应力有关，土中应力增大到一定程度时，地基将处于极限平衡状态，这时地基到达极限承载力。从内因而言，地基承载力、变形及稳定性与土体自身的物理性质及力学性质有关。

【学习要点】

(1) 掌握土中自重应力、基底压力、基底附加应力的计算；

(2) 理解均布矩形荷载及条形荷载作用下，土中附加应力的计算、分布规律。

【思政元素】

本单元融入的思政内容包括：(1) 保护地下水，守好“生命线”；(2) 坚持把国家和民族发展放在自己力量的基点上，坚持把中国发展进步的命运牢牢掌握在自己手中；(3) 坚持发扬斗争精神，依靠顽强斗争打开事业发展新天地。

2.1　土的自重应力

土中应力按其产生的原因分为自重应力和附加应力两种。自重应力是指土体在自身重力作用下产生的应力。对于沉积年代久远的土，在其自重应力作用下，压缩基本稳定，自重应力不会引起地基变形。附加应力主要是指土体受到外荷载作用在土体中产生的应力增量，是地基产生变形的外部主要原因。

2.1.1　均质土的自重应力

计算土中自重应力时，假设天然地面为无限延伸的水平面，设均质土的重度为 γ，由图 2.1(a) 可知：从天然地面下任意深度 z 处，自重应力 $\sigma_{cz}=\dfrac{G}{A}=\dfrac{\gamma z A}{A}=\gamma z$，并沿深度 z 呈直线分布。

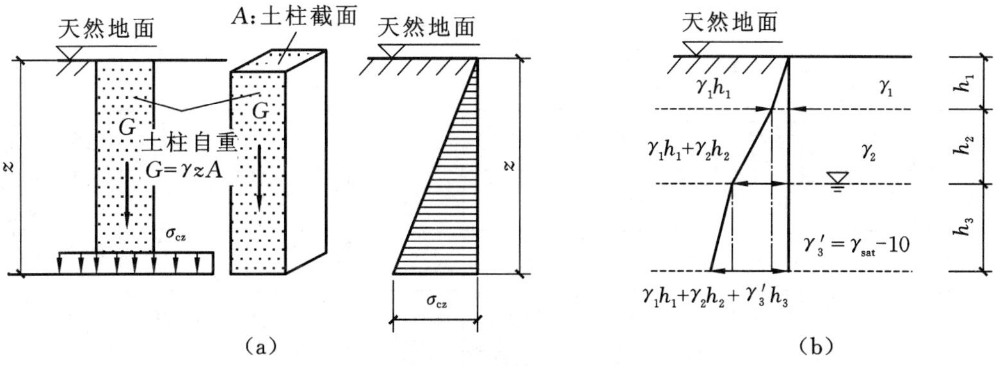

图 2.1　土中自重应力分布图

(a) 均质土；(b) 成层土

2.1.2　成层土的自重应力

对于若干层土组成的成层土[图 2.1(b)],自重应力 σ_{cz} 的计算公式为:

$$\sigma_{cz}=\gamma_1 h_1+\gamma_2 h_2+\cdots+\gamma_n h_n=\sum_{i=1}^{n}\gamma_i h_i \tag{2.1}$$

式中　n—— 深度 z 范围内土层总数,有地下水时,地下水位面也应作为分层的界面;

γ_i—— 第 i 层土的重度(kN/m³),地下水位以下土,取浮重度 $\gamma'_i=\gamma_{sat}-10$;(浮重度= 有效重度)

h_i—— 第 i 层土的厚度(m)。

【例 2.1】 某建筑场地的地质条件如图 2.2(a) 所示,若地下水位由于人工大量抽取地下水,使水位从 −1.100 m 降到 −3.100 m,假定降水后,地下水位以上粉质黏土的重度 $\gamma_i=18.6$ kN/m³。试:(1) 分别计算降水前、后土中自重应力;(2) 绘制自重应力沿深度的分布图。

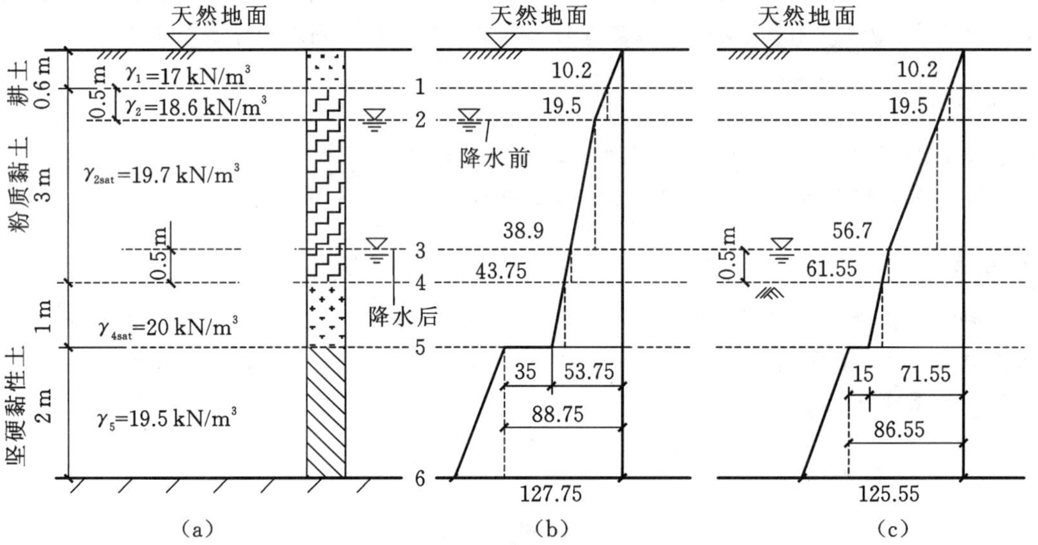

图 2.2　例 2.1 图

(a) 柱状图及物理指标;(b) 降水前自重应力分布图;(c) 降水后自重应力分布图

【解】 (1) 计算过程如表 2.1 所示。

(2) 降水前自重应力分布如图 2.2(b) 所示,降水后自重应力分布如图 2.2(c) 所示。

表 2.1　例 2.1 计算过程

状态	计算点	γ_i (kN/m³)	γ_{sat} (kN/m³)	γ'_i (kN/m³)	h_i (m)	$\gamma_i h_i$ 或 $\gamma'_i h_i$ (kPa)	$\gamma_w h_w$ (kPa)	σ_{cz} (kPa)	备注
降水前	1	17			0.6	10.2		10.2	① 地下水位在“2”点处;② 不透水层层面在“5”处,还应考虑水压力:$\gamma_w h_w=10\times3.5=35$ kPa
	2	18.6			0.5	9.3		19.5	
	3		19.7	9.7	2.0	19.4		38.9	
	4		19.7	9.7	0.5	4.85		43.75	
	5上		20	10	1.0	10		53.75	
	5下						10×3.5	88.75	
	6	19.5			2	39		127.75	

续表 2.1

状态	计算点	γ_i (kN/m³)	γ_{sat} (kN/m³)	γ'_i (kN/m³)	h_i (m)	$\gamma_i h_i$ 或 $\gamma'_i h_i$ (kPa)	$\gamma_w h_w$ (kPa)	σ_{cz} (kPa)	备注
降水后	1	17			0.6	10.2		10.2	① 地下水位降至“3”点处；② 不透水层层面在“5”处，水压力：$\gamma_w h_w = 10 \times 1.5 = 15$ kPa
	2	18.6			0.5	9.3		19.5	
	3	18.6			2.0	37.2		56.7	
	4		19.7	9.7	0.5	4.85		61.55	
	5 上		20	10	1.0	10		71.55	
	5 下						10×1.5	86.55	
	6	19.5			2	39		125.55	

➡ 技术提示

1. 计算要点

(1) 地下水位以上土的自重应力按土的天然重度计算；地下水位以下土，由于受到浮力作用，取浮重度 γ' 计算自重应力。

(2) 当地下水位以下埋藏有不透水层，由于不透水层不存在浮力，所以不透水层层面及其以下深度的自重应力应按上覆土层的水＋土总重计算。

2. 自重应力分布特点

(1) 同一土层的自重应力沿深度呈直线分布，同一水平面上土中各点自重应力相等；

(2) 成层土的自重应力随着深度的增加而增加，其分布线是一条折线，其折点在土层交界处和地下水位变化处；

(3) 在不透水层面处自重应力发生水平突变，其突变值等于不透水层层面以上的水压力 $\gamma_w h_w$（h_w 指水深）。

➡ 知识扩展

1. 地下水位变化对自重应力及建筑物的影响

(1) 地下水位降低，使原位于地下水位以下的饱和土变为非饱和土，土中自重应力增加，引起地面的坍陷。例如建筑物投入使用后，因长期抽取地下水而造成地面局部形成漏斗状的缺水区，使得建筑物向着漏斗状方向倾斜，导致建筑物不均匀沉降。

(2) 地下水位上升，尽管自重应力减少，但对建筑的不利影响占主要地位，主要体现在：① 地下建筑物防潮不利，会降低房屋的耐久性；② 降低地基土的抗剪强度及地基承载力，易产生地基失稳破坏。

2. 有大面积填土时对自重应力的影响

大面积填土会使原有土的应力增加，附加变形增大，特别是距离建筑较近一侧堆置厚的土层，最易使建筑产生严重不均匀沉降，甚至导致房屋倒塌。

2.2 基底压力及基底附加应力

计算地基土中附加应力在任意深度 z 任一点处的附加应力 σ_z,必须先计算基底处的附加应力。从基底处开始随着深度、广度的增大地基附加应力越来越小,将附加应力不能忽略的土层深度称为压缩土层厚度或地基沉降计算深度。故要计算基础沉降,必须计算压缩土层深度内各土层的附加应力。

2.2.1 基底压力

基底压力是指作用在基础上的全部荷载对基底处的竖向压应力(kN/m^2)。计算基底压力的目的:① 根据基底压力可计算基底附加应力,进一步计算地基附加应力及地基变形;② 确定基底面积的大小与基底压力大小有关,即基底压力越大,基底面积越大。

《建筑地基基础设计规范》规定了荷载效应取值:① 按地基承载力确定基础底面面积,传至基础底面上的基底压力及基底附加应力应按正常使用极限状态下的荷载效应标准组合。② 计算地基变形时,传至基础底面上的基底压力及基底附加应力应按正常使用极限状态下的荷载效应准永久组合。

下面在基底压力计算公式中暂以标准效应组合计算,准永久效应基底压力计算的原理一样,仅荷载取值不同而已。

➡ 技术提示

基底压力的分布形态与基础刚度、地基土性质、基础埋深以及上部结构刚度、荷载大小、分布形式有关。在实际工程中对于一般的柱下独立基础及墙下条形基础,由于基础刚度较大,其基底压力简化成直线分布,而柱下条形基础及筏形基础、箱形基础基底压力分布很复杂,在此不做介绍。

下面重点研究柱下独立基础[图 2.3(a)]及墙下条形基础[图 2.3(b)]。

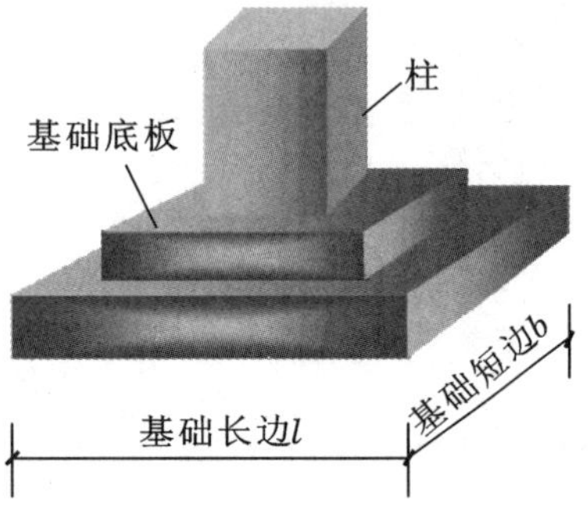

(a)

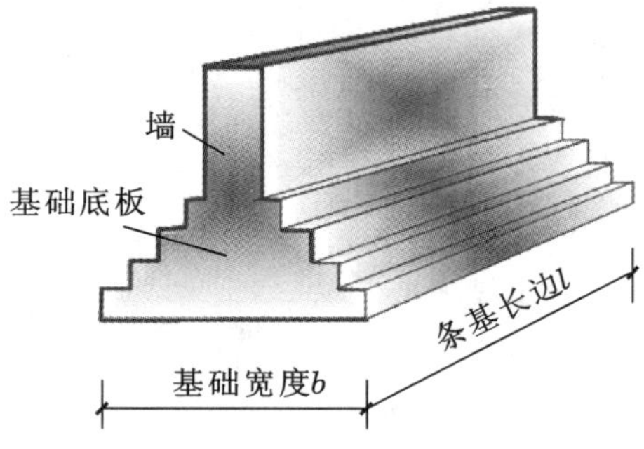

(b)

图 2.3 柱下独立基础及墙下条形基础

(a) 柱下独立基础;(b) 墙下条形基础

1. 轴心受压基础基底压力 p_k

轴心受压基础是指作用在基础底面的竖向力通过基础底面形心,包括柱下轴心受压独立基础、墙下轴心受压条形基础,其基底压力简化为均匀分布,计算原理如表 2.2 所示。

表 2.2 轴心受压基础基底压力计算原理

<table>
<tr><th>类别</th><th>柱下独立基础</th><th>墙下条形基础</th></tr>
<tr><td>计算简图</td><td>
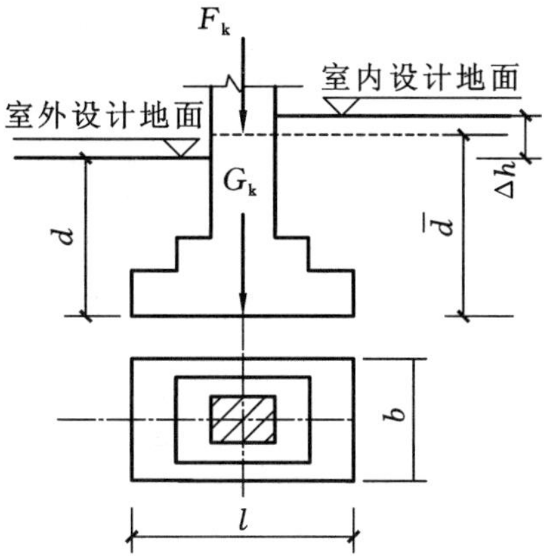

</td><td>
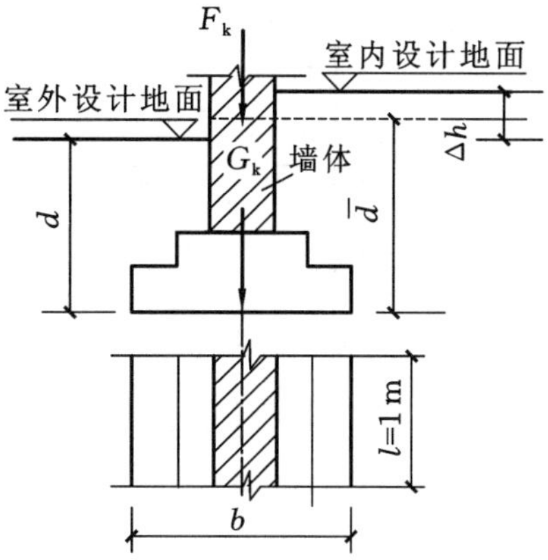

</td></tr>
<tr><td>符号说明</td><td>
① l,b— 独立基础底面的长边和短边
② A— 基础底面面积，$A = lb$(m²)
③ $\overline{d}$— 基础的平均埋深，$\overline{d} = d + \Delta h/2$(m)，式中，$d$ 为室外设计地面到基础底面距离；Δh 为室内外高差，有高差时 $\Delta h \neq 0$，无高差时 $\Delta h = 0$
④ G_k— 基础自重及其上回填土的重量标准值(kN)
当埋深范围内无地下水时，
$$G_k = \gamma_G A \overline{d}\ (\text{kN})$$
式中，γ_G 为基础及其上回填土的平均重度，一般取 $\gamma_G = 20\ \text{kN/m}^3$
⑤ F_k— 上部结构荷载对基础顶面的竖向力标准值(kN)
</td><td>
① b,l— 条形基础底面宽度和纵向长度(m)，一般取计算单元长度 $l = 1$(m)
② A— 计算单元基础底面面积，$A = lb = b$(m²)
③ $\overline{d}$、d、Δh 同独立基础。
④ G_k— 计算单元基础自重及其上回填土的重量标准值(kN)
当埋深范围内无地下水时：
$$G_k = \gamma_G A \overline{d} = \gamma_G lb \overline{d} = \gamma_G b \overline{d}\ (\text{kN})$$
式中，γ_G 为基础及其上回填土的平均重度，一般取 $\gamma_G = 20\ \text{kN/m}^3$
⑤ F_k— 上部结构荷载作用在单位长度上对基础顶面的竖向力标准值(kN)
</td></tr>
<tr><td>计算公式</td><td>
基本表达式：
$$p_k = \frac{F_k + G_k}{A} \qquad (2.2a)$$
(1) 当埋深范围内无地下水时：
$$p_k = \frac{F_k}{A} + \gamma_G \overline{d} \qquad (2.2b)$$
(2) 当埋深范围内有地下水时，设基础入水深度 h_w：
$$p_k = \frac{F_k}{A} + \gamma_G \overline{d} - \gamma_w h_w \qquad (2.2c)$$
</td><td>
基本表达式：
$$p_k = \frac{F_k + G_k}{b} \qquad (2.3a)$$
(1) 当埋深范围内无地下水时：
$$p_k = \frac{F_k}{b} + \gamma_G \overline{d} \qquad (2.3b)$$
(2) 当埋深范围内有地下水时，设基础入水深度 h_w：
$$p_k = \frac{F_k}{b} + \gamma_G \overline{d} - \gamma_w h_w \qquad (2.3c)$$
</td></tr>
</table>

2. 单向偏心受压基础

偏心受压基础是指作用在基础底面的竖向力不通过基础底面形心，包括柱下偏心受压独立基础、墙下偏心受压条形基础两种。柱下偏心受压独立基础又分为单向偏压(如：单层工业厂房排架柱下独立基础)和双向偏压(如：框架结构柱下独立基础)，墙下偏心受压条形基础只有沿基础宽度 b 方向的单向偏压，因纵向很长，刚度大，不可能产生纵向偏压。

(1) 单向偏心受压柱下独立基础

下面重点分析柱下独立基础单向偏心受压(沿基础长边 l 方向偏心)基底压力计算原理。其基底压力简化为直线分布，计算原理如表 2.3 所示。

表 2.3　单向偏心受压独立基础基底压力的计算原理

<table>
<tr><td rowspan="2">类别</td><td colspan="3">单向偏心受压独立基础　（l、b 分别表示基础底面的长边和短边）</td></tr>
<tr><td>基本图形</td><td>$e \leqslant l/6$ 基底压力分布图</td><td>$e > l/6$ 基底压力分布图</td></tr>
<tr><td>柱下独立基础基底压力分析图</td><td>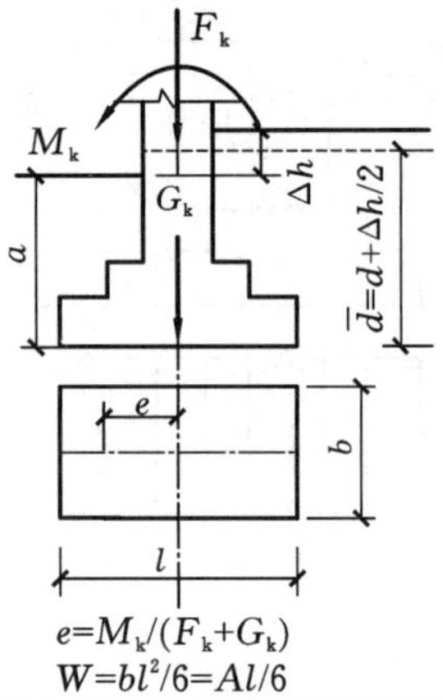
</td><td>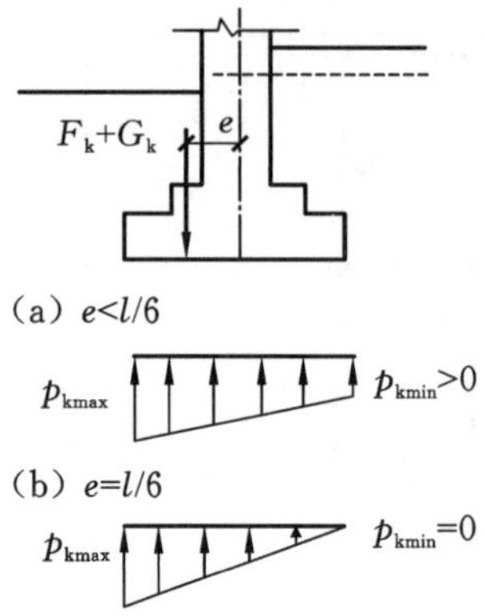
</td><td>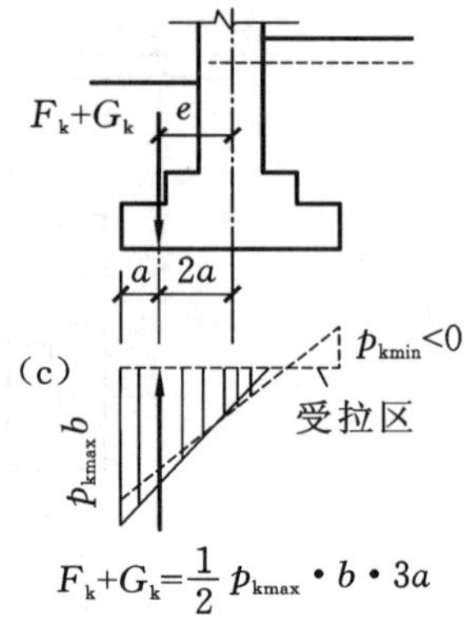
</td></tr>
<tr><td>图中符号</td><td colspan="3">① M_k— 荷载效应标准组合作用时，作用在基础底面形心处的力矩值(kN·m)
② G_k 及 F_k 含义同表 2.2
③ e— 上部结构荷载＋基础回填土重量对基础中心处的偏心距，$e = \dfrac{M_k}{F_k + G_k}$
④ W— 基础底面的抵抗矩，对于独立基础：$W = bl^2/6$
⑤ p_{kmax}，p_{kmin}— 基底最大压力和最小压力的标准值(kN/m²)</td></tr>
<tr><td>公式</td><td colspan="3">$e = \dfrac{M_k}{F_k + G_k} \leqslant \dfrac{l}{6}$ 时：$\begin{matrix} p_{kmax} \\ p_{kmin} \end{matrix} = \dfrac{F_k + G_k}{A} \pm \dfrac{M_k}{W} = \dfrac{F_k + G_k}{A}\left(1 \pm \dfrac{6e}{l}\right)$　(2.4)
$e > \dfrac{l}{6}$ 时：$p_{kmax} = \dfrac{2(F_k + G_k)}{3ab}$　(其中 $a = l/2 - e$)　(2.5)</td></tr>
<tr><td>基底反力分布</td><td colspan="3">① $e \leqslant l/6$ 时，基础底面全部受压，基底反力分布呈梯形[图(a)]及三角形[图(b)]；
② $e > l/6$ 时，理论上基底反力分布见图(c)的虚线部分，基底少部分面积出现受拉区，这是不符合实际工作情况的，故受拉区应退出工作，基底压力应重新分布，重分布后的分布图形见图(c)三角形实线分布的部分。重新分布后基底反力的合力应与 $F_k + G_k$ 处于平衡状态，应符合下列条件：
$F_k + G_k = \dfrac{1}{2} p_{kmax} \cdot b \cdot 3a$　即：$p_{kmax} = \dfrac{2(F_k + G_k)}{3ab}$</td></tr>
</table>

(2) 偏心受压条形基础

对于条形基础应沿基础宽度 b 方向偏心，计算长度 $l = 1$ m，F_k、M_k 及 G_k 为作用在 $l = 1$ m 长度相应的荷载，则将上述公式中的 l 用 b 代替即可。

2.2.2　基底附加应力

基底附加应力是地基土附加应力产生的源头，是计算土中各点附加应力的依据。基底附加应力 p_{0k} 是地基附加应力在基础底面的应力增量，即建筑物建造后的基底压力 p_k 与原有的自重应力 σ_{cd} 之差。基底处的平均附加应力计算公式为：

$$p_{0k} = p_k - \sigma_{cd} = p_k - \gamma_m d \tag{2.6a}$$

对于柱下独立基础，基础埋深范围内无地下水时，其计算公式见式(2.6b)；基础埋深范围内有地下水时，基础入水深度为 h_w，其计算公式见式(2.6c)。

$$p_{0k} = p_k - \sigma_{cd} = p_k - \gamma_m d = \frac{F_k}{A} + \gamma_G \bar{d} - \gamma_m d \tag{2.6b}$$

$$p_{0k} = p_k - \sigma_{cd} = p_k - \gamma_m d = \frac{F_k}{A} + \gamma_G \bar{d} - \gamma_w h_w - \gamma_m d \tag{2.6c}$$

式中 p_{0k}—— 基底附加应力标准值(kN/m²);

σ_{cd}—— 基底处自重应力(不包括新填土所产生的自重应力)(kN/m²),$\sigma_{cd}=\gamma_m d$;

γ_m—— 基底标高以上天然土层按厚度的加权平均重度(kN/m³),$\gamma_m=\sigma_{cd}/d$;

d—— 基础埋深,必须从天然地面算起,新填土场地则应从老天然地面算起。

➡ 技术提示

(1) 从式(2.6b)及式(2.6c)可以看出,对于无地下室基础,增大基础埋深,其中($\gamma_G\overline{d}-\gamma_m d$)增加不多,故对基底附加应力增加不明显;从式(2.2b)可以看出,增大基础埋深对基底压力增加明显。学习第3章后会明白增大基础埋深地基承载力会提高。

(2) 上述计算公式中,基底压力及基底附加应力是以荷载效应标准组合考虑的,若上部荷载取荷载准永久值时,则对应的基底压力就是基底压力准永久值,基底附加应力就是基底附加应力准永久值。在进行地基变形计算时,《建筑地基基础设计规范》规定其荷载取值采用荷载效应准永久组合。

【例 2.2】 条件:某柱下轴心受压独立基础,基底面积 $A=lb=3\times2=6\ \text{m}^2$,假定天然地面为室外设计地面,上部结构传来竖向荷载标准值 $F_k=1000$ kN 及准永久值 $F_q=750$ kN,如图 2.4 所示。

要求:分别计算地下水位从地面 −2.750 m 标高上升至 −1.450 m 标高时,试求:

(1) 基底压力标准值 p_k 及基底压力准永久值 p_q;

(2) 基底附加应力标准值 p_{0k} 及准永久值 p_{0q}。

【解】 计算过程如表 2.4 所示。

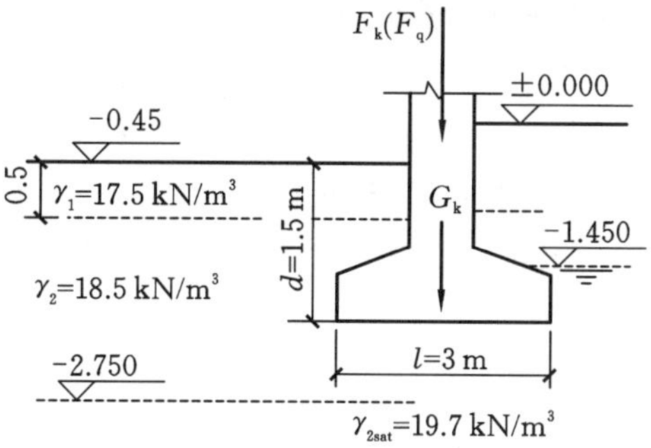

图 2.4 例 2.2 图

表 2.4 例 2.2 计算附表

计算项目	地下水位 −2.750 m 标高处	地下水位 −1.450 m 标高处
荷载效应取值规定: ① 按地基承载力确定基础底面面积时,基底压力取标准效应组合,即基底压力标准值; ② 计算地基变形时,基底压力及基底附加应力应按准永久组合	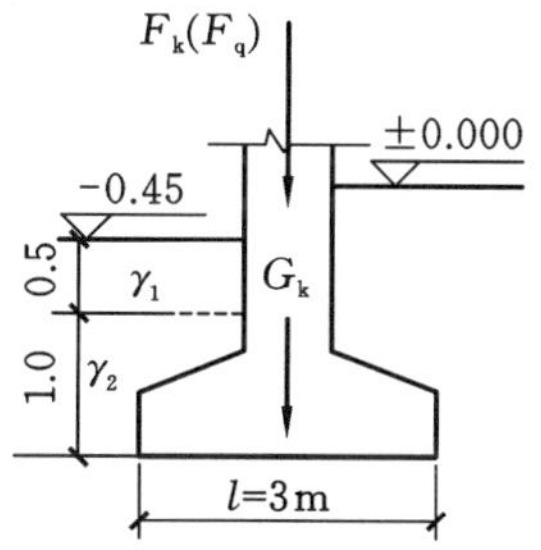	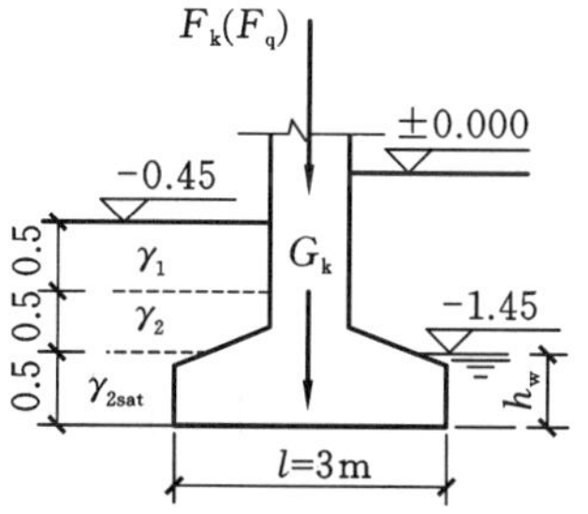
基底自重应力 $\sigma_{cd}=\gamma_m d$(kN/m²)	$17.5\times0.5+18.5\times1.0=27.25$	$17.5\times0.5+18.5\times0.5+0.5\times(19.7-10)=22.85$
基础平均埋深$\overline{d}$(m)	$d+\dfrac{0.45}{2}=1.5+0.225=1.725$	$d+\dfrac{0.45}{2}=1.5+0.225=1.725$
基础入水深度 h_w(m)	0(基础埋深内无地下水)	0.5
基础所受浮力(kN)	0(无浮力)	$0.5\times10\times3\times2=30$
$G_k=\gamma_G A\overline{d}-h_w\gamma_w A$ (kN)	$20\times3\times2\times1.725=207$	$20\times3\times2\times1.725-30=177$
$p_k(p_q)=\dfrac{F_k(F_q)+G_k}{A}$ (kN/m²)	标准值:$\dfrac{1000+207}{3\times2}=201.2$ 准永久值:$\dfrac{750+207}{3\times2}=159.5$	标准值:$\dfrac{1000+177}{3\times2}=196.2$ 准永久值:$\dfrac{750+177}{3\times2}=154.5$
$p_{0k}(p_{0q})=p_k(p_q)-\sigma_{cd}$(kN/m²)	标准值:$201.2-27.25=174$ 准永久值:$159.5-27.25=132.25$	标准值:$196.2-22.85=173.35$ 准永久值:$154.5-22.85=131.65$

➡ 技术提示

1. 计算基础及回填土的重量和基底自重应力 σ_{cd}，其基础埋深取值的起点是不同的：

① $G_k=\gamma_G A\bar{d}$，基础埋深必须从设计地面算起，当室内外设计标高不同时，从室内外平均设计地面算起；

② $\sigma_{cd}=\gamma_m d$，这里的基础埋深 d 必须从天然地面算起，新填土场地则应从老天然地面算起。

2. 计算 $G_k=\gamma_G A\bar{d}$ 及 $\sigma_{cd}=\gamma_m d$ 时，γ_G、γ_m 的含义不同，γ_G 为基础及其上回填土的平均重度，无地下水影响时，一般取 $\gamma_G=20\ \mathrm{kN/m^3}$；$\gamma_m$ 为基底以上天然土层的加权平均重度，一般 $\gamma_G>\gamma_m$。

➡ 知识扩展

从 $p_{0k}=p_k-\sigma_{cd}=p_k-\gamma_m d$ 可以看出，如基底压力不变，基础埋深越大，则附加应力越小。

① 若 $p_{0k}=p_k-\gamma_m d=0$，即基底附加应力没有了，沉降也不会产生，这样的基础称为全补偿性基础，基底压力等于基底处土的自重应力，如图 2.5 所示。

② 若 $p_{0k}=p_k-\gamma_m d>0$，这样的基础称为半补偿性基础。利用这一点，在地基承载力不高时，为了减少基础沉降，措施之一就是减少基底附加应力，为此可将基础埋深加大，如将高层建筑埋于地下 8～9 m，在地下部分修建两三层地下室，这也是高层建筑采用深基坑的原因之一。

【例 2.3】 已知如图 2.6 所示偏心受压独立基础，基础埋深 $d=2.0$ m(从设计标高算起，不考虑地下水位影响)，基底面积 $A=lb=2.4\times1.6=3.84\ \mathrm{m^2}$，上部结构传来竖向荷载标准值 F_k 及弯矩标准值 M_k 由表 2.5 所示的几种组合，试分别求偏心受压基础基底压力 $p_{k\max}$、$p_{k\min}$。

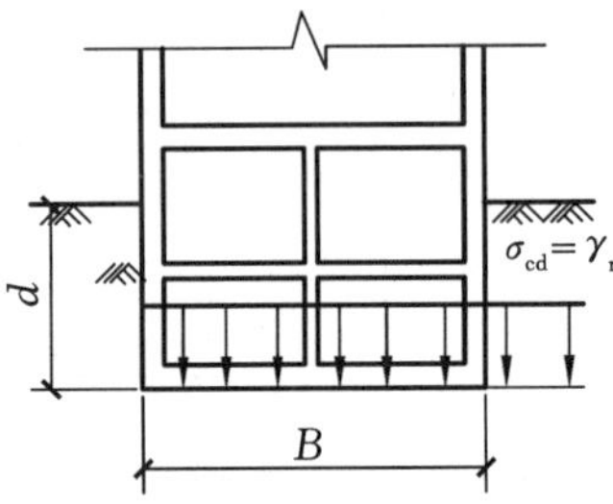

图 2.5　全补偿性基础

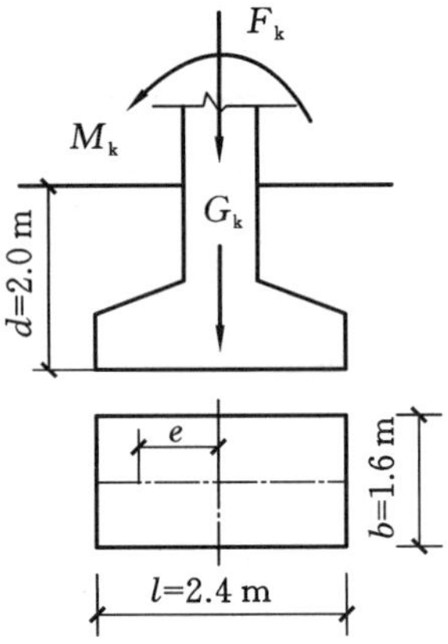

图 2.6　例 2.3 题

表 2.5　荷载效应标准组合

荷载	组合 1	组合 2	组合 3	组合 4
F_k(kN)	450	450	600	600
M_k(kN·m)	100	300	100	300

【解】 (1) 组合 1 的计算如下：

$$e=\frac{M_k}{F_k+G_k}=\frac{100}{603.6}=0.166\ \mathrm{m}<\frac{l}{6}=0.4\ \mathrm{m}$$

$$\begin{matrix}p_{k\max}\\p_{k\min}\end{matrix}=\frac{F_k+G_k}{A}\left(1\pm\frac{6e}{l}\right)=\frac{603.6}{3.84}\times\left(1\pm\frac{6\times0.166}{2.4}\right)=\begin{matrix}167.6\\146.8\end{matrix}\ \mathrm{kPa}$$

(2) 组合 2 的计算如下：

$$e=\frac{M_k}{F_k+G_k}=\frac{300}{603.6}=0.498\ \text{m}>\frac{l}{6}=0.4\ \text{m}$$

$$p_{kmax}=\frac{2(F_k+G_k)}{3ab}=\frac{2\times 603.6}{3\times 0.702\times 1.6}=358.3(\text{kPa})，其中\ a=l/2-e=2.4/2-0.498=0.702\ \text{m}$$

(3) 各组合详细计算过程见表 2.6。

表 2.6　例 2.3 计算过程

项目	组合 1	组合 2	组合 3	组合 4
$G_k=\gamma_G A\bar{d}$(kN)	$20\times 3.84\times 2.0=153.6$	$20\times 3.84\times 2.0=153.6$	$20\times 3.84\times 2.0=153.6$	$20\times 3.84\times 2.0=153.6$
F_k(kN)	450	450	600	600
F_k+G_k(kN)	603.6	603.6	753.6	753.6
M_k(kN·m)	100	300	100	300
$e=\frac{M_k}{F_k+G_k}$(m)	$\frac{100}{603.6}=0.166<\frac{l}{6}=\frac{2.4}{6}=0.4$	$\frac{300}{603.6}=0.498>\frac{l}{6}=\frac{2.4}{6}=0.4$	$\frac{100}{753.6}=0.133<\frac{l}{6}=\frac{2.4}{6}=0.4$	$\frac{300}{753.6}=0.4=\frac{l}{6}=\frac{2.4}{6}=0.4$
p_{kmax}/p_{kmin}(kPa)	167.6/146.8	358.3/0	206.7/186	274.8/0
基底反力分布图	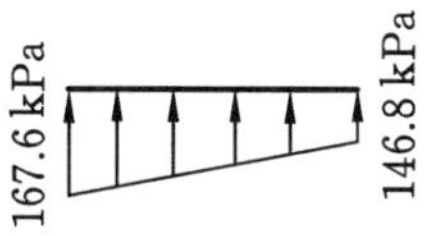	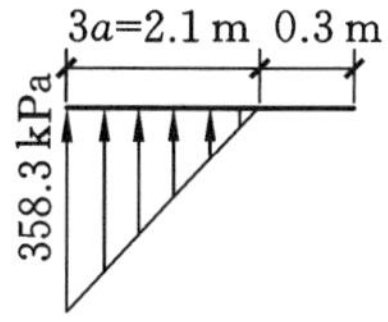	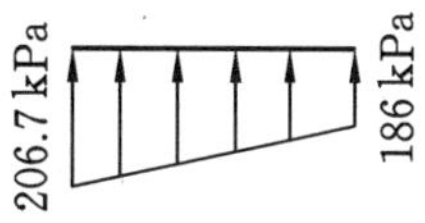	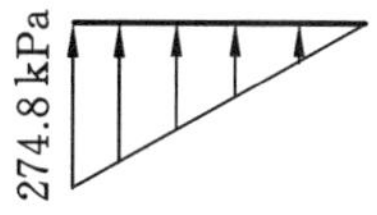

➡ 技术提示

① 当其他条件不变，随着弯矩的增大，偏心距不断增大，基底压力分布越不均匀，甚至出现基底一侧地基与基础有脱开($e>l/6$)，基底面积不能充分利用，地基产生严重的不均匀沉降，所以偏压基础设计偏心距不应过大，可通过调整基底尺寸避免偏心过大；

② 当弯矩不变时，随着竖向压力的增大，偏心距不断减小，基底压力分布越趋于均匀。

2.3　地基附加应力

计算各种分布荷载作用下地基附加应力，首先必须讨论竖向集中荷载附加应力计算，然后利用竖向集中荷载附加应力的解答(法国 Boussinesq 于 1885 年最早提出的，也称布辛奈斯克解答)，通过叠加原理或者积分可得到各种分布荷载作用下附加应力计算公式。

该理论属于弹性力学的空间问题，推导公式过程较复杂，但应用公式表达式很简单，这里仅介绍公式的应用，并且只讨论基底附加应力矩形及条形均匀分布情况下地基附加应力计算，其他荷载作用情况参见有关书籍。

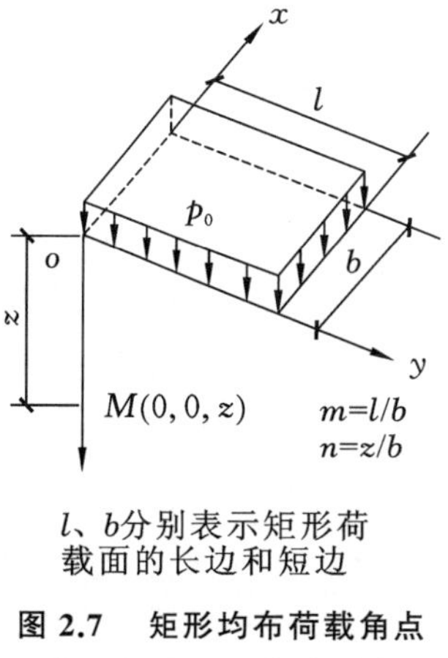

l、b分别表示矩形荷载面的长边和短边

图 2.7　矩形均布荷载角点下附加应力计算示意图

2.3.1　矩形($\frac{l}{b}\leqslant 10$)均布荷载作用角点下地基附加应力计算

图 2.7 所示在矩形均布荷载 p_0 作用角点下，任意深度的 z 处竖向附

加应力σ_z可按下式计算：

$$\sigma_z = \alpha_c p_0 \tag{2.7}$$

式中　α_c—— 矩形均布荷载作用角点下附加应力系数，根据 $m=l/b$ 及 $n=z/b$ 由表 2.7 查得。

表 2.7　矩形均布荷载作用角点下附加应力系数 α_c

$n=z/b$	$m=l/b$										
	1.0	1.2	1.4	1.6	1.8	2.0	3.0	4.0	5.0	6.0	10.0
0.0	0.2500	0.2500	0.2500	0.2500	0.2500	0.2500	0.2500	0.2500	0.2500	0.2500	0.2500
0.2	0.2486	0.2489	0.2490	0.2491	0.2491	0.2491	0.2492	0.2492	0.2492	0.2492	0.2492
0.4	0.2401	0.2420	0.2429	0.2434	0.2437	0.2439	0.2442	0.2443	0.2443	0.2443	0.2443
0.6	0.2229	0.2275	0.2300	0.2315	0.2324	0.2329	0.2339	0.2341	0.2342	0.2342	0.2342
0.8	0.1999	0.2075	0.2120	0.2147	0.2165	0.2176	0.2196	0.2200	0.2202	0.2202	0.2202
1.0	0.1752	0.1851	0.1911	0.1955	0.1981	0.1999	0.2034	0.2042	0.2044	0.2045	0.2046
1.2	0.1516	0.1626	0.1705	0.1758	0.1793	0.1818	0.1870	0.1882	0.1885	0.1887	0.1888
1.4	0.1308	0.1423	0.1508	0.1569	0.1613	0.1644	0.1712	0.1730	0.1735	0.1738	0.1740
1.6	0.1123	0.1241	0.1329	0.1436	0.1445	0.1482	0.1567	0.1590	0.1598	0.1601	0.1604
1.8	0.0969	0.1083	0.1172	0.1241	0.1294	0.1334	0.1434	0.1463	0.1474	0.1478	0.1482
2.0	0.0840	0.0947	0.1034	0.1103	0.1158	0.1202	0.1314	0.1350	0.1363	0.1368	0.1374
2.2	0.0732	0.0832	0.0917	0.0984	0.1039	0.1084	0.1205	0.1248	0.1264	0.1271	0.1277
2.4	0.0642	0.0734	0.0812	0.0879	0.0934	0.0979	0.1108	0.1156	0.1175	0.1184	0.1192
2.6	0.0566	0.0651	0.0725	0.0788	0.0842	0.0887	0.1020	0.1073	0.1095	0.1106	0.1116
2.8	0.0502	0.0508	0.0642	0.0709	0.0761	0.0805	0.0942	0.0999	0.1024	0.1036	0.1048
3.0	0.0477	0.0519	0.0583	0.0640	0.0690	0.0732	0.0870	0.0931	0.0959	0.0973	0.0987
3.2	0.0401	0.0467	0.0526	0.0580	0.0627	0.0668	0.0806	0.0870	0.0900	0.0916	0.0933
3.4	0.0361	0.0421	0.0477	0.0527	0.0571	0.0611	0.0747	0.0814	0.0847	0.0864	0.0882
3.6	0.0326	0.0382	0.0433	0.0480	0.0523	0.0561	0.0694	0.0763	0.0799	0.0816	0.0837
3.8	0.0296	0.0348	0.0395	0.0439	0.0479	0.0516	0.0645	0.0717	0.0753	0.0773	0.0796
4.0	0.0270	0.0318	0.0562	0.0403	0.0441	0.0474	0.0603	0.0674	0.0712	0.0733	0.0758
4.2	0.0247	0.0291	0.0333	0.0371	0.0407	0.0439	0.0563	0.0634	0.0674	0.0696	0.0724
4.4	0.0227	0.0268	0.0306	0.0343	0.0376	0.0407	0.0527	0.0597	0.0639	0.0662	0.0692
4.6	0.0209	0.0247	0.0283	0.0317	0.0348	0.0478	0.0493	0.0564	0.0606	0.0630	0.0663
4.8	0.0193	0.0229	0.0262	0.0294	0.0324	0.0352	0.0463	0.0533	0.0576	0.0601	0.0635
5.0	0.0179	0.0212	0.0243	0.0274	0.0302	0.0328	0.0435	0.0504	0.0547	0.0573	0.0610
6.0	0.0127	0.0151	0.0174	0.0196	0.0218	0.0238	0.0325	0.0388	0.0431	0.0460	0.0506
7.0	0.0094	0.0112	0.0130	0.0147	0.0164	0.0180	0.0251	0.0306	0.0346	0.0376	0.0428
8.0	0.0073	0.0087	0.0101	0.0114	0.0127	0.0140	0.0198	0.0246	0.0283	0.0311	0.0367
9.0	0.0058	0.0069	0.0080	0.0091	0.0102	0.0112	0.0161	0.0202	0.0235	0.0262	0.0319
10.0	0.0047	0.0056	0.0065	0.0074	0.0083	0.0092	0.0132	0.0167	0.0198	0.0222	0.0280
…											

2.3.2　矩形均布荷载作用任意点下附加应力计算

对于矩形均布荷载作用附加应力计算点不位于角点下的情况，通过作辅助线将荷载面分割成若干个矩形面积，使计算点正好位于这些矩形面积公共角点之下，然后分别通过式(2.7)计算每个矩形角点下同一深度 z 处的附加应力，并叠加求其代数和，就得该点附加应力 σ_z，这种方法称为角点法，常见情况如表 2.8 所示。

表 2.8　矩形均布荷载作用任意点下，竖向附加应力 σ_z 计算原理

<table>
<tr><td colspan="2">情况一“O”点在荷载面边缘</td><td>情况三</td><td>情况四</td></tr>
<tr><td colspan="2">情况二“O”点在荷载面内</td><td>“O”点在荷载面边缘外侧</td><td>“O”点在荷载面角点外侧</td></tr>
<tr><td>情况一</td><td>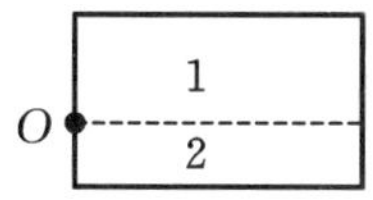</td><td rowspan="2">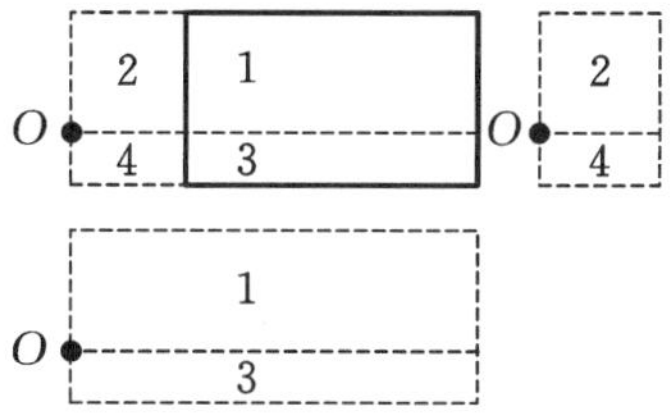</td><td rowspan="2">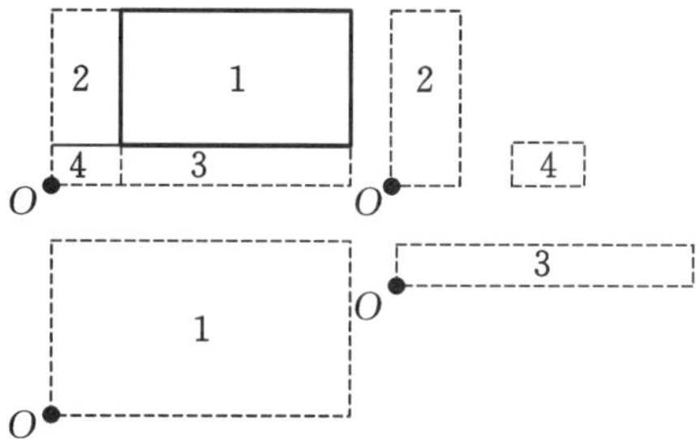</td></tr>
<tr><td>情况二</td><td>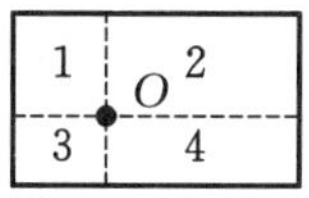</td></tr>
<tr><td>σ_z 计算公式</td><td colspan="3">情况一：$\sigma_z = (\alpha_{c1} + \alpha_{c2}) p_0$　　情况二：$\sigma_z = (\alpha_{c1} + \alpha_{c2} + \alpha_{c3} + \alpha_{c4}) p_0$
情况三：$\sigma_z = (\alpha_{c1} - \alpha_{c2} + \alpha_{c3} - \alpha_{c4}) p_0$　　情况四：$\sigma_z = (\alpha_{c1} - \alpha_{c2} - \alpha_{c3} + \alpha_{c4}) p_0$</td></tr>
</table>

【例 2.4】 三个不同的基础，基底尺寸分别为 2 m×2 m，4 m×2 m，20 m×2 m，基底附加应力均为 $p_0 = 100\ \mathrm{kN/m^2}$，试求 $z = 1$ m 基础中心点“O”竖向附加应力。

【解】 其计算过程详见表 2.9。

表 2.9　例 2.4 计算过程

<table>
<tr><td colspan="2">项次</td><td>基础 1</td><td>基础 2</td><td>基础 3</td></tr>
<tr><td colspan="2">简图</td><td>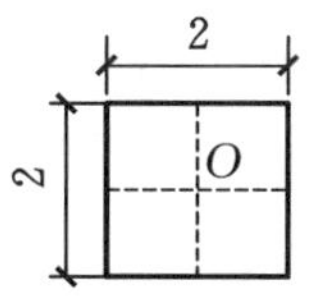</td><td>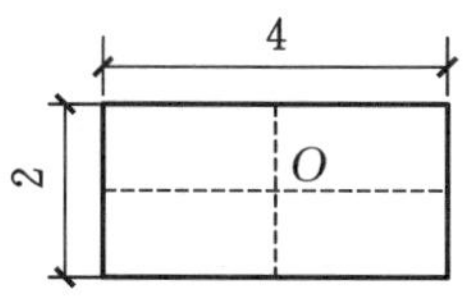</td><td>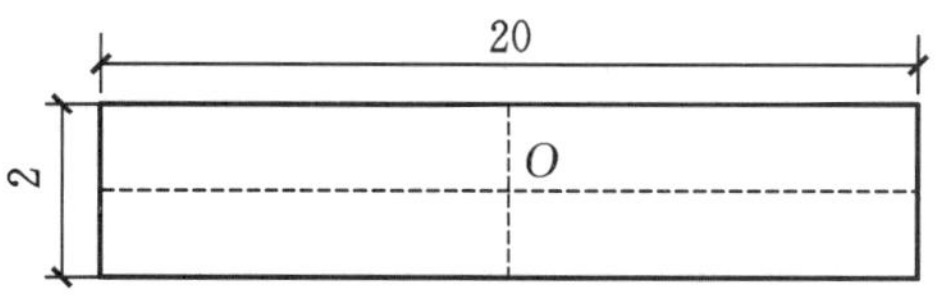</td></tr>
<tr><td colspan="2">$m = l/b$</td><td>1/1 = 1</td><td>2/1 = 2</td><td>10/1 = 10</td></tr>
<tr><td rowspan="3">$z = 1$ m</td><td>$n = z/b$</td><td>1/1 = 1</td><td>1/1 = 1</td><td>1/1 = 1</td></tr>
<tr><td>α_c 查表 2.7</td><td>0.175</td><td>0.200</td><td>0.205</td></tr>
<tr><td>$\sigma_z = 4\alpha_c p_0$</td><td>70 kN/m²</td><td>80 kN/m²</td><td>82 kN/m²</td></tr>
</table>

➡ 技术提示

(1) 在其他条件相同(p_0，b，z)时，地基中心点下的附加应力 σ_z 随着基础长边与短边的比值 $m = l/b$ 增大而增大，所以条形基础地基影响深度比同宽度的独立基础要深些。

(2) 分析表明，在条件相同时，同一深度处随着 l/b 越大，附加应力也越大，在条形基础中地基影响深度为$(2 \sim 6)b$，而方形基础中地基影响深度为$(1.5 \sim 3)b$。

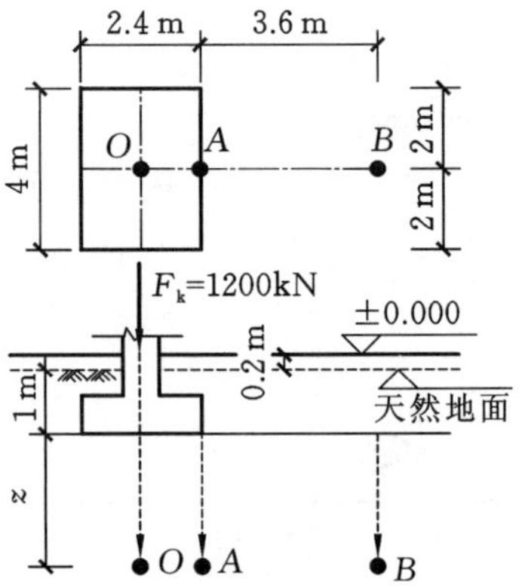

图 2.8　例 2.5 图

【例 2.5】 条件：图 2.8 所示某柱下独立基础，从设计地面算起基础埋深 $d_1=1.2$ m；天然地坪低于设计地面 0.2 m，天然地坪起基础埋深 $d_2=1.0$ m；基底处原有土的加权平均重度 $\gamma_m=18$ kN/m^3，试求水平面“O”点及“A”点、“B”点下深度 $z=1.2$ m、$z=3.6$ m 处，地基附加应力 σ_z。

【解】 (1) 基底附加应力计算

$$p_{0k}=p_k-\gamma_m d=\frac{F_k+G_k}{A}-\gamma_m d=\frac{F_k}{A}+\gamma_G d_1-\gamma_m d_2$$

$$=\frac{1200}{4\times 2.4}+20\times 1.2-18\times 1.0=131\ \text{kPa}$$

(2) 地基土中各点附加应力计算过程如表 2.10 所示。

表 2.10　例 2.5 计算过程

土中位置		O	A	B	
简图 $n=z/b$ $m=l/b$ $\sigma_z=\alpha_c p_0$		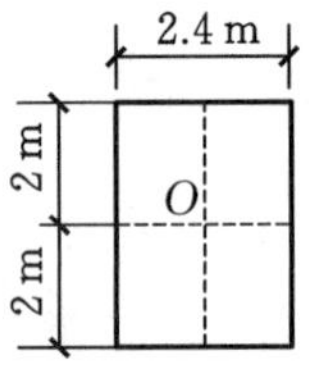	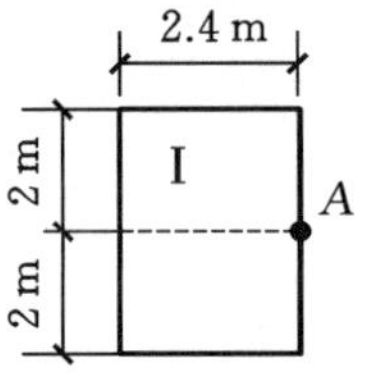	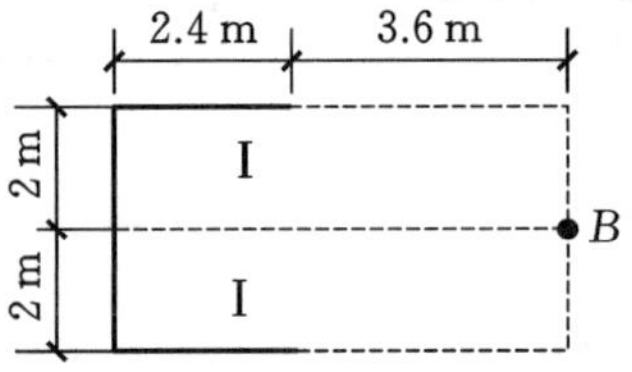	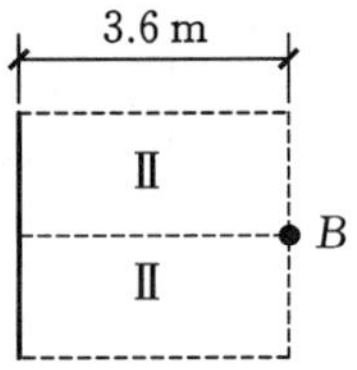
l/b		$2/1.2=1.7$	$2.4/2=1.2$	$6/2=3$	$3.6/2=1.8$
$z=1.2$ m	z/b	$1.2/1.2=1$	$1.2/2=0.6$	$1.2/2=0.6$	$1.2/2=0.6$
	α_{ci}	0.197	$\alpha_{c\text{I}}=0.228$	$\alpha_{c\text{I}}=0.234$	$\alpha_{c\text{II}}=0.232$
	α_c	4×0.197	2×0.228	$2\times 0.234-2\times 0.232=0.004$	
	σ_z (kN/m^2)	103.23	59.74	0.52	
$z=2.4$ m	z/b	$2.4/1.2=2$	$2.4/2=1.2$	$2.4/2=1.2$	$2.4/2=1.2$
	α_{ci}	0.113	$\alpha_{c\text{I}}=0.163$	$\alpha_{c\text{I}}=0.187$	$\alpha_{c\text{II}}=0.179$
	α_c	4×0.113	2×0.163	$2\times 0.187-2\times 0.179=0.016$	
	σ_z (kN/m^2)	59.21	42.71	2.1	
$z=3.6$ m	z/b	$3.6/1.2=3$	$3.6/2=1.8$	$3.6/2=1.8$	$3.6/2=1.8$
	α_{ci}	0.0665	$\alpha_{c\text{I}}=0.108$	$\alpha_{c\text{I}}=0.143$	$\alpha_{c\text{II}}=0.129$
	α_c	4×0.0665	$2\times 0.108=0.216$	$2\times 0.143-2\times 0.129=0.028$	
	σ_z (kN/m^2)	34.85	28.3	3.67	

➡ 技术提示

通过本题计算得出下列结论：

① 在均布荷载作用下，同一深度 z 处，基底中心“O”点处 σ_z 最大，随着离开基底中心轴距离增大，σ_z 不断减小。

② 在荷载作用面以下，同一点处 σ_z 随着深度 z 的增加而减小，例如：“O”点、“A”点处在不同深度处附加应力 σ_z 随着深度 z 的增加而减小。

③ 在荷载作用面以外，在相当深度范围内，随着 z 的增加，σ_z 不断增大，例如“B”点处；但深度增大到一定程度后，σ_z 随着深度 z 的增加反而减小。

➡ 知识扩展

① σ_z 不仅发生在荷载作用面之下，而且还分布在荷载面积之外相当大的范围之下，这就是所谓的应力扩散现象，其附加应力扩散示意图见图 2.9(a)。

② 将地基土中各点竖向附加应力相同的点连成曲线，就得到附加应力等压力曲线，见图 2.9(b)。

③ 当两个或多个荷载距离较近时，扩散到同一区域的竖向附加应力会彼此叠加，使该区域的附加应力明显加大，这就是所谓的附加应力的叠加现象。为此考虑相邻建筑物影响时，新老建筑物基础要保持一定的水平净距，一般不宜小于相邻基础底面高差的 1～2 倍。

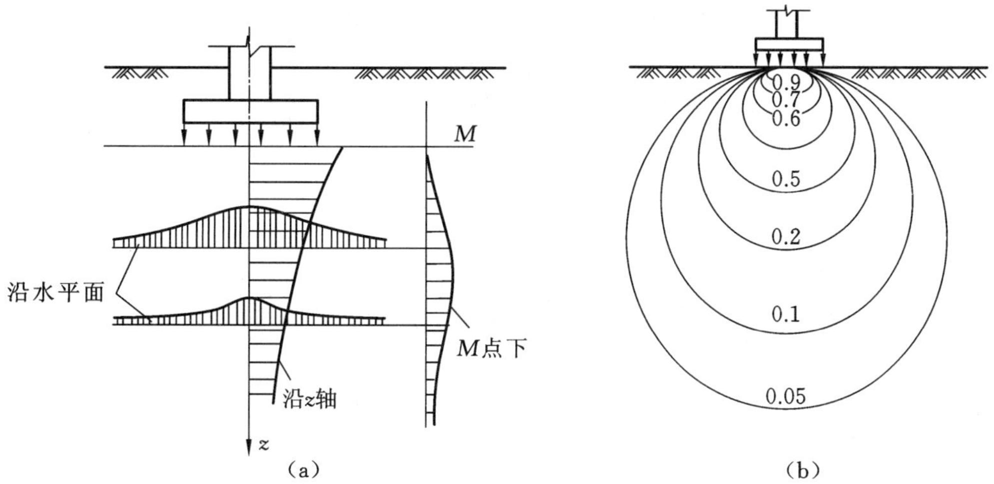

图 2.9　地基附加应力分布

(a) 地基附加应力扩散示意图；(b) 地基附加应力等值线

2.3.3　条形均布荷载作用地基附加应力

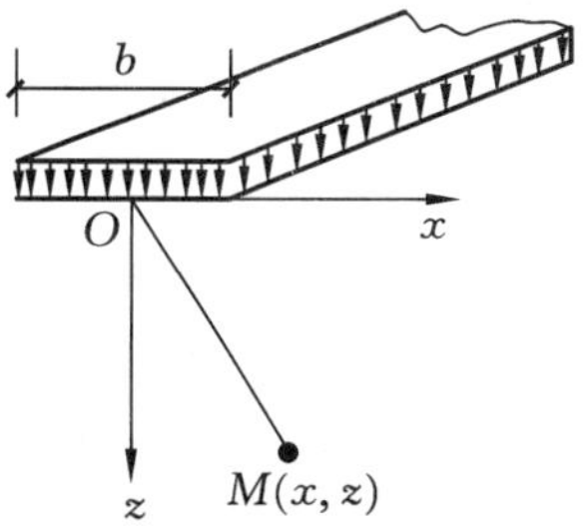

图 2.10　条形均布荷载作用下地基附加应力

注：b 为条形基础的宽度。

当矩形均布荷载 $l/b>10$ 时，l/b 对基底附加应力影响很小，可不再需要角点法求附加应力系数，附加应力系数与 x/b 及 z/b 有关，可方便求得条形基础任意点下的附加应力。

如图 2.10 所示，取条形基础宽度中点"O"为坐标原点，则地基中任一点 $M(x,z)$ 处的竖向附加应力 σ_z 可按下式计算：

$$\sigma_z=\alpha_{sz}p_0 \tag{2.8}$$

式中　α_{sz}——条形均布荷载作用任意点下附加应力系数，由 x/b 及 z/b 从表 2.11 查得。

表 2.11　条形均布荷载作用任意点下附加应力系数 α_{sz}

z/b	x/b												
	0.00	0.10	0.25	0.35	0.50	0.75	1.00	1.50	2.00	2.50	3.00	4.00	5.00
1.00	0.552	0.541	0.513	0.475	0.410	0.288	0.185	0.071	0.029	0.013	0.007	0.002	0.001
1.50	0.396	0.395	0.379	0.353	0.332	0.273	0.211	0.114	0.055	0.030	0.018	0.006	0.003
2.00	0.306	0.304	0.292	0.288	0.275	0.242	0.205	0.134	0.083	0.051	0.028	0.013	0.006
2.50	0.245	0.244	0.239	0.237	0.231	0.215	0.188	0.139	0.098	0.065	0.034	0.021	0.010
3.00	0.208	0.208	0.206	0.202	0.198	0.185	0.171	0.136	0.103	0.075	0.053	0.028	0.015
4.00	0.160	0.160	0.158	0.156	0.153	0.147	0.140	0.122	0.102	0.081	0.066	0.040	0.025

续表 2.11

z/b	x/b												
	0.00	0.10	0.25	0.35	0.50	0.75	1.00	1.50	2.00	2.50	3.00	4.00	5.00
5.00	0.126	0.126	0.125	0.125	0.124	0.121	0.117	0.107	0.095	0.082	0.069	0.046	0.034
…													

本章小结

(1) 土中应力按其产生原因分为自重应力和附加应力,自重应力必须从天然地面算起,新填土场地则应从老天然地面算起。一般黏性土经过漫长的地质年代已经固结稳定,不会在自重应力作用下产生新的变形,地基变形主要是由建筑物荷载在地基中产生附加应力引起的变形。

(2) 自重应力随着深度的增加而增加,成层土自重应力呈折线分布;附加应力在荷载作用下,随着深度增加而减小,并且同一深度处,离开中心点处附加应力越来越小,其分布规律呈曲线分布;附加应力具有扩散和叠加特性。

(3) 基底压力是基础对地基持力层顶面处的压力,其大小与上部结构荷载及基础、回填土重量有关,基础及回填土重量应从设计地面算起。基底压力是计算基底附加应力及地基承载力验算的要素,地基附加应力与基底压力有关。

(4) 对于地基变形计算,基底压力及基底附加应力要用荷载效应准永久值计算;计算地基承载力时,基底压力及基底附加应力要用荷载效应标准值计算。

练习题

一、填空题

1. 土中应力按其产生原因分为__________和__________。
2. 对于基础而言,附加应力应从__________算起,自重应力应从____________算起。
3. 某独立基础基底面积 $A=3.2\ m^2$,埋深 $d=1.5$ m,则基础与回填土重量 $G_k=$____ kN。
4. 某轴心受压独立基础基底面积 $A=4.0\ m^2$,上部结构传来竖向荷载 $F_k=500$ kN,经计算基础与回填土重量 $G_k=90$ kN,则基底压力 $p_k=$__________。
5. 某偏心受压独立基础 $A=b\times l=2\times 2.2=4.4\ m^2$,基础埋深 $d=1.2$ m,基础及回填土平均重度 $\gamma_G=20\ kN/m^3$,作用在基础中心点处的力矩 $M_k=100$ kN·m(沿长边偏心),上部结构传来竖向荷载 $F_k=1000$ kN,则对基础中心线的偏心距 $e=$____________,基底压力分布形式为__________。

二、单选题

1. 建筑物基础作用于地基表面的压力,称为(　　)。
   A. 基底压力　B. 基底附加压力　C. 基底净反力　D. 附加应力
2. 地下水长期下降,会使(　　)。
   A. 地基土中原水位以下的自重应力增加　B. 地基土中原水位以上的土自重应力增加
   C. 地基土的抗剪强度减小　D. 土中孔隙水压力增大
3. 计算基础及回填土的总重量,不考虑地下水的影响时,其平均重度 γ_G 一般取(　　)。
   A. 基底以上土的加权平均重度 γ_m　B. 基底以上回填土的平均重度
   C. 基础的重度　D. $20\ kN/m^3$
4. 由于建造房屋在基础底面处产生的压力增量称为(　　)。
   A. 基底压力　B. 基底反力　C. 基底附加压力　D. 基底净反力
5. 自重应力在均匀土层中呈(　　)。
   A. 折线分布　B. 曲线分布　C. 直线分布　D. 均匀分布

6. 单向偏心受压柱下独立基础，基底反力呈梯形分布，则偏心距 e 与基础长边 l 的关系（　　）。

A. $e < l/6$　　B. $e \leqslant l/6$　　C. $e = l/6$　　D. $e > l/6$

7. 计算土中自重应力时，地下水位以下的土层应采用（　　）。

A. 干密度　　B. 饱和重度　　C. 浮重度　　D. 天然重度

8. 在基底附加压力的计算公式 $p_0 = p - \gamma_m d$ 中，d 为（　　）。

A. 基底平均埋深

B. 从天然地面算起的埋深，对于新填土场地应从老天然地面算起

C. 从室外地面算起的埋深

D. 从室内地面算起的埋深

9. 计算基础及回填土重量 $G_k = \gamma_G A \bar{d}$，$\bar{d}$ 为基础的平均埋深，必须从（　　）。

A. 室外地面算起的埋深

B. 天然地面算起的埋深，对于新填土场地应从老天然地面算起

C. 室内地面算起的埋深

D. 设计地面（当室内外设计标高不同时，从室内外平均设计地面）算起

10. 在计算成层土的自重应力时，在地下水位以下，若埋藏有（　　）层时，其不透水层层面处自重应力发生突变。

A.砂土层　　B. 无黏土层　　C. 不透水层　　D. 无正确答案

11. 设某地基为固结完成的老黏性土，由于修建建筑物，在地基中增加的应力为（　　）。

A. 基底压力　　B. 自重应力　　C. 附加应力　　D. 无正确答案

12. 从结构角度讲，多层和高层建筑设地下室的原因是（　　）。

A. 使用上的需要

B. 荷载太大，为减少较大的附加应力和附加变形要求

C. 地基承载力较大，而基础设计不能满足要求

D. 无正确答案

13. 均布矩形荷载作用下，地基土中附加应力变化规律是（　　）。

A. 荷载作用面以下土层，随着深度增加，附加应力越来越小

B. 荷载作用面以下土层，随着深度增加，附加应力越来越大

C. 荷载作用面以外土层，总是随着深度增加，附加应力越来越小

D. 荷载作用面以外土层，总是随着深度增加，附加应力越来越大

14. 均布矩形荷载作用下，地基土中附加应力变化规律是（　　）。

A. 同一深度处随着离开基础中心点距离增大，附加应力越来越大

B. 同一深度处各点附加应力相等，随着深度增加，同一点处附加应力减小

C. 同一深度处基础中心点以下土层附加应力最大，随着离开基础中心点距离的增大，附加应力越来越小

D. 以上选项均不对

15. 计算地基变形时，基底压力、基底附加应力效应组合应采用（　　）。

A. 标准效应组合　　B. 准永久效应组合　　C. 基本组合　　D. 均不对

16. 基底面积应满足地基承载力要求，在确定基底面积时，基底压力荷载效应组合采用（　　）。

A. 标准效应组合　　B. 准永久效应组合　　C. 基本组合　　D. 均不对

三、判断题

1. 在基底附加压力的计算公式中，对于新填土场地，基底自重应力应从填土面算起。　　（　　）

2. 柱下独立基础埋深的大小对基底附加应力影响不大。　　（　　）

3. 基底附加压力在数值上等于上部荷载在基底所产生的压力增量。 (　　)
4. 附加应力分布范围相当大,它不仅分布在荷载面积之下,而且还分布到荷载面积以外,即附加应力扩散现象。 (　　)
5. 地下水位升高时,土中自重应力减小,基底压力也随之减小,所以地下水位越高越好。 (　　)
6. 地下水位降低时,土中自重应力增大,故导致附加应力增大。要保护地下水资源,不能长期抽取地下水。 (　　)
7. 成层土自重应力随着深度增加而增大,自重应力呈线性分布。 (　　)
8. 地基变形计算,基底附加应力应取荷载效应标准值。 (　　)
9. 在地基附加应力中,其中最大的附加应力是基底附加应力。 (　　)
10. 在多层及高层建筑中,为了较少基底附加应力,应加大基础埋深,并且做成箱形或其他带有地下室基础。 (　　)
11. 在多层及高层建筑中,如果不做带有地下室基础,加大基础埋深,会导致基底压力增大,地基承载力降低。 (　　)
12. 在基坑开挖前,首先要进行人工降水,其目的是保证提高基坑开挖时基坑四周土体的稳定性,保证施工中的安全及方便施工。 (　　)

四、简答题

1. 地下水位变化对自重应力有何影响?
2. 什么叫补偿性基础?

五、计算题

1. 某工程地质情况如图2.11所示,要求:计算自重应力并绘制自重应力分布图。
2. 某柱下轴心受压独立基础,基础底面尺寸 $A=3\ \text{m}\times 2\ \text{m}$,埋深 $d=1.0\ \text{m}$(室内外设计地面高差等于0),设天然地面等于设计地面,上部结构传来竖向荷载准永久值 $F_q=1000\ \text{kN}$,若工程地质情况同图2.11,试求:
(1) 基底压力准永久值 p_q;
(2) 基底处自重应力 σ_{cd};
(3) 基底附加应力准永久值 p_{0q}。
3. 条件同上题,但上部结构传来竖向荷载标准值 $F_k=1300\ \text{kN}$,当基础埋深 $d=1.5\ \text{m}$ 时,分别计算:
(1) 基底压力标准值 p_k;
(2) 基底处自重应力 σ_{cd};
(3) 基底附加应力标准值 p_{0k}。

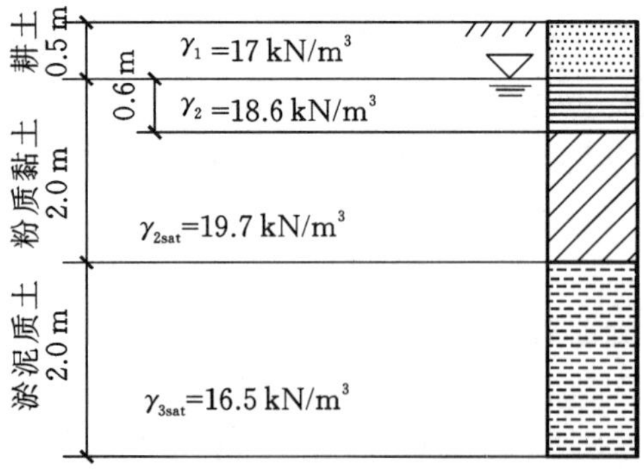

图2.11 计算题1图

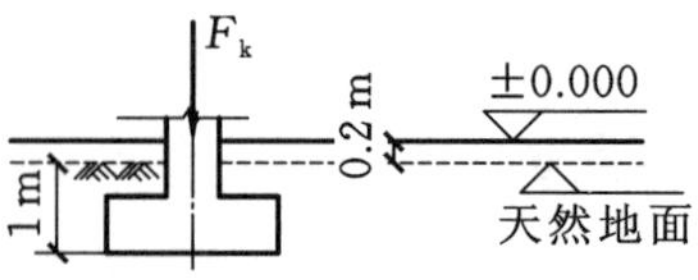

图2.12 计算题4图

4. 如图2.12所示某轴心受压独立基础,基础底面尺寸 $A=4\ \text{m}\times 3\ \text{m}$,从设计地面算起基础埋深 $d_1=1.2\ \text{m}$;天然地坪低于设计地面0.2 m,从天然地坪起基础埋深 $d_2=1.0\ \text{m}$;上部结构传来竖向荷载标

准值 $F_k=1500$ kN，经计算基底处土的加权平均重度 $\gamma_m=18.5$ kN/m^3。试求：

(1) 基底压力标准值 p_k；

(2) 基底处自重应力 σ_{cd}；

(3) 基底附加应力标准值 p_{0k}。

5. 如图 2.13 所示，柱下独立基础基底面积 $A=l\times b=3$ m×2 m，基础埋深 $d=2.0$ m，室内外高差 0.6 m，室外设计地面等于天然地面。已知柱传来竖向荷载 $F_k=1000$ kN，力矩 $M_k=180$ kN·m；经计算基底处土的加权平均重度 $\gamma_m=18.8$ kN/m^3。

要求：

(1) 计算基底平均压力 p_k、$p_{k\max}$、$p_{k\min}$，并绘出基底反力分布图。

(2) 计算基底平均附加应力标准值 p_{0k}。

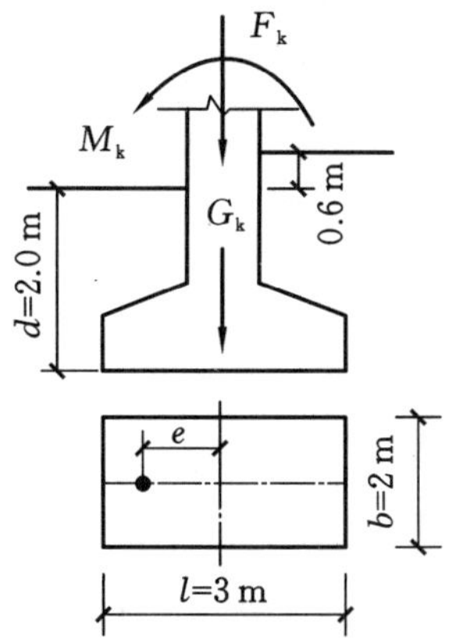

图 2.13　计算题 5 图

6. 如图 2.14 所示，柱下独立基础基底面积 $A=l\times b=2$ m×1 m，通过计算基底附加应力准永久值 $p_{0q}=100$ kPa，求 A、E、O、F、G 各点下基底往下深度 $z=1$ m 深度处附加应力，并绘制 $z=1$ m 处附加应力分布图。

7. 如图 2.15 所示某墙下条形基础，通过计算基底附加应力准永久值 $p_{0q}=100$ kPa，求 A 点、B 点下基底往下深度 $z=5$ m 深度处附加应力。

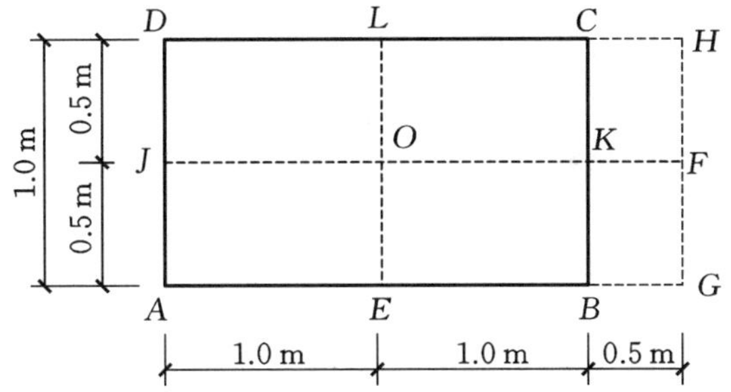

图 2.14　计算题 6 图

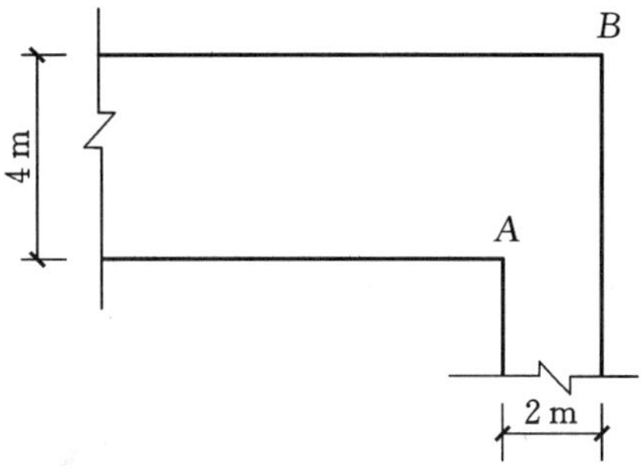

图 2.15　计算题 7 图

3　土的压缩性及地基变形计算

【引言】

在有关建筑物的大量工程事故中，地基事故是主要原因，其中地基变形过大或不均匀沉降所造成的事故占多数，地基变形问题早已引起工程界高度重视。

引起地基变形的原因除附加应力外，还与土的压缩性有关。由于土具有复杂性、易变性、分散性的特点，不同的土体有着不同的压缩性，衡量压缩性的大小与压缩指标有关，而压缩指标要做压缩试验测定。本章主要内容是压缩性指标测定、地基变形计算、地基变形与时间关系及减小地基不均匀沉降的措施。

【学习要点】

(1) 通过压缩试样绘制压缩曲线、压缩性指标确定、判断土的压缩性，了解一整套基本原理及相关性；

(2) 由压缩曲线、土层自重应力及附加应力计算某土层最终压缩量及地基最终变形量；

(3) 理解有效应力原理及太沙基饱和黏性土的固结理论，解决沉降与时间关系问题；

(4) 明确沉降观测的技术要点，减少地基不均匀沉降的措施。

【思政元素】

本单元融入的思政内容包括：(1) 知识的沉淀犹如地基的沉降，不断压硬才有更大的强度；(2) 巩固全党全国各族人民团结奋斗的共同思想基础，不断提升国家文化软实力和中华文化影响力；(3) 以中国式现代化全面推进中华民族伟大复兴。

3.1　土的压缩性指标

土的压缩性是指土体在压力作用下，体积不断减小的特性。土的压缩主要指孔隙体积的减小，固体颗粒压缩很小，可忽略不计。压缩性能与土的压缩指标有关，而土的压缩指标通过压缩试验才能确定。土的压缩指标主要有压缩系数 a、压缩模量 E_s、变形模量 E_0，前两者是通过室内压缩试验测定的指标，后者是通过现场荷载试验得到的。本节主要介绍室内压缩试验及测得的压缩性指标，并进一步评价土的压缩性和计算地基变形。

3.1.1　室内侧限压缩试验

室内压缩试验是通过压缩仪对原状土样进行压缩试验，了解孔隙比随压力的变化规律，测定土的压缩指标，并评价土的压缩性和进行地基变形计算。

1. 压缩机理

(1) 土样压缩前先用金属环刀(有内径 61.8 mm 和 79.8 mm 两种规格，高度 20 mm) 切取原状土样，并放入上下有透水石的刚性护环内，如图 3.1 所示；

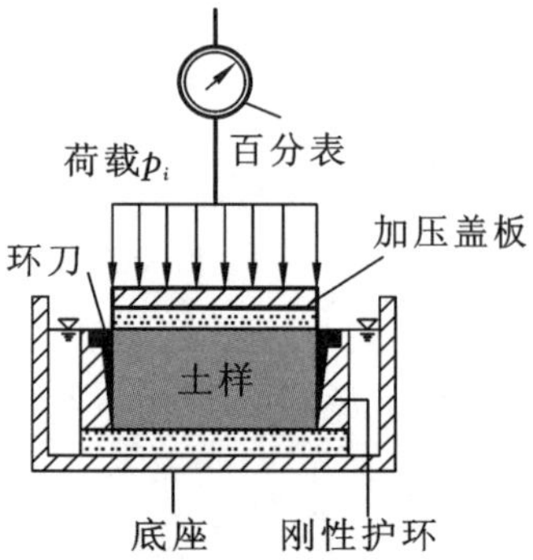

图 3.1　压缩仪构造简图

(2) 通过加压盖板给土样分级加载 p_i，在每级 p_i 荷载作用下，通过微量表测得压缩相对稳定后该土样的累积压缩量 Δh_i；

(3) 计算在每级荷载 p_i 作用下，压缩稳定的孔隙比 e_i；

(4) 绘制压缩曲线(即 e-p 曲线)，见表 3.1。

表 3.1　e-p 曲线分析

分析简图	孔隙比 e_i 表达式	e-p 曲线
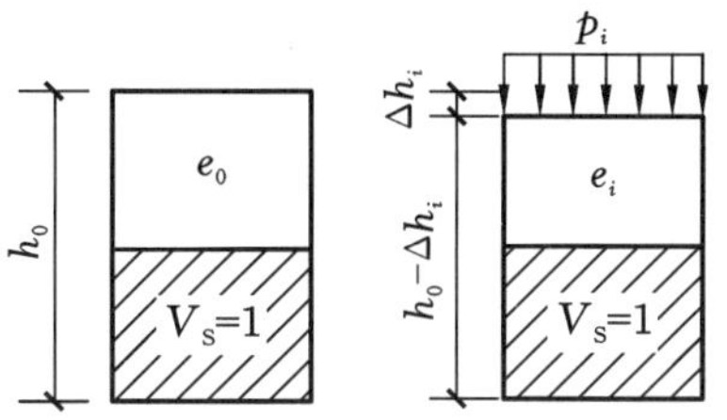 (a) 加载前　　(b) 加载后 (1) 加载前，土样的起始高度为 h_0，天然孔隙比为 e_0； (2) 加载后，土样高度变为 $h_0-\Delta h_i$，土体孔隙比变为 e_i	设 $V_S=1$， ① 加载前，天然孔隙比 $e_0=\dfrac{V_V}{V_S}$，则 $V_V=e_0$； ② 加载后，在 p_i 作用下，压缩稳定后，测定压缩量 Δh_i，土体孔隙比变为 e_i； ③ (加载前后土样截面不变) 由 $\dfrac{1+e_0}{h_0}=\dfrac{1+e_i}{h_0-\Delta h_i}$ 得 $e_i=e_0-\dfrac{\Delta h_i}{h_0}(1+e_0)$　(3.1)	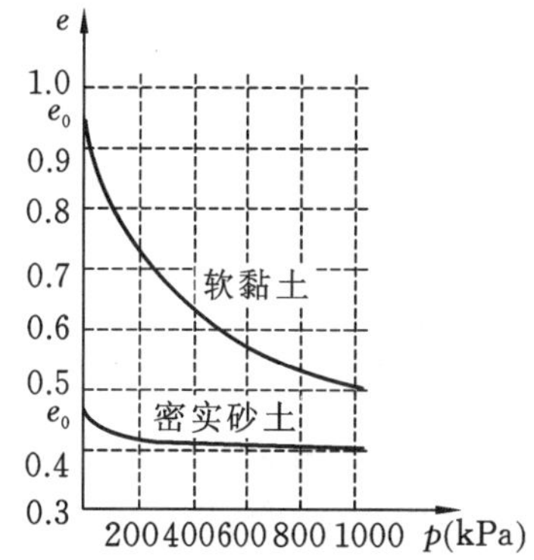
分析： ① 已知天然孔隙比 e_0(加载前通过土工试验测定)，土样的起始高度 h_0(基本等于环刀高度 20 mm)。 ② 加载后，在荷载 p_i 作用下，测定压缩稳定后压缩量 Δh_i，代入式(3.1)可得孔隙比 e_i。 ③ 通过试验可得到 e_i 与 p_i 一组数据，然后以 p 为横坐标，e 为纵坐标，绘制的 e-p 关系曲线叫压缩曲线。可以看出，随着荷载的增加孔隙比越来越小，到后期已经变得很平缓，孔隙变化不明显。 ④ 不同的土体压缩曲线不同，曲线越缓，压缩量越小；反之曲线越陡，压缩量越大，如图中密实砂土曲线很缓，压缩量小，而软黏土曲线较陡，压缩量较大		

注：① 土的压缩主要是在外力作用下，孔隙中水和气被挤出，孔隙体积减小，不考虑固体颗粒减小，压缩前后固体体积不变；
② 在整个压缩过程中，土样由于受到环刀和刚性护环的限制，不会产生横向变形，只产生竖向变形，该方法称为室内侧限压缩试验。

2. 压缩指标

(1) 压缩系数 a

如图 3.2 所示，已知某土体 e-p 曲线，设压力由 p_1 增至 p_2，从曲线测得相应的孔隙比由 e_1 减小到 e_2，则土在该压力段的压缩性可由割线 M_1M_2 的斜率 a 来表示，即

$$\tan\theta=a=\frac{\Delta e}{\Delta p}=\frac{e_1-e_2}{p_2-p_1} \tag{3.2}$$

式中　a—— 压缩系数($\mathrm{MPa^{-1}}$ 或 $\mathrm{kPa^{-1}}$)。

压缩系数越大，土的压缩性越高；a 不是常数，与所取的起始压力 p_1 及 Δp 有关。

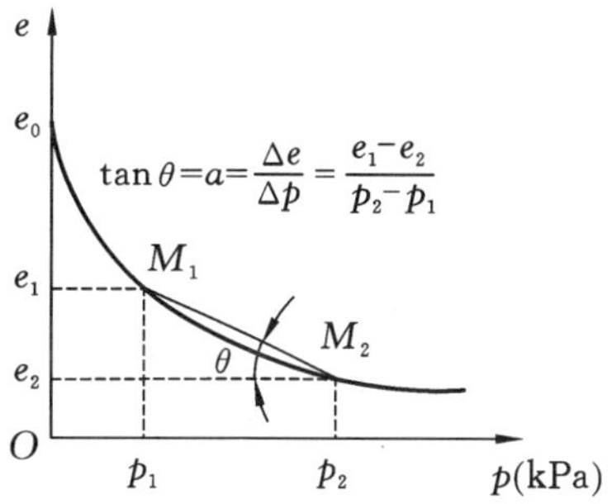

图 3.2　压缩曲线确定压缩系数示意图

➡ 技术提示

① 压缩系数评价地基土压缩性高低：一般取压力间隔 $p_1=0.1$ MPa $=100$ kPa，$p_2=0.2$ MPa $=200$ kPa 对应的压缩系数 a_{1-2} 评价土的压缩性。$a_{1-2}<0.1\ \mathrm{MPa^{-1}}$ 为低压缩性土；$0.1\ \mathrm{MPa^{-1}}\leqslant a_{1-2}<0.5\ \mathrm{MPa^{-1}}$ 为中等压缩性土；$a_{1-2}\geqslant 0.5\ \mathrm{MPa^{-1}}$ 为高压缩性土。

② 确定土层实际的压缩系数，其目的就是计算某土层最终压缩量。在压缩曲线中取 $p_1=\overline{\sigma}_{cz}$(自重应力平均值)，查对应的孔隙比 e_1；$p_2=\overline{\sigma}_{cz}+\overline{\sigma}_z$($\overline{\sigma}_z$ 为附加应力平均值)，查对应的孔隙比 e_2；代入式(3.2)就得该土层实际压缩系数。

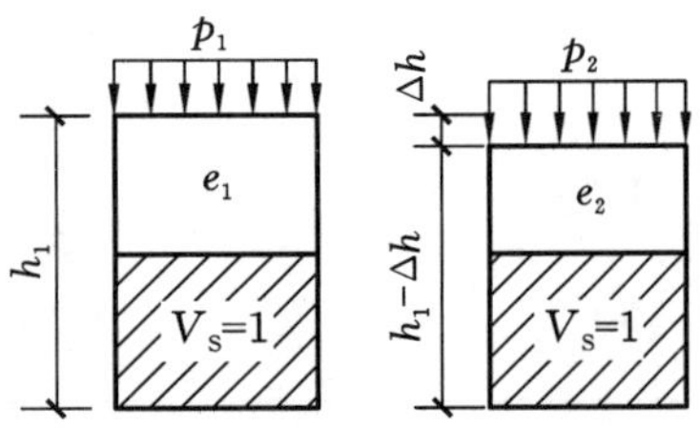

图 3.3　计算压缩模量示意图

(2) 压缩模量 E_s

压缩模量是指在完全侧限的条件下,由竖向压力 p_1 增至 p_2 的压力增量 $\Delta p = p_2 - p_1$ 与相应的压应变 $\varepsilon = \Delta h / h_1$ 之比(图 3.3),用 E_s(单位:MPa 或 kPa) 表示。

$$E_s = \frac{\Delta p}{\varepsilon} = \frac{(p_2 - p_1)h_1}{\Delta h} \tag{3.3}$$

由 $\dfrac{1+e_1}{h_1} = \dfrac{1+e_2}{h_1 - \Delta h}$ 得:

$$\Delta h = \frac{e_1 - e_2}{1+e_1} h_1 \tag{3.4}$$

将式(3.4) 代入式(3.3),得

$$E_s = \frac{(p_2 - p_1)h_1}{\Delta h} = \frac{p_2 - p_1}{e_1 - e_2}(1+e_1) = \frac{1+e_1}{a} \tag{3.5}$$

➡ 技术提示

① 压缩模量与压缩系数成倒数关系,压缩模量越大,表明该土层的抗压缩性越好,故压缩模量也是评价地基土压缩性的另一个重要指标。

② 压缩模量也是变量,随初始压力 p_1 和压力段 Δp 大小及孔隙比不断变化。

③ 定量评价土的压缩性(由 a_{1-2} 可推断出 $E_{s_{1-2}}$):

$E_{s_{1-2}} > 16$ MPa,低压缩性土;4 MPa $< E_{s_{1-2}} \leqslant 16$ MPa,中等压缩性土;$E_{s_{1-2}} \leqslant 4$ MPa,高压缩性土。

④ 计算某土层实际压缩模量:对于地基下的某土层,取 $p_1 = \overline{\sigma}_{cz}$(自重应力平均值),$p_2 = \overline{\sigma}_{cz} + \overline{\sigma}_z$($\overline{\sigma}_z$ 为附加应力平均值),可得对应的孔隙比 e_1、e_2,则计算得到的 E_s 就是地基某土层实际压缩模量。

3.1.2　评价土层压缩性、计算土层压缩量

压缩曲线的作用有两个方面:① 确定压缩指标 a_{1-2},评价土的压缩性;② 计算土层压缩量。评价土的压缩性、计算土层压缩量的理论比较抽象,可通过举例分析使原理更加清晰、具体化。其流程图见图 3.4,下面通过案例分析其实施过程,做到理论联系实际。

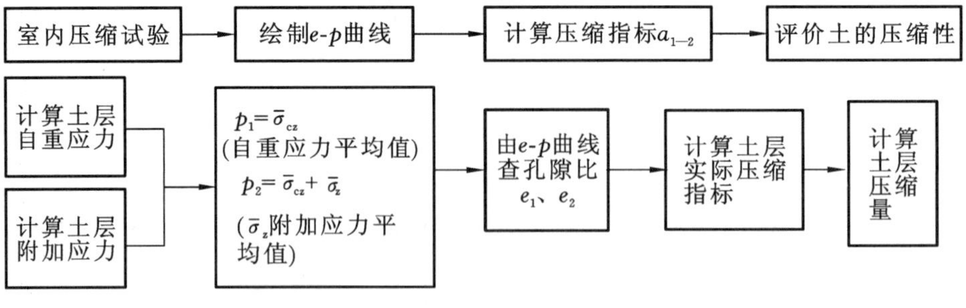

图 3.4　评价土层压缩性、计算土层压缩量流程图

【例 3.1】 已知某柱下独立基础,已计算基础中心点下土层自重应力(kPa) 及附加应力,其分布如图 3.5(a) 所示,通过压缩试验绘制各层土的 e-p 曲线,其中第 ② 土层的压缩曲线如图 3.5(b) 所示,下面以第 ② 土层作为研究对象,要求:

1. 评价第 ② 土层的压缩性;
2. 求第 ② 土层的实际压缩系数及压缩模量;
3. 求第 ② 土层的压缩量 Δh。

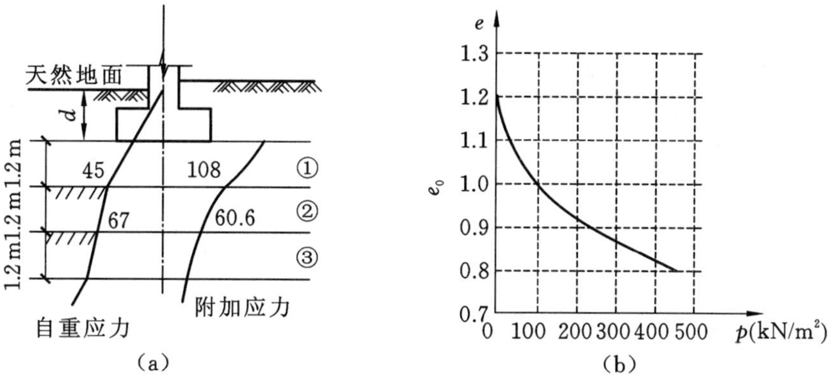

图 3.5 例 3.1 图

【解】 1. 求 a_{1-2} 并评价土的压缩性

(1) 由 $p_1=100$ kPa，从图3.5(b) e-p 曲线测得 $e_1=1.0$；$p_2=200$ kPa，从 e-p 曲线测得 $e_2=0.92$。

(2) 对应的压缩系数 $a_{1-2}=\dfrac{e_1-e_2}{p_2-p_1}=\dfrac{1.0-0.92}{0.2-0.1}=0.8\ \text{MPa}^{-1}>0.5\ \text{MPa}^{-1}$，为高压缩性土。

2. 求第②土层的实际压缩系数及压缩模量

(1) 求取 p_1、p_2 及对应的孔隙比 e_1、e_2

由第②土层自重应力平均值 $p_1=\bar{\sigma}_{cz}=\dfrac{45+67}{2}=56$ kPa，从 e-p 曲线测得 $e_1=1.05$；

由第②土层自重应力平均值与附加应力平均值之和 $p_2=\bar{\sigma}_{cz}+\bar{\sigma}_z=56+\dfrac{108+60.6}{2}=56+84.3=140.3$ kPa，从 e-p 曲线测得 $e_2=0.96$。

(2) $a=\dfrac{e_1-e_2}{p_2-p_1}=\dfrac{1.05-0.96}{140.3-56}=1.07\times10^{-3}\ \text{kPa}^{-1}=1.07\ \text{MPa}^{-1}$

(3) $E_s=\dfrac{1+e_1}{a}=\dfrac{1+1.05}{1.07}=1.92$ MPa

3. 计算第②土层的压缩量

(1) 方法一：直接利用 e-p 曲线，由式(3.4)得 $\Delta h_2=\left(\dfrac{e_1-e_2}{1+e_1}\right)h_2=\left(\dfrac{1.05-0.96}{1+1.05}\right)\times1200=52.68$ mm

(2) 方法二：利用土层实际的压缩模量 E_s，由式(3.5)得 $\Delta h_2=\dfrac{\bar{\sigma}_z}{E_s}h_2=\dfrac{84.3\times10^{-3}}{1.92}\times1200=52.68$ mm

➡ 技术提示

① 利用 e-p 曲线求出 a_{1-2}，由此评价某土层的压缩性。

② 利用 e-p 曲线确定某土层实际压缩系数及压缩模量。

③ 计算某土层的压缩量。

方法1：直接利用 e-p 曲线，由公式 $\Delta h_i=(\dfrac{e_1-e_2}{1+e_1})h_i$ 计算；

方法2：已知某地基土层实际 E_{si}，由公式 $E_{si}=\dfrac{(p_2-p_1)}{\Delta h_i}=\dfrac{\bar{\sigma}_{zi}}{\Delta h_i}h_i$ 得：$\Delta h_i=\dfrac{\bar{\sigma}_{zi}}{E_{si}}h_i$。

方法3：已知某地基土层实际 a，由公式 $E_{si}=\dfrac{1+e_1}{a}$ 代入 $\Delta h_i=\dfrac{\bar{\sigma}_{zi}}{E_{si}}h_i$，得 $\Delta h_i=\dfrac{\bar{\sigma}_{zi}a}{1+e_1}h_i$

➡ **知识扩展**

(1) 土的天然孔隙比 e_0 与土层在自重应力 $p_1=\overline{\sigma}_{cz}$ 作用下的孔隙比 e_1 是不一样的;e_0 是钻孔取土后,土在天然状态下(但土体受力状态是压力为0,与在现场原位已经不一样了)的孔隙比,其数值由室内土工试验测定,即 $e_0=\dfrac{d_S(1+w)}{\rho}-1$。

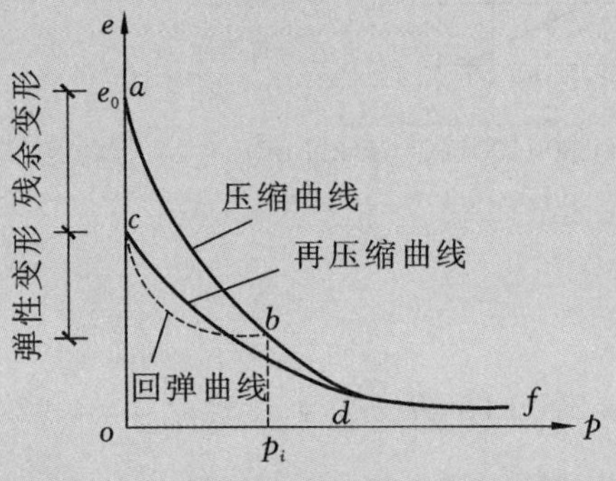

图 3.6　土的回弹曲线及再压缩曲线

(2) 回弹曲线及再压缩曲线(图 3.6)

① 回弹曲线:室内压缩试验中,当压力加到 p_i 后,即曲线 b 点后,逐渐卸荷至0,可得回弹曲线(虚线 bc);其曲线不会恢复到第一次压缩曲线 ab 段,ac 段为不可恢复的变形,称之为残余变形,可恢复的变形称为弹性变形,如图 3.6 所示。

② 再压缩曲线:卸荷完成后,再重新逐级加荷,可得在各级荷载作用下 e-p 曲线,如图 3.6 所示。可以看出在相同压力作用下孔隙比要明显减小,但压力加载的后期,孔隙比变化不明显,基本和第一次加载的压缩曲线重合。

在高层建筑中,深基坑开挖后,地基减压将产生弹性回弹,因此在预估基础沉降时,应当考虑该方面的影响。

3.1.3　变形模量 E_0

土的室内侧限压缩试验是在侧限压缩的条件下测得压缩性指标,实际地基土的变形是在荷载作用下,产生纵向压缩变形的同时,也产生横向变形。

1. 现场载荷试验基本机理

现场载荷试验是无侧限压缩试验,其目的是通过试验取得试验数据绘制荷载 p 与地基土到达稳定沉降后沉降量 s 之间的关系曲线,通过 p-s 关系曲线确定土的变形模量 E_0。

现场载荷试验分为浅层平板载荷试验(基础埋深 $\leqslant$ 3 m)和深层平板载荷试验(基础埋深大于 3 m)。图 3.7 为浅层平板载荷试验示意图(其详细装置详见第 4 章),其基本机理为:在试验点挖试坑,试坑宽度不小于承压板宽度或直径的3倍,承压板的面积不小于0.25 m^2,软土不小于0.5 m^2。试验过程中对承压板上的千斤顶逐级加荷,通过百分表可测得在每级荷载 p 作用下沉降稳定后沉降量 s,通过试验一组数据绘出荷载与沉降的关系曲线(p-s 曲线),如图 3.8 所示。

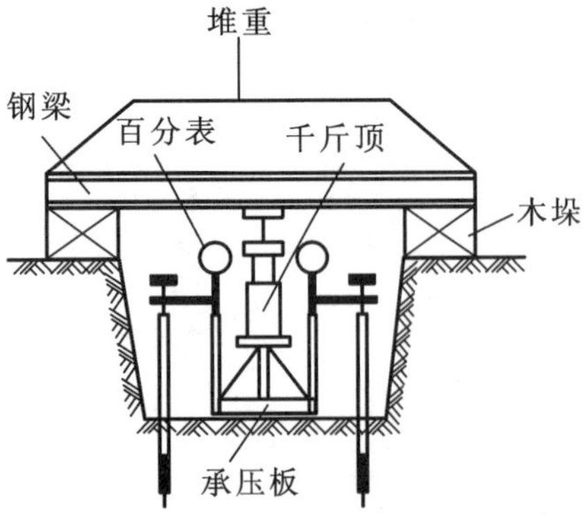

图 3.7　浅层平板载荷试验示意图

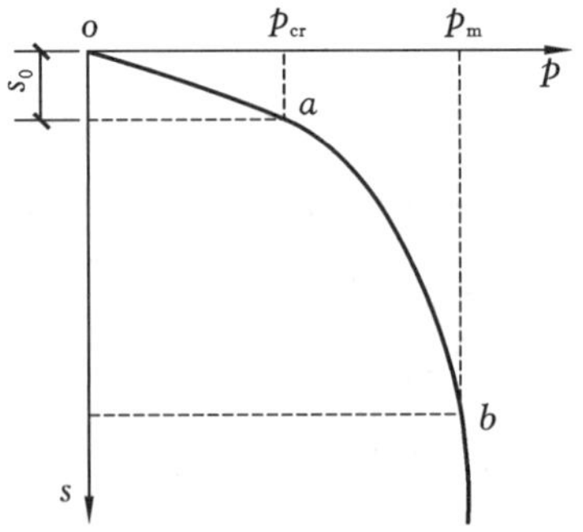

图 3.8　p-s 曲线

2. 土的变形模量 E_0

变形模量是指土体在侧向自由变形的条件下竖向应力与竖向应变之比。在 p-s 曲线的弹性阶段(oa 直线段),通过弹性力学原理可求得地基土的变形模量 E_0,对于浅层平板载荷试验其表达式为:

$$E_0 = \omega(1-\mu^2)bp_{cr}/s_0 \tag{3.6}$$

式中　ω—— 沉降影响系数，方形承压板取 0.88，圆形承压板取 0.79；

μ—— 土的泊松比，碎石土为 0.15 ～ 0.20，砂土为 0.20 ～ 0.25，粉土为 0.25，黏性土为 0.25 ～ 0.42；

b—— 承压板的边长或直径；

p_{cr}，s_0—— 所取定比例界限荷载及对应的沉降量。

现场载荷试验确定变形模量 E_0 更能符合实际土体的压缩性，试验成果一般能反映较大部分土的压缩性，比钻孔取样在室内测得的更能符合实际情况，也是确定地基承载力最有效、直接的方法。但该试验测定时间长，试验工作量大，人力、物力花费大，适用于地基基础设计等级甲级及重要的建筑物，为此《建筑地基基础设计规范》(GB 50007—2011) 作了明确规定。

3.2　基础最终沉降量计算

上一节通过举例分析了某土层压缩量计算，在此基础上本节讨论地基最终变形计算，也称基础最终沉降量计算。基础最终沉降量是指地基在建筑物荷载作用下，地基压缩深度内各土层达到压缩稳定后，各土层压缩量之和。它一般是指基础中心点下的沉降量；对于偏心受压基础，则以基底中心沉降量作为平均沉降量。计算地基最终沉降量的方法有分层总和法和地基规范法，其知识结构具有综合性，下面通过案例分析其计算原理，通过理论联系实际的实例操作，理性认识和感性认识相结合，在不断启发中，提高学生分析和解决问题的能力。

【例 3.2】　某柱下独立基础，基础底面积 4.0 m×2.5 m，上部结构传来的荷载准永久值 F_q = 1500 kN；地质条件如图 3.9 所示，各土层压缩试验数据如表 3.2 所示，持力层地基承载力特征值 f_{ak} =200 kPa，假定设计地面等于天然地面。要求：用分层总和法计算基础中心点处最终沉降量。

【解】　解答过程见 3.2.1 节。

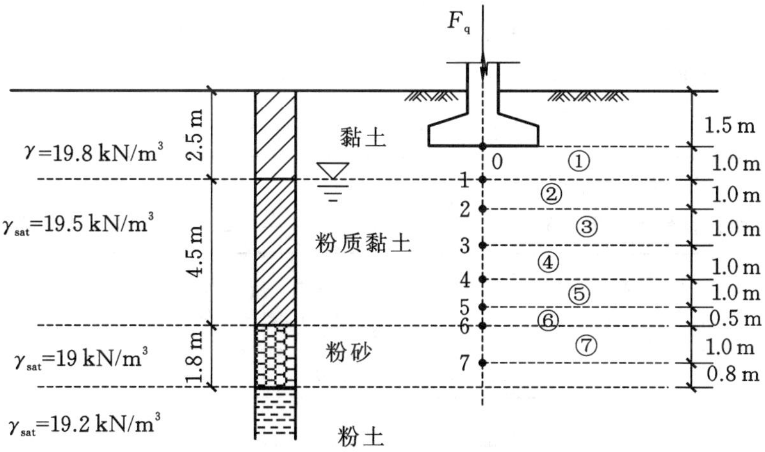

图 3.9　分层总和法计算简图

表 3.2　例 3.2 中土的压缩试验资料

p(kPa)		0	50	100	200	300
黏土	e	0.827	0.779	0.750	0.722	0.708
粉质黏土	e	0.744	0.704	0.679	0.653	0.641
粉砂	e	0.889	0.850	0.826	0.803	0.794
粉土	e	0.875	0.813	0.780	0.740	0.726

3.2.1　分层总和法

3.2.1.1　计算原理

将地基土分成若干个水平薄土层 h_i，计算分层面处的自重应力 σ_{czi} 和附加应力 σ_{zi}，由 e-p 曲线计算每个土层的压缩量及总沉降量。主要流程如图 3.10 所示。

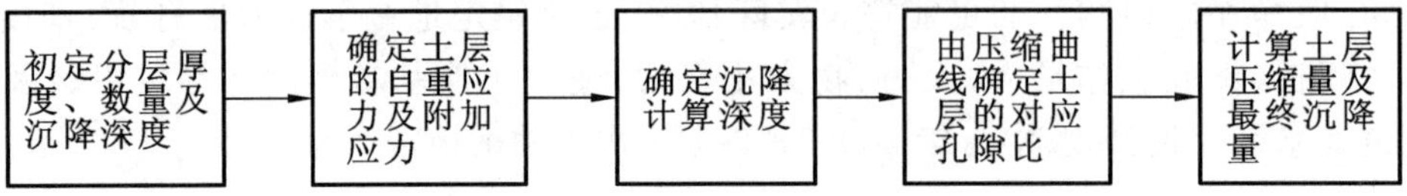

图 3.10　分层总和法计算流程

3.2.1.2　计算步骤

1）计算基底附加应力准永久值 p_0

$$p_0 = p_q - \gamma_m d = \frac{F_q + G_k}{A} - \gamma_m d = \frac{F_q}{A} + 20\bar{d} - \gamma_m d = \frac{1500}{2.5 \times 4} + 20 \times 1.5 - 19.8 \times 1.5 = 150.3\ \text{kPa}$$

2）分层厚度 h_i

(1) 分层原则：$h_i \leqslant 0.4b$，b 为基础宽度或 1 ～ 2 m，且天然层面和地下水位为分层界面；

(2) 分层位置及厚度如图 3.9 所示，从基底中心线以下分为 0、1、2、3、4、5、6、7 点，土层编号依次为①、②、③、④、⑤、⑥、⑦，土层厚度见图中标注。

3）计算各土层界面(0、1、2、3、4、5、6、7 点）处自重应力 σ_{czi} 及附加应力 σ_{zi}

计算过程如表 3.3 所示。

4）确定沉降计算深度

对于一般土，在基底以下深度处，当符合 $\sigma_{zi} \leqslant 0.2\sigma_{czi}$ 时，则该深度可作为计算沉降深度，若其下还存在高压缩性土，则沉降深度应取至 $\sigma_{zi} \leqslant 0.1\sigma_{czi}$ 处；其计算过程如表 3.3 所示。

表 3.3　计算点处自重应力及附加应力计算

计算深度位置	自重应力 σ_{czi} 计算（地下水位在地表以下 2.5 m 处）				附加应力 σ_{zi} 计算 $b = 1.25$ m，$l = 2.0$ m，$l/b = 2/1.25 = 1.6$				
	土层厚度 h_i(m)	$\gamma_i(\gamma'_i)$ (kN/m³)	$\gamma_i(\gamma'_i)h_i$ (kPa)	σ_{czi} (kPa)	z (m)	$\frac{z}{b}$	$\frac{l}{b}$	α_c	$\sigma_{zi} = 4\alpha_c p_0$ (kPa)
0	1.5	19.8	29.7	29.7	0	0		0.25	150.3
1	1.0	19.8	19.8	49.5	1.0	0.8		0.2147	129.1
2	1.0	19.5 − 10	9.5	59	2.0	1.6		0.1436	86.3
3	1.0	9.5	9.5	68.5	3.0	2.4	1.6	0.0879	52.8
4	1.0	9.5	9.5	78	4.0	3.2		0.058	34.9
5	1.0	9.5	9.5	87.5	5.0	4.0		0.0403	24.23
6	0.5	9.5	4.75	92.25	5.5	4.4		0.0343	20.6
7	1.0	19 − 10	9	101.25	6.5	5.2		0.0258	15.5

续表 3.3

确定压缩土层厚度	1. 在"6"点处的压缩土层深度 $z_6 = 5.5$ m 该处 $\sigma_{zi}/\sigma_{czi} = 20.6/92.25 = 0.22 > 0.2$,沉降计算深度不满足计算要求; 2. 在"7"点处的压缩土层深度 $z_7 = 6.5$ m 其 $\sigma_{zi}/\sigma_{czi} = 15.5/101.25 = 0.153 < 0.2$,故沉降计算深度 $z_n = 6.5$ m

5）计算各土层的平均自重应力 $p_{1i} = \dfrac{\sigma_{czi} + \sigma_{czi-1}}{2}$,平均附加应力 $\Delta p_i = \dfrac{\sigma_{zi} + \sigma_{zi-1}}{2}$ 及 $p_{2i} = p_{1i} + \Delta p_i$

计算过程如表 3.4 所示。

6）由 e-p 曲线或土层压缩试验数据,用插入法求 p_{1i} 及 p_{2i} 作用下,相应的孔隙比 e_{1i} 及 E_0

计算过程如表 3.4 所示。

7）计算各土层压缩量 $\Delta h_i = \Delta s_i = \left(\dfrac{e_{1i} - e_{2i}}{1 + e_1}\right) h_i$ 及地基最终沉降量 $s = \sum\limits_{i=1}^{n} \Delta s_i$

计算过程如表 3.4 所示。

表 3.4　计算各土层压缩系数、压缩量及最终沉降量

土层编号及土类	① 黏土	② 粉质黏土	③ 粉质黏土	④ 粉质黏土	⑤ 粉质黏土	⑥ 粉质黏土	⑦ 粉砂
土层厚度 h_i(mm)	1000	1000	1000	1000	1000	500	1000
$p_{1i} = \dfrac{\sigma_{czi} + \sigma_{czi-1}}{2}$ (kPa)	39.6	54.3	63.8	73.4	82.75	89.88	96.75
$\Delta p_i = \dfrac{\sigma_{zi} + \sigma_{zi-1}}{2}$(kPa)	139.7	107.7	69.6	43.9	29.57	22.42	18.05
$p_{2i} = p_{1i} + \Delta p_i$(kPa)	179.3	162	133.4	117.3	112.32	112.30	114.80
e_{1i}	0.787	0.700	0.695	0.690	0.688	0.684	0.827
e_{2i}	0.725	0.661	0.668	0.672	0.676	0.676	0.823
$\Delta s_i = \left(\dfrac{e_{1i} - e_{2i}}{1 + e_1}\right) h_i$(mm)	34.7	22.9	15. 9	10. 7	7.12	2.4	2.2
$s = \sum\limits_{i=1}^{n} \Delta s_i$	$s = \sum\limits_{i=1}^{n} \Delta s_i = 34.7 + 22.9 + 15.9 + 10.7 + 7.12 + 2.4 + 2.2 = 95.92$ mm						

➡ **技术提示**

1. 分层总和法基本假定:

① 假定地基在外荷载作用下,只产生竖向压缩变形,侧向不产生横向变形(土层压缩量计算公式是从室内压缩试验得出的)。

② 土层厚度不大时,假定附加应力呈线性分布(因压缩性指标按线性考虑计算)。

③ 采用基础中心点下的附加应力来计算变形,实际上同一深度处各点附加应力是不相等的,中心点下最大,两端逐渐减小,计算结果偏大。

2. 实际上地基在竖向荷载作用下,① 地基土是无侧限受压;② 附加应力沿深度呈曲线分布;③ 压缩指标及孔隙比也是随深度变化。故分层总和法为了使计算接近实际,计算土层厚度不宜太厚。

3.2.2　地基规范法

《建筑地基基础设计规范》(GB 50007—2011) 提出了地基沉降量计算方法,简称"规范法",是一种简化并修正了的分层总和法，其关键在于引入了平均附加应力系数，并在总结大量实践经验基础上，重新规定了地基沉降计算深度的标准、地基沉降计算经验系数，这样既对分层总和法进行了简化，又比较符合实际工程情况。

3.2.2.1 计算原理

1. 分层原则

分层厚度不再以 $h_i \leqslant 0.4b$ 分层，基本上以天然土层为一个计算层面，地下水位也是一个分界面，如从基底向下土层有第1层、第2层、…、第 $i-1$ 层、第 i 层、第 $i+1$ 层、…、第 n 层若干个天然土层；从基底算起到第1层、第2层…第 $i-1$ 层、第 i 层、第 $i+1$ 层…第 n 层底的深度依次为 z_1、z_2、z_3、…、z_{i-1}、z_i、z_{i+1}、…、z_n，如图3.11所示。

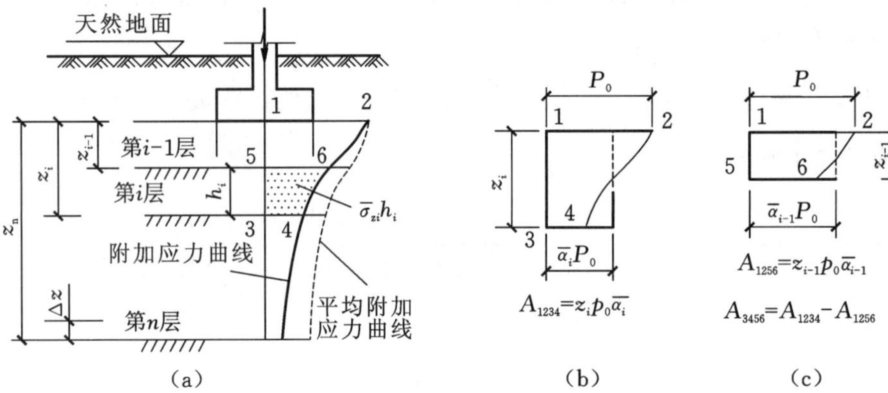

图3.11 规范法地基沉降量计算示意图

2. 土层的压缩量 $\Delta s'_i$

以图3.11第 i 层土为例，导出第 i 土层的压缩量 $\Delta s'_i$ 表达式：

由 $\Delta s'_i = \dfrac{\overline{\sigma}_{zi}}{E_{si}} h_i = \dfrac{A_i}{E_{si}} = \dfrac{A_{3456}}{E_{si}} = \dfrac{A_{1234} - A_{1256}}{E_{si}}$，由 $A_{1234} = z_i p_0 \overline{\alpha}_i$、$A_{1256} = z_{i-1} p_0 \overline{\alpha}_{i-1}$ 得

$$\Delta s'_i = \frac{p_0}{E_{si}}(z_i \overline{\alpha}_i - z_{i-1} \overline{\alpha}_{i-1}) = \frac{A_i}{E_{si}} \tag{3.7}$$

式中 $\overline{\alpha}_i$，$\overline{\alpha}_{i-1}$—— z_i、z_{i-1} 深度处均布矩形荷载角点下的平均附加应力系数，分别由 z_i/b、l/b 和 z_{i-1}/b、l/b 从表3.5查得；

l，b—— 均布矩形荷载角点下，荷载面的长边和短边，这里指的不是基础的长边和短边，对于基础点处平均附加应力系数采用叠加法计算；

A_i—— 土层厚度 h_i 的力面积，见图3.11(a)阴影面积，$A_i = p_0(z_i \overline{\alpha}_i - z_{i-1} \overline{\alpha}_{i-1})$。

表3.5 矩形面积上均布荷载作用下角点的平均附加应力系数 $\overline{\alpha}$

z/b	l/b												
	1.0	1.2	1.4	1.6	1.8	2.0	2.4	2.8	3.2	3.6	4.0	5.0	10.0
0.0	0.2500	0.2500	0.2500	0.2500	0.2500	0.2500	0.2500	0.2500	0.2500	0.2500	0.2500	0.2500	0.2500
0.2	0.2496	0.2497	0.2497	0.2498	0.2498	0.2498	0.2498	0.2498	0.2498	0.2498	0.2498	0.2498	0.2498
0.4	0.2474	0.2479	0.2478	0.2483	0.2483	0.2484	0.2485	0.2485	0.2485	0.2485	0.2485	0.2485	0.2485
0.6	0.2423	0.2437	0.2444	0.2448	0.2451	0.2452	0.2454	0.2455	0.2455	0.2455	0.2455	0.2455	0.2466
0.8	0.2346	0.2372	0.2387	0.2395	0.2400	0.2403	0.2407	0.2408	0.2409	0.2409	0.2410	0.2410	0.2410
1.0	0.2252	0.2291	0.2313	0.2326	0.2335	0.2340	0.2346	0.2349	0.2351	0.2352	0.2352	0.2353	0.2353

续表 3.5

z/b	l/b												
	1.0	1.2	1.4	1.6	1.8	2.0	2.4	2.8	3.2	3.6	4.0	5.0	10.0
1.2	0.2149	0.2199	0.2229	0.2248	0.2260	0.2268	0.2278	0.2282	0.2285	0.2286	0.2287	0.2288	0.2289
1.4	0.2043	0.2102	0.2140	0.2164	0.2180	0.2191	0.2204	0.2211	0.2215	0.2217	0.2218	0.2220	0.2221
1.6	0.1939	0.2006	0.2049	0.2079	0.2099	0.2113	0.2130	0.2138	0.2143	0.2146	0.2148	0.2150	0.2152
1.8	0.1840	0.1912	0.1960	0.1994	0.2018	0.2034	0.2055	0.2066	0.2073	0.2077	0.2079	0.2082	0.2084
2.0	0.1746	0.1822	0.1975	0.1912	0.1938	0.1958	0.1982	0.1996	0.2004	0.2009	0.2012	0.2015	0.2018
2.2	0.1659	0.1737	0.1793	0.1833	0.1862	0.1883	0.1911	0.1927	0.1937	0.1943	0.1947	0.1952	0.1955
2.4	0.1578	0.1657	0.1715	0.1757	0.1789	0.1812	0.1843	0.1862	0.1873	0.1880	0.1885	0.1890	0.1895
2.6	0.1503	0.1583	0.1642	0.1686	0.1719	0.1745	0.1779	0.1799	0.1812	0.1820	0.1825	0.1832	0.1838
2.8	0.1433	0.1514	0.1574	0.1619	0.1654	0.1680	0.1717	0.1739	0.1753	0.1763	0.1769	0.1777	0.1784
3.0	0.1369	0.1449	0.1510	0.1556	0.1592	0.1619	0.1658	0.1682	0.1689	0.1708	0.1715	0.1725	0.1733
3.2	0.1310	0.1390	0.1450	0.1497	0.1533	0.1562	0.1602	0.1628	0.1645	0.1657	0.1664	0.1675	0.1685
3.4	0.1256	0.1334	0.1394	0.1441	0.1478	0.1508	0.1550	0.1577	0.1595	0.1607	0.1616	0.1628	0.1639
3.6	0.1205	0.1282	0.1342	0.1389	0.1427	0.1456	0.1500	0.1528	0.1548	0.1561	0.1570	0.1583	0.1595
3.8	0.1158	0.1234	0.1293	0.1340	0.1378	0.1408	0.1452	0.1482	0.1502	0.1516	0.1526	0.1541	0.1554
4.0	0.1114	0.1189	0.1248	0.1294	0.1332	0.1362	0.1408	0.1438	0.1459	0.1474	0.1485	0.1500	0.1516
4.2	0.1073	0.1147	0.1205	0.1251	0.1289	0.1319	0.1365	0.1396	0.1418	0.1434	0.1445	0.1462	0.1479
4.4	0.1035	0.1107	0.1164	0.1210	0.1248	0.1279	0.1325	0.1357	0.1379	0.1396	0.1407	0.1425	0.1444
4.6	0.1000	0.1070	0.1127	0.1172	0.1209	0.1240	0.1287	0.1319	0.1342	0.1359	0.1371	0.1390	0.1410
4.8	0.0967	0.1036	0.1091	0.1136	0.1173	0.1204	0.1250	0.1283	0.1307	0.1324	0.1337	0.1357	0.1379
5.0	0.0935	0.1003	0.1057	0.1102	0.1139	0.1169	0.1216	0.1249	0.1273	0.1291	0.1304	0.1325	0.1348
5.2	0.0906	0.0972	0.1026	0.1070	0.1106	0.1136	0.1183	0.1217	0.1241	0.1259	0.1273	0.1295	0.1320
5.4	0.0878	0.0943	0.0996	0.1039	0.1075	0.1105	0.1152	0.1186	0.1211	0.1229	0.1243	0.1265	0.1292
5.6	0.0852	0.0916	0.0968	0.1010	0.1046	0.1076	0.1122	0.1156	0.1181	0.1200	0.1215	0.1238	0.1266
5.8	0.0828	0.0890	0.0941	0.0983	0.1018	0.1047	0.1094	0.1128	0.1153	0.1172	0.1187	0.1211	0.1240
6.0	0.0805	0.0866	0.0916	0.0957	0.0991	0.1021	0.1067	0.1101	0.1126	0.1146	0.1161	0.1185	0.1216

3. 计算各土层压缩量之和 s' 及地基计算深度 z_n 的确定

规范法对地基计算深度 z_n 重新作了规定，应满足：

$$\Delta s'_n \leqslant 0.025 s' \tag{3.8}$$

$$s' = \sum_{i=1}^{n} \Delta s'_i = \sum_{i=1}^{n} \frac{p_0}{E_{si}}(z_i \bar{\alpha}_i - z_{i-1} \bar{\alpha}_{i-1}) = \sum_{i=1}^{n} \frac{A_i}{E_{si}} \tag{3.9}$$

式中　$\Delta s'_n$—— 计算厚度处向上取 Δz（表 3.6）的土层计算压缩量。当无相邻荷载影响时，计算厚度 z_n 可按下式简化计算。

$$z_n = b(2.5 - 0.4\ln b) \tag{3.10}$$

式中　b—— 基础的宽度，和附加应力系数中的 l/b 及 z_i/b 的 b 不是一回事。

表 3.6　计算厚度 Δz

b(m)	$\leqslant 2$	$2 < b \leqslant 4$	$4 < b \leqslant 8$	$b > 8$
Δz(m)	0.3	0.6	0.8	1.0

4. 引入沉降计算经验系数 ψ_s

规范法的基本理论是在分层总和法基础上的一种简化计算，分层总和法的理论就是在基本假定的基础上进行研究计算的，再加上规范法简化措施，两者叠加在一起肯定与实际存在一定的误差。大量沉降观测资料结果表明，地基土层较密实时，计算沉降偏大；地基较软弱时，计算沉降偏小，为此规范引入了沉降计算经验系数 ψ_s(表 3.7)进行修正，因此规范法更接近实际，其最终沉降量计算公式为：

$$s = \psi_s s' \tag{3.11}$$

表 3.7　沉降计算经验系数 ψ_s

计算深度内压缩模量当量值 $\overline{E}_s$(MPa)		2.5	4.0	7.0	15.0	20.0	注：
基底附加应力准永久值 p_0 持力层地基承载力特征值 f_{ak}	$p_0 \geqslant f_{ak}$	1.4	1.3	1.0	0.4	0.2	$\overline{E}_s = \dfrac{\sum A_i}{\sum \dfrac{A_i}{E_{si}}}$
	$p_0 \leqslant 0.75 f_{ak}$	1.1	1.0	0.7	0.4	0.2	

3.2.2.2　计算步骤

【例 3.3】 按例 3.2 已知条件不变，但用规范法分析地基最终沉降量，以进一步验证理论的正确性。

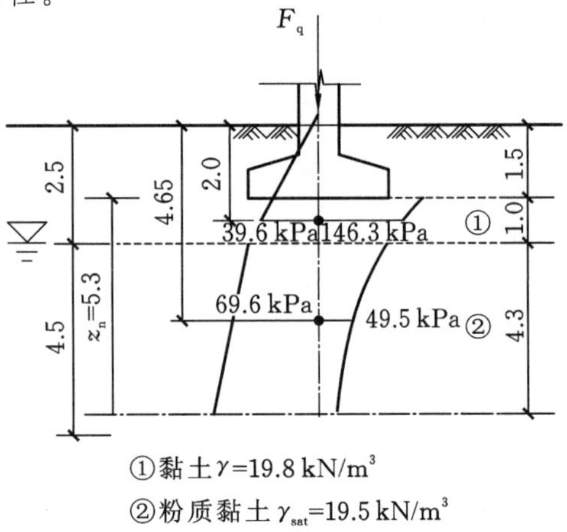

图 3.12　规范法计算示意图(单位：m)

1. 计算基底附加应力 p_0

$$p_0 = p_q - \gamma_m d = 150.3 \text{ kPa(同前)}$$

2. 确定计算深度 z_n 及分层厚度

(1) 由于不考虑相邻基础影响，其计算深度 z_n 用简化公式计算为：

$$z_n = b(2.5 - 0.4\ln b) = 2.5 \times (2.5 - 0.4\ln 2.5) = 5.3 \text{ m}$$

(2) z_n 范围内分为二层，第①土层厚度 1.0 m，第②土层厚度 4.3 m，如图 3.12 所示。

3. 计算第①层和第②层土层中点处自重应力 σ_{czi} 及附加应力 σ_{zi}

计算过程见表 3.8。

表 3.8　计算土层中点处的自重应力及附加应力

	土层类别及编号	第①层(黏土)	第②层(粉质黏土)
各层中心点处自重应力	土层中点距地面距离(m)	2.0	4.65
	土层中点处，自重 σ_{czi}(kPa)	$2 \times 19.8 = 39.6$	$2.5 \times 19.8 + 2.15 \times (19.5 - 10) = 69.6$
各层中心点处附加应力	土层中点距基底距离 z(m)	0.5	3.15
	l/b	$2/1.25 = 1.6$	$2/1.25 = 1.6$
	z/b	$0.5/1.25 = 0.4$	$3.15/1.25 = 2.52$
	α_c	0.2434	0.0824
	$\sigma_{zi} = 4\alpha_c p_0$(kPa)	$4 \times 0.2434 \times 150.3 = 146.3$	$4 \times 0.0824 \times 150.3 = 49.5$

续表 3.8

备注	1. $\sigma_{zi}=4\alpha_c p_0$ 是指地基中心点下各分层中点处的附加应力； 2. z 指从基底至计算土层中点的垂直距离； 3. 由于只有两层压缩土层，应力计算量较少，直接计算土层中点处的自重应力及附加应力。

4. 计算土层的压缩模量

由土层压缩试验数据，用插入法求土层 $p_{1i}=\sigma_{czi}$ 及 $p_{2i}=p_{1i}+\sigma_{zi}$ 作用下，对应的孔隙比 e_{1i}、e_{2i} 及实际压缩模量 E_{si}，计算过程见表 3.9。

表 3.9　计算各土层实际压缩模量

土层编号及土类	第 ① 层(黏土)	第 ② 层(粉质黏土)
土层中点处 σ_{czi}(kPa)	39.6	69.6
基底中心点下各分层中点处的附加应力 σ_{zi}(kPa)	146.3	49.5
$p_{1i}=\sigma_{czi}$(kPa)	39.6	69.6
$p_{2i}=p_{1i}+\sigma_{zi}$(kPa)	$39.6+146.3=185.9$	119.1
e_{1i}	0.786	0.693
e_{2i}	0.724	0.672
$E_{si}=\dfrac{p_{2i}-p_{1i}}{e_{1i}-e_{2i}}(1+e_{1i})$(MPa)	$\dfrac{146.3}{0.786-0.724}\times(1+0.786)\times10^{-3}=4.21$	$\dfrac{49.5}{0.693-0.672}\times(1+0.693)\times10^{-3}=3.99$

5. 计算各土层的沉降量 $\Delta s'_i$ 及各土层沉降量之和 $s'=\sum\Delta s'_i$

由公式 $s'=\sum\Delta s'_i=\sum_{i=1}^{n}\dfrac{p_0}{E_{si}}(z_i\bar{\alpha}_i-z_{i-1}\bar{\alpha}_{i-1})=\sum_{i=1}^{n}\dfrac{A_i}{E_{si}}$ 计算各土层的沉降量，计算过程见表 3.10。

表 3.10　规范法最终沉降量计算

位置	z_i (mm)	l/b	z_i/b	$\bar{\alpha}_i$	$z_i\bar{\alpha}_i$ (mm)	$z_i\bar{\alpha}_i-z_{i-1}\bar{\alpha}_{i-1}$ (mm)	A_i	E_{si} (MPa)	$\Delta s'_i=\dfrac{A_i}{E_{si}}$(mm)
基底处	0	1.6	0	0.25×4	0	0	0		0
第 ① 层底	1000		0.8	0.2395×4	958.2	958	$958p_0$	4.21	$227.6p_0=34.20$
第 ② 层底	5300		4.24	0.1243×4	2635.2	1677	$1677p_0$	3.99	$420.3p_0=63.2$
s'	$s'=\sum\Delta s'_i=\sum_{i=1}^{n}\dfrac{A_i}{E_{si}}=647.9p_0=97.4$ mm								

6. 计算地基最终沉降量 $s=\psi_s s'$

已知 $f_{ak}=200$ kPa，$p_0=150.3$ kPa $>0.75f_{ak}=150$ kPa

$\bar{E}_s=\dfrac{\sum A_i}{\sum\dfrac{A_i}{E_{si}}}=\dfrac{(958+1677)p_0}{647.9p_0}=4.07$ MPa，查表 3.7 得 $\psi_s=1.0$，故 $s=\psi_s s'=97.4$ mm

➡ 技术提示

① 规范法和分层总和法的基本假定是一致的,其基本理论均是由压缩试验 e-p 曲线计算土层实际压缩指标并计算土层压缩量。

② 在案例分析中,分层总和法和规范法计算最终沉降计算结果很接近,但规范法计算工作量较小,引入了沉降修正系数后更接近实际。所以在工业与民用建筑中,一般采用规范法计算基础最终沉降量。

3.2.3 地基变形特征值及允许值

1. 地基变形特征值

例 3.3 仅仅计算了基础中心点下最终沉降量 s,由于建筑物的结构形式不同、地基土的压缩性不同导致建筑物对变形特征的敏感程度不同,因此还需要计算其他方面的变形。变形特征值可分为沉降量、沉降差、倾斜和局部倾斜(表 3.11)。

表 3.11 地基变形特征值

	沉降量	沉降差	倾斜	局部倾斜
示意图	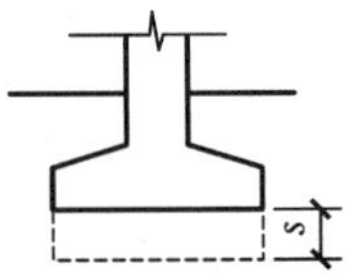	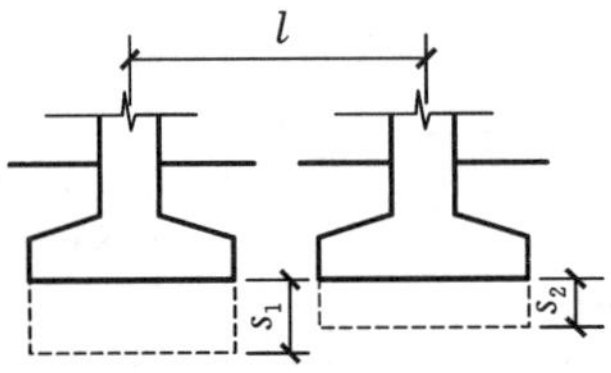	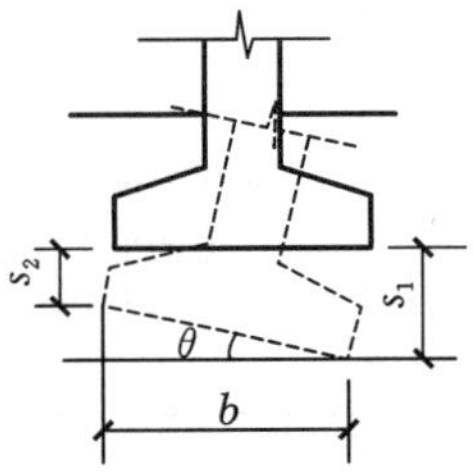	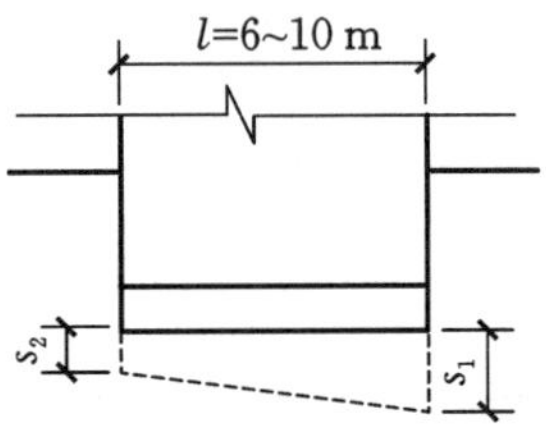
定义	基础某点的沉降量,如:基础中心沉降量 s	基础两点沉降量或相邻柱基中点的沉降量之差,即:$\Delta s = s_1 - s_2$	指基础倾斜方向两点的沉降差与距离之比,即:$\tan\theta = (s_1 - s_2)/b$	指砌体结构沿纵向长度 6 ~ 10 m 内两点的沉降差与其距离之比,即:$(s_1 - s_2)/l$
应用	1. 单层排架结构(柱基 6 m); 2. 无相邻基础、地基土均匀的高耸结构(否则地基会不均匀沉降)	1. 框架结构(否则沉降差过大,导致构件扭曲破坏); 2. 厂房设置有桥式吊车(否则沉降差过大,会导致吊车滑行或卡轨)	对于多高层建筑、高耸结构,因重心高,倾斜使重心偏移,产生附加偏心距、附加弯矩	砌体结构,由于脆性大,对地基不均匀沉降反应很敏感,故应将计算点选在荷载相差较大或体型复杂的局部段落的纵横墙的交点处

2. 地基变形特征允许值

不同建筑物在正常情况下的变形不应大于地基的变形特征允许值(表 3.12),即 $\Delta \leqslant [\Delta]$ 满足地基的变形计算条件。

表 3.12 地基变形特征允许值

变形特征	地基土类别	
	中、低压缩性土	高压缩性土
砌体结构的局部倾斜	0.002	0.003

续表 3.12

变形特征		地基土类别	
		中、低压缩性土	高压缩性土
单层排架结构(柱距 6 m)柱基沉降量(mm)		(120)(括号数仅适用于中压缩性土)	200
框架结构的沉降差		$0.002l$	$0.003l$
桥式吊车轨面倾斜$(s_1-s_2)/l$	纵向	0.004(实际上控制的允许值沉降差 $0.004l$)	
	横向	0.003(实际上控制的允许值沉降差 $0.003l$)	
多层和高层建筑物的整体倾斜	$H_g \leqslant 24$	0.004	
	$24 < H_g \leqslant 60$	0.003	
	$60 < H_g \leqslant 100$	0.0025	
	$H_g > 100$	0.002	
体型简单的高层建筑基础的平均沉降量(mm)		200	
高耸结构基础的倾斜	$H_g \leqslant 20$	0.008	
	$20 < H_g \leqslant 50$	0.006	
	$50 < H_g \leqslant 100$	0.005	
	$100 < H_g \leqslant 150$	0.004	
	$150 < H_g \leqslant 200$	0.003	
高耸结构基础的沉降量	$H_g \leqslant 100$	400	
	$100 < H_g \leqslant 200$	300	
	$200 < H_g \leqslant 250$	200	
备注	(H_g:从室外地面算起建筑物高度,m)		

➡ 知识扩展

1. 复合地基的变形计算(选修)

复合地基是部分土体被增强或被置换,由地基土和增强体共同承担荷载的人工地基。复合地基的最终变形量 s 由下式计算:

$$s = \psi_{sp} s' \tag{3.12}$$

式中　ψ_{sp}——复合地基沉降计算经验系数,根据地区沉降观测资料经验确定,无地区经验时可根据变形计算深度范围内压缩模量的当量值($\overline{E}_s$)按表 3.13 取值;

s'——复合地基计算变形量(mm),可按式(3.9)计算。但加固土层的压缩模量可取复合土层的压缩模量 E_{spi};地基变形计算深度同前,并应大于加固土层的厚度。

表 3.13　复合地基沉降计算经验系数 ψ_{sp}

$\overline{E}_s$(MPa)	4.0	7.0	15.0	20.0	30.0
ψ_{sp}	1.0	0.7	0.4	0.25	0.2

2. 变形计算深度范围内压缩模量的当量值($\overline{E}_s$),应按下式计算:

$$\overline{E}_s = \frac{\sum A_i + \sum A_j}{\sum_{i=1}^{n} \frac{A_i}{E_{spi}} + \sum_{j=1}^{m} \frac{A_j}{E_{sj}}} \tag{3.13}$$

式中　E_{spi}——第 i 层复合土层的压缩模量(MPa);

E_{sj}——加固土层以下的第 j 层土的压缩模量(MPa)。

3. 复合地基变形计算时,复合土层的压缩模量可按下列公式计算:

$$E_{spi}=\xi \cdot E_{si} \tag{3.14}$$

$$\xi = f_{spk}/f_{ak} \tag{3.15}$$

式中　E_{spi}——第 i 层复合土层的压缩模量(MPa);

ξ——复合土层的压缩模量提高系数;

f_{spk}——复合地基承载力特征值(kPa);

f_{ak}——基础底面下天然地基承载力特征值(kPa)。

3.3　地基变形与时间的关系

前面通过实例解析了地基最终沉降量计算原理,但在工程实践中,在必要情况下,(1) 需要预估施工期间和完工后某一时间的基础沉降量;(2) 根据已知沉降量,预估发生该沉降量所需时间,其目的为控制施工进度以及交付使用后了解其发展趋势,特别是发生不均匀沉降后,分析导致结构裂缝、倾斜等工程事故的原因,以便及时采取措施;(3) 对于地基处理方案的制定提供技术参数。对于无黏性土地基,一般施工完成后,沉降基本稳定,但是对于软弱黏性土地基,完成固结稳定所需时间很长,有的甚至需几十年,本节主要研究饱和黏性土变形与时间的问题,有两种基本方法,一是从理论上研究,二是原位观测。

3.3.1　饱和土的单向固结理论

3.3.1.1　基本概念

1. 土的渗透性

研究土体的渗透性同研究土体强度、变形一样,也是土力学中重要的课题,工程中涉及地基变形与时间关系问题,以及施工时排水量、坝体工程中的渗水量、水井供水量均与土的渗透性有关。限于专业课时有限,下面仅对渗透性相关的概念、参数作基本介绍。

如图 3.13 所示,地基土中自由水存在水头差 Δh(水头损失)时,水将在孔隙中流动,这种现象称为渗流;土在孔隙中流动的性质称为土的渗透性;土体在孔隙中渗流的速度称之为渗流速度 v(mm/s 或 m/d 等)。渗流速度 v 与土的水力梯度 $i=\dfrac{\Delta h}{L}$(L 指土体渗流路径)、土体的渗透系数 k(mm/s 或 m/d 等)有关,法国工程师达西(Darcy,1855 年)对均匀砂土做了试验后提出:

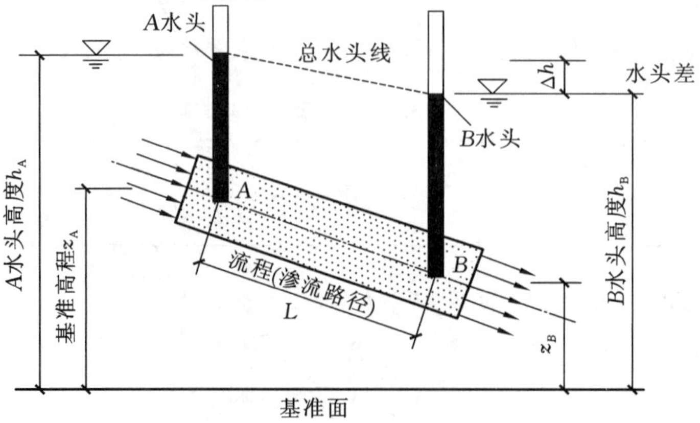

图 3.13　土体渗流水头变化示意图

$$v = ki \tag{3.16}$$

式(3.16)即为著名的达西定律表达式，达西定律表明在层流(流速很慢)状态下，渗流速度 v 与水力梯度成正比。

渗透系数 k(mm/s 或 m/d 等)是综合反映土体渗透能力的一个重要指标，是由土的透水性质决定的，通过室内渗透试验可测定。

砂土、碎石土渗透系数大，沉降速率快，一般施工完毕后，变形基本稳定；但对于黏性土，渗透系数小，压缩稳定所需时间很长；特别是饱和高压缩性黏性土，施工完毕后，只完成最终沉降量的 5% ～20%，完成最终沉降需要几年甚至几十年。一般土的渗透系数参考值见表 3.14。

表 3.14　一般土的渗透系数参考值

土的名称	黏土	粉质黏土	粉土	粉砂	细砂	中砂	粗砂	砾石
渗透系数 k (cm/s)	$<1.2\times10^{-6}$	1.2×10^{-6} ～ 6×10^{-5}	6×10^{-5} ～ 6×10^{-4}	6×10^{-4} ～ 1.2×10^{-3}	1.2×10^{-3} ～ 6×10^{-3}	6×10^{-3} ～ 2.4×10^{-2}	2.4×10^{-2} ～ 6×10^{-2}	6×10^{-2} ～ 1.8×10^{-1}

2. 固结及固结度

饱和土在压力作用下，孔隙水随时间的迁延逐渐排出，体积不断减小，这种现象称为土的渗透固结(也称固结)。在时间 t，对应的渗透固结量用 s_t 表示；地基的固结度 U_t 是指在一定的压力作用下，经某段时间 t 产生的固结量 s_t 与地基最终沉降量 s 之比，其表达式为：

$$U_t = \frac{s_t}{s} \tag{3.17}$$

如果土的压缩和孔隙水的排出只沿一个方向称为单向固结，对应的固结度称为竖向固结度。

3. 有效应力及孔隙水压力

饱和土在外荷载 σ(也称饱和土体总应力)的作用下，固体颗粒骨架承担的应力称为有效应力(用 σ' 表示)；孔隙中水承担的应力称为孔隙水压力或超静水压力(用 u 表示)，其关系见式(3.18)。

$$\sigma = \sigma' + u \tag{3.18}$$

3.3.1.2　饱和土的有效应力原理

为了分析固结与时间关系，美籍奥地利土力学家太沙基(Karl Terzaghi，1883—1963)研究了饱和土的单向固结渗透试验。① 其试验渗透模型如图 3.14 所示，装有测压管的容器(容器中充满水，水模拟土中自由水，测压管水位下降代表孔隙水压力减少)、活塞(活塞上开有小孔，小孔模拟水被挤出口)、弹簧(模拟固体骨架，弹簧的压缩代表有效应力的增加)组成。② 总应力 σ、有效应力 σ'、孔隙水压力 u 与时间 t、s_t 变化过程分析如下：

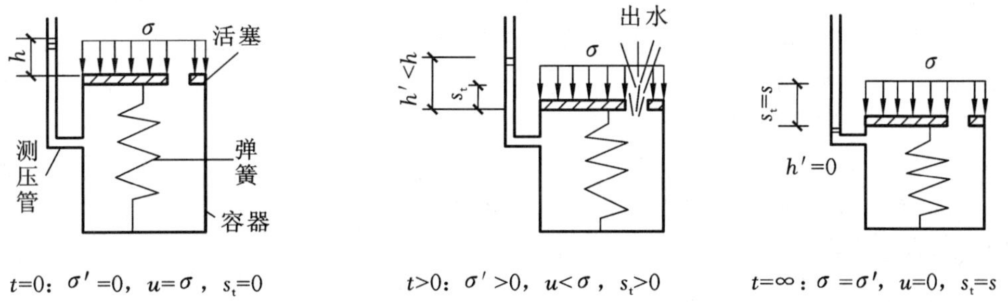

(a)　　　(b)　　　(c)

图 3.14　饱和土渗透固结模型

(1) 图 3.14(a)中加荷瞬时 $t=0$，孔隙水来不及排走，弹簧未压缩，测压管水头高度 $h=u/\gamma_w$，骨架未受力，$\sigma'=0$，作用在活塞上的力 σ 全部由孔隙水承担，$\sigma=u$，未产生固结，$s_t=0$。

(2) 图 3.14(b) 中 $t>0$,孔隙水从活塞口排出,弹簧压缩,测压管水头高度 $h'<h=u/\gamma_w$,孔隙水压力 u 降低,作用在活塞上的总压力 σ 由孔隙水和弹簧共同承担,$\sigma=u+\sigma'$,随着时间的延长弹簧固结不断增大。

(3) 图 3.14(c) 中 $t=\infty$ 时,孔隙水停止从活塞口排出,弹簧压缩稳定,活塞不再下降,测压管水头高度 $h'=0$,孔隙水压力 $u=0$,作用在活塞上的总压力 σ 全部由弹簧承担,即 $\sigma=\sigma'$,饱和土的渗透固结完成,达到固结稳定。

试验表明:饱和土的渗透固结过程就是孔隙水压力 u 不断减小,有效应力 σ 不断增加的过程,即太沙基的有效应力原理。

太沙基(Karl Terzaghi,1883—1963)

总之,有效应力是土力学中最有实际意义的物理量,它的作用将引起土颗粒的位移,使孔隙体积减小,土体发生压缩变形。另外,有效应力的大小还直接影响土的抗剪强度,因此通过有效应力的分析为解决沉降与时间关系奠定了理论基础,对土的抗剪强度注入较严谨的科学依据,使确定建筑物地基承载力有了科学依据。

1923 年太沙基发表了渗透固结理论,第一次科学地研究土体的固结过程,同时提出了土力学的一个基本原理,即有效应力原理。1925 年,他发表的世界上第一本土力学专著《建立在土的物理学基础的土力学》被公认为是进入现代土力学时代的标志,对计算地基固结沉降和地基抗剪强度计算起到了巨大的推动作用,一直沿用至今。

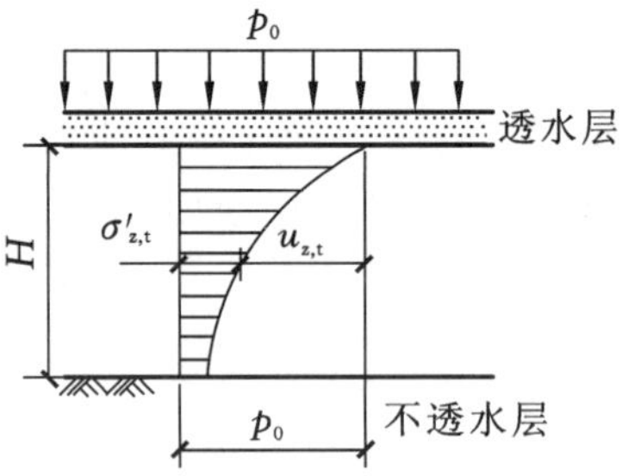

图 3.15　饱和黏性土的固结过程

3.3.1.3　饱和黏性土的单向固结度

1. 研究对象

太沙基的有效应力原理,为进一步研究饱和黏性土体固结度奠定了基础。其饱和黏性土体研究对象如图 3.15 所示,对于厚度为 H 的饱和黏性土,顶面为透水层,底面为不透水层,假定该饱和土在自重应力(p_1)作用下固结已经完成,对应初始孔隙比 e_1,渗透系数 k;现在顶面受到一次骤然施加无限分布均布附加荷载 p_0,这时土体所受总应力变为:$p_2=p_1+p_0$。假定土层厚度 H 不大,即土层上下附加应力接近相等。

2. 单向固结度

太沙基根据有效应力原理及一系列基本假定(如:土体体积的压缩量等于孔隙中水的排出量,设在整个固结过程中土的压缩系数是常数等),推导了在 t 时间深度 z 处土的孔隙水压力 $u_{z,t}$ 的固结微分方程,并得到固结微分方程的 $u_{z,t}$ 特解(很复杂)后,再代入固结度 U_t 公式,通过计算分析表明:对于 $U_t>30\%$,其固结度可按下列简化公式计算:

$$U_t=1-\frac{8}{\pi^2}e^{-\frac{\pi^2}{4}T_V} \tag{3.19}$$

式中　e—— 自然对数;

T_V—— 竖向固结时间因数,$T_V=\dfrac{C_V t}{H^2}$,无单位;

H—— 固结土层最远排水距离,单排水土层 H 取土层厚度,双排水土层 H 取土层厚度的一半;

C_V—— 竖向固结系数,是一个控制指标,确定固结系数是计算固结排水速率和固结度大小的关键,$C_V=\dfrac{k(1+e_1)}{a\gamma_w}$($cm^2/s$ 或 mm^2/s 等),由室内土工试验确定。

【例 3.4】 某饱和软土，厚度 10 m，在大面积荷载 $p_0=120$ kPa 作用下，初始孔隙比 $e_1=1.0$，压缩系数 $a=0.3\ \text{MPa}^{-1}$，渗透系数 $k=18$ mm/a，要求按黏土层在单排水和双排水条件下分别求：

(1) 加载 $t=1$ 年，$t=2$ 年后土层的压缩量；

(2) 变形量达到 140 mm 所需时间。

【解】 1. 计算土层最终沉降量及竖向固结系数

(1) 计算土层的最终固结量：

$$s=\frac{e_1-e_2}{1+e_1}H,\ a=\frac{e_1-e_2}{p_2-p_1}=\frac{e_1-e_2}{p_0},\text{则}$$

$$s=\frac{a}{1+e_1}p_0H=\frac{0.3\times10^{-3}\times120}{1+1}\times10000=180\ \text{mm}$$

(2) 计算固结系数：

$$C_V=\frac{k(1+e_1)}{a\gamma_w}=\frac{18\times(1+1)}{0.3\times10^{-6}\times10}=12\times10^6\ \text{mm}^2/\text{a}$$

2. 计算加载 $t=1$ 年及 $t=2$ 年后土层的压缩量 s_t

其主要计算过程为：$t\rightarrow T_V=C_Vt/H^2\rightarrow U_t\rightarrow s_t=U_ts$，详见表 3.15。

表 3.15　加载($t=1$ 年，$t=2$ 年)后土层的压缩量

项目	t(年)	$T_V=\frac{C_Vt}{H^2}$	$U_t=1-\frac{8}{\pi^2}e^{-\frac{\pi^2}{4}T_V}$	$s_t=U_ts$(mm)
单排水 $H=10000$ mm	$t=1$	$\frac{12\times10^6\times1}{10000^2}=0.12$	0.4	$0.4\times180=72$
	$t=2$	$\frac{12\times10^6\times2}{10000^2}=0.24$	0.55	$0.55\times180=99$
双排水 $H=5000$ mm	$t=1$	$\frac{12\times10^6\times1}{5000^2}=0.48$	0.75	$0.75\times180=135$
	$t=2$	$\frac{12\times10^6\times2}{5000^2}=0.96$	0.92	$0.92\times180=166$

3. 计算变形量达到 $s_t=140$ mm 所需时间 t

其主要计算过程为：$s_t\rightarrow U_t\rightarrow T_V\rightarrow t=T_VH^2/C_V$，详见表 3.16。

表 3.16　变形量达到 $s_t=140$ mm 所需时间 t

项目	单排水	双排水
H(mm)	10000	5000
$U_t=s_t/s$	$140/180=0.78$	$140/180=0.78$
由 $U_t=1-\frac{8}{\pi^2}e^{-\frac{\pi^2}{4}T_V}$ 求 T_V (或查 U_t-T_V 曲线 $\alpha=1$)	0.53	0.53
$t=T_VH^2/C_V$(年)	$0.53\times10^8/12\times10^6=4.4$	$0.53\times25\times10^6/12\times10^6=1.1$

➡ 技术提示

影响地基固结度的因素：

(1) 土的固结度 U_t 随时间因数 $T_V=\frac{C_Vt}{H^2}$ 增大而增大($C_V=\frac{k(1+e_1)}{a\gamma_w}$)，表现在：

① 时间 $t\uparrow$，$T_V\uparrow$；② 土层厚度 $H\downarrow$，$T_V\uparrow$；③ 渗透系数 $k\uparrow$，$C_V=\frac{k(1+e_1)}{a\gamma_w}\uparrow$，$T_V\uparrow$；

④ 土层的初始孔隙比 $e_1\uparrow$，$k\uparrow$，$C_V\uparrow$，$T_V\uparrow$；⑤ 土的压缩系数 $a\downarrow$，$C_V\uparrow$，$T_V\uparrow$。

(2) 在相同时间内，双排水的固结度大于单排水的固结度；其他条件完全相同时，达到相同固结度，单排水的固结时间是双排水的 4 倍。

➡ **知识扩展**

土的固结度除与上述因素有关外，还与透水面附加应力 σ_{z0} 和不透水面附加应力 σ_{z1} 的比值有关，其比值用分布应力系数 $\alpha=\sigma_{z0}/\sigma_{z1}$ 表示，附加应力分布系数有下列 5 种情况(图 3.16)。

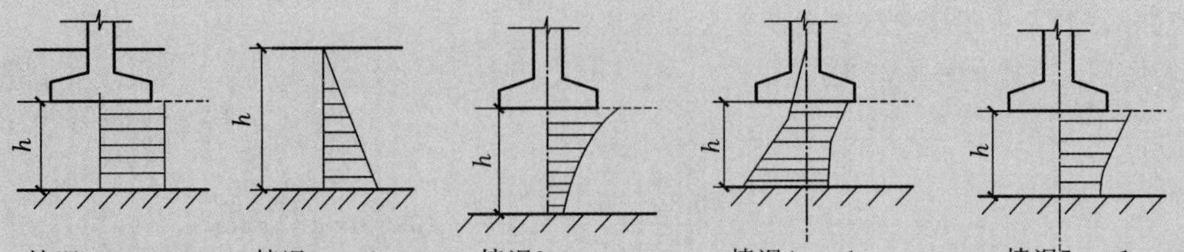

图 3.16　固结土层附加应力分布情况

情况 1：$\alpha=1$，应力图形矩形分布，适用于自重应力作用下已经固结稳定，基础底面积较大，压缩土层较薄的情况。

情况 2：$\alpha=0$，应力图形三角形分布，相当于大面积的新填土在自重应力作用下未固结的情况。

情况 3：$\alpha=\infty$，应力图形倒三角形分布，适用于自重应力作用下已经固结稳定，基础底面面积较小，压缩土层较厚的情况。

情况 4：$\alpha<1$，应力图形梯形分布，相当于在自重应力作用下未固结，就在上面盖房子。

情况 5：$\alpha>1$ 适用于自重应力作用下已经固结稳定，基础底面面积中等，压缩土层厚度中等的情况，传至压缩土层处附加应力不等于 0。

固结度是时间因数的函数，为了便于使用，根据应力分布系数的大小，绘制了不同附加应力分布下及排水条件下的 U_t-T_V 曲线，如图 3.17 所示。从图中可以看出：α 越大，在 T_V 不变时，其固结度 U_t 越大。

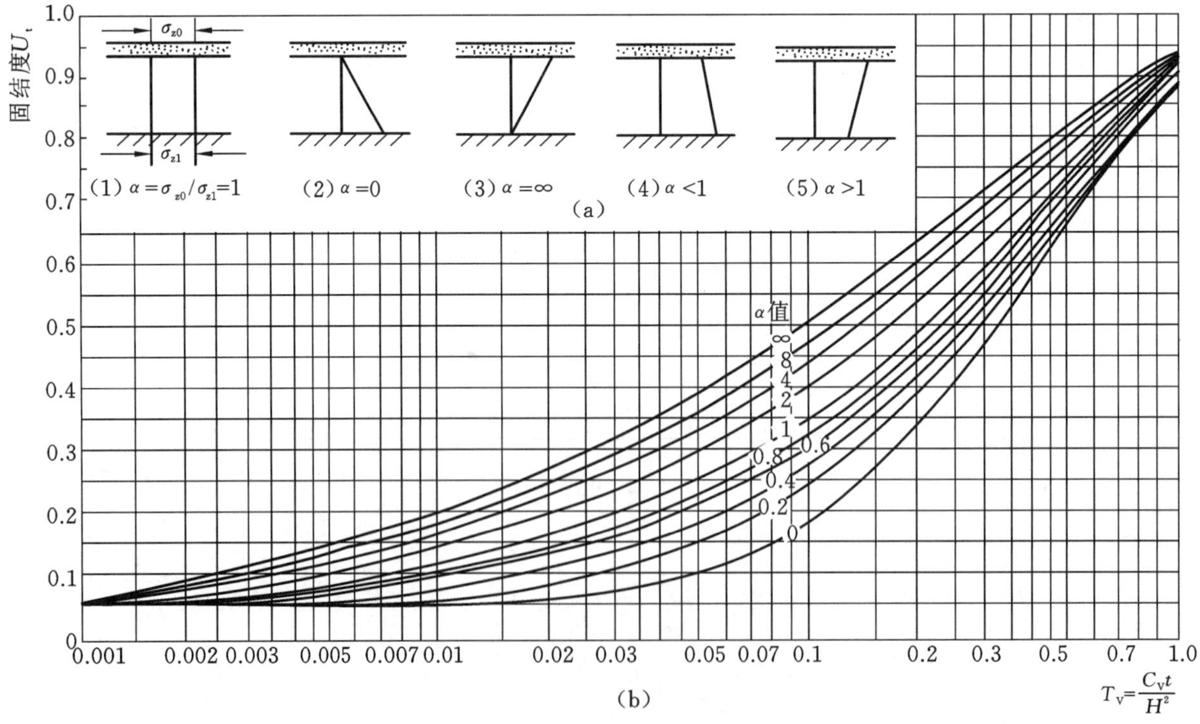

图 3.17　固结度 U_t 与时间因数 T_V 关系曲线

➡ 知识扩展

在实际工程中，对于饱和软黏土进行地基处理时，为了减少黏性土固结稳定时间，其施工方法可归纳为两大系统：(1) 对地基预先施压，提高有效应力增长速度；(2) 增设排水途径，缩短排水距离。如地基处理中常采用的砂井堆载预压法和真空预压法等就是利用了渗透固结理论。

3.3.2　实测沉降与时间关系经验公式

由于固结理论的基本假定和简化，使得计算结果与实际存在一定的差距，比如实际工程中，地基土处于不完全饱和状态。根据国内外的经验、实测观测后期资料、图3.18所示施工工期 $T/2$ 以后（曲线 o' 以后）观测资料、s-t 实测资料等统计分析后，得出其变化情况接近为双曲线或对数曲线，对应的曲线称之为修正后 s-t 曲线。

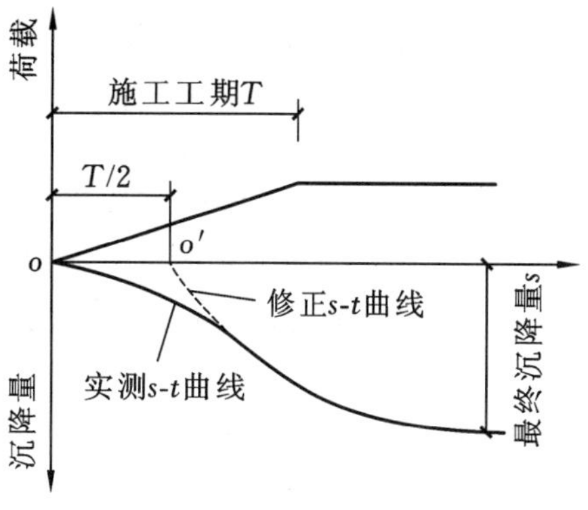

图 3.18　实测沉降与时间的关系曲线

1. 双曲线公式

$$s_t=\frac{t}{a+t}s \tag{3.20}$$

式中　a，s——两个待定系数。在沉降观测曲线的后段任取两组数据（o' 以后）s_{t1}、t_1 和 s_{t2}、t_2 值代入上式，$s_{t1}=\frac{t_1}{a+t_1}s$，$s_{t2}=\frac{t_2}{a+t_2}s$ 联立求解，得：$s=\frac{t_2-t_1}{\frac{t_2}{s_{t1}}-\frac{t_1}{s_{t2}}}$，$a=\frac{t_1}{s_{t1}}s-t_1=\frac{t_2}{s_{t2}}s-t_2$，据此就可推算得到不同时间的沉降量。

2. 对数曲线公式

$$s_t=(1-a\mathrm{e}^{-bt})s \tag{3.21}$$

式中　a，b，s——三个待定系数。在沉降观测曲线的后段任取三组数据 s_{t1}、t_1 和 s_{t2}、t_2 及 s_{t3}、t_3 值代入上式，联立求解得 a、b、s，就可推算得到不同时间的沉降量。

总之，仔细分析研究沉降观测已获得资料，找出其实用价值的变形规律，用经验公式计算沉降与时间关系的同时，再与理论计算进行分析对比，具有十分重要的意义。

3.3.3　地基的沉降观测

沉降观测是施工中非常重要的测量工作，它影响到整个建筑的施工质量、安全问题。对于重要的、新型、体型复杂及使用上有特殊要求的建筑物，在施工阶段及使用阶段均要进行沉降观测。根据沉降观测资料，预估沉降发展趋势，控制施工进度；对已经出现问题的结构，利用观测资料分析原因，以便为采取积极有效措施提供依据。

1. 沉降观测对象

《建筑地基基础设计规范》(GB 50007—2011) 规定，下列建筑物应在施工期间及使用期间进行沉降变形观测（注：地基与基础设计等级详见第6章）：

(1) 地基基础设计等级为甲级建筑物；

(2) 软弱地基上的地基基础设计等级为乙级建筑物；

(3) 加层、扩建建筑物；

(4) 受邻近深基坑开挖施工影响或受场地地下水等环境因素变化影响的建筑物；

(5) 采用新型基础或新型结构的建筑物。

2. 沉降观测主要过程

设置水准点 → 布置观测点 → 沉降观测 → 观测资料整理

3. 沉降观测技术要求

(1) 水准点

水准点埋设必须稳定可靠并妥善保护,其位置应尽量靠近观测对象,但必须在建筑所产生压力范围之外。在一个观测区内,水准点不应少于 3 个,每三个月要复测一次。

(2) 沉降观测点

建筑物上的沉降观测点,其位置由设计人员确定。应根据建筑平立面形式、尺寸、结构的特征及地基条件综合考虑布置观测点。一般布置在建筑物四角及拐角处,纵横墙的中点及对不均匀沉降敏感的部位(高差处、地质条件有明显变化处),数量不少于 6 个,观测点的间距一般为 8 ~ 12 m。

(3) 沉降观测

① 施工阶段的沉降观测

沉降观测应从基础完工后开始,民用建筑每增高一层观测一次,工业建筑应在不同的施工阶段(如回填基坑、安装柱子和屋架、砌筑墙体和设备安装等)分别进行观测;沉降速度 ≥ 2.0 mm/d 应停止施工,分析原因,采取措施;沉降速度 ≥ 1.0 mm/d 应减缓加载速度并增加观测次数。各个阶段的复测必须定时进行,不得漏测或补测,只有这样才能得到准确的沉降情况或规律。

② 使用阶段

观测次数应视地基土类型和沉降速度大小而定。一般在第一年观测 3 ~ 4 次,第二年观测 2 ~ 3 次,第三年后每年观测一次,直至稳定为止。观测的期限一般规定如下:砂土地基 2 年,膨胀土地基 3 年,黏土地基 5 年,软土地基 10 年。

对于荷载突然增加、基础四周大量积水、长时间连续降水等情况,均应及时增加观测次数。当建筑物突然发生大量沉降、不均匀沉降或严重裂缝时,应立即逐日或 2 ~ 3 天一次地连续观测。

③ 稳定标准

稳定标准应由沉降量与时间关系曲线判定,对重点观测和科研观测工程,建筑物安全等级二、三级多层建筑以 0.02 ~ 0.04 mm/d,高层和一级建筑以 0.01 mm/d 为稳定标准。

(4) 资料整理

每次沉降观测后要求:① 及时整理资料,特别是首次观测得到的原始数据,不容许漏测、补测。② 观测结果要真实可靠并根据施工进度进行复查,以便及早发现问题及时采取措施。③ 根据每次沉降观测,及时记录各点沉降增量及累计沉降量(例如表 3.17 为某工程的观测记录表),绘制每一观测点沉降与时间变化过程曲线,根据观测资料分析沉降变化趋势。

表 3.17 沉降观测记录

工程名称:××× 框架结构　　编号:00—06—B

沉降观测结果表	观测点编号	第 1 次			第 2 次			第 3 次			第 n 次		
		2020 年 月 日			2020 年 月 日			2020 年 月 日			2020 年 月 日		
		标高(m)	沉降量(mm)		标高(m)	沉降量(mm)		标高(m)	沉降量(mm)		标高(m)	沉降量(mm)	
			本次	累计		本次	累计		本次	累计		本次	累计
	M1	7.322											
	M2	7.302											
	M3	7.321											
	M4	7.304											
	…												

续表 3.17

工程状态	完成一层柱二层梁板	完成二层柱三层梁板	完成三层柱四层梁板	完成 n 层柱 $n+1$ 层梁板
观测者				
记录者				
见证人				
项目技术负责人				

3.4　地基的不均匀沉降

软弱地基及不均匀地基最容易产生不均匀沉降，造成建筑物倾斜。当不均匀沉降超过建筑物承受的限度时，即造成墙体或楼面开裂等事故，甚至使整个结构严重倾斜，影响建筑物的使用，危及安全。

3.4.1　引起地基不均匀沉降的原因

1. 地质勘探方面存在的问题

地质勘探失误，勘察报告的准确性差、真实性不高，在确定地基处理方案上存在片面性。

地质勘探是工程建筑的第一个环节，是地基基础设计的依据。勘探人员在勘探过程中没有认真地采集准确的场地信息资料及勘探过程中遇到的问题没有引起足够的重视，如地质勘探技术参数可靠度不高，地基承载力确定、变形及稳定性与实际不符，这为以后建筑物埋下深深的安全隐患。

大规模的建筑得到空前发展，施工场地深基坑越来越深，支护工作及监测手段技术难度越来越大，要求越来越严格，场地、地质条件及周围环境可能越来越复杂，所以勘探人员技术素质有待提高，在进行勘探工作时应切实深入调查研究，采用现代化新技术勘探手段，得出最真实的数据资料。若在勘探过程中，勘探人员过多依赖往年的勘探资料，不与时俱进，将直接影响建筑物地基及基础的设计可靠度。

2. 设计方面存在的问题

(1) 建筑设计方案不合理

① 建筑物的体型复杂、立面高差很大、荷载相差过大，如在高差处未设置沉降缝或其他技术措施，导致土的压缩量差异过大；

② 平面形状复杂，凹凸转角多，导致阴角处附加应力过大，附加变形增大；

③ 建筑的长高比过大，导致上部结构刚度过低，抵抗不均匀沉降能力降低。

(2) 结构设计存在的问题

① 地基处理方案不合理、不科学。经过长时间的积累，在地基处理方面有了一些约定俗成的方法，一般采用深层搅拌桩、压密注浆、旋喷桩、粉喷桩等方法，但是这些方法都有一定的缺陷及不足，没有及时进行设计变更，调整补充设计方案。

② 结构方案选择不合理。未能根据建筑的重要性、工程地质勘察报告、建筑所在地的抗震设防烈度、建筑的高度和楼层的层数以及建筑场地的类别来确定建筑的结构形式(包括基础形式)，导致结构的整体性差。

③ 结构布置、力学受力模型的简化与实际受力相差甚远，构件及结构计算错误，结构设计不符合相关规范要求。存在载荷与抗力的不确定性：载荷和抗力是结构分析的主要不确定性因素。在房屋设计过程中，设计人员有时会忽视房屋构件的前后距离问题，导致房屋建筑结构设计与建筑设计无法协调。

④ 有些开发商往往将科学的设计抛在一旁,而固执地想要取消原有设计中部分重要的构件,使材料强度、配筋偏低,构件截面偏小,计算及构造不符合相关规范、标准要求。甚至为了节约资金将原有设计的地基加固措施取消,强制要求设计人员改变原有的合理设计,从而导致了以后的严重后果。

3. 施工方面存在的问题

如:没有认真进行验槽;基础施工前扰动了地基土;在已建成的建筑物周围堆放大量的建筑材料或土方;对于砖砌体结构,砌筑质量不满足要求,砂浆强度低、灰缝不饱满、砌砖组砌不当、通缝多、拉结筋不按规定设置等,也会引起建筑物建成后产生不均匀沉降;墙体留槎违反规范要求;有些施工单位为了追求施工进度而忽视了地基处理方法的缺陷弥补,对有问题的场地视而不见,就会埋下定时炸弹,在以后可能会造成更为严重的危害。

3.4.2 减少地基不均匀沉降的措施

1. 保证勘察报告的真实性和可靠性

工程地质勘察报告要客观评价建筑场地工程地质条件(地质构造、地层条件、水文条件、物理及力学性质)等,为结构设计提供可靠合理的技术参数,才能使设计依据真实、可靠。可能存在以下情况:① 工程地质勘探未对土质的物理、化学指标作详细工作;② 勘察不按规定进行,如钎探中布孔不准确或孔深不到位或工作疏忽,未能发现暗洪、坑洞等不良地质现象;③ 有的抄袭相邻建筑物的资料,出假报告等。地质勘察报告不真实,给设计人员造成分析、判断的错误,给建筑造成严重的不可挽回的安全隐患 。

2. 建筑设计措施

(1) 设置沉降缝。建筑物立面高差很大所受荷载相差过大,高差处未设置沉降缝导致土的压缩量差异过大;在软土地区建筑物的裂缝事故,往往以有高度差异或荷载差异的建筑物为多见,尤其是高、低或轻、重,单元连成一体未设置沉降缝时易发生裂缝事故。

(2) 平面形状力求简单、规则,尽量避免凹凸转角多导致阴角处附加应力过大、附加变形增大及应力集中影响。

(3) 提高建筑的整体刚度,提高抵抗不均匀沉降能力。若建筑的长度过大,应根据结构类型设置伸缩缝,或不设置缝而采取措施。为了提高主体结构的刚度,如砌体结构应合理布置纵横墙,纵横墙应尽量贯通,横隔墙的间距不宜过大。

(4) 对于平面图形复杂,或较大高差及荷载显著不同的建筑,如砌体结构在其转折处、高差处或荷载显著不同的部位设置沉降缝;在地基土的压缩性有显著不同处或在地基处理方法不同处设置沉降缝,图 3.19 所示为沉降缝设置部位,沉降缝做法如图 3.20 所示。

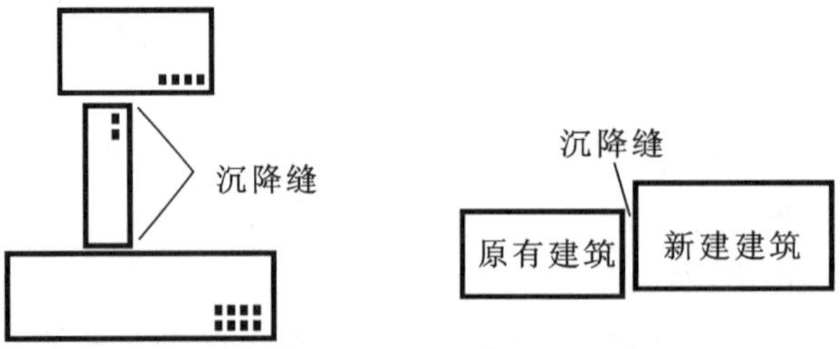

图 3.19　沉降缝设置部位示意图

(5) 相邻建筑物之间应保持一定的距离。根据地基土应力扩散及叠加原理,如果两相邻建筑物距离过近,就会产生应力叠加,而引起过大的不均匀沉降;特别是在原有建筑物旁新建重高建筑物时更应注意。如软弱地基的压缩性很高,当两建筑物之间距离较近时,常常造成邻近建筑的倾斜或损坏。

(6) 适当调整建筑物标高。各建筑单元、地下管线、工业设备等原有标高会随着地基的不断沉降

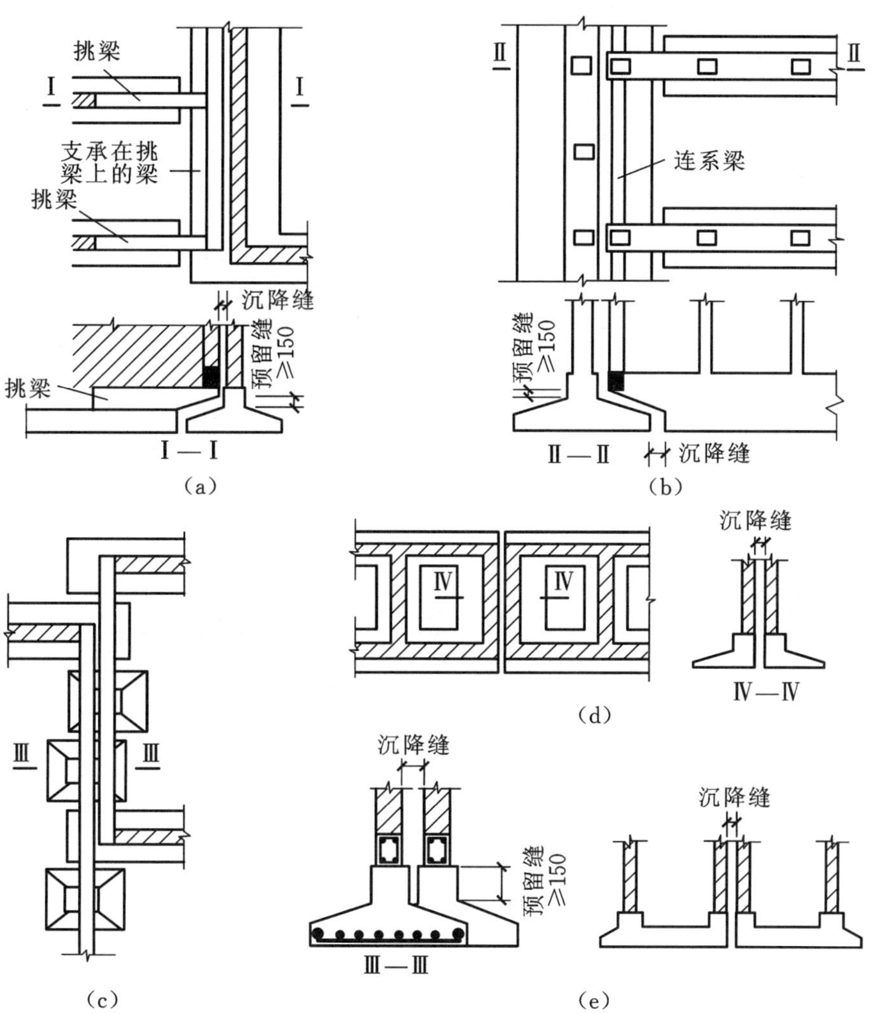

图 3.20　基础沉降缝构造

(a) 砌体结构沉降缝;(b) 柱下条形基础沉降缝;(c) 跨越式沉降缝;(d) 偏压基础沉降缝;(e) 筏形基础沉降缝

沉降缝

抗震缝

伸缩缝

而改变,预先可采取一定措施予以提高。如:① 提高室内地坪和地下设施的设计标高,可根据预算沉降量予以提高。② 建筑物各部分(或设备之间)有联系时,可提高沉降较大者设计标高。③ 建筑物与设备之间,应留有足够的净空。当建筑物有管道穿过时,应预留足够尺寸的孔洞,或采用柔性管道接头等。

3. 结构设计措施

(1) 减轻建筑物自重,减小基底附加应力

减轻建筑物自重可以减小基底压力、基底附加应力、附加变形,是防止和减轻不均匀沉降很重要的途径。主要表现在:① 采用轻质材料,如多孔砖墙或其他轻质墙体。② 选用轻型结构,如预应力钢筋混凝土结构、轻钢结构以及各种轻型空间结构。③ 选用合理的基础形式,如荷载不大、有良好持力层、埋深不大,且存在软弱下卧层,其基础采用宽基浅埋的形式;荷载较大时采用补偿性或半补偿性基础,设半地下室或地下室的基础,或者室内地面架空地坪等。

(2) 设置圈梁和钢筋混凝土构造柱

在建筑物的墙体里设置圈梁和构造柱能增强建筑物的整体性,提高其抗弯刚度,在一定程度上能防止或减少裂缝的出现,即使出现了裂缝也能阻止裂缝的发展。

(3) 设置后浇带

后浇带将结构暂时划分为若干部分,经过构件内部收缩,在若干时间后再浇捣该施工缝混凝土,将结构连成整体。每隔 30 ~ 40 m 留出施工后浇带,带宽 800 ~ 1000 mm,钢筋采用搭接接头,后浇带

混凝土宜在两个月后浇灌。

后浇带的作用是在建筑施工中防止现浇钢筋混凝土结构由于自身收缩不均或沉降不均可能产生的有害裂缝。

钢筋混凝土后浇带按其作用分为：

① 为解决高层建筑与裙楼的沉降差而设置的后浇带称为沉降后浇带；

② 为防止混凝土因温度变化拉裂而设置的后浇带称为温度后浇带。

对于基础后浇带，主要包括：基础底板、剪力墙、基础梁，在相应位置留设的临时施工缝。图 3.21 为某基础底板后浇带示意图。

地下室剪力墙中部后浇带

地下室楼板处后浇带

地下室外墙后浇带

基础后浇带

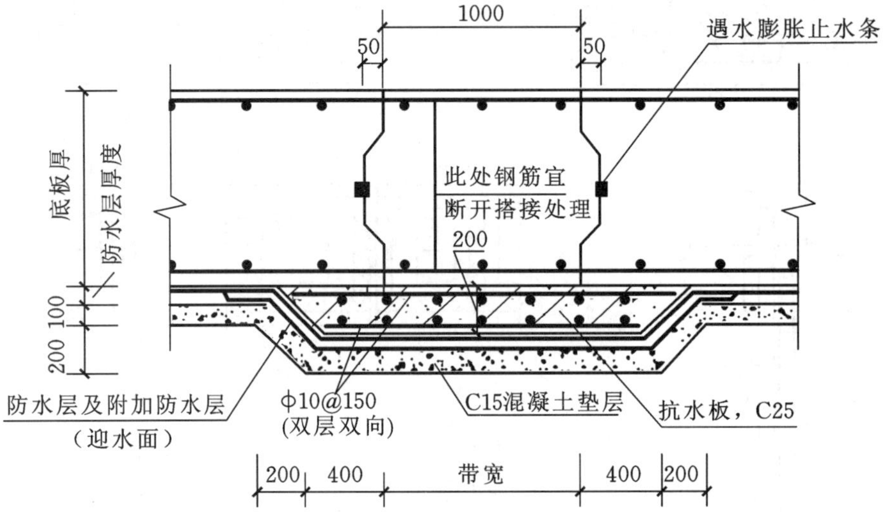

图 3.21　某基础底板后浇带

4. 施工方面

(1) 在基坑开挖时，不要扰动原状土。通常坑底保留 200 mm 左右的土，待垫层施工时，再人工挖除。如坑底土被扰动，应挖去，用砂、碎石回填夯实。要注意打桩、井点降水及深基坑开挖对附近建筑物的影响。

(2) 施工程序要符合一定的原则：① 先高后低、先重后轻、先主体后附属，使其有一定的沉降后再施工低、轻部分，或先施工主体房屋，再施工附属房屋，能减少一部分沉降差；当高低层使用连接件时，应最后修建连接件，以调整部分沉降差异。② 活载大的建筑物(如料仓、油罐、水塔等)，在施工前，有条件时可先堆载预压；在使用期间，应控制加载速率和加载范围，避免量大、迅速和集中堆载。

(3) 在已建成的小、轻型建筑物周围，不宜堆放大量的建筑材料和土方等重物，以免地面堆载引起建筑物产生附加沉降。

(4) 保证施工质量，必须根据施工要求严格施工。

(5) 建筑结构材料品种、强度等级必须符合设计要求。

(6) 做好沉降观测。施工期间，施工单位必须按设计要求及规范标准埋设专用水准点和沉降观测点。监理单位必须进行检查复测，并将资料列入工程质量评估内容。

5. 改善地基工程性质，提高地基土强度、刚度及稳定性

(1) 改善土的剪切特性：地基承载力、稳定性与抗剪强度有关，如使结构失稳或土方开挖时边坡失稳，使邻近地基产生隆起或基坑开挖时坑底隆起，所以采取措施增加地基土的抗剪强度。

(2) 改善压缩特性：提高地基土的压缩性指标，减少地基变形及不均匀沉降。

(3) 改善透水特性：地基的透水性表现在堤坝、房屋等基础产生的地基渗漏，基坑开挖过程中产生流砂和管涌，因此需要研究和采取使地基土变成不透水或减少其水压力的措施。

(4) 改善动力特性：地基的动力特性表现在地震时粉土、砂土将会产生液化；由于交通荷载或打桩等原因，使邻近地基产生振动下沉。因此需要研究和采取使地基土防止液化，并改善振动特性以提高地基抗震性能的措施。

(5) 改善特殊土的不良地基特性：主要是指消除或减少黄土的湿陷性和膨胀土的胀缩性等地基处理的措施。

以上是一些基本的改善措施。如果要获得坚固的地基，就必须根据实际情况来选择合适的处理方法。

➡ 技术提示

减少地基不均匀沉降的措施：

(1) 提高上部结构、基础刚度及地基刚度；

(2) 竖向荷载合力作用点尽量与基础形心重合，减少偏心。

具体主要表现：

① 采用地基处理的方法提高地基承载力和压缩模量，减少变形；

② 提高基础的刚度(柱下条形基础、筏形基础、箱形基础) 或采用桩基础及深基础，减少地基沉降量；

③ 在建筑设计、结构设计、施工方面应采取合理措施。

本章小结

(1) 地基变形与土中应力及土的压缩性有关，土的压缩性指标有：压缩系数、压缩模量及变形模量。压缩系数、压缩模量通过室内侧限压缩试验测定。土的变形模量通过原位静力载荷试验测定，是无侧限压缩性指标，比较符合地基土实际受力特征。

(2) 地基最终沉降量计算包括分层总和法和地基规范法，其计算指标是基于室内侧限压缩试验测定的压缩性指标。地基规范法是改进后的分层总和法，其结果较为符合实际。地基的最终变形不能超过相应的变形特征值，否则将影响正常使用甚至危及建筑物安全。若变形不满足要求，应采取相应的措施。

(3) 在地基工程事故中，建筑物的破坏主要是由于地基不均匀沉降引起的，所以要明确影响地基不均匀沉降的因素，并采取相应防治措施。

(4) 对于黏性土特别是饱和黏性土，地基达到最终沉降量所需时间与土的类型有关。对于黏性土分析沉降与时间的关系，其实际意义重大。其中固结渗透理论解决了该问题。另外在大量的工程实践中，特别是施工后沉降与时间的关系也符合一定的规律，为此通过实践观测记录沉降与时间的关系，在实际中也具有一定的建设性作用。

练　习　题

一、填空题

1. 影响土体固结时间的因素主要有 __________、__________、__________ 等。
2. 饱和土体的固结过程是指 __________ 不断消散和 __________ 不断增加的过程。
3. 通过土的室内压缩试验结果可绘制 __________ 曲线，从而可计算的土的压缩指标是 __________、__________；现场通过静力载荷试验结果可绘制 __________ 曲线，从而可计算的土的压缩指标是 __________。
4. 地基最终沉降量计算有 __________、__________。
5. 地基变形特征值有 __________、__________、__________、__________。

二、单选题

1. 评价地基土压缩性的指标是(　　)。

　A. 压缩系数　　B. 固结系数　　C. 沉降影响系数　　D. 渗透系数

2. 土的压缩曲线(e-p 曲线) 较陡，则表明土的(　　)。

　A. 压缩性较大　　B. 压缩性较小　　C. 密实性较大　　D. 孔隙比较小

3. 在饱和土的排水固结工程中,若外荷载 σ 不变,则随着土中有效应力 σ' 的增加,(　　)。
A. 孔隙水压力 u 相应增加　B. 孔隙水压力 u 相应减小
C. 总应力 σ 相应增加　D. 总应力 σ 相应减小
4. 无黏性土无论是否饱和,其变形达到稳定所需的时间都比透水性小的黏性土(　　)。
A. 长得多　B. 短得多
C. 差不多　D. 有时更长,有时更短
5. 土体产生压缩时(　　)。
A. 土中孔隙体积减小,土粒体积不变　B. 土粒和水的压缩量均较大
C. 孔隙体积和土粒体积均明显减小　D. 孔隙体积不变
6. 土的变形模量通过(　　)试验来测定。
A. 压缩　B. 现场荷载　C. 渗透　D. 剪切
7. 若土的压缩系数 $a_{1-2} < 0.1\ \text{MPa}^{-1}$,则该土属于(　　)。
A. 低压缩性土　B. 中压缩性土　C. 高压缩性土　D. 低灵敏度土
8. 已知土中某点的总应力 $\sigma = 100$ kPa,孔隙水压力 $u = 20$ kPa,则有效应力 σ' 等于 (　　)。
A. 20 kPa　B. 80 kPa　C. 100 kPa　D. 120 kPa
9. 土体自重应力(　　)产生地基沉降。
A.一定不会　B. 一定会　C. 欠固结土会沉降　D. 均不对
10. 对于高压缩性土,分层总和法确定地基沉降计算深度 z_n 的标准是(　　)。
A. $\sigma_{cz} \leqslant 0.1\sigma_z$　B. $\sigma_{cz} \leqslant 0.2\sigma_z$　C. $\sigma_z \leqslant 0.1\sigma_{cz}$　D. $\sigma_z \leqslant 0.2\sigma_{cz}$
11. 某黏性土地基在固结达到 40% 时沉降量为 100 mm,则最终固结沉降量为(　　)。
A. 400 mm　B. 250 mm　C. 200 mm　D. 140 mm
12. 在土的压缩性指标中,(　　)。
A. 压缩系数 a 与压缩模量 E_s 成正比　B. 压缩系数 a 与压缩模量 E_s 成反比
C. 压缩系数 a 越大,土的压缩性越低　D. 压缩模量 E_s 越小,土的压缩性越低
13. 计算地基沉降的《建筑地基基础设计规范》公式对地基沉降计算深度 z_n 的标准(　　)。
A. $\sigma_z \leqslant 0.1\sigma_{cz}$　B. $\sigma_z \leqslant 0.2\sigma_{cz}$　C. $\Delta s'_n \leqslant 0.025s'$　D. $\Delta s'_n \leqslant 0.015s'$
14. 在压缩曲线中,常采用 $p = 100 \sim 200$ kPa 压力区间相对应的压缩系数 a_{1-2} 来评价土的压缩性;当 $a_{1-2} \geqslant 0.5\ \text{MPa}^{-1}$ 时,属于 (　　)。
A. 高压缩性土　B. 低压缩性土　C. 中压缩性土　D. 无正确答案
15. (　　)是在现场原位测定的,所以它能比较准确地反映土在天然状态下的压缩性。
A. 弹性模量　B. 压缩模量　C. 变形模量　D. 剪切模量
16. 某地基土的压缩模量 $E_{s_{1-2}} = 18$ MPa,则土为(　　)。
A. 高压缩性土　B. 低压缩性土　C. 中压缩性土　D. 一般压缩性土
17. 其他条件完全相同时,达到相同固结度单排水的固结时间是双排水的(　　)倍。
A. 2 倍　B. 0.5 倍　C. 4 倍　D. 0.25 倍
18. 下列说法中,错误的是(　　)。
A. 土在压力作用下,土体体积会减小　B. 土的压缩主要是孔隙体积减小
C. 土的压缩所需时间与土的透水性有关　D. 土的压缩所需时间与渗透系数无关
19. 地基压缩模量越大,相同条件下(　　)。
A. 变形增大　B. 变形减小　C. 附加应力增大　D. 基底压力增大
20. 土体的固结度下列说法错误的是(　　)。
A. 土体的固结度与土的渗透系数有关,渗透系数越大,在相同条件下,固结度越大
B. 土体的固结度与排水方式有关,单排水固结时间是双排水的 4 倍
C. 土体的固结度与土层厚度有关,在相同条件下,土层厚度越大,排水时间越长
D. 土体的固结度与土层所受压力有关,压力越大,在相同时间内,固结度越小

三、判断题

1. 由于土中自重应力属于有效应力，因而与地面水位升降无关。（　）
2. 欠固结土其自重应力不会产生沉降。（　）
3. 在室内压缩试验过程中，土样在竖向压缩的同时，也将产生侧向膨胀。（　）
4. 饱和黏性土在单面排水条件下的固结时间为双排水时的 4 倍。（　）
5. 土的压缩系数、压缩模量通过室内压缩试验获得。（　）
6. 土的固结时间与其透水性无关。（　）
7. 土的压缩模量 E_s 也是反映土的压缩性大小的指标，E_s 越小，土则越软弱，压缩性越小。（　）
8. 土的变形模量 E_0 是通过现场荷载试验测得地基沉降与压力之间的关系曲线，利用地基沉降的弹性力学公式得到的。（　）
9. 土的压缩系数 a 与压缩模量 E_s 之间成正比关系。（　）
10. 砖混结构变形特征主要控制局部倾斜不能过大，否则影响正常使用甚至开裂破坏。（　）
11. 对于正常固结的土，在自重应力作用下，土体已达到压缩稳定；地基的变形主要有建筑物荷载在土中产生的附加应力而导致的附加变形。（　）
12. 土体在压力作用下，达到固结稳定后，这时土中的水已全部排走。（　）
13. 高耸结构在高度相同时，整体倾斜的允许值要大于高层建筑。（　）
14. 土的固结度的大小不仅与土体所受压力大小有关，而且还与土的渗透系数、土体厚度、排水条件、时间等有关。（　）
15. 土的变形模量的定义是土体在室内试验完全侧限条件下瞬时压缩的竖向应力与应变之比。（　）
16. 压缩系数 a，对于同种土而言，它不是一个常量，随着压力的增大，a 则减小。（　）

四、简答题

举例说明减轻建筑物不均匀沉降的措施。

五、计算题

1. 在一黏土层上进行载荷试验，从 p-s 曲线上得到比例界限荷载 $p_{cr}=180$ kPa 及相应的沉降量 $s_1=20$ mm。已知刚性圆形承压板的直径 $b=0.6$ m，土的泊松比 $\mu=0.3$，试确定地基土变形模量 E_0。
2. 某设备基础底面尺寸为 $l\times b=8$ m$\times 5$ m，经计算基底平均压力 $p=130$ kPa，基础底面标高处的自重应力 $\sigma_{cz}=35$ kPa。基底下有 $H=2.2$ m 厚的粉质黏性土，其下为基岩；在自重应力作用下，初始孔隙比 $e_1=0.9$，压缩系数 $a=0.4$ MPa^{-1}，设：不考虑基底中心点下，附加应力扩散，即 $\sigma_z\approx p_0$，试计算该基础的沉降量。
3. 某柱下独立基础，自重应力及附加应力如图 3.22 所示，压缩资料见表 3.18，要求：

(1) 评价第 ①、② 土层的压缩性；

(2) 求第 ①、② 土层的实际的压缩系数及压缩模量 E_{s1}、E_{s2}；

(3) 求第 ①、② 土层的压缩量 Δh_1 及 Δh_2

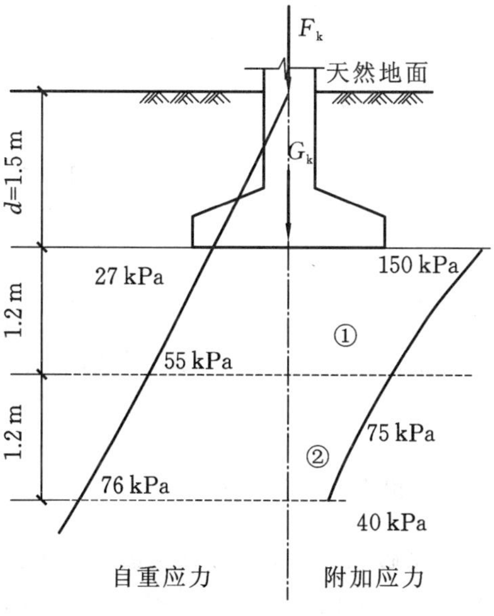

图 3.22　计算题 3 图

表 3.18　土的压缩试验资料

p(kPa)		0	50	100	200	300
第 ① 层黏土	e	0.827	0.779	0.750	0.722	0.708
第 ② 层粉质黏土	e	0.744	0.704	0.679	0.653	0.641

4　土的抗剪强度及地基承载力

【引言】

在建筑工程中，由于地基承载力不足，导致建筑物出现裂缝、倾斜，甚至倒塌也是时有发生。为此，工程各部门对地基土的承载力问题都给予了高度的重视。

地基承载力与土抗剪强度有关，其中抗剪强度大小与抗剪指标有关，而抗剪指标要通过室内剪切试验测定。另外挡土墙土压力的计算、土坡稳定性的研究等问题都与土的抗剪强度直接相关。所以学习土的抗剪强度对于工程设计、施工具有非常重要的意义。本节重点：(1) 研究土的抗剪强度，根据土的极限平衡条件进一步确定地基承载力。(2) 现场静力荷载试验明确地基承载力的原理及地基承载力特征值的确定。

【学习要点】

(1) 掌握土的抗剪强度理论，理解影响土体抗剪强度的因素，抗剪强度指标测定方法及工程对抗剪强度指标的选用；

(2) 熟悉土中某点极限平衡状态的条件，熟练掌握土中某点应力状态的判断；

(3) 掌握地基承载力的基本术语、确定地基承载力的方法及地基承载力的计算；

(4) 理解荷载试验确定地基承载力的操作步骤，并掌握修正后地基承载力特征值计算。

【思政元素】

本单元融入的思政内容包括：(1) 在全社会弘扬劳动精神、奋斗精神、奉献精神、创造精神、勤俭节约精神，培育时代新风新貌；(2) 推动绿色发展，促进人与自然和谐共生。

4.1　基 本 知 识

4.1.1　地基的破坏形式

地基破坏形式可分为整体剪切破坏、局部剪切破坏和冲剪破坏三种，其中整体剪切破坏是典型的、最有特点的破坏，是理论上确定地基承载力的假定破坏模式。三种地基破坏特征、适用条件见表 4.1。

表 4.1　地基破坏形式、特征、适用条件

形式	整体剪切破坏	局部剪切破坏	冲剪破坏
破坏模型	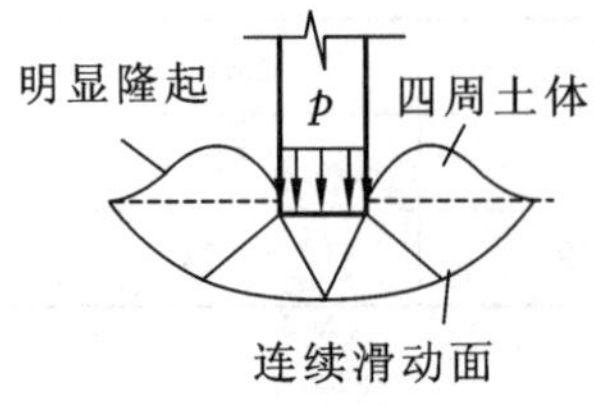	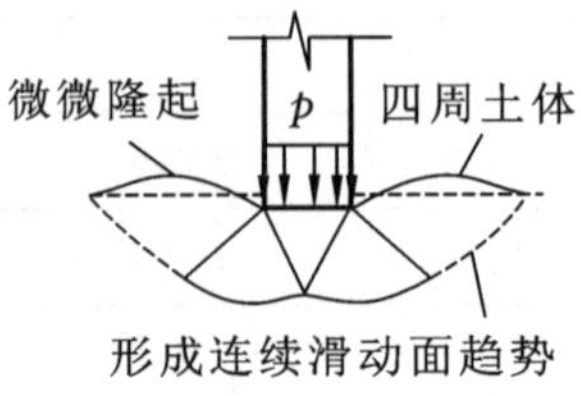	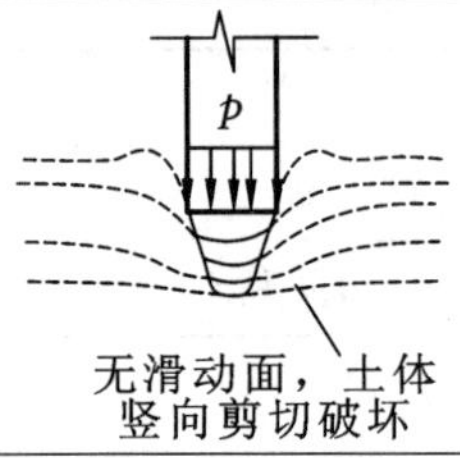

续表 4.1

形式	整体剪切破坏	局部剪切破坏	冲剪破坏
破坏特征	① 破坏时地基土形成连续滑动面并延伸至地表，基础四周土体明显隆起；② p-s 曲线[图 4.1(a)]有 2 个明显拐点 A、B；③ 基础沉降较小，突然出现倾斜，脆性破坏	① 破坏时地基土形成连续滑动面趋势，基础四周土体微微隆起；② p-s 曲线[图 4.1(b)]没有明显拐点；③ 基础沉降中等，较慢下沉，有时发生倾斜，延性破坏	① 破坏时地基土没有形成连续滑动面，基础四周土体无隆起现象；② p-s 曲线[图 4.1(c)]拐点无法确定；③ 基础沉降较大，缓慢下沉，无倾斜发生，延性破坏
适用条件	一般紧密砂土、较坚硬黏性土且埋深较小，加荷速度缓慢	一般中等密实砂土、埋深中等，快速加荷或冲击荷载	一般松砂、软土，埋深较大，快速加荷或冲击荷载

➡ 技术提示

图 4.1(a) 所示整体剪切破坏 p-s 曲线，从加荷到破坏经历了三个阶段：

(1) 线性阶段（压密阶段 OA 段或弹性变形阶段）：在这一阶段荷载不大，地基的变形主要是由于孔隙体积减小而产生的压密变形，p-s 曲线接近于直线，土中各点的剪应力均小于土的抗剪强度，土体处于弹性平衡状态。曲线上相应于 A 点的荷载称为比例极限荷载 p_{cr}，也称临塑荷载。

(2) 弹塑性阶段 AB 段：超过 p_{cr} 后，p-s 曲线已不再保持线性关系，随着荷载的增加，变形速率不断加大。地基四边土体进入剪切破坏的区域，该区域固体颗粒之间产生相对移动，当荷载增加到一定程度后，即使荷载不增加或增加很少，变形将明显增加。p-s 曲线上 B 点的荷载称为破坏极限荷载 p_u，该阶段也称为局部剪切阶段。

(3) 破坏阶段 BC 段：当荷载超过极限荷载 p_u 后，基础急剧下沉，即使不增加荷载，沉降也不能停止，地基土体从基础四周大量挤出隆起，地基土形成一个连续的滑动面，产生整体剪切破坏。

➡ 知识扩展

(1) 由图 4.1 三条 p-s 曲线可知，在地基破坏形式中，在相同压力 p 作用下，对应基础沉降 s 关系：整体剪切破坏 < 局部剪切破坏 < 冲剪破坏；

(2) 整体剪切破坏是很典型的剪切破坏，从理论上确定地基承载力计算模型；

(3) 局部剪切破坏及冲剪破坏，从理论确定承载力目前尚无理论可循，该两种破坏形式的地基承载力一般取决于允许变形，因为超过该变形，建筑物达到危险状态，受变形控制的地基承载力要通过现场原位试验来确定。

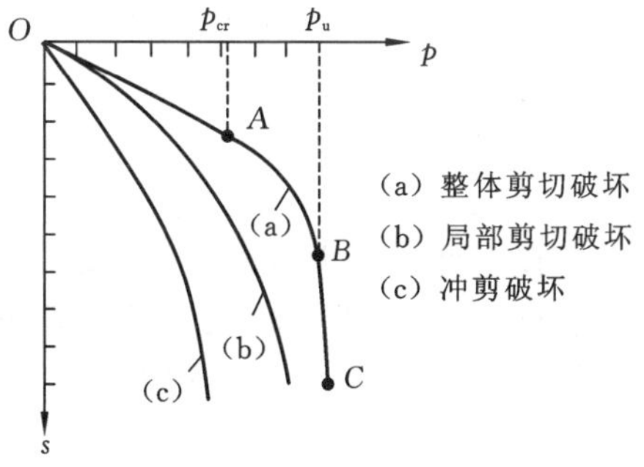

图 4.1　地基破坏形式及 p-s 关系曲线

4.1.2　剪应力 τ 与抗剪强度 τ_f 的区别

图 4.2(a)、(b) 分别为边坡及建筑物在荷载作用下地基发生整体剪切破坏（也称失稳破坏）示意图，土体在外荷载的作用下，在滑动面上将同时产生剪应力 τ 和法向应力 σ，剪应力 τ 方向与滑动面方向一致，法向应力 σ 与滑动方向垂直。

土的剪应力是由土中应力（附加应力及自重应力）引起的，与土体受力状态有关，其计算将在土中应力分析中介绍，属于荷载效应的范畴；作用在剪切破坏面上抵抗剪切破坏的能力称为抗剪强度 τ_f，其作用方向与滑动面方向相反，将在下一节库伦定律中介绍，属于抗力的范畴，其大小与在滑动面上的法向应力及滑动面之间的摩擦系数等有关。$\tau > \tau_f$ 时，土体将发生失稳破坏。

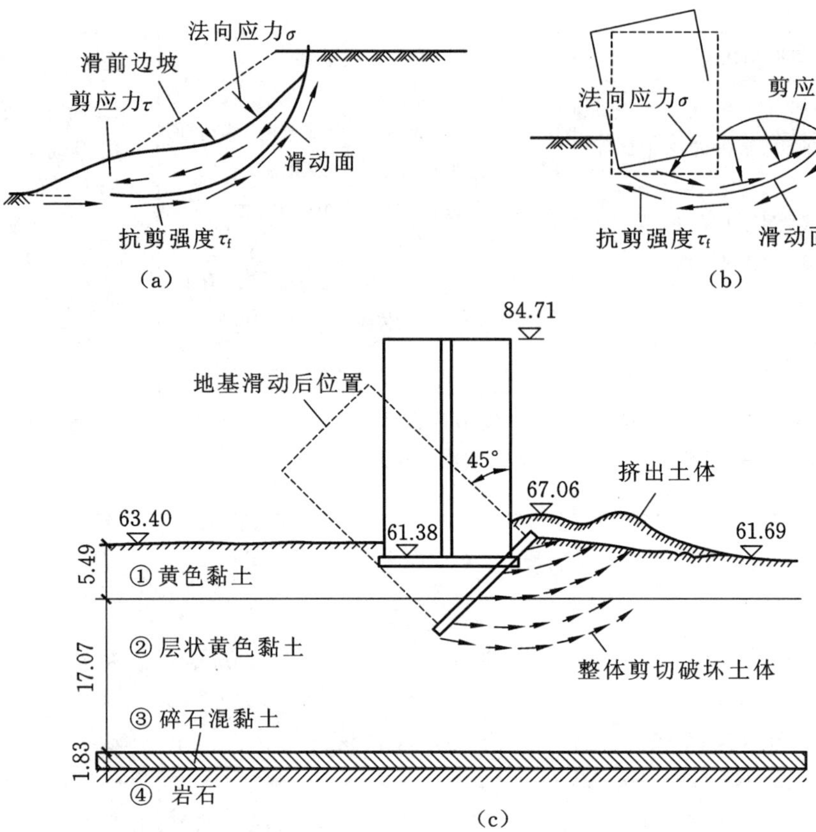

图 4.2　剪应力与抗剪强度之间关系示意图

(a) 边坡失稳 $\tau > \tau_f$;(b) 地基失稳 $\tau > \tau_f$;(c) 1914 年美国纽约水泥筒仓地基整体剪切破坏示意图(单位:m)

4.1.3　土的抗剪强度与地基承载力的关系

由前述分析可知,地基承载力确定由两个方面,第一,地基抗剪强度;第二,地基变形允许值控制,其目的是保证建筑物的安全及正常使用。

当地基即将发生整体剪切破坏时,即 $\tau > \tau_f$,基底压力 $p > f_a$ 时,地基产生剪切破坏,地基失去承载力。图 4.2(c) 为 1914 年美国纽约水泥筒仓严重超载引起地基整体剪切破坏示意图。据记载地基失稳破坏使一侧地基土体隆起高达 5.1 m,引起水泥筒仓倾倒成 45° 左右,当时这座水泥筒仓发生地基失稳前有破坏预兆,但因较大沉降速率,未及时采取任何措施,结果造成地基整体剪切滑动,导致筒仓倒塌破坏,该实例说明地基承载力由抗剪强度确定。

4.2　土的抗剪强度及土中应力分析

4.2.1　抗剪强度

土体的抗剪强度要通过直接剪切试验测定,其中最为简单、直接的试验是室内直接剪切试验。

4.2.1.1　直接剪切试验机理

(1) 如图 4.3(a)、(b) 所示,直接剪切试验的原理为:① 将原状土样装入上下能相对移动的剪切盒(上盒 + 下盒) 后,并在土样上下各放一块透水石,以利于试验排水;② 施加一定的竖向(法向) 压力 p_i(对应的法向压应力 $\sigma_i = p_i/A$);③p_i 一定的条件下,施加不断增加的水平力 F_i,使试样沿上下盒水平接触面上产生不断增加的剪切位移 ΔL;④ 当剪切位移 ΔL 达到一定值后,极限平衡状态被破坏,这时作用在剪切破坏面上的剪应力 $\tau_i = F_i / A$ 就是该土样的抗剪强度 τ_{fi}。

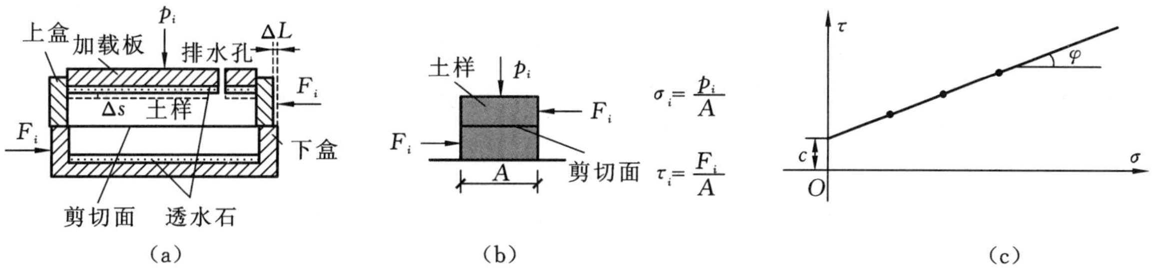

图 4.3 直接剪切试验原理

(a) 直接剪切试验示意图;(b) 土样剪切受力分析;(c) 库伦试验抗剪强度线

注:p_i 作用下,土体即将被剪切时(处于极限平衡状态),(1) 所施加的水平推力为 F_i;(2) 水平剪切位移为 ΔL;(3) 对应的竖向压缩量为 Δs

(2) 同样地,土样在不同的垂直压力作用下[如 p_1、p_2、p_3、…、p_i,则对应的竖向(法向) 压应力为 σ_1、σ_2、σ_3、…、σ_i],重复用上述 ① 至 ④ 步骤操作试验,可测得即将剪切破坏时对应的 τ_{f1}、τ_{f2}、τ_{f3}、…、τ_{fi},即抗剪强度。

(3) 将上述试验数据以剪切面上的法向应力 σ_1、σ_2、σ_3、…、σ_i 为横坐标,以 τ_{f1}、τ_{f2}、τ_{f3}、…、τ_{fi} 抗剪强度为纵坐标绘制几乎接近直线的曲线[图 4.3(c)],称之为库伦强度线(抗剪强度线)。

➡ 技术提示

法国科学家库伦(C. A. Coulomb,1736—1806) 通过上述多次剪切试验,于 1773 年提出了著名的土的抗剪强度理论,库伦认为:① 当土中任何一个面上的剪应力等于土体抗剪强度时土体就即将破坏;② 在法向应力变化范围不是很大时,同一种土抗剪强度 τ_f 与法向应力 σ 近似于线性关系,如图 4.3(c) 所示,即库伦定律。

4.2.1.2 库伦定律

库伦公式可用下述公式表示:

无黏性土 $$\tau_f = \sigma \tan\varphi \tag{4.1}$$

黏性土 $$\tau_f = c + \sigma \tan\varphi \tag{4.2}$$

式中 c,φ—— 土的黏聚力和内摩擦角,也称为土的抗剪强度指标,是土体非常重要的力学性质指标。无黏性土的黏聚力 $c = 0$,黏性土中 $c \neq 0$,其关系如图 4.4 所示,通过抗剪强度指标试验测得。

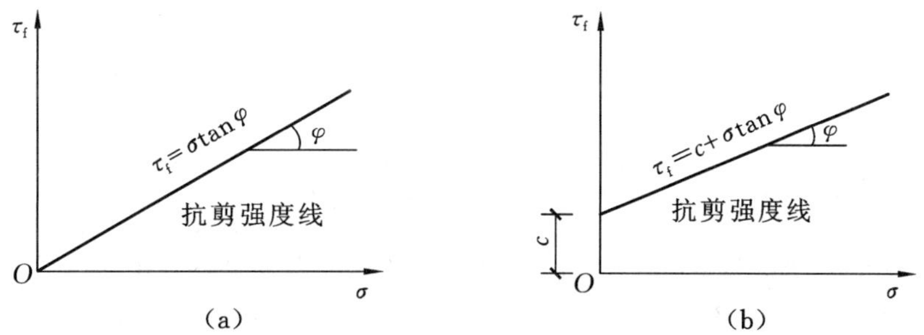

图 4.4 土的抗剪强度 τ_f 与法向应力 σ 之间关系

(a) 无黏性土;(b) 黏性土

由于库伦定律确定土体抗剪强度计算时,其法向应力是按总应力 σ 计算的,故又称为抗剪强度总应力法,相应的 c、φ 也称为总应力强度指标。

4.2.1.3 有效应力抗剪强度

根据土的有效原理得知,总应力σ等于孔隙水压力u和有效应力σ'之和。由于孔隙水压力不会使固体颗粒移动及压密,故孔隙水压力抗剪强度等于0,只有有效应力才会使固体颗粒移动、压密及抗剪;故在土的抗剪强度计算时,其法向应力按有效应力σ'计算更为科学,即

$$\tau_f = c' + \sigma'\tan\varphi' = c' + (\sigma - u)\tan\varphi' \tag{4.3}$$

式中 c',φ'——土的有效黏聚力和有效内摩擦角。式(4.3)也称有效应力抗剪强度公式。

根据饱和土体固结理论,土体的固结就是有效应力不断增加,孔隙水压力不断减少,故土体的抗剪强度随着有效应力的不断增加,土体不断压密,其抗剪强度也不断提高,地基承载力也随之增加,式(4.3)表达土体的抗剪强度,反映了土的本质,概念明确;但实际工程中要准确量测整个加荷期间孔隙水压力变化是十分困难的。直接剪切试验(也称抗剪强度总应力)法无需测定孔隙水压力变化,应用比较方便,工程中常采用总应力法,但在选用排水条件时,应尽量与现场土体排水条件相一致。

从抗剪强度计算理论可以看出,除抗剪强度随着法向压应力σ及σ'增加而增加外,c、φ及c'、φ'也是影响抗剪强度的主要因素。

4.2.1.4 影响土的抗剪强度的因素

1. 土的组成、物理性质指标、土体结构扰动情况、试验条件等

其分析见表4.2。

表4.2 影响土的抗剪强度的因素分析

影响因素	分析说明
土的组成	① 土的颗粒越粗、形状越不规则、表面越粗糙,φ越大;无黏性土φ大于黏性土φ。 ② 级配越好,颗粒间接触多,比级配差的机械咬合作用强,其φ越大。 ③ 黏土矿物成分不同,胶合物不同,其黏聚力也不同。例如红黏土含有较多的蒙脱石,可使c增大,天然状态具有较强的承载力
土的密度、孔隙比	① 土的初始密度越大,孔隙越小,土粒间接触较紧,土粒表面摩擦力和咬合力也越大,剪切试验时需要克服这些土的剪力才能滑动,因此,土的密度越大,其φ越大。 ② 黏性土的密度越大、孔隙越小,土粒的紧密程度越大,黏聚力c也越大
含水量	① 对土抗剪强度的影响十分明显。土中含水量大时,会降低土粒表面上的摩擦力,使土的内摩擦角φ减小。 ② 黏性土含水量增高时,会使结合水膜加厚,粒间分子引力减弱,因而黏聚力c降低
土体结构扰动情况	① 黏性土的天然结构如果被扰动,即使重塑成原来土的密实度及含水量,其抗剪强度都会明显下降,施工时要注意保持黏性土的天然结构不被破坏,特别是开挖基槽更应保持持力层的原状结构,不扰动。 ② 试验表明,在总应力不变的条件下,重塑土的有效应力小于原状土的有效应力,另外重塑土的黏聚力也小于原状土的黏聚力,故重塑土的抗剪强度小于原状土的抗剪强度
试验条件	土的抗剪强度是随试验的条件不同而变化的,如试验方法、加荷速度、加载方式、试验时的排水条件、试验人员的操作技能等。 ① 加荷条件:如含水量不变,剪切速率越快,所需剪切能量越多,测得土的抗剪强度越大;反之剪切时间越长,测得抗剪强度越低,所以实验室要严格控制剪切速率,尽量与实际工程受力状态相符。 ② 排水条件影响最大,同一土中排水条件不同,其试验结果明显不同

2. 应力历史

天然土层历史上固结过程中所经受过的最大有效应力,称为先期(前期)固结应力,用p_c表示;天然土层现有覆盖土层的自重应力称为现有应力,用p表示。先期固结应力与现有应力之比简称超固

结比，用 $OCR=p_c/p$ 表示，根据超固结比大小将土层分为正常固结土、超固结土、欠固结土三类，土层的固结历史分析及其对抗剪强度的影响见表 4.3。

表 4.3　土层的固结历史分析及其对土抗剪强度的影响

项目	正常固结土 $OCR=1$	超固结土 $OCR>1$	欠固结土 $OCR<1$
示意图	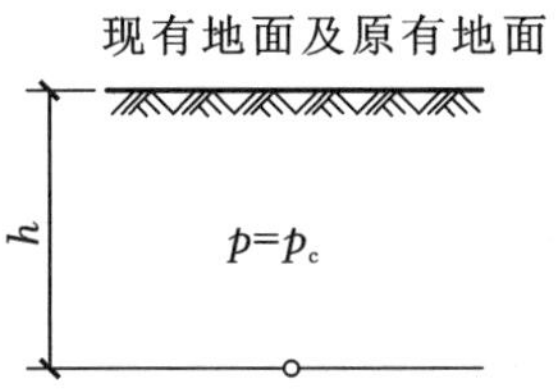	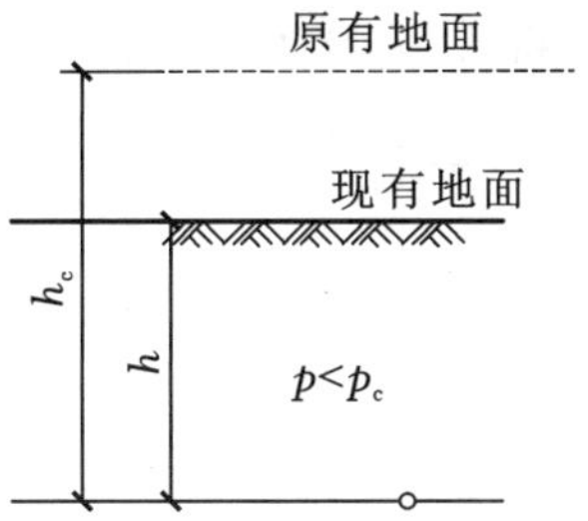	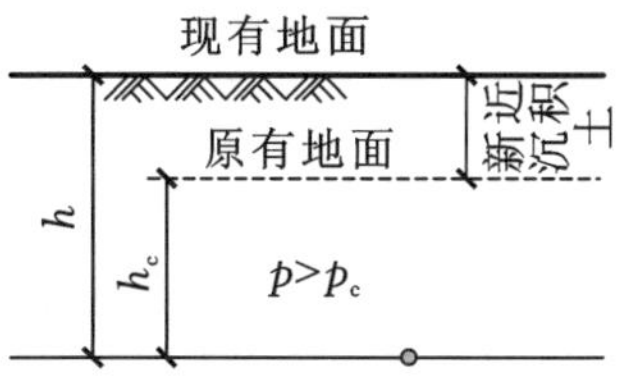
沉积原因	原有地面以下的土层，在自重应力作用下已固结完成，且现地面与原有地面水平位置不变，现有土层的自重应力等于前期固结应力	原有地面以下的土层，在自重应力作用下已固结完成，由于地质作用等原因，使现地面标高低于原地面标高，现有土层自重应力小于前期固结应力	原有地面以下的土层在自重应力作用下已固结完成后，其上又堆积了未完成固结新近沉积的土，即现有土层的自重应力大于前期固结应力
结论	① 超固结土曾经受到历史上较大应力作用，其土的密度要高于正常固结土，故抗剪强度大于正常固结土。② 欠固结土因压密程度最低，故抗剪强度最小		

4.2.2　土的极限平衡条件

4.2.2.1　土中某点的应力分析

如图 4.5(a) 所示，假定土体是均匀的、连续的，在无限延伸的平面上作用条形荷载，在任一深度 z 处 M 点作用有竖向压应力 σ_1 和水平侧应力 σ_3。取 M 点为微单元体，凡是没有剪应力的面称为主应力面。作用在主应力面上的力称为主应力，σ_1 为最大主应力，σ_3 为最小主应力。

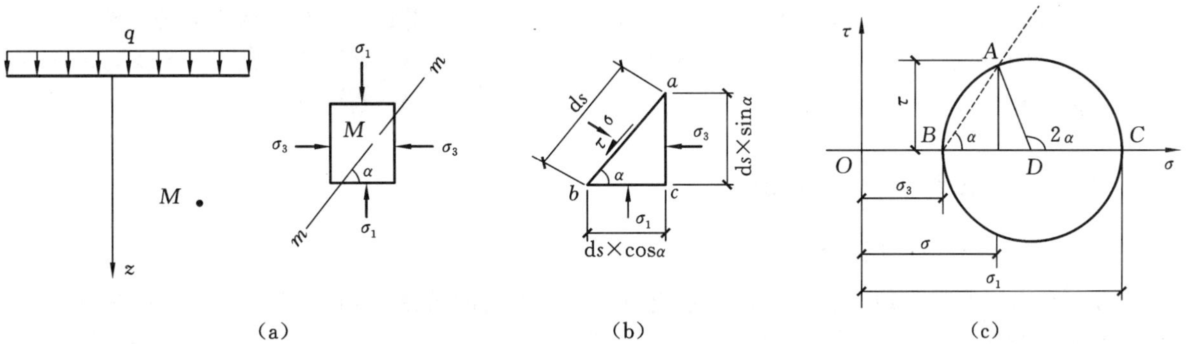

图 4.5　土中某点应力状态分析

(a) M 点应力状态；(b) M 点在斜面上的应力；(c) 摩尔应力圆

(1) 土中某点任意斜面上法向应力为 σ，剪应力为 τ 的计算

已知图 4.5(b) 中作用在 M 点的 σ_1 为最大主应力，σ_3 为最小主应力，要求计算 M 点在任意 $m—m$ 斜面上的法向应力 σ，剪应力 τ。根据静力平衡条件可得：

$$\sigma=\frac{1}{2}(\sigma_1+\sigma_3)+\frac{1}{2}(\sigma_1-\sigma_3)\cos2\alpha \tag{4.4}$$

$$\tau=\frac{1}{2}(\sigma_1-\sigma_3)\sin2\alpha \tag{4.5}$$

式中　α——m—m 斜面与最大主应力 σ_1 作用平面的夹角。

(2) 土中某点在不同斜面上法向应力 σ 与剪应力 τ 的函数关系

由于$(\sin2\alpha)^2+(\cos2\alpha)^2=1$,将式(4.4)及式(4.5)中 α 消掉后得:

$$\left(\sigma-\frac{\sigma_1+\sigma_3}{2}\right)^2+\tau^2=\left(\frac{\sigma_1-\sigma_3}{2}\right)^2 \tag{4.6}$$

式(4.6)为一个圆的方程,其圆心为坐标$\left(\frac{\sigma_1+\sigma_3}{2},0\right)$,半径为$\frac{\sigma_1-\sigma_3}{2}$;其圆上任一点 A 点的坐标$(\sigma、\tau)$,代表土中某点在任意 α 斜面上的法向应力及剪应力,其对应的 α 如图4.5(c)所示,其图形也称摩尔应力圆。

【例4.1】 已知地基土中某点受到大主应力 $\sigma_1=700$ kPa,小主应力 $\sigma_3=200$ kPa,试求:

(1) 最大剪应力 τ_{max} 及最大剪应力作用面与大主应力作用平面的夹角 α;

(2) 作用在与小主应力作用面成30°角的面上的法向应力和剪应力。

【解】 (1) 由摩尔应力圆图4.5(c)可知:

$$\tau_{max}=\frac{\sigma_1-\sigma_3}{2}=\frac{700-200}{2}=250\ \text{kPa}$$

$2\alpha=90°$,则最大剪应力作用面与大主应力夹角 $\alpha=90°/2=45°$

(2) 由图4.5(b)可知,作用面与小主应力 σ_3 作用面成30°角,即作用面与大主应力作用面夹角 $\alpha=90°-30°=60°$,该面上的法向应力为 σ,剪应力为 τ,由式(4.4)及式(4.5)计算如下:

$$\sigma=\frac{1}{2}(\sigma_1+\sigma_3)+\frac{1}{2}(\sigma_1-\sigma_3)\cos2\alpha=\frac{1}{2}(700+200)+\frac{1}{2}(700-200)\cos120°=325\ \text{kPa}$$

$$\tau=\frac{1}{2}(\sigma_1-\sigma_3)\sin2\alpha=\frac{1}{2}(700-200)\sin120°=216.5\ \text{kPa}$$

➡ 技术提示

① 由应力圆可知,最大剪应力 $\tau_{max}=(\sigma_1-\sigma_3)/2$,即应力圆的半径;最大剪应力作用平面与最大主应力作用面夹角 $\alpha=90°/2=45°$。

② 由应力圆可知,在 $0°\leqslant2\alpha\leqslant90°$ 时,作用面上的剪应力 τ 随着法向应力 σ 的增加而减小;当 $90°<2\alpha\leqslant180°$ 时,剪应力 τ 随着法向应力 σ 的增加而增加(但抗剪强度 τ 随着法向应力 σ 增加而不断增加)。所以不难看出,土中某点发生剪切破坏应为 $45°<\alpha\leqslant90°$ 的某一斜面上。该结论将通过下面的理论得到验证。

4.2.2.2　土中某点极限平衡条件

1. 抗剪强度线与应力圆关系

图4.6是用库伦强度线与土中某点摩尔应力圆图线之间的关系,同时直观展示了土中某点的剪应力与抗剪强度的关系。

(1) 当 $\tau=\tau_f$ 时,表示该点在某一斜面处于极限平衡状态,极限平衡状态对应的应力圆称为极限应力圆。

(2) 当 $\tau<\tau_f$ 时,表示该点在任意斜面均处于安全状态。

(3) 当 $\tau>\tau_f$ 时,表示该点在某些斜面已经破坏,处于失效状态。

2. 土的某点极限平衡条件

图4.7是土中某点处于极限平衡状态的计算简图,切点 A 处的 $\tau=\tau_f$,其极限平衡条件为:

$$\sin\varphi = \frac{AD}{RD} = \frac{\frac{1}{2}(\sigma_1 - \sigma_3)}{c\cot\varphi + \frac{1}{2}(\sigma_1 + \sigma_3)} \tag{4.7}$$

或
$$\sigma_1 = \sigma_3 \tan^2(45° + \varphi/2) + 2c\tan(45° + \varphi/2) \tag{4.8}$$

或
$$\sigma_3 = \sigma_1 \tan^2(45° - \varphi/2) - 2c\tan(45° - \varphi/2) \tag{4.9}$$

破坏面与大主应力作用面夹角的 α_f(破裂角) 由 $2\alpha_f = \varphi + 90°$ 得：

$$\alpha_f = 45° + \varphi/2 \tag{4.10}$$

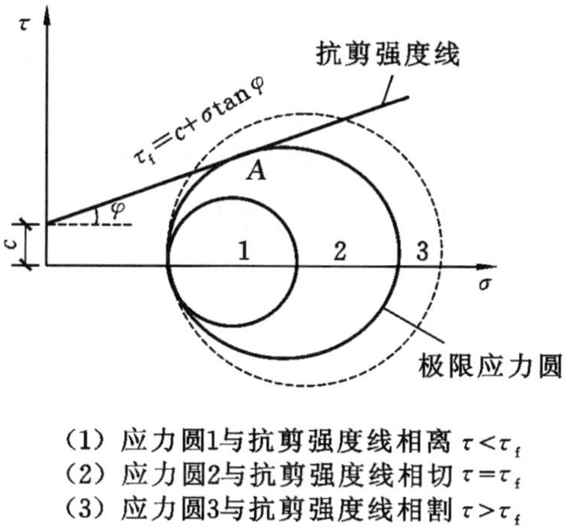

图 4.6　抗剪强度线与摩尔应力圆关系示意图

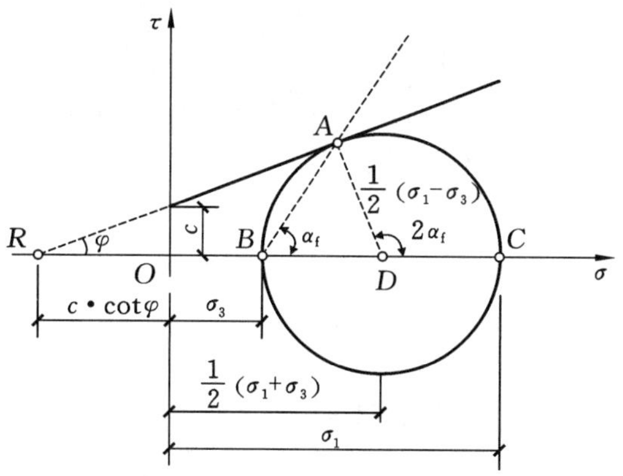

图 4.7　土中某点处于极限平衡状态分析示意图

【例 4.2】　地基中某点作用有大主应力 $\sigma_1 = 500$ kPa，小主应力 $\sigma_3 = 150$ kPa；通过试验测得地基土的抗剪强度指标 $c = 20$ kPa，$\varphi = 26°$。试问：

(1) 该点处于何种状态？

(2) 若 σ_1、c、φ 不变，土中该点要处于极限平衡状态时，对应的极限小主应力 σ_{3f} 为多少？破裂角度为多少？

【解】　(1) 当 $\sigma_3 = 150$ kPa，处于极限平衡时，求对应的极限主应力 σ_{1f}

$$\sigma_{1f} = \sigma_3 \tan^2(45° + \varphi/2) + 2c\tan(45° + \varphi/2)$$
$$= 150 \tan^2(45° + 26°/2) + 2 \times 20\tan(45° + 26°/2) = 448.16 \text{ kPa}$$

并绘制极限应力圆 1(图 4.8)。

由已知条件 $\sigma_1 = 500$ kPa、$\sigma_3 = 150$ kPa，绘制实际应力圆 2。

由于 $\sigma_{1f} < \sigma_1$，故实际应力圆 2 与抗剪强度线相割，所以土中该点处于破坏状态，如图 4.8 所示。

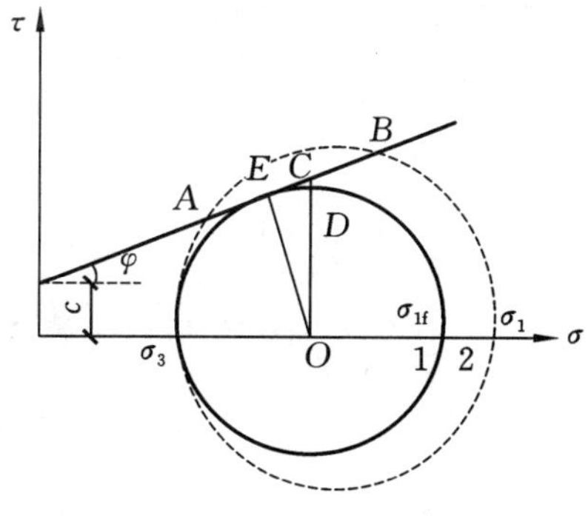

图 4.8　例 4.2 图

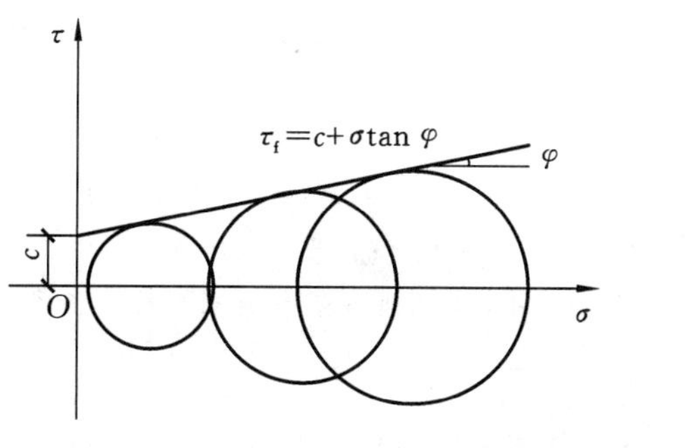

图 4.9　同一土中在不同点处的应力圆及公切线示意图

(2) 求极限小主应力 σ_{3f} 及对应破裂角 α_f

$\sigma_{3f} = \sigma_1 \tan^2(45° - \varphi/2) - 2c\tan(45° - \varphi/2)$

$$=500\tan^2(45^\circ-26^\circ/2)-2\times 20\tan(45^\circ-26^\circ/2)$$

$$=170\ \text{kPa}$$

破裂角 $\alpha_f=45^\circ+\varphi/2=45^\circ+26^\circ/2=58^\circ$

➡ 知识扩展

① 当土中某点已经处于破坏状态时，即应力圆与抗剪强度线相割，如图 4.8 所示，其割线 AB 线段上对应剪应力大于相应的抗剪强度；

② 当土中某点处于极限平衡状态时，即应力圆与抗剪强度线相切，在切点 E 处 $\tau=\tau_f$，破坏面与大主应力作用面夹角 $\alpha_f=45^\circ+\varphi/2$；

③ 从图 4.8 中看出最大剪应力作用平面上的抗剪强度大于最大剪应力，记作 $OD<OC$（图 4.8），故破裂面不会发生在最大剪应力平面处；

④ 如果同一种土（设 c、φ 不变）有几个试样分别在不同的大、小主应力组合下处于极限平衡状态，可绘制若干个极限应力圆，这些应力圆的公切线就是抗剪强度线，从抗剪强度线上可求得抗剪强度指标 c、φ，如图 4.9 所示。

4.2.3 测定抗剪强度的方法

4.2.3.1 直接剪切试验

做直接剪切试验时，目前我国普遍采用应变式直接剪切仪（表 4.4），该仪器的主要部件由固定的上盒和活动的下盒组成，试样放在盒内上、下两块透水石之间。试验时，由杠杆系统通过加压活塞和透水石对试件施加某一垂直压力，然后等速转动手轮对下盒施加水平推力，使试样在上、下盒的水平接触面上产生剪切变形，直至破坏。剪应力的大小可借助与上盒接触的量力环的变形值计算确定。它是在室内进行的土工试验，其仪器的构成及操作步骤详见相关土的室内直接剪切试验报告。

1. 直接剪切试验的排水条件（表 4.4）

表 4.4　直接剪切试验工作排水条件

<table>
<tr><td colspan="2">应变式直剪仪构造图</td><td>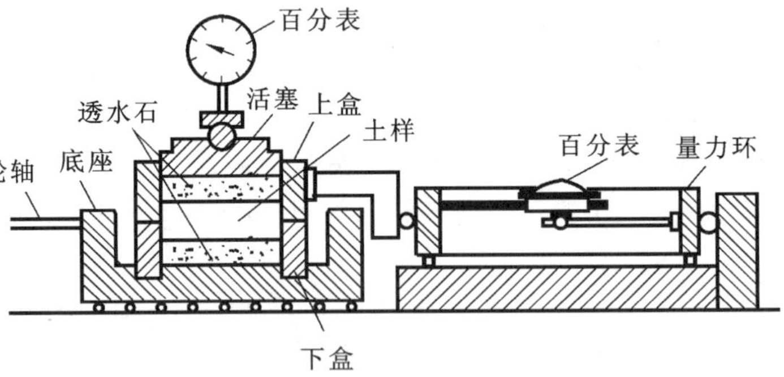
</td></tr>
<tr><td rowspan="2">排水条件</td><td>快剪</td><td>① 试验时先将试样的上下两面贴以不透水的薄膜，在施加竖向压力后，立即施加水平剪力快速剪切，3 ~ 5 min 内剪坏；
② 由于剪切速率快，土样来不及排水，得到的强度指标用 c_q、φ_q 表示</td></tr>
<tr><td>固结快剪</td><td>① 在施加竖向压力后，让试样充分排水固结，待固结完成百分表数值稳定不变后，立即施加水平剪力快速剪切，3 ~ 5 min 内剪坏；
② 剪切速率快，剪切过程中土样来不及排水，得到的强度指标用 c_{cq}、φ_{cq} 表示</td></tr>
</table>

续表 4.4

	慢剪	① 在施加竖向压力后，让试样充分排水固结，待固结完成后；施加水平剪力，剪切速率应小于 0.02 mm/min，一般用电动装置，直至剪坏； ② 保证整个剪切过程中充分排水固结，直到土体被剪坏，得到的强度指标用 c_s、φ_s 表示
结论		$c_q < c_{cq} < c_s$，$\varphi_q < \varphi_{cq} < \varphi_s$

2. 直接剪切试验的特点

直接剪切仪具有仪器简单、操作方便等优点，但也存在缺点，主要有：① 剪切面限定在上、下盒之间的平面，其破坏面不是最薄弱剪切斜裂面；② 剪切面上剪应力分布不均匀，土样剪切破坏时先从边缘开始，在边缘发生应力集中现象；③ 在剪切过程中，土样剪切面逐渐缩小，而在计算抗剪强度时却是按土样的原截面积计算；④ 试验时不能严格控制排水条件，不能量测孔隙水压力。

4.2.3.2 三轴压缩试验

三轴压缩试验是克服了直接剪切试验存在上述缺点的测定土样抗剪强度指标的最为科学的试验。三轴压缩试验用的主要仪器是三轴压缩仪。三轴压缩仪由压力室、轴向加荷系统、周围加压系统、孔隙水压力量测系统等组成[图 4.10(a)]，压力室是三轴压缩仪的主要组成部分，它是一个由金属上盖、底座和透明有机玻璃圆筒组成的密闭容器。

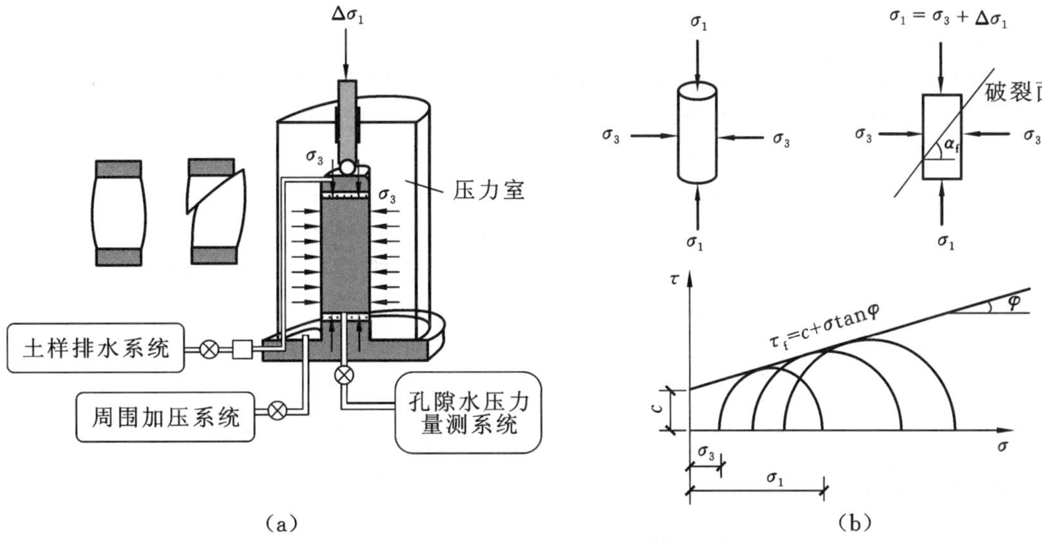

图 4.10 三轴压缩试验装置及受力分析

(a) 试验装置；(b) 受力分析

1. 试验原理

(1) 试验的主要步骤如下：① 将土切成圆柱体套在橡胶膜内，放在密封的压力室中；② 首先向压力室内压入一定压力水，使试件受到的周围压力为 σ_3 并保持不变；③ 在 σ_3(作为小主应力) 不变的条件下，然后再通过传力杆对试件施加逐渐增加的竖向压力 $\Delta\sigma_1$；④ 随着竖向压力的增大，即处于极限平衡状态时，对应的大主应力 $\sigma_1 = \sigma_3 + \Delta\sigma_1$；⑤ 绘制极限应力圆，由处于极限平衡状态中大主应力 $\sigma_1 = \sigma_3 + \Delta\sigma_1$ 和小主应力 σ_3 绘制极限应力圆 1。

(2) 用同一种土样的若干个试件(三个以上)，取不同的小主应力 σ_3，根据上述 ① 至 ⑤ 的步骤，分别进行试验，可分别得出处于极限平衡状态时对应的大主应力 σ_1；将这些结果绘成一组极限应力圆，作一组极限应力圆的公共切线，即为土的抗剪强度包线，通常可近似取为一条直线，该直线与横坐标的夹角即土的内摩擦角 φ，直线与纵坐标的截距即为土的黏聚力 c，如图 4.10(b) 所示。

2. 三轴压缩试验的排水条件(表 4.5)

表 4.5　三轴压缩试验排水条件

<table>
<tr><td colspan="2">三轴压缩试验装置</td><td>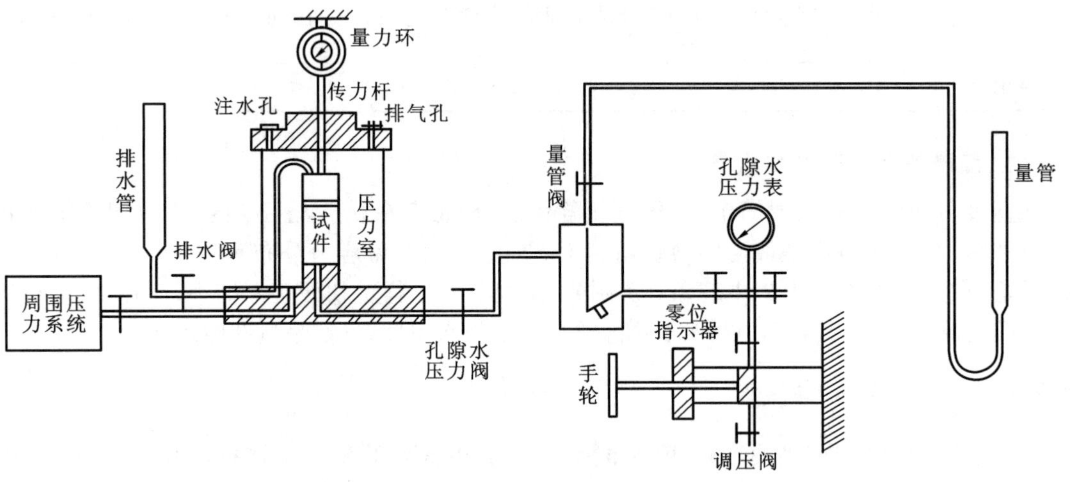
</td></tr>
<tr><td rowspan="3">排水条件</td><td>UU试验</td><td>UU(Unconsolidated Undrained test)—— 不固结不排水剪切,土样施加周围压力 σ_3 后,随后施加竖向压力 $\Delta\sigma_1$ 直至剪坏,在整个剪切过程中不允许排水,排水阀门始终关闭,得到的强度指标用 c_u、φ_u 表示</td></tr>
<tr><td>CU试验</td><td>CU(Consolidated Undrained test)—— 固结不排水剪切,土样施加周围压力 σ_3 后,打开排水阀门,充分排水固结,待固结稳定后关闭排水阀门,再施加竖向压力 $\Delta\sigma_1$ 直至剪坏,得到的总应力强度指标用 c_{cu}、φ_{cu} 和有效应力强度 c'、φ' 表示</td></tr>
<tr><td>CD试验</td><td>CD(Consolidated Drained test)—— 固结排水剪切,土样施加周围压力 σ_3 后,打开排水阀门,充分排水固结,待固结稳定后再在排水条件下(不关闭排水阀门) 施加竖向压力 $\Delta\sigma_1$ 直至剪坏。由于整个剪切过程中,孔隙水压力始终保持为零,总应力等于有效应力,所以测得总应力强度指标 c_d 和 φ_d 也是有效应力强度指标</td></tr>
<tr><td colspan="2">结论</td><td>$c_u < c_{cu} < c' < c_d$,$\varphi_u < \varphi_{cu} < \varphi' < \varphi_d$</td></tr>
</table>

3. 三轴压缩试验特点

优点:① 能较为严格地控制排水条件以及可以量测试样中孔隙水压力的变化;② 试样中的应力状态也比较明确,破裂面是在最弱处,故三轴压缩试验的结果比较可靠;③ 三轴压缩仪还用以测定土的灵敏度、侧压力系数、孔隙水压力等力学性质,因此,它是土工试验不可缺少的高科技设备。

缺点:① 三轴压缩试验试件的主应力 $\sigma_2=\sigma_3$,而实际上土体的受力状态未必都属于这类轴对称情况;② 技术含量高,操作难度大。

4.2.3.3　无侧限抗压强度试验

1. 试验原理

将圆柱形试样放在图 4.11(a) 所示的无侧限抗压试验仪中,在不加任何侧向压力的情况下施加垂直压力(即 $\sigma_3=0$),直到试件剪切破坏为止,剪切破坏时试样所能承受的最大轴向压力 q_u 称为无侧限抗压强度(即 $\sigma_1=q_u$)。同一种土测定的极限应力圆只有一个,其水平切线就是抗剪强度线,如 4.11(b) 所示,其 $\varphi=0$,黏聚力 $c=\tau_f=q_u/2$。

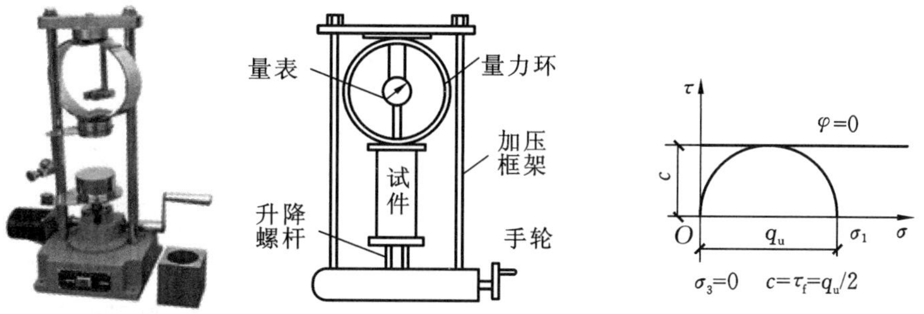

(a)　　　　(b)

图 4.11　无侧限抗压强度试验

(a) 无侧限压缩仪；(b) 抗剪强度包线

2. 适用条件

(1) 测定饱和黏性土(一般认为内摩擦角 $\varphi=0$) 在不固结不排水条件下的抗剪强度，该试样在三轴压缩仪中同样可以进行，相当于 $\sigma_3=0$ 的不固结不排水剪切，$\varphi=\varphi_u$，$c=c_u$。

(2) 测定黏性土灵敏度 $S_t=q_u/q_0$。S_t 的大小是通过无侧限抗压强度试验来确定，即将原状黏性土在不固结不排水的条件下，用上述方法测定极限抗压强度 q_u 后，并将破坏土样迅速重塑成与原状土相同体积的土样，用上述方法测得重塑土样的极限抗压强度 q_0，可测得该土样的灵敏度 S_t。

4.2.3.4　十字板剪切试验

前面介绍的三种土的抗剪强度试验方法均是在室内试验室完成，试验须取得原状土，但对于饱和黏性土由于试验在取样、包装、运送、保存和制备过程中肯定要受到大的扰动及水分的蒸发，使试样结果误差很大，而十字板剪切试验克服了上述缺点，是国内广泛应用来测定饱和黏性土抗剪强度及灵敏度常用的原位测试的方法。

1. 试验原理

十字板剪切试验主要工作构件如图 4.12(a) 所示，试验时先将套管打入预定深度，并将套管内的土清除。将十字板装在钻杆的下端后，通过套管压入土中，压入深度约为 750 mm。然后由地面上的扭力设备对钻杆施加扭矩，使埋在土中的十字板旋转，直至土体剪切破坏。破坏面为十字板(H、D 分别表示十字板的高度和直径) 旋转所形成的圆柱面，如 4.12(b) 所示。

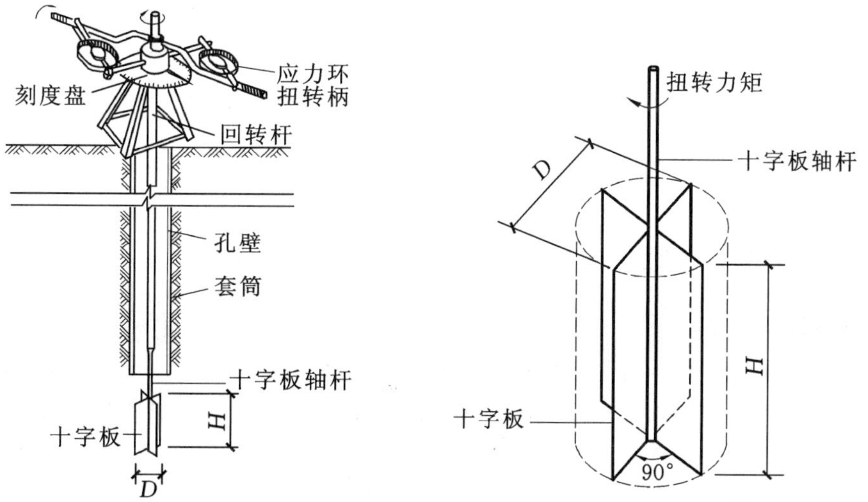

(a)　　　　(b)

图 4.12　十字板剪切试验

(a) 十字板剪切仪；(b) 十字板剪切原理

十字板剪切试验剪切破坏时所施加的扭矩 M,与剪切破坏圆柱面(包括侧面和上下底面)上土的抗剪强度所产生的抵抗力矩相等,根据试验结果,按下式计算土的抗剪强度:

$$\tau_f = \frac{2M}{\pi D^2(H + D/3)} \tag{4.11}$$

十字板在现场测定的土的抗剪强度属于不排水剪切的试验条件,因此其结果一般与无侧限抗压强度试验结果接近。

2. 特点

它的优点是构造简单,操作方便,原位测试对土的扰动小,故实际中应用广泛,是现场原位测试饱和黏性土抗剪强度及灵敏度的方法。

4.2.4 抗剪强度指标的适用条件

抗剪强度指标选用原则:

(1) 凡是可以确定孔隙水压力的情况,都应当使用有效应力指标;采用总应力指标时,可根据具体情况选用不同的排水条件。

(2) 直接剪切试验与三轴剪切试验:应优先采用三轴剪切试验指标;对于直接剪切试验,可根据具体情况选用不同的排水条件。

抗剪强度指标的适用条件见表 4.6。

表 4.6 抗剪强度指标的适用条件

测定抗剪强度指标的试验方法	适用条件
① 三轴不固结不排水剪切试验(c_u、φ_u) ② 直接剪切快剪试验(c_q、φ_q)	建筑物施工速度快,且土体来不及固结与排水(如地基排水条件不良和透水性差的黏性土,验算斜坡稳定)以致剪切破坏情况
① 三轴固结排水剪切试验(c_d、φ_d) ② 直接剪切慢剪试验(c_s、φ_s)	适用于建筑物施工慢,土体透水性较好(低塑性土),排水条件较好的土体(如黏土层中夹砂层)以致剪切破坏情况
① 三轴固结不排水剪切试验(c_{cu}、φ_{cu} 和 c'、φ') ② 直接剪切固结快剪试验 c_{cq}、φ_{cq}	介于上述两者之间或土体固结也完成,又受到快速、大量的荷载作用,如竣工后,建筑物马上要投入使用时土体剪切破坏的情况

4.3 地基承载力

4.3.1 基本概念

4.3.1.1 地基承载力的代表值

1. 地基承载力极限值 p_u

地基承载力极限值是指地基即将剪切破坏时,地基承受的最大基底压力。根据静力荷载试验确定地基承载力,当地基发生整体剪切破坏(图 4.1)时,在 p-s 曲线中 B 点对应的为极限荷载 p_u。对于荷载试验 p_u 的取值,在后续过程中讲解。

2. 地基承载力特征值 f_a

《建筑地基基础设计规范》(GB 50007—2011) 规定,地基承载力应满足 $p_k \leqslant f_a$ 且 $p_{kmax} \leqslant 1.2f_a$,地基变形应满足 $s \leqslant [s]$。地基承载力特征值是保证地基承载力及变形满足设计要求的条件下,地基承载力允许值。确定地基承载力方法不同，其取值不同，《建筑地基基础设计规范》(GB 50007—2011)中规定：地基承载力特征值是指由荷载试验确定的地基土压力变形曲线线性变形段内规定的变形所对应的压力值，其最大值为比例界限值。

4.3.1.2　确定地基承载力的方法

地基承载力的确定是一个复杂的问题，不仅与土的工程性质有关，还与基础的埋深、形状、尺寸、上部结构构造、试验方法等有关。一般确定地基承载力的方法有：

(1) 理论(包括地基规范法) 公式法：根据土的抗剪强度指标确定承载力的方法。

(2) 原位试验法：包括(静) 荷载试验、静力触探试验、标准贯入试验、旁压试验等，其中最可靠的是以荷载试验法为基本的原位测试法。

(3) 当地经验法：这是一种基于地区的使用经验，是一种宏观辅助方法。

选择地基承载力确定方法应考虑建筑物安全等级、结构特征、岩土本身特性及各种参数(如物理、力学指标，基础的形状、尺寸及基础埋深，荷载类型、作用形式及偏心程度等) 的可靠程度以及当地的建筑经验等，对上述影响程度做出综合分析选择确定地基承载力的方法。一般情况选择地基承载力确定方法为：对于一级建筑物，通过荷载试验、理论公式及原位测试确定；对于二级建筑物，通过地基规范法、原位测试，以及结合理论公式确定；对于三级建筑物，根据邻近建筑经验确定。

4.3.2　理论计算法

4.3.2.1　临塑荷载 p_{cr} 及临界荷载 $p_{1/4}$、$p_{1/3}$

1. 基本计算原理

(1) 研究对象：设破坏模式为整体剪切破坏，基础为条形基础，基础埋深为 d[图 4.13(a)]，基底处土的自重应力为 $\gamma_m d$，基底压力为 p，基底以下土的重度为 γ，土的内摩擦角及黏聚力分别为 φ、c。

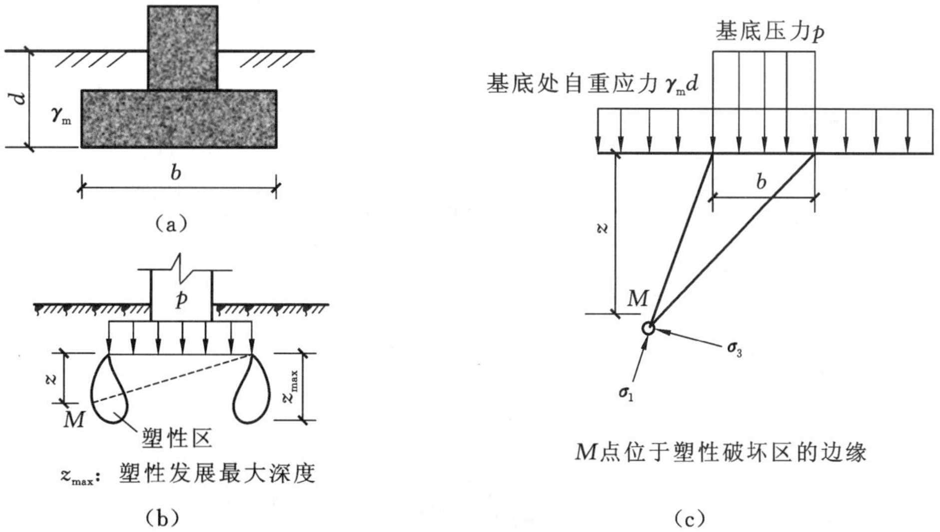

图 4.13　地基临塑荷载及临界荷载计算示意图

(a) 条形基础；(b) 地基土部分塑性发展示意图；(c) M 点主应力

(2) 在基底压力作用下，如图 4.13(b)、(c) 所示，点 M 处于极限平衡状态，其主应力为 σ_1、σ_3，塑性发展最大深度 z_{max}，根据弹性理论及极限平衡条件，可求得塑性发展最大深度 z_{max} 为：

$$z_{max}=\frac{p-\gamma_m d}{\pi\gamma}\left[\cot\varphi-\left(\frac{\pi}{2}-\varphi\right)\right]-\frac{c}{\gamma\tan\varphi}-\frac{\gamma_m}{\gamma}d \tag{4.12}$$

(3) 临塑荷载 p_{cr} 是指地基土将要出现塑性区时的基底压力，即塑性发展最大深度 $z_{max}=0$ 对应的基底压力，在式(4.12) 中令 $z_{max}=0$，得：

$$p_{cr}=\frac{\pi(c\cot\varphi+\gamma_m d)}{\cot\varphi+\varphi-\pi/2}+\gamma_m d \tag{4.13}$$

➡ 技术提示

临塑荷载 p_{cr} 可作为地基承载力特征值，但是偏于保守，因其不允许地基塑性发展，未能充分发挥地基的承载能力。大量的工程实践证明，即使地基部分塑性发展，只要塑性发展深度 z_{max} 在一定范围内，不至于影响建筑物的承载力及正常使用。

(4) 临界荷载 $p_{1/4}$ 及 $p_{1/3}$

临界荷载是指允许地基产生一定范围塑性区所对应的荷载。根据工程实践经验，对一般建筑物在中心荷载作用下，控制塑性发展最大深度在基础宽度的 1/4；在偏心荷载作用下，控制塑性发展最大深度在基础宽度的 1/3，对应的两个临界荷载分别用 $p_{1/4}$ 及 $p_{1/3}$ 表示，并作为轴压、偏压基础地基承载力的特征值还是满足设计要求的。

令 $z_{max}=b/4$、$z_{max}=b/3$ 分别代入式(4.12) 得：

$$p_{1/4}=\frac{\pi(c\cot\varphi+\gamma_m d+\gamma b/4)}{\cot\varphi+\varphi-\pi/2}+\gamma_m d \tag{4.14}$$

$$p_{1/3}=\frac{\pi(c\cot\varphi+\gamma_m d+\gamma b/3)}{\cot\varphi+\varphi-\pi/2}+\gamma_m d \tag{4.15}$$

式(4.13) 至式(4.15) 中：

γ_m—— 基底以上土的加权平均重度(kN/m^3)；

γ—— 持力层土的天然重度(kN/m^3)，水位以下土取有效重度(浮重度)γ' 计算；

b—— 基础宽度(m)；

d—— 基础埋深(m)。

【例 4.3】 一条形基础，宽 $b=1.5$ m，埋深 $d=1.0$ m，地基土层分布为：第一层素填土，厚 $h_1=0.8$ m，重度 $\gamma_1=18\ kN/m^3$；第二层土厚 $h_2=6$ m，$\gamma_2=18.2\ kN/m^3$。土的黏聚力 $c=10$ kPa，内摩擦角 $\varphi=13°$。求该地基临塑荷载 p_{cr} 及临界荷载 $p_{1/4}$、$p_{1/3}$。

【解】 (1) 计算基底处土的自重应力：$\gamma_m d=18\times0.8+18.2\times0.2=18.04\ kN/m^2=18.04$ kPa

(2) $$p_{cr}=\frac{\pi(c\cot\varphi+\gamma_m d)}{\cot\varphi+\varphi-\pi/2}+\gamma_m d=\frac{\pi(10\cot 13°+18.04)}{\cot 13°+\pi\times13°/180°-\pi/2}+18.04=82.64\ \text{kPa}$$

(3) $$p_{1/4}=\frac{\pi(c\cot\varphi+\gamma_m d+\gamma b/4)}{\cot\varphi+\varphi-\pi/2}+\gamma_m d$$
$$=\frac{\pi(10\cot 13°+18.04+18.2\times1.5/4)}{\cot 13°+\pi\times13°/180°-\pi/2}+18.04=89.7\ \text{kPa}$$

(4) $$p_{1/3}=\frac{\pi(c\cot\varphi+\gamma_m d+\gamma b/3)}{\cot\varphi+\varphi-\pi/2}+\gamma_m d$$
$$=\frac{\pi(10\cot 13°+18.04+18.2\times1.5/3)}{\cot 13°+\pi\times13°/180°-\pi/2}+18.04=92.1\ \text{kPa}$$

➡ 技术提示

① 临塑荷载 p_{cr} 与基础宽度无关；临界荷载 $p_{1/4}$、$p_{1/3}$ 与基础宽度 b 有关，随基础宽度 b 增加而增加；

② 临塑荷载 p_{cr} 及临界荷载 $p_{1/4}$、$p_{1/3}$ 均随着基础埋深 d、黏聚力 c、内摩擦角 φ 增大而增大；

③ 由于地下水的存在，公式中的重度取浮重度，会使临塑荷载 p_{cr} 及临界荷载 $p_{1/4}$、$p_{1/3}$ 减小，对无黏性土地基尤为明显。

④ 上述公式是在条形均布荷载作用下导出的公式，对于矩形、圆形基础用上式计算，其结果偏于安全。

4.3.2.2 极限荷载 p_u

极限荷载即地基极限承载力，其理论计算公式很多，如太沙基、汉森、斯凯普顿等公式，它们均基于不同的假定，其适用条件也不同。下面重点给出太沙基公式，其他公式参见有关书籍。太沙基根据塑性理论提出了条形基础上在中心荷载作用下地基极限承载力计算公式，并推广应用于方形基础和圆形基础。

1. 太沙基极限承载力计算公式

设地基发生整体剪切破坏，对于条形基础，极限承载力按下式计算：

条形基础($l/b \geqslant 10$)： $$p_u = cN_c + qN_q + 0.5\gamma bN_r \tag{4.16}$$

对于方形基础、圆形基础，太沙基建议，极限承载力按下列半经验、半理论公式计算：

方形基础($l/b = 1.0$)： $$p_u = 1.2cN_c + qN_q + 0.4\gamma bN_r \tag{4.17}$$

圆形基础(b 为基础直径)： $$p_u = 1.2cN_c + qN_q + 0.6\gamma bN_r \tag{4.18}$$

式中 N_c, N_q, N_r—— 承载力系数，仅与内摩擦角 φ 有关，查表 4.7；

q—— 基底处土的自重应力，$q = \gamma_m d$。

对于矩形基础($1 < l/b < 10$)，可根据 l/b 在条形基础和方形基础的极限承载力之间内插。

对于地基局部剪切破坏，太沙基建议将抗剪强度指标折减 2/3，即将上述公式中的 c、φ 分别用 $c' = 2c/3$、$\varphi' = 2\varphi/3$ 表示，公式中对应的承载力系数分别用 N_c'、N_q'、N_y' 表示。

表 4.7 太沙基地基承载力系数

φ(°)	0	5	10	15	20	25	30	35	40
N_r	0	0.51	1.20	1.80	4.0	11.0	21.8	45.4	125
N_q	1.0	1.64	2.69	4.45	7.44	12.7	22.5	41.4	81.3
N_c	5.71	7.34	9.61	12.9	17.7	25.1	37.2	57.8	95.7

2. 汉森极限承载力理论

太沙基等极限荷载公式只适用于中心竖向荷载作用时的条形基础，同时不考虑基底以上土的抗剪强度的作用。若基础上作用的荷载是倾斜的或有偏心，基底的形状是矩形或圆形，基础的埋置深度较深，计算时需要考虑基底以上土的抗剪强度影响。汉森(Hanson，1970)提出的在中心倾斜荷载作用下，不同基础形状及不同埋置深度时的极限荷载计算公式为

$$p_u = 0.5\gamma bN_rS_rd_ri_rq_rb_r + q_qN_qS_qd_qi_qq_qb_q + cN_cS_cd_ci_cq_cb_c \tag{4.19}$$

式中 N_r, N_q, N_c—— 承载力形状修正系数；

S_r, S_q, S_c—— 相应于基础形状的修正系数；

d_r, d_q, d_c—— 相应于考虑埋深范围内土强度的深度修正系数；

i_r, i_q, i_c—— 相应于荷载倾斜的修正系数；

q_r, q_q, q_c—— 相应于地面倾斜的修正系数；

b_r, b_q, b_c—— 相应于基础底面倾斜的修正系数。

以上系数在此不再赘述，参见有关书籍，汉森公式是个半经验、半理论公式，其适用范围广，北欧

各国广泛应用,我国有关港口工程的技术规范也推荐采用该公式。

由上式计算承载力极限值除以安全系数就得承载力允许值,安全系数与上部结构类型、荷载性质、地基土类型以及建筑重要性、使用年限等有关,目前无统一标准,一般安全系数 $k=2\sim3$,不得小于 2,有关专家认为应取 3。

【例 4.4】 某条形基础宽 $b=1.5$ m,埋深 $d=1.2$ m;地基土以上土的加权平均重度 $\gamma_m=17.8$ kN/m³,持力层为黏性土,重度 $\gamma=18.4$ kN/m³,土的黏聚力 $c=8$ kPa,内摩擦角 $\varphi=15°$。试按太沙基公式计算下列情况的极限荷载 p_u。

(1) 基础宽度 $b=1.5$ m,埋深 $d=1.2$ m、$d=1.6$ m、$d=2.0$ m;

(2) 埋深 $d=1.2$ m,基础宽度 $b=1.8$ m、$b=2.1$ m。

【解】 计算过程见表 4.8。

表 4.8 例 4.4 计算过程

前提条件	不同情况	γ_m (kN/m³)	$q=\gamma_m d$ (kN/m²)	γ (kN/m³)	φ	c(kPa)	N_r	N_q	N_c	p_u
$b=1.5$ m	$d=1.2$ m	17.8	21.36	18.4	15°	8	1.80	4.45	12.9	223.09
	$d=1.6$ m	17.8	28.48	18.4	15°	8	1.80	4.45	12.9	254.78
	$d=2.0$ m	17.8	35.60	18.4	15°	8	1.80	4.45	12.9	286.28
$d=1.2$ m	$b=1.8$ m	17.8	21.36	18.4	15°	8	1.80	4.45	12.9	228.06
	$b=2.1$ m	17.8	21.36	18.4	15°	8	1.80	4.45	12.9	233.03
计算公式	$p_u=cN_c+qN_q+0.5\gamma bN_r$									

➡ **技术提示**

地基极限承载力随基础埋深、基础宽度和土的抗剪强度指标的增加而增加,影响最大的是抗剪强度指标,其次是基础埋深。

4.3.3 《建筑地基基础设计规范》方法

在试验获得的基本物理、力学性能指标数据回归分析的基础上,当荷载偏心距 $e\leqslant0.033l$(l 为偏心方向基础边长)时,《建筑地基基础设计规范》(GB 50007—2011)中推荐的计算公式是以临界荷载 $p_{1/4}$ 理论公式为基础得到的,其公式如下:

$$f_a=M_b\gamma b+M_d\gamma_m d+M_c c_k \tag{4.20}$$

式中 M_b,M_d,M_c—— 承载力系数,按表 4.9 确定;

c_k,φ_k—— 基底下一倍短边宽度内土的黏聚力标准值(kPa)和内摩擦角标准值(由实测试验指标及概率统计可靠度分析并由岩土工程勘察规范确定);

f_a—— 地基承载力特征值;

b—— 由土的抗剪强度指标确定的基础底面宽度(m),$b>6$ m时,按 6 m计,对于砂土 $b<3$ m 时,按 3 m 计;

d—— 基础的埋置深度(m)。

《建筑地基基础设计规范》(GB 50007—2011)规定,确定地基承载力时基础埋深按下列规定:

(1) 一般从室外地面标高算起。在填方整平地区,可自填土地面标高算起,但填土在上部结构施工完成时,应从天然地面标高算起。

(2) 对于地下室:① 当采用箱形基础或筏形基础时,基础埋置深度自室外地面标高算起;② 当采用独立基础或条形基础时,应从室内地面标高算起。

表 4.9　承载力系数 M_b、M_d、M_c

土的内摩擦角标准值 φ_k(°)	M_b	M_d	M_c	土的内摩擦角标准值 φ_k(°)	M_b	M_d	M_c
0	0	1.00	3.14	22	0.61	3.44	6.04
2	0.03	1.12	3.32	24	0.80	3.87	6.45
4	0.06	1.25	3.51	26	1.10	4.37	6.90
6	0.10	1.39	3.71	28	1.40	4.93	7.40
8	0.14	1.55	3.93	30	1.90	5.59	7.95
10	0.18	1.73	4.17	32	2.60	6.35	8.55
12	0.23	1.94	4.42	34	3.40	7.21	9.22
14	0.29	2.17	4.69	36	4.20	8.25	9.97
16	0.36	2.43	5.00	38	5.00	9.44	10.80
18	0.43	2.72	5.31	40	5.80	10.84	11.73
20	0.51	3.06	5.66				

【例 4.5】 某条形基础宽 $b=1.8$ m，埋深 $d=1.2$ m，地基土为黏性土，土的黏聚力 $c_k=12$ kPa，内摩擦角 $\varphi_k=20°$，地下水与基底平齐，地下水位以上土的重度 $\gamma=18.3$ kN/m³，饱和土重度 $\gamma_{sat}=19.3$ kN/m³。要求：用规范法计算地基承载力特征值 f_a。

【解】 由 $\varphi_k=20°$ 查表 4.9 得：$M_b=0.51$、$M_d=3.06$、$M_c=5.66$，代入式(4.20)得

$$f_a=M_b\gamma b+M_d\gamma_m d+M_c c_k$$
$$=0.51\times(19.3-10)\times1.8+3.06\times18.3\times1.2+5.66\times12=144.16\ \text{kPa}$$

4.3.4　现场载荷试验

原位试验法是一种通过现场直接试验确定承载力的方法，包括静力载荷试验、静力触探试验、标准贯入试验、旁压试验等，其中以载荷试验法为最直接、最可靠的方法。载荷试验包括浅层平板载荷试验、深层平板载荷试验及螺旋板载荷试验，前者适用于浅层地基，后者适用于深层地基，下面主要说明浅层平板载荷试验原理。

现场载荷试验是在工程现场通过千斤顶逐级对置于地基土上的承压板施加荷载 p，观测记录沉降随时间的发展以及稳定时的沉降量 s，将上述试验得到的各级荷载与相应的稳定沉降量绘制成 p-s 曲线，即获得了地基土载荷试验的结果，可确定地基承载力。

4.3.4.1　试验装置

载荷试验装置(图 4.14)由加载系统、反力装置和沉降观测系统组成。加载系统由刚性承压板、千斤顶及稳压器组成，反力装置包括堆重系统或地锚系统，如图 4.15 所示。沉降观测系统由百分表及固定支架(固定支架图中未画出)组成。

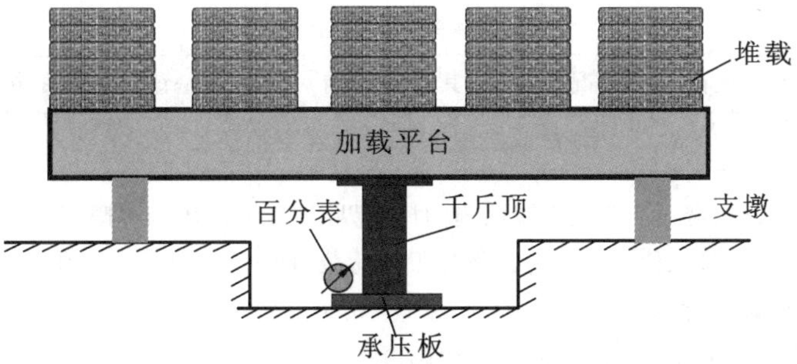

图 4.14　载荷试验装置

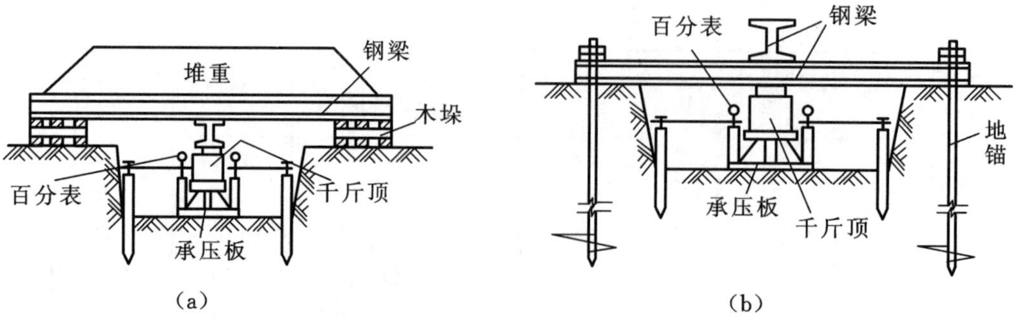

图 4.15　浅层平板载荷试验装置示意图

(a) 堆载-千斤顶;(b) 地锚-千斤顶

荷载的测量可用安置在千斤顶上的荷载传感器直接量测或采用并联千斤顶油路的压力表或压力传感器测定油压,沉降量由百分表或位移计测量读取。

4.3.4.2　试验要点

(1) 在试验点挖一试坑,试验基坑的宽度不应小于承压板宽度的 3 倍,基坑深度一般位于基底的设计标高处,承压板面积不应小于 0.25 m^2,软土时不应小于 0.5 m^2。

(2) 为了保证试验土层的原状结构和天然湿度,拟在试压表面用粗砂或中砂找平,其厚度不超过 20 mm。

(3) 荷载应逐级加载,荷载分级不应小于 8 级,第一级荷载(包括试验装置自重)基底自重应力,最大加载量不应小于设计荷载的 2 倍。

(4) 每级加 p_i 荷载后,同时测定在各级荷载下承压板的沉降量,并观察周围土位移情况,并按间隔时间 10 min、10 min、10 min、15 min、15 min 测读沉降,以后每隔 30 min 测读沉降量,当连续 2 h 内,每小时沉降量小于 0.1 mm 时,则认为沉降稳定,对应的稳定沉降量为 s_i;随后可加下一级荷载。

(5) 绘制在每级 p_i 荷载作用下,测出对应的稳定沉降 s_i 的关系曲线。

(6) 当出现表 4.10 所列情况之一时,即可终止加载。

4.3.4.3　地基承载力特征值 f_{ak} 的确定

地基承载力特征值 f_{ak} 由表 4.10 中第 2、3、4 条说明确定。

表 4.10　载荷试验终止加载条件及土层地基承载力特征值 f_{ak} 的确定

	终止加载条件			
1	情况 1	情况 2	情况 3	情况 4
	承压板周围的土明显地侧向挤出(意味着土体发生整体剪切破坏)	荷载沉降量大于沉降量 s 并急剧增大,p-s 曲线出现陡降段	在某一级荷载作用下,24 h 之内沉降速率未稳定达到标准	沉降量与承压板宽度或直径之比大于或等于 0.06
2	极限荷载 p_{ui} 确定			
	当满足终止加载条件的前三种情况之一时,其对应的前一级荷载是该试验点的极限荷载 p_{ui}			
3	某试验点地基承载力实测特征值 f_{aki}			
	① 当载荷试验的荷载沉降 p-s 曲线上有明确的比例界限时,取该比例界限所对应的荷载值,$f_{aki}=p_{cr}$; ② 当极限荷载能确定,且该值小于对应比例界限的荷载值的 2.0 倍时,取极限荷载值的一半,$f_{aki}=p_u/2$; ③ 不能按上述两点确定时,如承压板面积为 0.25 ~ 0.50 m^2,对低压缩性土,取 $s=(0.01\sim0.015)b$ 所对应的荷载值;对高压缩性土,取 $s=0.02b$ 对应的荷载值			

续表 4.10

4	某土层地基承载力特征值 f_{ak} 确定 同一土层参加统计的试验点数不应少于三点，各试验实测特征值极差不得超过平均值的 30%，取此平均值作为该土层的地基承载力特征值

4.3.4.4 修正后地基承载力特征值 f_a

通过前面理论计算得知，地基承载力与基础埋深和基础宽度有关，而载荷试验时确定的地基承载力特征值，没有考虑周围回填土影响，即埋深影响；另外，由于承压板宽度较小，也没有考虑基础宽度有利的影响，故《建筑地基基础设计规范》规定：当基础宽度大于 3 m 或埋置深度大于 0.5 m 时，由载荷试验或其他原位测试、经验值等方法确定的地基承载力特征值，应按下式修正：

$$f_a = f_{ak} + \eta_b \gamma (b-3) + \eta_d \gamma_m (d-0.5) \tag{4.21}$$

式中 f_{ak}—— 地基承载力特征值(kPa)；

η_b，η_d—— 基础宽度和埋深的地基承载力修正系数，按基底下土的类别查表 4.11 取值；

d—— 基础埋深，其取值同式(4.20)；

其余符号意义同前。

表 4.11 地基承载力修正系数

土的类别		η_b	η_d
淤泥和淤泥质土		0	1.0
人工填土 e 或 I_L 大于或等于 0.85 的黏性土		0	1.0
红黏土	含水比 $\alpha_w < 0.8$	0	1.2
	含水比 $\alpha_w \geqslant 0.8$	0.15	1.4
大面积压实填土	压实系数大于 0.95，黏粒含量 $\rho_c \geqslant 10\%$ 的粉土	0	1.5
	最大干密度 $\rho_{dmax} \geqslant 2.1\ t/m^3$ 的级配砂石	0	2.0
粉土	黏粒含量 $\rho_c \geqslant 10\%$ 的粉土	0.3	1.5
	黏粒含量 $\rho_c < 10\%$ 的粉土	0.5	2.0
e 及 I_L 均小于 0.85 的黏性土		0.3	1.6
粉砂、细砂(不包括很湿与饱和时的稍密状态)		2.0	3.0
中砂、粗砂、砾砂和碎石土		3.0	4.4

【例 4.6】 某砖混结构，基础埋深 $d=1.5$ m，基础宽度 $b=4$ m，场地土为匀质黏性土，重度 $\gamma=\gamma_m=17.5\ kN/m^3$，孔隙比 $e=0.8$，液性指数 $I_L=0.78$，地基承载力特征值 $f_{ak}=190$ kPa，试对该地基土的承载力进行修正。

【解】 由于场地土的孔隙比 $e=0.8$，液性指数 $I_L=0.78$，是 e 及 I_L 均小于 0.85 的黏性土。

查表 4.11 得 $\eta_b=0.3$，$\eta_d=1.6$ 代入公式(4.21) 得

$$\begin{aligned} f_a &= f_{ak} + \eta_b \gamma (b-3) + \eta_d \gamma_m (d-0.5) \\ &= 190 + 0.3 \times 17.5 \times (4-3) + 1.6 \times 17.5 \times (1.5-0.5) = 223.25\ \text{kPa} \end{aligned}$$

➡ 技术提示

(1) 注意 γ、γ_m 取值：γ 取基底下持力层土重度，γ_m 是基底以上土的加权平均重度，地下水位以下取浮重度。

(2) $b < 3$ m 取 3 m，$b > 6$ m 取 6 m 计算。

(3) η_b、η_d 按基底下持力层土的类别查表4.11。

(4) 若为人工地基,根据《建筑地基处理技术规范》(JGJ 79—2012)的规定,经处理后的地基,确定的地基承载力特征值修正应符合下列规定:

① 基础宽度地基承载力修正系数取值零;

② 基础深度的修正系数应取1.0。

【例4.7】 如图4.16所示,某场地地表土层为中砂,厚 $h_1=2$ m,$\gamma_1=18.7$ kN/m^3,根据三条浅层平板荷载试验 p-s 曲线比例极限荷载平均值 $\bar{p}=222$ kPa,且实测值极差为平均值的20%,中砂层以下为粉质黏土,$\gamma_2=18.2$ kN/m^3,$\gamma_{sat}=19.1$ kN/m^3,抗剪强度指标标准值 $\varphi_k=21°$,$c_k=10$ kPa,地下水位在地表下2.1 m处。若基础底面尺寸为2 m×2.8 m。要求:分别计算 $d=1$ m和 $d=2.1$ m时,地基承载力特征值 f_a。

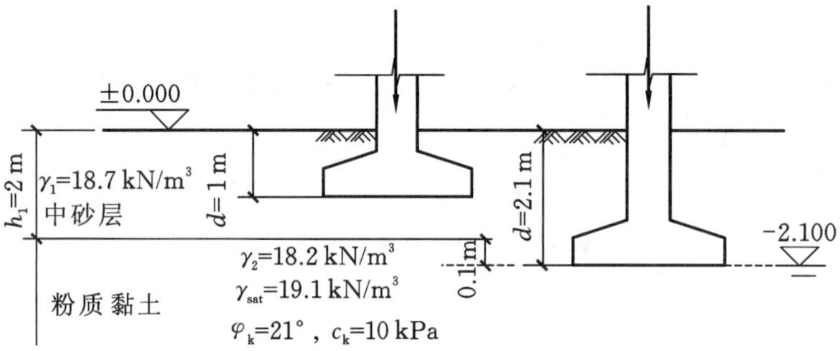

图4.16 例4.7图

【解】 (1) $d=1$ m,由载荷试验确定 $f_{ak}=222$ kPa,修正后为:

$$f_a=f_{ak}+\eta_b\gamma(b-3)+\eta_d\gamma_m(d-0.5)=222+3\times18.7\times(3-3)+4.4\times18.7\times(1-0.5)=263\ \text{kPa}$$

(2) $d=2.1$ m,由地基规范确定地基承载力为:

$$\gamma_m=(18.7\times2+18.2\times0.1)/2.1=18.7\ \text{kN/m}^3$$

$$f_a=M_b\gamma b+M_d\gamma_m d+M_c c_k=0.56\times(19.1-10)\times2+3.25\times18.7\times2.1+5.85\times10=196\ \text{kPa}$$

本章小结

(1) 地基承载力与地基破坏形式有关,地基的破坏形式有整体剪切破坏、局部剪切破坏和冲剪破坏。

(2) 确定地基承载力有两个条件:(抗剪)强度条件和变形条件;当土体发生整体剪切破坏时,地基承载力取决于土体抗剪强度,通过理论可确定地基承载力;当土体发生局部剪切破坏和冲剪破坏时,地基承载力理论对于该两种破坏形式还不成熟,通过静力载荷试验由变形起控制条件来确定地基承载力。

(3) 抗剪强度由库伦定律确定,其中抗剪强度指标通过试验测定;试验方法有直接剪切试验、三轴压缩试验、无侧限抗压试验及十字板剪切试验。

(4) 整体剪切破坏是典型的破坏,可以通过基本假定从理论上确定地基承载力。确定地基承载力的方法除了理论外还有原位试验,最可靠的是载荷试验,但成本高、耗资大,对于重要工程必须通过载荷试验和其他方法综合确定。

练 习 题

一、填空题

1. 土的剪切试验常用的试验设备有______、______、______、______。

2. 为了考虑固结程度和排水条件对土抗剪强度的影响,根据加荷速率快慢将直接剪切试验分为______、______和______三种试验类型。

3. 土的抗剪强度指标包括 ＿＿＿＿＿ 和 ＿＿＿＿＿。
4. 初始孔隙比小，土粒表面粗糙，级配良好的砂土，其内摩擦角 ＿＿＿＿＿。
5. 在载荷试验的曲线形态上，在线性关系变成非线性关系时的界限荷载称为 ＿＿＿＿＿。
6. 当土体中产生最大剪应力时，剪应力作用面与最大主应力作用面的夹角是 ＿＿＿＿＿。
7. 十字板剪切试验仅适用于 ＿＿＿＿＿＿＿＿。
8. 确定饱和软黏土在短期内的抗剪强度指标以选用 ＿＿＿＿＿＿＿ 试验确定。
9. 分析黏性土的抗剪强度时，往往需要重视 ＿＿＿＿＿ 条件。
10. 地基破坏形式有＿＿＿＿＿＿、＿＿＿＿＿、＿＿＿＿＿＿＿。

二、单选题

1. 若代表土中某点应力状态的摩尔应力圆与抗剪强度线相切，则表明土中该点（　　）。
   A. 任一平面上的剪应力都小于土的抗剪强度
   B. 任一平面上的剪应力超过了土的抗剪强度
   C. 在相切点所代表的平面上，剪应力正好等于抗剪强度
   D. 在最大剪应力平面上，剪应力正好等于抗剪强度
2. 土中一点发生剪切破坏时，破裂面与大主应力夹角为（　　）
   A. $45°+\varphi$　　B. $45°+\varphi/2$　　C. $45°$　　D. $45°-\varphi/2$
3. 无黏性土的特征之一是（　　）。
   A. 塑性指数 $I_P>0$　　B. 孔隙比小　　C. 灵敏度较高　　D. 黏聚力 $c=0$
4. 在下列影响土的抗剪强度因素中，最重要的因素是试验时的（　　）。
   A. 排水条件　　B. 剪切速率　　C. 应力状态　　D. 应力历史
5. 饱和软黏土的不排水不固结抗剪强度等于其抗压强度试验值的（　　）。
   A. 2 倍　　B. 1 倍　　C. 0.5 倍　　D. 0.25 倍
6. （　　）是在现场原位进行的。
   A. 直接剪切试验　　B. 无侧限抗压试验　　C. 十字板剪切试验　　D. 三轴压缩试验
7. 三轴压缩试验的主要优点是（　　）。
   A. 能严格控制排水条件　　B. 能进行不固结不排水剪切试验
   C. 仪器设备简单　　D. 试验操作简单
8. 十字板剪切试验属于（　　）。
   A. 不固结不排水剪　　B. 固结不排水剪　　C. 固结排水剪　　D. 慢剪
9. 十字板剪切试验常用于测定（　　）的原位不固结不排水抗剪强度。
   A. 砂土　　B. 粉土　　C. 黏性土　　D. 饱和软黏土
10. 当施工速度快、地基土的透水性低且排水条件不良时，宜选择（　　）。
    A. 不固结不排水剪　　B. 固结不排水剪　　C. 固结排水剪　　D. 慢剪
11. 对一软土试样进行无侧限抗压强度试验，测得其抗压强度为 40 kPa，则该土的不排水抗剪强度为（　　）。
    A. 40 kPa　　B. 20 kPa　　C. 10 kPa　　D. 5 kPa
12. 抗剪强度线与应力圆相割，土体处于（　　）。
    A. 弹性平衡状态　　B. 破坏状态　　C. 极限平衡状态　　D. 不一定
13. 下列说法中正确的是（　　）。
    A. 土的抗剪强度是常数　　B. 土的抗剪强度与外力无关
    C. 砂土的抗剪强度仅由摩擦力组成　　D. 黏性土的抗剪强度仅由摩擦力组成
14. 土的强度破坏通常是由于（　　）。
    A. 基底压力大于土的抗压强度所致　　B. 土的抗拉强度过低所致
    C. 土中某点的剪应力大于土的抗剪强度所致　　D. 在最大剪应力平面发生剪切破坏

15. 对于(　　)较易发生整体剪切破坏。

A. 高压缩性土　　B. 中压缩性土　　C. 低压缩性土　　D. 软土

三、判断题

1. 直接剪切试验的优点是可以严格控制排水条件,而且设备简单、操作方便。(　　)
2. 砂土的抗剪强度由摩擦力和黏聚力两部分组成。(　　)
3. 对饱和软黏土,常用无侧限抗压强度试验代替三轴不固结不排水剪切试验。(　　)
4. 土的强度问题实质上就是土的抗剪强度问题。(　　)
5. 饱和土体处于不固结不排水状态,可认为抗剪强度为一定值。(　　)
6. 与大主应力面成45°的平面上剪应力最大,故该平面总是首先发生剪切破坏。(　　)
7. 地基破坏形式主要是整体剪切破坏和冲切破坏。(　　)
8. 地基的临塑荷载可以作为极限承载力(即极限荷载)使用。(　　)
9. 如果土体发生整体剪切破坏,以临塑荷载作为地基承载力的特征值使用,那将是很危险的。(　　)
10. 一般压缩性小的土,发生失稳破坏,多数情况为整体剪切破坏。(　　)
11. 地基强度破坏不是受压破坏,而是剪切破坏。(　　)
12. 当基础宽度大于3 m,基础埋深大于0.5 m,载荷试验确定地基承载力特征值应进行修正。(　　)
13. 基础四周明显隆起,形成连续贯通至地面的破坏形式为局部剪切破坏。(　　)
14. 黏性土的抗剪强度与土中孔隙水压力变化无关。(　　)
15. 除土的性质外,试验时的剪切速率也是影响土体抗剪强度的因素之一。(　　)

四、简答题

1. 土体抗剪强度的影响因素有哪些?
2. 什么是前期固结应力?何谓正常固结黏土和超固结黏土?

五、计算题

1. 已知地基土中某点大主应力$\sigma_1=700$ kPa,小主应力$\sigma_3=200$ kPa。试求:

(1) 最大剪应力值τ_{max}及最大剪应力作用平面与大主应力夹角;

(2) 作用在与小主应力作用面呈30°的面上的法向应力及剪应力。

2. 某场地地表土层为中砂,厚$h_1=1.2$ m,$\gamma_1=18.7$ kN/m^3,根据三条浅层平板荷载试验p-s曲线比例极限荷载平均值$\overline{p}=200$ kPa,且实测值极差为平均值的20%,中砂层以下为粉质黏土,$\gamma_2=17.6$ kN/m^3,抗剪强度指标标准值$\varphi_k=22°$,$c_k=15$ kPa,若基础底面尺寸为3.3 m×4 m。要求:分别计算$d=1$ m,$d=2.1$ m时,地基承载力特征值f_a。

5 工程地质勘察报告阅读

【引言】

随着现代化步伐的加快，建设规模正以前所未有的速度发展，“高、重、大、深”工程项目日益增多，但地质条件越来越复杂，更需要勘察人员进一步认真分析查明工程地质问题。诸如复杂岩体的稳定问题；软土地基的变形和强度问题；砂土振动液化问题；黄土湿陷问题；膨胀土的胀缩性问题；地基土的动力特性问题；超长桩、大型沉井的变形与强度等问题。所以出具更科学、可靠度高、准确、详细的工程地质勘察报告，为设计及施工提供第一首要设计及施工依据。施工前不经过地基勘察或勘察不详、分析有误可能会造成严重工程事故或延误工程进度。工程地质勘察是地基基础设计、施工中重要而艰巨的任务，必须重视该项工作。本章主要介绍建筑场地地质勘察的内容、常用的几种勘探方法及工程地质勘察报告的阅读。

【学习要点】

(1) 了解工程地质勘察报告的目的、任务和要求；
(2) 熟悉工程地质勘察的方法；
(3) 学会阅读和使用工程地质勘察报告。

【思政元素】

本课程融入的思政内容包括：(1) 坚持问题导向，聚焦实践遇到的新问题，提出真正解决问题的新理念新思路新办法；(2) 坚持系统观念，不断提高战略思维、历史思维、辩证思维、系统思维、创新思维、法治思维、底线思维能力；(3) 发扬斗争精神，全力战胜前进道路上各种困难和挑战。

5.1 基本知识

5.1.1 工程地质勘察的目的、任务

岩土工程勘察的目的：用各种勘察手段和方法，调查研究和分析评价建筑场地和地基的工程地质条件，为设计和施工提供所需的工程地质资料。

岩土工程勘察的基本任务见表 5.1。

表 5.1 勘察的基本任务

基本任务	具体要求
探明场地工程地质条件	① 地形、地貌、地质构造等条件：如褶皱、节理(断裂面两侧岩土发生错动较小)、断层； ② 地层条件：岩土性质、构造、形成年代、成因、类型及其埋藏分布情况； ③ 水文条件：地下水的类型、水质及其埋藏、分布与变化情况； ④ 不良地质现象：地震、崩塌、滑坡、岩溶、岸边冲刷等； ⑤ 确定场地土的物理、力学性质指标

续表 5.1

基本任务	具体要求
1. 分析及评价岩土工程性质； 2. 拟定地基基础方案	① 整编测绘、勘探、测试和收集到的各种资料，编制各种图件； ② 统计和选定岩土计算参数； ③ 进行咨询性的岩土工程设计； ④ 预测和研究岩土工程施工和使用中可能或已经发生的问题，提出预防和处理方案； ⑤ 编制岩土工程勘察报告书
现场检测	对于重要工程或复杂的岩体，在施工阶段和使用阶段应进行现场检查和检测

说明：

① 地质构造：在漫长的地质历史发展过程中，地壳在内、外力地质作用下，不断运动演变，所造成的地层形态(如地壳中岩体的位置、产状及其相互关系等)，常见的如褶皱、节理(断裂面两侧的岩体没有发生显著的相对位移)和断层(图 5.1 至图 5.3)。

② 工程地质条件：通过工程地质测绘与调查、勘探、室内试验、现场试验与观测等方法，查明本表中的具体要求。

③ 根据场地工程地质条件并结合工程的具体特点和要求，进行岩土工程分析评价，提出基础工程、整治工程和土方工程的设计方案和施工措施

图 5.1　褶皱

图 5.2　竖向节理

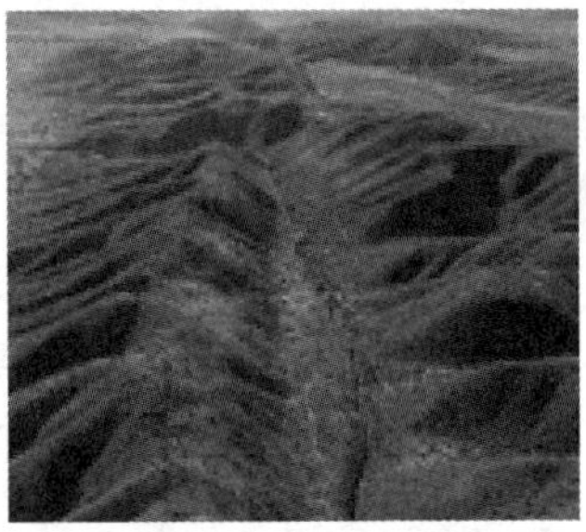

图 5.3　断层构造

5.1.2　工程地质勘察的分类、勘察等级

1. 按工程项目的专业特征分类

可分为建筑工程勘察、线路勘察、水工建筑勘察、港工建筑勘察、近海工程勘察、核电工程勘察。

2. 岩土工程勘察等级

工程勘察等级根据工程安全等级、场地等级、地基等级，由《岩土工程勘察规范》(GB 50021—2009) 规定，分为甲级、乙级、丙级(表 5.2)。

表 5.2　工程勘察等级

勘察等级	确定勘察等级的因素		
	工程安全等级	场地等级	地基等级
甲级	一级	任意	任意
	任意	一级	任意
	任意	任意	一级
乙级	除勘察等级为甲级和丙级之外		
丙级	三级	三级	三级

1) 建筑工程安全等级

根据工程的规模和特征，以及如果发生由于岩土工程问题而造成的人员、财产、社会影响的后果，

划分为一级、二级、三级(表 5.3)。

表 5.3 建筑工程安全等级

安全等级	一级	二级	三级
破坏后果	很严重	严重	不严重
工程类别	重要工程	一般工程	次要工程

大型沉井和沉箱、超长桩基和墩基、有特殊要求的精密设备和超高压设备、有特殊要求的深基坑开挖和支护工程、大型竖井和平硐、大型基础托换和补强工程,以及其他难度大、破坏后果严重的工程,列为一级安全等级为宜。

2) 场地等级

根据场地建筑抗震的稳定性、不良地质作用、地貌特征等问题而造成的人员、财产、社会影响的后果,将场地等级划分为一级、二级、三级(表 5.4)。

表 5.4 建筑场地等级

场地条件	场 地 等 级		
	一级(复杂)	二级(中等复杂)	三级(简单)
建筑抗震稳定性	危险	不利	有利(或地震设防烈度 ≤ 6 度)
不良地质现象发育情况	强烈发育	一般发育	不发育
地质环境破坏程度	已经或可能强烈破坏	已经或可能受到一般破坏	基本未受破坏
地形地貌条件	复杂	较复杂	简单
水文条件	水文条件复杂	基础位于地下水位以下	无影响

在场地条件中,其中抗震稳定性、不良地质现象说明如下:

(1) 抗震稳定性

① 危险地段:地震时可能发生滑坡、崩塌、地陷、地裂、泥石流及地断裂带、地表位错的部位。

② 不利地段:软弱土和液化土,条状突出的山嘴,高耸孤立的山丘,非岩质的陡坡、河岸和斜坡边缘,平面分布上土的岩性和性状明显不均匀的土层(如古河道、断层破碎带、暗埋的塘浜沟谷及半填半挖地基)等。

③ 有利地段:岩石和坚硬土或开阔平坦、密实均匀的中硬土等。

(2) 不良地质现象发育情况

不良地质现象泛指由地球外动力作用引起的,对工程建设不利的各种地质现象。它们分布于场地内及其附近地段,主要影响场地稳定性,也对地基基础、边坡和地下洞室等具体的岩土工程有不利影响。

① 强烈发育:指由于不良地质现象发育导致建筑场地极不稳定,直接威胁工程安全。例如,山区崩塌、滑坡和泥石流的发生,会酿成地质灾害,甚至摧毁整个工程。岩溶地区溶洞、土洞的存在,所造成的地面变形甚至塌陷,对工程构成直接威胁。

② 一般发育:指虽有不良地质现象分布,但并不十分强烈,对工程设施安全的影响不严重;或者说对工程安全可能有潜在的威胁。

3) 地基等级(表 5.5)

表 5.5 地基等级

地基等级	说 明
一级地基(复杂)	一级地基(复杂)符合以下条件之一: ① 岩土种类多,很不均匀,性质变化大,需做特殊处理; ② 严重湿陷、膨胀、盐渍、污染的特殊性岩土,以及其他情况复杂,需做专门处理的岩土

续表 5.5

地基等级	说　　明
二级地基 (中等复杂)	二级地基(中等复杂)符合以下条件之一: ① 岩土种类较多,不均匀,性质变化较大;② 一级地基规定以外的特殊性岩土
三级地基 (简单)	三级地基(简单)符合以下条件之一: ① 岩土种类单一、均匀、性质变化不大;② 无特殊性岩土

5.1.3　岩土勘察阶段的划分

勘察工作分为选址勘察、初步勘察和详细勘察三个阶段。对于地质条件复杂或有建筑施工要求的重大建筑物地基,尚应进行施工勘察;反之,对地质条件简单、面积不大的场地,其勘察阶段可适当简化。每一阶段勘察要点说明见表 5.6 。

表 5.6　岩土勘察阶段任务及要求

勘察阶段	主要任务、要求及方法
选址勘察	(1) 主要任务:选定建筑场址(或线路方案)。对场址的稳定性和适宜性作出岩土工程评价,经过技术经济论证选择最优方案。 (2) 要求:选择场址时,应进行技术经济分析,避开工程地质条件恶劣的地区或地段,如: ① 不良地质现象发育且对建筑物构成直接危害或潜在威胁的场地; ② 设计地震烈度为 8 度或 9 度的地震断裂带; ③ 受洪水威胁或地下水的不利影响严重的场地; ④ 在可开采的地下矿床或矿区的未稳定采空区上的场地。 (3) 勘察方法:搜集资料、现场踏勘、工程地质测绘
初步勘察	(1) 主要任务:评价建筑地段的稳定性。确定建筑物的具体位置、选择建筑物地基基础方案、对不良地质现象的防治措施进行论证。 (2) 要求: ① 初步查明地层构造、岩石与土的物理力学性质,并考虑基础方案; ② 初步查明不良地质现象成因与分布、影响程度与发展趋势; ③ 初步查明地下水埋藏类型、补给、水位、侵蚀性及对工程的影响; ④ 钻探、试验、补充测绘和物探
详细勘察	(1) 主要任务:配合技术设计或施工图设计,按不同建筑物提出详细的工程地质资料和设计所需的岩土技术参数; (2) 勘察方法:试验、补充勘探
施工勘察	对工程地质条件复杂或有特殊要求的重要工程,还需进行施工勘察

5.2　勘探的方法

勘探是勘察工作中重要的手段,在工程地质测绘和调查所取得的各项定性资料的基础上,勘探可以直接深入地下岩层,取得所需的工程地质和水文地质资料,进一步对场地条件进行定量的评价。一般勘探工作包括挖探、钻探、触探和地球物理勘探等。

5.2.1　挖探

挖探就是用人工或机械方式挖掘坑、槽、井、平硐(有出口的水平坑道)及石门(无出口的水平坑道)，以便直接观察岩土层的天然状态以及各地层的地质结构，并能取出接近实际的原状结构土样的勘探工作，图 5.4 为挖探类型示意图，下面介绍常见的挖探方法。

1. 槽探

槽探是挖掘成狭长的槽形，用于观察岩土层的天然状态以及各地层之间的接触关系及取出原状土样的地槽；其宽度一般为 0.6 ～ 1.0 m，长度视需要而定，深度通常小于 3 m。其断面有梯形和阶梯形。图 5.5 为槽探横断面图。槽探适用于基岩覆盖层不厚的地方，一般用于了解构造线、破碎带宽度、地层分界线、岩脉宽度及其延伸方向等。探槽多以人力开挖为主，当遇到大块孤石、坚硬土层或风化岩时，亦可采用爆破。

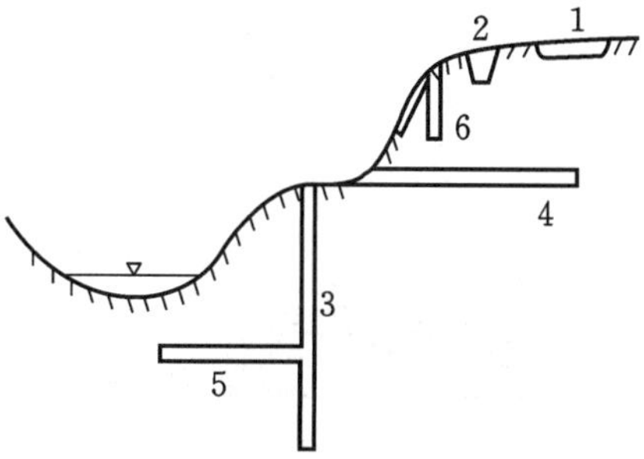

图 5.4　常见挖探类型示意图

1— 槽探；2— 坑探；3— 竖井；4— 平硐；5— 石门；6— 浅井

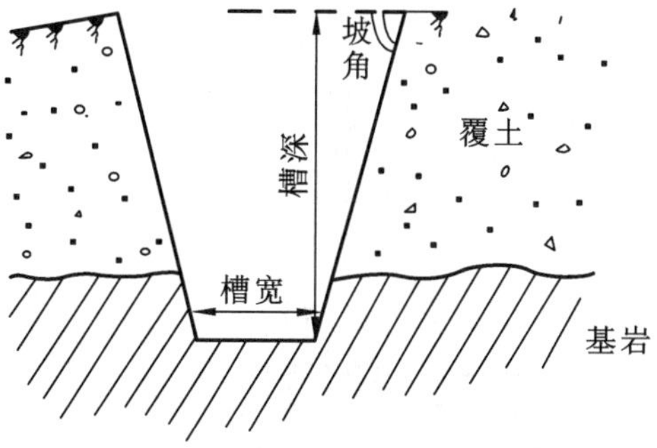

图 5.5　槽探横断面图

2. 坑探与井探

垂直向下掘进的土坑，浅者称探坑，深者称探井。图 5.6 所示坑探示意图，其断面一般为 1.5 m × 1.0 m 的矩形或直径 0.8 ～ 1.0 m 的圆形，深度一般为 2 ～ 3 m，若较深需进行坑壁加固。这种方法适用于不含水或地下水量微小的较稳固的地层，其目的主要用来查明覆盖层的厚度和性质、滑动面、断层、地下水位以及采取原状土样等。

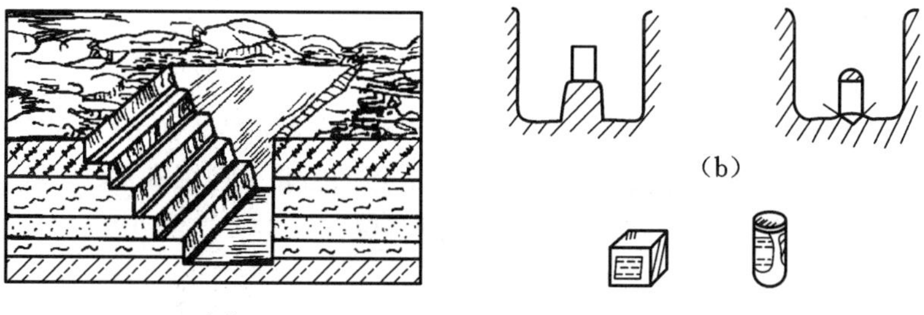

图 5.6　坑探示意图

(a) 探坑；(b) 在探坑中取原状土样；(c) 原状土样

5.2.2　钻探

钻探是指在地表下用钻头钻进地层的勘探法，获取地表下地质资料，并通过钻探的钻孔采取原状岩土样和做现场力学试验，它是岩土工程勘察的最主要、最有效的手段之一。

钻探过程的基本程序为：破碎岩土、采取岩土、保全护壁。钻探的钻进方式如下：

1. 回转钻进及冲击钻进

图 5.7 所示通过钻杆将旋转力矩传递至孔底钻头，同时施加一定的轴向力实现钻进。在土质地层中钻进，可完整地揭露标准地层。工程地质勘探广泛采用岩心钻进，该法能取得原状土样和较完整的岩心。

人力回转钻进适用于沼泽、软土、黏性土、砂性土等松软地层，设备较简单，但劳动强度较大。机械回转钻进，可适应各种软硬不同的地层。

图5.8所示冲击钻进法是利用钻具自重反复产生冲击力对孔底进行冲击而使土层破坏的一种钻进方法。其工作原理类似于凿岩的锤子，靠冲击力进行钻孔作业。机械冲击一般采用机械提升和向下冲击，针对岩石、较硬的地层进行钻孔作业的机械设备，具有很好的钻孔性能；适用于硬度较高的岩层、风化的岩层以及各种硬脆的地质环境中。

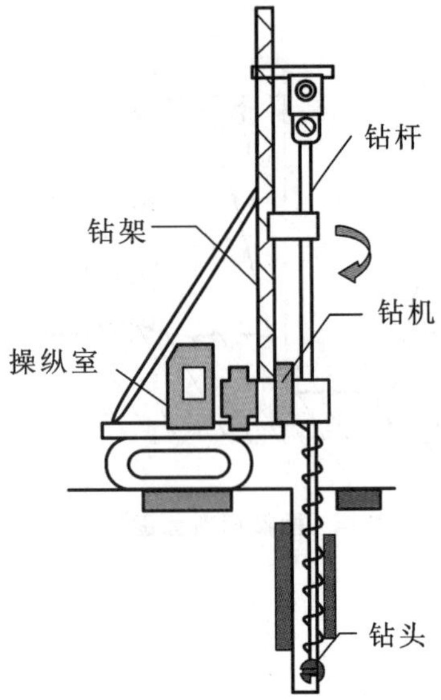

图5.7　回转钻进示意图

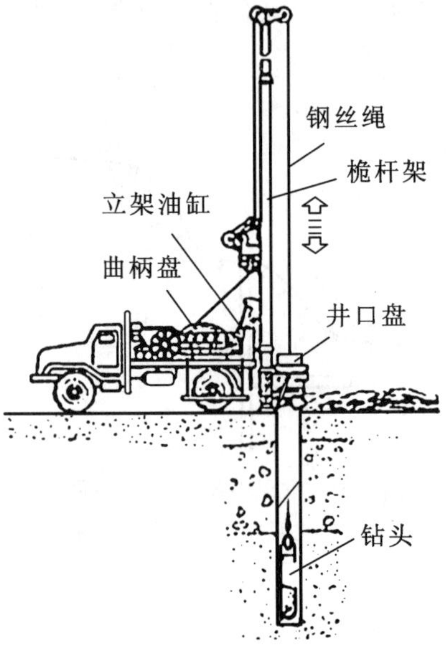

图5.8　冲击钻进示意图

2. 冲击回旋钻进

冲击回旋钻进也称综合钻进，钻进过程是在冲击与回转综合作用下进行的，它适用于各种不同的地层，能采取岩心，在工程地质勘探中应用也较广泛。

3. 振动钻进

振动钻进是利用机械动力所产生的振动力，通过连接杆及钻具传到钻头周围的土层中，振动器高速振动，使土层的抗剪强度急剧降低，借振动器和钻具的重量，切削孔底土层，达到钻进的目的。它的钻进速度快，主要适用于土层及粒径较小的碎、卵石层。

5.2.3　触探

根据探头结构和入土方法的不同，触探可分为静力触探与动力触探两大类。

1. 静力触探

(1) 基本机理

静力触探试验(CPT)如图5.9所示，依靠静压力(相对动力触探而言，没有或有很少的冲击荷载)将一个内部装有传感器的触探头以匀速压入土中，利用传感器接收到的贯入阻力(包括锥尖阻力q_c和侧壁阻力f_a)以电信号形式将数据通过记录仪记录下来，以曲线的形式记录贯入过程中不同深度处各点的阻力。图5.10所示为工程采用实测各土层的贯入阻力。由于地层中各种土的软硬不同，探头所受的阻力自然也不一样，传感器接收到的贯入阻力大小不同，所以在曲线中，横坐标越大，说明该处的阻力越大，地基承载力和弹性模量越大。

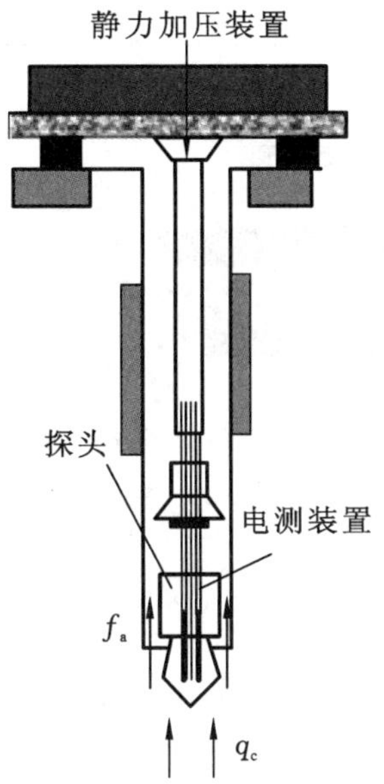

图 5.9　静力触探示意图

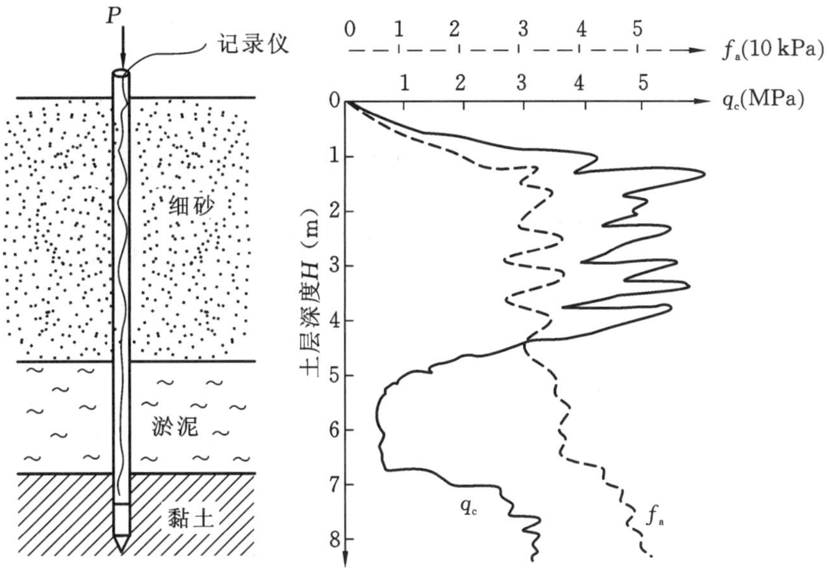

图 5.10　静力触探电测锥尖阻力 q_c 和侧壁阻力 f_a

(2) 目的

静力触探的目的是通过贯入阻力与土的工程地质特征之间的定性关系和统计相关关系，来实现取得土层剖面、确定土的某些基本物理力学特性，如土的变形模量，提供浅基承载力、选择桩端持力层和预估单桩承载力等工程地质勘察目的。

(3) 适用条件及特点

静力触探主要适用于黏性土、粉土、砂性土。各类水利工程、工业与民用建筑工程、公路桥梁工程中，静力触探适用于地面以下 50 m 内的各种土层，特别是对于地层情况变化较大的复杂场地及不易取得原状土的饱和砂土和高灵敏度的软黏土地层的勘察，具有快速、精确、经济和节省人力等特点。此外，在采用桩基工程勘察中，静力触探能准确地确定桩端持力层等特征，也是一般常规勘察手段。

(4) 单桥静力触探和双桥静力触探

静力触探按触探探头的结构不同分为单桥静力触探和双桥静力触探两类，其探头构造及工作原理见表 5.7。

表 5.7　单桥触探和双桥触探探头构造及工作原理

类型			探头构造示意图
静力触探	单桥静力触探	单桥触探	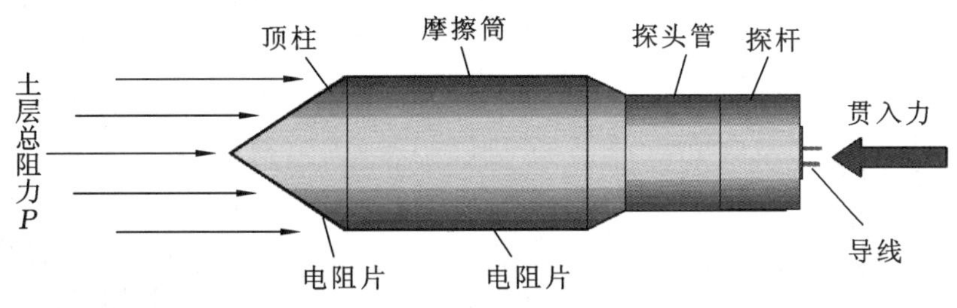
		工作原理	① 单桥探头所测到的是包括锥尖阻力和侧壁摩阻力在内的总贯入阻力 P(kN)。通常用比贯入阻力 P_s(kPa) 表示，即 $P_s = P/A$ （A— 探头截面面积，m²）； ② 在现场实测以后进行触探资料整理工作。为了直观地反映勘探深度范围内土层的力学性质，可绘制土深(h) 与各土层总阻力的关系曲线

续表 5.7

<table>
<tr><th colspan="3">类型</th><th>探头构造示意图</th></tr>
<tr><td rowspan="2">静力触探</td><td rowspan="2">双桥静力触探</td><td>双桥触探</td><td>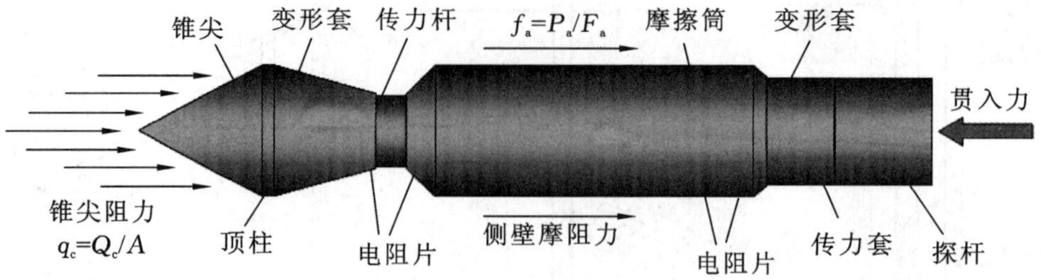
</td></tr>
<tr><td>工作原理</td><td>① 利用双桥探头可以分别测出锥尖总阻力 Q_c(kN) 和侧壁总摩阻力 P_a(kN) 的大小。锥尖阻力 q_c(kPa) 和侧壁摩阻力 f_a(kPa) 可表示为:$q_c = Q_c/A$ 和 $f_a = P_a/F_a$ (F_a— 外套筒的总表面积,A— 顶柱面积)。
② 根据锥尖阻力 q_c 和侧壁摩阻力 f_a 可计算同一深度处的摩阻比 R_a,$R_a = f_a/q_c \times 100\%$
③ 在现场实测以后进行触探资料整理工作。为了直观地反映勘探深度范围内土层的力学性质,可绘制土深(H) 与各土层阻力的关系曲线:q_c-H 曲线和 f_a-H 曲线</td></tr>
<tr><td colspan="4">备注:
① 静力触探设备中的核心部分是触探头,它是土层贯入阻力的传感器。当连接在触探杆端的探头以给定的速度匀速贯入土层时,探头附近一定范围内的土体对探头产生贯入阻力,贯入阻力的大小间接反映了该部分岩土体的物理力学性质的变化。对于同一种岩土体,触探贯入阻力越大,土层的力学性质越好;反之,触探贯入阻力越小,土层的力学性质越差。
② 按所受阻力的大小划分土层,确定土的工程性质,确定地基承载力和土的变形指标等,详见《建筑地基检测技术规范》(JGJ 340—2015)。
③ 该试验是工程地质勘探中一项原位测试方法,主要适用于黏性土、粉土及砂性土层</td></tr>
</table>

2. 动力触探

动力触探一般是将一定质量的穿心锤,以一定的高度(落距)自由下落,将探头贯入土中,然后记录贯入一定深度所需的锤击次数。国内外目前动力触探类型分为轻型、重型和超重型三种,其参数见表 1.19。

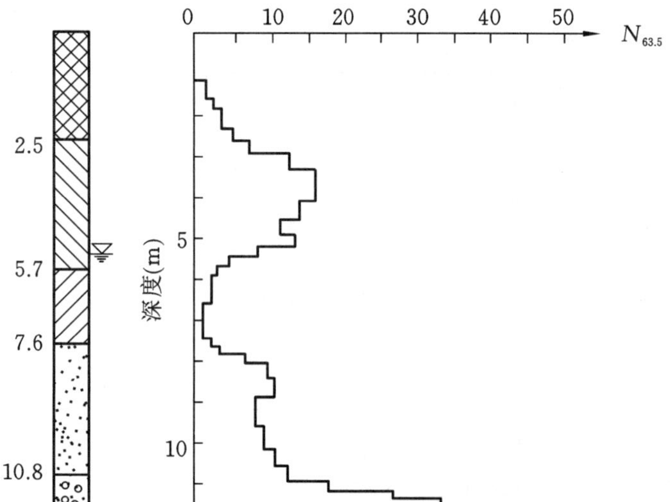

图 5.11 重型圆锥动力触探锤击数 $N_{63.5}$ 与探头入土深度关系曲线

(1) 锤击数与触探头入土深度关系曲线

通过记录锤击数与触探头入土深度,可绘制入土深度与锤击数之间的关系曲线。图 5.11 所示为某场地重型圆锥动力触探锤击数 $N_{63.5}$ 与探头入土深度之间的关系曲线;在某一深度处,横坐标数值越大,其锤击数越大、土体越密实、地基承载力越高。

(2) 动力触探作用

① 利用动力触探试验可以判断砂土、碎石土的密实程度(详见第 1 章);

② 圆锥动力触探用于推定天然地基承载力;

③ 利用动力触探和标准贯入的测试成果还可以判断砂土液化可能性、检验碎石桩的施工质量等;

④ 推定处理土地基的承载力，评价其地基处理效果；

⑤ 检验复合地基增强体的桩体成桩质量；评价强夯置换墩着底情况。

(3) 初步推定地基承载力特征值

动力触探可初步判定地基土承载力特征值。《建筑地基检测技术规范》(JGJ 340—2015)根据平均击数 N_{10} 或修正后的平均击数 $N_{63.5}$，给出了地基土承载力特征值的估值。

① 轻型动力触探试验可初步推定换填土、黏性土、粉土、细砂及其处理土等地基土承载力，见表5.8。

表5.8　轻型动力触探试验推定地基承载力特征值 f_{ak}(kPa)

N_{10}(击数)	5	10	15	20	25	30	35	40	45	50
一般黏性土地基	50	70	90	115	135	160	180	200	220	240
黏性素填土地基	60	80	95	110	120	130	140	150	160	170
粉土、粉细砂土地基	55	70	80	90	100	110	125	140	150	160

② 重型动力触探试验适用于评价黏性土、粉土、砂土、中密以下的碎石土及其人工地基以及极软岩的地基土性状、地基处理效果；还可以根据锤击数判定地基承载力，见表5.9；也可用于检验砂石桩和初凝状态的水泥搅拌桩、旋喷桩、灰土桩、夯实水泥土桩、注浆加固地基的成桩质量、处理效果以及评价强夯置换效果。

表5.9　重型动力触探试验推定地基承载力特征值 f_{ak}(kPa)

$N_{63.5}$(击数)	2	3	4	5	6	7	8	9	10	11	12	13	14	15	16
一般黏性土	120	150	180	210	240	265	290	320	350	375	400	425	450	475	500
中砂、粗砂土	80	120	160	200	240	280	320	360	400	440	480	520	560	600	640
粉砂、细砂土	—	75	100	125	150	175	200	225	250	—	—	—	—	—	—

5.2.4　地球物理勘探

地球物理勘探所给出的是根据物理现象对地质构造做出解释推断的结果。用地球物理方法研究或勘查地质体或地质构造简称物探，是以专门仪器探测地质体的物理场来进行地层划分，判定地质构造、水文地质条件及各种物理地质现象的勘探方法。物探分为电法、磁法、震法、地质雷达、重力法及放射性勘探。

地质雷达等物探方法在建设工程中广泛应用，图5.12所示为雷达探测到隧道的含水带，在隧道施工时，根据探测结果避免破坏含水带，否则将留有安全隐患，后果严重。

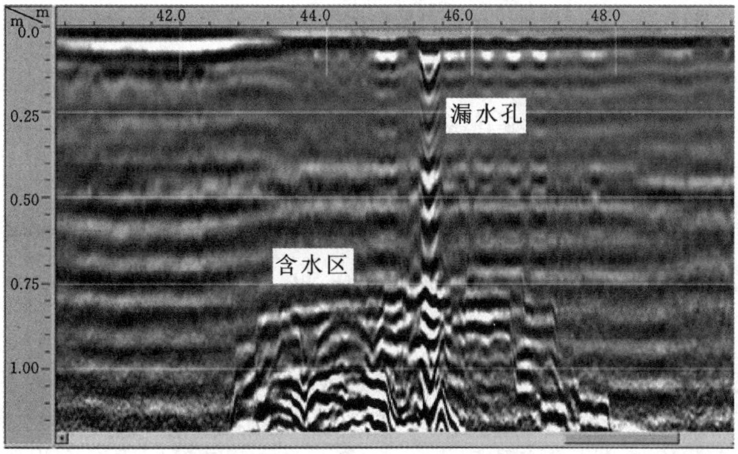

图5.12　雷达探测隧道围岩含水带

地震勘探属于物探，是通过研究人工激发的弹性波在地壳内的传播规律来勘探地质构造的方法。由锤击或爆炸引起的弹性波，从激发点向外传播，遇到不同弹性介质的分界面，将产生反射和折射，利用检波器将反射波和折射波到达地面所引起的微弱振动变成电信号，送入地震仪经滤波、放大后，记录在相纸或磁带中，经整理、分析、解释就能推算出不同地层分界面的埋藏深度、产状、构造等。常用于探测覆盖层或风化壳的厚度，确定断层破碎带，在现场研究岩土的动力学特性等。利用地震反射波确定地下反射面深度及其性质，解决地质问题的物探方法，可分为折射波法和反射波法两种。

折射波法是一种使用相对较早且较成熟的方法，可用来探测覆盖层厚度、基岩面起伏、断层及古河道等。其弱点是分辨率较低、测线较长。

浅层反射波法是近十多年来才得以迅速发展。反射波法具有相对较高的分辨率，可以采用较小的炮检距进行观测，因而可以采用较短的勘探测线；对资料的数字处理技术要求较高。图5.13为反射地震勘探资料采集现场波动传播和界面关系示意图。

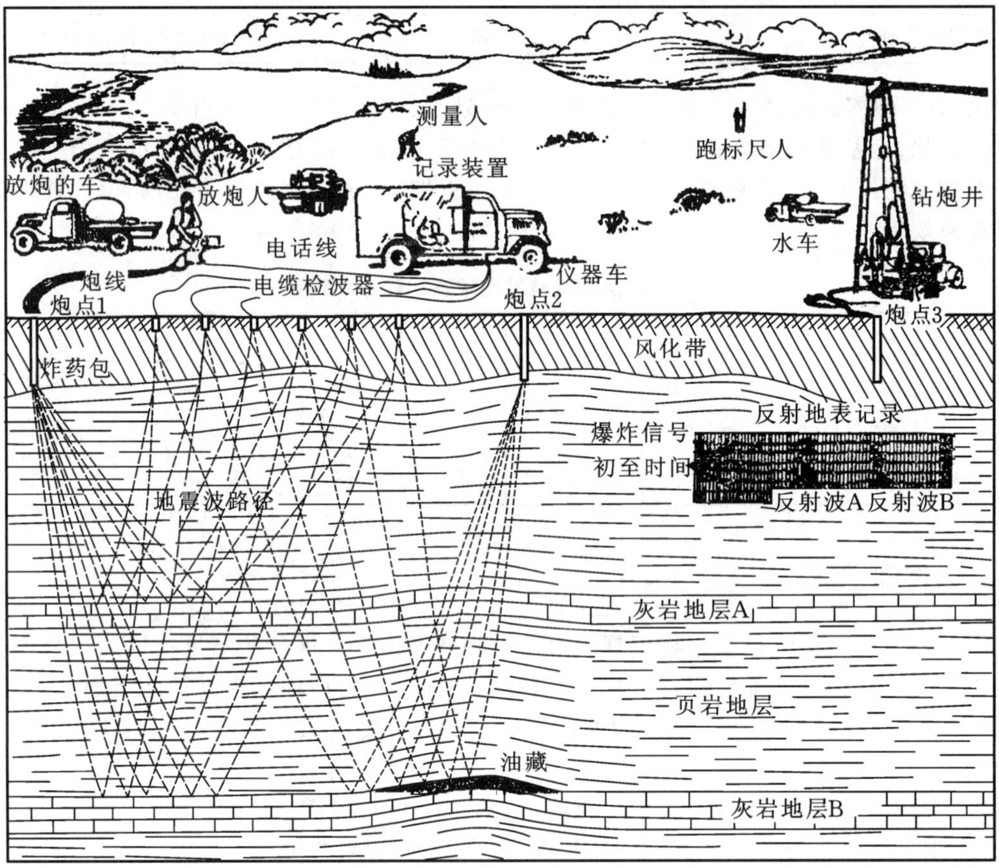

图5.13　反射地震勘探资料采集现场波动传播和界面关系示意图

物探是一种间接的勘探手段，它的优点是较之钻探和坑探轻便、经济而迅速，能够及时解决工程地质测绘中难以推断而又急待了解的地下地质情况，所以常常与测绘工作配合使用。它又可作为钻探和坑探的先行或辅助手段。但是，物探成果判释往往具有多解性，方法的使用又受地形条件等的限制，其成果需用勘探工程来验证，涉及岩土专业知识，仅作了解。

5.3　工程地质勘察报告的基本构成及阅读

岩土工程地质勘察报告，是对拟建场地的工程地质条件进行客观的反映，对场地的岩土工程条件进行分析和评价，对不良地质作用提出整治方案，根据场地的岩土工程条件做出评价结论和提出合理化建议，以供设计单位和施工单位参考使用。由此可见，岩土工程地质勘察报告是基本建设项目中设计和施工的依据，并对设计和施工起到重要的指导性作用，因此岩土工程地质勘察报告是建设项目中重要的工程技术性文件。

5.3.1 基本构成

工程地质勘察报告由文字报告部分、图件部分和表格部分组成。

下面通过实例，就报告的构成主要方面做简单介绍。由于报告涉及许多专业知识，专业不同，涉及该领域知识面不同，学生的专业知识悟性不同、接受能力不同，工程具有复杂性、多样性，即使相同的建筑物，由于所处不同地段、不同勘探单位、不同的技术手段、不同的技术人员等因素，均存在多样性的特点，不可类同，但必须遵循相关规范、规程的要求。通过报告的阅读使学生不断提高基本知识、基本技能，为步入社会提升工作能力奠定一定的技术基础。下面仅对报告的构成要素进行初步认识，因涉及许多专业知识及俗称，内容很广，若今后涉及地质勘探的具体知识，望在实践中不断艰苦学习、提高专业水平，夯实知识结构。

1. 文字报告

➡ 技术提示

文字报告包括工程概况，勘察目的、原则、执行标准，勘察方法，勘察工作量的布置，工作量完成情况，场地岩土工程及水文地质条件，岩土工程分析与评价，以及结论与建议等内容。

1）工程概况

该工程为××学院教学主楼，地面以上12层，局部14层，地下室一层，建筑物高度约为52 m，平面呈矩形，长76.5 m，宽18.3 m，基础宽度为23 m，建筑占地面积约为1600 m^2。拟采用梁板式筏片基础，框剪结构，基底压力约为280 kPa，基础埋深为3.6 m。所在地区抗震设防烈度为8度，设计基本地震加速值为0.20g，设计地震分组为第一组 ……

2）勘察目的、任务、原则、执行标准（略）

3）勘察方法

本次勘察采用坑探、钻探、标准贯入试验、静力触探试验、剪切波速、地脉动测试等多种手段进行综合勘察和评价。

（1）钻探采用XY-100型工程钻机，水位以下采用干法回转钻进，回转或重锤少击法取土，水位以下当地层岩性为砂类土时采用套管护壁，水位以下当地层岩性为黏性土时采用泥浆护壁，单动双管钻具回转钻进并取土。

（2）探井采用人工挖掘，人工采取 Ⅰ 级土样。

4）勘察工作量的布置原则

（1）勘探点间距控制在35 m之内。

（2）勘探点沿建筑物的周边、角点布设。

（3）勘探孔深度主要依据建筑物的基础深度、基地埋深、基底压力、估算的压缩层深度及抗震设计所需深度综合确定。

（4）考虑到该工程的重要性，为了确保工程勘察质量，本次勘察工作量的布置部分采取综合勘探点（即同一点进行取土、标贯、静探等）的原则进行。

5）工作量完成情况

根据国家有关规范、规程，结合建筑物特点，教学主楼地段完成工作量如下：

（1）布置勘探点8个，其中取土钻孔2个，深度为40.0 m；取土标贯孔4个，深度为30.0～45.0 m；标贯孔2个，深度为35.0 m。

（2）探井3个，深度为9.0～11.0 m；

（3）静力触探孔4个，深度为22.0～30.0 m；各取水样2瓶。

（4）波速测试孔2个，测深均为20.0 m。

（5）地脉动测试点1个。

6) 场地岩土工程及水文地质条件

(1) 地形地貌

拟建场地地形基本平坦,教学主楼地段东部较高,勘探时间测得各勘探点地面假设标高[引测自实验楼一层室内地平标高(假设其标高为 100.00 m)]为 98.75 ~ 99.85 m。场地地貌单元属汾河东岸Ⅰ级阶地后缘。

(2) 地基土构成及岩性特征

根据野外钻探、原位测试及室内土工试验结果,在勘探深度范围内,场地地基土自上而下可划分为 9 层,现依层序分述如下:

第 ① 层为杂填土,杂色,主要由砖块、瓦片等建筑垃圾及少量粉土组成,含灰渣、煤屑、石灰,结构松散,土质不均。该层层厚 0.5 ~ 1.30 m,平均厚度 0.8 m,层底标高 98.22 ~ 99.25 m。

第 ② 层为素填土,褐黄色,主要由粉质黏土组成,含云母、煤屑、砖屑、灰渣,可见空隙,局部夹杂粉土,呈坚硬状态,具中等压缩性。标贯试验锤击数 N 值为 4.0 ~ 7.0 击,平均 5.7 击;静力触探比贯入阻力 p_s 值平均(各孔指标进行厚度加权平均,下同) 为 2.4 MPa。该层层厚 0.30 ~ 2.30 m,平均层厚 0.99 m,层底埋深 1.10 ~ 3.00 m,层底标高 96.85 ~ 98.35 m。

第 ③ 层为粉质黏土,褐黄色,呈坚硬状态,具中等压缩性;该层层厚 0.30 ~ 2.30 m,平均层厚 0.99 m,层底埋深 1.10 ~ 3.00 m,层底标高 96.85 ~ 98.35 m。

……

标贯试验锤击数 N 值(经杆长修正后击数) 为 4.0 ~ 7.0 击,平均 5.7 击;静力触探比贯入阻力 p_s 值平均(各孔指标进行厚度加权平均) 为 2.4 MPa。

(3) 地下水

本次勘探深度范围内场地地下水类型属孔隙潜水,场地地下水主要由侧向径流补给,勘察期间实测稳定水位埋深 8.8 ~ 10.4 m,水位标高 89.82 ~ 90.19 m。水位季节性变化幅度约 1.0 m,勘察期间为平水期,枯水期水位有所下降,丰水期水位有所上升。地下水位由东北向西南渗流。教学主楼根据所取水样分析,该场地地下水对混凝土及钢筋混凝土构件中的钢筋均不具有腐蚀性。

7) 地震效应(抗震基本概念见第 12 章)

(1) 建筑场地类别:根据附件《剪切波速及地脉动测试报告》,场地 20 m 深度范围内以中软土为主,其中 4#、5# 孔等效剪切波速值分别为 217.0 m/s、207.1 m/s,且由区域地质资料知场地覆盖层厚度 $d_{ov} > 50$ m,由此按照《建筑抗震设计规范》规定,该建筑场地类别为 Ⅲ 类。

(2) 卓越周期:据附件《剪切波速及地脉动测试报告》,本场地地脉动卓越周期在东西方向建议取值为 0.320 s,在南北方向建议取值为 0.315 s,在竖直方向建议取值为 0.330 s。

(3) 地基土液化判别:勘探期间测得场地地下水稳定水位在地下 8.8 ~ 10.4 m,根据《建筑抗震设计规范》初判条件判定,本场地可不考虑液化影响。

(4) 地基土震陷:根据《剪切波速及地脉动测试报告》,本场地可不考虑软弱土的震陷影响。

(5) 建筑抗震地段划分:根据本次勘探揭露地层及室内土工试验结果,结合地形、地貌综合考虑,按《建筑抗震设计规范》规定,拟建场地介于对抗震有利与不利地段之间,属一般地段。

8) 岩土工程分析与评价

(1) 地基湿陷性评价:根据本次勘察资料按照《湿陷性黄土地区建筑规范》有关规定,教学主楼地段属非自重湿陷性场地,地基湿陷等级为 Ⅰ 级(轻微),湿陷起始压力 $p_{sh} = 9.0 \sim 189$ kPa。

(2) 地基均匀性评价。

第 ① 层杂填土及第 ② 层素填土,其成分复杂,结构松散,属不均匀地基土;

第 ② 层以下各土层物理力学性质差异不大,地层坡面均小于 10%,综合分析,该地段除第 ① 层杂填土及第 ② 层素填土外,其下可视为均匀地基。

(3) 地基稳定性、适宜性评价:据本次勘察结果及区域地质资料,场地及场地附近无活动断层通过,亦不存在危及本工程安全的其他不良地质现象,该场地属稳定场地,适宜本工程建设。

9) 地基基础方案

(1) 天然浅基础可行性分析

该拟建建筑物基础埋深 3.6 m,以第 ③ 层黄土状粉质黏土作为持力层,承载力特征值为 140 kPa,小于设计单位提供的建筑物基底压力 280 kPa,天然地基承载力不满足设计要求。

(2) 符合地基方案分析

经各方面综合考虑,本工程可采用长螺旋素混凝土压力灌注桩(CFG 桩)。根据场地岩土条件分析:

第 ⑤ 层中砂虽然强度较高、变形较小,但其分布厚度不大,且厚度差异较大,故不宜作为持力层;

第 ⑥ 层粉土经强度验算也不满足作为持力层的要求;

第 ⑦ 层粉质黏土相对软弱,也不宜作为持力层;

第 ⑧ 层粉质黏土层位稳定,岩性均匀,强度较高,厚度也较大,是本工程较为理想的桩端持力层。

(3) 基坑开挖基础施工问题

拟建建筑物地下水位埋藏较深,可利用黄土直立性良好的特点,采取自然放坡开挖的方法。另外,基坑开挖时,在距离基底 0.50 m 时应改用人工开挖,以减少对基底地基土的扰动。同时,应做好基坑附近防水排水工作。基坑开挖时,1# 孔附近有较厚的砂层,开挖过程中当出现局部坍塌时,可根据实际情况采取相应处理措施。

10) 结论

(1) 拟建场地地形东高西低,地貌单元为汾河东岸 Ⅰ 级阶地后缘。

(2) 就整个场地而言,该地段除第 ① 层杂填土及第 ② 层素填土外,其下可视为均匀地基。

(3) 本次勘察揭露地下水类型为孔隙潜水,勘察期间实测稳定水位埋深 8.8 ~ 10.4 m,地下水对混凝土及混凝土构件中的钢筋均不具有腐蚀性。

11) 建议

(1) 教学主楼可采用长螺旋素混凝土压力灌注桩(CFG 桩),以第 ⑧ 层粉质黏土作为桩端持力层。

(2) 基坑开挖可采用放坡的方法进行开挖,放坡坡度 1∶0.35 ~ 1∶0.5。

2. 图件部分

➡ 技术提示

图件部分包括拟建建筑物与勘察点平面位置图,钻孔柱状图,工程地质剖面图和静力触探曲线图等。

(1) 拟建建筑物与勘察点平面位置图(图 5.14)。

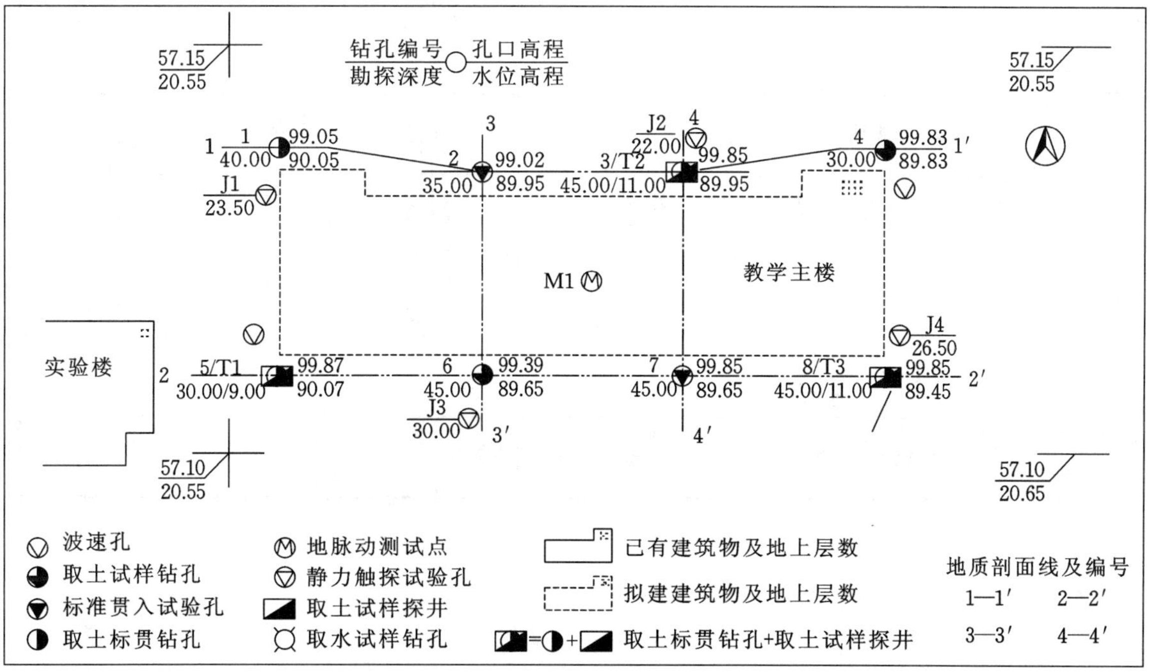

图 5.14　勘探点平面布置图(比例 1∶500)

(2) 钻孔柱状图(图 5.15)。

钻孔柱状图

工程名称	建筑工程职业技术学院教学主楼		钻孔编号	5		
孔口高程	98.87 m	坐标	开工日期		稳定水位深度	8.80 m
孔口直径	127.00 mm		竣工日期		测量水位日期	

地层编号	地层年代	层底标高(m)	层底深度(m)	分层厚度(m)	柱状图 1:200	岩土名称及其特征
①	Q_4^{2ml}	98.37	0.50	0.50	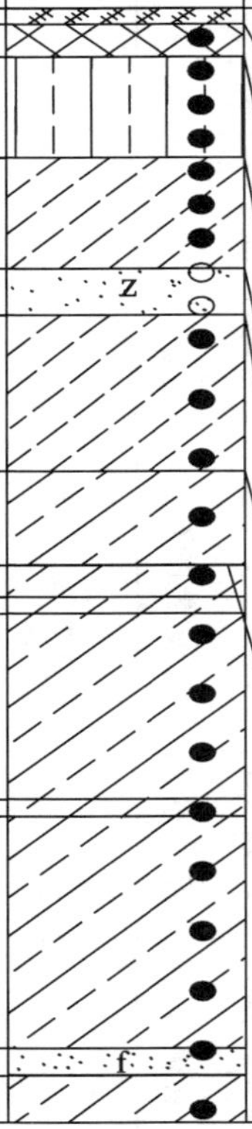	杂填土：杂色，主要由砖块、瓦片等建筑垃圾及少量粉土组成，含灰渣、煤屑、石灰，结构松散，土质不均
②	Q_4^{2ml+pl}	97.37	1.50	1.00		
③	Q_4^{1al}	94.37	4.50	3.00		新近堆积黄土：褐黄色，主要由粉质黏土组成，含云母、煤屑、砖屑、灰渣，可见孔隙，局部夹杂粉土，呈坚硬状态，具中等压缩性
④		91.07	7.80	3.30		湿陷性黄土：褐黄色，主要由粉质黏土组成，含云母、煤屑、氧化铁、植物根、钙质菌丝、少量砖屑，局部夹杂细砂，呈坚硬状态，具中等压缩性
⑤		89.67	9.20	1.40		
⑥		85.07	13.80	4.60		粉土：褐色，含云母、煤屑、氧化铁、钙质菌丝、少量砖屑，局部夹薄层粉砂，稍湿，稍密，具中等压缩性
⑦		82.27	16.60	2.80		中砂：褐黄色，矿物成分主要为石英、长石、云母，局部夹薄层粉土，稍湿，稍密
		81.45	17.45	0.95		粉土：褐色，含云母、煤屑、氧化铁、钙质菌丝，局部夹薄层粉砂，稍湿，稍密，具中等压缩性
⑧		81.05	17.85	0.50		粉质黏土：褐黄色，含云母、煤屑、氧化铁、夹粉土透镜体，可塑，具中等压缩性
		75.42	23.45	5.50		
		75.02	23.85	0.50		
		71.07	27.80	6.80		
		70.37	28.50	0.70		粉质黏土：褐黄色，含云母、煤屑、氧化铁、钙质结核，局部夹有粉土及薄层粉细砂，可塑，具中等压缩性
		68.87	30.00	1.50		

取样	标贯击数(击)
1/1.00	=6.0
2/2.00	1.45 =6.8
1/1.00	2.95 =6.5
3/3.00	4.45 =7.2
4/4.00	5.95 =8.7
5/5.00	7.45 =9.2
6/6.00	8.95 =9.8
7/7.00	10.45 =12.0
8/8.00	12.10 =9.3
9/9.00	13.60 =4.6
10/10.00	15.10 =4.4
11/11.50	16.60 =7.2
12/13.00	18.10 =9.2
13/14.50	19.60 =11.2
14/16.00	21.10 =13.3
15/17.50	22.60 =13.3
16/19.00	24.10 =14.7
17/20.50	25.60 =15.2
18/22.00	27.10 =18.4
19/23.50	28.60 =16.3
20/25.00	30.00
21/26.50	
22/28.00	
23/29.50	

图 5.15 钻孔柱状图

(3) 工程地质剖面图(图 5.16)。

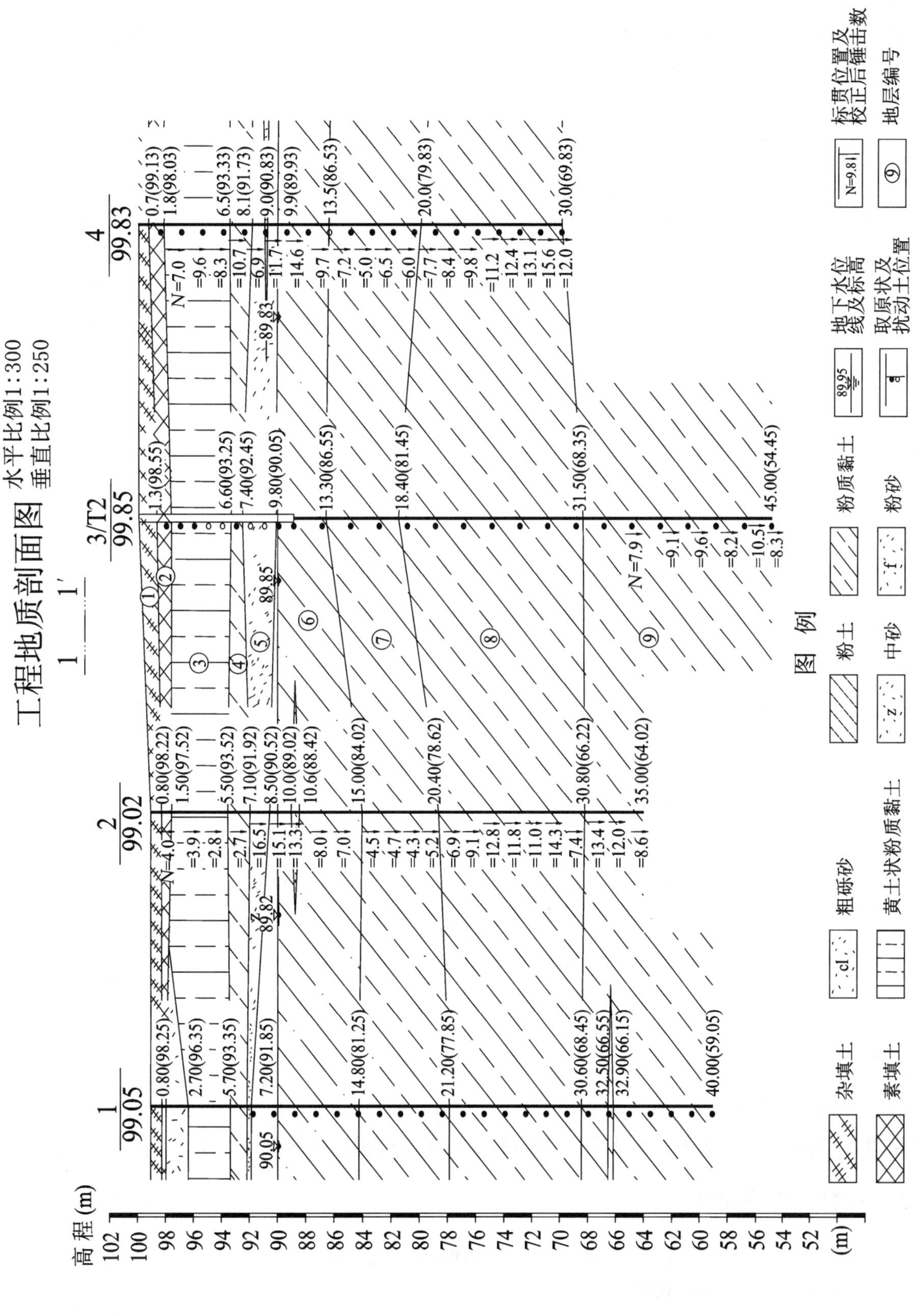

图 5.16 1—1′ 地质剖面图

3. 表格部分

➡ 技术提示

表格部分包括土工试验综合成果表、物理力学性质指标统计表、地下水水质分析报告、工程建设场地抗震性能评价结论报告等。

(1) 土工试验综合成果表

土的物理及力学性质指标见表 5.10。

表 5.10　土的物理及力学性质指标

层序及岩性	含水量 w(%)	湿密度 ρ (g/cm³)	干密度 ρ_d (g/cm³)	孔隙比 e	压缩系数 a_{1-2} (MPa⁻¹)	压缩模量 $E_{s_{1-2}}$ (MPa)	饱和度 S_r (%)	液限 w_L (%)	塑限 w_P (%)	液性指数 I_L	塑性指数 I_P	直剪 黏聚力 c(MPa)	直剪 摩擦角 φ(°)
② 素填土	10.3	1.63	1.47	0.84	0.13	15.09	34	26.7	16.3	−0.6	16	20	16.9
③ 粉质黏土	12.3	1.53	1.71	0.77	0.14	14.38	38	25.3	15.8	−0.5	9.4	24	20.6
…													

(2) 天然地基土承载力评价

本次勘察各层地基土的承载力特征值 f_{ak} 结果详见表 5.11。

表 5.11　地基土承载力特征值一览表

层次	土的名称	静力触探 f_{ak}(kPa)	标准贯入 f_{ak}(kPa)	建议值 f_{ak}(kPa)
①	杂填土			70
②	素填土			80
③	黄土状粉质黏土	170	140	140
④	粉土	140	160	170
⑤	中砂	190	160	160
⑥	粉土	220	180	180
⑦	粉质黏土	156	135	150
⑧	粉质黏土	250	268	240
…				

总之,以上三个部分(文字报告部分、图件部分、表格部分)通过有机的组合构成了完整的岩土工程勘察报告,它是建筑物地基与基础设计的依据,同时又是施工过程的重要指导性文件。

5.3.2　勘察报告的阅读

建设项目监理人员在进行岩土工程勘察报告的阅读时应掌握一定的方法,并按一定的步骤和顺序进行,努力达到事半功倍的效果。

1. 文字报告部分

通过对这些组成部分的阅读,可以初步了解拟建项目的工程概况,场地地基土分层情况、地下水类型及腐蚀性评价，岩土工程分析与评价，对场地做出的结论性评价及为设计和施工提出的建设性建议，使我们对整个拟建场地的工程地质条件有一个初步的了解和认识，同时也为阅读其他部分的内容做一个铺垫。

2. 图件部分

(1) 拟建物与勘探点平面位置图(图 5.14)

通过对平面图的判读，可以从中了解到拟建场地的以下信息：拟建建筑物在场地中所处的位置，拟建建筑物与已建建筑物的相关位置，拟建建筑物的平面尺寸；勘探孔与拟建建筑物位置的关系，勘探孔数量、孔口高程；地下水位埋深及勘探的性质、场地的地形起伏特点。

(2) 柱状图(图 5.15) 及工程地质剖面图(图 5.16)

① 在建筑场地地形图上，把建筑物的位置，各类勘探、测试点的编号、位置用不同图例表示出来，并注明各勘探、测试点的标高和深度，剖面连线及其编号等。同一剖面上各勘探孔所揭露的地基土各层在剖面的纵横向展布变化情况。

② 钻孔柱状图主要反映了钻孔自上而下所揭露出的各土层的名称、编号、土性、特征及厚度(层厚及顶底板标高)，通过勘探的柱状图和工程地质剖面图的联合阅读，使读者能更好地了解拟建场地地基土的地下空间的分布情况，为指导施工开挖地槽起到良好的作用。

3. 表格部分

(1) 土的物理及力学性质指标(表 5.10)

物理力学性质统计表是根据拟建场地所实施的取样勘探孔采取的土试样，将同一土层的若干个土试样的试验数据进行分析、统计后而得出各土层的物理力学性质指标，为设计人员在地基与基础设计时使用。

(2) 地基土承载力特征值(表 5.11)

在勘探报告中都会提供地基土的承载力特征值，同时根据土的物理力学性质指标也可大致判断各层土的承载力值，为设计人员在地基与基础设计时选择基础埋深提供重要参考。

5.3.3 勘察报告在施工中的作用

(1) 根据土层的物理力学性质指标可确定基槽开挖放坡高宽比，确保安全施工。在地槽开挖之前应认真了解基础底面标高与岩土工程勘察报告中相应工程地质剖面图提供的基础持力层标高是否相符。

(2) 验槽方法有观察法(图 5.17) 和人工或机械钎探(图5.18) 等。在进行验槽前按有关规范要求：

① 查明基底是否挖至设计要求土层，并对照勘察报告查对持力层土质的颜色、状态等，持力层土质与勘察报告是否相同；是否发现有不良地质现象(古井、坟穴、河道等)。

② 人工钎探采用直径 $\phi22\sim25$ mm、一定长度的钢钎打入槽底土层中，使用人力(机械) 使大锤(穿心锤) 自由下落规定的高度，撞击钎杆垂直打入土层中，记录每打入 300 mm 深的锤击数，判断地基土质情况(可用轻便触探代替)，为设计地基承载力、地质勘察结果、地基土土层的均匀度等指标提供验收依据。

③ 当槽内的土层出现与勘察报告较大差别时，应通知勘察单位进行补充勘探，以使基础持力层土质满足设计部门的要求。

(3) 根据勘察报告提供的稳定地下水位标高，并与基槽底面标高进行比较，确定基槽挖土及基础施工期间的防水排水工作，保证地基土不被水浸泡和基础施工的正常进行。

(4) 勘察报告的结论和建议部分是对报告的总结，其中对基槽的施工提出了一些建议性措施。精读此部分将对施工有很大的帮助，如排水方式、基坑开挖是否放坡、如何防止地基土质不被人为扰动等都有叙述。

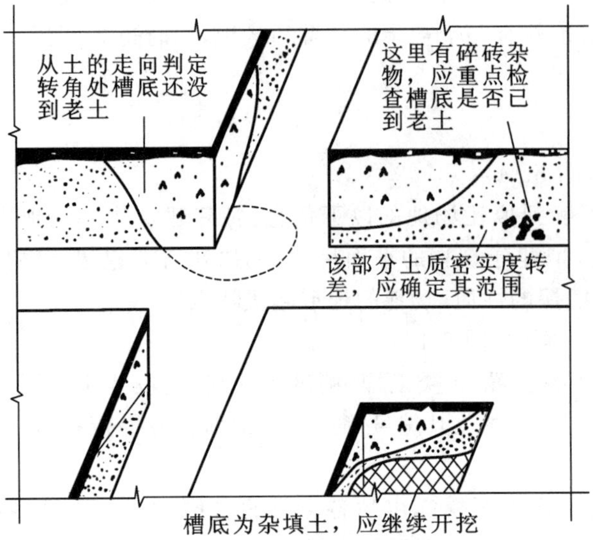

图 5.17　基槽土质变化情况

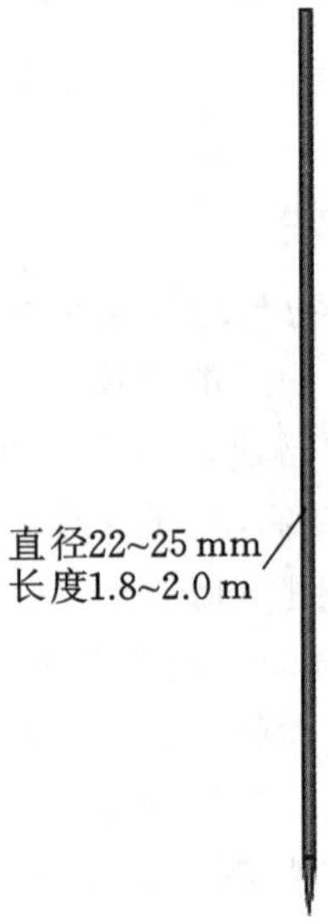

图 5.18　钢钎

本章小结

(1) 本章主要介绍了工程地质勘探的方法，特别是静力触探、动力触探和确定地基承载力的基本原理。

(2) 勘探的目的、任务，勘探报告的组成，特别是勘探点平面布置图、地质剖面图、柱状图的阅读；土的物理力学性质指标的阅读。

(3) 报告中对地基总体评价、地基处理及基础方案的建议。

练习题

一、填空题

1. 工程上常把危害建筑物安全的地质现象，如________、________、土洞、地震发生断裂带等称为不良地质现象。
2. 在布置和从事工程地质勘察工作时，应综合考虑场地的________、________和地下水等场地条件、地质土质条件以及工程条件。
3. 房屋建筑和构筑物岩土工程勘察分为________、________和________三个阶段。对于工程地质条件复杂或有特殊施工要求的高重建筑地基，尚应进行施工勘察。
4. 详细勘察的手段主要以________、________和室内土工试验为主，必要时可以补充一些物探和工程地质测绘和调查工作。详细勘察点的布置应按________确定。
5. 一般勘探工作主要包括________、________、________、________。

二、选择题

1. 标准贯入试验时，使用的穿心锤重与穿心锤落距分别是(　　)。

   A. 锤重为 10 kg，落距为 50 cm　　B. 锤重为 63.5 kg，落距为 76 cm

   C. 锤重为 63.5 kg，落距为 50 cm　　D. 锤重为 10 kg，落距为 76 cm

2. 下列图表中，(　　)不属于岩土工程勘察成果报告中应附的必要图件。

   A. 地下水等水位线图　　B. 工程地质剖面图

   C. 工程地质柱状图　　D. 室内试验成果图表

3. 下列(　　)项不属于原位测试。

   A. 地基静载荷试验　B. 固结试验　C. 旁压试验　D. 触探试验

4. 下列方法中，(　　)是不必使用专门机具的勘探方法。

A. 坑探　　B. 地球物理勘探　　C. 钻探　　D. 触探

5. 一个单项工程的勘察报告书一般包括(　　)。

A. 任务要求及勘察工作概况

B. 场地位置、地形地貌、地质构造、不良地质现象

C. 场地的地层分布、土的物理力学性质、地基承载力

D. 地震设防烈度

6. 常用的物探方法主要有(　　)。

A. 静力触探，动力触探　　B. 电阻率法，电位法

C. 地震、声波、电测井　　D. 旁压试验，载荷试验

6 浅 基 础

【引言】

浅基础埋深不大，一般用普通的方法施工；其地基的承载力只考虑基底阻力，不考虑基础侧面土对基础的侧阻力。深基础(如桩基础) 埋深较大，要用特殊的施工机具施工；其地基的承载力要考虑基础侧面土对基础的侧阻力，甚至是地基承载力的主要组成部分。本章主要研究天然地基上扩展基础的设计原理及基础平法施工图的阅读。

【学习要点】

(1) 明确浅基础类型、受力特点、构造要求、适用条件；

(2) 理解无筋扩展设计要点；

(3) 熟练掌握钢筋混凝土扩展基础设计；

(4) 熟练掌握钢筋混凝土扩展基础、柱下条形基础、有梁式筏形基础的平法表示和构造详图；

(5) 利用 22G101-3 平法图集，完成钢筋混凝土扩展基础、柱下条形基础、有梁式筏形基础施工图的阅读及钢筋算量。

【思政元素】

本课程融入的思政内容包括：(1) 建设现代化产业体系，推进新型工业化，加快建设制造强国、质量强国、数字中国；(2) 培养学生运用历史思维、战略思维、辩证思维、创新思维、底线思维的方法进行浅基础设计的学习。

6.1 地基基础设计的基本知识

6.1.1 地基基础设计原则

进行工业与民用建筑地基基础设计必须贯彻执行《建筑地基基础设计规范》(GB 50007—2011) 等相关规范中的有关规定，做到安全适用、技术先进、经济合理、确保质量、保护环境，其主要规定如下：

1. 地基基础设计等级

地基基础设计应根据地基复杂程度、建筑物规模和功能特征以及由于地基问题可能造成建筑物破坏或影响正常使用的程度分为三个设计等级，见表 6.1。

表 6.1 地基基础设计等级

设计等级	建筑和地基类型
甲级	(1) 重要的工业与民用建筑； (2) 30 层以上的高层建筑； (3) 体型复杂，层数相差超过 10 层的高低层连成一体的建筑物； (4) 大面积的多层地下建筑物(如地下车库、商场、运动场等)； (5) 对地基变形有特殊要求的建筑物

续表 6.1

设计等级	建筑和地基类型
甲级	(6) 复杂地质条件下的坡上建筑物(包括高边坡); (7) 对原有工程影响较大的新建建筑物; (8) 场地和地基条件复杂的一般建筑物; (9) 位于复杂地质条件及软土地区的二层及二层以上地下室的基坑工程; (10) 开挖深度大于 15 m 的基坑工程; (11) 周边环境条件复杂、环境保护要求高的基坑工程
乙级	(1) 除甲级、丙级以外的工业与民用建筑物; (2) 除甲级、丙级以外的基坑工程
丙级	(1) 场地和地基条件简单、荷载分布均匀的七层及七层以下民用建筑及一般工业建筑; (2) 次要的轻型建筑物; (3) 非软土地区且场地地质条件简单、基坑周边环境条件简单、环境保护要求不高且开挖深度小于 5.0 m 的基坑工程

2. 地基基础设计规定

根据建筑物地基基础设计等级及长期荷载作用下地基变形对上部结构的影响程度,地基基础设计应符合下列规定:

(1) 所有建筑物的地基计算均应满足承载力计算的有关规定。

(2) 设计等级为甲级、乙级的建筑物,均应按地基变形设计。

(3) 设计等级为丙级的建筑物有下列情况之一时应作变形验算:

① 地基承载力特征值小于 130 kPa,且体型复杂的建筑;

② 在基础上及其附近有地面堆载或相邻基础荷载差异较大,可能引起地基产生过大的不均匀沉降时;

③ 软弱地基上的建筑物存在偏心荷载时;

④ 相邻建筑距离近,可能发生倾斜时;

⑤ 地基内有厚度较大或厚薄不均的填土,其自重固结未完成时。

(4) 对经常受水平荷载作用的高层建筑、高耸结构和挡土墙等,以及建造在斜坡上或边坡附近的建筑物和构筑物,尚应验算其稳定性。

(5) 基坑工程应进行稳定性验算。

(6) 建筑地下室或地下构筑物存在上浮问题时,尚应进行抗浮验算。

(7) 表 6.2 所列范围内设计等级为丙级的建筑物但不符合第(3) 款情况,可不做变形验算;否则也要做变形验算。

表 6.2 可不做地基变形验算的设计等级为丙级的建筑物范围

地基主要受力层情况	地基承载力特征值 f_{ak}(kPa)			$80 \leqslant f_{ak} < 100$	$100 \leqslant f_{ak} < 130$	$130 \leqslant f_{ak} < 160$	$160 \leqslant f_{ak} < 200$	$200 \leqslant f_{ak} < 300$
	各土层坡度(%)			≤5	≤10	≤10	≤10	≤10
建筑类型	砌体承重结构、框架结构(层数)			≤5	≤5	≤6	≤6	≤7
	单层排架结构(6 m柱距)	单跨	吊车额定起重量(t)	10~15	15~20	20~30	30~50	50~100
			厂房跨度(m)	≤18	≤24	≤30	≤30	≤30
		多跨	吊车额定起重量(t)	5~10	10~15	15~20	20~30	30~75
			厂房跨度(m)	≤18	≤24	≤30	≤30	≤30

续表 6.2

建筑类型	烟囱	高度(m)	≤40	≤50	≤75		≤100
	水塔	高度(m)	≤20	≤30	≤30		≤30
		容积(m^3)	50～100	100～200	200～300	300～500	500～1000

注:1. 地基主要受力层系指条形基础底面下深度为 $3b$(b 为基础底面宽度),独立基础下为 $1.5b$,且厚度均不小于5 m的范围(二层以下一般的民用建筑除外);

2. 地基主要受力层中如有承载力特征值小于130 kPa的土层时,表中砌体承重结构的设计,应符合《建筑地基基础设计规范》(GB 50007—2011)第7章的有关要求;

3. 表中砌体承重结构和框架结构均指民用建筑,对于工业建筑可按厂房高度、荷载情况折合成与其相当的民用建筑层数;

4. 表中吊车额定起重量、烟囱高度和水塔容积的数值系指最大值。

通过上述分析,地基与基础设计规定汇总见表6.3。

表 6.3　地基与基础设计规定

承载力计算	甲级、乙级、丙级必须验算承载力	
变形计算	甲级、乙级	必须验算变形
	丙级	凡属《建筑地基基础设计规范》(GB 50007—2011)(表6.2)范围之外的情况都必须验算变形
		虽然在《建筑地基基础设计规范》(GB 50007—2011)(表6.2)范围之内,但第(3)款规定的5个补充条件之一,仍需验算变形
		其余情况需要验算变形
稳定性验算	① 经常承受水平荷载的高层建筑及高耸构筑物和挡土墙; ② 建在斜坡上的建筑物和构筑物	

3. 荷载效应代表值和相应抗力限制规定

《建筑地基基础设计规范》(GB 50007—2011)荷载效应取值规定见表6.4。

表 6.4　荷载效应代表值和相应抗力限制规定

计算项目	计算内容	传至基础底面的荷载效应组合	抗力限值
地基承载力	确定基础底面面积及埋深	正常使用极限状态标准组合 s_k	地基承载力特征值
单桩承载力	确定桩数		单桩承载力特征值
变形计算	建筑物沉降	正常使用极限状态准永久组合 s_q	地基变形允许值
稳定性验算	计算挡土墙、地基及斜坡滑坡稳定性	承载能力极限状态下作用的基本组合,但其分项系数均为1.0	
基础结构承载力计算	① 确定基础及承台的高度; ② 基础截面配筋计算	① 承载能力极限状态下作用的基本组合,采用相应的分项系数; ② 对由永久荷载效应控制的基本组合 s,可简化为 $s=1.35s_k$	材料强度的设计值

备注:

1. 传至基础底面活载只有一种时,其荷载标准组合就是恒载标准值与活载标准值之和;

2. 传至基础底面活载只有一种时,其荷载准永久组合就是恒载标准值与活载准永久值之和;

3. 地基基础设计时,所采用的荷载效应与相应的抗力限值,其具体细则见《建筑地基基础设计规范》(GB 50007—2011)3.0.5条款

【例6.1】　条件:在某软土地区,持力层地基承载力特征值 $f_{ak}=84$ kPa,在一个地区:① 拟建5幢6层的住宅;②3幢12层小高层;③ 在绿化区拟建造2层地下车库。

要求：确定地基基础设计等级并判断是否要做变形验算。

【解】 判断过程如表 6.5 所示。

表 6.5 地基基础设计等级并判断是否要做变形验算

<table>
<tr><th rowspan="2">拟建条件 $f_{ak}=84$ kPa</th><th colspan="2">地基设计等级</th><th colspan="2">判断是否做变形验算</th></tr>
<tr><th>依据</th><th>结论</th><th>依据</th><th>结论</th></tr>
<tr><td>① 拟建 5 幢 6 层的住宅</td><td>表 6.1</td><td>丙级</td><td>表 6.2 中，$80 \leqslant f_{ak} < 100$，层数 ≤ 5，不做变形验算，但实际为 6 层</td><td>要做变形验算</td></tr>
<tr><td>② 拟建 3 幢 12 层小高层</td><td>表 6.1</td><td>乙级</td><td>表 6.3 规定</td><td>要做变形验算</td></tr>
<tr><td>③ 在绿化区拟建造 2 层地下车库</td><td>表 6.1</td><td>甲级</td><td>表 6.3 规定</td><td>要做变形验算</td></tr>
</table>

6.1.2 浅基础的类型

常见浅基础的结构类型如表 6.6 所示。

表 6.6 浅基础的结构类型

<table>
<tr><th colspan="2">类型</th><th>图例</th></tr>
<tr><td rowspan="2">无筋扩展基础</td><td>柱下独立基础</td><td rowspan="2">（1）受力特征：受压性能好，抗拉及抗剪性能差。
（2）特点及适用条件：
① 就地取材，如砖、毛石、灰土及三合土基础，其中砖、灰土、三合土基础耐久性及抗冻性差，基础强度低；
② 适用于建筑层数较少、地质条件良好、体型规则简单的建筑物
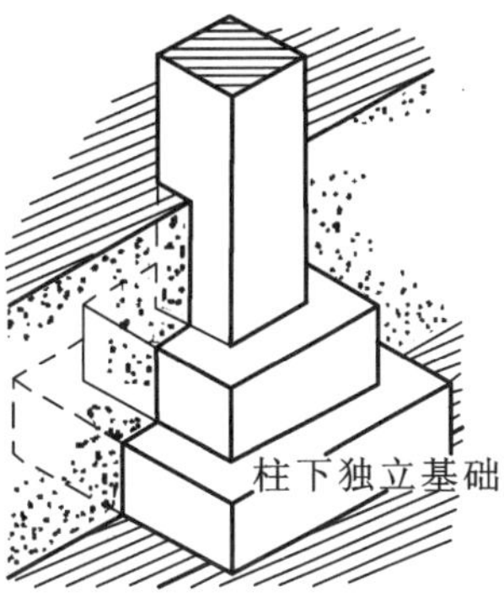

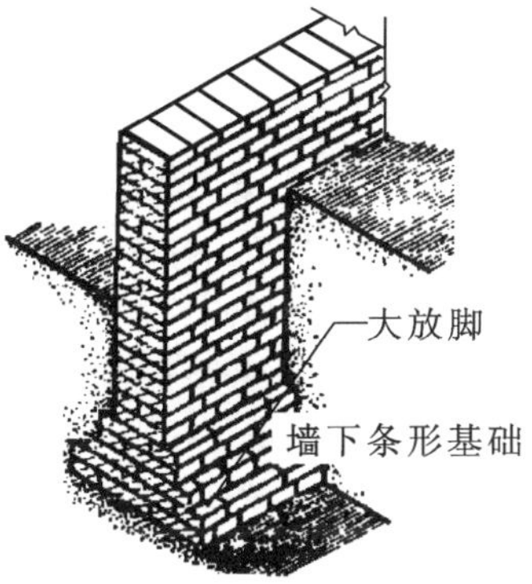
</td></tr>
<tr><td>墙下条形基础</td></tr>
<tr><td rowspan="2">扩展基础</td><td>柱下独立基础</td><td rowspan="2">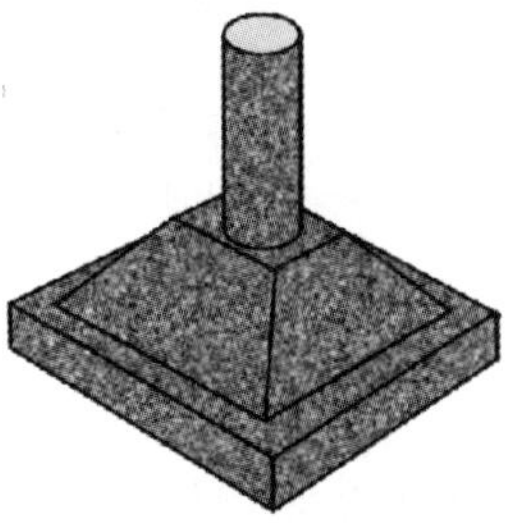
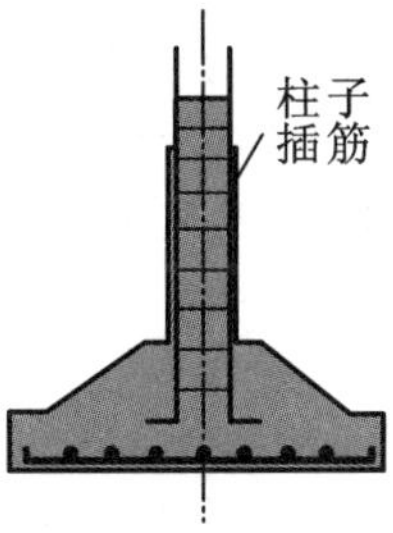

柱下钢筋混凝土独立基础
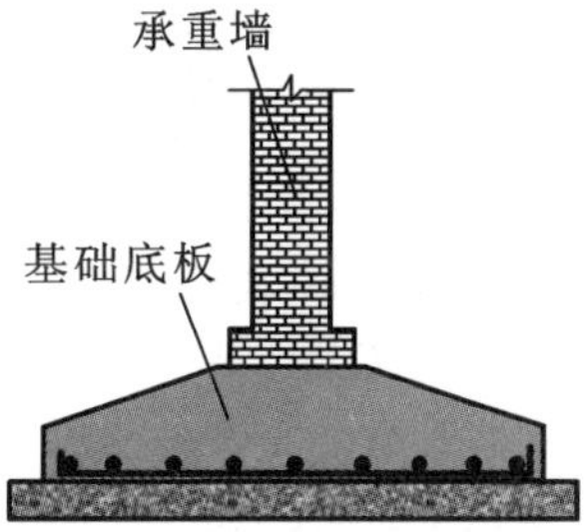

墙下钢筋混凝土条形基础
（1）受力特征：基本同钢筋混凝土受弯构件，受力性能较好。
（2）特点及适用条件：
① 基础强度、耐久性、抵抗地基不均匀能力均好于无筋扩展基础；
② 柱下独立基础：适用于一般单层排架结构及轻型钢结构厂房、层数较少的框架结构；
③ 墙下条形基础：砖混结构的墙下基础</td></tr>
<tr><td>墙下条形基础</td></tr>
</table>

续表 6.6

类型	图例
柱下条形基础	(1) 组成:基础由基础底板和基础梁组成。 (2) 受力特点同倒置的钢筋混凝土受弯构件。 ① 基础底板相当于单向板,底板横向为受力筋,纵向为分布筋; ② 基础梁相当于倒置的连续梁。 (3) 特点及适用条件: ① 基础刚度高,整体性好,其抵抗地基不均匀沉降能力好于柱下钢筋混凝土独立基础; ② 适用于框架结构 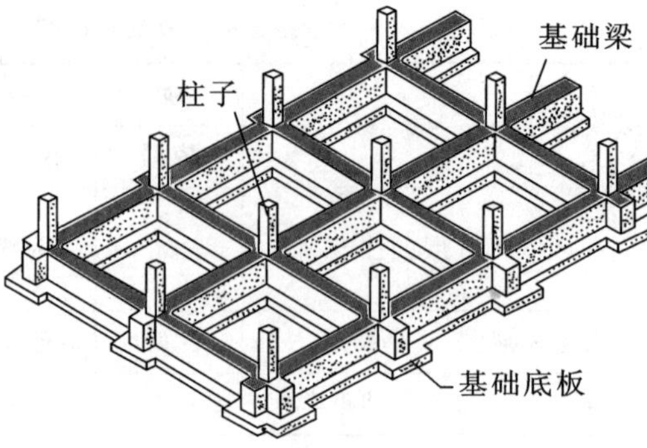
筏形基础及箱形基础	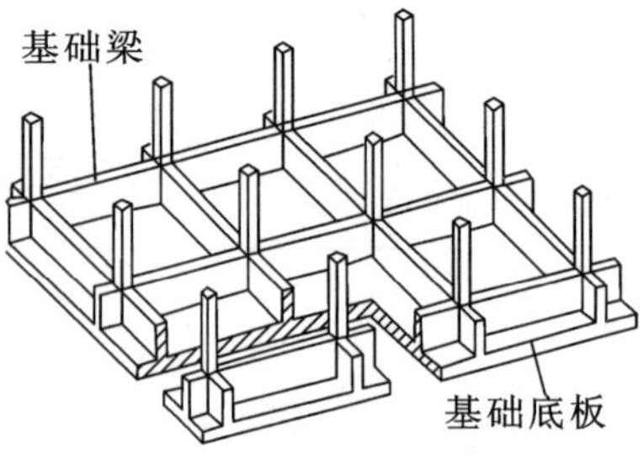 有梁式筏形基础 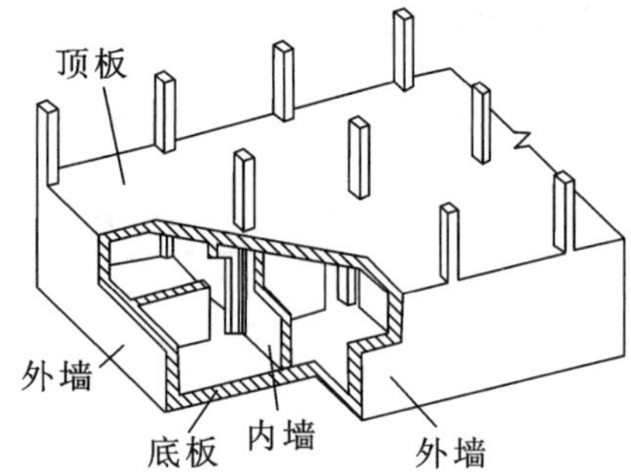 箱形基础 (1) 筏形基础 ① 受力特征:基本同倒置的钢筋混凝土楼盖; ② 特点及适用条件:基础的刚度、整体性好,适用于多层或高层建筑结构 (2) 箱形基础 ① 受力特征:空间受力结构; ② 特点及适用条件:地基软弱,高层建筑结构的基础,中间做成地下室,较少基底附加压力
壳体基础	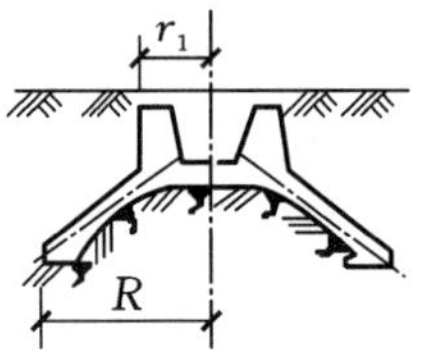 正圆锥壳 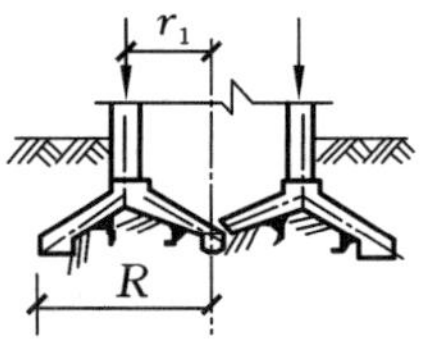 M型组合壳 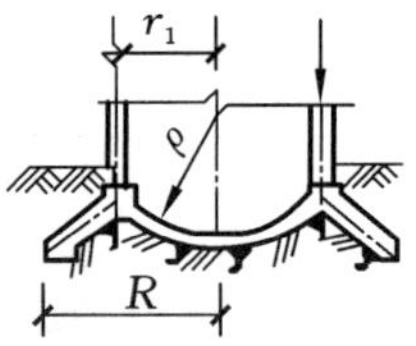 内球外锥组合壳 (1) 受力特征:受压状态。 (2) 特点及适用条件: ① 将受拉状态转变为受压状态,充分发挥材料性能; ② 适用于筒形构筑物,如烟囱、水塔、中小型高炉等,由正圆锥形及其组织形式构成的壳体基础

6.1.3 基础埋深确定

基础埋深分为室外地面——自然地面和设计地面到基础底面的距离。自然地面是指建筑场地原有的地面,而设计地面是指按设计要求工程竣工后室外场地经垫起或开挖后的地面,设计地面标高由基础施工图给出。

基础埋置深度一般指基础底面至室外设计地面的距离,一般不小于 500 mm(基岩地基除外);基础顶面至少低于设计地面 0.1 m(图 6.1)。在计算基础及回填土重量时,需要计算基础的平均埋深。

选择基础埋深应考虑的主要因素有：基础埋深是从设计地面算起的。影响基础埋深的因素主要有以下几点：

1. 建筑物的用途及结构类型

（1）工业厂房基础一般比同等高度的建筑物埋得深；

（2）有地下室的建筑要比无地下室建筑的基础埋深大；

（3）基础埋深必须大于穿越管线的埋深，使管道从基础留洞穿过；

（4）刚性基础（无筋扩展基础）由于受到台阶宽高比的限制，其基础埋深要大于钢筋混凝土基础埋深。

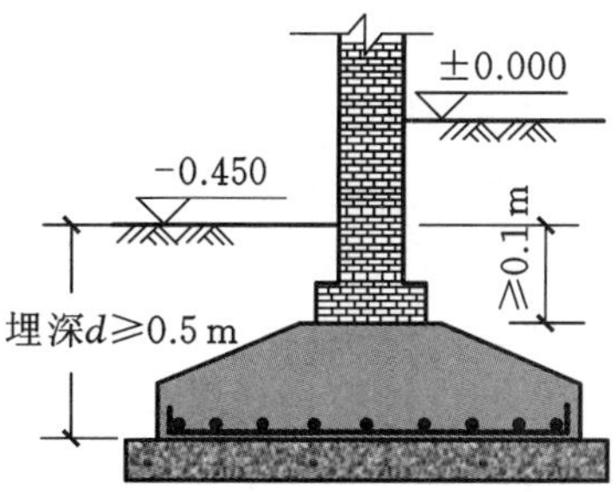

图 6.1　浅基础的最小埋深

2. 作用在地基上的荷载大小和性质

（1）作用在地基上的荷载越大，荷载作用偏心越大，基础也埋得越深。

（2）在抗震设防区，除岩石地基外，天然地基上的箱形和筏形基础其埋置深度不宜小于建筑物高度的 1/15，桩箱和桩筏基础承台的埋深（不计桩长）不宜小于建筑高度的 1/18。

（3）输电塔基由于受到风载上拔力，基础应有较大埋深；烟囱、水塔、筒体结构基础埋深应满足抗倾覆稳定计算要求。

3. 工程地质及水文地质条件

（1）工程地质条件

其埋深确定原则见表 6.7。

表 6.7　基础埋深确定原则

	情况 1	情况 2	情况 3	情况 4
土质情况	好土	软土（很深）	好土 软土	软土 好土
原则	情况 1：自上而下都是良好的土层，基础应尽量浅埋； 情况 2：自上而下都是软弱土层，可考虑地基处理，从安全可靠、施工难易、造价等方面综合选择最佳方案； 情况 3：上硬下软土层，我国沿海地区较为常见，地表普遍存在 2 ～ 3 m 的硬土层，对于中小型砖混结构的住宅，应选择硬土层作为持力层，选用宽基浅埋，以减小软弱下卧层附加应力； 情况 4：上软下硬土层，若上面软土层厚度小于 2 m，应取下面硬土层作为持力层；上面软土层厚度较厚，应采取地基处理措施			

（2）水文地质条件

① 有地下水存在时，基础尽量埋在地下水位以上，否则地下水位对基坑开挖、基础施工和试用期间造成不利影响，同时会降低基础的耐久性和地基承载力。

② 当必须埋在地下水位以下时，应采取地基土在施工时不受扰动的措施；另外对于有侵蚀性的地下水，应采取抗侵蚀性的水泥及相应的措施。

③ 当基础埋置在易风化的岩层上，施工时应在基坑开挖后立即铺筑垫层。

4. 相邻建筑物的基础埋深

（1）为保证施工期间和使用期间相邻建筑物的安全及正常使用，当新基础深于旧基础，则两基础应保持一定的净距 l，其数值根据荷载大小和土质情况而定，一般 $l \geqslant (1 \sim 2)\Delta h$（$\Delta h$ 指相邻基础底面高差），以免基坑开挖时坑壁坍塌，影响原建筑地基稳定。

（2）如不能满足这一要求，施工期间应采取措施，如基坑的支护等防治土体坍塌的措施。

5. 地基土冻胀和融陷的影响

土体温度低于 0 ℃,土中水部分或大部分冻结成冰的土称冻土。冻土有多年冻土和季节性冻土两种。

(1) 多年冻土(永久性的冻土)指全年保持冻结而不融化,并且延续时间在 3 年或 3 年以上的土。多年冻土的表层往往覆盖着季节性冻土层(或称融冻层),但其融化深度置于多年冻土层的层顶。多年冻土在中国有两个主要分布区:一个在纬度较高的内蒙古和黑龙江的大、小兴安岭一带;另一个在地势较高的青藏高原和甘肃、新疆高山区。

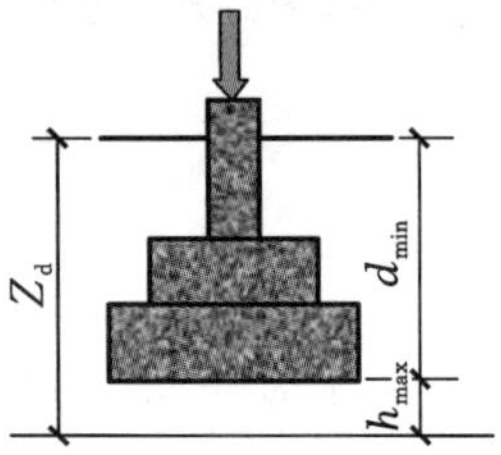

图 6.2 冻胀土基础最小埋深

(2) 季节性冻土是一定厚度的地表土层冬季冻结、夏季融化,冻融交替的土。在我国分布比较广泛,以东北、华北和西北地区的季节性冻土为主,深度均在 50 cm 以上,黑龙江北部及青海地区的冻深较大,最深可达 3 m。

对于季节性冻土区,基础底面应位于冰冻线以下,否则地基土冻胀产生的竖向冻胀力大于基底压力,会使建筑物开裂甚至破坏,地基的融陷将使地基产生不均匀沉降,影响建筑物正常使用甚至破坏。

对于季节性冻土按冰冻线考虑的基础最小埋深 d_{min}(图 6.2),可按下式确定:

$$d_{min} = z_d - h_{max} \tag{6.1}$$

式中 z_d—— 场地冻结深度(m),其取值详见《建筑地基基础设计规范》(GB 50007—2011);

h_{max}—— 基础底面下允许冻土层的最大厚度(m),其取值详见《建筑地基基础设计规范》(GB 50007—2011)。

总之,影响埋深的因素很多,基础的埋置深度大小对建筑物的安全使用、稳定性、施工方案、工期及造价均有影响,因此合理确定埋深是一个重要问题,设计中必须善于从实际出发,抓住主要因素进行考虑,寻找技术可行、经济合理的埋置深度。

6.1.4 浅基础设计应解决的问题

1. 基础设计前期阶段

(1) 充分掌握拟建场地的工程地质条件(见表 5.1)和地基勘察资料,进行相应的现场勘察和调查。

(2) 选择建筑材料和地基处理方法

了解当地的建筑设计经验、施工条件和就地取材的可能性,并结合实际考虑采用先进的施工技术和经济可行的地基处理方法。

2. 基础设计实施阶段

(1) 选择基础类型、持力层,决定基础埋深

在研究地质勘察资料的基础上,结合上部结构的类型,荷载性质、大小和分布,建筑布置和使用要求以及拟建的基础对原有建筑的影响,考虑选择基础类型和基础平面布置方案,并确定持力层及基础埋深。

(2) 确定基底尺寸及地基变形计算

对于无筋扩展基础和扩展基础基底面积的确定,将在 6.2 节分析计算。

(3) 基础截面设计

包括基础截面内力计算、高度确定、钢筋混凝土配筋计算及构造要求,保证基础具有足够的强度、刚度及耐久性。

(4) 绘制基础施工图,编制工程预算书和工程设计说明书。

➡ 技术提示

地基与基础设计方案的确定与各方面密切相关、互相制约，不可能一次考虑周全，因此地基基础设计工作往往要反复进行才能取得满意结果。对于规模较大的工程，还宜对若干可能方案作出技术经济比较，然后择优选择。

6.1.5 天然地基浅基础设计主要步骤

在浅基础中最简单的是无筋扩展基础(刚性基础)和扩展基础(柔性基础)，体型不大、结构简单，在设计单个基础荷载及内力分析时，可忽略上部结构与基础的变形协调，但不可忽略基础与地基的相互作用，前述浅基础设计称为“常规设计”。但对于复杂的、大型基础(如柱下条形基础、筏形基础、箱形基础)，其力学形状复杂，宜在常规设计基础上，考虑上部结构、地基与基础的相互作用，才能进行力学分析、内力计算，最终才能完成具有一定可靠度的设计。

对于职业教育专业学生，仅掌握天然地基扩展基础设计原理即可，其主要步骤如下：

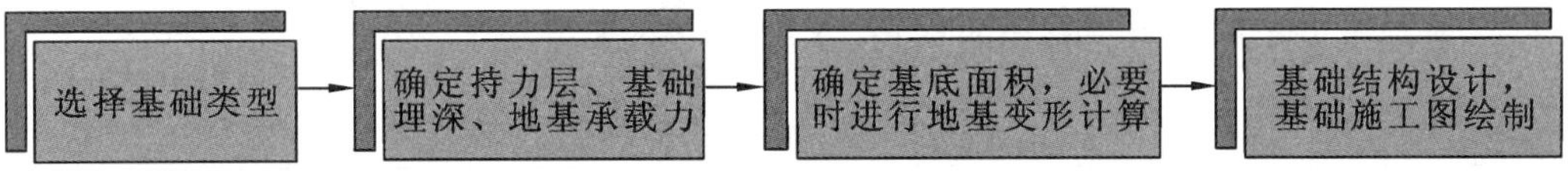

6.2 基础底面尺寸确定

上一节明确了浅基础设计需解决的问题，对基础类型、基础埋深确定有了初步认识后，在以下各节中将针对无筋扩展基础和扩展基础根据设计主要步骤，完成基础底面尺寸、基础截面设计。本节先介绍基底面积的确定。

不论是无筋扩展基础还是扩展基础，在其他条件相同时，基底面积确定完全相同，即应满足地基承载力要求，当存在软弱下卧层时，还应满足软弱下卧层地基承载力的要求。

6.2.1 持力层地基承载力验算

1. 轴心荷载作用

$$p_k \leqslant f_a \tag{6.2}$$

式中 p_k—— 相应于作用的标准组合时，基础底面处的平均压力值(kPa)；

f_a—— 修正后的地基承载力特征值(kPa)。

2. 偏心荷载作用

除符合式(6.2)要求外，尚应符合下式规定：

$$p_{kmax} \leqslant 1.2f_a \tag{6.3}$$

式中 p_{kmax}—— 相应于作用的标准组合时，基础底面边缘的最大压力值，其计算公式见第2章。

6.2.2 软弱下卧层地基承载力验算

如果软弱下卧层埋藏不够深(图6.3)，扩散到软弱下卧层的承载力将大于其承载力，地基仍有失效的可能，因此尚需要验算软弱下卧层地基承载力，应满足：

$$p_z + p_{cz} \leqslant f_{az} \tag{6.4}$$

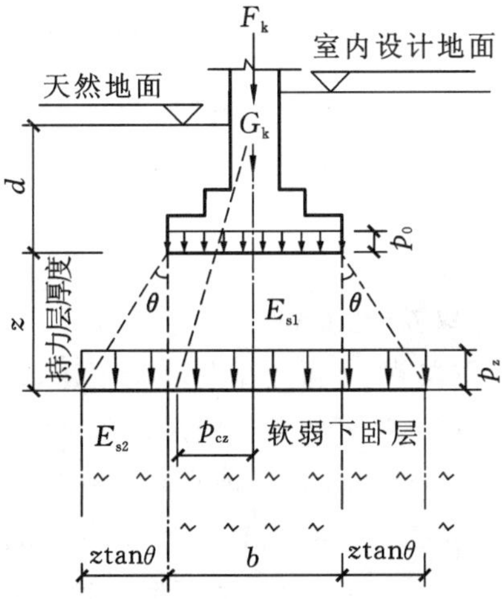

图 6.3 软弱下卧层地基承载力验算示意图

式中 f_{az}—— 软弱下卧层顶面处经深度修正后的地基承载力特征值(kPa);

p_{cz}—— 软弱下卧层顶面处土的自重压力值(kPa);

p_z—— 相应于作用的标准组合时,软弱下卧层顶面处的附加压力值(kPa),可按下列公式简化计算:

(1) 矩形基础

$$p_z = \frac{lbp_0}{(b+2z\tan\theta)(l+2z\tan\theta)} \tag{6.5}$$

(2) 条形基础

$$p_z = \frac{bp_0}{(b+2z\tan\theta)} \tag{6.6}$$

式中 b—— 矩形基础短边尺寸或条形基础宽度(m);

l—— 矩形基础长边(m),条形基础 $l=1$ m;

p_0—— 基础底面处附加应力标准值(kPa);

z—— 基础底面至软弱下卧层顶面的距离(m);

θ—— 地基压力扩散线与垂直线的夹角(°),可按表 6.8 采用。

表 6.8 地基压力扩散角 θ

$\frac{E_{s1}}{E_{s2}}$	z/b		备注
	0.25	0.50	
3 5 10	6° 10° 20°	23° 25° 30°	① E_{s1} 为上层土压缩模量;E_{s2} 为下层土压缩模量。 ② $z/b<0.25$ 时取 $\theta=0°$,必要时,宜由试验确定;$z/b>0.5$ 时 θ 值不变。 ③ z/b 在 0.25 ~ 0.50 可插值使用。 ④ 若为换土人工地基,压力扩散角 θ 应根据换填材料,按现行《建筑地基处理技术规范》(JGJ 79—2012) 取值

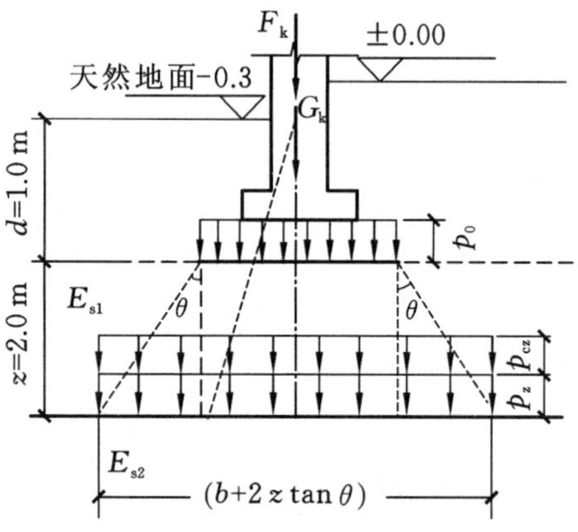

图 6.4 例 6.2 图

【例 6.2】 某轴心受压墙下条形基础,墙厚 370 mm;上层土为黏性土,厚度 $h_1=3.0$ m,重度 $\gamma_1=18$ kN/m³,压缩模量 $E_{s1}=9$ MPa,修正后地基承载力特征值 $f_a=190$ kPa;下卧层为淤泥质土,$E_{s2}=1.8$ MPa,$e=0.87$ 及 $I_L=0.9$,深度未修正地基承载力特征值 $f_{ak2}=90$ kPa;上部结构传来轴向力标准值 $F_k=300$ kN/m;其余条件如图 6.4 所示。试确定基础宽度 b。

【解】 (1) 由持力层地基承载力初步确定基础宽度 b(取条基单位长度:$l=1$ m)

由 $p_k=\frac{F_k+G_k}{b}=\frac{F_k}{b}+\gamma_G\bar{d}\leqslant f_a$ 得:

$$b \geqslant \frac{F_k}{f_a-\gamma_G\bar{d}}=\frac{300}{190-20\times(1.0+0.3/2)}=1.8 \text{ m}$$

取 $b=2.0$ m

(其中:$\bar{d}$ 指基础的平均埋深,$\bar{d}=1.0+0.3/2=1.15$ m。)

(2) 验算软弱下卧层地基承载力

① 计算软弱下卧层顶面处的自重应力 p_{cz}

$p_{cz}=(d+z)\gamma'_m=3\times18=54$ kN/m²

(其中:γ'_m 为软弱下卧层顶面以上土的加权平均重度,d 从天然地面算起。)

② 计算软弱下卧层顶面处附加应力 p_z

a. 计算基底附加应力

$$p_0 = p_k - \gamma_m d = \frac{F_k}{b} + \gamma_G \overline{d} - \gamma_m d = \frac{300}{2} + 20 \times 1.15 - 18 \times 1 = 155 \text{ kPa}$$

b. 确定扩散角 θ

由 $E_{s1}/E_{s2} = 9/1.8 = 5$　$z/b = 2/2 = 1 > 0.5$，查表 6.8 得 $\theta = 25°$

c. $p_z = \dfrac{bp_0}{(b + 2z\tan\theta)} = \dfrac{2 \times 155}{(2 + 2 \times 2 \times \tan 25°)} = 80.2 \text{ kPa}$

(3) 计算深度修正后地基承载力特征值 f_{az}（η_d 由 $e = 0.87, I_L = 0.9$，查表 4.11 得到）

$$f_{az} = f_{ak2} + \eta_d \gamma'_m (d + z - 0.5) = 90 + 1.0 \times 18 \times (3.0 - 0.5) = 135 \text{ kPa}$$

(4) 验算软弱层地基承载力

$p_z + p_{cz} = 80.2 + 54 = 134.2 \text{ kPa} < f_{az} = 135 \text{ kPa}$，基底面积也满足软弱下卧层承载力要求。

➡ 技术提示

(1) 在地基承载力特征值修正值中，其基础埋深 d 应从室外地面标高算起[见第 4 章式(4.21) 及式(4.20) 说明]。

(2) 在软弱地基承载力特征值修正值中，不考虑宽度修正，其深度应从 $d + z$ 算起，深度修正系数 η_d 见表 4.11。

(3) 基底面积 A 大小与地基承载力 f_a 和上部结构荷载 F_k 有关：

① 地基承载力 f_a 越大，基底面积 A 越小；

② 上部荷载 F_k 越大，基底面积 A 越大。

(4) 基底面积 A 大小与软弱下卧层承载力 f_{az}、持力层土厚度 z、应力扩散角 θ 有关：

① 持力层土厚度 z 越小，导致软弱下卧层顶面处应力（包括附加应力 p_z 及自重应力 p_{cz}）增大，若 $p_z + p_{cz} > f_{az}$ 时，基底面积不满足软弱下卧层地基承载力要求。其措施为：采用宽基浅埋，以减小附加应力 p_0 及 p_z；

② 持力层与软弱下卧层地基土的压缩模量之比 E_{s1}/E_{s2} 越大，应力扩散 θ 越大，使得软弱下卧层顶面处附加应力 p_z 减小，容易满足 $p_z + p_{cz} \leqslant f_{az}$ 的要求，故持力层宜选择表面的硬壳层。

【例 6.3】 某柱下独立基础（图 6.5）基底面积 $A = bl = 2 \text{ m} \times 2.5 \text{ m}$，基础埋深 $d = 1.5 \text{ m}$；上部结构传来竖向荷载标准值 $F_k = 600 \text{ kN}$，力矩 $M_{k1} = 200 \text{ kN} \cdot \text{m}$，$V_k = 150 \text{ kN}$；地基土为厚度较大的粉土，其黏粒含量 $\rho_c < 10\%$，承载力特征值 $f_{ak} = 230 \text{ kPa}$；基础底面以上土的加权平均重度 $\gamma_m = 18.5 \text{ kN/m}^3$，基础底面以下土的重度 $\gamma = 17.5 \text{ kN/m}^3$。验算地基承载力是否满足要求？

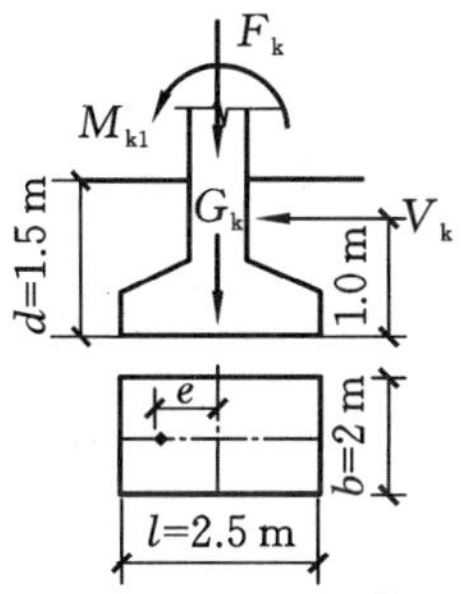

图 6.5　例 6.3 图

【解】 (1) 计算基底处持力层修正后地基承载力特征值 f_a

$$f_a = f_{ak} + \eta_b \gamma (b - 3) + \eta_d \gamma_m (d - 0.5)$$
$$= 230 + 2 \times 18.5 \times (1.5 - 0.5) = 267 \text{ kN/m}^2$$

（由表 4.11，对于粉土，当 $\rho_c < 10\%$，$\eta_d = 2.0$；$b < 3$ m 不做宽度修正）

(2) 持力层地基承载力验算

$$p_k = \frac{F_k + G_k}{A} = \frac{600 + 150}{2 \times 2.5} = 150 \text{ kN/m}^2 \leqslant f_a = 267 \text{ kN/m}^2$$

（其中 $G_k = A\gamma_G \overline{d} = 2 \times 2.5 \times 20 \times 1.5 = 150 \text{ kN}$）

$$e = \frac{M_k}{F_k + G_k} = \frac{M_{k1} + V_k \times 1.0}{F_k + G_k} = \frac{200 + 150 \times 1.0}{600 + 150} = 0.47 \text{ m} > \frac{l}{6} = \frac{2.5}{6} = 0.42 \text{ m}$$

由第 2 章式(2.5) 得：

$p_{kmax} = \dfrac{2(F_k + G_k)}{3ab} = \dfrac{2 \times (600 + 150)}{3 \times 0.78 \times 2} = 320.5 \text{ kPa} \approx 1.2 f_a = 1.2 \times 267 = 320.4 \text{ kPa}$，承载力满足

要求。

(其中 $a=l/2-e=2.5/2-0.47=0.78$ m)

➡ 知识扩展

(1) 在确定基础底面尺寸时,为避免基底出现受拉,减少基底压力不均匀分布程度,在面积几乎不变的条件下,可加大基底长边尺寸 l,使偏心距 $e\leqslant l/6$,即 $l\geqslant 6e$。

① 上题 $l\geqslant 6\times 0.47=2.82$ m 取 $l=2.85$ m,若 $A=5\ \text{m}^2$ 不变,则 $b=A/l=5/2.85=1.75$ m。

② 验算:$e=\dfrac{M_k}{F_k+G_k}=\dfrac{200+150\times 1}{600+150}=0.47\ \text{m}<\dfrac{l}{6}=\dfrac{2.85}{6}=0.475\ \text{m}$

由式(2.4)得:

$p_{kmax}=\dfrac{F_k+G_k}{A}\left(1+\dfrac{6e}{l}\right)=150\times(1+\dfrac{6\times 0.47}{2.85})=298.4\ \text{kPa}<1.2f_a=320.4\ \text{kPa}$,满足要求。

(2) 为了减少偏心距,减少地基不均匀沉降,其措施:

① 在面积 A 不变的条件下,由第2章例2.4可知 l/b 越大,地基附加应力增大,相应的附加变形增大,故独立基础 l/b 不宜过大,一般 $l/b\leqslant 2$。

② 可以加大基底面积,G_k 增大,W 较大($W=bl^2/6$),由第2章式(2.4)可知:偏心距 e 减小,为了减少不均匀沉降,应增大相应的基础。

【例6.4】 某单层钢筋混凝土排架结构,采用钢筋混凝土柱下独立基础。已知:

① 柱子截面尺寸 $b_c\times h_c=400\ \text{mm}\times 600\ \text{mm}$;

② 上部结构传来荷载:竖向标准值 $F_k=900$ kN,力矩 $M_{k1}=90$ kN·m,水平力 $V_k=100$ kN,水平力作用点距离基础底面1.5 m;

③ 地质条件:地基土均为粉质黏土,重度 $\gamma=18.5\ \text{kN/m}^3$,地基承载力特征值 $f_{ak}=200$ kPa,土的孔隙比 $e=0.781$,液性指数 $I_L=0.331$,由表4.11查得深度修正系数 $\eta_d=1.6$,宽度修正系数 $\eta_b=0.3$;

④ 基础条件:从室外地坪算起(设为天然地面)基础埋深1.2 m,室内外高差0.6 m。

要求:确定基础底面尺寸。

【解】 (1) 确定修正后持力层地基承载力特征值 f_a(先不做宽度修正)

$$f_a=f_{ak}+\eta_d\gamma_m(d-0.5)=200+1.6\times 18.5\times(1.8-0.5)=238.5\ \text{kN/m}^2$$

(2) 基础底面尺寸的确定

① 初选(考虑到偏心,基底面积按轴压计算后,初步扩大1.3倍)

$$A=1.3A_1\geqslant\frac{1.3F_k}{f_a-\gamma_G\bar{d}}=\frac{1.3\times 900}{238.5-20\times(1.2+0.6/2)}=1.3\times 4.31=5.6\ \text{m}^2$$

设 $n=\dfrac{l}{b}=1.5$,由 $nb^2\geqslant A$ 得:$b\geqslant\sqrt{\dfrac{A}{n}}\geqslant\sqrt{\dfrac{5.6}{1.5}}=1.93$ m,取 $b=2.0$ m,则 $l=1.5\times 2=3$ m

② 验算

$$e=\frac{M_k}{F_k+G_k}=\frac{M_{k1}+1.5V_k}{900+A\gamma_G\bar{d}}=\frac{90+1.5\times 100}{900+3\times 2\times 20\times(1.2+0.6/2)}=0.222\ \text{m}<\frac{l}{6}=\frac{3}{6}=0.5\ \text{m}$$

$$\frac{p_{kmax}}{p_{kmin}}=\frac{F_k+G_k}{A}\left(1\pm\frac{6e}{l}\right)=\frac{1080}{6}\times(1\pm\frac{6\times 0.222}{3})=180\times(1\pm 0.444)=\frac{260}{100.1}\ \text{kPa}$$

由验算条件:$p_{kmax}=260\ \text{kPa}\leqslant 1.2f_a=1.2\times 238.5=286.2$ kPa

$p_k=\dfrac{F_k+G_k}{A}=180\ \text{kPa}<f_a=238.5$ kPa,满足要求且基础面积比较经济合理。

另外基础宽度 $b<3$ m,其地基承载力不需要做宽度修正,与上述计算吻合。

➡ 技术提示

分析：由于偏压基础不能直接求出基底面积，其方法：

① 初选：$A \geqslant (1.1 \sim 1.4)\dfrac{F_k}{f_a - \gamma_G \bar{d}}$ → 设 $n = \dfrac{l}{b}$（一般宜使 $n \leqslant 2$，否则 l/b 过大，增大地基附加应力及附加变形）。

② 验算：$p_{kmax} \leqslant 1.2f_a$ 且 $p_k \leqslant f_a$ 满足要求，否则不满足要求；另外，即使截面尺寸满足地基承载力要求，但截面尺寸不合理，可重新调整尺寸，直到达到满意结果。

在确定截面尺寸时，宜使 $e = M_k/(F_k + G_k) \leqslant l/6$，以减小基底的偏心。

6.3　无筋扩展基础截面设计

6.3.1　受力特点

基础的受力特点与在基底反力作用下倒置的受弯构件相似，其计算简图为固接于柱边、承重墙边倒置的、变截面的悬挑构件。由于无筋扩展基础材料由砖、毛石、混凝土、毛石混凝土、灰土及三合土组成，具有较高的抗压性能，但是抗拉及抗剪强度很低；基础受荷后，基础不允许挠曲和开裂，这种基础过去称为刚性基础。无筋扩展基础材料一般作为层数较少、地质条件较好的砌体结构基础，如图 6.6(a) 所示，墙下条形砖基础的基础材料往往由两种材料组成，下部用灰土、三合土或素混凝土，上部为砌砖基础。

6.3.1.1　台阶的宽高比

当基础高度过大时，往往做成台阶形和坡形（如混凝土基础），每一控制截面（包括每一台阶处）基础挑出长度 b_i 与对应截面高度 h_i 之比，称为台阶的宽高比 b_i/h_i，即 $b_i/h_i = \tan\alpha$，如图 6.6(b) 所示。

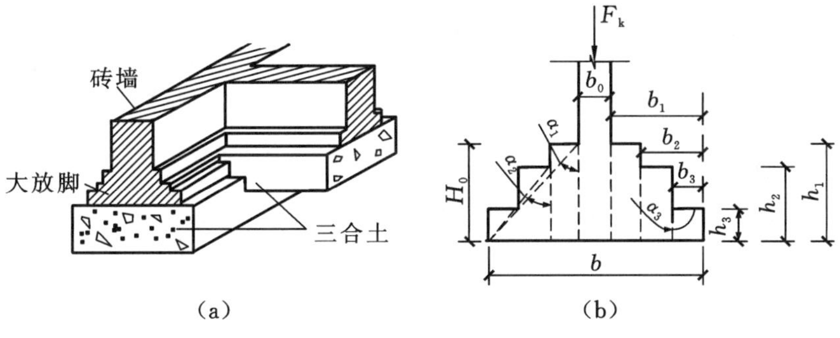

注：①基础高度 H_0
②每个控制截面处台阶的宽高比及对应的刚性角
第1台阶：$b_1/h_1 = \tan\alpha_1$ 或 $\dfrac{b - b_0}{2H_0} = \tan\alpha_1$
第2台阶：$b_2/h_2 = \tan\alpha_2$
第3台阶：$b_3/h_3 = \tan\alpha_3$

图 6.6　无筋扩展基础

(a) 两种不同材料组成无筋扩展基础；(b) 基础台阶宽高比及刚性角分析图

6.3.1.2　台阶的刚性角

为了保证基础强度、刚度，其台阶宽高比 b_i/h_i 不能大于台阶的允许宽高比（见表 6.9），$[b_i/h_i] = [\tan\alpha]$，$[\alpha]$ 称为允许刚性角，其表达式为：

$$b_i/h_i = \tan\alpha_i \leqslant [b_i/h_i] = [\tan\alpha] \tag{6.7}$$

$$\alpha_i \leqslant [\alpha] \tag{6.8}$$

$$H_0 \geqslant \frac{b - b_0}{2[\tan\alpha]} \tag{6.9}$$

表 6.9 无筋扩展基础台阶宽高比的允许值 $[b_i/h_i] = [\tan\alpha]$

基础材料	质量要求	台阶宽高比的允许值		
		$F_k \leqslant 100$	$100 < F_k \leqslant 200$	$200 < F_k \leqslant 300$
混凝土基础	C15 混凝土	1∶1.00	1∶1.00	1∶1.25
毛石混凝土基础	C15 混凝土	1∶1.00	1∶1.25	1∶1.50
砖基础	砖不低于 MU10,砂浆不低于 M5	1∶1.50	1∶1.50	1∶1.50
毛石基础	砂浆不低于 M5	1∶1.25	1∶1.50	—
灰土基础	体积比为3∶7或2∶8的灰土,其最小干密度:粉土 1.55 g/cm^3,粉质黏土 1.50 g/cm^3,黏土 1.45 g/cm^3	1∶1.25	1∶1.50	—
三合土基础	体积比 1∶2∶4～1∶3∶6(石灰∶砂∶骨料),每层约虚铺 220 mm,夯至 150 mm	1∶1.50	1∶2.00	—

注:

① F_k 标准效应组合时的基础底面处的平均压力值(kPa);

② 阶梯形毛石基础的每阶伸出宽度,不宜大于 200 mm;

③ 当基础由不同材料叠合组成时,应对接触部分做抗压验算;

④ 混凝土基础单侧扩展范围内基础底面处的平均压力值超过 300 kPa 时,尚应进行抗剪验算;对基底反力集中于立柱附近的岩石地基,应进行局部受压承载力验算

图 6.7 所示 4 种无筋扩展基础,通过式(6.8)可分析基础所处状态(安全、危险)。

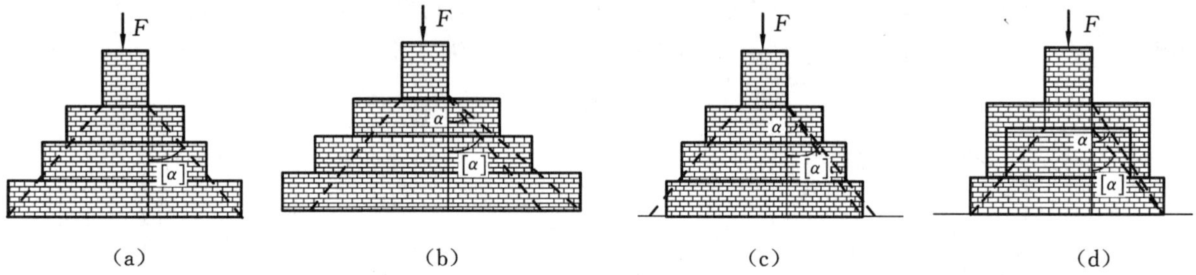

图 6.7 无筋扩展基础状态分析图

(a) $\alpha = [\alpha]$ 极限状态;(b) $\alpha > [\alpha]$ 危险状态;(c) $\alpha < [\alpha]$ 可靠状态;(d) $\alpha \ll [\alpha]$ 浪费基础材料,应考虑较小的基础高度

➡ 技术提示

① 无筋扩展基础设计一般不需要复杂荷载、内力及截面承载力计算,基础的高度要通过宽高比或刚性角限制确定,而台阶允许宽高比与基础材料、基础强度、质量要求、基底压力有关。

② 在式(6.7)$b_i/h_i \leqslant [b_i/h_i]$ 中,要求每一台阶处截面均要满足该要求(包括基础高度 H_0)。

6.3.2 无筋扩展基础构造要求

6.3.2.1 基础的材料强度及质量要求

基础材料强度、质量除符合表 6.9 的要求外,还应符合《砌体结构设计规范》(GB 50003—2011)的规定。设计年限 50 年,地面以下或防潮层以下的砌体、潮湿房间的墙或环境类别为二类的砌体,所用

材料的最低强度等级应符合表 6.10 的要求。

表 6.10 地面以下或防潮层以下的砌体、潮湿房间的墙所用材料的最低强度等级

潮湿程度	烧结普通砖	混凝土普通砖、蒸养普通砖	混凝土砌块	石材	水泥砂浆
稍潮湿的	MU15	MU20	MU7.5	MU30	M5
很潮湿的	MU20	MU20	MU10	MU30	M7.5
含水饱和的	MU20	MU25	MU15	MU40	M10

注:① 在冻胀地区,地面以下或防潮层以下的砌体,不宜采用多孔砖;如采用时,其孔洞应采用不低于 M10 的水泥砂浆灌实;当采用混凝土空心砌块时,其孔洞应采用不低于强度等级 Cb20 的混凝土预先灌实。

② 对安全等级一级或设计年限大于 50 年的房屋,表中强度等级应至少提高一级

6.3.2.2 基础构造尺寸要求

确定基础尺寸,除保证每个台阶处 $b_i/h_i \leqslant [b_i/h_i]$ 的同时,断面尺寸还应经济合理,便于施工。不同的基础材料,其构造尺寸要求也不同。

(1) 钢筋混凝土柱脚及砖基础构造尺寸见表 6.11。

(2) 毛石基础、混凝土及毛石混凝土基础、灰土及三合土基础构造尺寸要求见表 6.12。

另外,无筋扩展基础也可由两种材料叠合而成,如上面为砖基础,下面为混凝土或毛石基础。

表 6.11 钢筋混凝土柱脚及砖基础构造

<table>
<tr><th>类型</th><th>钢筋混凝土柱脚构造</th><th colspan="2">砖基础</th></tr>
<tr><td>构造尺寸示意图</td><td>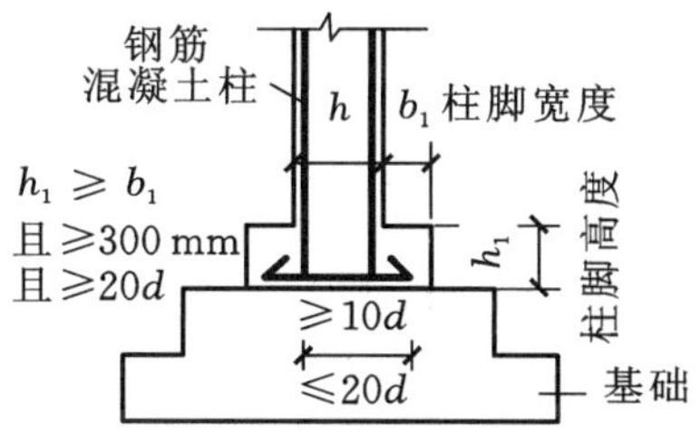
</td><td>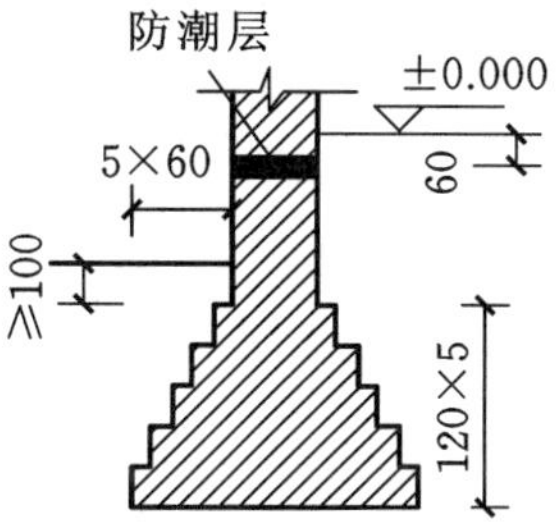
</td><td>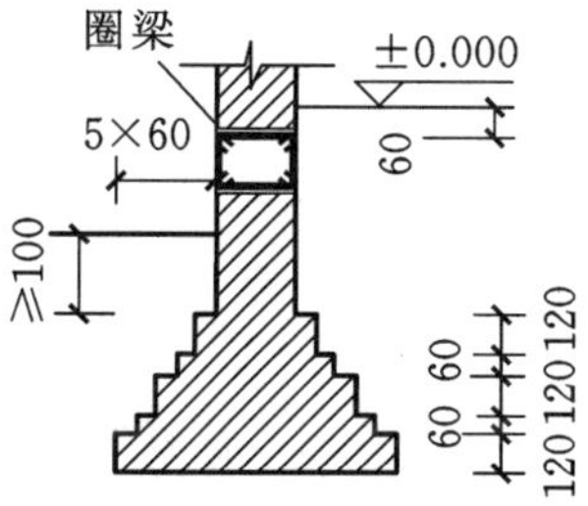
</td></tr>
<tr><td>构造说明</td><td>(1) 柱脚高度 h_1 不得小于 b_1 并不应小于 300 mm 且不小于 $20d$。
(2) 当纵向钢筋在柱脚内的竖向锚固长度不满足锚固要求时,可沿水平方向弯折,弯折后的水平锚固长度不应小于 $10d$ 也不应大于 $20d$</td><td colspan="2">(1) 砖基础大放脚有两种砌法:"二二等高收",其台阶高宽比 1/2;"二一间隔收" 其每个台阶高宽比均不超过 1/1.5。
(2) 防潮层设置有两种:
① 用 1 : 2 水泥砂浆另加水泥重量 5% 防水剂,厚度 20 mm;
② 圈梁既可以提高房屋整体性,也起到防潮层作用</td></tr>
</table>

表 6.12 毛石基础、混凝土、毛石混凝土基础、灰土及三合土基础构造

<table>
<tr><th>类型</th><th>毛石基础</th><th>素混凝土及毛石混凝土基础</th><th>灰土及三合土基础</th></tr>
<tr><td>构造尺寸示意图</td><td>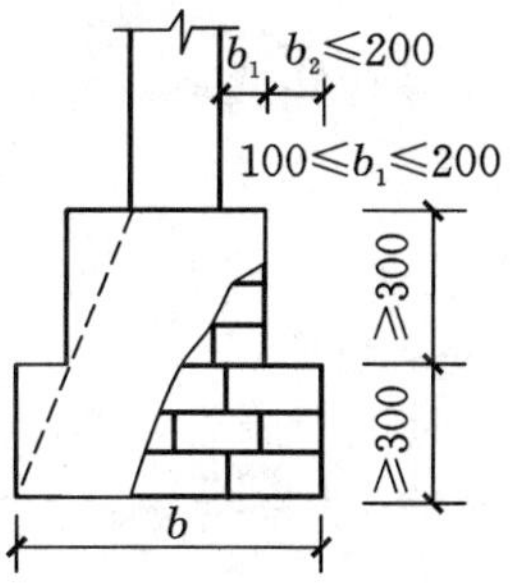
</td><td>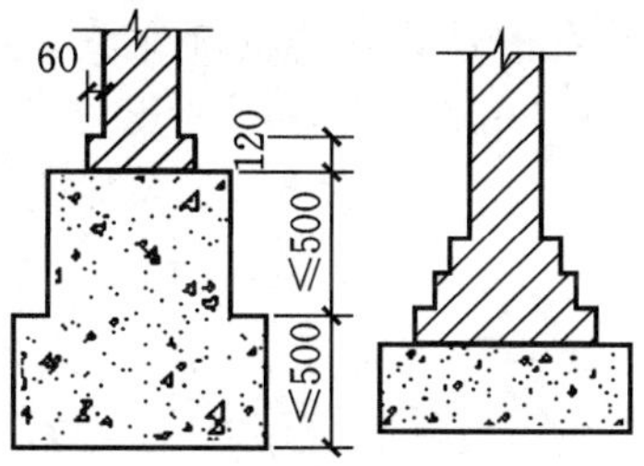
</td><td>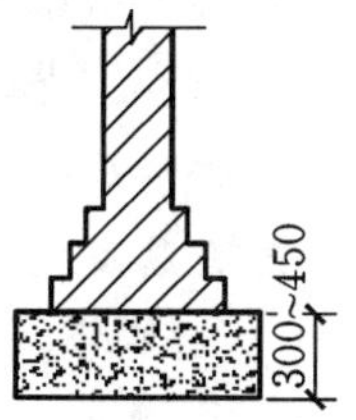
</td></tr>
</table>

续表 6.12

类型	毛石基础	素混凝土及毛石混凝土基础	灰土及三合土基础
构造说明	(1) 基础顶面比墙体宽出不少于 100 mm； (2) 为了锁接作用，每阶伸出宽度不宜大于 200 mm； (3) 每一阶梯宜用两层或两层以上毛石，高度不小于 300 mm	(1) 高度在 350 mm 以内做一层台阶，350～900 mm 做二层台阶；大于 900 mm 做三层台阶，每一阶梯高度不宜大于 500 mm； (2) 当基础体积较大，为节约水泥，可掺入基础体积 25% 左右的毛石，做成毛石混凝土基础，毛石尺寸不宜大于 300 mm	(1) 灰土(熟石灰和土按体积比 3∶7 或 2∶8)和三合土(石灰、砂和骨料，按体积比 1∶2∶4 或 1∶3∶6)拌和均匀； (2) 每层虚铺 220～250 mm，夯实到 1 步，一般基础高度是 2～3 步。

【例 6.5】 条件同例 6.2，试设计该墙下无筋扩展基础。

【解】 (1) 基础宽度确定

由例 6.2 可知在满足地基承载力的条件下，基础宽度 $b=2.0$ m。

(2) 基础截面设计

方案一：砖基础，采用 MU10 的砖和 M7.5 的水泥砂浆。

(1) 计算砖基础每侧台阶数量 n，并进一步确定基础宽度 b

由 $60\times 2n+b_0\geqslant b$ (墙厚：$b_0=370$ mm) 得：$n\geqslant \dfrac{b-b_0}{120}=\dfrac{2000-370}{120}=13.6$，取 $n=14$

则基础的宽度为：$b=b_0+120n=370+120\times 14=2050$ mm

(2) 计算基础的高度 H_0

若采用“二一间隔收”则基础高度为 $H_0=7\times 120+7\times 60=1260$ mm

由于 $H_0=1260\text{ mm}>d=1000$ mm，故本方案不合理。

方案二：采用 C15 素混凝土基础。

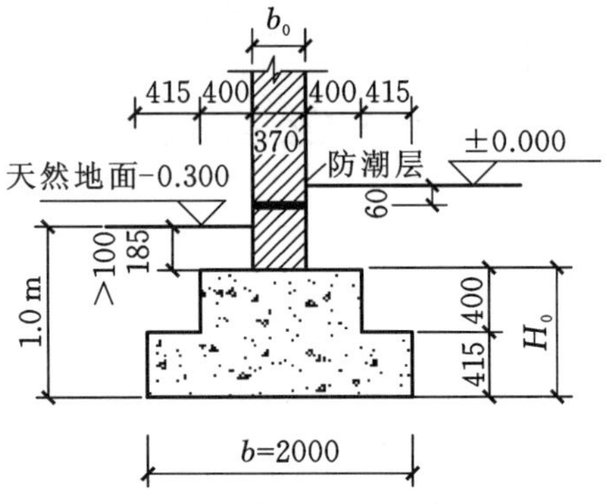

图 6.8 例 6.5 图

(1) 计算基底压力标准值

$$p_k=\frac{F_k}{b}+\gamma_G\bar{d}=\frac{300}{2}+20\times 1.15=173\text{ kPa}$$

查表 6.9 得：$[\tan\alpha]=1:1$。

(2) 计算基础高度 H_0($b_0=370$ mm)

由 $\dfrac{b-b_0}{2H_0}\leqslant[\tan\alpha]$ 得：

$$H_0\geqslant\frac{b-b_0}{2[\tan\alpha]}=\frac{2000-370}{2\times 1}=815\text{ mm}$$

取 $H_0=815$ mm，$d-H_0=1000-815=185\text{ mm}>100$ mm，满足要求，其基础剖面示意图见图 6.8。

➡ 技术提示

1. 砖基础截面设计步骤

(1) 由地基承载力确定基础宽度 b → 计算每侧台阶数量 $n\geqslant(b-b_0)/120$(b_0 为基础顶面墙体厚度) → 进一步确定基础宽度 $b=b_0+120n$(考虑砖的模数)；

(2) 选择砖基础大放脚砌筑方式(“二一间隔”“二二等高”)：由台阶数量 n → 基础高度 H_0 → 验算高度 H_0 是否满足构造要求(即 $d-H_0\geqslant 100$ mm 方案满足要求 → 绘制基础剖面图)。

2. 对于柱下独立基础(柱截面长边和短边尺寸 h_c、b_c 对应的基础底面长边和短边分别为 l、b)，则台阶的数量除满足 $n\geqslant(b-b_c)/120$ 外，还应满足 $n\geqslant(l-h_c)/120$ 的要求，其余设计同条形基础。

➡ **知识扩展**

1. 其他材料的无筋扩展基础设计步骤

(1) 由地基承载力确定基础宽度b→计算基础总高度$H_0 \geqslant \dfrac{b-b_0}{2[\tan\alpha]}$→验算基础高度(基顶至室外地坪不小于100 mm)→根据基础每侧外伸宽度$(b-b_0)/2$、H_0及$[\tan\alpha]$确定每个台阶的高度及宽度→绘制基础剖面图。

(2) 对于柱下独立基础(柱截面长边和短边尺寸h_c、b_c对应的基础底面长边和短边分别为l、b),则基础高度除满足$H_0 \geqslant \dfrac{b-b_c}{2[\tan\alpha]}$之外,还应满足$H_0 \geqslant \dfrac{l-h_c}{2[\tan\alpha]}$的要求,其余设计同条形基础。

2. 无筋扩展基础的工作分析

从例6.4计算分析看出,当上部荷载较大,地基承载力较低,会导致基底宽度加大,基础高度$H_0 \geqslant \dfrac{b-b_0}{2[\tan\alpha]}$增大,甚至大于基础埋深$d$,基础露出地面;其措施可加大基础埋深或选择$[\tan\alpha]$较大的无筋材料基础,但是埋深加大会导致工程量大、用料多、自重大等,从而给施工带来不便。此时应当进行地基处理,或采用钢筋混凝土基础,达到浅埋的目的。

6.4 扩展基础设计

6.4.1 扩展基础构造要求

6.4.1.1 一般要求

(1) 扩展基础外形有锥形(坡形)和台阶形(包括单阶形)。锥形基础的边缘高度不宜小于200 mm,且两个方向的坡度不宜大于1∶3。台阶形基础的每阶高度宜为300～500 mm。

(2) 垫层的厚度不宜小于70 mm,垫层混凝土强度等级不宜低于C10;一般取垫层的厚度100 mm,伸出基础边缘各100 mm。

(3) 扩展基础受力钢筋最小配筋率不应小于0.15%,底板受力钢筋的最小直径不应小于10 mm,间距不应大于200 mm,也不应小于100 mm。墙下钢筋混凝土条形基础纵向分布钢筋的直径不应小于8 mm;间距不应大于300 mm;每延长米分布钢筋的面积不应小于受力钢筋面积的15%,当有垫层时钢筋保护层的厚度不应小于40 mm;无垫层时不应小于70 mm。如图6.9所示。

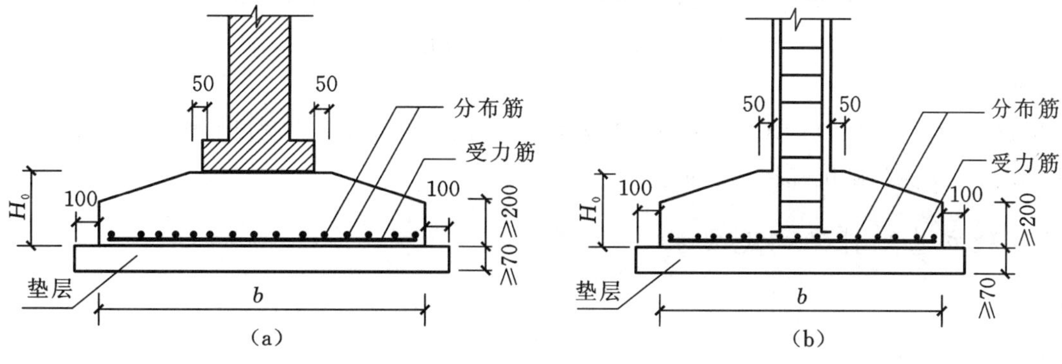

DJ_j 阶形独基

DJ_z 锥形独基

图6.9 扩展基础

(a) 墙下条形基础;(b) 柱下独立基础

(4) 混凝土强度等级不应低于 C20;但根据《混凝土结构设计标准》(GB/T 50010—2010,2024 年版)第 3.5.3 款结构耐久性设计规定:设计使用年限 50 年的混凝土结构,如:环境类别二 a 类混凝土强度等级不应低于 C25,二 b 类混凝土强度等级不应低于 C30,处于严寒和寒冷地区的二 b 类中的混凝土应使用引气剂,混凝土强度等级可采用 C25。

(5) 当柱下钢筋混凝土独立基础的边长和墙下钢筋混凝土条形基础的宽度大于或等于 2.5 m 时,底板受力钢筋的长度可取边长或宽度的 90%,并宜交错布置;其构造详图参见 22G101-3 平法图集第 70 页、78 页。

(6) 钢筋混凝土条形基础底板在T形及十字形交接处,底板横向受力钢筋仅沿一个主要受力方向通长布置,另一方向的横向受力钢筋可布置到主要受力方向底板宽度1/4 处。在拐角处底板横向受力钢筋应沿两个方向布置;其构造详图参见 22G101-3 平法图集第 76、77 页。

6.4.1.2 墙下条形基础补充构造要求

(1) 钢筋混凝土条形基础底板设置地圈梁分为无肋式[图 6.10(a)] 和有肋式[图 6.10(b)] 两种;无肋式基础底板高度一般要求 $h \geqslant 300$ mm 且 $\geqslant b/8$(b 为基础宽度),当 $b < 1500$ mm 时,基础做成等厚度;当 $b \geqslant 1500$ mm 时,可做成锥形。设置地圈梁的目的是提高基础的刚度、减少地基不均匀沉降,地圈梁配筋由设计人确定,但一般不小于图 6.10(c) 中的尺寸。

(2) 根据设计要求,为了提高上部结构的整体性,防止墙体开裂,在墙体底部设计圈梁,以起到防潮层作用,圈梁梁顶宜设在标高 −0.060 m 处;墙体中圈梁配筋由设计人确定,但一般不小于图6.10(c) 所示尺寸;当该位置不设圈梁时,应设防潮层。

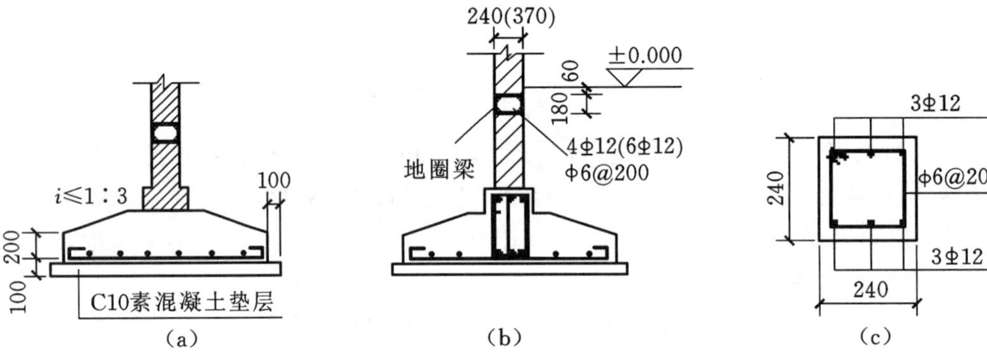

图 6.10 墙下条形基础剖面示意图

(a) 无肋式;(b) 有肋式;(c) 地圈梁最小断面及最小配筋

(3) 圈梁纵筋搭接位置应离墙体交接部位大于或等于 1000 mm。构造柱可不单独设置基础,但应伸入室外地面下 500 mm,或与埋深小于 500 mm 的基础圈梁相连。

(4) 其他主要构造

非承重内隔墙的做法如图 6.11 所示。另外,管线穿过基础墙体时,墙上留洞尺寸要考虑管道顶与洞口顶有一定的距离,避免基础沉降挤坏管道。

6.4.1.3 柱下独立基础补充构造要求

1. 现浇柱

(1) 基础插筋(图 6.12)

《建筑地基基础设计规范》(GB 50007—2011) 规定:插筋的数量、直径以及钢筋种类应与柱内纵向受力钢筋相同。插筋伸入基础的总长度应不小于锚固长度 l_a(l_{aE}),插筋的下端宜做成直钩放在基础底板钢筋网上。当基础高度小于 l_a(l_{aE}) 时,纵向受力钢筋的锚固总长度除符合上述要求外,其最小直锚段的长度不应小于 $20d$，弯折段的长度不应小于 150 mm。

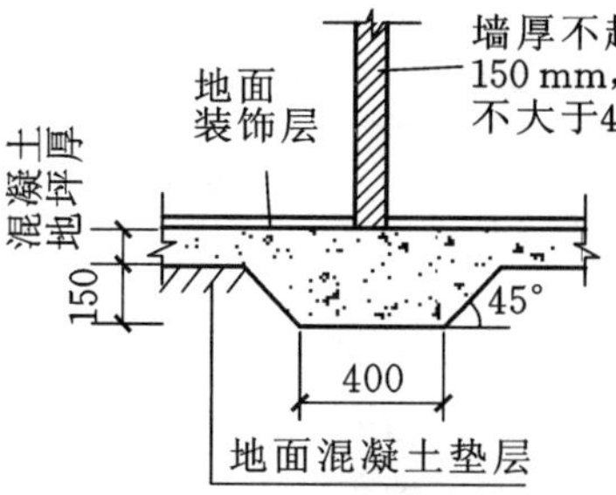

图 6.11 内隔墙基础做法

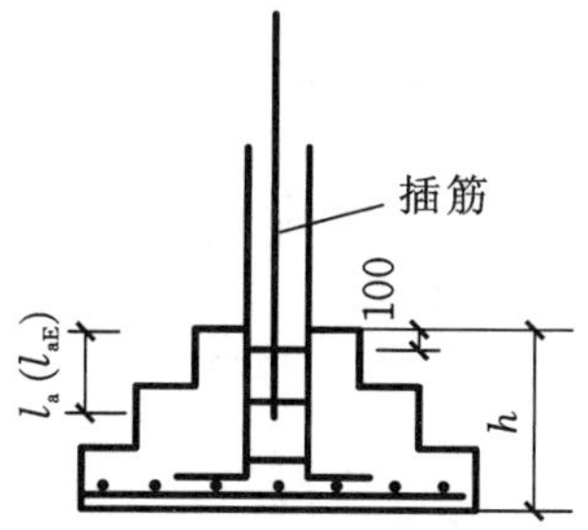

图 6.12 现浇柱基础插筋示意图

不带梁式双柱柱下独立基础

带梁式双柱柱下独立基础

当符合下列条件之一时，可仅将四角的插筋伸至底板钢筋网上：① 柱为轴心受压或小偏心受压，基础高度大于或等于 1200 mm；② 柱为大偏心受压，基础高度大于或等于 1400 mm。

对于框架柱插筋构造，根据设计要求可参见 22G101-3 平法图集第 66 页。

（2）插筋与柱纵筋的连接

① 插筋与柱纵筋接头可采用绑扎搭接、机械连接或焊接连接，其接头位置宜设置在受力较小部位，在一根受力钢筋上宜少设接头；同一构件相邻钢筋接头位置宜相互错开，同一连接区段内纵向受拉钢筋接头面积百分率不宜大于 50%。

② 受压钢筋接头面积百分率可不受限制。

③ 采用绑扎接头时，受拉钢筋直径不宜大于 25 mm，受压钢筋直径不宜大于 28 mm。

④ 对于不同直径钢筋采用绑扎搭接、机械连接或焊接连接时，计算连接区段的长度取较小直径考虑。

⑤ 对于抗震框架柱插筋与柱纵筋的连接构造要求，详见 22G101-1 平法图集第 65、66 页。

2. 预制钢筋混凝土柱与杯口基础（图 6.13）的连接规定

（1）柱子插入杯口深度 a_2，可按表 6.13 选用，并应满足钢筋锚固长度及吊装时柱稳定性要求。

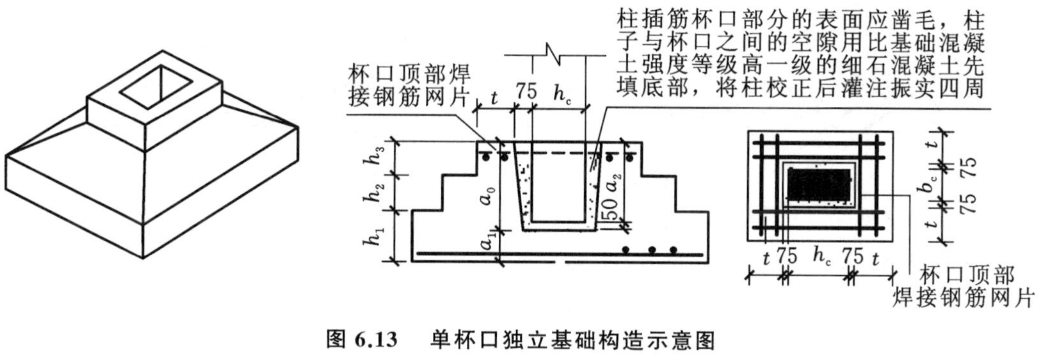

图 6.13 单杯口独立基础构造示意图

表 6.13 柱插入杯口深度 a_2

矩形或工字形柱				双肢柱
$h_c<500$	$500\leqslant h_c<800$	$800\leqslant h_c\leqslant 1000$	$h_c>1000$	
$(1\sim1.2)h_c$	h_c	$0.9h_c$ 且 $\geqslant 800$	$0.8h_c$ $\geqslant 1000$	$(1/3\sim2/3)h_a$ $(1.5\sim1.8)h_b$

注：①h_c 为柱截面长边尺寸，h_a 为双肢柱全截面长边尺寸，h_b 为双肢柱全截面短边尺寸；
② 柱轴心受压或小偏心受压时，a_2 可适当减小，偏心距大于 $2h_c$ 时，a_2 应适当加大

(2) 基础的杯底厚度和杯壁厚度,可按表6.14选用。

表6.14 基础的杯底厚度 a_1 和杯壁厚度 t

柱截面长边尺寸 h_c(mm)	杯底厚度 a_1(mm)	杯壁厚度 t(mm)	备注
$h_c < 500$	$\geqslant 150$	150 ～ 200	① 双肢柱的杯底厚度值,可适当加大; ② 当有基础梁时,基础梁下的杯壁厚度应满足其支承宽度的要求; ③ 其他构造说明详见图6.14
$500 \leqslant h_c < 800$	$\geqslant 200$	$\geqslant 200$	
$800 \leqslant h_c < 1000$	$\geqslant 200$	$\geqslant 300$	
$1000 \leqslant h_c < 1500$	$\geqslant 250$	$\geqslant 350$	
$1500 \leqslant h_c < 2000$	$\geqslant 300$	$\geqslant 400$	

(3) 当柱为轴心受压或小偏心受压且 $t/h_3 \geqslant 0.65$,或大偏心受压且 $t/h_3 \geqslant 0.75$ 时,杯壁可不配筋;当柱为轴心受压或小偏心受压且 $0.5 \leqslant t/h_3 < 0.65$ 时,杯壁可按表6.15构造配筋;其他情况下,应按计算配筋。

表6.15 杯壁构造配筋

柱截面长边尺寸(mm)	$h_c < 1000$	$1000 \leqslant h_c < 1500$	$1500 \leqslant h_c \leqslant 2000$	备注
钢筋直径(mm)	8 ～ 10	10 ～ 12	12 ～ 16	钢筋置于杯口顶部,每边两根,见图6.14

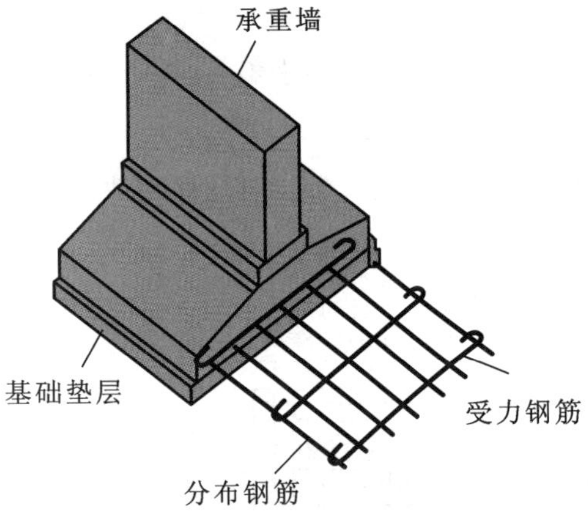

图6.14 钢筋混凝土墙下条形基础示意图

6.4.2 钢筋混凝土墙下条形基础

6.4.2.1 受力特点

条形基础底板在基底反力作用下相当于固接于承重墙边及变截面处倒置的两边悬挑的悬臂板。基础的底板横向为受力钢筋,纵向为分布钢筋,如图6.14所示。

1. 轴心受压基础基底净反力及内力计算

(1) 计算简图

如图6.15(b)所示,当墙脚大放脚不大于1/4砖长,取墙边 Ⅰ—Ⅰ 截面作为底板的固定端倒置的悬挑板,挑出长度 a_1。

(2) 基底净反力设计值 p_j

作用在底板上悬挑部分的荷载包括基底反力 p(方向向上)和基础及回填土重量对底板的压力 G/A(方向向下),其合力 p_j 等于两者之差。若取单位长度 $l=1$ m,则单位长度基底净反力设计值为:

$$p_j = \frac{Fl+G}{A} - \frac{G}{A} = \frac{Fl}{bl} = \frac{F}{b} \tag{6.10}$$

式中 p_j—— 基底净反力设计值(kN/m²),如图6.15(b)所示;

F—— 上部结构传来的竖向荷载设计值(kN/m)。

➡ **技术提示**

① 由式(6.10)可看出:基底净反力是由上部结构荷载引起的。

② 条形基础 $l=1$ m,$A=b\times l=b(\mathrm{m}^2)$,则在单位长度上,上部结构传来的竖向集中荷载为 $F\times l=F(\mathrm{kN})$,则基底净反力 $p_j=\dfrac{F}{b}(\mathrm{kN/m})$。

③ 对由永久荷载效应控制的基本组合,上部结构传来的竖向荷载设计值可简化为:$F=1.35F_k$。

(3) 内力计算

在 p_j 作用下,图 6.15(b) 中 Ⅰ—Ⅰ 控制截面处的剪力 V 及弯矩 M 最大,计算公式如下,其内力图如图 6.15(c) 所示。

$$V_{\mathrm{I}}=p_j a_1\times l=p_j a_1 \tag{6.11}$$

$$M_{\mathrm{I}}=\frac{1}{2}p_j l a_1^2=\frac{1}{2}p_j a_1^2 \tag{6.12}$$

2. 单向偏心受压基础基底净反力及内力计算

(1) 计算简图

偏心受压基础[图 6.16(a)]计算简图同轴心受压基础,但要取受压较大一侧的底板为研究对象,如图 6.16(b) 所示。

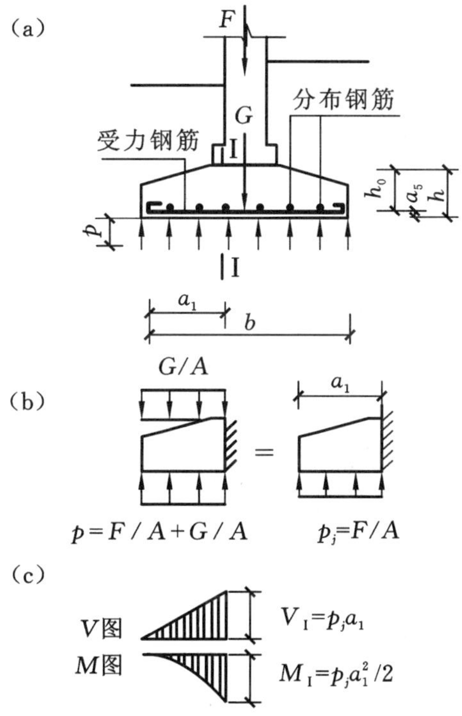

图 6.15 轴心受压条形基础底板受力分析

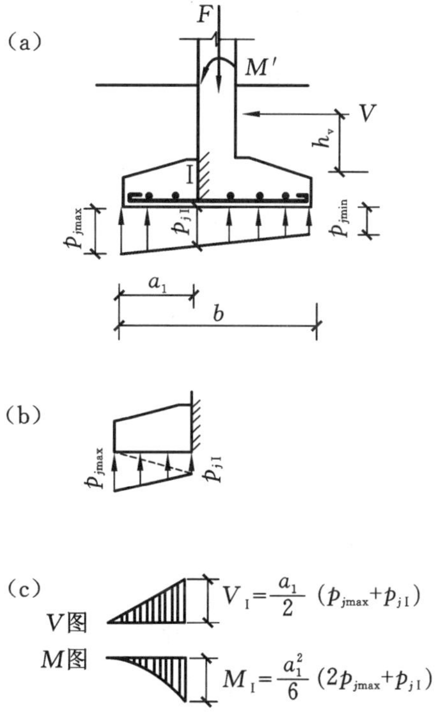

图 6.16 偏心受压条形基础底板受力分析

墙下条形基础

三跨柱下条形基础

(2) 基底净反力设计值 $p_{j\max}$ 及 $p_{j\mathrm{I}}$

当 $e_0=\dfrac{M}{F}\leqslant\dfrac{b}{6}$ 时,

$$\frac{p_{j\max}}{p_{j\min}}=\frac{p_{\max}}{p_{\min}}-\frac{G}{A}=\frac{F}{b}\pm\frac{6M}{b^2}=\frac{F}{b}\left(1\pm\frac{6e_0}{b}\right) \tag{6.13}$$

$$p_{j\mathrm{I}}=p_{j\min}+(p_{j\max}-p_{j\min})\times\frac{b-a_1}{b} \tag{6.14}$$

式中　$p_{j\max}$,$p_{j\min}$—— 分别表示上部结构荷载对基础底板边缘产生的最大、最小基底净反力(kN/m^2);

p_{jI}—— 上部结构荷载对基础底板 I—I 处产生的基底净反力(kN/m^2),由图 6.16(a) 利用相似三角形可计算;

e_0—— 上部结构荷载对基础底板净偏心距;

M—— 上部结构荷载作用于基础底面的力矩设计值。

(3) 内力计算

如图 6.16(b) 所示,在净反力作用下,I—I 截面处的剪力 V 及弯矩 M 最大,计算公式如下:

$$V_I = \frac{a_1}{2}(p_{j\max} + p_{jI}) \tag{6.15}$$

$$M_I = \frac{a_1^2}{6}(2p_{j\max} + p_{jI}) \tag{6.16}$$

其内力图如图 6.16(c) 所示。

6.4.2.2　截面设计

1. 斜截面抗剪计算

$$V_I \leqslant 0.7\beta_{ts} f_t l h_0 \tag{6.17}$$

式中　h_0—— 基础底板有效高度,$h_0 = h - a_s$(有垫层:$c = 40$ mm,$a_s \approx c + d/2 = 45 \sim 50$ mm;无垫层:$c = 70$ mm,$a_s \approx c + d/2 = 75 \sim 80$ mm);

β_{ts}—— 受剪切承载力截面高度影响系数,$\beta_{ts} = (800/h_0)^{\frac{1}{4}}$(当 $h_0 < 800$ mm 时,取 $h_0 = 800$ mm;当 $h_0 > 2000$ mm 时,取 $h_0 = 2000$ mm);

l—— 计算基础底板单位长度,一般取 $l = 1000$ mm;

f_t—— 混凝土轴心抗拉设计强度(N/mm^2)。

基础底板的厚度 h 由斜截面抗剪计算确定并符合构造要求(详见例 6.6)。

2. 正截面承载力计算

$$A_s = \frac{M_I}{0.9 f_y h_0} \tag{6.18}$$

基础底板的配筋由截面抗弯计算确定并符合构造要求(详见例 6.6)。

【例 6.6】　条件同例 6.2,另附加条件:环境类别二 b,作用在基础上荷载以恒载效应控制为主,上部结构传来荷载设计值:$F = 1.35F_k = 1.35 \times 300 = 405$ kN;混凝土 C30($f_t = 1.43\ N/mm^2$),钢筋 HPB300($f_y = 270\ N/mm^2$)。试设计该墙下钢筋混凝土条形基础。

【解】　(1) 基础宽度的确定

由例 6.2 计算取基础宽度 $b = 2.0$ m。

(2) 基础截面设计

① 净反力及内力计算(取 $l = 1000$ mm)

$$p_j = \frac{F}{b} = \frac{405}{2} = 202.5\ \text{kN/m}$$

$$V_I = p_j a_1 = 202.5 \times 0.815 = 165.04\ \text{kN}$$

$$M_I = \frac{1}{2} p_j a_1^2 = \frac{1}{2} \times 202.5 \times 0.815^2 = 67.25\ \text{kN} \cdot \text{m}$$

② 基础高度的确定(设有垫层 $c = 40$ mm,$a_s \approx c + d/2 = 45$ mm)

由 $V_{\mathrm{I}} \leqslant 0.7\beta_{ts} f_t l h_0$ 得：

$$h_0 \geqslant \frac{V_{\mathrm{I}}}{0.7\beta_{ts} f_t l} = \frac{165.04 \times 10^3}{0.7 \times 1.0 \times 1.43 \times 10^3} = 165\ \mathrm{mm}$$

取 $h = 300\ \mathrm{mm} > b/8 = 2000/8 = 250\ \mathrm{mm}$

③ 配筋计算 $h_0 = h - 45 = 300 - 45 = 255\ \mathrm{mm}$

$$A_s = \frac{M_{\mathrm{I}}}{0.9 f_y h_0} = \frac{67.25 \times 10^6}{0.9 \times 270 \times 255} = 1085\ \mathrm{mm}^2$$

根据表 6.16，受力筋选用Φ12@100（$A_s = 1131\ \mathrm{mm}^2$），分布钢筋选用Φ8@250（$A_s = 201\ \mathrm{mm}^2$）并符合 201/1131＝18%＞15%，满足构造要求。其配筋如图 6.17 所示。

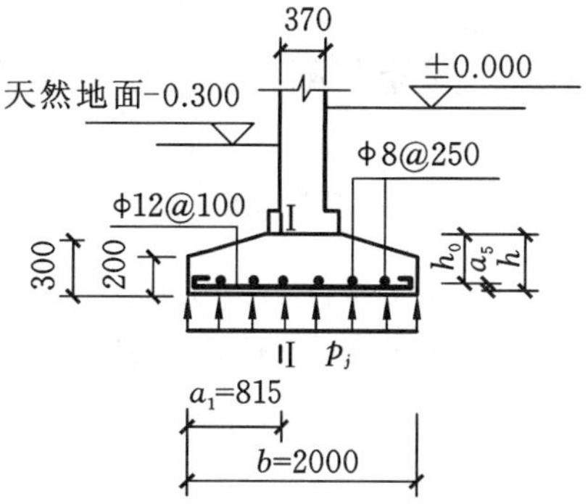

图 6.17　例 6.6 图

表 6.16　单位板宽钢筋表（mm^2）

钢筋间距(mm)	钢筋直径(mm)									
	6	8	10	12	14	16	18	20	22	25
70	404	719	1121	1616	2199	2872	3635	4488	5430	7012
75	377	671	1047	1503	2052	2681	3393	4189	5068	6545
80	354	629	981	1414	1924	2513	3181	3927	4752	6136
90	314	559	872	1257	1710	2234	2827	3491	4224	5454
100	283	503	785	1131	1539	2011	2545	3142	3801	4909
110	257	457	714	1023	1399	1828	2313	2856	3456	4462
120	236	419	654	942	1283	1676	2121	2618	3168	4091
125	226	402	623	905	1231	1608	2036	2513	3041	3927
130	218	387	604	870	1184	1547	1957	2417	2924	3776
140	202	359	561	808	1099	1436	1818	2244	2715	3506
150	189	335	523	754	1026	1340	1696	2094	2534	3272
160	177	314	491	707	962	1257	1590	1963	2376	3068
170	166	296	462	665	905	1183	1497	1848	2236	2887
175	162	287	449	646	880	1149	1454	1795	2172	2805
180	157	279	436	628	855	1117	1414	1745	2112	2727
190	149	265	413	595	810	1058	1339	1653	2001	2584
200	141	251	393	565	770	1005	1272	1571	1901	2454
250	113	201	314	452	616	804	1018	1257	1521	1963
300	94	168	262	377	513	670	848	1047	1267	1636

➡ 技术提示

① 钢筋混凝土条形基础截面设计主要步骤：由地基承载力确定基础宽度 b → 基底净反力及内力计算 → 抗剪计算，确定基础的高度 → 抗弯计算，确定基础底板受力钢筋 → 绘制基础施工图。

② 该基础由于充分发挥了钢筋抗拉及混凝土抗压的力学性能，基础高度明显降低，基础的挑出宽高比不受限制，适用于宽基浅埋。

6.4.3 钢筋混凝土柱下独立基础

6.4.3.1 受力特点

柱下独立基础底板在基底反力作用下相当于固接于柱边及变截面处倒置的四边悬挑的悬臂板。底部钢筋均为受力钢筋，长边受力大于短边受力，长向受力筋置于板的最外侧，短向受力筋垂直于长向并置于底板的内侧，如图 6.18 所示。为了直观地反映基础的内力计算，以坡形基础为例说明其受力特点。

1. 轴心受压基础基底净反力及内力计算

(1) 计算简图(图 6.18)

在基底反力作用下相当于固接柱边双向挑出的悬臂板，其长向和短向挑出长度分别为 a_1、b_1(设柱截面长边和短边尺寸分别为 h_c、b_c，对应的基础底面长边和短边分别为 l、b)。

(2) 基底净反力计算

$$p_j = \frac{F}{A}(\mathrm{kN/m^2})$$

(3) 弯矩计算

分析时将底板按对角线分成 4 个区域，受荷面积 Ⅰ 及受荷面积 Ⅱ(图 6.18)，在基底净反力作用下，可求得两个方向的固端弯矩分别为：

$$M_{\mathrm{I}} = \frac{p_j}{6}a_1^2(2b + b_c) \tag{6.19}$$

$$M_{\mathrm{II}} = \frac{p_j}{6}b_1^2(2l + h_c) \tag{6.20}$$

式中 a_1，b_1—— 从柱边开始沿基础长边和短边挑出的长度，$a_1 = (l - h_c)/2$，$b_1 = (b - b_c)/2$。

2. 单向偏心受压基础基底净反力及内力计算

(1) 计算简图(图 6.19)

同轴心受压基础，在基底反力作用下相当于固接柱边双向挑出的悬臂板，但 l 方向处 Ⅰ—Ⅰ 截面取压应力较大一侧的底板。

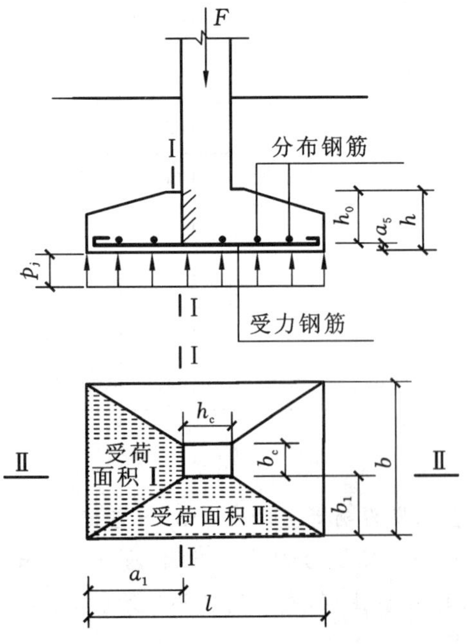

图 6.18 轴心受压独立基础内力计算分析图

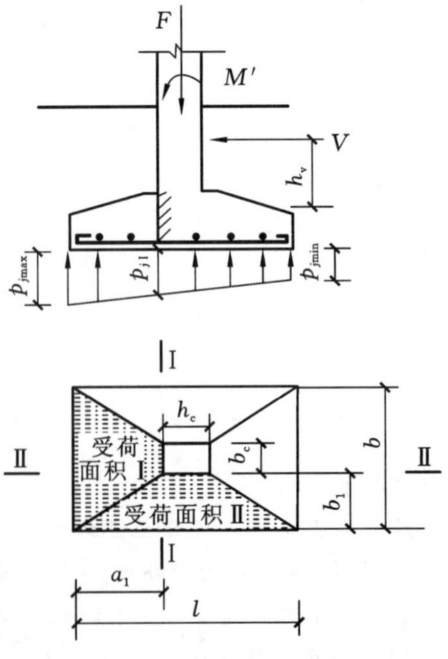

图 6.19 偏心受压独立基础内力计算分析图

(2) 基底净反力 $p_{j\max}$、$p_{j\min}$ 及 $p_{j\mathrm{I}}$ 设计值计算

当 $e_0=\dfrac{M}{F}\leqslant\dfrac{l}{6}$ 时，

$$\frac{p_{j\max}}{p_{j\min}}=\frac{p_{\max}}{p_{\min}}-\frac{G}{A} \tag{6.21}$$

$$\frac{p_{j\max}}{p_{j\min}}=\frac{F}{A}\pm\frac{M}{W}=\frac{F}{A}\left(1\pm\frac{6e_0}{l}\right) \tag{6.22}$$

$$p_{j\mathrm{I}}=p_{j\min}+(p_{j\max}-p_{j\min})\times\frac{l-a_1}{l} \tag{6.23}$$

式中 $p_{j\max}$,$p_{j\min}$—— 上部结构荷载对基础底板边缘产生的最大、最小基底净反力；

$p_{j\mathrm{I}}$—— 上部结构荷载对基础底板 Ⅰ—Ⅰ 处产生的基底净反力，由图 6.19 利用相似三角形计算得到；

M—— 上部结构荷载作用于基础底面的力矩设计值，$M=M'+V\cdot h_v$；

e_0—— 上部结构荷载对基础底板净偏心距。

(3) 弯矩计算

受荷面积 Ⅰ 及受荷面积 Ⅱ 在基底净反力作用下通过积分原理可求得两个方向的固端弯矩分别为：

$$M_{\mathrm{I}}=\frac{1}{12}a_1^2\left[(2b+b_c)\left(p_{\max}+p_{\mathrm{I}}-\frac{2G}{A}\right)+(p_{\max}-p_{\mathrm{I}})b\right] \tag{6.24}$$

或

$$M_{\mathrm{I}}=\frac{1}{12}a_1^2\left[(2b+b_c)(p_{j\max}+p_{j\mathrm{I}})+(p_{j\max}-p_{j\mathrm{I}})b\right] \tag{6.25}$$

$$M_{\mathrm{II}}=\frac{1}{48}(b-b_c)^2(2l+h_c)\left(p_{\max}+p_{\min}-\frac{2G}{A}\right) \tag{6.26}$$

或

$$M_{\mathrm{II}}=\frac{1}{12}b_1^2(2l+h_c)(p_{j\max}+p_{j\min}) \tag{6.27}$$

6.4.3.2 独立基础截面设计

1. 抗冲切计算

(1) 冲切破坏

如图 6.20 所示，对于柱下独立基础，当基础底板高度不大，在较大基底净反力作用下，应力超过混凝土的轴心抗拉强度时，沿柱边的四周产生 45° 破裂面，形成 45° 冲切破坏锥体，这种破坏称为冲切破坏。总之基础高度应满足抗冲切计算要求。

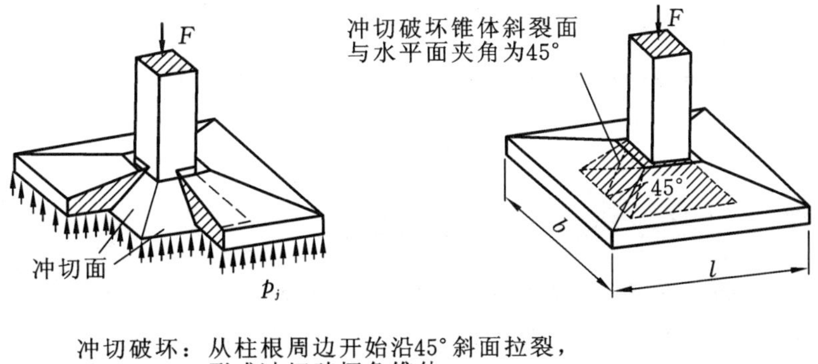

冲切破坏：从柱根周边开始沿45°斜面拉裂，
形成冲切破坏角锥体；
抵　　抗：基础底板有足够厚度。

图 6.20　基础冲切破坏示意图

由图 6.21 可知，在 $p_{j\max}$ 作用一侧最危险，该侧的 45° 破裂面[相当于梯形，设上边长为 a_t(这里

$a_t = b_c$),下边长为 a_b,则中位线 $a_m = (a_t + a_b)/2$,对应的梯形水平投影面积为 $a_m h_0$] 最小,故该侧为冲切破坏锥体最不利的一侧。

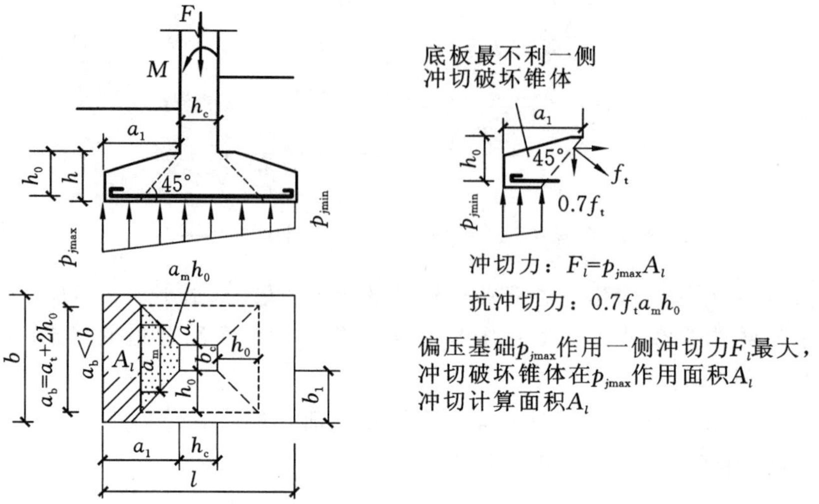

图 6.21 基础抗冲切计算示意图

(2) 冲切力 F_l

图 6.21 中对于偏压基础 $p_{j\max}$ 作用一侧冲切力 F_l 最大,冲切破坏锥体在 $p_{j\max}$ 作用面积为 A_l(冲切计算面积),则该侧净反力合力为冲切力:$F_l = p_{j\max} A_l$(方向向上)。

(3) 抗冲切力

图 6.21 中 $p_{j\max}$ 作用一侧,该侧 45° 破裂面竖向分力为抗冲切力 $0.7\beta_{hp} f_t a_m h_0$(方向向下)。

(4) 抗冲切计算条件

为防止发生冲切破坏,应满足下列要求:

$$p_{j\max} A_l \leqslant 0.7\beta_{hp} f_t a_m h_0 \tag{6.28}$$

式中 β_{hp}——受冲切承载力截面高度影响系数,当 $h_c \leqslant 800$ mm 时,β_{hp} 取 1.0;当 $h_c \geqslant 2000$ mm 时,β_{hp} 取 0.9;其间按线性内插法取用。

A_l,$a_m h_0$—— 冲切计算面积和抗冲切计算面积。

当 $b \geqslant a_t + 2h_0$ 时,

① $A_l = \left(\dfrac{l - h_c}{2} - h_0\right) b - \left(\dfrac{b - b_c}{2} - h_0\right)^2 = (a_1 - h_0) b - (b_1 - h_0)^2$;

② $a_b = a_t + 2h_0$,$a_m = (a_t + a_b)/2 = a_t + h_0$。

独立基础高度通过抗冲切计算,确定基础高度,具体详见例 6.7。

2. 正截面承载力(配筋)计算

l 方向(弯矩作用方向)配筋 A_{s1}、b 方向(垂直弯矩作用方向)配筋 A_{s2}。分别按以下计算

$$A_{s1} = \frac{M_{\text{I}}}{0.9 f_y h_{01}} \tag{6.29}$$

$$A_{s2} = \frac{M_{\text{II}}}{0.9 f_y h_{02}} \tag{6.30}$$

式中 h_{01}——l 方向配筋计算板的有效高度,同条形基础底板;

h_{02}——b 方向配筋计算板的有效高度,$h_{02} = h_{01} - (10 \sim 20)$ mm。

【例 6.7】 设计框架结构的某柱下独立基础。已知条件如下:

(1) 柱截面尺寸 $b_c \times h_c = 500\ \text{mm} \times 500\ \text{mm}$,室外地坪标高同自然地面,室内外高差 450 mm。

(2) 上部结构传来的荷载标准值及设计值见表 6.17。

表 6.17 上部结构传来的荷载

标准值			设计值		
竖向荷载 F_k(kN)	水平荷载 V_k(kN)	力矩 M_{k1}(kN·m)	竖向荷载 F(kN)	水平荷载 V(kN)	力矩 M_1(kN·m)
1487	106	224	1950	140	295

备注:① 设水平力 $V_k(V)$ 作用点距室外地坪 500 mm,即作用点标高在 −0.950 m 处。
② 上部结构对基础中心处合力矩为:标准值 $M_k = M_{k1} + h_v V_k$;设计值 $M = M_1 + h_v V$;h_v 为水平荷载作用点到基底的垂直距离,根据基础埋深确定

(3) 工程地质条件见表 6.18。

表 6.18 工程地质条件

土层编号	土的名称	土层厚度(m)	重度 γ (kN/m³)	浮重度 γ_{sat} (kN/m³)	孔隙比 e	液性指数 I_L	黏聚力 c (kPa)	内摩擦角 φ (°)	压缩模量 E_s (MPa)	标准贯入锤击数 N	承载力特征值 f_{ak} (kPa)
①	杂填土	0.5	18								
②	粉质黏土	2.0	18.5		0.58	0.78	25	23	8.2	11	170
③	黏土	1.0	18.7		0.51	0.7	24	25	8.5	12	180
		1.5		19	0.67	0.9	30	18	7	9	150
④	细砂	2.7		21	0.62			30	11.6	16	240
⑤	基岩	厚度未揭露	22	—	—	—	—	—	18	22	300
备注	(1) 拟建场区地下水对混凝土结构无腐蚀性; (2) 地下水位深度:位于地表下 3.5 m; (3) 标准冻深 800 mm										

(4) 基础条件

① 环境类别二 b;② 材料:混凝土强度等级为 C30,钢筋级别为 HRB400。

【解】 1) 基础埋深确定

由表 6.18 工程地质条件,初步选择第 ② 层土粉质黏土为持力层,$f_{ak} = 170\ \text{kN/m}^2$。

取基础埋深:从室外地坪算起 $d_1 = 1.5$ m,由于室内外高差 0.45 m,从室内地坪算起 $d_2 = 1.95$ m,所以基底标高为 −1.950 m。

2) 确定修正后持力层地基承载力特征值 f_a(先不作宽度修正)

持力层为粉质黏土,$e = 0.58$,$I_L = 0.78$,查表 4.11,其承载力修正系数 $\eta_b = 0.3$,$\eta_d = 1.6$。

$$f_a = f_{ak} + \eta_d \gamma_m (d - 0.5) = 170 + 1.6 \times 18.33 \times (1.5 - 0.5) = 199.3\ \text{kN/m}^2$$

其中:$\gamma_m = (18 \times 0.5 + 18.5 \times 1.0)/1.5 = 18.33\ \text{kN/m}^3$,$d = 1.5$ m

3) 基础底面尺寸确定

➡ 技术提示

由于偏压基础不能直接计算基底面积,其方法:初选 → 地基承载力验算,具体操作如下:

① 初选:$A' \approx \eta \dfrac{F_k}{f_a - \gamma_G \bar{d}}$,其中 $\eta = 1.1 \sim 1.4$,为经验系数;若弯矩小系数取 1.1,若弯矩较大系

数取大值,若弯矩很大,系数取值比 1.4 还要大,但无论如何系数不是决定因素,基底面积由最终验算决定,所以系数的取值不是定值,只是参考而已。

设$\dfrac{l}{b}=n$,则 $nb^2 \approx A'$,$b \approx \sqrt{\dfrac{A'}{n}}$,$l \approx nb$ 来初步确定基础尺寸 l、b,$A=lb$。

其中 n 也是经验系数,对于单向偏心受压基础,一般 $n \leqslant 2$;对于框架结构,框架柱下基础为双向受压偏压基础,基础底面尺寸最好选择正方形或接近正方形,$n=l/b \approx 1$ 为好。

② 验算:$p_{\text{kmax}} \leqslant 1.2f_{\text{a}}$ 且 $p_{\text{k}} \leqslant f_{\text{a}}$ 满足要求,否则不满足;另外,即使截面尺寸满足地基承载力要求,但截面尺寸不合理,可重新调整尺寸,直到达到满意结果。

③ 在确定截面尺寸时宜使 $e=M_{\text{k}}/(F_{\text{k}}+G_{\text{k}}) \leqslant l/6$,以减小基底的偏心;$e_0=M/F \leqslant l/6$。

(1) 初选:设 $\eta=1.4$

$$A' \approx 1.4 \times \frac{F_{\text{k}}}{f_{\text{a}}-\gamma_{\text{G}}\bar{d}}=1.4 \times \frac{1487}{199.3-20 \times 1.725}=12.63\ \text{m}^2$$

其中$\bar{d}=1.5+0.45/2=1.725$ m

$$l=b=\sqrt{A'}=\sqrt{12.63}=3.55,\text{取 } l=b=3.6\ \text{m}>3\ \text{m}$$

(2) 验算

① 本题由于 $b>3$ m 在进行截面承载力验算时,要考虑宽度修正后地基承载力特征值提高的有利影响。

$$\begin{aligned}f_{\text{a}}&=f_{\text{ak}}+\eta_{\text{b}}\gamma(b-3)+\eta_{\text{d}}\gamma_{\text{m}}(d-0.5)\\&=170+0.3 \times 18.5 \times (3.6-3)+1.6 \times 18.33 \times (1.5-0.5)=203\ \text{kN/m}^2\end{aligned}$$

② $e=\dfrac{M_{\text{k}}}{F_{\text{k}}+G_{\text{k}}}=\dfrac{330}{1487+447}=0.17\ \text{m}<\dfrac{l}{6}=\dfrac{3.6}{6}=0.6\ \text{m}$

其中 $G_{\text{k}}=A\bar{d}\gamma_{\text{G}}=3.6 \times 3.6 \times 1.725 \times 20=447$ kN,$M_{\text{k}}=M_{\text{k1}}+h_{\text{v}}V_{\text{k}}=224+1.0 \times 106=330$ kN·m,$h_{\text{v}}=1.0$ m 为水平力 V_{k} 作用点到基础底面距离。

③ $p_{\text{kmax}}=\dfrac{F_{\text{k}}+G_{\text{k}}}{A}\left(1+\dfrac{6e}{l}\right)=\dfrac{1487+447}{3.6 \times 3.6}\left(1+\dfrac{6 \times 0.17}{3.6}\right)=191\ \text{kN/m}^2<1.2f_{\text{a}}=1.2 \times 203=244\ \text{kN/m}^2$

$p_{\text{k}}=\dfrac{F_{\text{k}}+G_{\text{k}}}{A}=\dfrac{1487+447}{3.6 \times 3.6}=149\ \text{kN/m}^2<f_{\text{a}}=203\ \text{kN/m}^2$,通过计算基底面积满足要求。

➡ 技术提示

(1) 通过上面验算,基底面积还有较多结余,可以将基底面积减小,若直接取 $l=b=3.2$ m(不需要初选步骤),同学们可以重新按上面 ①②③ 步骤验算,直到得到满意结果;若不满足要求,应加大截面尺寸。

(2) 在初选中,增大系数取 $\eta=1.4$,不是定值。由本题计算结果可知,1.4 偏大,也可以取得再小些;若 M 较大,增大系数可能大于 1.4,甚至更大。

4) 基础高度确定

(1) 基底净反力 $p_{j\text{max}}$、$p_{j\text{min}}$ 及 $p_{j\text{I}}$ 设计值计算,由式(6.22)得:

$$e_0=\frac{M}{F}=\frac{M_1+Vh_{\text{v}}}{F}=\frac{295+1 \times 140}{1950}=0.223<\frac{l}{6}=\frac{3.6}{6}=0.6\ \text{m}$$

$$\begin{matrix}p_{j\text{max}}\\p_{j\text{min}}\end{matrix}=\frac{F}{A}\left(1 \pm \frac{6e_0}{l}\right)=\frac{1950}{3.6 \times 3.6} \times \left(1 \pm \frac{6 \times 0.223}{3.6}\right)=150 \times (1 \pm 0.371)=\begin{matrix}206\\94\end{matrix}\ \text{kPa}$$

$$p_{j\mathrm{I}}=p_{j\min}+(p_{j\max}-p_{j\min})\times\frac{l-a_1}{l}=94+(206-94)\times\frac{3.6-1.55}{3.6}=158\ \mathrm{kPa}$$

其中 $a_1=(l-h_c)/2=(3.6-0.5)/2=1.55$ m

(2) 抗冲切计算确定基础的高度

方法一：直接由抗冲切验算条件式(6.28) $F_l=p_{j\max}A_1\leqslant 0.7\beta_{hp}f_t a_m h_0$，解方程求有效高度 h_0。

① 计算冲切面积 A_l 及抗冲切面积 $a_m h_0$

$$A_l=\left(\frac{l-h_c}{2}-h_0\right)b-\left(\frac{b-b_c}{2}-h_0\right)^2=(a_1-h_0)b-(b_1-h_0)^2=(1.55-h_0)\times 3.6-(1.55-h_0)^2=3.18-0.5h_0-h_0^2(\mathrm{m}^2)$$

$$a_m h_0=(a_t+h_0)h_0=(0.5+h_0)\times h_0=0.5h_0+h_0^2(\mathrm{m}^2)$$

② $p_{j\max}A_1\leqslant 0.7\beta_{hp}f_t a_m h_0$ 取极限平衡求有效高度 h_0

初设 $\beta_{hp}=1.0$，则

$$209\times(3.18-0.5h_0-h_0^2)=0.7\times 1.43\times 10^3\times(0.5h_0+h_0^2)$$

整理得

$$1210h_0^2+606h_0-664=0$$

$$h_0=\frac{-606\pm\sqrt{606^2+4\times 1210\times 664}}{2\times 1210}=\frac{-606\pm 1892}{2420}=\begin{matrix}0.53\\-1.07\end{matrix}(\mathrm{m})$$

$h\geqslant h_0+a_s=530+50=580$ mm，本题取 $h=700$ mm

方法二：试取设基础高度 h，然后进行抗冲切验算，根据验算结果重新调整高度，直到达到合理结果为止。若没有经验，试取基础高度很茫然，需要反复多次才能达到满意结果；初学者，建议用方法一。

(3) 按构造要求确定基础外形

初学者可采用锥形基础，基础高度确定只有一个高度满足冲切计算要求，但其他尺寸要满足构造要求。若基底面积过大、基础高度过大，为了节约基础混凝土，可采用阶梯形基础，但每个台阶处，对应基础高度也要满足抗冲切计算要求，方法类同，公式中相应的尺寸作出调整，在此略。根据计算及构造要求，基础外形尺寸如图 6.22 所示。

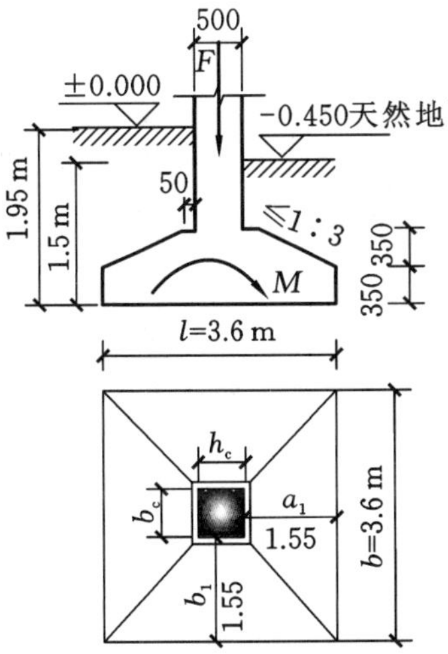

图 6.22 基础高度确定计算示意图

5) 基础配筋计算

(1) 控制截面弯矩设计值计算

① l 方向：

$$M_{\mathrm{I}}=\frac{1}{12}a_1^2[(2b+b_c)(p_{j\max}+p_{j\mathrm{I}})+(p_{j\max}-p_{j\mathrm{I}})b]$$

$$=\frac{1}{12}\times 1.55^2[(2\times 3.6+0.5)\times(206+158)+(206-158)\times 3.6]$$

$$=0.2\times(2803+173)=595\ \mathrm{kN\cdot m}$$

② b 方向：

$$M_{\mathrm{II}}=\frac{1}{12}b_1^2(2l+h_c)(p_{j\max}+p_{j\min})=\frac{1}{12}\times 1.55^2\times(2\times 3.6+0.5)\times(206+94)=0.2\times 2310=462\ \mathrm{kN\cdot m}$$

(2) 配筋计算(钢筋选用 HRB400)

① l 方向：$h_{01}=h-50=700-50=650$ mm

$$A_{s1}=\frac{M_{\mathrm{I}}\times 10^6}{0.9f_y h_{01}}=\frac{595\times 10^6}{0.9\times 360\times 650}=2825\ \mathrm{mm}^2$$

(2825 mm^2 是沿基础 $b=3.6$ m 方向布筋的总截面面积,则单位宽度截面面积为 $A_{s1}=2825/3.6=785$ mm^2)

查表6.16选用Φ14@140(1099 mm^2)

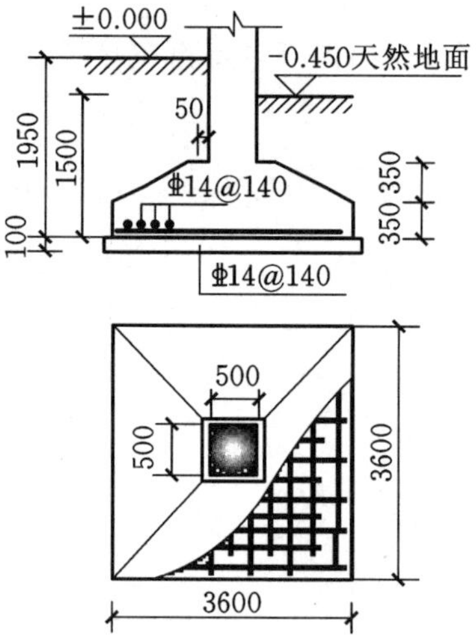

图6.23　独立基础配筋示意图

$A_{s1}=1099\ mm^2>A_{smin}=\rho_{min}bh=0.15\%\times1000\times700=1050\ mm^2$

满足最小配筋率且不小于Φ10@200的配筋构造要求。

② b 方向:$h_{02}\approx h_{01}-20=650-20=630$ mm

$$A_{s2}=\frac{M_{Ⅱ}\times10^6}{0.9f_yh_{02}}=\frac{462\times10^6}{0.9\times360\times630}=2263\ mm^2$$

(2263 mm^2 沿基础长边 $l=3.6$ m 方向布筋的总截面面积,则单位宽度截面面积为:$A_{s2}=2263/3.6=628$ mm^2)

$A_{s2}=628\ mm^2<\rho_{min}lh=0.15\%\times1000\times700=1050\ mm^2$,不满足要求。

查表6.16选用Φ14@140(1099 mm^2),$A_{s2}=1099\ mm^2>\rho_{min}lh=0.15\%\times1000\times700=1050\ mm^2$

满足最小配筋率且不小于Φ10@200的配筋构造要求。配筋示意图见图6.23。

➡ 技术提示

① 确定基底面积 $A=lb$(用荷载标准值计算)→ 必要时计算地基变形(荷载用准永久值计算);

② 计算基底净反力设计值(用荷载设计值计算),当基本组合以永久荷载效应控制位置,$s=1.35s_k$;

③ 抗冲切验算确定基础高度(冲切力用荷载设计值计算,混凝土用轴心抗拉设计强度计算);

④ 计算控制截面的弯矩设计值并进行配筋计算 → 绘制基础施工图。

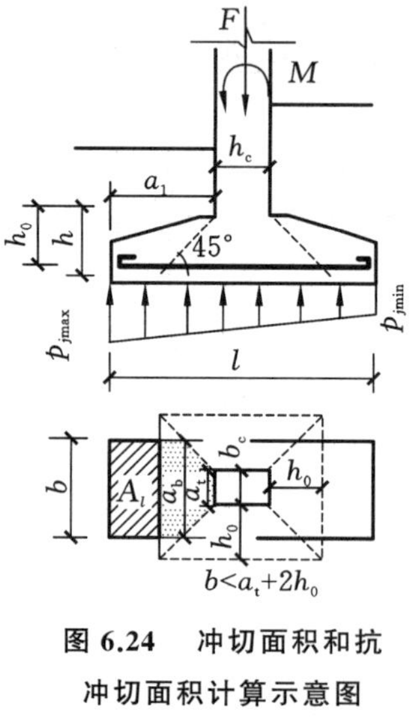

图6.24　冲切面积和抗冲切面积计算示意图

➡ 知识扩展

(1) 如图6.24所示,当 $b<a_t+2h_0$ 时,冲切面积 A_l 及抗冲切面积 a_m 取值如下:

$$A_l=\left(\frac{l-h_c}{2}-h_0\right)b=(a_1-h_0)b,a_b=b,a_m=(a_t+b)/2$$

(2) 基础高度一般为抗冲切控制基础高度,但是当 $b\leqslant a_t+2h_0$(独立基础底面为长条形矩形时,根据《建筑地基基础设计规范》(GB 50007—2011) 第8.2.7款规定的第②条应验算柱(墙)与基础交接处的基础受剪切承载力;

本题由于 $b>b_c+2h_0$ 底板厚度不需进行抗剪计算,其计算见《建筑地基基础设计规范》(GB 50007—2011)。

(3) 当截面为阶梯形时,除按上述柱边的抗冲切、抗弯计算外,每一个阶梯也是控制截面,按照上述方法分别进行抗冲切计算、抗弯配筋计算,公式中的 a_t 及 h_c 取对应的阶梯处宽度和长度,底板配筋取同一方向配筋的最大值。

(4) 基底附加应力与基底净反力的比较见表6.19。

表 6.19　基底附加应力与基底净反力的比较

项目	作用对象及产生原因	作用	表达式	
			轴压基础	偏压基础
基底附加应力 p_0	基底附加应力 p_0 为由建筑全部荷载对基底处的地基产生的应力增量，其方向向下	① 软弱下卧层地基承载力验算； ② 地基变形计算	$p_0=p-\gamma_m d$	$\frac{p_{0\max}}{p_{0\min}}=\frac{p_{\max}}{p_{\min}}-\gamma_m d$
基底净反力 p_j	基底净反力只有建筑物上部结构荷载，对基础底板产生的基底反力，其方向向上	基础截面承载力计算（包括抗剪计算、抗冲切计算、抗弯配筋计算）	$p_j=p-\frac{G}{A}$ $=p-\gamma_G\overline{d}$	$\frac{p_{j\max}}{p_{j\min}}=\frac{p_{\max}}{p_{\min}}-\frac{G}{A}$ $=\frac{p_{\max}}{p_{\min}}-\gamma_G\overline{d}$
结论	荷载代表值取值相同时，$p_0-p_j=\gamma_G\overline{d}-\gamma_m d>0$，基底附加应力略大于基底净反力			

6.5　柱下钢筋混凝土条形基础、筏形基础及箱形基础简介

在建筑结构设计中往往把上部结构、基础和地基分开考虑，根据静力平衡条件求解基底反力并简化为直线分布，由于忽略了三者之间受荷后的变形协调关系，对最简单的浅基础影响不大，但对复杂基础基底反力大小及分布与实际情况差别很大。上部结构、基础和地基三者相互联系构成一个完整的体系共同工作，即接触面上既要相互传递荷载满足静力平衡条件，又要相互制约和相互作用符合变形协调条件，这样求解基底反力及分布才较为符合实际受力情况，从而达到安全、经济的设计目的。本节首先明确地基、基础及上部结构相互作用的基本概念、对实际工程影响及采取的工程措施，其次重点分析柱下条形基础、筏形基础及箱形基础复杂设计，其基础组成、受力特点、构造要求是本节中重点，目的是为今后阅读施工图及毕业后从事相关施工作业奠定一定的基础。

6.5.1　柱下钢筋混凝土条形基础

知识扩展：地基、基础与上部结构相互作用

为了进一步提高基础刚度、减小地基不均匀沉降，上部结构荷载较大、地基承载力较低，当采用钢筋混凝土柱下独立基础设计不满足要求时，可采用柱下钢筋混凝土独立基础。柱下条形基础根据基础平面布置形式分为单向钢筋混凝土柱下条形基础[图 6.25(a)]和柱下交叉条形基础[图 6.25(b)]。

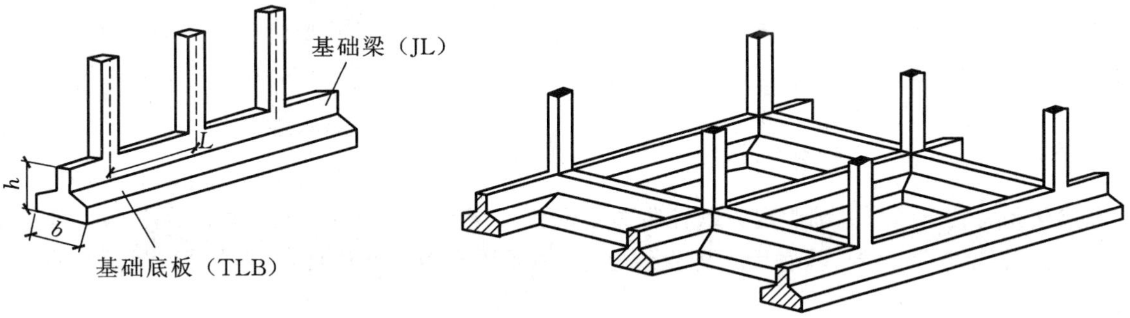

(a)　　(b)

图 6.25　柱下条形基础示意图

6.5.1.1 受力特点

柱下条形基础是由纵向延伸肋梁即基础梁(JL)和横向向外伸出的翼板即条形基础底板(TJB)组成,其断面形式为倒 T 形,如图 6.26(a)所示。

(1)底板受力特点与墙下条形基础底板类同,计算简图相当于固接于基础梁边倒置的悬臂板,其横向为受力筋,纵向为分布筋。

(2)基础梁相当于倒置的连续梁,承受弯矩与剪力。基础梁由纵向受力钢筋、箍筋等组成。图 6.26(b)为某基础截面配筋示意图。受到地基、基础与上部结构的相互作用影响,基础梁的工作原理很复杂,通常采用倒梁法和弹性地基梁法,下面简要介绍其原理。

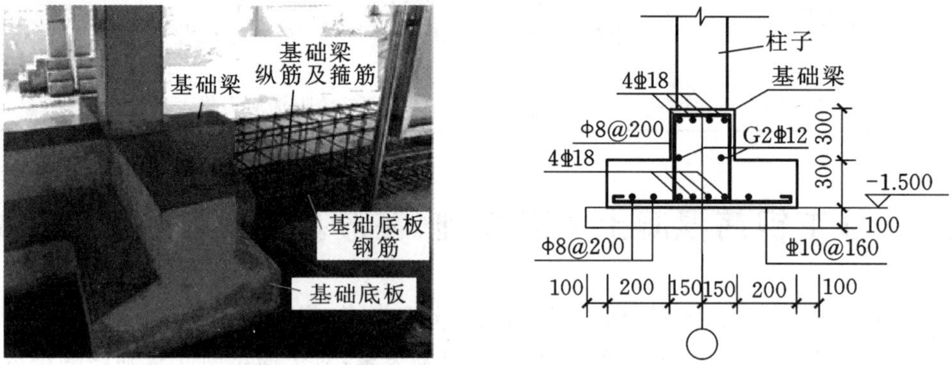

(a)　　(b)

图 6.26　柱下钢筋混凝土条形基础

(a)条形基础组成;(b)某柱下独立基础截面配筋图

1. 倒梁法基本假定

(1)上部结构刚度越好,基础的挠曲和内力将越小;

(2)基础刚度越好,整体弯曲越小;

(3)地基刚度越好,地基变形及基础沉降越小,基础及地基内力越小;

(4)基础刚度越好,当上部荷载合力与基础形心重合时,不仅能调整地基不均匀沉降,还能使基底压力调整成马鞍形分布,使基底压力分布均匀。

若能满足上述要求,基础梁可简化为倒置的连续梁,基底反力简化为直线分布。

➡ 技术提示

《建筑地基基础设计规范》(GB 50007—2011)对柱下条形基础的计算规定如下:

(1)在比较均匀的地基上,上部结构刚度较好,荷载分布较均匀,且条形基础梁的高度不小于 1/6 柱距时,基底反力可按直线分布,条形基础梁的内力可按连续梁计算,此时边跨跨中弯矩及第一内支座的弯矩值宜乘以 1.2 的系数;

(2)当不满足第(1)条的要求时,宜按弹性地基梁计算。

倒梁法是将柱下条形基础假定为以柱脚为不动铰支座的倒置连续梁,此时认为上部结构是刚性的,各柱之间没有沉降差异,基底反力为直线分布,最后用弯矩分配法计算基础梁控制截面的弯矩及剪力。

下面通过单向条形基础梁内力计算例题,加深对倒梁法工作原理的理解,为下一步施工图的阅读及对构造要求的理解提供一定的依据。

【例 6.8】 如图 6.27 所示的条形基础,埋深 1.5 m,底板宽度 $b=2.3$ m,用倒梁法计算基础控制截面的弯矩及剪力。

【解】 (1)计算简图如图 6.29(a)所示,计算基底纵向(线荷载)净反力

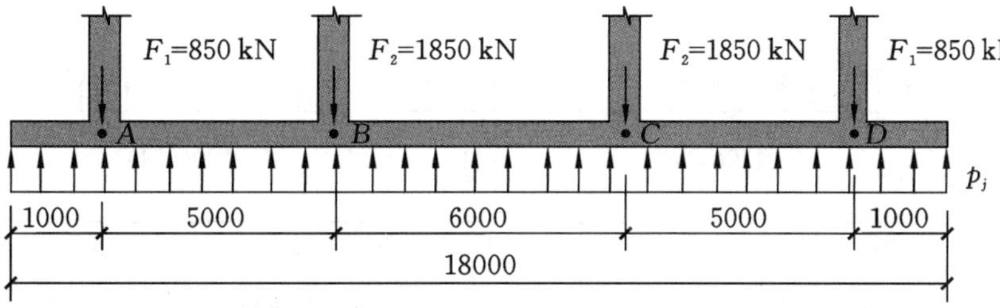

图 6.27　例 6.8 图

$$p_j = \sum F/l = \frac{1850 \times 2 + 850 \times 2}{18} = 300\ \text{kN/m}$$

(2) 用弯矩分配法计算基础梁端弯矩

① A 截面左边伸出固端弯矩：$M_{\text{A}}^{l} = p_j l_0^2/2 = 300 \times 1^2/2 = 150\ \text{kN} \cdot \text{m}$

边跨固端弯矩：$M_{\text{BA}} = -p_j l_1^2/8 + M_{\text{A}}^{l}/2 = -300 \times 5^2/8 + 150/2 = -862.5\ \text{kN} \cdot \text{m}$

中跨固端弯矩：$M_{\text{BC}} = p_j {l_2}^2/12 = 300 \times 6^2/12 = 900\ \text{kN} \cdot \text{m}$

② 计算分配系数

计算边跨与中跨线刚度之比：$i_1/i_2 = \dfrac{EI}{l_1}\Big/\dfrac{EI}{l_2} = l_2/l_1 = 6/5 = 1.2$

计算节点"B"左跨分配系数：$\mu_{\text{BA}} = \dfrac{3i_1}{3i_1 + 4i_2} = \dfrac{3 \times 1.2 i_2}{3 \times 1.2 i_2 + 4 \times i_2} = 0.47$

计算节点"B"右跨分配系数：$\mu_{\text{BC}} = 1 - 0.47 = 0.53$

③ 弯矩分配与传递见图 6.28。

	A		B		C		D	
分配系数	0	1.0	0.47	0.53	0.53	0.47	1.0	0
固端弯矩	150	-150	-862.5	900	-900	862.5	150	-150
第一次分配			-17.6	-19.9	19.9	17.6		
第一次传递				9.9	-9.9			
第二次分配			-4.7	-5.2	5.2	4.7		
第二次传递				2.6	-2.6			
第三次分配			-1.22	-1.38	1.22	1.38		
最后弯矩	150	-150	-886.02	886.02	-886.02	886.02	150	-150

图 6.28　弯矩分配与传递

④ 由静力平衡条件计算跨中弯矩及支座剪力，并绘制弯矩图(图中括号数为边跨跨中及第一内支座乘以 1.2 的系数放大后的弯矩值) 及剪力图[图 6.29(b)]，计算过程略。

2. 内力分布特点

(1) 由图 6.29 中弯矩 M 图可知：

① 基础梁跨内上部受拉，并且中部范围受拉最大，根据跨内最大弯矩，计算梁底、顶受拉钢筋。《建筑地基基础设计规范》规定：顶部钢筋应按计算配筋全部贯通；另由 22G101-3 平法图集第 79 页，其贯通筋的连接区应在柱子边长及左右各 1/4 梁净跨范围内连接。

② 基础梁在支座处下部受拉最大，离开支座变得越来越小，《建筑地基基础设计规范》规定底部通长钢筋不应少于底部受力钢筋截面总面积的 1/3。根据 22G101-3 平法图集第 79 页贯通筋的连接区应在梁跨中净跨 1/3 范围内连接，底部非贯通筋断点位置应从柱边算起 1/3 净跨处。

(2) 由图 6.29 中剪力 V 图可知：基础梁在每个支座处剪力最大，所以靠近柱子箍筋数量多，离开柱子间距可加大，所以在 22G101-3 平法图集第 80 页中给出了第一种箍筋范围和第二种箍筋范围。

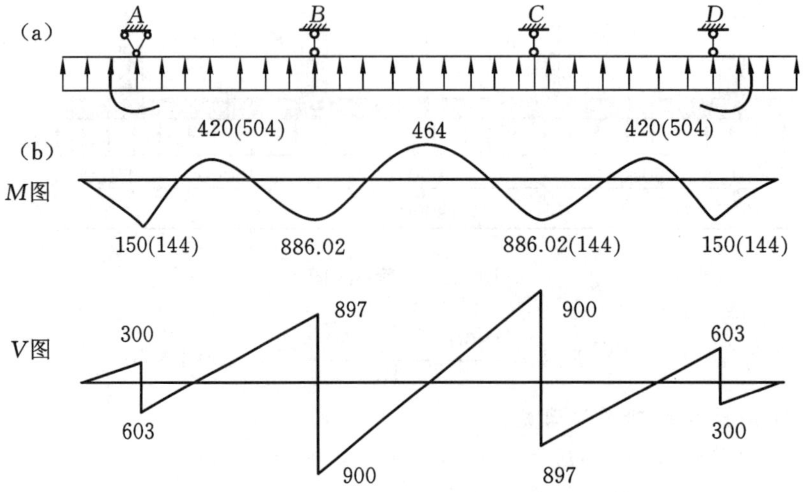

图 6.29　例 6.8 计算简图及内力图

(a) 计算简图;(b) 弯矩图、剪力图

6.5.1.2　构造要求

柱下条形基础构造除符合前述扩展基础的一般构造外,尚应符合下列规定:

1. 尺寸要求

(1) 柱下条形基础梁由于长度较大,为提高抗弯刚度,横截面一般做成倒T形,基础梁的高度宜为柱距的 1/8 ~ 1/4。翼板厚度不应小于 200 mm。当翼板厚度大于 250 mm 时,宜采用变厚度翼板,其顶面坡度宜小于或等于 1∶3。

(2) 条形基础的端部宜向外伸出,其长度宜为第一跨距的 25%,其目的是增大基底面积,同时为了使上部荷载的合力作用点与基础形心重合;也可调整外伸长度,使基底合力分布更为合理。如:柱下十字交叉条形基础,为调整结构荷载的重心与基底平面形心相重合和改善角柱与边柱地基受力条件,常在十字交叉转角处和边柱处,基础梁做成外延伸梁。

(3) 现浇柱与条形基础梁的交接处,基础梁的平面尺寸应大于柱的平面尺寸,且柱的边缘至基础梁边缘的距离不得小于 50 mm,见图 6.30(具体详见 22G101-3 平法图集第 84 页基础梁与柱侧翼构造)。

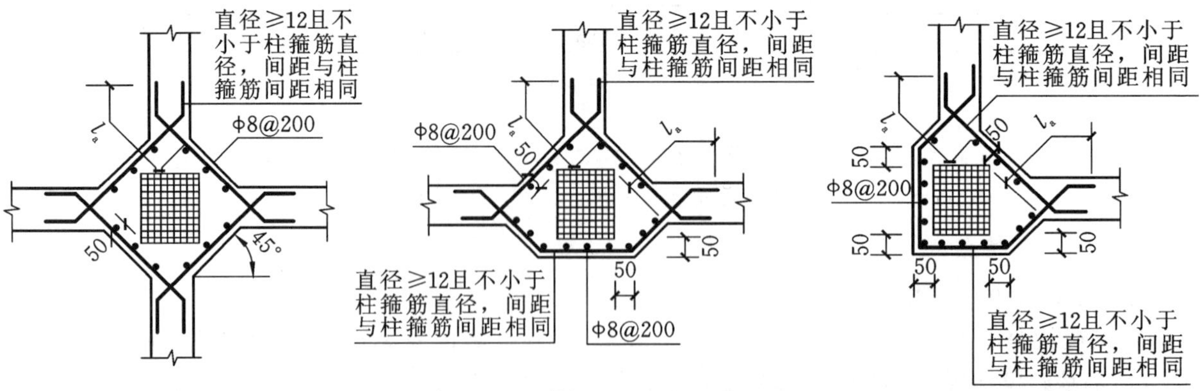

图 6.30　基础梁 JL 与柱结合部侧腋构造

(a) 十字交叉基础梁与柱结合部侧腋构造;(b) 丁字交叉基础梁与柱结合部侧腋构造;(c) 无外伸基础梁与角柱结合部侧腋构造

2. 配筋要求

(1) 纵向受力钢筋宜采用 HRB400、HRB500;箍筋宜采用 HRB400、HPB300、HRB500。基础梁顶部及底板纵向受力钢筋应满足计算要求,顶部钢筋应按计算配筋全部贯通;底部通长钢筋不应少于

底部受力钢筋截面总面积的 1/3。

（2）当梁宽 $b \leqslant 350$ mm 时箍筋可采用封闭式双肢箍；当 350 mm $< b \leqslant 800$ mm 时用四肢箍筋，当 $b > 800$ mm 时外围箍筋应采用封闭式，内箍可采用开口箍或封闭箍，直径一般不小于 8 mm，开口箍开口应向下并设在基础底板内，封闭箍的弯钩可设在四角任何部位，其箍筋形式见图 6.31 或 22G101-3 平法图集第 63 页。

图 6.31　基础梁箍筋方式

（3）其他配筋构造将在第 6.6 节平法施工图阅读中根据 22G101-3 平法图集构造详图进一步补充说明。

6.5.2　筏形基础

当地基承载力较低，上部荷载较大，柱下十字交叉基础不能满足地基承载力的要求；或相邻基础基槽之间距离很小，施工不便；另外有防渗需要的构筑物（如水池、油库）及建筑物地下室基础底板等等，将纵横向各基础底板做成整体，该基础称为筏形基础，简称筏基，又称满堂红基础。

筏形基础按其与上部结构联系特点分为墙下筏形基础和柱下筏形基础；按基础本身构造分为梁板式筏形基础[图 6.32(a)] 和平板式筏形基础[图 6.32(b)]。

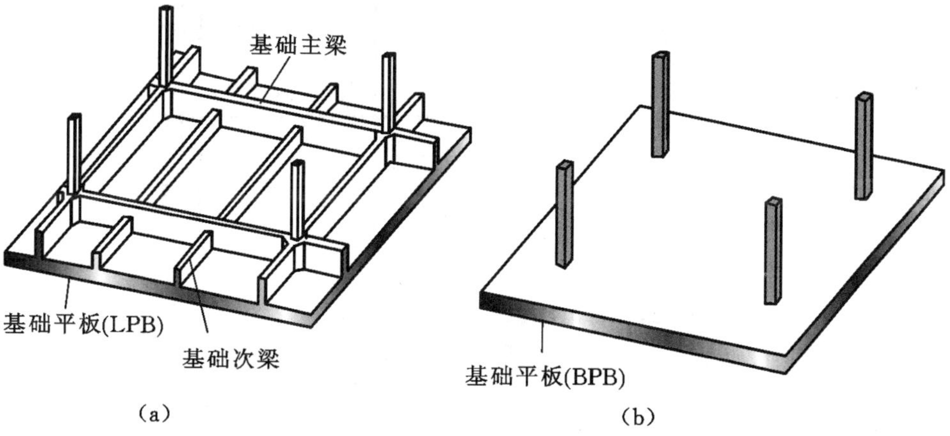

梁板式筏形基础

平板式筏形基础

图 6.32　筏形基础

（a）梁板式筏形基础；（b）平板式筏形基础

梁板式筏形基础是由基础梁和基础平板组成；平板式筏形基础无基础梁，当柱荷载较大，等厚度筏板的受冲切承载力不能满足要求时，可在筏板上面增设柱墩或在筏板下局部增加板厚或采用抗冲切钢筋等措施满足受冲切承载能力要求。筏形基础的选型应根据地基土质、上部结构体系、柱距、荷载大小、使用要求以及施工条件等因素确定。框架-核心筒结构和筒中筒结构荷载不是很大时，宜采用平板式筏形基础。下面仅对梁板式筏形基础受力特点做分析。

6.5.2.1　受力特点

筏形基础基底反力大小、分布及截面内力与上部结构、基础、地基各自的刚度有关。

从《建筑地基基础设计规范》(GB 50007—2011) 可知，地基、基础及上部结构刚度好、荷载均匀，筏形基础的内力可按基底反力直线分布进行计算（倒置楼盖）。当不满足下述要求时，筏基内力可按弹性地基梁板方法进行分析计算。

(1) 当地基土比较均匀、地基压缩层范围内无软弱土层或可液化土层;

(2) 上部结构刚度较好,柱网和荷载较均匀、相邻柱荷载及柱间距的变化不超过 20%;

(3) 梁板式筏形基础梁的高跨比或平板式筏形基础板的厚跨比不小于 1/6 时。

下面针对梁板式筏形基础简述倒楼盖法受力特点,加强对构造要求的理解及提升,达到对施工图的识读。

基础底板受力特点相当于倒置的平面梁板结构,基础梁将基础底板分为若干个区格,根据每个区格的支承情况及尺寸分为单向板和双向板,基础梁相当于倒置的连续梁,基础底板一般是双向板,其传力途径如图 6.33 所示。

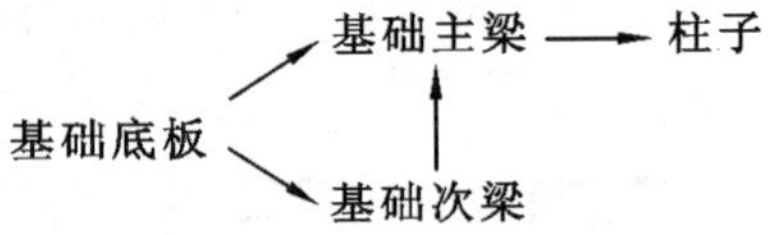

图 6.33　梁板式筏形基础传力途径

1. 基础底板

(1) 板顶受力:在基底反力作用下,如图 6.34(a) 所示板的跨内纵横两方向均为上部受拉,中部范围受拉最大,短向受力大于长向受力,短向受力钢筋在最外侧(上 1),长向受力钢筋垂直于短向受力钢筋并置于短向受力钢筋内侧(上 2),《建筑地基基础设计规范》(GB 50007—2011) 规定:顶部钢筋纵横向按计算配筋全部连通。

(2) 板底受力:在基底反力作用下[图 6.34(b)] 板的四周(支座处) 下部受拉最大。《建筑地基基础设计规范》(GB 50007—2011) 规定:纵横方向的底部钢筋尚应有不少于 1/3 贯通全跨,其余钢筋为非贯通筋(支座负筋) 仅布置在支座四周。底部短向受力大于长向受力,底部短向钢筋(贯通筋及非贯通筋) 在下层(下 1),长向钢筋(贯通筋及非贯通筋) 在上层(下 2)。

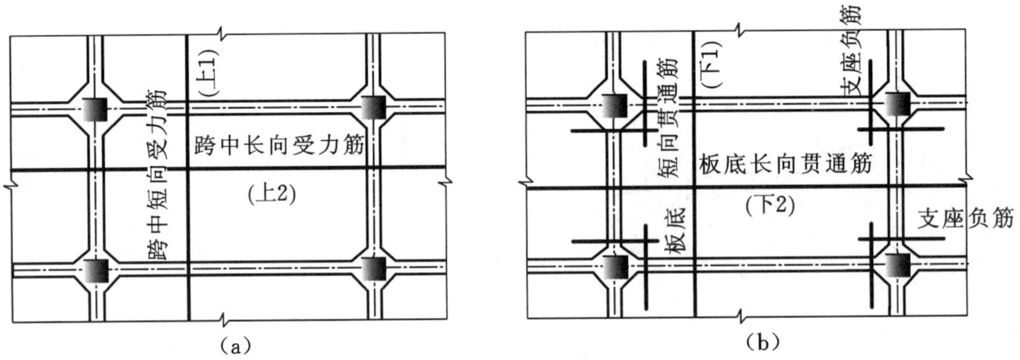

图 6.34　基础底板配筋构造

(a) 板顶配筋构造;(b) 板底配筋构造

2. 基础梁

基础主、次梁的受力特征基本同柱下条形基础梁,其内力分布特点在例 6.8 通过内力计算已做了较详细的总结,在此不再赘述。

6.5.2.2　构造要求

1. 材料强度要求

除符合钢筋混凝土扩展基础的一般构造要求外,筏形基础的混凝土强度等级不应低于 C30,当有地下室时应采用防水混凝土,防水混凝土的抗渗等级应按表 6.20 选用。

表 6.20　防水混凝土抗渗等级

埋置深度 d(m)	设计抗渗等级	埋置深度 d(m)	设计抗渗等级
$d < 10$	P6	$20 \leqslant d < 30$	P10
$10 \leqslant d < 20$	P8	$30 \leqslant d$	P12

2. 基础尺寸要求

(1) 基础底板平面尺寸要求

① 筏形基础的平面尺寸应根据地基承载力、上部结构的布置及荷载分布等因素确定。对单幢建筑物，在地基土比较均匀的条件下，基底平面形心宜与结构竖向永久荷载重心重合。当不能重合时，在作用的准永久组合下，偏心距 e 宜符合下式规定：

$$e = W/A \tag{6.31}$$

式中 W—— 与偏心距方向一致的基础底面边缘抵抗矩(m^3)；

A—— 基础底面面积(m^2)。

② 为减少基底压力及调整基础底面形心轴位置，筏板基底可适当外伸，梁板式筏形基础外伸长度横向不宜大于 1200 mm，纵向不宜大于 800 mm；平板式筏形基础从柱边算起不宜大于 2000 mm。

(2) 基础截面尺寸要求

采用倒梁法计算时，梁板式基础梁高度 $h \geqslant l_0/6$(l_0 为基础梁跨度，一般取支座中心线之间距离计算)，平板式筏形基础板的厚跨比不小于 1/6。底板厚度应满足抗剪及抗冲切计算要求外，梁板式筏形基础底板厚度不宜小于 400 mm，平板式筏形基础底板厚度不宜小于 500 mm。梁板式筏形基础底板区格为矩形双向板时，板厚 $h \geqslant \frac{1}{14} l_n$($l_n$ 为双向板区格短边净跨之长)。

3. 配筋要求

(1) 梁板式筏形基础的底板和基础梁的配筋除满足计算要求外，纵横方向的底部钢筋尚应有不少于 1/3 贯通全跨，顶部钢筋按计算配筋全部连通，底板上下贯通钢筋的配筋率不应小于 0.15%。

(2) 平板式筏形基础柱下板带及跨中板带的底部支座处钢筋应有不少于 1/3 贯通筋，顶部钢筋按计算配筋全部连通，底板上下贯通钢筋的配筋率不应小于 0.15%。

(3) 当交叉基础梁的宽度小于柱截面的边长时，交叉基础梁连接处应设置八字角，柱角与八字角之间的净距不宜小于 50 mm，即基础梁与柱结合部要加腋，其构造同柱下条形基础。

(4) 主次梁相交处的主梁部位，由于受到次梁传来的自下而上的集中荷载，为防止主梁上部开裂，应设置反扣(吊筋反扣过来)或附加箍筋[图 6.35]或参见 22G101-3 平法图集第 79 页。

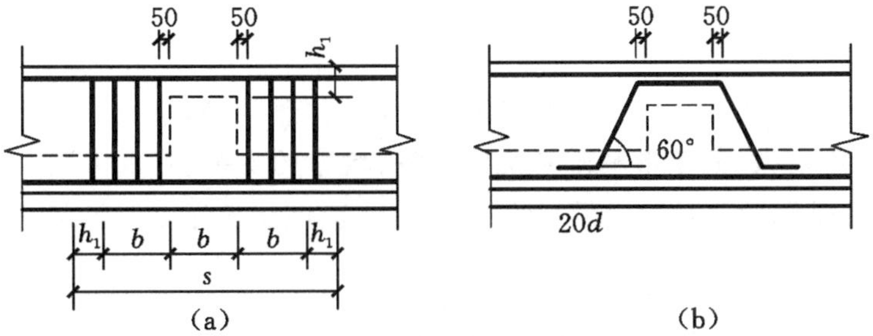

图 6.35 附加横向钢筋构造

(a) 附加箍筋构造；(b) 附加(反扣) 吊筋构造

注：s 为附加箍筋最大布置范围但非必须满布。

4. 其他构造要求

(1) 采用筏形基础的地下室，钢筋混凝土外墙厚度不应小于 250 mm，内墙厚度不宜小于 200 mm。墙截面除满足承载力计算外，还应满足变形、抗裂、外墙防渗要求。墙体内应设双层钢筋，不宜采用光面钢筋，水平钢筋直径不应小于 12 mm，竖向钢筋不应小于 10 mm，间距不应大于 200 mm。其构造参见 22G101-1 平法图集第 87 页。

(2) 柱、地下室墙体与筏形基础的基础插筋连接构造参见 22G101-1 平法图集第 87 页注解，其构造做法见 22G101-3 平法图集第 64 ~ 66 页。

(3) 筏板与地下室外墙的接缝、地下室外墙沿高度处的水平接缝应严格按施工缝要求施工,必要时可设通长止水带。

(4) 后浇带

施工后浇带每隔 30 ～ 40 m 设置一道,以防止收缩裂缝产生。后浇带宽度宜大于 800 mm,设置在跨度的 1/3 范围内,后浇带混凝土宜在其两侧混凝土浇筑完毕后至少一个月再进行浇筑,其强度等级应提高一级,且采用快硬、早强、微膨胀混凝土,其基础后浇带构造见 22G101-3 平法图集第 106 页。

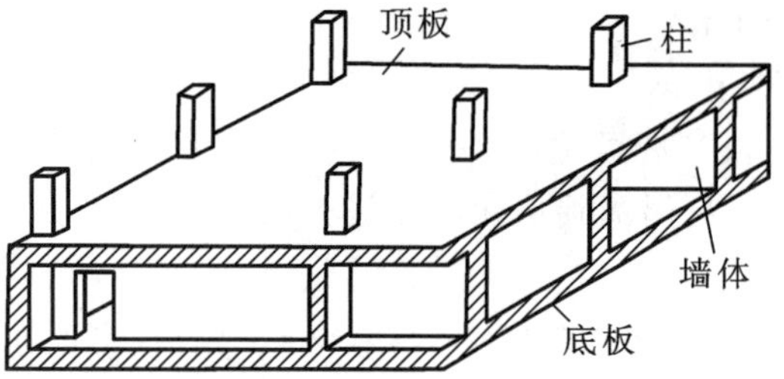

图 6.36　箱形基础构成

6.5.3　箱形基础

箱形基础又称箱基,由基础底板、顶板、墙体(外墙和内墙)构成单层或多层箱形的钢筋混凝土结构,如图 6.36 所示。箱形基础根据与上部结构的连接特点分为柱下箱形基础和墙下箱形基础;按箱形基础的层数分为单层和多层。

6.5.3.1　特点及适用条件

1. 主要特点

箱形基础

箱形基础与一般基础相比具有下列主要特点:

(1) 刚度大,能有效地扩散上部结构传给地基的荷载,同时又能较好地抵抗由于局部地层土质不均匀或受力不均匀所引起的地基不均匀变形,减少沉降对上部结构的影响。

(2) 埋深和基础宽度大,最小埋深一般为 3 ～ 5 m,最深可达 10 ～ 20 m,这增加了地基的稳定性,提高了承载力。

(3) 进行了大面积深开挖,形成带有地下室的补偿性基础。由于挖除大量地基土,抵消上部结构传来的部分附加压力,发挥补偿性基础的作用,从而减小地基的沉降量。

(4) 箱形基础与地下室结合,减小基底附加应力和附加变形;同时地下空间的充分利用,创造了经济效益。

(5) 箱形基础混凝土体积大,一般厚度超过 1 m,水化热较高,内外温差较大,会导致混凝土开裂。另外基坑的施工难度大,如箱形基础基坑的开挖、坑壁的支护、降水措施以及受施工条件的限制等各种因素,会对箱形基础的质量造成很大的不利影响,应该从各方面引起高度的重视。

2. 适用条件

在比较软弱或不均匀地基上建造带有地下室的高耸、重型或对地基不均匀沉降有严格控制的建筑物,若荷载很大、楼层很高,仍不满足地基变形要求,在这种情况下可在箱形基础下打桩,形成桩箱基础,减少沉降。在非软弱地基上出于人防、抗震考虑而设置地下室时,也可采用箱形基础。

6.5.3.2　受力特点及构造要求

1. 受力特点

(1) 基底反力分布

箱形基础相对地基而言刚度较大,地基压缩层深度内的土层在竖向及水平向均匀分布,且由于上部结构为平立面布置较规则,如框架、剪力墙、框架-剪力墙结构,基底反力大小及分布接近于直线分布。

(2) 内力计算

箱形基础相对上部结构而言刚度又不是很大,在上部结构荷载和基底反力作用下,箱形基础产生整体弯曲，同时基础底板、顶板、外墙和纵横交叉的内墙在各自的荷载作用下又产生局部弯曲，因此在满足上述条件的前提下，基础底板、顶板可仅考虑局部弯曲，在整体弯曲上按构造考虑，一般将板和墙简化为受力构件。

➡ 技术提示

① 底板及顶板截面主要按受弯构件计算（正截面抗弯计算和斜截面抗剪计算、抗冲切计算）。

② 内墙及外墙截面按偏心受压构件计算外，对于箱形基础的外墙还要承受土压力作用，尚应按受弯构件计算。

2. 构造要求

箱形基础除满足筏形基础的一般构造要求外，还应满足下列要求：

1）箱形基础的高度及其他部位截面尺寸

（1）箱形基础高度应满足承载力、刚度和使用要求，还要满足埋深及使用功能要求。箱形基础的高度不宜小于箱形基础长度的 1/20 且不宜小于 3 m。

（2）顶板和底板厚度、墙体厚度除满足计算要求外，顶板不宜小于 200 mm、底板不宜小于 300 mm；外墙和内墙厚度分别不小于 250 mm 和 200 mm；实际上外墙为挡土墙，厚度一般在 350 mm 以上。

2）配筋要求

（1）底板、顶板均应配置双层双向钢筋：

① 底板、顶板跨中钢筋（顶板跨中在下部受拉最大、底板跨中上部受拉最大）应按计算纵横方向全部贯通，且通长筋的纵、横向配筋率分别不少于 0.15％、0.1％。

② 底板、顶板支座配筋（顶板支座在四周上部受拉最大、底板支座在板的四周下部受拉最大）纵、横方向支座处应有 1/3 ～ 1/2 钢筋贯通，其余为支座处的非贯通筋。

（2）墙体的竖向和水平向钢筋直径均不应小于 10 mm，间距均不应小于 200 mm，外墙外侧由于受到土压力作用，竖向钢筋布置在最外侧，水平钢筋布置在内侧。

6.6 浅基础施工图的识读

拓展知识：建筑制图知识

6.6.1 传统基础施工图的识读

一套完整的施工图除包括图纸目录、设计总说明外，一般分为建筑施工图、结构施工图、设备施工图（给排水、采暖通风、电气施工图）等。施工图是进行工程施工、编制施工图预算和施工组织设计的依据，也是进行技术管理的重要技术文件，所以施工图必须具有图纸齐全、表达准确、要求具体的特点。

结构施工图包括主体结构施工图和基础施工图，结构施工图主要表达房屋的结构类型，梁、板、柱（墙）等各构件布置，构件的材料、截面尺寸、配筋，以及构件间的连接方法、各构件的详细做法及施工要求。内容包括结构设计说明、结构平面布置图和构件详图。

基础施工图主要是表示建筑物在相对标高 ±0.000 以下基础结构的图纸，一般包括基础平面图和基础详图及文字说明，它是施工时在基地上放灰线、开挖基槽、砌筑基础的依据。

6.6.1.1 基础平面图

基础平面图是在相对标高 ±0.000 处用一个假想水平剖切面将建筑物剖开，移去上部建筑物和覆盖土层后所作的水平投影图。

1. 柱下独立基础

例如:某单层工业厂房基础平面图如图 6.37 所示,在基础平面图中应该表达的信息见表 6.21 分析。

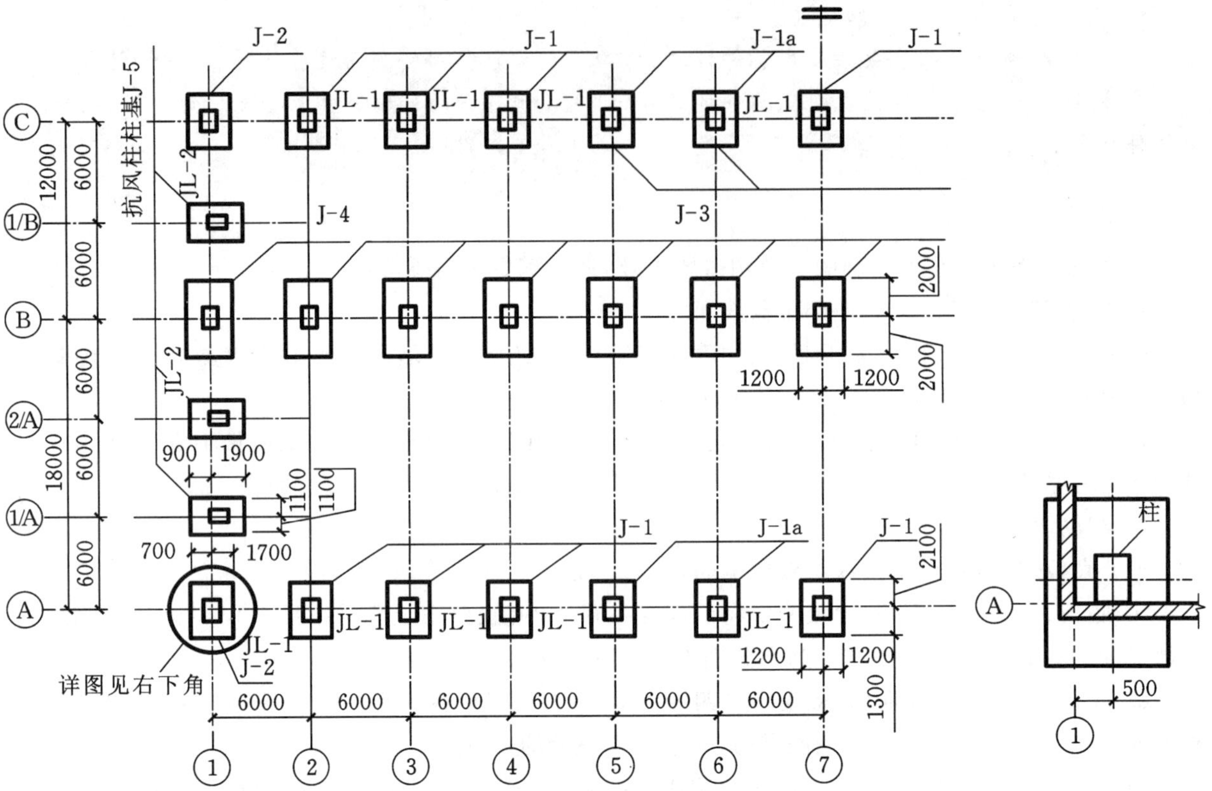

图 6.37　杯形基础平面图(1∶100)

表 6.21　由图 6.38 杯形基础平面图识读的信息

序号	读图内容向导	本例信息分析结果
1	轴网尺寸(横向定位轴线与轴向定位轴线)、编号与建筑图是否一致	(1) 横向定位轴线 ① 轴至 ⑬ 轴,柱距 6 m; (2) 纵向定位轴线 Ⓐ 至 Ⓑ,Ⓑ 至 Ⓒ,双跨跨度为 18 m 和 12 m; (3) 三个抗风柱,其纵向轴线 1/A、2/A、1/B,其定位见图标注
2	① 了解基础类型:独立基础、桩基础、条形基础等; ② 了解每个基础的平面位置(与定位轴线间相对关系); ③ 了解每类基础的平面大小、形状; ④ 基础连系梁及基础圈梁的平面位置、编号; ⑤ 对桩基础,了解每根桩的平面定位(与横、纵轴线的关系)	(1) Ⓐ 轴、Ⓒ 轴上为边柱的柱基,其中有 J-1:(3+1+3)×2 = 14 个;J-1a :2×2×2 = 8 个;J-2:2×2 = 4 个;基底尺寸均为 2400 mm×3400 mm,在平面中定位尺寸如图所示。 (2) Ⓑ 轴上为中柱柱基,其中 J-3:5+5+1 = 11 个;J-4:2 个。边柱列、中柱列、抗风柱对应基础的编号、数量、对应基础底面尺寸。 (3) 在 1/A、2/A、1/B 轴上为抗风柱柱基 J-5: 数量 3×2 = 6 个,边柱列、中柱列、抗风柱对应基础的编号、数量、对应基础底面尺寸 2400 mm×2800 mm,在平面中定位尺寸如图所示。 (4) Ⓐ 轴、Ⓒ 轴上为边柱,柱基之间基础连系梁为 JL-1;山墙上基础连系梁为 JL-2

2. 墙下条形基础

图 6.38 为某墙下条形基础平面图(部分),由识读到图纸信息见表 6.22。

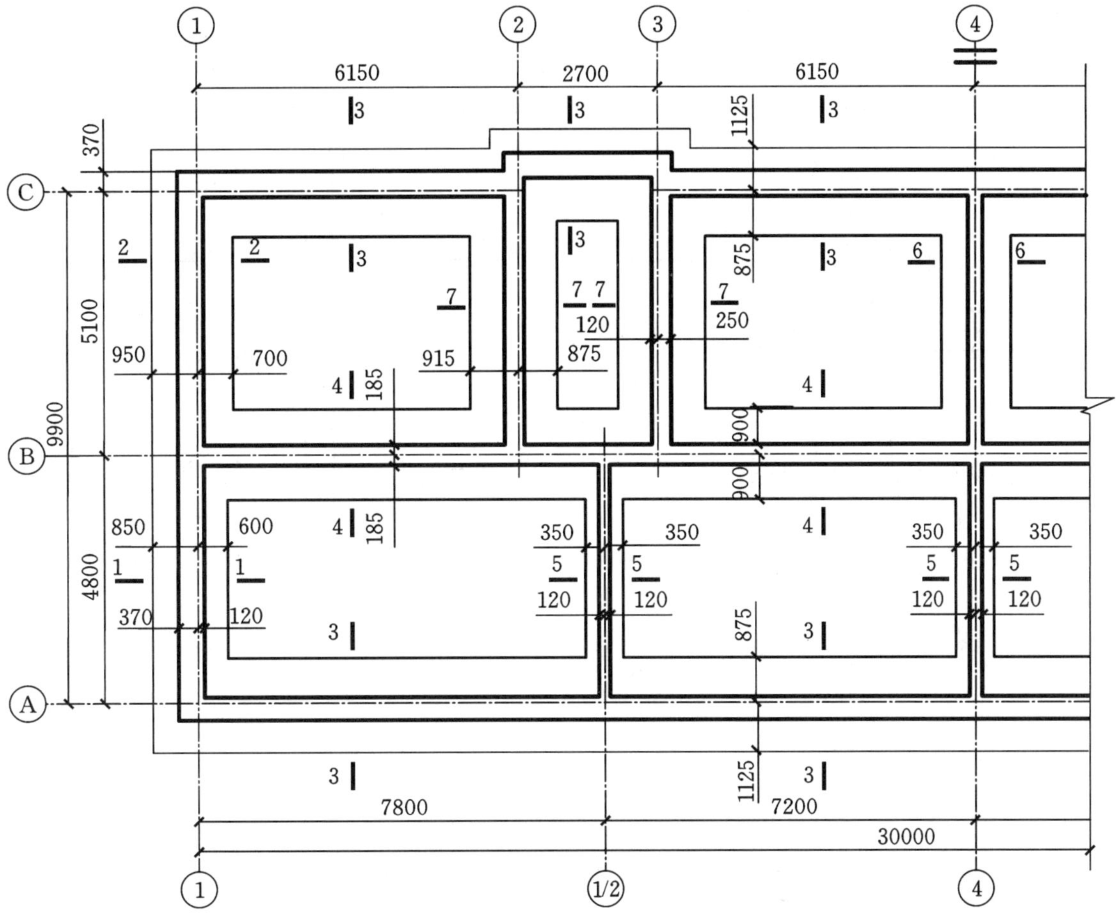

图 6.38 条形基础平面图 1∶100

表 6.22 由图 6.38 条形基础平面图识读的信息

序号	读图内容向导	本例信息分析结果
1	轴网尺寸(横向定位轴线与轴向定位轴线)、编号与建筑图是否一致	(1) 横向定位轴线 ① 轴、② 轴、(1/2)、③ 轴、④ 轴； (2) 纵向定位轴线 Ⓐ 轴、Ⓑ 轴、Ⓒ 轴,轴网之间尺寸如图所示
2	(1) 基础类型为条形基础(不同类型基础在对应位置用剖切符号表示)； (2) 每一剖切位置处墙厚、基础底板与定位轴线之间的关系(居中、偏轴线)、墙厚、基础底板宽度等； (3) 基础圈梁的平面位置、编号	(1) 本图中内墙厚度有 240 mm、370 mm(②、③ 轴墙偏轴线),其余定位轴线与墙体中线重合； (2) 外墙厚度均为 490 mm,偏轴线； (3) 基础剖切位置 1—1,2—2,3—3,4—4,5—5,6—6,7—7,其位置如图所示,对应的基础底面宽度如图所示,对于偏轴线的基础已分段标出与定位轴线之间的关系

6.6.1.2 基础详图

基础平面图只表明了基础的平面布置、基础类型；基础详图表示了基础的断面形状、大小、材料、构造、埋深及主要部位的标高等。

基础详图的轮廓线用中实线表示,钢筋符号用粗实线绘制。常用 1∶10、1∶20、1∶50 的比例绘制,并尽可能与基础平面图绘在同一张图纸上。

1. 墙下条形基础详图

墙下条形基础是指在基础平面布置图中用铅垂剖切平面切开基础所得到的断面图。图 6.39 是图 6.38 中 1—1 及 5—5 基础详图,其他略,通过对详图(图 6.39)分析应读懂的信息见表 6.23。

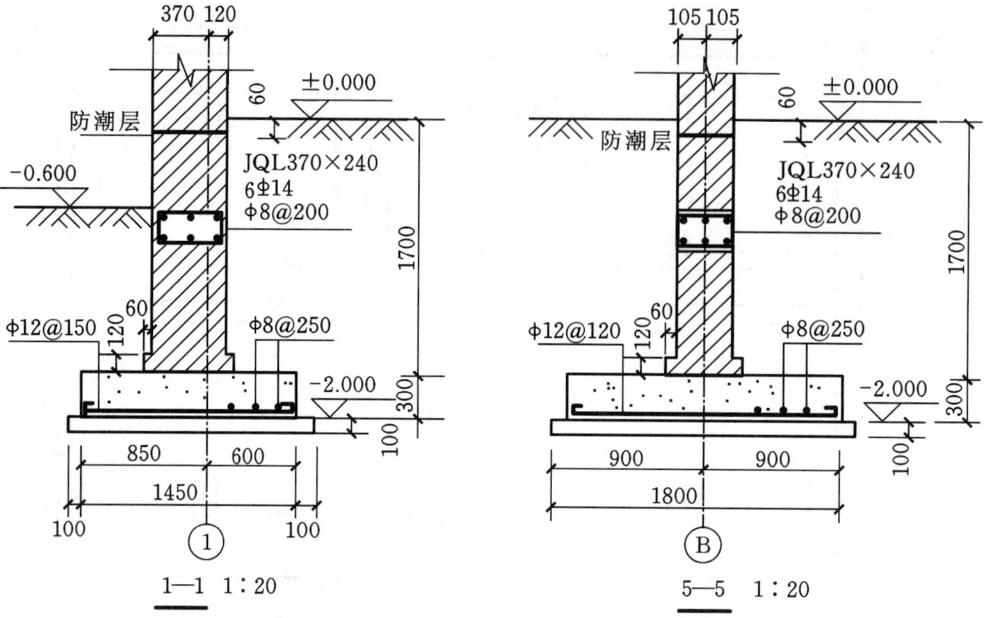

图 6.39 条形基础详图

表 6.23 由图 6.39 条形基础详图识读的信息

序号	读图内容向导	本例信息分析结果
1	详图剖切符号编号在基础平面图确认平面位置、基础宽度及与定位轴线关系与详图进一步校核	(1) 1—1 基础宽度 1450 mm,定位轴线与基础中线不重合,偏心距 125 mm,与基础平面图相吻合; (2) 5—5 基础宽度 1800 mm,定位轴线与基础中线重合
2	(1) 基础室内外高差、基础埋深及基础底标高; (2) 基础高度、外形尺寸、垫层厚度、防潮层位置; (3) 基础配筋、基础圈梁截面尺寸、配筋等	(1) 基础室内外高差 0.600 m,基础埋深从室外地面算起 1.4 m,基础底标高 − 2.000 m; (2) 基础高度 300 mm、外形尺寸单阶梯等厚、垫层厚度 100 mm、防潮层位置标高 − 0.600 m 处; (3) 基础配筋、基础圈梁截面尺寸、配筋如图所示(略)

2. 独立基础详图

对于钢筋混凝土独立基础详图,除画出基础的断面图(如基础平面表达不清晰的或较复杂,有时绘制纵向和横向断面)外,杯形基础平面尺寸较为复杂,所以还要画出该基础的平面图,并在平面图中采用局部剖面表达底板配筋,对于基础详图图示不方便的,还需要局部的文字说明。

图 6.40 所示 J-2 基础详图,其平面位置见图 6.37 中基础平面布置图,通过对详图(图 6.40)分析应读懂的信息见表 6.24。

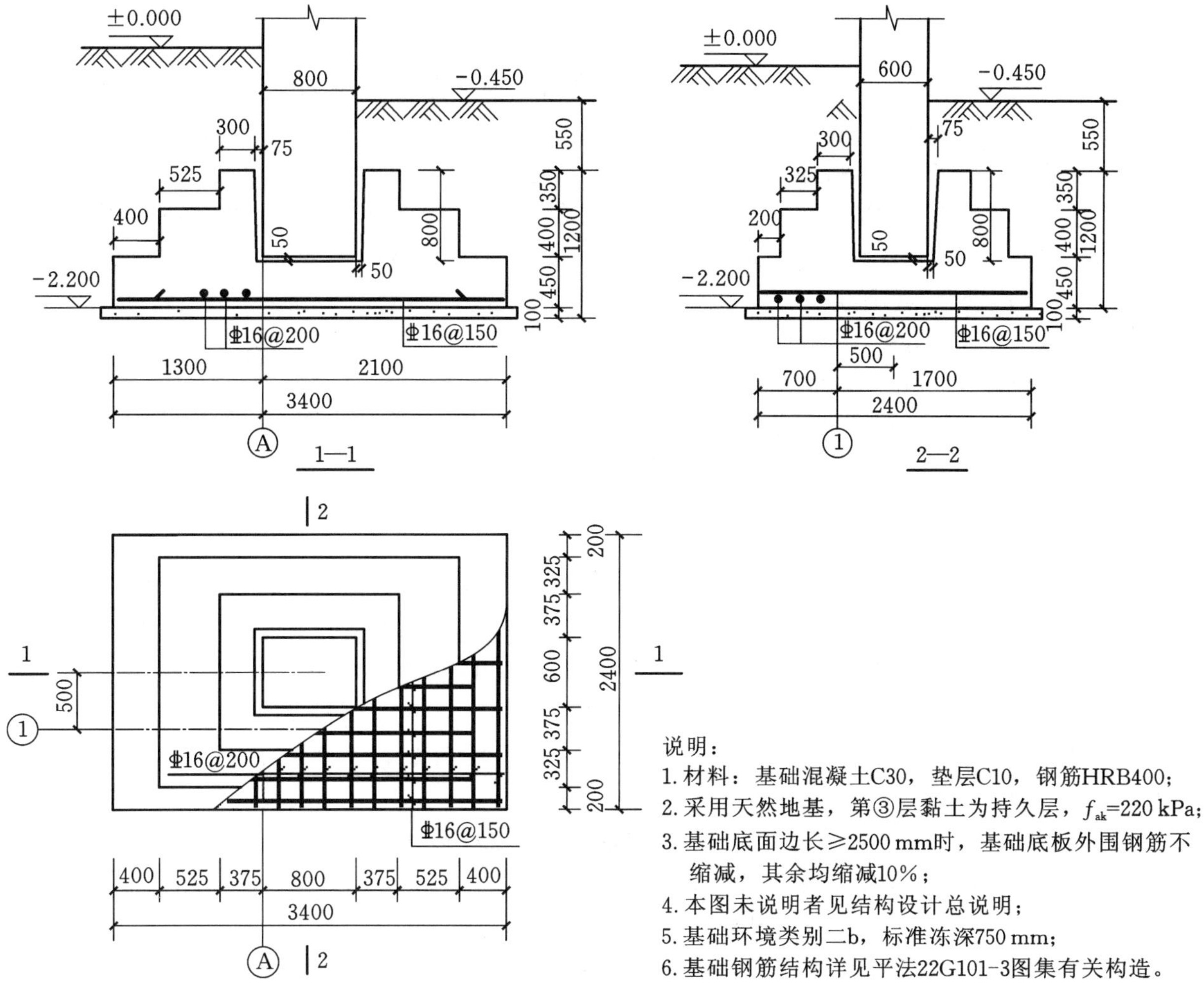

图 6.40　J-2 基础详图（1∶20）

表 6.24　由图 6.40 J-2 基础详图识读的信息

序号	读图内容向导	本例信息分析结果
1	（1）基础详图与基础平面图平面尺寸校核； （2）分析偏轴线关系并校核	如：J-2 基础 x、y 方向定位轴线与基础中线不重合，图 6.37 中有该位置处的平面局部详图，标注偏心距为 500 mm
2	（1）基础室内外高差、基础埋深、基础底标高； （2）基础高度、外形尺寸、垫层厚度； （3）基础配筋等	（1）基础室内外高差 0.450 m，基础埋深从室外地面算起 1.750 m，基础底标高 −2.200 m； （2）J-2 杯形基础 x、y 方向平面尺寸、偏心距如图所示； （3）J-2 杯形基础外形为阶梯形，其基础高度从下至上 450 mm/400 mm/350 mm，基础总高 1200 mm，每个阶梯 x、y 方向平面尺寸如图所示； （4）J-2 杯形基础杯口尺寸（杯口深度、杯口上底及下底尺寸、杯底厚度、杯壁厚度）、柱插入基础深度等如图所示； （5）x、y 方向配筋如图所示； （6）垫层厚度 100 mm，平面尺寸如图所示

6.6.1.3 设计说明

设计说明是指难以用图示表达的内容和易用文字表达的内容,如材料的质量要求、施工注意事项等,由设计人员根据具体情况编写。一般包括以下内容:

(1) 对地基土质情况提出注意事项和有关要求,概述地基承载力、地下水位和持力层土质情况;

(2) 地基处理措施(如换填土厚度 1.5 m 且应分层夯实,分层厚度不大于 300 mm,压实系数为 0.94,墙体两侧同时进行,严禁回填建筑垃圾等不符合规范的材料,以防地下室与坑壁间积水,产生较大浮力,对地下室带来不利影响),并说明注意事项和质量要求;

(3) 对施工方面(如降水要求、回填土要求、提出验槽、钎探等) 事项的设计要求;

(4) 垫层、砌体、混凝土、钢筋等所用材料的质量要求;

(5) 防潮(防水,地下室防水要求等) 层的位置、做法,构造柱的截面尺寸、材料、构造,混凝土保护层厚度等。

6.6.1.4 基础施工图的阅读注意事项

(1) 地质勘探报告的阅读:在阅读基础施工图前,一般应先认真阅读《岩土工程勘察报告》。根据勘探点的平面布置图,查阅地质剖面,了解拟建场地的标高、土层分布及各项指标、地下水位、持力层位置、承载力,重点阅读勘察单位提出的结论与建议。根据基础施工图及工程施工经验,分析影响基础工程施工与质量的主要因素,采取相应的技术措施,并提出合理化建议,以保证工程质量。

(2) 基础结构平面布置图及详图的阅读:不论采用何种基础类型,一般均先阅读基础平面图,再看基础详图。基础类型不同,基础施工图内容也有差异。

① 地基持力层:阅读重点为天然基底持力层情况或地基处理措施;

② 当地梁有管道穿越时,预留套管位置及标高与土建有无矛盾;

③ 明确基础地梁(基础梁、基础圈梁及基础连系梁) 钢筋构造的区别;

④ 基础地梁设置与建筑施工图一层平面是否相符;如果是相邻工程,还须审查新老基础之间的相互关系;如有地下室,还须考虑基坑开挖与周边建筑、场地之间的相互关系,防水要求与措施。

➡ 技术提示

基础施工图识读方法:

① 阅读基础说明。了解基础类型、材料,构造要求及有关基础施工要求。

② 看基础平面图与建筑平面图的定位轴线及尺寸标注是否一致,基础平面图与基础详图是否一致。

③ 根据建施底层平面图的墙柱布置,检查基础梁、柱等构件的布置和定位尺寸是否正确,有无遗漏,基础布置应使基础平面形成封闭状。

④ 检查各构件的尺寸是否标注齐全,有无遗漏和错误。

⑤ 检查断面剖切符号是否齐全,基础详图是否正确、有无遗漏。

⑥ 查阅管沟的宽度及位置、墙体留洞位置,并与相应水施图、暖施图或电施图核对无误。

基础平面图识图要注意基础平面布置与内部尺寸关系,以及预留洞的位置及尺寸等。

基础详图识图要注意竖向尺寸关系,基础的形状、做法与详细尺寸,钢筋的直径、间距与位置,以及地圈梁、防潮层的位置、做法等。

6.6.2 基础平法施工图

6.6.2.1 平法的产生

钢筋混凝土施工图采用平面整体表示法(平法) 表示,概括来讲,是把各类构件(梁、板、柱、剪力墙、楼梯及基础）的尺寸和配筋等，按照平面整体表示方法的制图规则，整体直接表达在各类构件对应结构平面布置图上，再与标准图集《《混凝土结构施工图平面整体表示方法制图规则和构造详图》》相结合，即构成一套完整的基础施工图，其平法图集经历了以下三个阶段：

（1）中华人民共和国建设部于2003年1月20日下发通知，批准《混凝土结构施工图平面整体表示方法制图规则和构造详图》（简称平法图集）作为国家建筑标准设计图集，图集号为03G101-1（现浇混凝土框架、剪力墙、框架-剪力墙、框支剪力墙结构），于2003年2月15日执行；其后相继发行03G101-2（现浇混凝土板式楼梯），04G101-3（筏形基础），04G101-4（现浇混凝土楼面与屋面板），06G101-6（独立基础、条形基础、桩基承台）。

（2）2011年对G101系列图集进行了修改，新图集号为11G101-1（现浇混凝土框架、剪力墙、梁、板），11G101-2（现浇混凝土板式楼梯），11G101-3（独立基础、条形基础、筏形基础及桩基承台）。

（3）2016年编制了新图集16G101-1（现浇混凝土框架、剪力墙、梁、板），16G101-2（现浇混凝土板式楼梯），16G101-3（独立基础、条形基础、筏形基础及桩基础），以代替11G101系列。

（4）2022年再次对G101系列图集进行了修改，新图集号22G101-1（现浇混凝土框架、剪力墙、梁、板）、22G101-2（现浇混凝土板式楼梯），22G101-3（独立基础、条形基础、筏形基础及桩基础）。

基础平法施工图改变了传统的那种将每一基础从基础结构平面布置图中索引出来，再逐个绘制基础详图（外形、尺寸、标高、基础埋深、垫层尺寸及基础配筋）等烦琐的表示方法。平法表达方便快捷，已成为基础施工图普遍采用的图示方法，但其内部蕴藏着很深的技术含量，特别是钢筋识读与算量，施工人员要经过一段时间的培训。

基础平法施工图现采用的国家建筑标准图集22G101-3，包括独立基础、条形基础、筏形基础及桩基承台基础平法表示制图规则和构造详图。下面通过各钢筋混凝土基础平法施工图实例与22G101-3图集中独立基础平法施工图的制图规则及构造详图有机结合，才能领会内部的知识结构的相关性，清楚难点、疑点，使钢筋工程量计算的技术更为合理化、科学化。

6.6.2.2 钢筋混凝土柱下独立基础平法施工图识读

1. 独立基础平法施工图制图规则

1）独立基础平法施工图的表示方法

（1）首先必须绘制独立基础的结构平面布置图。

（2）当绘制独立基础平面布置图时，应注意：

① 应将独立基础平面与基础所支承柱子一起绘制。当设有基础连系梁时，可根据图面的疏密情况，将基础连系梁与基础平面图一起绘制，或将基础连系梁布置图单独绘制。

② 在独立基础平面布置图上应标注基础定位尺寸；当独立基础柱中心线与建筑轴线不重合时，应标注其定位尺寸，编号相同的可选择一个进行标注。

（3）独立基础平法施工图的表达方式有平面注写法和截面注写法两种，设计者可根据具体工程情况选择一种，或两种方式结合表示，图6.41所示为某工程独立基础平面注写方式。

2）独立基础平面注写方式，分为集中标注和原位标注两部分。

① 集中标注是在基础平面图上集中引注：基础编号、截面竖向尺寸、配筋三项内容必须标注，基础底面标高（与基础底面基准标高不同时）和必要的文字注解两项内容选注。

② 原位标注是在基础平面布置图上标注独立基础的平面尺寸。

2. 标准构造详图

构造详图是根据基础平法施工图中各基础的平法表示内容，及22G101-3平法图集转换而来。

（1）基础底板配筋构造（图6.42、图6.43）或具体详见22G101-3平法图集第67～70页。

（2）基础连系梁构造（图6.44）或具体详见22G101-3平法图集第105页。

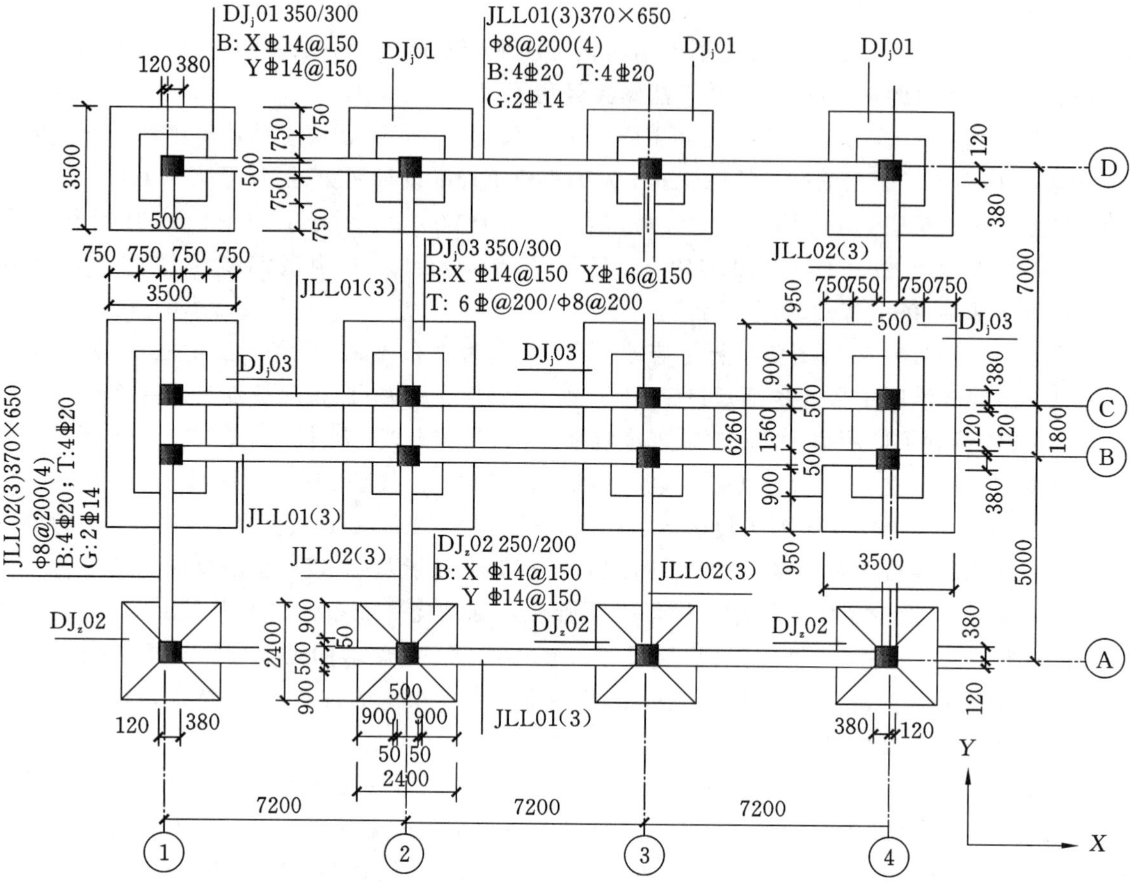

图 6.41　独立基础平法施工图(1∶100)

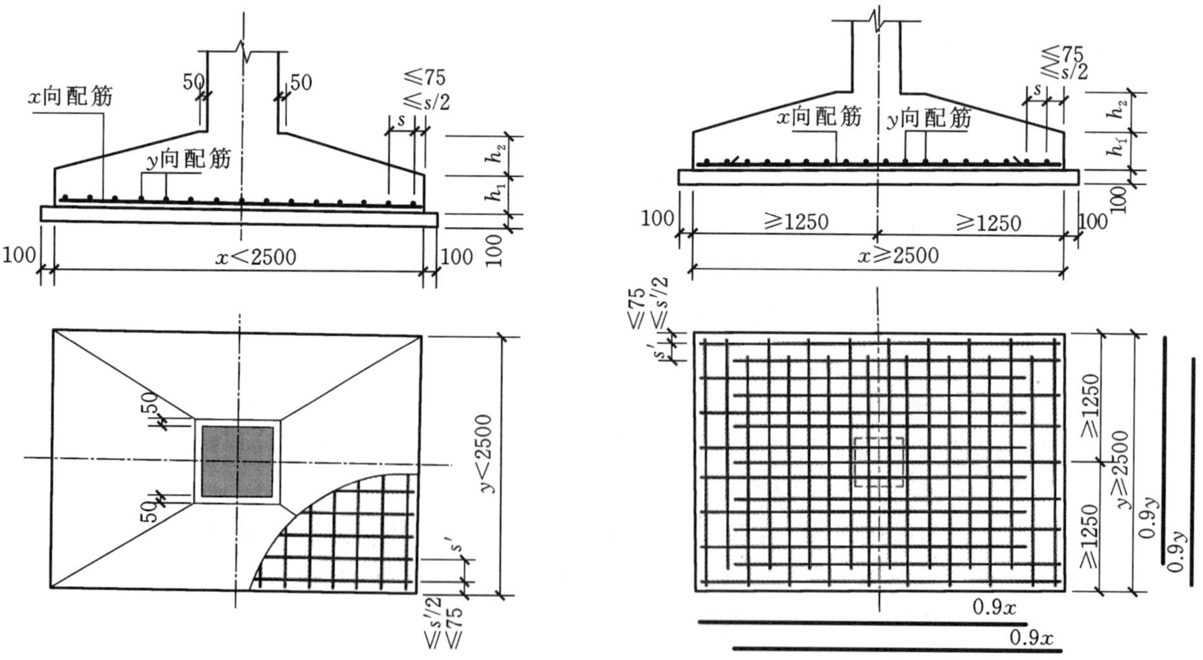

(a)　　　　(b)

图 6.42　独立基础底板配筋构造

(a) 基础底面边长小于 2500 构造;(b) 基础底面边长不小于 2500 构造

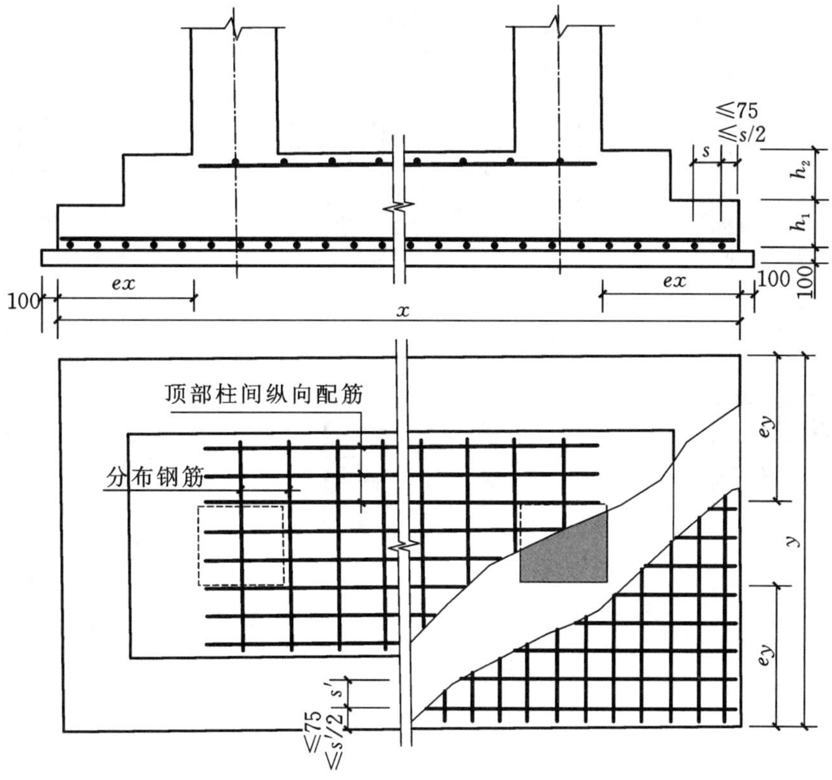

图 6.43 双柱普通独立基础配筋构造

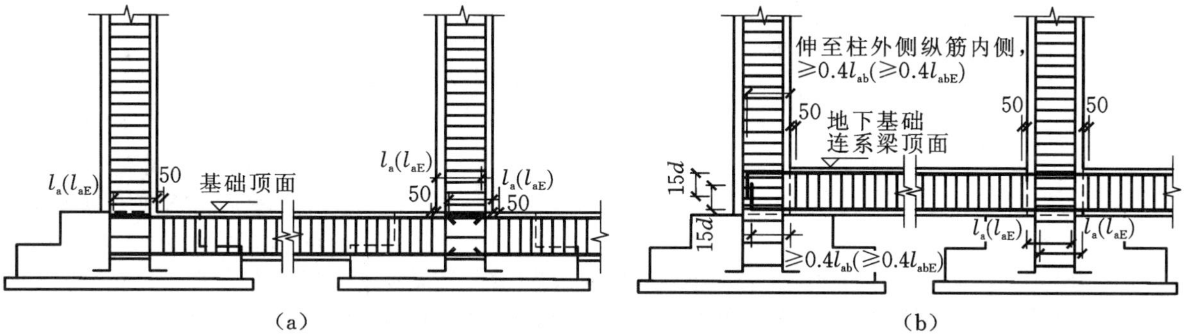

图 6.44 基础连系梁 JLL 配筋构造

(a) 构造(一)；(b) 构造(二)

为提高基础刚度，减小地基不均匀沉降以及承受首层墙体传来的荷载，在独立基础之间要设置基础连系梁，其受力相当于楼盖梁。值得注意的是，受力不同于柱下条形基础中的基础梁，所以要注意其构造与后续基础梁的区别。

(3) 文字说明

在基础施工图中，图示不能完全表达的内容还要通过文字来说明。

3. 实物操作

上述就 22G101-3 图集独立基础平面整体表示法制图规则及常见的标准构造详图做了向导，下面结合实例将基本知识与实物联系起来，做到将理论知识与实践结合起来，以帮助同学们加深对平法知识的贯彻执行。图 6.41 中部分基础构造详图如表 6.25 所示。

表 6.25　钢筋混凝土独立基础平面整体表示法及构造详图识读

	独立基础 DJ$_j$01	独立基础 DJ$_z$02	独立基础 DJ$_j$03
构造详图	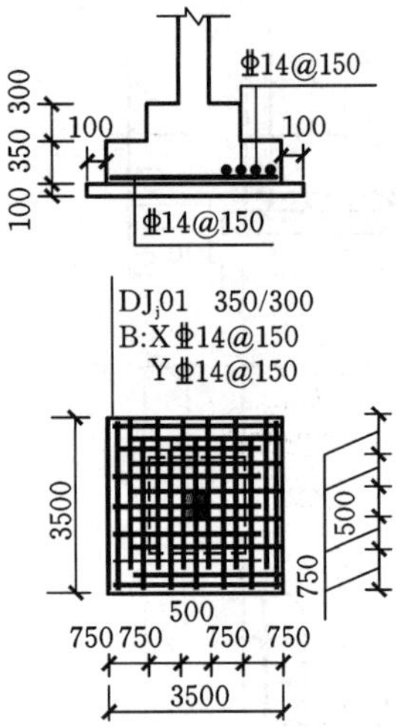	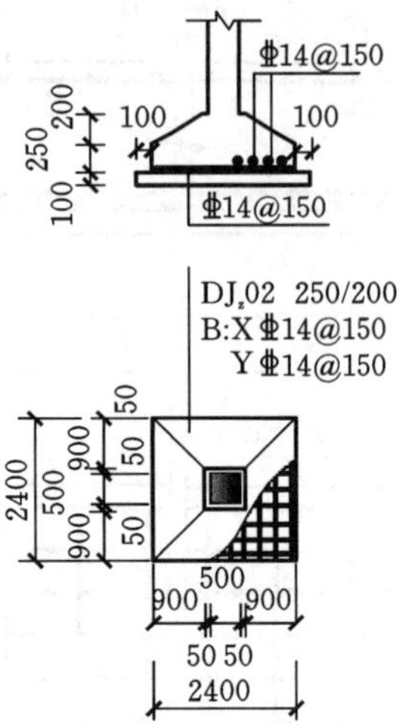	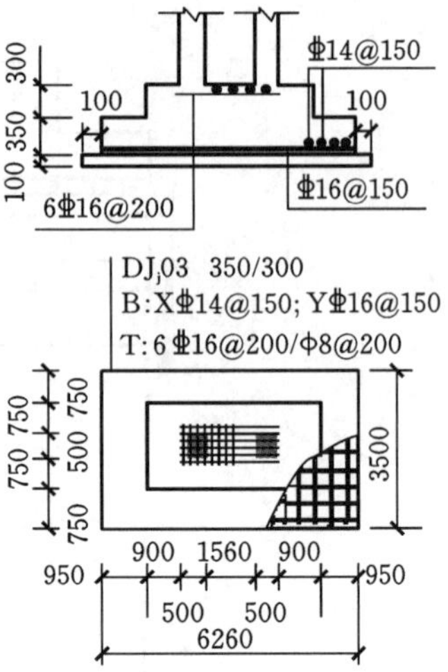
平面注写法(集中标注＋原标注位)	1. 集中标注: DJ$_j$01 350/300 B:X Φ 14@150 Y Φ 14@150 ① 基础编号 DJ$_j$01(序号 01,外形是阶形); ② 基础竖向尺寸 350/300(自下而上竖向尺寸 350 mm,300 mm,基础总高度 650 mm); ③ 配筋 B:X Φ 14@150 Y Φ 14@150 “B”基础底部“X”及“Y”向配筋均为直径 14 mm 间距 150 mm 的 HRB400 受力钢筋。 2. 原位标注: ① 基础底板“X”及“Y”向长度均为 3500 mm; ② “X”及“Y”向每个阶梯宽度均为 750 mm,柱子截面为 500 mm×500 mm; ③ 柱子与定位轴线之间关系见平法施工图(图 6.41)。	1.集中标注: DJ$_z$02 250/200 B:X Φ 14@150 Y Φ 14@150 ① 基础编号 DJ$_z$02(序号 02,外形是锥形); ② 基础竖向尺寸 250/200(基础自下而上竖向尺寸分别是 250 mm,200 mm,基础总高度 450 mm); ③ 配筋 B:X Φ 14@150 Y Φ 14@150 “B”基础底部“X”及“Y”向配筋均为直径 14 mm 间距 150 mm 的 HRB400 受力钢筋。 2. 原位标注: ① 基础底板“X”及“Y”向长度均为 2400 mm; ② “X”及“Y”向锥形水平投影长度均为 900 mm,柱子截面为 500 mm×500 mm;柱边到锥边距离为 50 mm; ③ 柱子与定位轴线之间关系见图示。	1. 集中标注: DJ$_j$03 350/300 B:X Φ 14@150;Y Φ 16@150 T:6 Φ 16@200/ Φ 8@200 ① 基础编号 DJ$_j$03(序号 03,外形是阶形); ② 基础竖向尺寸 350/300(自下而上竖向尺寸 350 mm,300 mm,基础总高度 650 mm); ③ 配筋 B:X Φ 14@150;Y Φ 16@150 T:6 Φ 16@200/ Φ 8@200 “B”基础底部“X”向配筋为直径 14 mm 间距 140 mm 的 HRB400 受力钢筋,“Y”向配筋为直径 16 mm、间距 150 mm 的 HRB400 受力钢筋; “T”基础顶部:6 根直径 16 mm 间距 200 mm 的 HRB400 受力钢筋;分布筋Φ 8@200 2. 原位标注: ① 基础底板“X”及“Y”向长度分别为 3500 mm 和 6260 mm; ② “X”阶梯尺寸 750,“Y”阶梯尺寸 950 mm,900 mm;柱截面 500 mm×500 mm; ③ 其他尺寸见图示。

注:DJ$_j$03 构造详图根据 22G101-3 平法图集第 68 页绘制,第 68 页条款 2 双柱普通独立基础底部双向交叉钢筋,根据基础两个方向从柱边算起至基础边缘长度,较大者方向钢筋设置在下,较小者设置在上。本例底板 Y 向挑出 1850 mm,大于 X 向挑出长度 1500 mm 。Y 向受力筋置于底板最外侧布筋

6.6.2.3 钢筋混凝土柱下独立基础钢筋算量

1. 基本知识

(1) 受拉钢筋的基本锚固长度(非抗震)l_{ab} 和抗震设计受拉钢筋的基本锚固长度 l_{abE} 见表 6.26、表 6.27。

表 6.26 受拉钢筋的基本锚固长度(非抗震)l_{ab}

钢筋种类	混凝土强度等级							
	C25	C30	C35	C40	C45	C50	C55	≧C60
HPB300	34d	30d	28d	25d	24d	23d	22d	21d
HRB400、HRBF400、RRB400	40d	35d	32d	29d	28d	27d	26d	25d
HRB500、HRBF500	48d	43d	39d	36d	34d	32d	31d	30d

表 6.27 抗震设计受拉钢筋的基本锚固长度 l_{abE}

钢筋种类	抗震等级	混凝土强度等级							
		C25	C30	C35	C40	C45	C50	C55	≧C60
HPB300	一、二级	39d	35d	32d	29d	28d	26d	25d	24d
	三级	36d	32d	29d	26d	25d	24d	23d	22d
HRB400 HRBF400	一、二级	46d	40d	37d	33d	32d	31d	30d	29d
	三级	42d	37d	34d	30d	29d	28d	27d	26d
HRB500 HRBF500	一、二级	55d	49d	45d	41d	39d	37d	36d	35d
	三级	50d	45d	41d	38d	36d	34d	33d	32d

注:四级抗震时 $l_{abE}=l_{ab}$,见表 6.26

(2) 受拉钢筋的锚固长度(非抗震)l_a 和抗震设计受拉钢筋锚固长度 l_{aE} 在基本锚固长度的基础上根据锚固条件要做修正,修正后的锚固长度简称受拉钢筋锚固长度,见式(6.32) 及式(6.33)。

$$l_a=\zeta_a l_{ab} \tag{6.32}$$

$$l_{aE}=\zeta_a l_{abE} \tag{6.33}$$

式中 ζ_a—— 受拉钢筋锚固长度修正系数,见表 6.28。

表 6.28 受拉钢筋锚固长度修正系数 ζ_a

项次	锚固条件		ζ_a	备 注
1	带肋钢筋的公称直径大于 25		1.1	① 对于一般中小型建筑物,若带肋钢筋的公称直径不大于 25,钢筋表面不涂环氧树脂,施工中钢筋不考虑扰动,当锚固区钢筋保护层厚度小于 3d 时,则 $\zeta_a=1.0$,相应的 $l_a=l_{ab}$,$l_{aE}=l_{abE}$; ② ζ_a 多于一项时,可按连乘计算
2	环氧树脂涂层带肋钢筋		1.25	
3	施工中易受扰动的钢筋		1.1	
4	锚固长度范围以内周边钢筋的保护层厚度(d 为锚固钢筋的直径)	3d	0.8	
		5d	0.7	

22G101系列平法图集中，给出了受拉钢筋的锚固长度(非抗震)l_a和抗震设计受拉钢筋锚固长度l_{aE}，直径$d \leqslant 25$ mm和$d \geqslant 25$ mm钢筋的锚固长度见22G101-3平法图集第59页中的表(在此略)，平法图集中的受拉钢筋锚固长度没有考虑表6.28中的项次2、3、4的情况，但遇到项次2、3、4情况时必须考虑表6.28中的修正系数。

(3) 混凝土结构的环境类别及钢筋最小保护层厚度见表6.29。

表6.29　混凝土结构的环境类别及钢筋最小保护层厚度

混凝土结构环境类别		混凝土保护层的最小厚度(mm)							
环境类别	条件	板、墙		梁、柱		基础梁顶面和侧面		独立基础、条形基础、筏形基础顶面和侧面	
		≤C25	≥C30	≤C25	≥C30	≤C25	≥C30	≤C25	≥C30
一	室内干燥环境	20	15	25	20	25	20	—	—
二a	① 室内潮湿环境； ② 非严寒和寒冷地区的露天环境； ③ 非严寒和寒冷地区与无侵蚀性的水或土壤直接接触的环境	25	20	30	25	30	25	25	20
二b	① 干湿交替环境； ② 水位频繁变动环境； ③ 严寒和寒冷地区的露天环境； ④ 严寒和寒冷地区冰冻线以上与无侵蚀性的水或土壤直接接触的环境	30	25	40	35	40	35	30	25
三a	① 严寒和寒冷地区冬季水位变动区环境； ② 受除冰盐作用环境； ③ 海风环境	35	30	45	40	45	40	35	30
三b	① 盐渍土环境； ② 受除冰盐作用环境； ③ 海岸环境	45	40	55	50	55	50	45	40

备注：

① 表中混凝土保护层厚度是指最外层钢筋外边缘至混凝土表面的距离，适用于设计年限50年的结构。

② 构件中受力钢筋的保护层厚度不应小于钢筋的公称直径。

③ 钢筋混凝土基础宜设混凝土垫层；基础底面钢筋的保护层厚度应从垫层顶面算起，设有混凝土垫层时不应小于40 mm；无垫层时不应小于70 mm。

④ 桩基承台及承台梁：承台底面钢筋的保护层厚度，当设有混凝土垫层时不应小于50 mm；无垫层时不应小于70 mm；此外尚不应小于桩头嵌入承台内的长度

2. 钢筋算量

(1) 钢筋算量的业务划分见表6.30。

表 6.30 钢筋算量的业务划分

钢筋算量的业务划分	计算依据和方法	计算长度	目的	关注点
钢筋翻样	按照相关规范及设计图纸，以“实际长度”进行计算	实际长度	指导实际施工	既符合相关规范和设计要求，还要符合方便施工，降低成本等施工要求
钢筋算量	按照相关规范及设计图纸，以及工程量清单和定额要求以“设计长度”进行计算	设计长度	确定工程造价	以快速计算工程钢筋的总量，用于确定工程造价

备注：

① 实际长度 —— 是指钢筋中心线长度，等于钢筋的外包线长度减去钢筋加工弯钩的量度之差。

② 设计长度 —— 等于钢筋的外包线长度，并未考虑太多的钢筋的加工及施工过程中的实际情况。

(2) 钢筋算量实例

下面以上述独立基础为例，结合 22G101-3 平法图集中的构造详图，从计量与计价角度要求考虑，计算图 6.41 独立基础平法施工图中部分地基钢筋的数量，见表 6.31 至表 6.33。

表 6.31 DJ_j01 钢筋算量过程

<table>
<tr><td rowspan="2">计算钢筋简图(混凝土 C30)</td><td colspan="4">计算参数</td></tr>
<tr><td colspan="4">基础底面钢筋保护层厚度 $c_1 = 40$ mm，侧面 $c_2 = 25$ mm；钢筋起步距离 min(75，$s/2$)</td></tr>
<tr><td rowspan="6">依据 22G101-3 平法图集第 70 页
注：当独立基础底板长度 ≥ 2500 时，除外侧钢筋外，底板配筋长度可取相应方向底板长度的 90%。
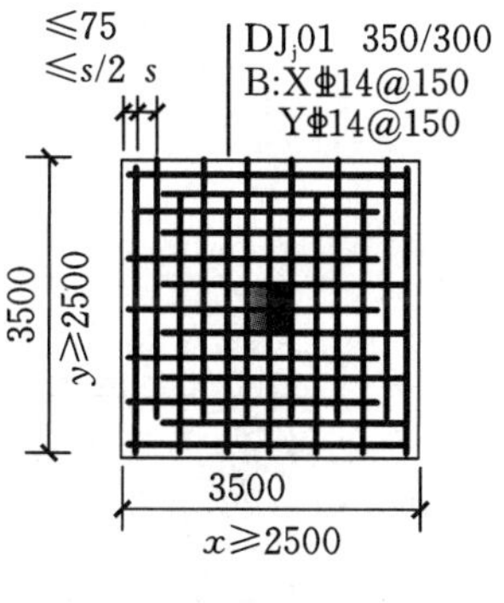</td><td rowspan="3">x 方向钢筋</td><td rowspan="2">计算长度</td><td>外侧</td><td>$l_{x1} = x - 2c_2 = 3500 - 2 \times 25 = 3450$ mm</td></tr>
<tr><td>两侧之间</td><td>$l_{x2} = 0.9x = 3500 \times 0.9 = 3150$ mm</td></tr>
<tr><td>计算根数</td><td colspan="2">总根数：$n_x = [y - 2\min(75, s/2)]/s + 1$
$= [3500 - 2\min(75, 150/2)]/150 + 1 = 24$
$n_{x1} = 2$ 根，$n_{x2} = 24 - 2 = 22$ 根</td></tr>
<tr><td rowspan="3">y 方向钢筋</td><td rowspan="2">计算长度</td><td>外侧</td><td>$l_{y1} = y - 2c_2 = 3500 - 2 \times 25 = 3450$ mm</td></tr>
<tr><td>两侧之间</td><td>$l_{y2} = 0.9y = 3500 \times 0.9 = 3150$ mm</td></tr>
<tr><td>计算根数</td><td colspan="2">总根数：$n_y = [x - 2\min(75, s/2)]/s + 1$
$= [3500 - 2\min(75, 150/2)]/150 + 1 = 24$
$n_{y1} = 2$ 根，$n_{y2} = 24 - 2 = 22$ 根</td></tr>
</table>

表 6.32 DJ_z02 钢筋算量过程

<table>
<tr><td rowspan="2">计算钢筋简图</td><td>计算参数</td></tr>
<tr><td>基础底面钢筋保护层厚度 $c_1 = 40$ mm，侧面 $c_2 = 25$ mm；钢筋起步距离 min(75，$s/2$)</td></tr>
</table>

续表 6.32

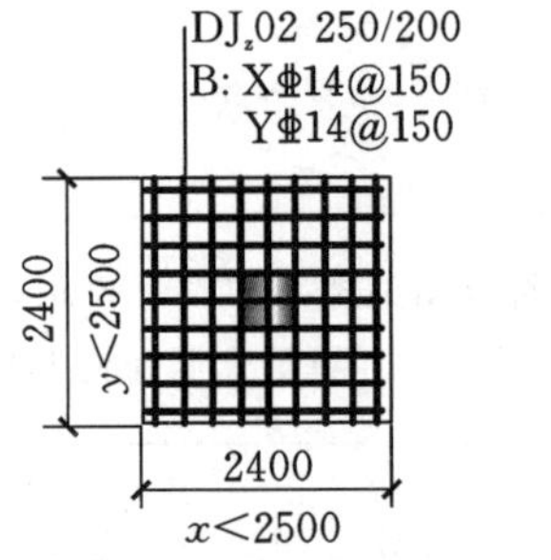 依据 22G101-3 平法图集第 67 页	x 方向钢筋	计算长度	$l_x = x - 2c_2 = 2400 - 2 \times 25 = 2350$ mm
		计算根数	$n_x = [y - 2\min(75, s/2)]/s + 1$ $= [2400 - 2\min(75, 150/2)]/150 + 1 = 16$ 根
	y 方向钢筋	计算长度	$l_y = y - 2c_2 = 2400 - 2 \times 25 = 2350$ mm
		计算根数	$n_y = [x - 2\min(75, s/2)]/s + 1$ $= [2400 - 2\min(75, 150/2)]/150 + 1 = 16$ 根

表 6.33　DJ_j03 钢筋算量过程

计算钢筋简图	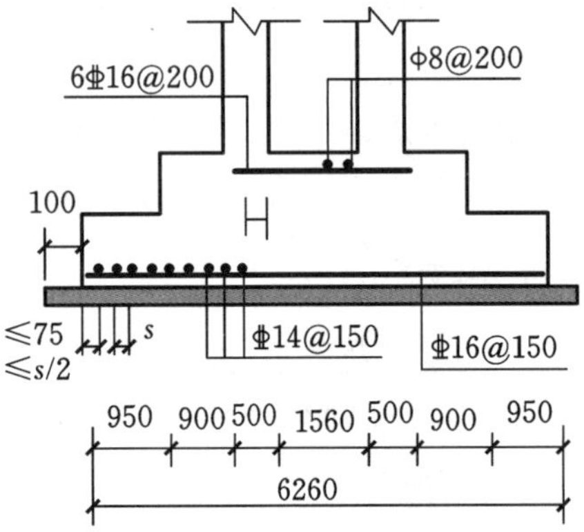		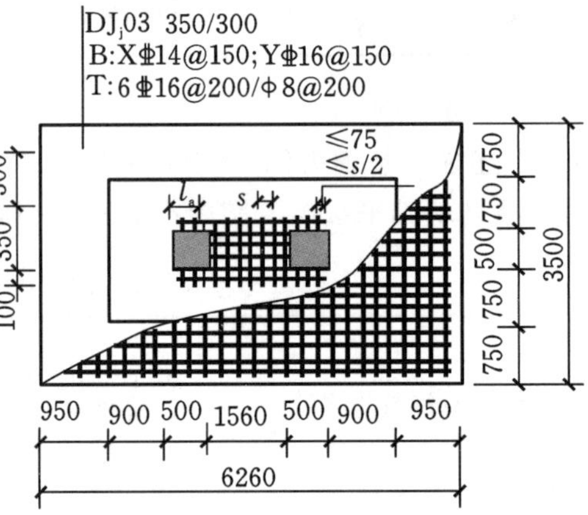
计算项目	计算位置	板底钢筋算量	板顶钢筋算量
	计算参数	① 保护层厚度底面钢筋 $c_1 = 40$ mm,侧面 $c_2 = 25$ mm ② 钢筋起步距离 min(75,s/2) 假设:本基础钢筋长度不考虑折减 10%	① C30,HRB400,$l_{ab} = 35d$,设 $\zeta_a = 1.0$,则 $l_a = l_{ab}$ ② 二 b 类环境,钢筋保护层厚度 $c_2 = 25$ mm
x 方向钢筋	计算长度	$l_x = x - 2c_2 = 3500 - 2 \times 25 = 3450$ mm	分布筋:$(6-1) \times 200 + 2\min(75, s/2)$ $= 1000 + 2\min(75, 150/2) = 1150$ mm
	计算根数	$n_x = [y - 2\min(75, s/2)]/s + 1$ $= [6260 - 2\min(75, 150/2)]/150 + 1$ $= 42$ 根	$n_x = [1560 + 2l_a - 2\min(75, s/2)]/s + 1$ $= [1560 + 2 \times 35 \times 16 - 2\min(75, 200/2)]/200 + 1$ $= 14$ 根
y 方向钢筋	计算长度	$l_y = x - 2c_2 = 6260 - 2 \times 25 = 6210$ mm	$l_y = 1560 + 2l_a = 1560 + 2 \times 35 \times 16 = 2680$ mm
	计算根数	$n_y = [x - 2\min(75, s/2)]/s + 1$ $= [3500 - 2\min(75, 150/2)]/150 + 1$ $= 24$ 根	$n_y = 6$ 根

续表 6.33

备注：

① “X”及“Y”方向(以图 6.41 平法施工方向为准，与本表图面的方向正好相反)；

② 依据 22G101-3 平法图集 68 页构造。本题在 X 方向基础底板宽度：$x = 3.5\ \text{m} > 2.5\ \text{m}$ 钢筋长度除外侧不折减外，其余钢筋长度也可取 $0.9x = 0.9 \times 3.5 = 3.15\ \text{m}$。

③ 分布筋不是受力钢筋，不需要弯钩，施工手册中也有相关描述。

6.6.2.4 柱下钢筋混凝土条形基础平法施工图的识读与钢筋算量

若前面图 6.41 中柱子截面尺寸及轴网尺寸不变，将该基础设计变更为柱下条形基础平法施工图(图 6.45)，下面结合平法施工图的制图规则及构造详图为导向，解析其施工图的阅读。

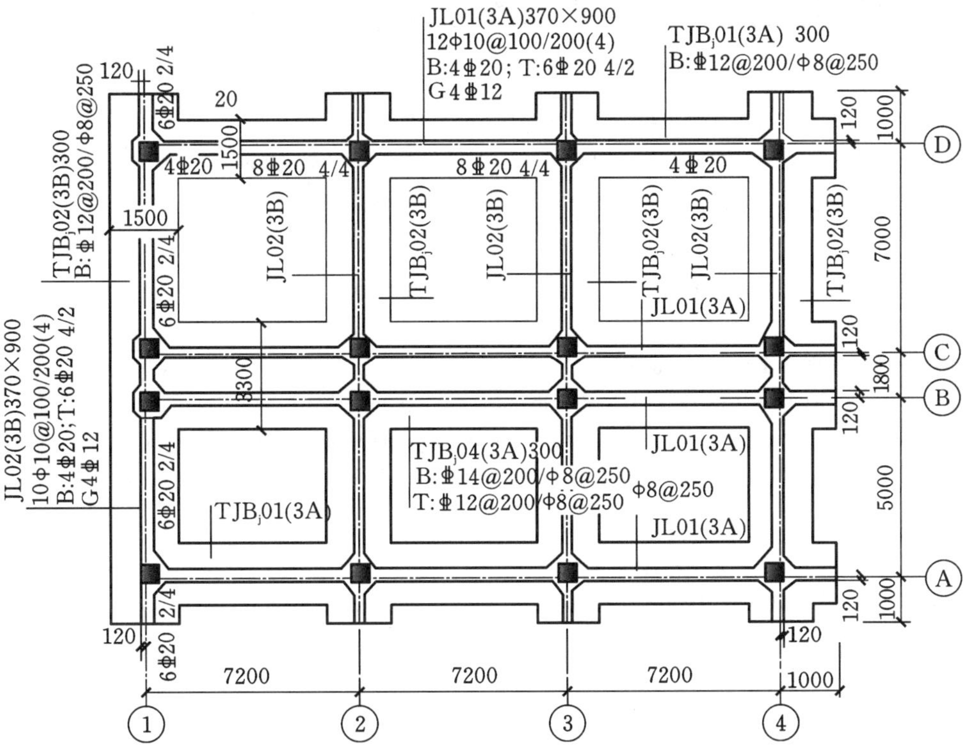

图 6.45 柱下条形基础平法施工图(1∶100)

1. 柱下条形基础平法施工图制图规则

柱下条形基础平法施工图包括基础底板和基础梁，如果图面复杂可分开表示，如果简单可合在同一个结构平面布置图上表示基础梁和基础底板的配筋，如图 6.45 柱下条形基础平法施工图所示。

(1) 柱下条形基础平法施工图的表示方法

① 柱下条形基础平法施工图的表达方式有平面注写法与截面注写法两种表达方式，下面重点讲述平面注写方式。

② 绘制柱下条形基础平面布置图时，应将条形基础平面与基础所支承柱子、墙一起绘制。当基础底面标高与基础底面的基准标高(大多数基础底面标高)不同时，需注明与基础底面基准标高不同之处的范围和标高。

③ 在条形基础平面布置图上应标注基础底板的宽度；当条形基础中心线与建筑轴线不重合时，应标注其定位尺寸，编号相同的可选择一个进行标注。

(2) 条形基础底板平法表示

条形基础底板平法表示常见的是平面注写方式，分为集中标注和原位标注两部分。

① 集中标注系在基础平面图上集中引注：基础底板编号(阶梯形 TJB$_j$ ××、坡形 TJB$_p$ ××)、截面竖向尺寸、配筋三项内容必注，以及基础底面标高(与基础底面基准标高不同时) 和必要的文字注解两项内容选注。在图 6.45 中，选取 TJB$_j$01(3A)，其含义见表 6.34。

② 原位标注系在基础平面布置图上标注基础底板的平面尺寸，如表 6.34 所示。

表 6.34　条形基础平面注写方式举例分析

平面注写方式图例	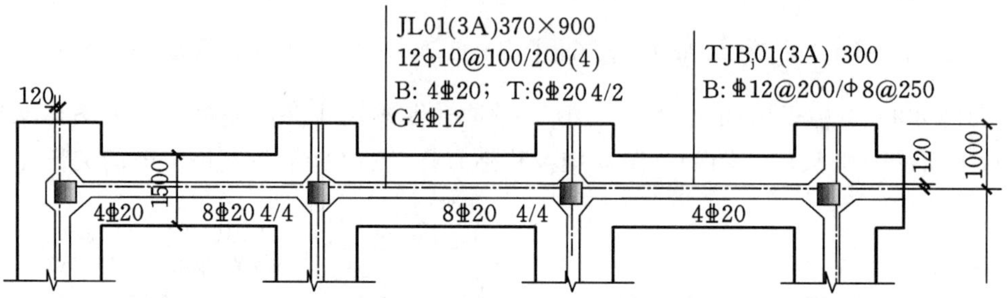
基础底板平面注写方式	基础底板平面注写方式 = 集中标注 + 原位标注 (1) 集中标注：基础底板编号(阶梯形 TJB$_j$ ××、坡形 TJB$_p$ ××)、截面竖向尺寸、配筋三项内容必注， 集中标注：[TJB$_j$01(3A) 300 B: Ф 12@200/ Φ 8@250] 的含义如下： ① 编号：TJB$_j$01(3A)(底板外形阶形，序号 01，3 跨且一端外伸)； ② 基础底板竖向尺寸：300 mm； ③ 底部配筋：B: Ф 12@200/ Φ 8@250； 横向Ф 12@200 的 HRB400 受力钢筋，纵向Φ 8@250 的 HPB300 分布钢筋。 (2) 原位标注：标注基础底板的宽度；当条形基础中心线与建筑轴线不重合时，应标注其定位尺寸 TJB$_j$01(3A) 原位标注：基础底板宽度 1500 mm，基础底板的中心线与定位轴线不重合，定位轴向柱外侧边偏离 120 mm
基础梁平面注写方式	基础梁平面注写方式 = 集中标注 + 原位标注 (1) 集中标注：基础梁编号(JL ××)、截面尺寸 $b \times h$、配筋(底部及顶部贯通纵筋、箍筋、侧向构造筋及扭筋) 三项内容必注， 集中标注：[JL01(3A)370 × 900 12 Φ 10@100/200(4) B: 4 Ф 20；T: 6 Ф 20 4/2 G 4 Ф 12] 的含义如下： ① 编号：JL01(3A) 基础梁 01 号，3 跨且一端悬挑； ② 截面尺寸：370 mm × 900 mm； ③ 箍筋：12 Φ 10@100/200(4) 梁端加密区 12 根直径 10 mm 间距 100 mm，非加密区 12 根直径 10 mm 间距 200 mm，均为 4 肢箍。 ④ 配筋 B: 4 Ф 20；T: 6 Ф 20 4/2 G 4 Ф 12 B: 4 Ф 20 表示底部贯通纵向钢筋只有一排 4 Ф 20； T: 6 Ф 20 4/2 表示顶部贯通纵向钢筋 6 Ф 20，第一排 4 Ф 20，第二排 2 Ф 20； G 4 Ф 12 表示侧向构造钢筋共 4 Ф 12，每侧 2 Ф 12 的 HRB400。 (2) 原位标注：标注梁每一支座处底部纵筋(贯通筋 + 非贯通筋) 注意：根据本例集中标注：底部 4 Ф 20，则非贯通筋根数 = 原位标注数量 − 底部的贯通筋。 ① 第一支座 4 Ф 20 ，只有一排，均为贯通筋； ② 第二及第三支座 8 Ф 20 4/4 ，共计二排，第一排 4 Ф 20(贯通筋)，第二排 4 Ф 20(非贯通筋) ③ 第四支座 4 Ф 20 ，均为贯通筋

(3) 基础梁平法表示

基础梁常见的平法表示为平面注写方式，分为集中标注和原位标注。

① 集中标注系在基础平面图上集中引注：基础梁编号(JL××)、截面尺寸$b \times h$、配筋(底部及顶部贯通纵筋、箍筋、侧向构造筋及扭筋)三项内容必注，以及基础底面标高(与基础底面基准标高不同时)和必要的文字注解两项内容选注。在图6.45中，选取：JL01(3A)，其集中标注含义见表6.34。

② 原位标注系在基础平面布置图上，在基础梁的原位主要标注：梁端标注底部贯通筋和非贯通筋及原位标注集中标注的某项修正值及主次梁相交处的附加箍筋及反扣(吊筋的反扣)，在图6.45中，选取JL01每一支座处底部纵筋，其原位标注含义见表6.34。

③ 在两向基础梁相交区的柱下区域，应有一向截面较高的基础梁箍筋贯通设置；当两向基础梁高度相同时，任选一向基础梁箍筋贯通。

2. 基础底板标准构造详图

基础底板配筋补充构造见图6.46、图6.47，或详见22G101-3平法图集第76～78页。

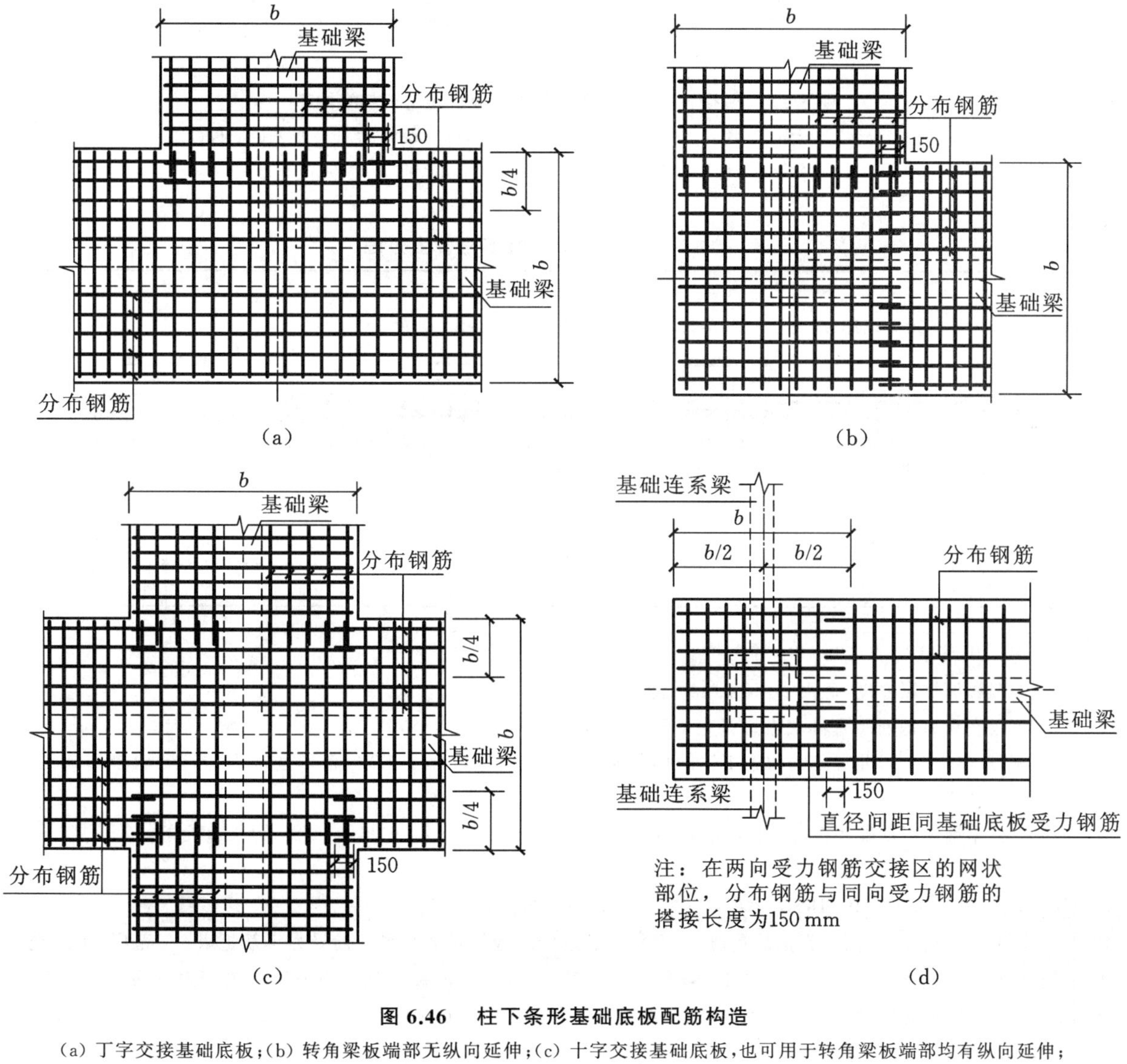

图6.46 柱下条形基础底板配筋构造

(a) 丁字交接基础底板；(b) 转角梁板端部无纵向延伸；(c) 十字交接基础底板，也可用于转角梁板端部均有纵向延伸；(d) 条形基础无交接底板端部构造

3. 底板构造详图及钢筋算量实物操作

以图6.45为例，选取基础底板TJB_j01计算其钢筋数量，见表6.35。

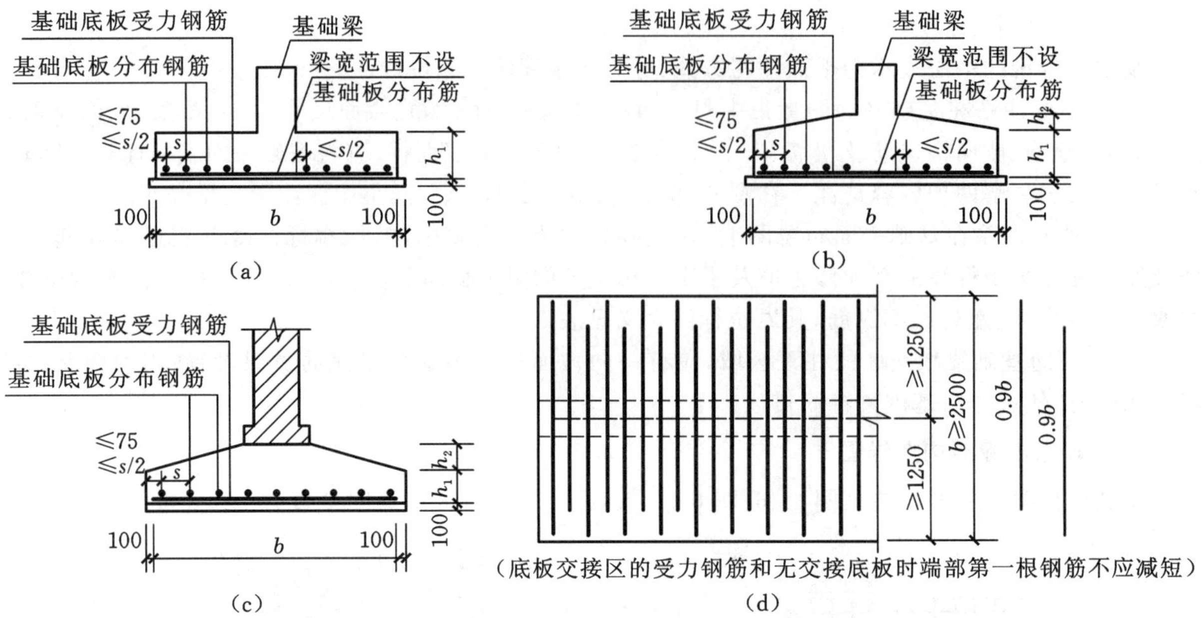

图 6.47　基础底板配筋截面图及底板宽度 ≥ 2500 构造

(a) 柱下条形阶形截面 TJB_j;(b) 柱下条形坡形截面 TJB_p;(c) 无肋式墙下条形基础底板截面;

(d) 条形基础底板 $b \geq 2500$ mm 时,配筋长度减短 10% 构造

表 6.35　基础底板 TJB_j01 钢筋算量过程

计算钢筋简图	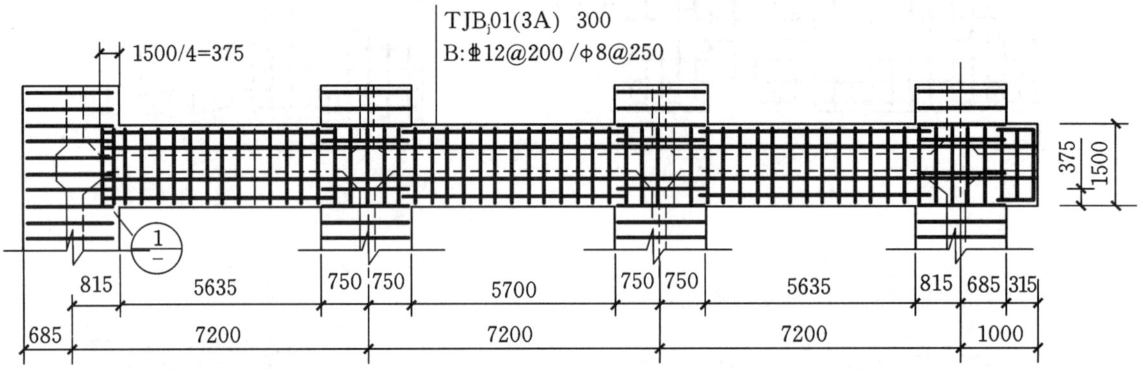
计算参数及技术指导	设 C30,环境类别二 b ① 钢筋保护层厚度:底面 $c_1 = 40$ mm,侧面 $c_2 = 25$ mm, ② 板底受力钢筋距基础底板边缘起步距离 75 mm。 (根据 18G901-3《混凝土结构施工钢筋排布规则及构造详图(独立基础、条形基础、筏形基础、桩基础)》第 32、33 页规定:) ③ 分布钢筋距基础底板边缘起步距离 $\min(s/2,75) = \min(250/2,75) = 75$ mm,距梁边距离 $s/2 = 125$ mm,如本栏图中所示。 ④ 设 $\zeta_a = 1.0$;C30,HRB400,$l_a = l_{ab} = 35d$,HPB300,$l_a = l_{ab} = 30d$。 ⑤ 十字交接处,一向受力钢筋贯通(宽度较大的基础底板筋贯通),另一向受力钢筋进入 $b/4$ 范围(本题交叉处基础宽度均为 1500 mm,配筋相同,取任一方向贯通即可,本题取 TJB_j01 底板交叉处受力钢筋全部贯通)。 丁字形接头处翼缘板向受力钢筋贯通,腹板向受力钢筋进入 $b/4$ 范围。钢筋布置示意图见本表中钢筋计算简图。 ⑥ 分布钢筋与受力钢筋搭接 150 mm,未考虑分布筋 180° 弯钩,计算弯钩长度。 ⑦ 设 9 m 为定长,板筋采用绑扎搭接,搭接长度取 $l_l = 1.2l_a$,可计算接头数量及钢筋考虑搭接后的总长度。

续表 6.35

	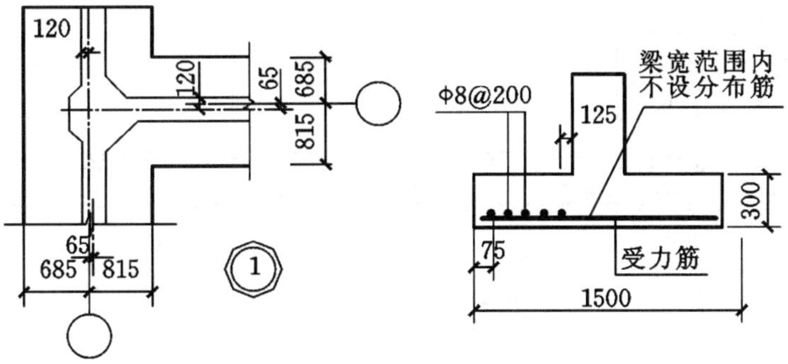	
受力钢筋	长度	$l = 1500 - 2c_2 = 1500 - 2 \times 25 = 1450$ mm
	计算根数	受力筋分布范围： $b/4 + 5635 + 1500 + 5700 + 1500 + 5635 + 1500 + 315 - 75$ $= 1500/4 + 5635 + 1500 + 5700 + 1500 + 5635 + 1500 + 315 - 75 = 22085$ mm 根数 $n =$（分布范围长度 / 间距）$+ 1 = 22085/200 + 1 = 112$ 根
分布钢筋	计算长度	分布钢筋与同向受力钢筋搭接长度为 150 mm，即分布钢筋在网状部位边缘为起算点，分布钢筋与同向受力钢筋搭接长度 150 mm 为终点，该段长度 $k = 150 + c_2 = 150 + 25 = 175$ mm ① 跨内非贯通筋长度： 第一跨及第三跨：$5635 + 2k = 5635 + 2 \times 175 = 5985$ mm 中间跨：$5700 + 2k = 5700 + 2 \times 175 = 6050$ mm ② 外伸部分非贯通筋长度：$k + 315 - c_2 = 175 + 315 - 25 = 465$ mm ③ 贯通筋长度： $k + 5635 + 1500 + 5700 + 1500 + 5635 + 1500 + 315 - c_2$ $= 175 + 5635 + 1500 + 5700 + 1500 + 5635 + 1500 + 315 - 25 = 21935 > 9000$ mm，其接头数量 $21935/9000 = 2.44$，三段共 2 个接头，考虑搭接长度后，钢筋的总长度 $21935 + 2 \times (1.2 \times 30 \times 8) = 21935 + 2 \times 30 \times 8 = 22415$ mm
	计算根数	① 基础梁宽 370 mm，基础底板每边挑出长度为：$(1500 - 370)/2 = 565$ mm ② 分布钢筋的每侧根数： $(565 - 75 - s/2)/s + 1 = (565 - 75 - 125)/250 + 1 = 3$ 根 ③ 每侧每跨及外伸部分非贯通筋根数：$(b/4 - 75)/250 = (375 - 75)/250 + 1 = 2$ 根 ④ 每侧贯通筋根数：$3 - 2 = 1$ 根 则分布贯通筋总根数 $n_1 = 2$ 根，非贯通筋总根数 $n_2 = 2 \times 2 = 4$ 根
结论	当基础宽度不大时，$b/4$ 范围内分布钢筋非贯通筋根数很少，为计算方便，可不计算非贯通筋长度及根数，实际工程计算中，往往分布钢筋均按贯通筋计算，其误差不大	

以上通过将平法制图规则和构造详图结合实例为载体，同时将结构知识与实际工程有机结合，引入了基础钢筋算量，为今后的预算奠定了一定的基础，其他基础类同，望同学们课后针对本题从结构角度加以思索，提高逻辑思维能力，提高分析及解决问题的能力，并完成其他基础底板钢筋的算量。

4. 基础梁标准构造详图

(1) 基础梁钢筋纵筋构造详图，跨内纵筋构造见图 6.48，端部纵筋构造见图 6.49。

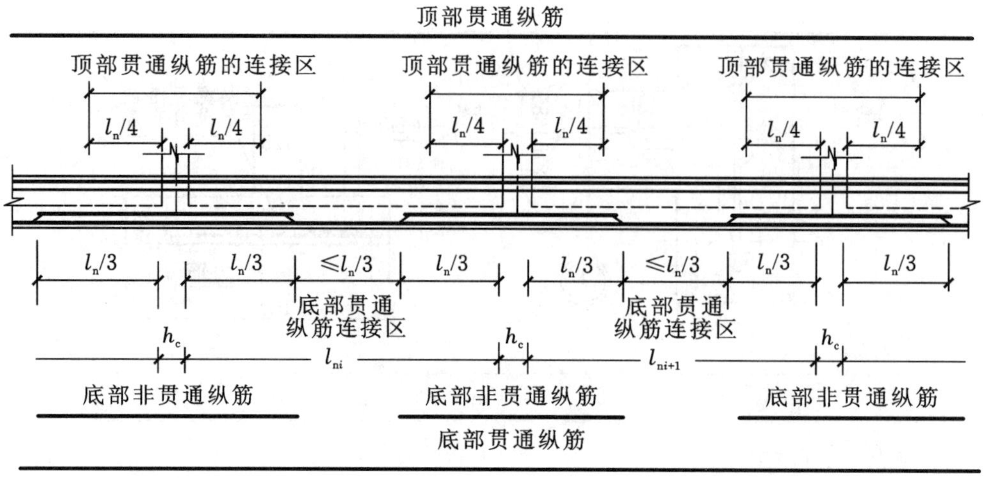

图 6.48　基础梁纵筋在中部构造

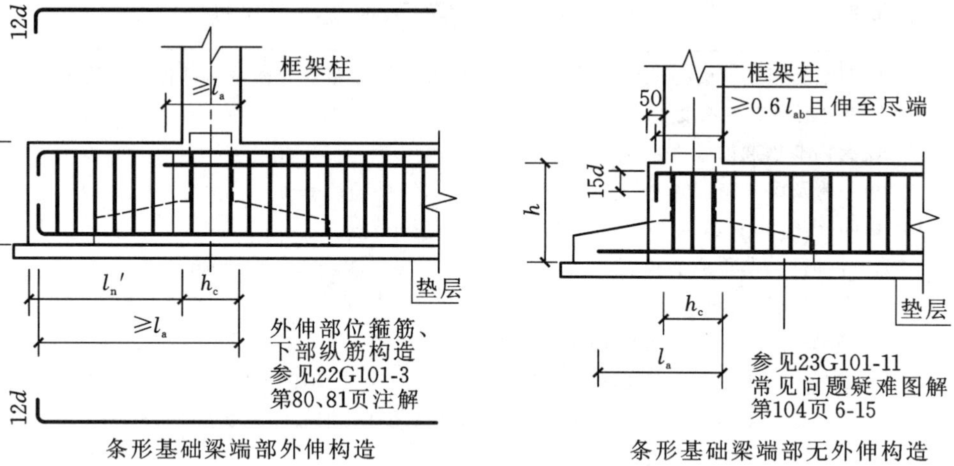

图 6.49　条形基础梁端部钢筋构造

(2) 基础梁箍筋构造见图 6.50。

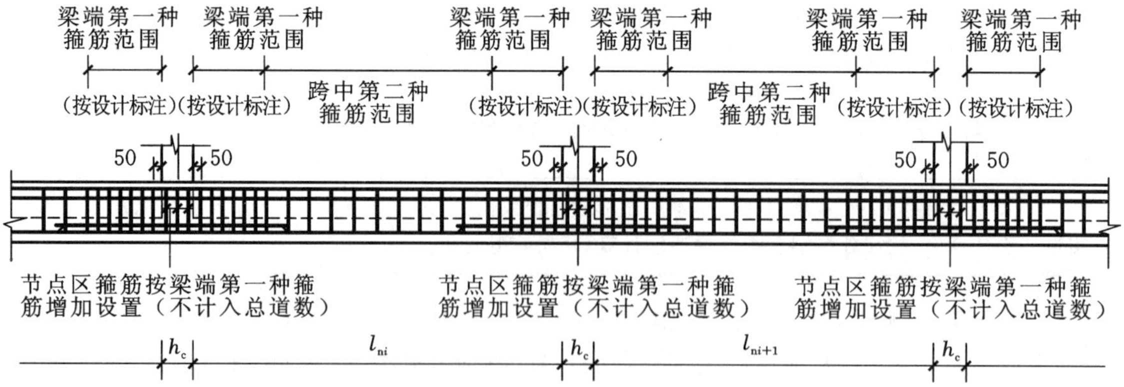

图 6.50　基础梁箍筋构造

(3) 基础梁侧向构造筋及拉筋构造见图 6.51。

5. 基础梁构造详图及钢筋算量实物操作

以图 6.45 为例,选取 JL01(3A) 计算其钢筋数量,见表 6.36 及表 6.37。

(1) 基础梁纵筋算量见表 6.36。

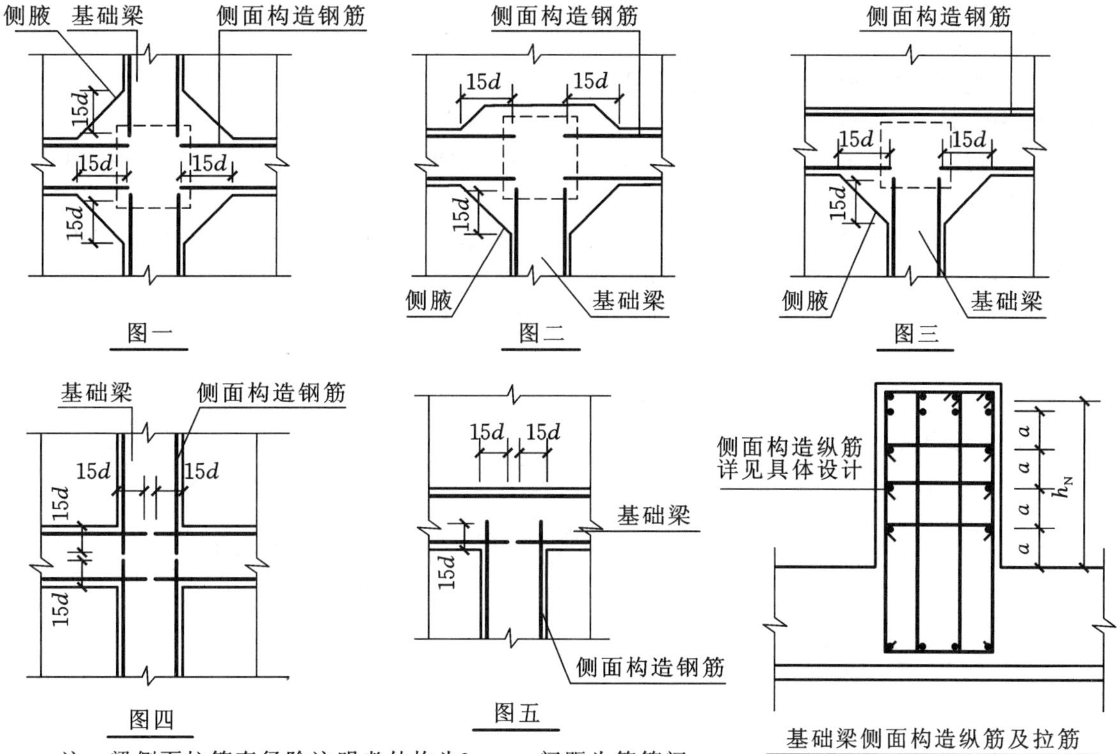

注：梁侧面拉筋直径除注明者外均为8 mm，间距为箍筋间距的2倍。当设有多排拉筋时，上下两排竖向错开设置。

图 6.51 基础梁侧向构造筋、侧面纵筋及拉筋构造

表 6.36 基础梁 JL01(3A) 纵筋算量过程

纵筋构造简图	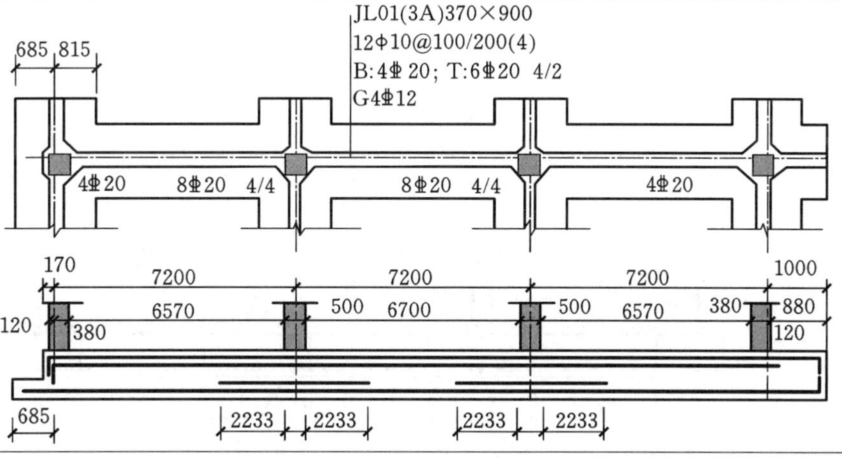
计算参数及技术指导	(1) C30 二 b 类环境，基础梁底面钢筋保护层厚度 $c_1 = 40$ mm，顶面、侧面钢筋保护层厚度 $c_2 = 35$ mm； (2) C30，HRB400，$l_{ab} = 35d$，设 $\zeta_a = 1.0$，则 $l_a = l_{ab} = 35d$ (3) 由图 6.49 在端部无外伸构造中： ① 基础梁顶部纵筋伸至尽端钢筋内侧，其水平段 500 + 50 − (35 + 20) = 495 mm，满足 495 mm ≥ $0.6l_a$ = $0.9 \times 35d = 0.6 \times 35 \times 20 = 420$ mm 且弯折 $15d$。 注：端部无外伸：梁包柱侧腋 50 mm，侧腋处钢筋网片设厚度 20 mm，则基础梁底部下排和顶部上排纵筋弯折后侧面的保护层 $c_1 = c + 20 = 35 + 20 = 55$ mm；外伸部分纵筋弯折后 35 mm。 ② 下部纵筋要求从柱内边算起外伸长度 ≥ l_a 不弯折（本例满足此要求），否则从柱内边算起外伸长度 ≥ $0.6l_a$ 且弯折 $15d$。 (4) 端部外伸构造中，从柱内边缘算起外伸长度 500+880−35 = 1345 mm > $l_a = 35d = 35 \times 20 = 700$ mm，满足图 6.49 要求，否则从柱内边算起外伸长度 ≥ $0.6l_a$ 且弯折 $15d$，见 22G101-3 平法图集第 81 页注解。

续表 6.36

受力纵筋长度计算	(1) 顶部贯通筋 6 Φ 20 4/2(本表图所示) 第一排 ①4 Φ 20: l_1 = 梁总长 − 55 − 35 + 15d + 12d = 7200 × 3 + 170 + 1000 − 55 − 35 + 27 × 25 = 23355 mm 第二排 ②2 Φ 20: l_2 = 15d + 50 + 500 − 55 + 6570 + 500 + 6700 + 500 + 6570 + l_a = 15 × 20 + 21335 + 35 × 20 = 22335 mm (2) 底部贯通筋 ③4 Φ 20: l_3 = l_a + 6570 + 500 + 6700 + 500 + 6570 + 500 + 880 − 35 + 12d = 35d + 22220 − 35 + 12d = 22185 + 47 × 20 = 23125 mm 底部非贯通筋 ④4 Φ 20: l_4 = 6700/3 + 500 + 6700/3 = 2233 + 500 + 2233 = 4966 mm
侧向构造筋计算	G4 Φ 12 (1) 每跨跨内长度计算公式 $l_{5i} = l_{ni} - 2x + 2 \times 15d$ $= l_{5i} - 2 \times 136 + 30 \times 12$ $= l_{ni} + 88$ 式中 l_{ni} —— 梁的净跨； x —— 从侧腋边算起到柱边距离，见右侧图分析可得 x = 136。 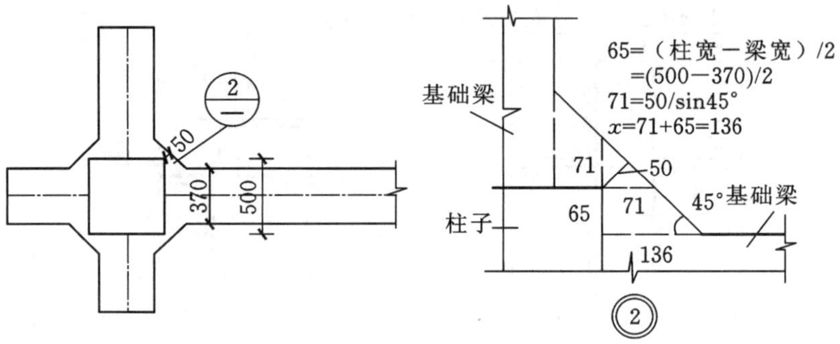 (2) 第 1 跨、第 3 跨： $l_{51} = l_{53}$ = 6570 + 88 = 6658 mm 第 2 跨: l_{52} = 6700 + 88 = 6788 mm 外伸部分: l_{54} = 880 − x + 15d − 35 = 880 − 136 + 15d − c_2 = 880 − 136 + 15 × 12 − 35 = 889 mm

(2) 基础梁箍筋、拉筋算量见表 6.37。

表 6.37 基础梁 JL01(3A) 箍筋、拉筋算量过程

条件: JL01(3A) 370 × 900 箍筋 12 Φ @10 100/200(4)	
箍筋构造简图	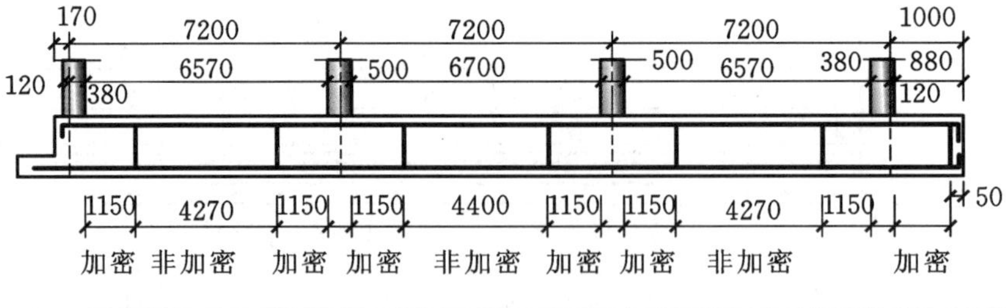
计算参数及技术指导	(1) 二 b 类环境，为计算方便箍筋保护层厚度一律取 c_2 = 35 mm； (2) 设箍筋距外伸端 50 mm； (3) 梁端箍筋加密区 11 × 100 + 50 = 1150 mm，其加密及非加密范围通过分析计算已标注在图中； (4) 大箍筋外皮长度计算公式(梁截面尺寸 $b \times h$，箍筋直径为 d) $[(b - 2c) + (h - 2c)] \times 2 + 11.9d \times 2$； (5) 小箍筋长度：在跨中取一截面，其断面图见本表本栏所示：纵筋最外一排 4 Φ 20，设按照纵筋等间距 s 布置计算箍筋长度，小箍筋外围水平肢宽为 b_1，则小箍筋长度： $[b_1 + (h - 2c) \times 2] + 11.9d \times 2$ (6) 外伸部位箍筋数量见 22G101-3 平法图集第 80 页注解：当设计未注明时，按梁端第一种箍筋设置

续表 6.37

	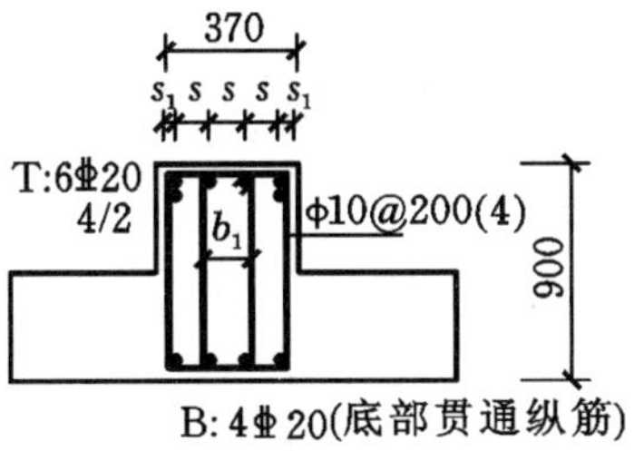 注:① $s_1 = 35 +$ 箍筋直径 $+$ 纵筋半径 $= 35 + 10 + 10 = 55$ mm s_1 为角筋中心至梁截面边缘水平距离 ② $s = (b - 2s_1)/3 = (370 - 2 \times 55)/3 = 87$ mm s 为相邻纵筋中心线至中心线的距离 ③ $b_1 = s +$ 纵筋直径 $+ 2 \times$ 箍筋直径 $= 87 + 20 + 20 = 127$ mm b_1 为小箍筋两肢外皮之间的水平距离 ④ 小箍筋长度 $L_{小} = [(h - 2c) + b_1] \times 2 + 11.9d = [(900 - 70) + 127] \times 2 + 2 \times 11.9 \times 10 = 2150$ mm
箍筋长度计算	外大箍筋外皮长度: $[(370 - 2 \times 35) + (900 - 2 \times 35)] \times 2 + 11.9d \times 2 = 2260 + 11.9 \times 10 \times 2 = 2498$ mm 内小箍筋外皮长度公式见本表上栏计算
箍筋数量	梁端加密箍筋数量 + 非加密区箍筋数量 + 节点区箍筋数量 + 外伸部位箍筋数量 $= 12 \times 6 + (4270/200 - 1) \times 2 + (4400/200 - 1) + [(500 - 50 \times 2)/100 + 1] \times 4 + (880 - 50 \times 2)/100 + 1$ $= 72 + 21 \times 2 + 21 + 5 \times 4 + 9 = 164$ mm
拉筋长度及根数计算	提示: (1) 构造(22G101-3 图集第 82 页注解或图 6.49) 拉筋选用直径 8 mm,箍筋加密区间距 200 mm,非加密区间距 400 mm;设有多排拉筋时,上下两排要竖向错开。 (2) 拉筋保护层厚度 $c = 35$(箍筋保护层厚度) $- 8$(拉筋直径) $= 27$ mm (3) 拉筋端部弯折 135°,弯钩长度 $11.9d$ ① 拉筋长度(设为 6 号筋) $l_6 = b - 2c + 2 \times 11.9d = 370 - 2 \times 27 + 2 \times 11.9 \times 8 = 507$ mm ② 拉筋数量(拉筋在梁柱节点核心区布设,共 2 排) (梁端加密 + 非加密区 + 外伸部位) 第一排:$n_1 = [(1150 - 50)/200 + 1] \times 6 + (4270/400 - 1) \times 2 + (4400/400 - 1) + (880 - 50 \times 2)/200 + 1$ $= 7 \times 6 + 10 \times 2 + 10 + 5 = 77$ mm 第二排:$n_1 = [(1150 - 150)/200 + 1] \times 6 + (4270/400 - 1) \times 2 + (4400/400 - 1) + (880 - 150 - 50)/200 + 1$ $= 6 \times 6 + 10 \times 2 + 10 + 5 = 71$ mm

6.6.2.5 梁板式筏形基础平法施工图阅读及钢筋算量

筏形基础分为梁板式筏形基础和平板式筏形基础,筏形基础的平法表示系采用平面注写方式。

梁板式筏形基础的平法表示分为基础平板 LPB(跨内是平板) 和基础梁 JL(有时设置基础次梁 JCL) 平法表示。

平板式筏形基础底板划分为柱下板带和跨中板带的平法表示。

按图 6.45 柱下条形基础平法施工图(柱子截面尺寸及轴网尺寸不变) 条件,将该基础设计变更为柱下梁板式平法筏形基础,如图 6.52 基础梁及图 6.53 基础平板的平法施工图,下面以梁板式筏形基础平法施工图的制图规则及构造详图为导向,解析其施工图的阅读。

1. 梁板式筏形基础施工图制图规则

(1) 绘制筏形基础平面布置图时,应将基础所支承的柱子、墙一起绘制,如图 6.52 所示。当基础底面标高不同时,需注明与基础底面基准标高(多数相同基础平板的标高设定为基准标高) 不同之处的范围和标高。基础梁的中心线与定位轴线不重合时,应标注其定位尺寸。

(2) 基础梁(包括基础次梁) 的平面注写方式,分为集中标注和原位标注两部分,同柱下条形基

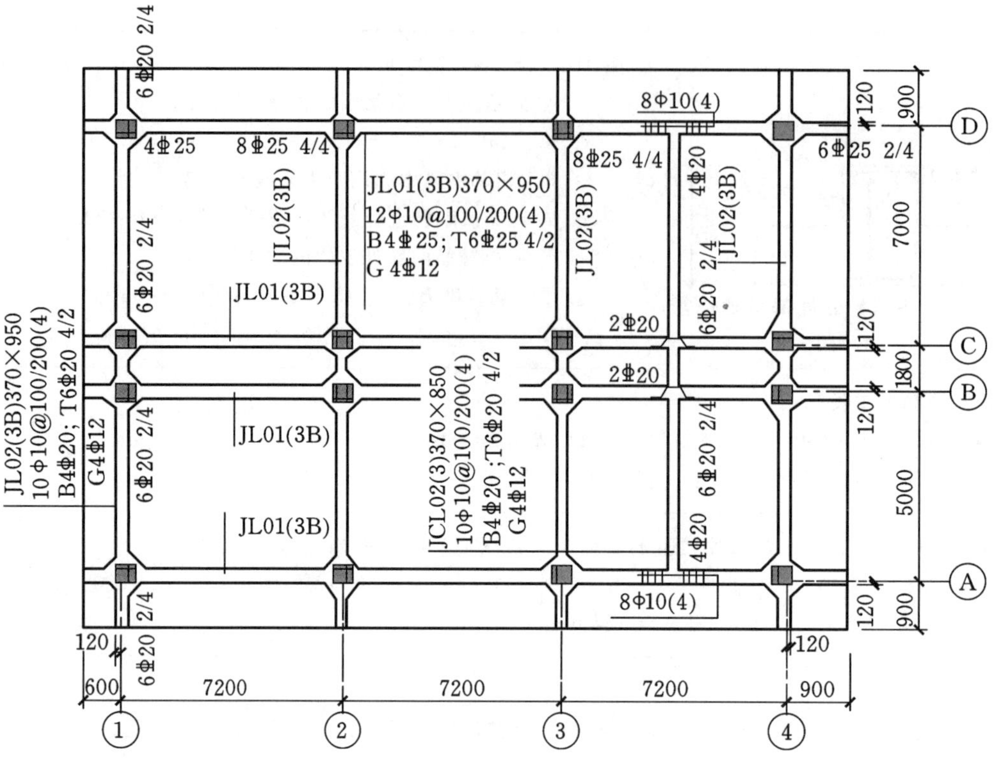

图 6.52 梁板式筏形基础梁平法施工图(1∶100)

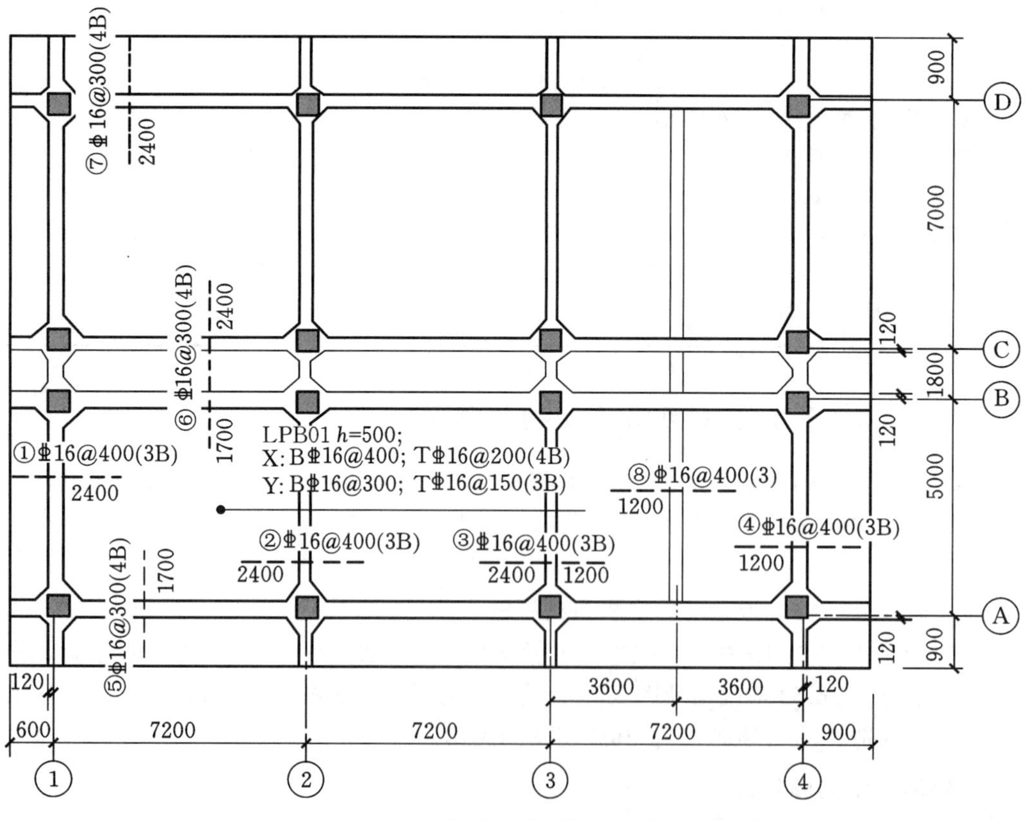

图 6.53 梁板式筏形基础平板平法施工图(1∶100)

础,但值得注意的是,主次梁相交处在主梁内设置的附加箍筋或反扣吊筋要原位绘制示意形状及配筋数量,如图 6.52 所示。

(3) 基础平板平面注写方式

下面主要结合图 6.53 梁板式筏形基础平板平法施工图,分析说明梁板式筏形基础平板的平面注写方式表达内容。基础平板平面注写方式包括集中标注和原位标注两部分。

① 集中标注系指在基础平板结构平面布置图上,应在所表达的板区双向(X 向、Y 向)均为第一跨的板上集中引注,其表达内容:基础平板编号(LPB ××)、平板厚度及基础平板底部“B”双向(X 向、Y 向)和顶部“T”贯通纵筋(X 向、Y 向)及其跨数及外伸情况,其含义见表 6.38。

② 原位标注系在基础平面布置图上标注基础平板支座处(板在支座处下部受拉最大)的非贯通筋。非贯通筋位置在板底,如图 6.53 中“— — — —”部分,表示不可见。应在配筋相同的第一跨用中虚线绘制,并在虚线上方标注钢筋编号、配筋、横向布置跨数及是否外伸,在虚线的下方标注从梁中心线算起向跨内的延伸长度,两边延伸长度相同只标注在一侧,其含义见表 6.38。

表 6.38　图 6.53 所示基础平板平面注写方式分析过程

	例图	标注含义
集中标注	LPB01 $h = 500$ X:BΦ16@400_J;　TΦ16@200 (4B) Y:BΦ16@300_J;　TΦ16@150 (3B)	(1) 基础底板编号:LPB01 (2) 板厚:$h = 500$ mm (3) 贯通筋 ① X 向“B”贯通筋直径 16 mm 间距 400 mm,“T”贯通筋直径 16 mm 间距 200 mm,均为 4 跨两端外伸。 ② Y 向“B”贯通筋直径 16 mm 间距 300 mm,“T”贯通筋直径 16 mm 间距 150 mm,均为 3 跨两端外伸
原位标注	如:X 向非贯通筋: 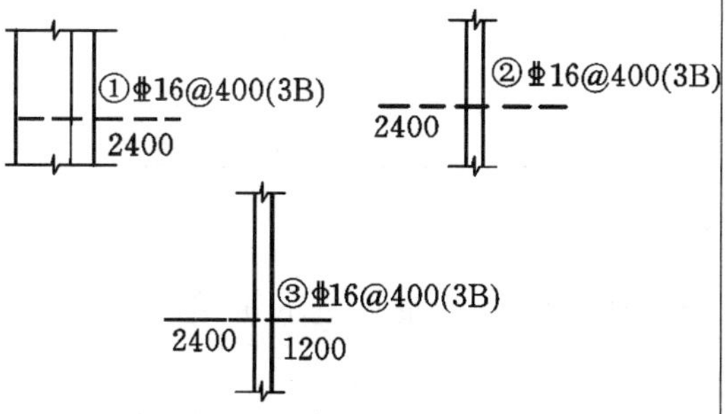 	(1) “— — — —”表示板底非贯通筋水平投影长度,其虚线的下侧标注数值是指从梁的中心线向两边跨内伸出长度。 ① 如果两边长度相同,仅标在一侧即可,如 ② 号筋的 2400 mm; ② 如果两边长度不相同,应在梁的两边分别标注,如 ③ 号筋的 2400 mm、1200 mm; ③ 外伸部位的板底非贯通筋伸出长度不标注,如图中 ① 号筋。 (2) 虚线上侧标注非贯通筋的配筋,包括编号、钢筋级别、直径、间距、跨数及是否外伸。如:图中非贯通筋 ① Φ16@400(3B):表示 ① 号筋直径 16 mm、间距 400 mm、钢筋级别 HRB400,布筋范围三跨两端外伸

2. 梁板式筏形基础补充钢筋主要构造

1) 基础梁

(1) 在两向基础梁相交区的柱下区域,应有一向截面较高的基础梁箍筋贯通设置;当两向基础梁高度相同时,任选一向基础梁箍筋贯通。

(2) 基础(主)梁钢筋构造基本同柱下条形基础,但不同之处在基础梁纵筋端部,见图 6.54 或详见 22G101-3 平法图集第 81 页。

(3) 基础次梁与基础梁纵筋、箍筋在跨内构造完全相同,主要不同之处:

① 次梁节点区不设箍筋及端部无外伸构造(图 6.55);

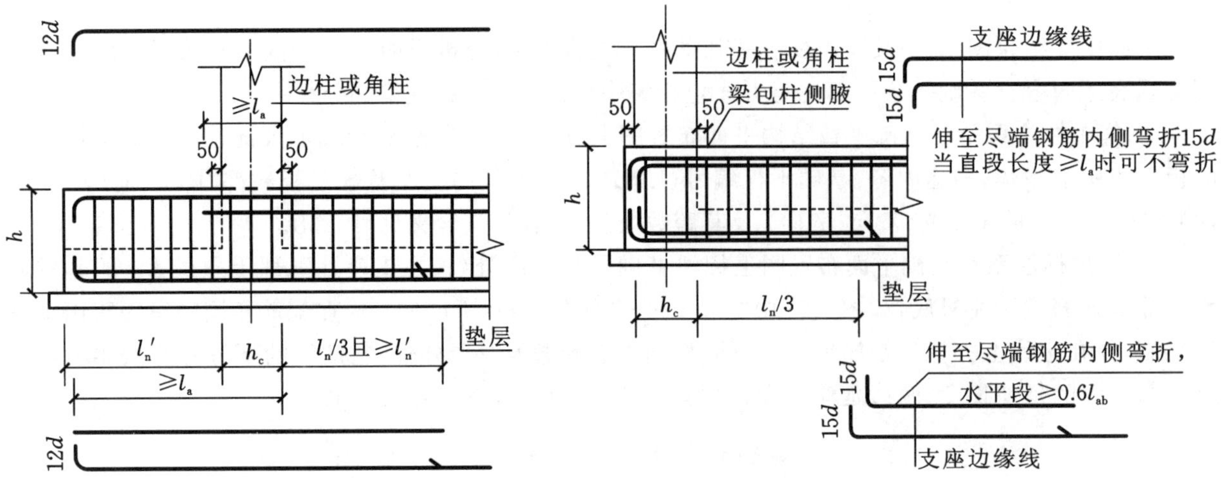

梁板式筏形基础梁外伸构造　　　　梁板式筏形基础梁端部无外伸构造

图 6.54　梁板式筏形基础梁端部构造

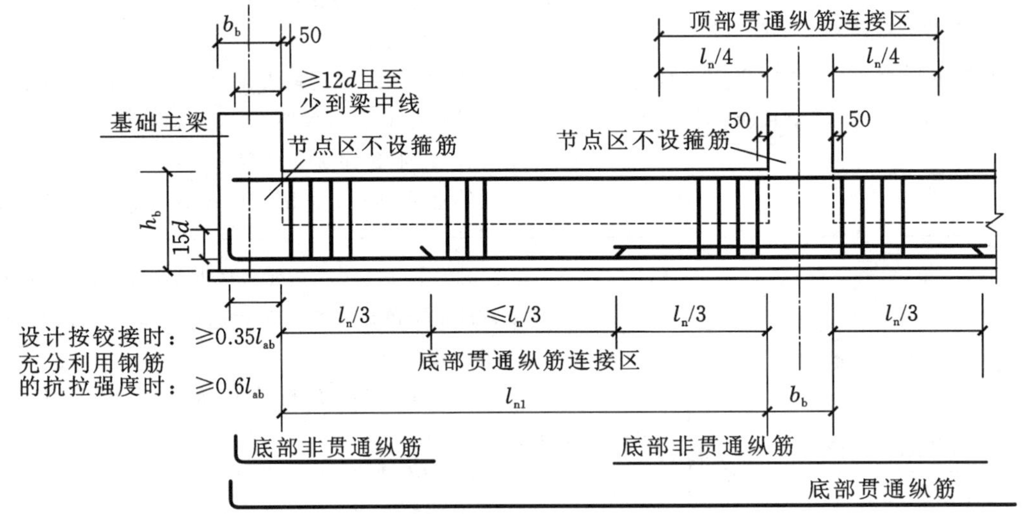

图 6.55　基础次梁纵筋与箍筋构造

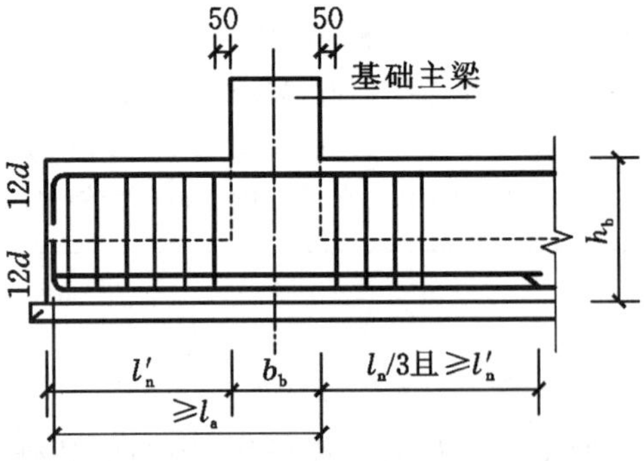

图 6.56　梁板式筏形基础次梁端部外伸构造

② 基础次梁外伸纵筋构造不同(图 6.56)

2) 基础平板

(1) 梁板式筏形基础平板双向钢筋排布构造平面图见图 6.57。

(2) 梁板式筏形基础平板柱下区域和跨中区域钢筋排布构造截面图(图 6.58),可参见 22G101-3 平法图集第 88 页。

(3) 梁板式筏形基础平板纵筋端部构造(图 6.59),可参见 22G101-3 平法图集第 89 页。

(4) 梁板式筏形基础平板端部外伸板边缘侧面封边构造(图 6.60),可参见 22G101-3 平法图集第 93 页。

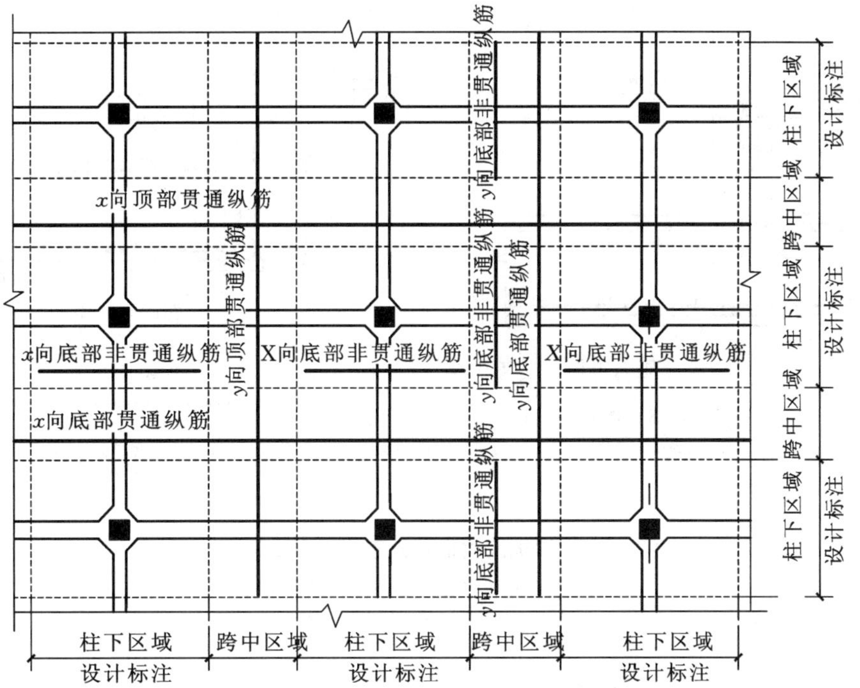

图 6.57　梁板式筏形基础平板 LPB 钢筋排布构造平面图

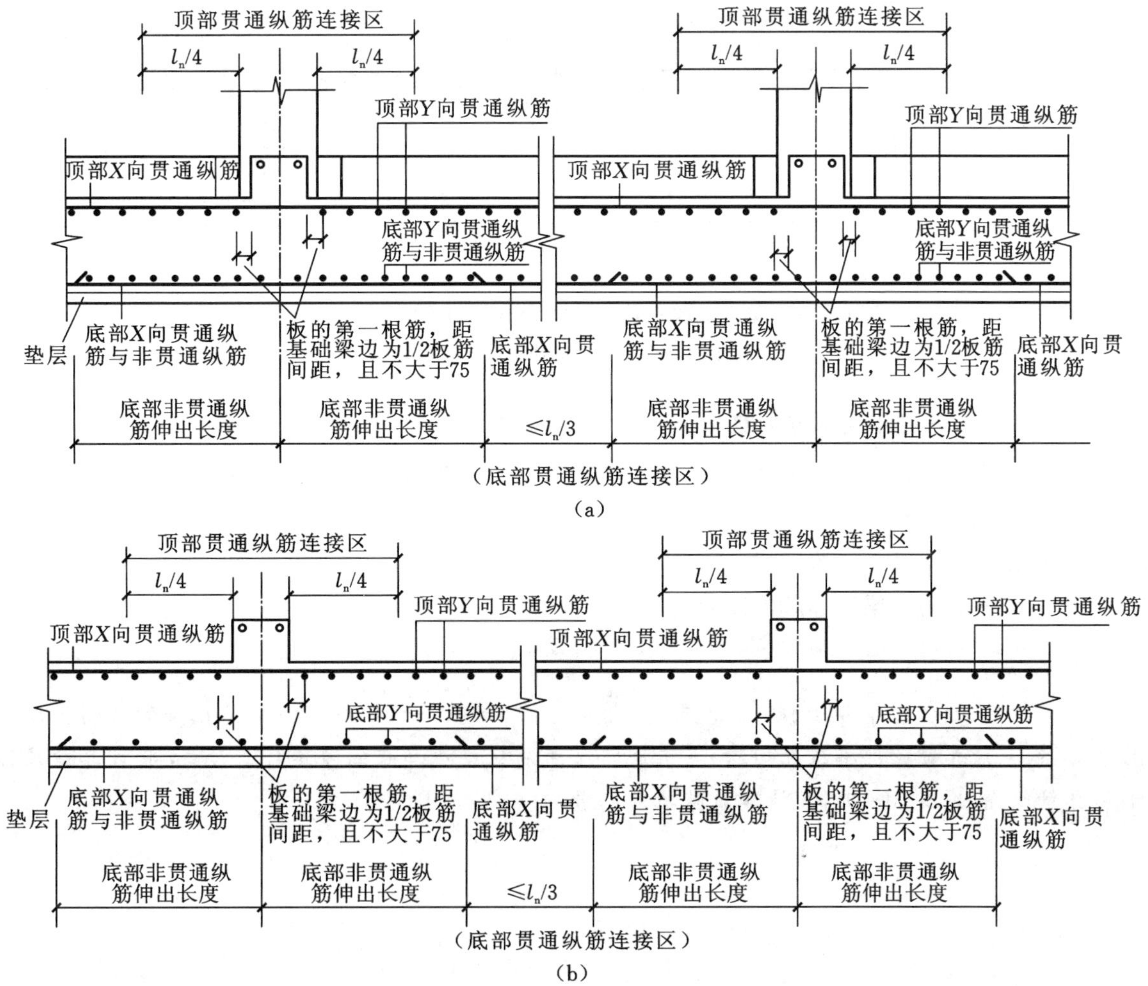

图 6.58　梁板式筏形基础平板 LPB 钢筋构造

(a) 柱下区域；(b) 跨中区域

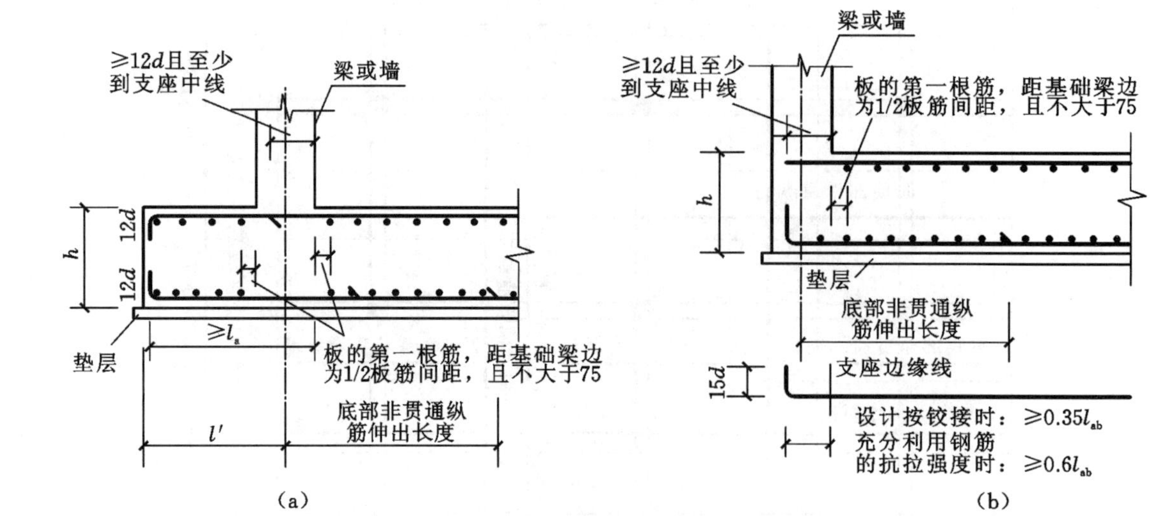

图 6.59　梁板式筏形基础平板 LPB 端部构造

(a) 端部外伸构造；(b) 端部无外伸构造

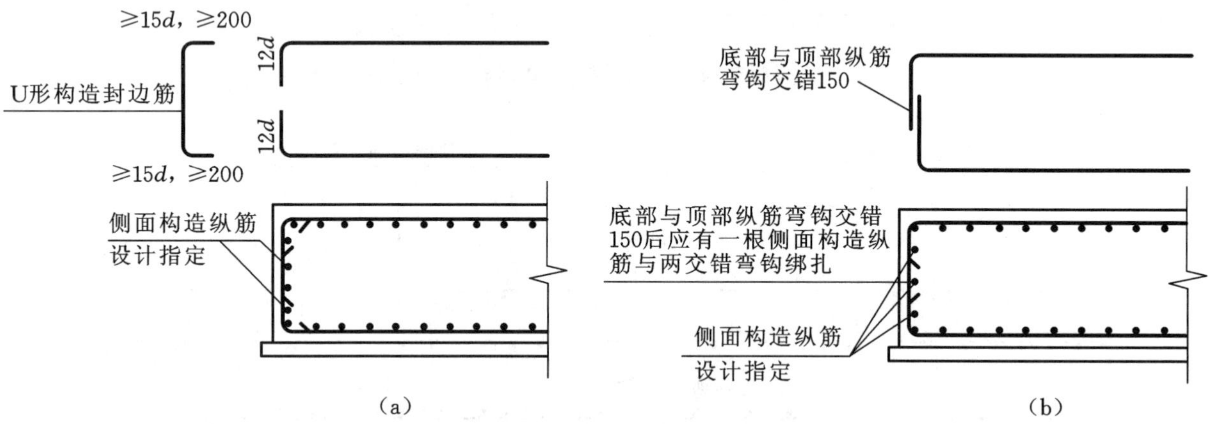

图 6.60　梁板式筏形基础平板 LPB 板边缘侧面封边构造

(a) U 形封边构造；(b) 纵筋弯钩交错封边构造

3. 梁板式筏形基础平板钢筋的算量

以图 6.53 为例分析梁板式筏形基础 LPB 钢筋算量的思路，其计算步骤如下：

(1) 基数计算

① 计算每一区格板的净跨；

② 板底非贯通筋从梁边算起的净延伸长度。

➡ 技术提示

为计算方便、快捷及直观易懂，首先应计算图 6.53 所示基础的钢筋。根据基础梁的截面宽度及轴线定位关系 → 计算每一区格板的净跨 → 板底非贯通筋从梁边算起的净延伸长度，并将计算结果标注于钢筋算量简图(图 6.61)中，其计算数值填入括号内。

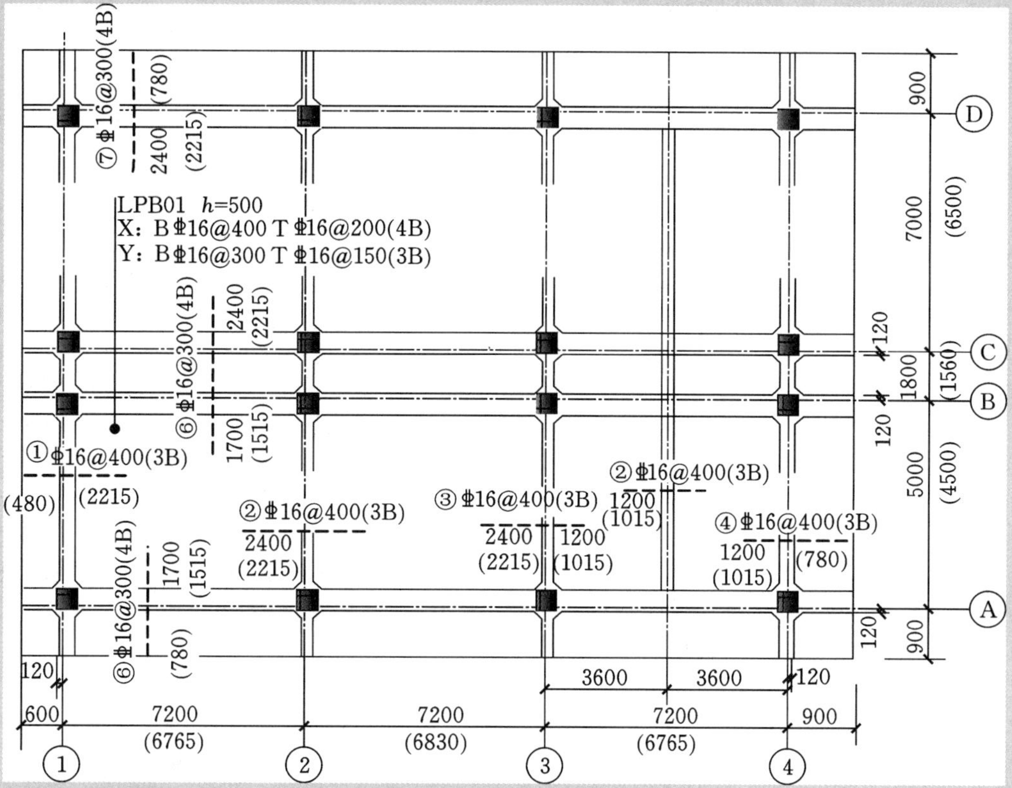

图 6.61　梁板式筏形基础平板钢筋算量简图

（2）板顶及板底钢筋计算过程(表 6.39)

表 6.39　板顶及板底钢筋计算过程

<table>
<tr><td>计算参数及技术指导</td><td colspan="3">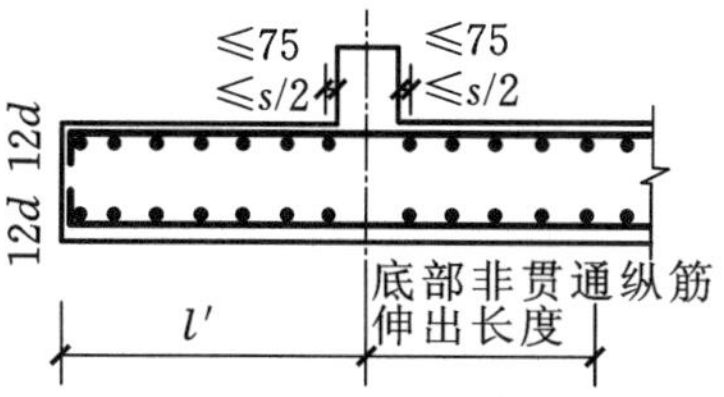

端部等截面外伸构造
① 基础底面钢筋保护层厚度 $c_1 = 40$ mm，二 b 类环境，基础板顶面、侧面最外层钢筋保护层厚度 $c_2 = 25$ mm。
② C30，HRB400，$l_{ab} = 35d$，设 $\zeta_a = 1.0$，则 $l_a = l_{ab} = 35d$。
设 9 m 为定长，板筋采用绑扎搭接，搭接长度取 $l_l = 1.2l_a$。
③ 钢筋到板边缘及梁边起步距离 min(75，$s/2$) = 75 mm。
④ 设板底 Y 向钢筋布置在底板最外层(下 1)；X 板底板钢筋在第二层(下 2)(根据 22G101-3 平法图集第 88 页注解：基础平板同一层面的交叉钢筋，何向纵筋在下，何向纵筋在上由设计说明指定)。
⑤ 端部外伸构造中，本例计算未考虑边缘封边构造，其构造详见 22G101-3 平法图集第 93 页</td></tr>
<tr><td rowspan="2">计算过程</td><td rowspan="2">板顶通长筋钢筋
X:TΦ16@200 (4B)
Y:TΦ16@150 (3B)</td><td colspan="2">板底钢筋算量</td></tr>
<tr><td>板底通长筋：
X:BΦ16@400 (4B)
Y:BΦ16@300 (3B)</td><td>非通长筋</td></tr>
</table>

续表 6.39

<table>
<tr>
<td rowspan="2">X向钢筋</td>
<td>计算长度</td>
<td>板长 $-2c_2+2\times12d$
$=7200\times3+600+900-2\times25+2\times12\times16$
$=23100-50+2\times12\times16$
$=23434$ mm
接头数量:23434/9000 = 3 段,2 个接头,考虑搭接后总长度为:
$23434+2\times1.2\times35\times16=24778$ mm</td>
<td>板长 $-2c_1+2\times12d$
$=7200\times3+600+900-2\times40+2\times12\times16$
$=23100-80+2\times12\times16$
$=23404$ mm
接头数量2个,考虑搭接后总长度为:
$23404+2\times1.2\times35\times16$
$=24748$ mm</td>
<td>① 号筋长度:
$12d+480+370+2150-c_2$
$=12\times16+3000-25=3167$ mm
② 号筋长度:
$2400\times2=4800$ mm
③ 号筋长度:
$1200+2400=3600$ mm
④ 号筋长度:
$12d+780+370+950-C_2$
$=12\times16+2100-25=2267$ mm</td>
</tr>
<tr>
<td>计算根数</td>
<td>$[(780-150)/200+1]\times2+(4500-150)/200+1+(6500-150)/200+1=10+23+33=66$ 根</td>
<td colspan="2">X 向(下 2)遇梁不布筋:计算通长筋及非通长筋总根数 n 同板顶 X 向,为 66 根,则其中通长筋为 66/2 = 33 根,其余非贯通筋在每一对应的 1、2、3、4 轴线上分别为 33 根</td>
</tr>
<tr>
<td rowspan="2">Y向钢筋</td>
<td>计算长度</td>
<td>Y 向板长 $-2c_2+2\times12d$
$=5000+1800+7000+900\times2-2\times25+2\times12\times16$
$=15600-50+2\times12\times16$
$=15934$ mm
接头数量 1 个,考虑搭接后总长度为:
$15934+1.2\times35\times16=16606$ mm</td>
<td>Y 向板长 $-2c_1+2\times12d$
$=5000+1800+7000+900\times2-2\times40+2\times12\times16$
$=15600-80+2\times12\times16$
$=15904$ mm
接头数量1个,考虑搭接后总长度为:
$15904+1.2\times35\times16=16576$ mm</td>
<td>⑤ 号筋长度:
$12d+780+370+1450-c_2$
$=12\times16+2600-25$
$=2667$ mm
⑥ 号筋长度:
$1450+370+1560+370+2150=5900$ mm
⑦ 号筋长度:
$2150+370+780-c_2+12d=3467$ mm</td>
</tr>
<tr>
<td>计算根数</td>
<td>$(480-150)/150+1+[(6765-150)/150+1)]\times2+(6830-150)/150+(780-150)/150+1=4+90+46+6=146$ 根</td>
<td colspan="2">Y 向为短向(下 1)遇梁不布筋,计算通长筋及非通长筋总根数 $n=146$(同板顶 Y 向)
其中通长筋为 146/2 = 73 根,其余非贯通筋在每一对应的 Ⓐ、Ⓑ、Ⓒ、Ⓓ 轴线上分别为 73 根</td>
</tr>
</table>

通过以上三个实例(柱下独立基础、柱下条形基础及梁板式筏形基础)结合 22G101-3 平法图集完成了下列内容:

① 由平法的制图规则,读懂基础平法施工图(主要是平面注写方式)表达的深层表述意思;

② 读懂图集涉及的与案例相关的构造详图,可以用平法绘制基础的构造详图;

③ 通过平法与构造详图有机结合,可以完成钢筋的算量,同时通过钢筋算量进一步提高对平法施工图的渗透和识读,做到有理有据,学起来倍感轻松,为后续课程的学习提供了有力支持。

本章小结

(1) 浅基础有不同的分类方法：

① 按材料分有刚性基础和柔性基础；

② 按外形分有单独基础(主要指柱下独立基础)、条形基础及交叉的基础(墙下条形基础和柱下条形基础)、成片的基础(筏形基础)、成体的基础(箱形基础)等；

③ 按地基规范(或构造)分为无筋扩展基础、扩展基础、柱下钢筋混凝土条形基础、筏形基础及箱形基础。

(2) 不同的基础有着不同的特点及适用条件,所以在地基与基础设计时应根据地质条件、上部结构特点、荷载大小、材料供应情况、施工条件等因素精心设计,以保证建筑物的安全及正常适用。

(3) 浅基础设计主要步骤：

① 熟悉工程地质资料及上部结构的特点、荷载大小、荷载性质；

② 选择基础类型、基础埋深、地基承载力；

③ 根据地基承载力、荷载大小确定基底底面尺寸,必要时还应做变形验算；

④ 在基底尺寸确定的基础上,计算基底净反力,确定基础高度及截面外形；

⑤ 钢筋混凝土基础还应进行配筋计算；

⑥ 施工图的绘制。

(4) 在基础设计过程中,基底反力分布不同将影响地基变形和基础内力计算,但是基底反力与上部结构、地基与基础的刚度有关,刚度越大地基变形越小、基底反力可接近直线分布。对于无筋扩展基础和扩展基础,由于结构简单、上部结构荷载不大,地基与基础相对而言刚度要大,基底反力假定呈直线分布,还是比较符合实际的,其中扩展基础设计是教学的重点。对于柱下条形基础、筏形基础及箱形基础则分布复杂,已超出高职教学范畴,但是要求掌握受力特点,完成施工图的阅读即可。

(5) 基础施工图的阅读是教学的一大重点,除掌握传统施工图表达的基础外,重点要掌握基础平法施工图的阅读,进一步完成基础钢筋算量,努力做到将平法识读与设计接轨,毕业后能尽快上岗。

练 习 题

一、填空题

1. 浅基础的结构形式有________、________、________、________等。
2. 地基基础设计等级分为______、______、______三个,设计等级______、______的建筑物除应满足地基承载力计算的有关规定外,还应进行地基______验算。
3. 基底面积除满足______承载力计算外,当存在______时,还应验算其承载力,必要时还应进行______验算。
4. 无筋扩展基础截面设计主要通过控制材料的______和______来确定基础外形及截面尺寸。
5. 钢筋混凝土柱下独立基础底板厚度首先必须满足______计算;条形基础底板厚度首先必须满足____计算;筏形基础底板厚度应满足______计算要求的前提下,还应满足____计算、刚度及耐久性等要求。
6. 《建筑地基基础设计规范》规定:基础梁顶部和底部的纵向受力钢筋除应满足计算要求外,顶部钢筋应按计算配筋______,底部通长钢筋不应少于底部受力钢筋截面总面积的______。
7. 筏形基础分为______和______两种类型,其选型应根据地基土质、上部结构体系、柱距、荷载大小、使用要求以及施工条件等因素确定。______和______宜采用平板式筏形基础。
8. 箱形基础是由______和纵横交叉的______构成单层或多层箱型的钢筋混凝土结构。
9. 筏形基础按与上部结构的联系特点分为______和______;筏形基础按其构造分为______和______。

10. 钢筋混凝土柱下独立基础平面注写方式包括 ________ 和 ________,集中标注包括 __________、__________、________ 三项必标注,__________ 和必要的文字注解两项选注内容。
11. 钢筋混凝土柱下条形基础是由 ________ 和 __________ 组成;________ 为受力钢筋,__________ 为分布钢筋。
12. 基础梁平面注写方式包括 __________、__________,集中标注包括 __________、__________、__________ 三项必标注,基础 __________、__________ 两项选注内容。
13. 梁板式筏形基础平板的集中标注内容包括基础 __________、__________、__________。
14. 梁板式筏形基础平板的原位标注中非贯通筋长度是指从梁的 __________ 到跨内的伸出长度。
15. 传统的基础施工图包括 __________、__________、__________ 三部分。

二、单选题

1. 为了保证基础不受人类和生物活动的影响,基础顶面至少应低于设计地面( )。
   A. 0.1 m B. 0.2 m C. 0.3 m D. 0.5 m
2. 除基岩地基外,基础埋深一般不宜小于( )。
   A. 0.4 m B. 0.5 m C. 1.0 m D. 1.5 m
3. 软弱下卧层承载力特征值应进行( )。
   A. 仅宽度修正 B. 仅深度修正
   C. 宽度和深度修正 D. 仅当基础宽度大于 3 m 时才需作宽度修正
4. 计算地基变形时,传至基础底面上的荷载效应( )。
   A. 应按正常使用极限状态下,荷载标准效应组合
   B. 应按正常使用极限状态下,荷载准永久效应组合
   C. 应按承载力极限状态下,荷载效应基本组合
   D. 以上均不对
5. 计算基础截面配筋计算时,荷载效应( )。
   A. 正常使用极限状态下,荷载标准效应组合
   B. 正常使用极限状态下,荷载准永久效应组合
   C. 承载力极限状态下,荷载效应基本组合
   D. 以上均不对
6. 地基承载力特征值可由( )确定。
   A. 室内压缩试验 B. 原位载荷试验 C. 土的颗粒分析试验 D. 相对密度试验
7. 下列说法错误的是( )。
   A. 新建高层建筑物对相邻旧建筑肯定会造成一定的影响
   B. 为减少地基不均匀沉降,圈梁设置在中间楼层、屋盖标高处位置最好
   C. 相邻建筑物合理的施工顺序是先重后轻、先深后浅、先高后低
   D. 在软弱地基开挖基坑,要特别注意保护原状土不要受扰动,否则承载力会显著降低
8. 对于框架结构,地基变形一般由( )控制。
   A. 沉降量 B. 沉降差 C. 整体倾斜 D. 局部倾斜
9. 对于砌体承重结构,地基变形一般由( )控制。
   A. 沉降量 B. 沉降差 C. 整体倾斜 D. 局部倾斜
10. 计算地基变形时,施加于地基表面应力增量为( )。
   A. 基底压力 B. 基底反力 C. 基底附加应力 D. 基底净反力
11. 下列措施中,( )不属于减少地基不均匀沉降的措施。
   A. 建筑体型力求简单 B. 设置沉降缝
   C. 设置伸缩缝 D. 相邻建筑物应有一定的距离
12. 高层建筑为了减少地基的不均匀沉降,下列( )基础形式较为有利。

A. 钢筋混凝土十字交叉条形基础　　B. 箱形基础
C. 筏形基础　　D. 扩展基础

13. 在软土地基上的高层建筑，为了减少地基的变形和不均匀沉降，下列(　　)措施收不到预期效果。
A. 减少基底附加应力　　B. 调整房屋各部分荷载分布和基础宽度或埋深
C. 增加基础强度　　D. 增加房屋结构的刚度

14. 下列说法中，(　　)是错误的。
A. 沉降缝宜设置在地基土的压缩性有显著变化处
B. 沉降缝宜设置在分期建造的房屋的交界处
C. 沉降缝宜设置在结构类型截然不同处
D. 伸缩缝可作沉降缝

15. 多层砌体结构房屋设置圈梁时，若仅设两道圈梁，则应在(　　)效果最好。
A. 基础圈梁和顶层檐口标高　　B. 基础圈梁和中间楼盖标高处
C. 中间楼盖标高和顶层檐口标高处　　D. 基础圈梁和二层楼盖标高处

16. 高耸结构物的地基允许变形值除了要控制绝对沉降量外，还要控制(　　)。
A. 平均沉降　　B. 沉降差　　C. 整体倾斜　　D. 局部倾斜

17. 防止不均匀沉降的措施中，设置圈梁是属于(　　)。
A. 建筑措施　　B. 结构措施　　C. 施工措施　　D. 以上三项措施

18. 补偿性基础(有地下室基础)最终目的是通过改变下列(　　)来减小建筑物的沉降。
A. 基底净反力　　B. 基底附加应力　　C. 基底自重应力　　D. 以上均不对

19. 当基底压力比较大，地基比较软弱而埋深又受到限制时，不能采用(　　)。
A. 筏板基础　　B. 刚性基础
C. 扩展基础　　D. 柱下钢筋混凝土条形基础

20. 基础梁顶部贯通筋的连接区(　　)。
A. 在支座两边各净跨的 1/3 范围内　　B. 在支座两边各净跨的 1/4 范围内
C. 在跨中净跨的 1/3 范围内　　D. 在跨中净跨的 1/4 范围内

三、判断题

1. 所有设计等级的建筑物都应按地基承载力确定基底面积，并进行变形计算。(　　)
2. 建筑物的长高比越大，其整体刚度越大。(　　)
3. 伸缩缝可以作沉降缝，但沉降缝不能作伸缩缝。(　　)
4. 按土的抗剪强度指标确定地基承载力特征值无需再做深度和宽度修正。(　　)
5. 对于高层建筑，为了满足稳定要求，其基础埋深应随建筑物的高度提高而提高。(　　)
6. 在软弱地基上修建建筑物的合理顺序是先轻后重、先小后大、先低后高。(　　)
7. 钢筋混凝土柱下独立基础长边受力钢筋应放在短边受力钢筋的外侧。(　　)
8. 钢筋混凝土柱下独立基础底板厚度必须满足抗切计算的要求。(　　)
9. 钢筋混凝土墙下条形基础底板厚度必须满足抗剪计算的要求。(　　)
10. 钢筋混凝土筏片基础底板厚度必须满足抗剪和抗切计算的要求。(　　)
11. 梁板式筏形基础底板和基础梁的受力钢筋除满足计算外，还应满足构造要求，其顶部受力钢筋应贯通全跨，底部受力钢筋尚应有 1/2 ～ 1/3 贯通全跨。(　　)
12. 基础刚度越好，上部荷载分布越均匀，地基变形越小。(　　)
13. 基础梁上部纵筋要全部贯通，其连接区可在跨中；支座贯通纵筋连接区可在支座附近。(　　)
14. 基础主次梁相交处的主梁内，应设置附加箍筋及反扣；基础主次梁相交处的次梁内，要设箍筋。(　　)
15. 箱形基础外墙的外侧配筋同剪力墙配筋，即水平筋放置在最外侧，竖向筋置于水平筋的内侧。(　　)

四、简答题

1. 简述无筋扩展基础的特点。
2. 影响基础埋深的因素有哪些?
3. 箱形基础的特点是什么?

五、计算题

1. 某墙下条形基础底宽 $b=1.0$ m,埋深 $d=1.0$ m,上部结构传来竖向荷载标准值 $F_k=170$ kN/m;修正后地基承载力特征值 $f_a=200$ kN/m^2,试验算基底面积是否满足地基承载力要求。
2. 某柱下钢筋混凝土独立基础,基底尺寸 $l\times b=4$ m$\times2$ m,基础埋深为 $d=1.5$ m,上部结构传至基础荷载标准值:$F_k=1200$ kN,$M_k=310$ kN·m(沿基础长边作用),修正后承载力特征值 $f_a=200$ kN/m^2。试验算地基承载力是否满足要求?
3. 某承重砖墙厚 370 mm,采用钢筋混凝土条形基础,混凝土为 C30,钢筋为 HRB400,环境类别为二 b 类,基础埋深为 $d=1.5$ m,修正后承载力特征值 $f_a=150$ kN/m^2;上部结构传来荷载标准值 $F_k=300$ kN/m,设计值 $F=405$ kN/m。试完成该基础设计并绘出剖面图(设保护层 $c=40$ mm,有效高度 $h_0=h-45$)。

六、基础平法识读题

1. 已知独立基础平法表示如图 6.62 所示,混凝土为 C30,钢筋为 HRB400,二 b 类环境,设有垫层。要求:(1) 分别解释图中集中标注及原位标注的含义;
   (2) 绘制构造详图并计算钢筋数量。

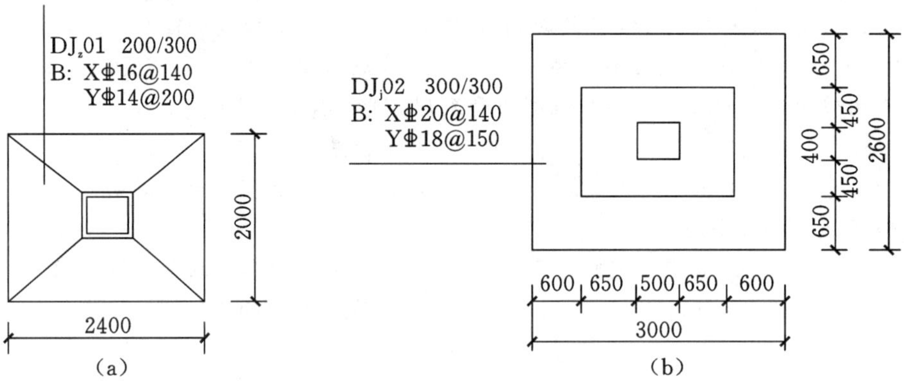

图 6.62 独立基础平法表示

2. 已知柱下条形基础底板平面注写方式如图 6.63 所示,混凝土为 C30,受力钢筋为 HRB400,分布钢筋为 HPB300,设有垫层,二 b 类环境。

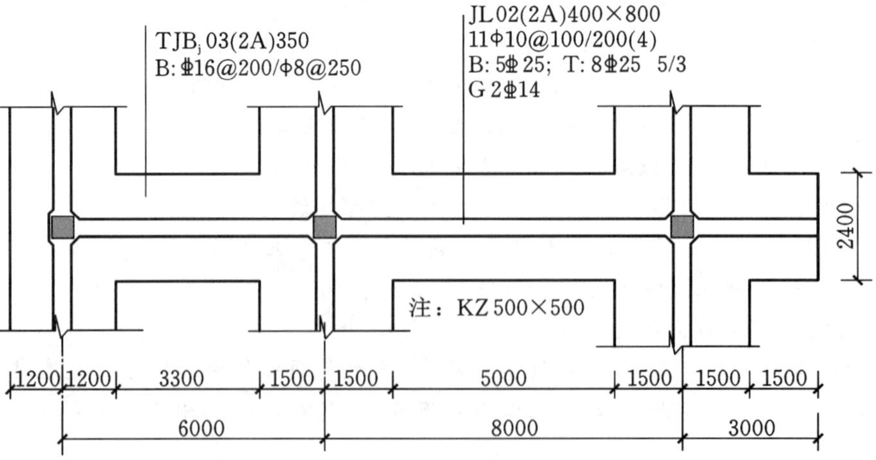

图 6.63 柱下条形基础平法表示

要求:(1) 分别解释基础底板集中标注和原位标注的含义;

(2) 绘制构造详图(平面图和截面图)并计算钢筋数量。

3. 已知柱下条形基础基础梁 JL02(2A) 平面注写方式如图 6.63 所示,混凝土为 C30,主筋钢筋为 HRB400,箍筋及拉筋为 HPB300,设有垫层。拉筋直径取 8 mm,间距为箍筋间距的 2 倍。

要求:(1) 解释基础梁 JL02(2A) 集中标注及原位标注的含义;

(2) 绘制 JL02(2A) 构造详图(立面图和梁跨中及支座的断面图);

(3) 计算基础梁 JL02(2A) 钢筋数量(其中拉筋直径取 8 mm,间距为箍筋间距 2 倍)。

4. 已知梁板式筏形基础平板 LPB 平面注写方式如图 6.64 所示,混凝土为 C30,钢筋为 HRB400,设有垫层,二 b 类环境,基础梁截面尺寸均为 400 × 800,KZ500 × 500,定位轴线与梁中心线重合。

要求:(1) 解释基础平板 LPB01 集中标注及原位标注的含义;

(2) 计算基础平板 LPB01 的钢筋数量。

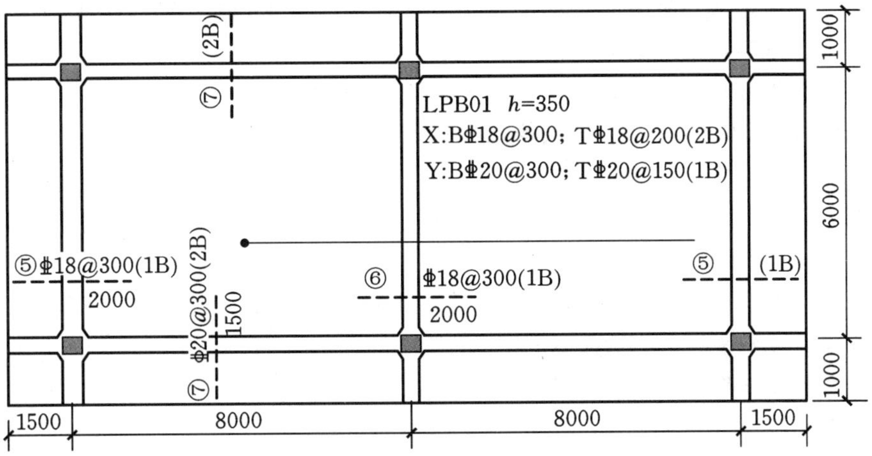

图 6.64 梁板式筏形基础平板 LPB 平面注写方式

7 桩 基 础

【引言】

当浅基础设计或经地基处理后，仍不能满足地基基础设计要求或经济上不合理，只有采用深基础。由于深基础埋深较大，基础侧壁有较大的摩阻力能抵抗建筑结构较大的荷载，所以深基础有提高地基承载力、稳定性，减少变形及不均匀沉降等明显的优势。但是，由于深基础埋深很大，必须用特殊施工机械及程序进行施工，所以施工难度要大于浅基础。

在深基础中应用最为广泛的为桩基础。桩基础既是一项较为古老的工程技术，又是一门年轻的应用科学，本章着重讨论桩基础工作原理、构造要求、施工图的识读，对于其他设计作简单认识即可。

【学习要点】

(1) 掌握桩基础的类型和适用条件；

(2) 掌握单桩静载试验的原理和方法，并能通过载荷曲线确定单桩承载力特征值；

(3) 熟悉桩基础计算原理及构造要求；

(4) 具有阅读一般桩基础施工图的能力。

【思政元素】

本课程融入的思政内容包括：(1) 通过桩基础的学习，激发学生的爱国热情及学习积极性，感受和体悟教学内容所传递的价值取向，真正实现价值引领作用；(2) 培养学生的社会责任感；(3) 从桩基础工程设计计算的案例，引出敬业精神，让学生知晓工程人要有一丝不苟认真工作的作风，严谨的思维习惯以及精益求精的钻研精神。

7.1 桩基础类型

随着科学技术的发展，在工程实践中已形成了各种类型的桩基础，不同的桩型其构造、桩土相互作用机理不同，其单桩承载力也不同。单桩承载力是桩基础设计中重要的必备条件。

7.1.1 桩基础的组成及传力途径

7.1.1.1 桩基础的组成

如图 7.1 所示桩基础(简称桩基)，是根据特殊的施工方法将若干根桩沉入土中后，再在桩顶现浇钢筋混凝土承台(承台板、承台梁)，使桩与承台连成整体共同受力形成的深基础。群桩中的单桩称之为基桩。

基桩的受力不同于单独一根桩，因基桩要受到承台下土对桩、桩间土的影响。但是基桩的承载力通过单桩的承载力才能确定，而单桩的承载力一般要通过施工现场载荷试验确定。

承台是连接上部结构和群桩的中间连接件，根据构造不同，承台分为柱下独立承台、柱下及墙下条形承台、筏形承台、箱形承台；桩基的形式有柱下独立桩基、柱下及墙下条形桩基(排桩)、筏形桩基

（桩筏基础）、箱形桩基（桩箱基础）。

7.1.1.2 桩基础的传力途径

如图 7.2 所示，上部结构荷载通过承台传至基桩桩顶，基桩桩顶在受到竖向荷载 Q_i 作用下，不断向桩侧周围土体扩散，随着荷载增加，桩端土层也受到压力作用，反过来周围土体对桩侧及桩端产生向上的反作用力，分别称为桩侧阻力和桩端阻力，所以单桩承载力由桩侧阻力和桩端阻力构成。

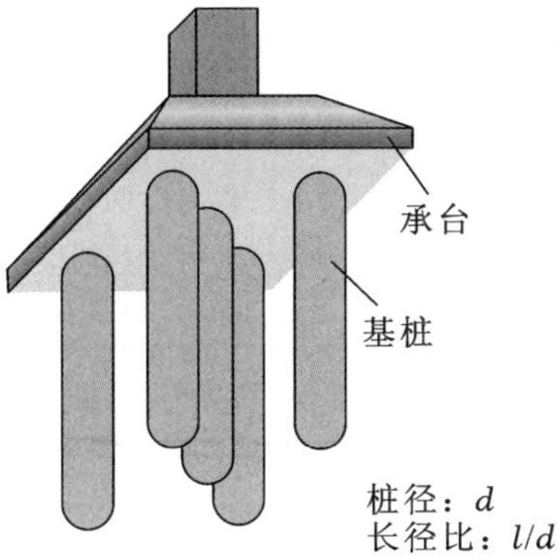

图 7.1 桩基础的组成

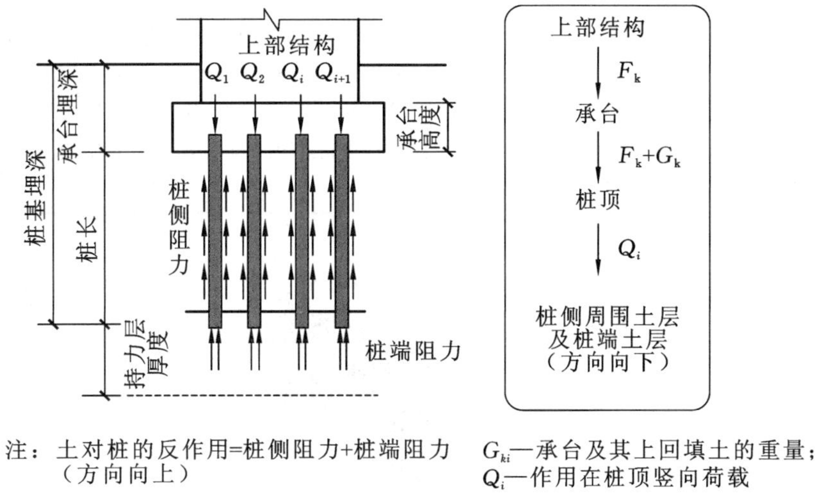

图 7.2 桩基础的传力途径

7.1.2 桩基础的特点及适用条件

选择桩基础应从桩基础特点、结构安全性、技术可行性、经济合理性等要求综合考虑，其特点及适用条件见表 7.1。

表 7.1 桩基础的特点及适用条件

特 点	适 用 条 件
（1）自身特点 承载力高、稳定性好、沉降及不均匀沉降小、抗震性能好；但施工难度大、成本高、技术含量高（在地质条件很差的场地，修建更高、更重桩基，其传力机理很复杂）。 （2）与浅基础比较 ① 施工上：采用特殊施工机具及手段将基础结构置入深部土层中； ② 传力上：桩基长径比 l/d 越大，基础侧面阻力越大，桩侧阻力是不能忽略的，这构成桩基承载力的主要部分，如摩擦型桩； ③ 破坏形式：浅基础有整体剪切、局部剪切、冲剪破坏，而桩基础一般是冲剪破坏	（1）适用于竖向荷载较大且有偏心、较大水平荷载、动力荷载及周期性荷载作用（对地基稳定性及抗震性能要求高）的结构。 （2）荷载较大或地基软弱，浅基础地基变形不满足要求时，采用桩基础控制沉降。 （3）上部结构对地基不均匀沉降相当敏感的结构，或建筑物受到相邻荷载影响或大面积的地面堆载结构。 （4）地下水位很高，基坑排水困难；或位于水中构筑物的基础，如桥梁、码头、钻采平台。 （5）需要长期保存，具有重要历史意义的建筑物

7.1.3 桩基础的类型

桩基础可按不同的标准进行分类，其目的是掌握其不同的特征，以便根据现场的具体条件合理选择桩型。分类如下：

7.1.3.1 按桩的使用功能分类(表 7.2)

表 7.2 按桩的使用功能分类

功能分类	竖向抗压桩	水平受荷桩	抗拔桩	复合受荷桩
受力特征	承受竖向压力为主	承受水平力为主	承受上拔力为主	承受水平力及竖向力为主

应用:

1. 竖向抗压桩——当无水平力及地震作用时,工程中桩以受压为主,如图 7.3(a) 所示。

2. 水平受荷桩——如挡土构筑物要承受较大土压力、水工结构物经常承受水压力,如图 7.3(b) 所示。

3. 抗拔桩——承受上拔力的桩,如高压电线塔架的桩[图 7.3(c)]、静力载荷试验的锚桩。

4. 复合受荷桩——在复杂力(F、M、V 共同作用下)的桩,桩不仅要受压,还要受水平力,但是以受压为主,如图 7.3(d) 所示

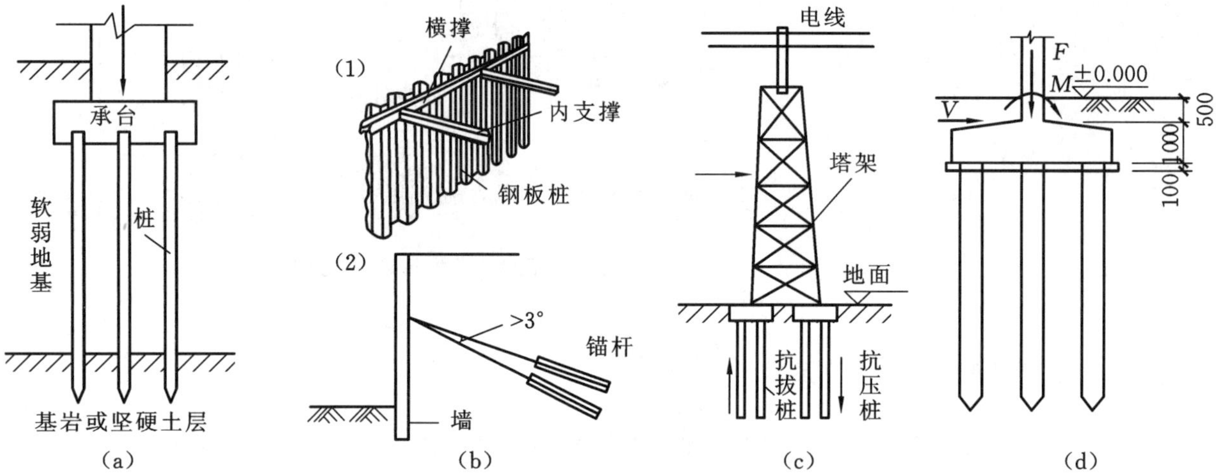

图 7.3 桩基础按使用功能分类

(a) 竖向抗压桩;(b) 水平受荷桩;(c) 抗拔桩;(d) 复合受荷桩

工程中常见的桩是以受压为主,桩顶竖向荷载由桩侧阻力和桩端阻力共同承受,两者分担比例与土的性质、桩的长径比、上部结构有关。桩顶荷载根据传力途径(实际上桩侧阻力和桩端阻力分担比例来分)分为摩擦型桩和端承型桩两大类和四个亚类,如图 7.4 及表 7.3 所示。

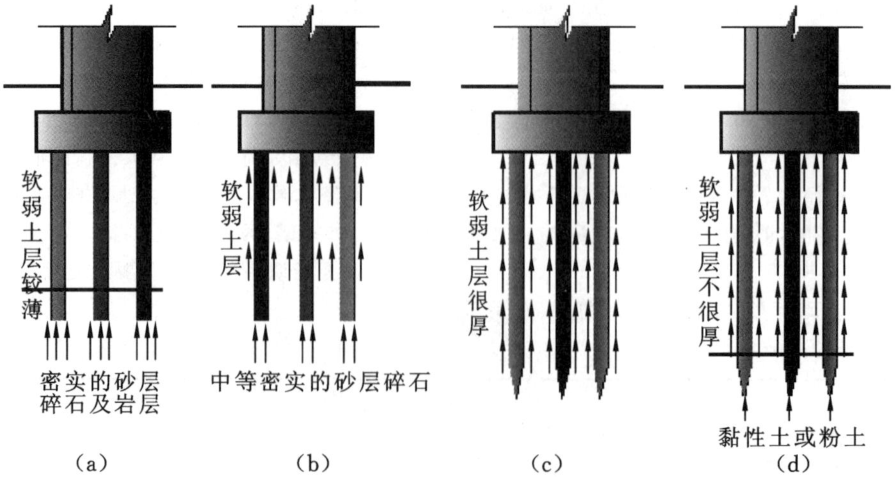

图 7.4 竖向抗压桩类型

(a) 端承桩;(b) 摩擦端承桩;(c) 摩擦桩;(d) 端承摩擦桩

表 7.3 竖向抗压桩按传力途径分类

类型	端承型桩		摩擦型桩	
	端承桩	摩擦端承桩	摩擦桩	端承摩擦桩
受力特征	桩顶荷载全部由桩端阻力承受，桩侧阻力很小，可忽略不计	桩顶荷载大多数由桩端阻力承受，但桩侧阻力不能忽略	桩顶荷载几乎全部由桩侧阻力承受，桩端阻力很小，可忽略不计	桩顶荷载主要由桩侧阻力承受，但桩端阻力不能忽略。该类桩工程中所占比例较大
适用条件	桩长径比较小（$l/d \leqslant 10$），桩穿过软土层，桩端很快进入密实砂层和碎石土，或中、微风化的岩层及嵌岩桩	桩的长径比 l/d 较小，桩端进入中密以上砂土、碎石土层中	软土层较厚或桩的长径比 l/d 较大，无坚硬土层作为持力层	桩的长径比 l/d 不是很大，桩端持力层为较坚硬的黏性土、粉土和砂性土

注：桩嵌入完整或较完整岩层且桩端嵌入岩层深度不小于 0.5 m，称为嵌岩桩

7.1.3.2 按施工方法分类

桩按施工方法不同，可分为预制桩和灌注桩两大类。

1. 预制桩

预制桩是在预制构件厂或施工现场预制，用沉桩设备在设计位置上将其沉入土中并达到所需要的深度的桩。预制桩按材料分为钢筋混凝土预制桩、钢桩和木桩；按沉桩方式分为打入桩、振冲桩、静压桩等，其适用条件见表 7.4。

表 7.4 预制桩的沉桩方式及适用条件

沉桩方式	施工工艺及适用条件
打入桩	① 利用冲击式桩锤的冲击能量将预制桩沉入土中，这是钢筋混凝土预制桩最常用的沉桩方法，该方法所沉的桩也称冲击桩； ② 适用于桩径较小，地基土为可塑状黏土、砂土、粉土地基； ③ 对于含有大量漂卵石地基，施工较困难； ④ 打入桩伴有较大的振动和噪声，在城市建筑密集区施工，应考虑对环境的影响
振冲桩	① 将大功率的振动锤（由内装偏心块旋转时产生垂直振动力）安装在桩顶，随着桩身的上下振动，一方面带动桩周土的振动，减少土对桩的阻力，另一方面利用向下的振动力使桩沉入土中； ② 适用于可塑状的黏性土和砂土地基； ③ 打桩时造成的噪声和振动影响环境，在人口稠密的地区易成为公害，已引起社会的普遍关注
静压桩	① 借助桩架自重及桩架上的压重，通过液压或滑轮组提供的静力将预制桩压入土中； ② 适用于可塑、软塑态的黏性土地基，对于砂土及其他较坚硬的土层，由于压桩阻力过大不宜采用； ③ 静力压桩在施工过程中无噪声、无振动，并能避免锤击时桩顶及桩身的破坏

钢筋混凝土预制桩根据制作方法分为非预应力钢筋混凝土预制桩（实心方桩）和预应力钢筋混凝土预制桩（管桩、空心方桩）。为了保证桩端顺利沉入土中，克服桩端阻力，第一节桩端要设置混凝土桩尖或钢靴，如图 7.5 所示。

图 7.5　预制桩截面形式

(a) 预制方桩;(b) 预应力管桩;(c) 预应力空心方桩;(d) 混凝土预制桩尖;(e) 钢制桩靴

2. 灌注桩

灌注桩是在现场桩位处成孔,然后放入钢筋骨架,再浇筑混凝土而成的桩。灌注桩按其成孔方法不同分为钻孔灌注桩、沉管灌注桩、人工挖孔灌注桩、爆扩灌注桩等,如表 7.5 所示。

表 7.5　灌注桩的成孔方法及适用条件

成孔方法		工艺流程及适用条件
钻孔灌注桩	干作业成孔	① 干作业成孔:机械钻头在无水层成孔,旋转钻杆带动钻头上的螺旋叶片旋转切土,削下的土沿着螺旋叶片上升而带出孔外;其施工设备简单、操作方便。 ② 工艺流程:测定桩位 → 钻孔 → 清孔 → 下钢筋笼 → 浇筑混凝土。 ③ 适用条件:适用于软土地区地下水位以上黏性土、粉土、砂土及人工填土基础
	泥浆护壁成孔	① 泥浆护壁成孔:机械钻头在有水层成孔,在成孔过程中,为防止土壁坍塌,在孔内注入膨润土泥浆或利用钻削下来的黏性土与地下水混合自造泥浆保护孔壁,边钻边排出泥浆;钻孔达到一定深度后,清除孔底沉渣,然后将钢筋笼放入钻孔内,再浇筑混凝土而形成桩体。 ② 工艺流程:测定桩位 → 埋设护筒(防止孔口孔壁坍塌) → 制备泥浆 → 钻孔 → 清孔 → 下钢筋笼 → 水下浇筑混凝土。 ③ 适用条件:在地下水位较高的地区
沉管灌注桩		① 指利用锤击打桩法或振动打桩法,将带有活瓣式桩尖或预制钢筋混凝土桩靴的钢套管沉入土中,然后边浇筑混凝土(或先在管内放入钢筋笼),边锤击或振动边拔管而成的桩。前者称为锤击沉管灌注桩,后者称为振动沉管灌注桩。 ② 工艺流程:桩机就位 → 锤击(振动)沉管 → 上料 → 边锤击(振动)边拔管,并继续浇筑混凝土 → 下钢筋笼、继续浇筑混凝土及拔管 → 成桩。 ③ 适用条件:适用于可塑、软塑、流塑的黏性土,稍密及松散的砂土。在黏性土中,由于沉管的排土挤压作用对邻桩有挤压影响,挤压产生的孔隙水压力易使拔管时出现混凝土桩缩颈现象

续表 7.5

成孔方法	工艺流程及适用条件
人工挖孔灌注桩	① 人工挖孔：指桩孔采用人工挖掘方法进行成孔，为了确保人工挖孔桩施工过程中的安全，施工时必须考虑预防孔壁坍塌和流砂现象发生，制定合理的护壁措施。护壁方法应用较广的为现浇混凝土分段护壁，如右图示例。 ② 混凝土护壁工艺流程：应逐段挖孔逐段浇筑护圈的混凝土，每段深度一般为 1 m，直至设计深度。 定桩位 → 分段挖土（每段 1 m）→ 分段浇筑护壁（绑扎钢筋、支模、浇筑混凝土、养护、拆模板）→ 重复分段挖土、构筑护壁至设计深度 → 孔底扩大头 → 吊放钢筋笼 → 浇筑混凝土成桩。 ③ 适用条件：适用于桩直径 800 mm 以上，无地下水或地下水较少的黏土、粉质黏土，含少量砂、卵石、砾石的黏土采用。适用于多层建筑、高层建筑、公共建筑以及支挡结构等。对有流砂、地下水位较高、涌水量大的冲积地带及近代沉积的含水量高的淤泥、淤泥质土层不宜使用。 ④ 特点：人工挖孔灌注桩成孔方法简单，单桩承载力高，施工时无振动、无噪声，施工设备简单，可同时开挖多根桩以节省工期，其应用较为广泛。 人工挖孔灌注桩可直接观察土层变化情况，便于清孔和检查孔底及孔壁，施工质量可靠。但其劳动条件差，劳动力消耗大。 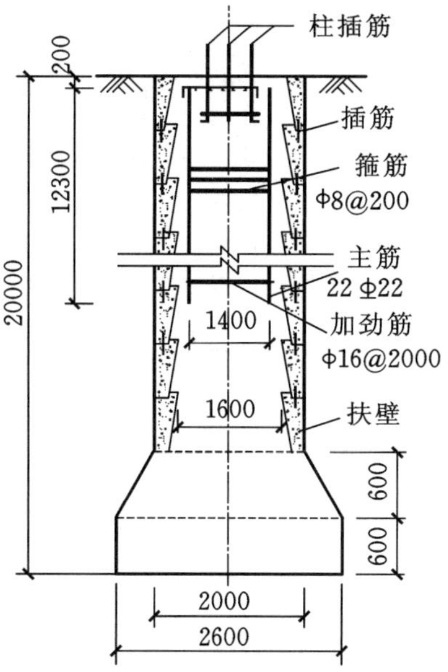 人工挖孔灌注桩示例
爆扩灌注桩	① 钻机成孔后，孔底放入炸药，在孔内用炸药爆炸扩大孔底；再灌入适量的混凝土，然后引爆，使孔底形成扩大头，再放入钢筋笼，浇筑桩身混凝土。 ② 适用条件：适用于持力层较浅，黏性土地基；扩大了桩底与地基土的接触面积，提高了桩的承载力

钻孔灌注桩成孔机械很多，有冲抓、冲击钻机、回转钻机和潜水钻机。这种方法可针对不同的土层更换不同的钻头形式和钻机功率，使用地区较广。

沉管灌注桩是将带有桩靴的钢管，用锤击、振动等方法将钢管沉入土中，然后在钢管中放入钢筋笼，灌注混凝土，形成桩体。桩靴有预制钢筋混凝土和活瓣式两种，前者是一次性的桩靴，后者沉管时桩尖闭合，拔管时桩尖张开。

3. 预制桩与灌注桩特点比较（表 7.6）

表 7.6　预制桩与灌注桩特点比较

预制桩	一般规格	常用的有混凝土实心方桩和预应力混凝土空心管桩。 ① 普通预制钢筋混凝土桩截面边长一般为 250 ～ 500 mm，由于限于运输及起吊能力，其长度一般不超过 13.5 m，桩长度不够时要接桩。 ② 预应力管桩（PC 管）刚度、稳定性、耐久性要高于普通桩；直径以 400 mm、600 mm 为主，常用的每节长度为 8 ～ 12 m，桩长度不够时要接桩（各节段之间的连接可以用钢板焊接或法兰连接）。 预应力管桩沉入土中的第一节桩称为底桩。底层桩下端部都要设置桩尖（靴）
	特点	优点： ① 可大量工厂化生产，施工速度快； ② 不存在泥浆排放，特别适用于大面积施工； ③ 桩身质量易于保证和控制，不受地下水位影响； ④ 桩身密度大，抗腐蚀性强。 缺点： ① 单价较灌注桩高，用钢量大； ② 除静压桩外，在沉桩过程中，噪声大，由于挤土效应会使土体受到扰动； ③ 限于运输及起吊能力，桩长度不够时，接桩时间长，费钢； ④ 不易穿越较硬土层

续表 7.6

灌注桩	一般规格	① 沉管灌注桩直径一般在 300 ～ 500 mm,桩长一般不超过 25 m; ② 大直径的灌注桩迅速发展,直径可达 3 m,实现不要承台,一柱一桩,长度可达 100 m
	特点	优点: ① 适用于各种地层,桩长、桩径可灵活调整; ② 含钢量较低,比预制桩经济。 缺点: ① 桩身质量不易保证和控制,容易形成颈缩、沉渣,容易出现蜂窝或加泥现象; ② 受地下水位影响; ③ 泥浆护壁灌注桩存在泥浆排放污染

7.1.3.3 桩基的其他分类方法(表 7.7)

表 7.7 桩基的其他分类方法

分类方法		特点
按挤土效应分类	挤土桩	① 对土体影响:成桩过程造成土体大量排挤开,使周围土体受到扰动,如:土体侧移、地面的隆起,同时使土的工程性质发生改变(物理性质及力学性质)。 ② 对桩影响:可能造成灌注桩断桩、缩颈;可能造成预制桩侧移、上抬、倾斜及断桩。 ③ 有挤土效应的桩型:预制实心桩和桩靴闭口的预应力管桩、闭口钢管桩、沉管混凝土灌注桩
	部分挤土桩	① 成桩过程引起部分挤土效应,使周围土体受到一定程度挤压。 ② 有部分挤土效应的桩型:H 型钢桩、开口钢管桩和开口预应力混凝土管桩,冲孔成孔灌注桩等
	非挤土桩	① 采用钻孔、挖孔方式将与桩体相同体积的土体排出,对周围土体基本没有扰动而形成的桩; ② 非挤土桩型:干作业法钻或挖孔灌注桩、泥浆护壁钻或挖孔灌注桩,以及先钻孔再打入的预制桩等
按桩径大小分类	小直径桩	① 桩径 $D \leqslant 250$ mm、长径比 l/D 较大的桩,又称树根桩。 ② 施工空间小、对原有建筑物影响小,施工方便,可在任何土层中成桩,并能穿过原有基础等,起到地基托换作用。 ③ 多用于支护结构、基础加固(静压锚杆托换桩)和复合地基,以及多层住宅地基等
	中直径桩	桩径 $D = 250 \sim 800$ mm,工程中大量应用,成桩方法和工艺很多
	大直径桩	桩径 $D \geqslant 800$ mm,在设计中应考虑挤土效应与尺寸效应,此类桩大多数为端承桩
按承台与地面相对位置分类	低承台桩	① 低承台底面位于地面(冲刷线)以下。 ② 低承台桩的受力、位移、稳定性等方面均较好,因此在建筑工程中广泛应用
	高承台桩	① 高承台底面位于地面以上的桩称为高承台桩。高承台桩在桥梁基础工程中得到广泛应用。 ② 高承台位置较高,可避免或减少水下施工,施工方便。但由于承台及桩身露出地面的自由长度,在水平力作用下,上部桩身侧移较大,稳定性较差。 ③ 近年来由于大直径钻孔灌注桩的采用,桩的刚度、强度都很大,在海岸工程、海洋平台工程中都采用高承台桩

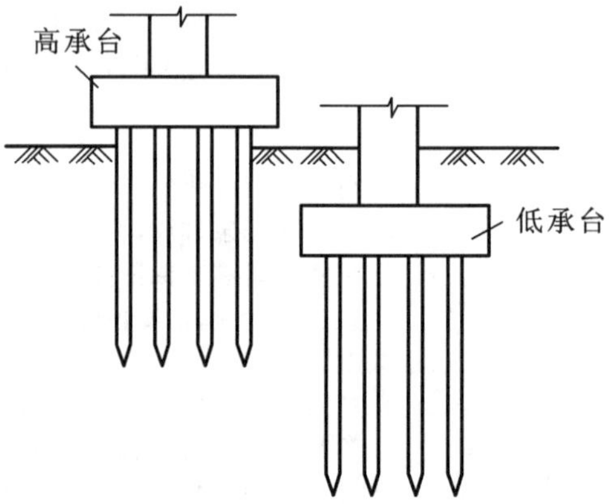

续表 7.7

分类方法	特　　点
按桩身材料分类	① 混凝土(灌注桩若按构造配筋时)及钢筋混凝土桩。 ② 木桩:桩径 160 ～ 260 mm,桩长 4 ～ 6 m。优点:制作运输方便,打桩设备简单。缺点:承载力低,仅在一些加固工程与临时工程中采用,是古老桩基形式,已很少用。 ③ 钢桩(钢管桩和 H 型钢桩):直径 250 ～ 1200 mm,可批量生产。优点:穿透性强,承载能力高,应用方便。缺点:成本高,易锈蚀

灌注桩成孔方式及预制桩沉桩方式不同,桩侧挤土效应不同,为了保证施工质量及安全、桩基的承载力满足要求,桩的中心距离不能太小,应满足表 7.8 的要求。当施工采用可靠措施时,可根据当地经验适当减小桩的中心距离。

表 7.8　基桩的最小中心距离

土类及成桩工艺		排数不少于 3 排且 9 根摩擦型桩基	其他情况
非挤土灌注桩		3.0d	3.0d
部分挤土桩	非饱和土、饱和非黏性土	3.5d	3.0d
	饱和黏性土	4.0d	3.5d
挤土桩	穿越非饱和土	4.0d	3.5d
	穿越饱和黏性土	4.5d	4.0d
其他成桩形式		详见《建筑桩基技术规范》(JGJ 94—2008)	

7.2　单桩竖向承载力

单桩承载力包括竖向(受压)承载力、抗拔承载力、水平承载力,本节仅讨论单桩竖向承载力。

7.2.1　基本知识

7.2.1.1　单桩竖向承载力代表值

1. 单桩竖向极限承载力标准值 Q_{uk}

《建筑桩基技术规范》(JGJ 94—2008,简称《桩基规范》)指出:单桩竖向极限承载力标准值 Q_{uk} 是指单桩在竖向荷载作用下到达破坏状态前或出现不适于继续承载的变形时所对应的桩顶最大荷载。Q_{uk}(kN) 为桩侧极限总阻力标准值 Q_{sk} 和桩端极限总阻力标准值 Q_{pk}(kN) 均达到极限值之和(图 7.6),即

$$Q_{uk}=Q_{sk}+Q_{pk} \tag{7.1}$$

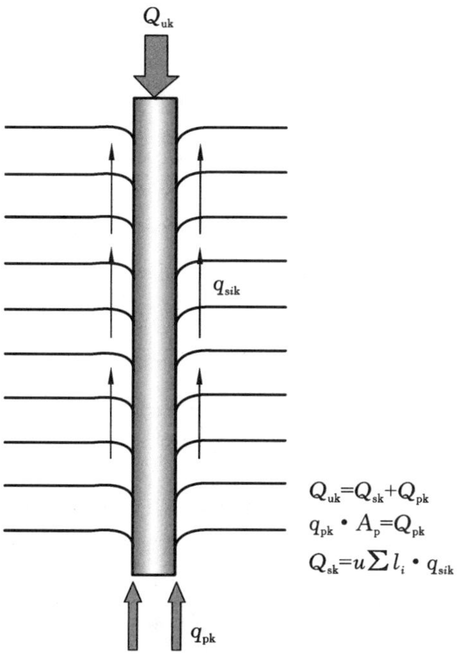

图 7.6　单桩竖向承载力的构成

2. 单桩竖向承载力特征值 R_a

单桩竖向承载力特征值是指在进行正常使用极限状态设计时所采用的单桩承载力。《桩基规范》5.2.2 规定:单桩竖向承载力特征值计算取下式:

$$R_a=Q_{uk}/2 \tag{7.2}$$

《建筑地基基础设计规范》(GB 50007—2011)规定:按单桩承载力确定桩数时,传至基础或承台底面上的作用效应应按正常使用极限状态下作用的标准组合。相应的抗力为单桩承载力特征值。要计算桩数,必须先确定单桩竖向承载力特征值 R_a。

3. 单桩竖向承载力设计值 R

桩身材料的强度不够,在竖向荷载设计值 N 作用下,桩身进行承载力极限状态计算时,对应的竖向荷载取值,称之为单桩竖向承载力设计值,$N_u=R$,即荷载要考虑荷载分项系数。

如超长桩(压弯效应、稳定承载力降低),其单桩承载力也可能由桩身强度起控制作用。单桩竖向承载力设计值是按桩身强度(混凝土强度及纵向钢筋设计强度)设计值计算所得单桩的承载力。通过抗压桩桩身材料计算确定单桩竖向承载力设计值,其计算原理可视为插在土中的混凝土及钢筋混凝土轴心受压构件。

➡ 技术提示

(1) 桩丧失承载能力一般表现为两种形式:

① 土与桩的相互作用,当桩侧阻力及桩端阻力不足,桩发生急剧且量大的竖向位移;或者虽然位移不急剧增加,但因位移量过大而不适于继续承载。

② 桩身材料的强度不够,桩身被压坏或拉坏。因此,桩的竖向承载力应分别根据桩周土岩的阻力和桩身强度确定。

(2) 一般来说,单桩竖向承载力主要取决于土的阻力,材料强度往往不能充分发挥。只有对端承桩、超长桩以及桩身质量有缺陷的桩,桩身材料强度才起控制作用。

7.2.1.2 确定单桩竖向极限承载力标准值 Q_{uk} 的方法

确定单桩竖向极限承载力标准值的方法主要有静载荷试验、静力触探法、动力触探法、旁压试验法等原位测试经验公式。实践表明:单桩竖向极限承载力的确定,就其可靠性而言,仍以传统的静载荷试验可靠度最高。下面重点分析现场静载荷试验确定单桩竖向极限承载力。

7.2.1.3 建筑桩基设计等级

根据建筑规模、功能特征、对差异变形的适应性、场地地基和建筑物体型的复杂性以及由于桩基问题造成建筑破坏或影响正常使用的程度,应将桩基设计等级分为三级,见表7.9。

表7.9 建筑桩基设计等级

设计等级	建筑类型
甲级	① 重要的建筑; ② 30层以上或高度超过100 m的高层建筑; ③ 体型复杂且层数相差超过10层的高低层(含纯地下室)连体建筑; ④ 20层以上框架-核心筒结构及其他对差异沉降有特殊要求的建筑; ⑤ 场地和地基条件复杂的7层以上的一般建筑及坡地、岸边建筑; ⑥ 对相邻既有工程影响较大的建筑
乙级	除甲级、丙级以外的建筑
丙级	场地和地基条件简单、荷载分布均匀的7层及7层以下的一般建筑

7.2.1.4 设计规定

《桩基规范》确定单桩承载力应符合下列规定:

(1) 设计等级为甲级的建筑桩基,应通过单桩静载荷试验确定。

(2) 设计等级为乙级的建筑桩基，当地质条件简单时，可参照地质条件相同的试桩资料，结合静力触探等原位测试和经验参数确定；其余应通过单桩静载荷试验确定。

(3) 设计等级为丙级的建筑桩基，可根据原位测试和经验参数确定。

7.2.2 静力载荷试验确定单桩竖向抗压承载力

7.2.2.1 试验目的

在施工现场将“试验桩”与设计所采用“工程桩”的规格、施工方法、工作条件完全相同的桩沉入土中，间歇一定的时间后，通过液压千斤顶在桩顶施加静力荷载，在每级荷载 Q 作用下，测得桩体稳定后的沉降量 s，直至加载破坏；通过试验记录 Q、s 数据后，绘出 Q-s 曲线及其他辅助分析曲线（还要记录在每级荷载作用下的沉降与时间数据，绘制 s-t 关系曲线），确定单桩竖向极限承载力 Q_u。

7.2.2.2 试验装置

试验装置包括加载系统和沉降观测系统。加载系统分为锚桩横梁反力装置（图 7.7）和压重平台反力装置（图 7.8），具体分析如下：

1. 加载系统

(1) 加载系统是由液压千斤顶对桩顶施加压力，荷载的测量可用安置在千斤顶上的荷载传感器直接量测或采用并联千斤顶油路的压力表测定油压，根据千斤顶率定曲线换算荷载。

(2) 千斤顶的反力可根据现场条件选择锚桩横梁反力装置或压重平台反力装置。

① 图 7.7 所示是锚桩横梁反力装置，主要由锚桩、次梁、主梁和液压千斤顶等组成。用千斤顶逐级给桩顶施加荷载 q_i，油压表或压力传感器量测荷载的大小。

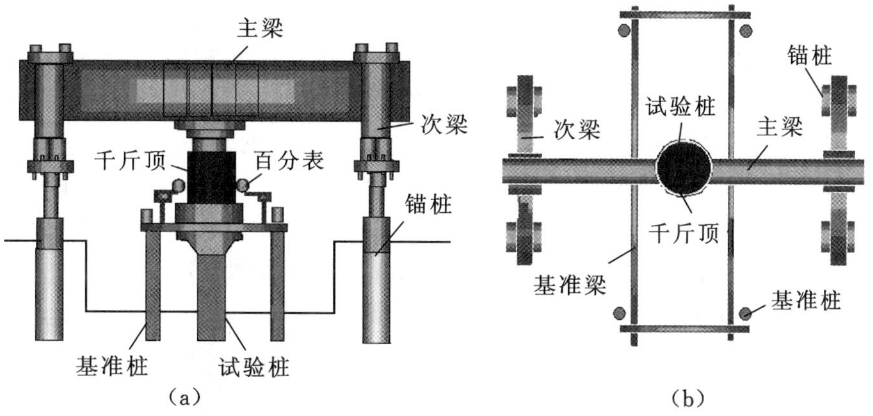

图 7.7 锚桩横梁反力装置

(a) 立面图；(b) 平面图

锚桩横梁反力装置传力系统：桩顶荷载对千斤顶支持力 q_i（千斤顶反力）→ 主梁 → 次梁 → 锚桩。在整个反力传力过程中，荷载作用方向始终向上，最终锚桩受到向上的上拔力，所以应对锚桩的抗拔力进行验算，采用工程桩作锚桩时，桩数不少于4根。锚桩、试桩及基准桩之间的中心间距应不小于《建筑基桩检测技术规范》(JGJ 106—2014) 规定的最小间距要求。

② 压重平台反力装置就是在枕木垛支承的荷载平台上堆放重物，下面通过一根大梁由千斤顶对试桩加荷（图 7.8）。该法现已很少采用。

2. 沉降观测系统

沉降观测系统由基准梁、基准桩、（位移计）百分表、固定位移计的夹具等组成，其测点位于桩身，用百分表或位移计量测试桩的下沉量。

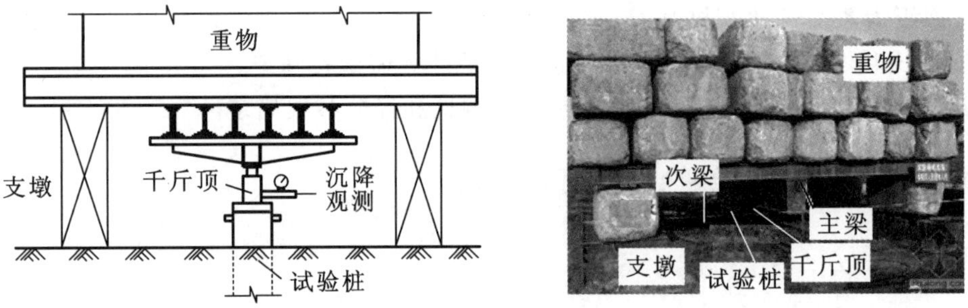

(a) (b)

图 7.8 压重平台反力装置

7.2.2.3 试验要点

1. 休止时间

《建筑基桩检测技术规范》(JGJ 106—2014) 规定:用静载法试验确定单桩承载力,从成桩到开始试验的休止时间见表 7.10。此外,试桩的桩顶应完好无损,桩顶露出地面的长度应满足试桩仪器设备安装的需要,一般不小于 600 mm。

表 7.10 从成桩到开始试验的休止时间

土的类别	砂土	粉土	黏性土	
			非饱和土	饱和土
休止时间	7 d	10 d	15 d	25 d

注:对于泥浆护壁灌注桩,宜适当增加休止时间。

2. 加载与沉降量测

(1) 加载传递均匀、连续、无冲击,加载应分级进行,采用逐级等量加载。分级荷载宜为最大加载量或预估极限承载力的 1/8 ~ 1/10,不应少于 8 级,其中第 1 级可取分级荷载的 2 倍,桩底支承在坚硬岩(土) 层上。桩的沉降量很小时,最大加载量不应小于设计荷载的 2 倍。

(2) 每级荷载施加后按第 5 min、15 min、30 min、45 min、60 min 测读桩顶沉降量,以后每隔 30 min 测读一次。沉降相对稳定标准:连续出现 2 次每小时内的桩顶沉降量不超过 0.1 mm(从分级荷载施加后的第 30 min 开始,按 1.5 h 连续三次每 30 min 的沉降观测量),再施加下一级荷载。

(3) 通过试验数据绘制沉降与荷载关系曲线 Q-s、沉降与时间关系曲线 s-t 及 s-lg$t$,如图 7.9 所示。

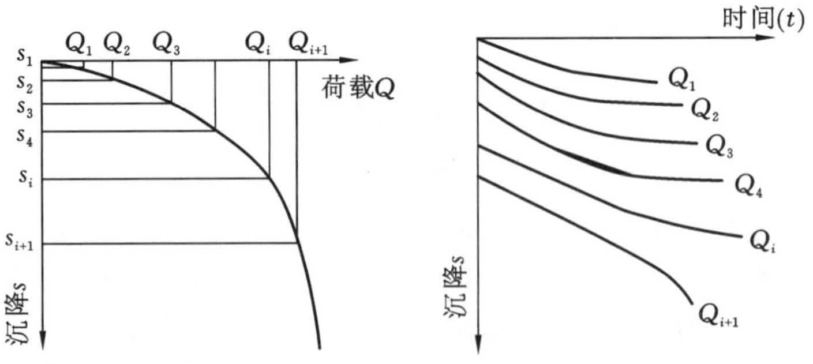

(a) (b)

图 7.9 试验桩沉降关系曲线

(a) 荷载 - 沉降(Q-s) 曲线;(b) 沉降 - 时间(s-t) 曲线

3. 终止加载条件

通过绘制 Q-s、沉降与时间关系曲线 s-t 及 s-lg$t$ 及现场观测,当出现表 7.11 所列情况之一时,一般认为试桩已达破坏状态，所施加的荷载即为破坏荷载，试桩即可终止加载。

表 7.11　静力载荷试验及由试验成果确定单桩竖向极限承载力 Q_{iu}

终止加载条件		单桩竖向极限承载力 Q_{iu} 的综合确定	
情况 1	当荷载-沉降（Q-s）曲线上有可能判断极限荷载的陡降段，某级荷载作用下，桩顶沉降量大于前一级荷载作用下沉降量 5 倍且桩顶总沉降量超过 40 mm	情况 1	Q-s 曲线陡降段明显时，取陡降段起点的荷载值
情况 2	沉降增量：$\Delta s_{n+1}/\Delta s_n \geqslant 2$，且在 24 h 之内尚未稳定达到标准	情况 2	当出现 $\Delta s_{n+1}/\Delta s_n \geqslant 2$，且在 24 h 之内尚未稳定达到标准，其前一级荷载，即 n 级荷载
情况 3	25 m 以上的非嵌岩桩，荷载-沉降（Q-s）曲线呈缓变型时，桩顶总沉降量大于 60～80 mm	情况 3	荷载-沉降（Q-s）曲线呈缓变型，取桩顶总沉降量 s = 40 mm 所对应的荷载值，当桩长大于 40 m 时，宜考虑桩身弹性压缩量；对直径大于或等于 800 mm 的桩，可取 $s=0.05D$（D 为桩端直径）对应的荷载值
其他情况	特殊情况下，可根据具体要求加载至桩顶总沉降量大于 80 mm	情况 4	沉降随时间变化特征确定，取沉降-时间对数（s-$\lg t$）曲线尾部出现明显向下弯曲的前一级荷载值
		情况 5	按上述四种情况判定桩的竖向极限承载力均未到达极限值，取最大试验荷载值

4. 卸载要求

逐级等量卸载，每级卸载量取加载时分级荷载的 2 倍，每级荷载维持 1 h，并在第 15 min、30 min、60 min 测读桩顶沉降量后，即可卸下 1 级荷载。卸载至零后，应测读桩顶残余沉降量，测读时间为第 15 min、30 min，以后每隔 30 min 测读 1 次，维持时间为 3 h。

7.2.2.4　单桩极限承载力的确定

1. 单桩竖向极限承载力 Q_{iu}（第 i 号桩）的综合确定

单桩竖向极限承载力 Q_{iu} 的综合确定见表 7.11 右列中。

2. 单桩竖向极限承载力标准值 Q_{uk} 确定

单桩竖向极限承载力标准值应按统计值确定并应符合下列规定：

(1) 参加统计的试桩结果，当满足其极差不超过平均值的 30% 时，取其平均值为单桩竖向极限承载力。

(2) 当极差超过平均值的 30% 时，应分析极差过大的原因，结合工程具体情况综合确定，必要时可增加试桩数量。

(3) 对桩数为 3 根或 3 根以下的柱下承台，或工程桩抽检数量少于 3 根时，应取低值。

《建筑地基基础设计规范》（GB 50007—2011，以下简称《地基规范》）规定：单桩竖向承载力特征值应通过单桩竖向静载荷试验确定。在同一条件下的试桩数量，不宜少于总桩数的 1% 且不应少于 3 根。单桩竖向承载力特征值为单桩竖向极限承载力的标准值 Q_{uk} 除以安全系数 2。

【例 7.1】 某设计等级为甲级的建筑桩基，根据《地基规范》规定：单桩竖向承载力应通过静力载荷试验确定，已测得三根试桩的单桩竖向极限承载力 $Q_{1u}=830$ kN、$Q_{2u}=865$ kN、$Q_{3u}=880$ kN。

要求：计算单桩竖向承载力特征值 R_a。

【解】 (1) 计算单桩竖向极限承载力平均值

$$\overline{Q}_u=\frac{\sum Q_{iu}}{n}=\frac{830+865+880}{3}=858.3\ \text{kN}$$

(2) 计算单桩竖向极限承载力极差与单桩竖向极限承载力平均值之比

$$(Q_{umax}-Q_{umin})/\overline{Q}_u=(880-835)/858.3=5.2\%<30\%$$

(3) 单桩竖向极限承载力标准值 Q_{uk}

通过上述分析后,符合《地基规范》规定要求,故 $Q_{uk}=\overline{Q}_u=858.3\ \text{kN}$

(4) 单桩竖向承载力特征值 R_a 为:

$$R_a=Q_{uk}/2=858.3/2=429.3\ \text{kN}$$

7.2.3 静力触探法确定单桩竖向极限承载力标准值

7.2.3.1 试验目的

静力触探原理是将圆锥形的金属探头,以静力方式按一定的速率均匀压入土中,借助探头的传感器,对于双桥探头可测出探头侧壁上土的阻力 f_s 及端部阻力 q_c,如图 7.10 所示;对于单桥探头,测出的是总阻力。

静力触探探头由浅入深测出各种土层相应的参数后,即可算出单桩承载力。静力触探与桩打入土中的过程基本相似,可以将静力触探看作小直径预制桩打入土中现场模拟试验。由于其设备简单、自动化程度高,被认为是很有前途的确定单桩承载力的方法,国外已广泛应用。

7.2.3.2 单桩竖向极限承载力标准值

根据探头的构造不同,有单桥探头和双桥探头两种。双桥探头可直接测出侧阻力 f_s 及端阻力 q_c,如图 7.10 所示。

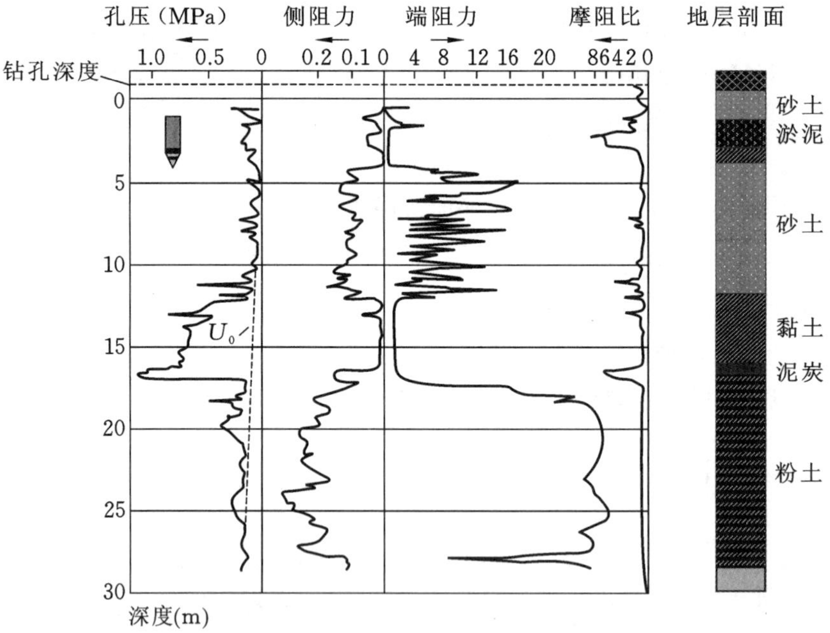

图 7.10　双桥静力触探阻力曲线及柱状图

双桥探头:

$$Q_{uk}=u\sum l_i\cdot\beta_i f_{si}+\alpha\cdot q_c\cdot A_p \tag{7.3}$$

式中　α——表示端部修正系数(黏性土、粉土取 2/3,饱和砂土取 1/2);

β_i——第 i 层土桩侧阻力综合修正系数(黏性土、粉土:$\beta_i=10.04f_{si}^{-0.55}$,砂土:$\beta_i=5.05f_{si}^{-0.43}$);

f_{si}——第 i 层土探头的平均侧阻力(标准值)(kPa);

q_c—— 平均端阻力(标准值)(kPa);

A_p—— 桩端面积(m^2);

u—— 桩身周长(m);

l_i—— 桩周第 i 层土的厚度(m)。

单桥探头单桩竖向极限承载力标准值计算详见《桩基规范》。

7.2.4 经验参数法确定单桩竖向极限承载力标准值

根据《桩基规范》,可按土的物理指标与承载力参数之间的经验关系确定单桩竖向极限承载力标准值 Q_{uk}。

$$Q_{uk}=Q_{sk}+Q_{pk}=u\sum l_i\cdot q_{sik}+q_{pk}\cdot A_p \tag{7.4}$$

式中 q_{sik},q_{pk}—— 桩侧第 i 层土的极限侧阻力标准值、极限端阻力标准值(kPa),可采用当地经验值或参照《桩基规范》第 5.3.5 款取值;

Q_{sk},Q_{pk}—— 单桩极限总侧阻力标准值、单桩极限总端阻力标准值(kN)。

7.2.5 单桩竖向承载力特征值

在式(7.3)静力触探和式(7.4)经验参数法表达式中,将 Q_{uk} 除以安全系数2,就得到单桩竖向承载力特征值:

$$R_a=Q_{uk}/2 \tag{7.5}$$

对于经验公式,单桩竖向承载力特征值也可表示为:

$$R_a=q_{pa}A_p+u\sum q_{sia}l_i \tag{7.6}$$

式中 q_{sia},q_{pa}—— 第 i 层土的桩侧阻力特征值、桩端阻力特征值(kPa),$q_{sia}=q_{sik}/2$,$q_{pa}=q_{pk}/2$。

7.2.6 单桩竖向承载力设计值

单桩竖向承载力设计值是指单桩在竖向荷载设计值作用下,桩身因强度不足达到承载力极限状态时对应的竖向荷载。单桩竖向承载力设计值是按桩身强度设计值计算所得单桩的承载力。

前面我们由土与桩的相互作用重点分析了单桩竖向极限承载力标准值的确定及单桩竖向承载力特征值的取值,但对于端承桩、超长桩(压弯效应、稳定承载力降低),其单桩承载力也可能由桩身强度起控制作用。

(1)《地基规范》规定:桩身混凝土强度应满足桩的承载力设计要求,计算中应按桩的类型和成桩工艺的不同将混凝土的轴心抗压强度设计值乘以工作条件系数 φ_c,轴心受压时桩身强度(表 7.12)应符合式(7.7)的规定。

(2)《桩基规范》规定:轴心受压桩正截面承载力计算(表 7.12)应符合式(7.8)及式(7.9)的规定。

表 7.12 《地基规范》与《桩基规范》桩身正截面承载力计算公式及比较

类别	《地基规范》规定	《桩基规范》规定	
条件	轴心受压时桩身强度应符合下列条件	轴心受压桩正截面承载力计算应符合下列条件	
公式	$N\leqslant A_{ps}f_c\varphi_c$ (7.7)	混凝土桩	$N\leqslant\varphi_c f_c A_{ps}$ (7.8)
		钢筋混凝土桩	$N\leqslant\varphi_c f_c A_{ps}+0.9f'_y A'_s$ (7.9)

续表 7.12

类别	《地基规范》规定	《桩基规范》规定
符号说明	φ_c— 工作条件系数。非预应力预制桩取 0.75；预应力桩取 0.55 ～ 0.65；灌注桩取 0.6 ～0.8(水下灌注桩、长桩或混凝土强度等级高于 C35 时用低值)。	φ_c— 基桩成桩施工工艺系数。 ① 混凝土预制桩、预应力空心桩：$\varphi_c = 0.85$； ② 干作业非挤土灌注桩：$\varphi_c = 0.9$； ③ 泥浆护壁和套筒护壁的非挤土灌注桩、部分挤土灌注桩、挤土灌注桩：$\varphi_c = 0.7 \sim 0.8$； ④ 软土地区挤土灌注桩 $\varphi_c = 0.6$
	f_c— 混凝土轴心抗压强度设计值(kPa)，《混凝土结构设计标准》(GB/T 50010—2010，2024 年版) 取值； N— 相应于作用基本效应组合时的桩顶竖向力设计值(kN)，以恒载效应控制为主时，简化为 $N = 1.35Q_k$； Q_k— 相应于作用标准效应组合时的桩顶竖向力标准值(kN)，其计算见式(7.13) 及式(7.14)； A_{ps}— 桩身横截面积(m^2)； A'_s，f'_y— 纵向受压钢筋的面积(mm^2) 及纵向受压钢筋的抗压设计强度(MPa)。	

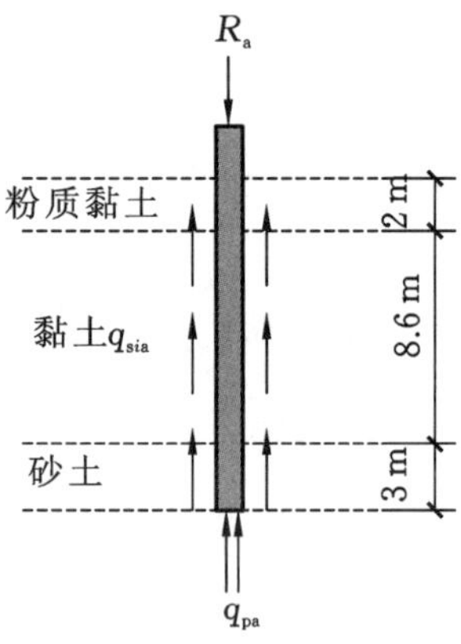

图 7.11 例 7.2 图

【例 7.2】 已知地质条件及桩身入土深度如图 7.11 所示，桩径 $d = 400$ mm，其相应的桩侧阻力 q_{sia} 分别为 24 kPa、16 kPa 及 28 kPa，桩端阻力 $q_{pa} = 900$ kPa，用经验参数法确定单桩承载力特征值 R_a。

【解】 $R_a = q_{pa}A_p + u\sum q_{sia}l_i$

$$= 900 \times \frac{\pi d^2}{4} + \pi d(24 \times 2 + 16 \times 8.6 + 28 \times 3) = 451.66 \text{ kN}$$

【例 7.3】 某工程采用泥浆护壁灌注桩，桩径为 800 mm，混凝土强度等级为 C30($f_c = 14.3$ N/mm^2)，分别用《地基规范》和《桩基规范》计算单桩承载力设计值。

【解】 1. 用《地基规范》计算

由式(7.7)，取工作条件系数 $\varphi_c = 0.65$，则单桩承载力设计值为

$$A_{ps}f_c\varphi_c = \frac{\pi d^2}{4} \times 14.3 \times 0.65 = 4962 \text{ kN}$$

2. 用《桩基规范》计算

由式(7.8)，取成桩施工工艺系数 $\varphi_c = 0.75$，则单桩承载力设计值为

$$\varphi_c f_c A_{ps} = 0.75 \times 14.3 \times \frac{\pi d^2}{4} = 5725 \text{ kN}$$

➡ 技术提示

例 7.3 计算中分别执行了《地基规范》及《桩基规范》所规定按桩身材料计算单桩承载力设计值，其数值是有差距的，主要差距是在系数 φ_c 的取值上，其中《桩基规范》规定更为具体，针对性更强，考虑了承台效应影响。在实际工程中，应从实际出发，按《地基规范》及《桩基规范》规定，结合当地成熟的经验等综合考虑。

7.2.7 影响单桩承载力的因素

影响桩承载力的因素很多，除桩截面刚度(桩径、桩长)、桩身材料(强度及配筋数量) 外，还有土对桩的支承作用。土对桩的支承作用主要表现在桩侧阻力和桩端阻力。

1. 桩侧阻力

桩侧单位面积上的阻力除与土的工程性质(土的物理指标及力学指标),桩身材料性质、桩径、桩长有关外,还与施工方法及挤土效应、时间有关。

(1) 施工方法:挤土桩,使桩四周土体排开、挤压,桩侧阻力增大;非挤土桩,如挖或钻孔灌注桩,桩身对桩周围土无挤土效应,因而桩侧阻力小。

(2) 与打桩休止时间有关:

① 在砂土地基打桩,越靠近桩周土层砂越密实,向外逐渐减少;打桩停止后,靠近桩表面的土层挤密效应由于应力调整会有部分消失,所以砂土层桩侧阻力是先增加,后部分要降低。

② 在黏性土中打桩,桩周的黏性土结构被破坏,灵敏度越高,破坏越严重,还会导致土的孔隙水压力增加,抗剪强度降低,但打桩停止后,随着时间的延长,孔隙水压力消失,抗剪强度增加。所以桩的承载力大小与搁置时间有关,这是静力载荷试验从成桩到试桩要有一定的休止时间的原因。

2. 桩端阻力

(1) 桩端阻力除了与桩端持力层性质有关外,还与桩端入土深度 l 有关。试验研究表明:对于均匀地基,当桩端入土深度 $l \leqslant h_c$(临界深度)桩端阻力呈线性分布;当 $l > h_c$ 桩端阻力几乎不再增加。

(2)《桩基规范》结合国内外大量试桩资料,按不同类型的桩分别给出了极限桩端阻力变化深度范围,预制桩或水下钻孔桩定为 30 m,沉管灌注桩和干作业钻孔灌注桩定为 15 m;同时桩端进入持力层的临界深度分别为:砂及碎石类土$(3 \sim 10)d$,密度大的取高值;粉土和黏性土为$(2 \sim 6)d$,土的孔隙比和液性指数小者取大值。

7.2.8　桩的负摩阻力

1. 负摩阻力的概念

前面讨论单桩荷载传力途径中,桩相对于周围土体产生向下位移,因而土对桩侧产生向上的摩擦力,是构成单桩承载力的一部分,称之为正摩擦力[图 7.12(a)]。当土层由于某种原因(自重固结、自重湿陷、地面附加荷载)相对于桩体向下位移时,即桩相对于土体向上位移,则土体对桩产生向下的摩擦力,这种摩擦力相当于施加在桩上的下拉荷载,称之为负摩阻力[图 7.12(b)]。负摩阻力降低了桩的承载力,并可导致桩发生过量沉降。

当桩身在某一深度处桩土位移相等时,该侧桩侧阻力等于 0,该点为中性点。作用在中性点以上,负摩擦力之和称为下拉荷载。

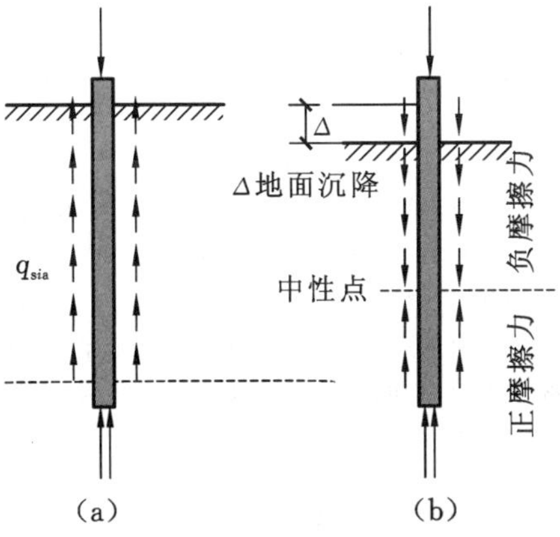

图 7.12　桩侧阻力示意图

(a) 正摩擦力;(b) 负摩擦力

2. 产生负摩阻力的原因

(1) 桩周土为新填土或新近沉积的欠固结土,而桩端支承于相对密实的土层。

(2) 在桩侧土层的表面有大面积堆荷或填土引起的地面下沉。

(3) 大面积的地下水位下降,原地下水以下土层的有效应力增大而引起的土层下沉。

(4) 自重湿陷性黄土由于浸水引起的湿陷下沉。

(5) 季节性冻土融化引起的下沉等。

(6) 挤土群桩施工时,使土体发生隆起,施工结束后,随着孔隙水压力的消散,隆起的土体逐渐固结下沉,而桩基持力层较硬,桩本身位移量较小,也会产生较大的负摩阻力。

7.3 基桩竖向承载力

群桩中的单桩称为基桩,基桩的竖向承载力不同于单桩竖向承载力,会受到相邻群桩、桩端阻力、桩侧阻力及桩间土对承台的影响。建筑工程中的桩基,其承台下往往基桩数量不小于 2 根,所以在确定单桩承载力的基础上,还需要进一步确定基桩竖向承载力特征值。

7.3.1 基本术语

1. 承台效应

摩擦型桩在竖向力作用下,由于桩土相对位移,桩间土对承台底部产生一定的竖向支持力,构成桩基竖向承载力的一部分,使基桩承载力大于单桩承载力,此种效应称为承台效应。

承台底地基土承载力特征值的发挥率为承台效应系数 η_c。承台效应系数 η_c 越大,承台效应发挥程度越大,基桩承载力越高。对于摩擦型桩上部结构整体性好、体型简单的建筑物及构筑物,确定基桩承载力时要考虑承台效应系数 η_c,其承台效应系数按表 7.13 确定。

表 7.13 承台效应系数 η_c

B_c/l (B_c 为承台宽度,l 为桩长)	s_a/d(s_a 为桩距,d 为桩径)				
	3	4	5	6	>6
$\leqslant 0.4$	$0.06\sim0.08$	$0.14\sim0.17$	$0.22\sim0.26$	$0.32\sim0.38$	$0.50\sim0.80$
$0.4\sim0.8$	$0.08\sim0.10$	$0.17\sim0.20$	$0.26\sim0.30$	$0.38\sim0.44$	
>0.8	$0.10\sim0.12$	$0.20\sim0.22$	$0.30\sim0.34$	$0.44\sim0.50$	
单排桩条形承台	$0.15\sim0.18$	$0.25\sim0.30$	$0.38\sim0.45$	$0.50\sim0.60$	

注:

① 当基桩非正方形排列时,$s_a=\sqrt{A/n}$(n 为桩数,A 为承台计算域面积。柱下独立桩基 A 取承台总面积;桩筏、桩箱基础 A 的取值见《桩基规范》第 5.2.5 条款及相应的条文说明,在此略。

② 对于桩布置在墙下箱、筏承台,η_c 按单排桩条形承台取值。

③ 对于单排桩条形承台,当承台宽度小于 $1.5d$ 时,η_c 按非条形承台取值。

④ 对于采用后注浆灌注桩(灌注桩成孔后一定时间,通过预设于桩身内的注浆导管及与之相连的桩端、桩侧注浆阀注入水泥浆,使桩端、桩侧土体包括沉渣和泥皮得到加固,从而提高单桩承载力,减小沉降)的承台,η_c 取低值。

⑤ 对于饱和黏性土中的挤土桩基,软土地基上的桩基承台,η_c 取低值的 80%。

《桩基规范》第 5.2.5 款规定:

① 对于端承桩及桩数少于 4 根的摩擦型桩柱下独立桩基,不宜考虑承台效应,$\eta_c=0$;

② 当承台底面为可液化土、湿陷性土、高灵敏度土、欠固结土,沉桩引起孔隙水压力和土体隆起,不考虑承台效应,$\eta_c=0$。

2. 复合基桩及复合桩基

复合基桩是指基桩及其对应面积的承台下地基土组成复合承载的基桩,即考虑承台效应的基桩;理论及实践研究表明,由于承台效应作用使基桩承载力要大于单桩承载力。不考虑承台效应的基桩承载力等于单桩承载力。复合桩基是指基桩和承台下地基土共同承担荷载的桩基础,即考虑承台效应的桩基础。

7.3.2 基桩竖向承载力特征值 R

1. 不考虑地震作用

$$R = R_a + \eta_c f_{ak} A_c \tag{7.10}$$

$$A_c = (A - nA_{ps})/n \tag{7.11}$$

式中 A_c—— 计算基桩所对应的承台底净截面；

A_{ps}—— 桩身面积；

f_{ak}—— 承台下 1/2 承台宽度且不超过 5 m 深度范围内各层土(其厚度为 $\sum h_i$)的承载力特征值加权平均值，即 $f_{ak} = \sum f_{aki}h_i / \sum h_i$。

其余符号意义同前。

2. 考虑地震作用

$$R = R_a + \frac{\zeta_a}{1.25}\eta_c f_{ak} A_c \tag{7.12}$$

式中 ζ_a—— 地基抗震承载力调整系数，由《建筑抗震设计标准》(GB/T 50011—2010，2024 年版）确定，见表 7.14；

其余符号含义同上。

表 7.14 地基抗震承载力调整系数

岩土名称及性状	ζ_a
岩石，密实的碎石土，密实的砾砂、粗砂、中砂，$f_{ak} \geqslant 300$ kPa 的黏性土和粉土	1.5
中密、稍密的碎石土，中密、稍密的砾砂、粗砂、中砂，密实、中密的细砂、粉砂，150 kPa $\leqslant f_{ak} <$ 300 kPa 黏性土和粉土，坚硬黄土	1.3
稍密的细砂、粉砂，100 kPa $\leqslant f_{ak} <$ 150 kPa 的可塑性黄土	1.1
淤泥、淤泥质土，松散的砂，杂填土，新近堆积的黄土及流塑黄土	1.0

《建筑抗震设计标准》(GB/T 50011—2010，2024 年版）第 4.4.1 款规定：承受竖向荷载为主的低承台桩基，地面下无液化层且桩承台周围无淤泥、淤泥质土和地基承载力特征值不小于 100 kPa 的填土，抗震设防烈度 7 度和 8 度的下列建筑不考虑抗震：

① 一般单层厂房和单层空旷房屋；

② 不超过 8 层且高度在 24 m 以下的一般民用框架房屋和框架-抗震墙房屋。

③ 基础荷载与第 ② 项相当的多层框架厂房和多层混凝土抗震墙房屋。

7.4 桩基础设计原理

下面用摆事实讲道理的手段，将桩基础的设计原理通过案例计算呈现，以便加深认识、促进理解及巩固提高。桩基础的设计主要包括两大部分，第一是桩身设计，第二是承台设计。

【案例】 条件：某单层重型工业厂房，上部结构采用排架结构，基础采用柱下钢筋混凝土独立桩基，抗震设防烈度 8 度。已知上部结构传来竖向荷载标准值 $F_k = 2300$ kN，弯矩标准值 $M_k = 400$ kN·m，水平力 $H_k = 90$ kN(作用点位置在 ±0.000 处)；设计值按永久荷载效应控制为主考虑。

工程地质资料如表 7.15 所示；地下水位在 −3.000 m 处，经静力载荷试验知：单桩竖向极限承载力标准值 $Q_{uk} = 1300$ kN，水平极限承载力特征值 $R_{ha} = 50$ kN。

要求:设计该桩基础。

表 7.15 建筑场地土的物理、力学性质指标

类别	土层名称	第一层杂填土	第二层粉土	第三层淤泥质土	第四层黏土
物理性质指标	深度(m)	0 ~ 1	1 ~ 5	4.5 ~ 17.5	17.5 ~ 23.5
	厚度(m)	1	4	13	6
	天然重度(kN/m^3)	16.2	18.8	16.9	18.4
	天然含水量(%)	—	30	36	25.5
	天然孔隙比	—	0.6	1.1	0.7
	液限指数	—	0.6	1.2	0.36
力学性质指标	黏聚力(kPa)	—	4	5	15
	内摩擦角(°)	—	15	8	16
	压缩模量		8.2	4.4	10.0
单桩承载力指标	桩侧阻力特征值 q_{sia}(kPa)	—	36	12	42
	桩端阻力特征值 q_{pa}(kPa)	—			920

7.4.1 桩身的设计

桩身设计主要步骤:选择桩型 → 确定单桩竖向承载力特征值 → 计算桩数 → 布桩 → 确定承台平面尺寸 → 基桩承载力验算 → 绘制桩位平面布置图及单桩配筋图。

筏板下桩基础

7.4.1.1 选择桩型

桩型选择包括桩的类型、截面形式、尺寸、材料、桩端持力层、承台埋深、桩长等。

1. 桩型、截面及材料选择

根据试桩及勘探报告初步选择 ϕ500 mm 钻孔灌注桩,C30 混凝土水下灌注,钢筋采用 HRB400 纵向受力筋和 HPB300 箍筋。

> **➡ 技术提示**
>
> 关于桩型选择应考虑下列因素:
>
> (1) 根据荷载情况、地质条件、参考文献资料和实践经验,列出可用桩型;
>
> (2) 根据施工能力、打桩设备及环境条件限制等因素,通过实地调查决定桩型;
>
> (3) 根据经济技术指标比较决定采用桩型。其中工期长短应作为参与经济比较的一项重要因素。

2. 桩长计算

初步选择第 4 层(黏土层)为持力层,假定桩端进入持力层 1.5 m。初步选择承台底面埋深 1.5 m,则桩的计算长度 $l = 1.5 + 13 + 4 - 0.5 = 18$ m(图 7.13)。

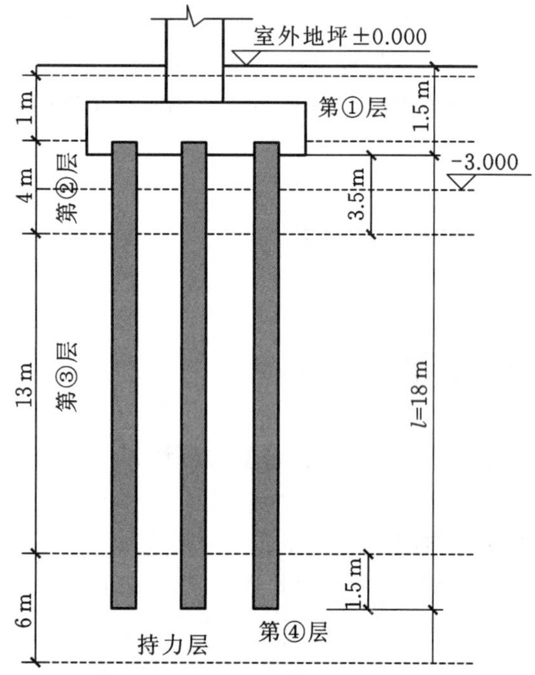

图 7.13 桩身埋深示意图

➡ 技术提示

桩长的确定取决于持力层选择，持力层的选择应符合下列要求：

持力层应尽可能选择坚硬土层或岩层。如在一般桩长深度内没有坚硬土层，也可考虑选择中等强度的土层，如中密以上砂层或中等压缩性的一般黏性土等。考虑桩端进入持力层的深度，一般为(1～3)d。

7.4.1.2 确定单桩竖向承载力特征值

剪力墙下排桩

1. 静力载荷试验

根据单桩竖向静载荷试验，单桩竖向承载力特征值 $R_a = Q_{uk}/2 = 1300/2 = 650$ kN。

2. 按规范给出经验公式估算

$$R_a = q_{pa}A_P + u\sum q_{sia}l_{si}$$
$$= [920\times\pi\times0.5^2/4 + 0.5\pi\times(36\times3.5 + 12\times13 + 42\times1.5)] = 722.2\ \text{kN}$$

故 $R_a = 650$ kN。

7.4.1.3 计算桩的数量、布桩、确定承台底面积

1. 预备知识

(1) 桩顶竖向荷载计算(表 7.16)

已知上部结构传来竖向荷载标准值 F_k，上部结构对承台中心的弯矩标准值 M_k，承台及其回填土重量 G_k，计算作用在各桩顶竖向荷载标准值 Q_{ik}，其计算公式见表 7.16(公式推导略)。

表 7.16 上部荷载标准值(F_k，M_k)、承台自重及其上回填土重量(G_k)传至桩顶竖向荷载

简图	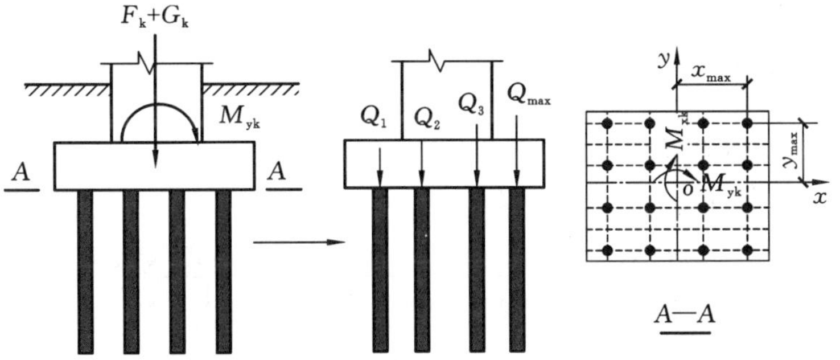	
类别	轴压桩基	偏压桩基
桩顶标准竖向荷载	$Q_k = \dfrac{F_k + G_k}{n}$ (7.13)	$Q_{ik} = \dfrac{F_k + G_k}{n} \pm \dfrac{M_{yk}x_i}{\sum x_i^2} \pm \dfrac{M_{xk}y_i}{\sum y_i^2}$ (7.14)

注：
① "o"点表示桩群形心轴位置，任一基桩中心到"o"点的坐标为(x_i，y_i)；
② M_{yk}，M_{xk} 分别表示上部结构荷载绕桩群形心轴 x，y 的弯矩标准值。

(2) 单桩及基桩承载力验算

①《地基规范》规定，单桩竖向承载力应满足下列条件：

轴心受压桩基础

$$Q_k \leqslant R_a \tag{7.15}$$

偏心受压桩基础

$$Q_k \leqslant R_a \quad 且 \quad Q_{kmax} \leqslant 1.2R_a \tag{7.16}$$

②《桩基规范》规定,基桩竖向承载力应满足下列条件:

轴心受压桩基础

$$Q_k \leqslant R \tag{7.17}$$

偏心受压桩基础

$$Q_k \leqslant R \quad 且 \quad Q_{kmax} \leqslant 1.2R \tag{7.18}$$

由此可以看出,用《地基规范》验算没有考虑承台效应的有利影响,可靠度要高些,但《桩基规范》由于考虑了承台效应,公式中用基桩承载力计算,针对性更强。基桩效应涉及因素很多,由于篇幅所限,设本题按《地基规范》验算单桩承载力,没有考虑基桩效应影响,实际工程中,根据具体情况综合考虑其承载力验算。

箱形下桩基础

2. 初选桩数 n

$$n \geqslant (1.2 \sim 1.4)\frac{F_k}{R_a} = \frac{2300}{650} \times (1.2 \sim 1.4) = 4 \sim 5$$

取 6 个。

3. 布桩及确定承台底面积

(1) 布桩的原则:布桩尽量紧凑,使得承台面积最小,同时又要充分发挥各桩的作用,保证柱距不能太小,避免产生挤土效应。

(2) 布桩及承台面积确定:本题是摩擦型桩(桩数 <9 根)非挤土桩,由表 7.8 查得最小桩距 $s=3d$,《桩基规范》规定,边桩中心到承台边距离不应小于桩径或边长,且桩的外边缘至承台边缘距离不应小于 150 mm,其布置见图 7.14,则承台底面积为 4500 mm×3000 mm。

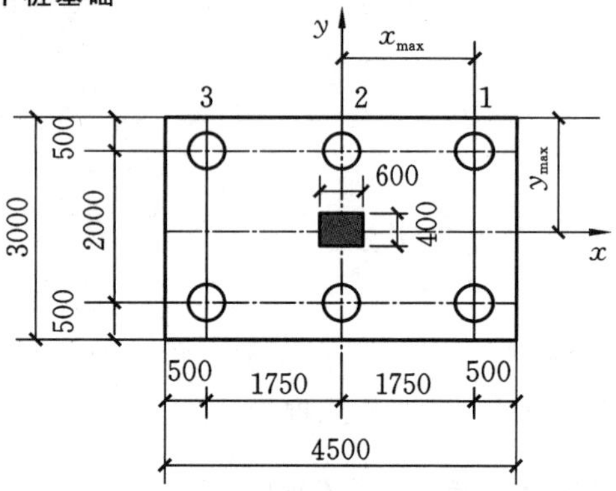

图 7.14 桩平面布置示意图

7.4.1.4 单桩承载力验算

1. 土对桩身承载力验算

(1) 计算作用在桩顶竖向荷载标准值

第 1、3 列:$\dfrac{Q_{kmax}}{Q_{kmin}} = \dfrac{F_k + G_k}{n} \pm \dfrac{M_{yk}x_{max}}{\sum x_i^2} = \dfrac{2300+405}{6} \pm \dfrac{535 \times 1.75}{4 \times 1.75^2} = 451 \pm 76.4 = \begin{matrix} 527\ \text{kN} \\ 375\ \text{kN} \end{matrix}$

第 2 列:$Q_{2k} = \dfrac{F_k + G_k}{n} = 451\ \text{kN} \quad (\sum x_i^2 = 0)$

其中:$G_k = \gamma_G \bar{d} A = 20 \times 1.5 \times 4.5 \times 3 = 405\ \text{kN}$

$M_{yk} = M_k + 1.5H_k = 400 + 90 \times 1.5 = 535\ \text{kN} \cdot \text{m}$

(2) 验算

$Q_k = \dfrac{F_k + G_k}{n} = 451\ \text{kN} < R_a = 650\ \text{kN}$ 且 $Q_{kmax} = 527\ \text{kN} < 1.2R_a = 1.2 \times 650 = 780\ \text{kN}$,满足要求。

桩顶水平承载力验算:$Q_{hk} = 90/6 = 15\ \text{kN} < R_{ha} = 50\ \text{kN}$,满足要求。

2. 桩身强度验算

$$N = 1.35Q_{kmax} = 1.35 \times 527 = 711.5\ \text{kN} < A_{ps} f_c \varphi_c = \frac{\pi d^2}{4} \times 14.3 \times 0.65$$

$= \dfrac{3.14 \times 500^2}{4} \times 14.3 \times 0.65 = 1824\ \text{kN}$,桩身强度满足要求,桩身配筋按构造确定。

7.4.1.5 桩身的构造要求

1. 桩深与桩径、桩距

应选择较硬土层作为桩端持力层，桩端进入持力层深度$(1 \sim 3)D$，对于黏性土、粉土不宜小于$2D$，砂土不宜小于$1.5D$，碎石类土不宜小于$1D$。但存在软弱下卧层时，桩端以下的硬持力层厚度不宜小于$3D$。预制桩边长不应小于200 mm，预应力混凝土实心桩边长不宜小于350 mm。对于长径比，摩擦型桩一般不作严格要求；端承桩，穿越黏性土、砂土时，$l/D \leqslant 60$；穿越淤泥、湿陷性黄土时，$l/D \leqslant 40$。桩距见表7.8。

2. 材料

预制桩混凝土强度等级不宜低于C30，预应力混凝土实心桩混凝土强度等级不应低于C40，当采用混凝土预制桩尖时，其桩尖混凝土强度等级不得小于C30。灌注桩混凝土强度等级不得低于C25。主筋宜采用HRB400、HRB500。

3. 主筋保护层厚度

灌注桩主筋保护层厚度不应小于35 mm，水下灌注桩主筋保护层厚度不得小于50 mm；预制桩主筋保护层厚度不宜小于30 mm。

4. 配筋及其他构造

1）预制桩：桩身配筋应按吊运、起吊、打桩及使用过程受力特点等计算确定，并符合下列构造要求：

（1）主筋直径不宜小于14 mm，采用锤击沉桩及静压沉桩时，主筋最小配筋率分别不宜小于0.8%和0.6%。箍筋直径不小于6～8 mm，预制桩箍筋间距不应大于200 mm，并在预制桩的桩顶[打入桩桩顶$(4 \sim 5)D$]和桩尖处箍筋适当加密，并设置钢筋网片。桩尖在沉入土中以及使用期间要克服土的阻力，故应把预制桩的桩尖所有的主筋焊在一根圆钢上。图7.15所示为某预制桩配筋图。在密实砂及碎石类土中，可在桩尖处包以钢板桩靴，加强桩尖。

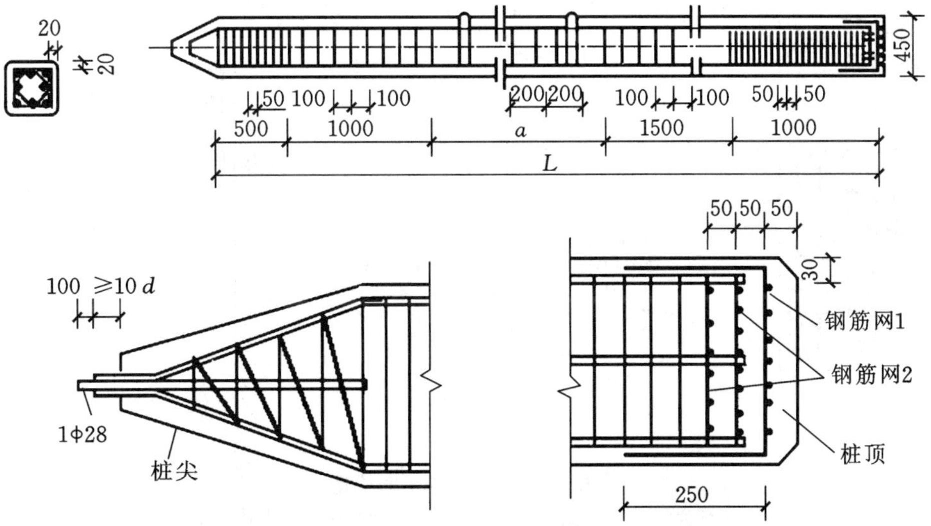

图7.15 混凝土预制桩

（2）预制桩的分节长度应根据施工条件和运输条件确定。接头不宜超过3个，预应力管桩接头数量不宜超过4个。

（3）桩身混凝土强度达到设计要求强度后方可起吊和搬运。桩在起吊过程受力混凝土一般为受弯构件；桩长20 m以内，吊点一般采用2个，吊点位置应按吊点间跨中和吊点处支座负弯矩相等原则布置。在打桩架龙门起吊时，只能采用一个吊点。

2）灌注桩：桩身配筋按轴心受压构件计算，并符合下列构造要求：

（1）主筋配筋率

当桩身直径为 300 ～ 2000 mm时，可取0.65% ～ 0.2%。对于承受水平荷载桩，主筋不宜小于8Φ12；对于抗压桩和抗拔桩不小于 6 Φ 10。主筋应沿桩身周边均匀布置，其净距不小于 60 mm，并减少钢筋接头。

（2）配筋长度

① 端承桩及承受负摩擦力及位于坡地、岸边，抗拔桩应沿桩身通长布置；因地震作用、冻胀力或膨胀力作用而受上拔力作用桩，应按计算配置通长筋。

② 摩擦型桩配筋长度不应小于 2/3 桩长，当承受水平荷载较大时，配筋长度尚不小于 $4/\alpha$（α 为桩的水平变形系数，见《桩基规范》）。

③ 对于受地震作用的基桩，桩身配筋应穿过可液化土层及软弱土层，进入稳定土层深度不小于一定深度（见《桩基规范》第 3.4.6 条规定）。

（3）箍筋应采用螺旋式，箍筋直径不小于6 mm，间距200 ～ 300 mm。受水平荷载较大的基桩，承受水平地震作用的桩基以及考虑主筋作用计算桩身受压承载力时，在桩顶 $5D$ 范围内箍筋要加密，间距不大于 100 mm。当钢筋笼长度大于 4 m 时，应每隔 2 m 设一道直径不小于 12 mm 的焊接加劲箍筋。灌注桩配筋构造如图 7.16 所示。

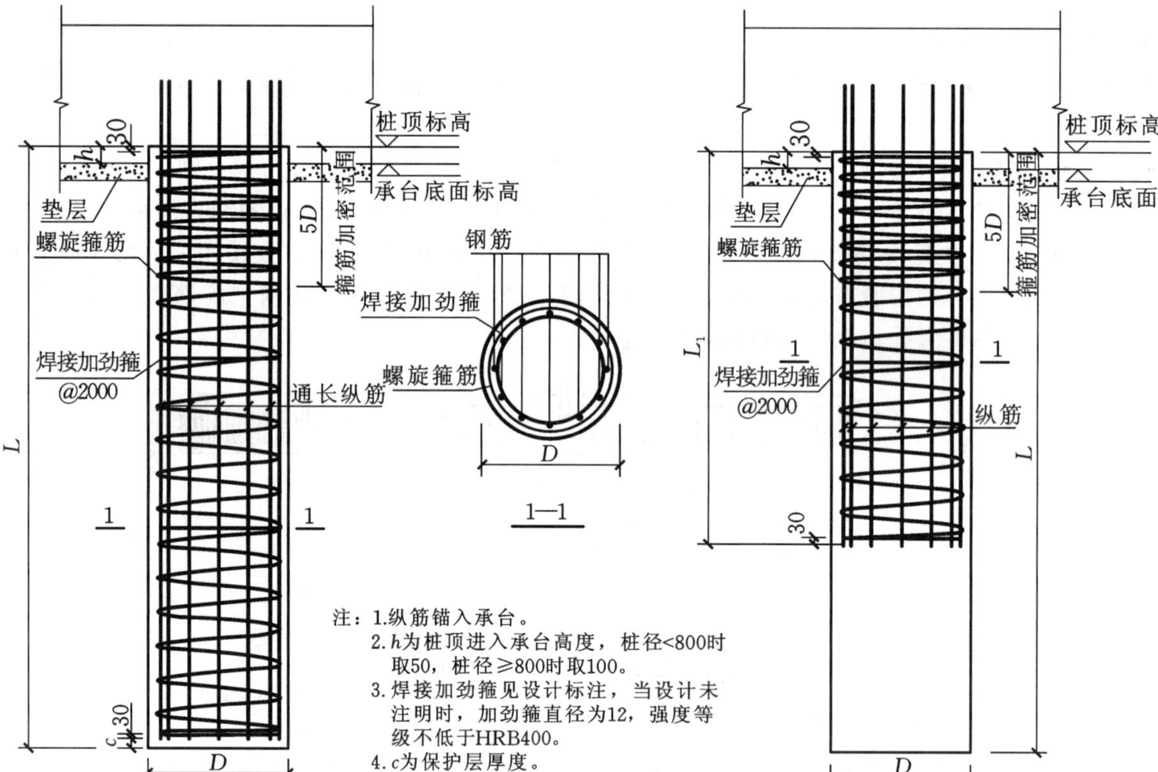

图 7.16　灌注桩配筋构造

（a）灌注桩通长等截面配筋构造；（b）灌注桩部分长度配筋构造

根据上述构造要求，本案例主筋选用 6 Φ 14（923 mm²），钢筋面积满足配筋率及其他构造要求。

按配筋率计算所需主筋面积为：

$$A'_s = A \times (0.65\% \sim 0.2\%) = 500^2 \times \pi/4 \times (0.65\% \sim 0.2\%) = 1276 \sim 392.5\ \text{mm}^2$$

箍筋选用Φ 8 @200；本案例按抗震规范要求，可不考虑抗震，也没有承受较大水平力，故纵筋配筋长度不小于 18000 × 2/3 = 12000 mm，取 12 m。

7.4.2 承台设计

由于上部结构形式不同，承台的形式也不同，有柱下独立承台、柱下及墙下条形承台、筏形承台、箱形承台；其对应桩基的形式有柱下独立桩基、柱下及墙下条形桩基（排桩）、筏形桩基（桩筏）、箱形桩基（桩箱）。以下继续以前述案例设计步骤为指引，逐步分析柱下独立承台板计算及构造，从中领悟柱下独立承台的工作原理。完成桩身设计及确定承台底面尺寸后，最后一道工序就是承台截面设计及承台施工图绘制。

➡ 技术提示

承台设计主要步骤：承台板厚度计算（冲切计算和抗剪计算）→ 承台板配筋计算 → 承台配筋图绘制。

7.4.2.1 承台板的受力特点

1. 承台板的破坏形式

（1）柱下独立桩基受力特点与柱下独立基础底板有相似的一面，在各桩顶净反力设计值 N_i（方向向上，见图 7.17）作用下，承台板的破坏形式有：桩对承台板弯曲破坏和柱对承台板的冲切破坏（图 7.17），所以承台底板厚度要满足柱对承台的抗冲切验算要求、抗弯计算要求（配筋计算）。

（2）柱下独立桩基受力特点与柱下独立基础底板的不同之处：承台板在各桩顶净反力设计值 N_i 作用下，桩对承台的冲切破坏（图 7.18）和桩对承台板剪切破坏（图 7.19），所以承台板厚度还应满足桩对承台板的抗冲切验算及桩对承台板抗剪验算要求。

➡ 技术提示

（1）承台板破坏形式：柱对承台冲切破坏、桩对承台冲切破坏、桩对承台板剪切破坏及桩对承台板的弯曲破坏。

（2）承台板厚度一般有抗冲切计算（柱对承台、桩对承台）和抗剪切计算，承台板厚度确定后再进行承台板的抗弯计算。

2. 桩顶净反力设计值计算

第 1 及第 3 列：

$$\begin{matrix} N_{j\max} \\ N_{j\min} \end{matrix} = 1.35 \times \left(\begin{matrix} Q_{\mathrm{kmax}} \\ Q_{\mathrm{kmin}} \end{matrix} - G_{\mathrm{k}}/6 \right) = 1.35 \times \left(\begin{matrix} 527 \\ 375 \end{matrix} - 405/6 \right) = \begin{matrix} 620.3\ \mathrm{kN} \\ 415.3\ \mathrm{kN} \end{matrix}$$

第 2 列： $N_{j2} = 1.35 \times (Q_{2\mathrm{k}} - G_{\mathrm{k}}/6) = 1.35 \times (451 - 405/6) = 518\ \mathrm{kN}$

7.4.2.2 承台板抗冲切计算

1. 初选承台板厚

设承台的厚度 $h = 700$ mm，《桩基规范》规定：按构造要求桩顶嵌入承台深度不小于 50 mm，钢筋保护层厚度不小于 50 mm，设底板受力直径 20 mm，则 $h_0 = h - 50 - 50 - 10 = 700 - 110 = 590$ mm。

2. 柱对承台的抗冲切计算

（1）冲切力

取冲切破坏锥体（图 7.17 虚线所示）为脱离体，该锥体承受的净反力（只有上部荷载引起）设计值 F_l，由于破坏锥体水平投影面内无基桩，故

$$F_l = 1.35F_{\mathrm{k}} = 1.35 \times 2300 = 3105\ \mathrm{kN}$$

（2）抗冲切力及验算

① 计算柱冲垮比 λ_{0x}、λ_{0y} 及柱冲切系数 β_{0x}、β_{0y}

$\lambda_{0x} = a_{0x}/h_0 = 1200/590 = 2.03 > 1$，取 $\lambda_{0x} = 1.0$

$$\beta_{0x}=\frac{0.84}{\lambda_{0x}+0.2}=\frac{0.84}{1.2}=0.7$$

$\lambda_{0y}=a_{0y}/h_0=550/590=0.93$,取 $\lambda_{0y}=0.93$

$$\beta_{0y}=\frac{0.84}{\lambda_{0y}+0.2}=\frac{0.84}{1.13}=0.74$$

② $\beta_{hp}=1.0$(β_{hp}:承台受冲切截面高度影响系数,$h\leqslant 800$ mm时,$\beta_{hp}=1.0$;$h\geqslant 2000$ mm时,$\beta_{hp}=0.9$,800 mm $<h<$ 2000 mm时采用内插法)

$2[\beta_{0x}(b_c+a_{0y})+\beta_{0y}(h_c+a_{0x})]\beta_{hp}f_t h_0=2\times[0.7\times(0.4+0.55)+0.74\times(0.6+1.2)]\times 10^3\times 1.0\times 1.43\times 590=3370\text{ kN}>F_l$,满足要求。

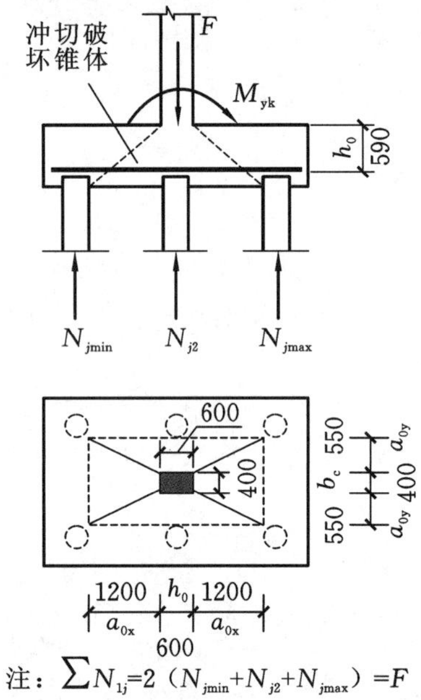

图 7.17　柱对承台冲切计算示意图

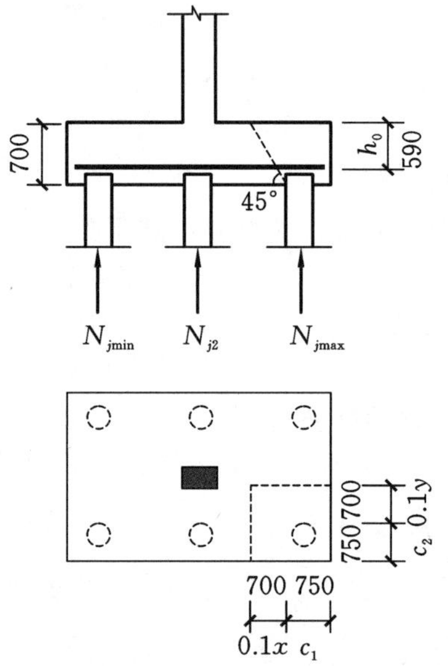

图 7.18　角桩对承台冲切计算示意图

3. 角桩对承台的冲切计算(图 7.18)

(1) 冲切力 $N_l=N_{j\max}=620.3$ kN

(2) 抗冲切力及验算

① 计算角桩冲跨比 λ_{1x}、λ_{1y} 及角桩冲切系数 β_{1x}、β_{1y}

$\lambda_{1x}=a_{1x}/h_0=700/590=1.19>1$,取 $\lambda_{1x}=1.0$

$$\beta_{1x}=\frac{0.56}{\lambda_{1x}+0.2}=\frac{0.56}{1.2}=0.47,\beta_{1y}=\beta_{1x}=0.47$$

② 计算抗冲切力

$[\beta_{1x}(c_2+a_{1y}/2)+\beta_{1y}(c_1+a_{1x}/2)]\beta_{hp}f_t h_0=[0.47\times(0.75+0.7/2)+0.47\times(0.75+0.7/2)]\times 10^3\times 1.0\times 1.43\times 590=872\text{ kN}>N_{j\max}=620.3$ kN,满足要求。

7.4.2.3　承台板抗剪计算

1. 抗剪计算(图 7.19)

(1) A—A 截面

① 剪力设计值

$V=2N_{j\max}=2\times 620.3=1241$ kN

② 抗剪能力

$\beta_{hs}\alpha f_t b_{y0}h_0=1.0\times 0.51\times 1.43\times 3000\times 590=1291\text{ kN}>1241$ kN,满足要求

其中 $\alpha = \dfrac{1.75}{\lambda_x + 1} = \dfrac{1.75}{2.46 + 1} = 0.51$

$\lambda_x = a_x / h_0 = 1450/590 = 2.46 < 3$，取 $\lambda_x = 2.46$

(2) B—B 截面

① 剪力设计值

$V = N_{j\max} + N_{j2} + N_{j\min} = 620.3 + 518 + 415.3 = 1554\ \text{kN}$

② 抗剪能力

$\beta_{hs} \alpha f_t b_{x0} h_0 = 1.0 \times 0.74 \times 1.43 \times 4500 \times 590 = 2809\ \text{kN} > 1554\ \text{kN}$，满足要求。

其中 $\alpha = \dfrac{1.75}{\lambda_y + 1} = \dfrac{1.75}{1.36 + 1} = 0.74$

$\lambda_y = a_y / h_0 = 800/590 = 1.36 < 3$，取 $\lambda_y = 1.36$

7.4.2.4 承台板配筋计算

1) A—A 截面

(1) 弯矩设计值

$M = 2N_{j\max} \times 1.45 = 2 \times 620.3 \times 1.45 = 1799.5\ \text{kN}\cdot\text{m}$

(2) 配筋计算

$A_s = \dfrac{M}{0.9 f_y h_0} = \dfrac{1799.5 \times 10^6}{0.9 \times 360 \times 590} = 9413\ \text{mm}^2$，每米配筋量 $A_{s1} = 9413/3 = 3138\ \text{mm}^2/\text{m}$

选用Φ 20@100(3142 mm^2)

2) B—B 截面

(1) 弯矩设计值

$M = (N_{j\max} + N_{j2} + N_{j\min}) \times 0.8 = (620.3 + 518 + 415.3) \times 0.8 = 1243.2\ \text{kN}\cdot\text{m}$

(2) 配筋计算

$h_{02} = h_0 - 20 = 570\ \text{mm}$

$A_s = \dfrac{M}{0.9 f_y h_{02}} = \dfrac{1243.2 \times 10^6}{0.9 \times 360 \times 570} = 6732\ \text{mm}^2$，每米配筋量 $A_{s2} = 6732/4.5 = 1496\ \text{mm}^2/\text{m}$

选用Φ 20@200(1570 mm^2)，承台配筋图见图 7.20。

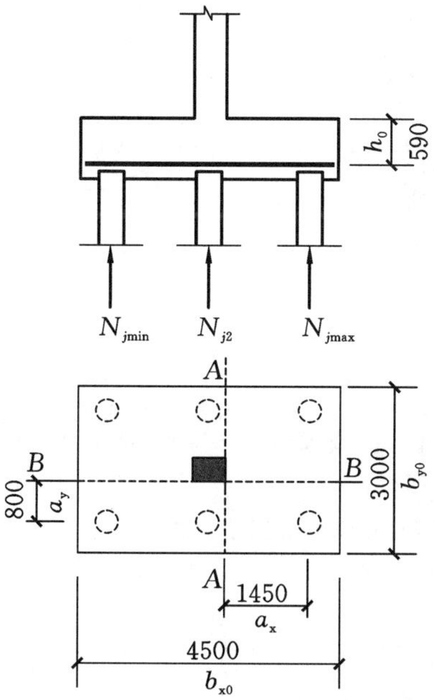

图 7.19 承台板抗剪及抗弯计算简图

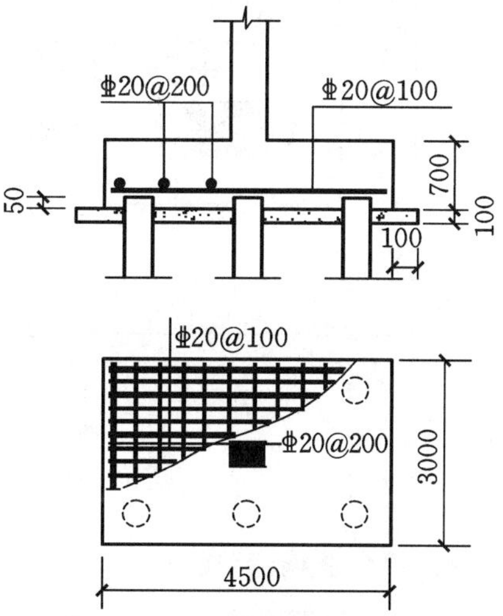

图 7.20 承台配筋示意图

7.4.2.5　承台构造要求

1. 材料及保护层厚度

(1) 承台混凝土材料及强度等级应符合混凝土结构耐久性要求和抗渗要求,见表 7.17。现行国家标准《混凝土结构设计标准》(GB/T 50010—2010,2024 年版) 规定,梁、柱主筋应采用 HRB400、HRB500,箍筋宜采用 HRB400、HRB500、HPB300。

(2) 纵向钢筋的混凝土保护层厚度,无垫层不应小于 70 mm;当有混凝土垫层时,不应小于 50 mm。

表 7.17　二类和三类环境桩基结构混凝土耐久性的基本要求

环境类别		最大水灰比	最小水泥含量(kg/m^3)	混凝土最低强度等级	最大氯离子含量(%)	最大碱含量(kg/m^3)
二	a	0.6	250	C30	0.3	3.0
	b	0.55	275	C30	0.2	3.0
三		0.5	300	C30	0.1	3.0

2. 承台类型

承台主要有柱下独立承台、条形承台梁、筏形承台、箱形承台。承台的平面形式取决于桩的平面布置形式与桩数。下面重点讲述柱下独立承台板(图 7.21) 和承台梁构造。

7 桩六边形承台

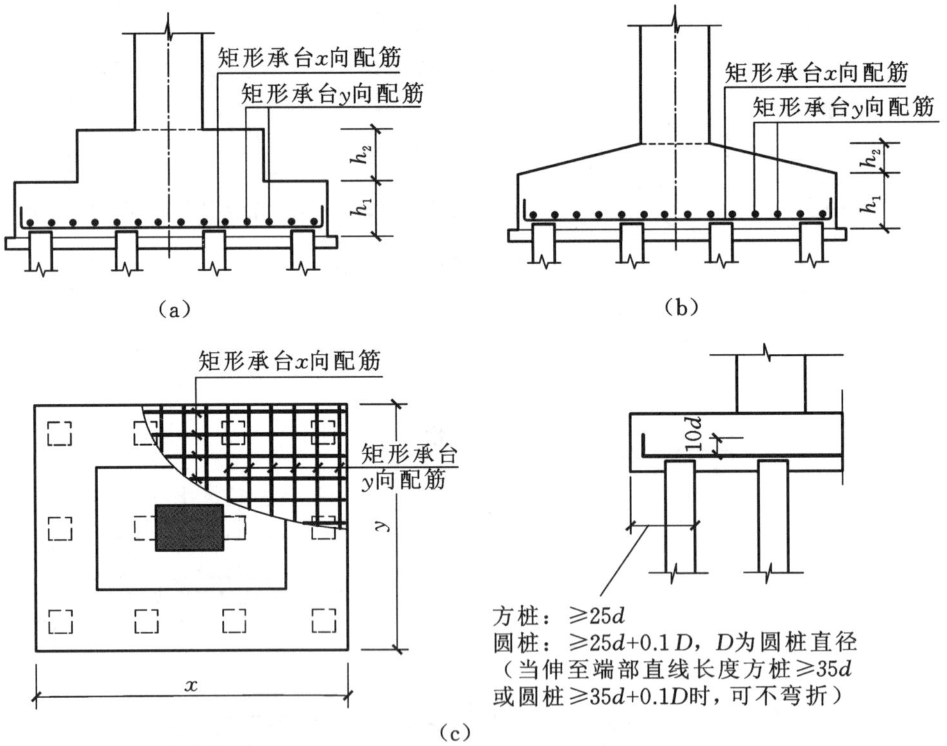

图 7.21　柱下独立承台板配筋构造

(a) 阶形截面 CT_j;(b) 锥形截面 CT_z;(c) CT 端部构造

3. 柱下独立承台板配筋构造(图 7.21)

(1) 柱下独立承台的剖面形状有锥形和阶形,柱下独立桩基承台的边长不应小于 500 mm。边桩中心至承台边缘的距离不宜小于桩的直径或边长,且桩的外边缘至承台边缘的距离不小于 150 mm。

边桩内边缘到承台板边缘距离如图 7.21(c) 所示。

(2) 柱下独立桩基承台板配筋，对四桩以上(包括四桩) 其钢筋应按双向均匀通长布置，钢筋直径不宜小于 12 mm，间距不宜大于 200 mm；柱下独立桩基承台的最小配筋率不应小于 0.15%。

4. 承台梁配筋构造(图 7.22)

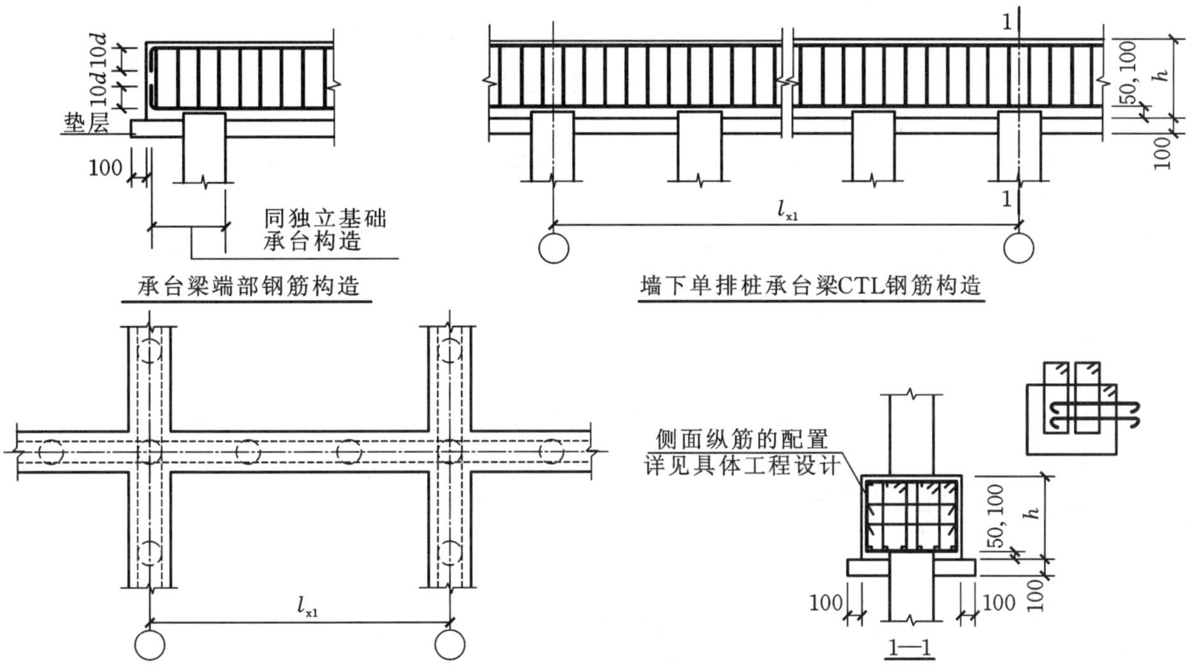

图 7.22 排桩承台梁配筋构造

(1) 墙下条形承台梁，桩的外边缘至承台梁边缘的距离不小于 75 mm；承台的最小厚度不应小于 300 mm。

(2) 承台梁的主筋除满足计算要求外尚应符合现行国家标准《混凝土结构设计标准》(GB/T 50010—2010，2024 年版) 关于最小配筋率的规定，主筋直径不宜小于 12 mm，架立筋直径不宜小于 10 mm，箍筋直径不宜小于 6 mm 。

5. 桩顶与承台的连接

桩顶主筋锚入承台内的长度及桩顶嵌入承台长度详见图 7.23。

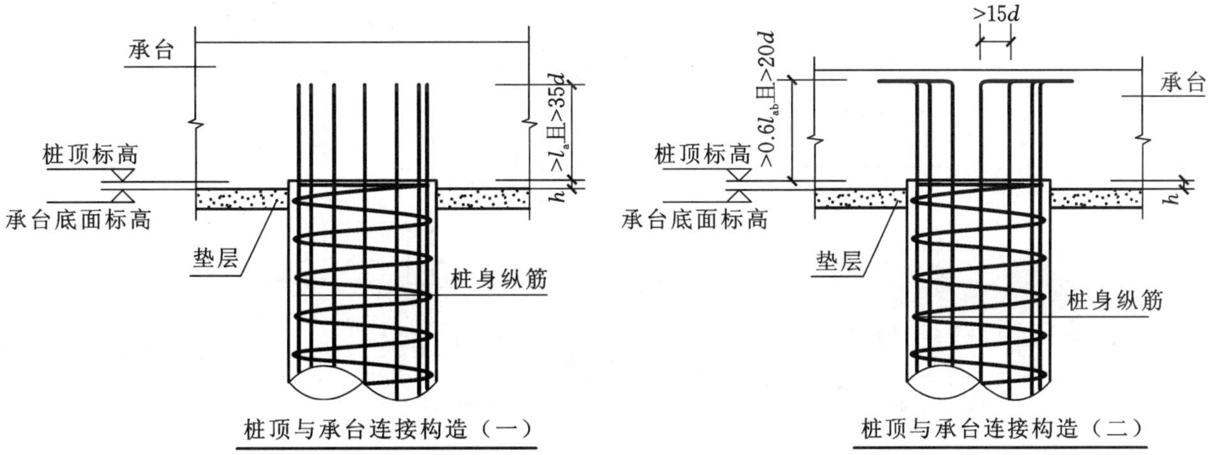

图 7.23 桩顶与承台的连接构造

注：h 为桩顶进入承台高度，桩径 < 800 时取 50；桩径 ≥ 800 取 100。

6. 各桩基承台之间的连接

为了提高各桩基的整体性、减小地基不均匀及承受墙体传来荷载，在独立桩基之间要设计承台连系梁，其构造同柱下独立基础连系梁，如第 6 章图 6.45 所示。其设置方向如下：

(1) 单桩承台宜在两个互相垂直的方向上设置连系梁；

(2) 两桩承台，宜在其短向设置连系梁；

(3) 有抗震要求的柱下独立承台，宜在两个主轴方向设置连系梁；

(4) 连系梁顶面宜与承台位于同一标高，连系梁的宽度不宜小于 250 mm，梁的高度可取承台中心距的 1/15 ～ 1/10，且不宜小于 400 mm；

(5) 连系梁的主筋应按计算要求确定，上、下纵向钢筋直径不应小于12 mm且不应少于2根，并应按受拉要求锚入承台。

另外，对于筏形承台、箱形承台及未尽事项详见《桩基规范》及《高层建筑筏形与箱形基础技术规范》(JGJ 6—2011) 的规定。

➡ 知识扩展

由于桩基础设计涉及理论、实践知识较多，计算复杂，所以通过实例将枯燥理论知识具体化，循序渐进地逐一分析桩基础的各设计步骤和理论，奠定了学生的基本知识，成为今后桩基础施工图的识读与算量、具体施工指导及桩基础的设计中不可或缺的教学环节。但是，为了进一步提升同学们的知识结构，提高分析、解决问题的综合能力，尚需加强对深基础扩展相关知识的理解。

1. 桩的平面布置

(1) 形式

桩的平面布置形式与桩数、上部结构形式和荷载大小有关，而承台的平面形式取决于桩的平面布置形式与桩数，常见的平面布置形式如图 7.24 所示。

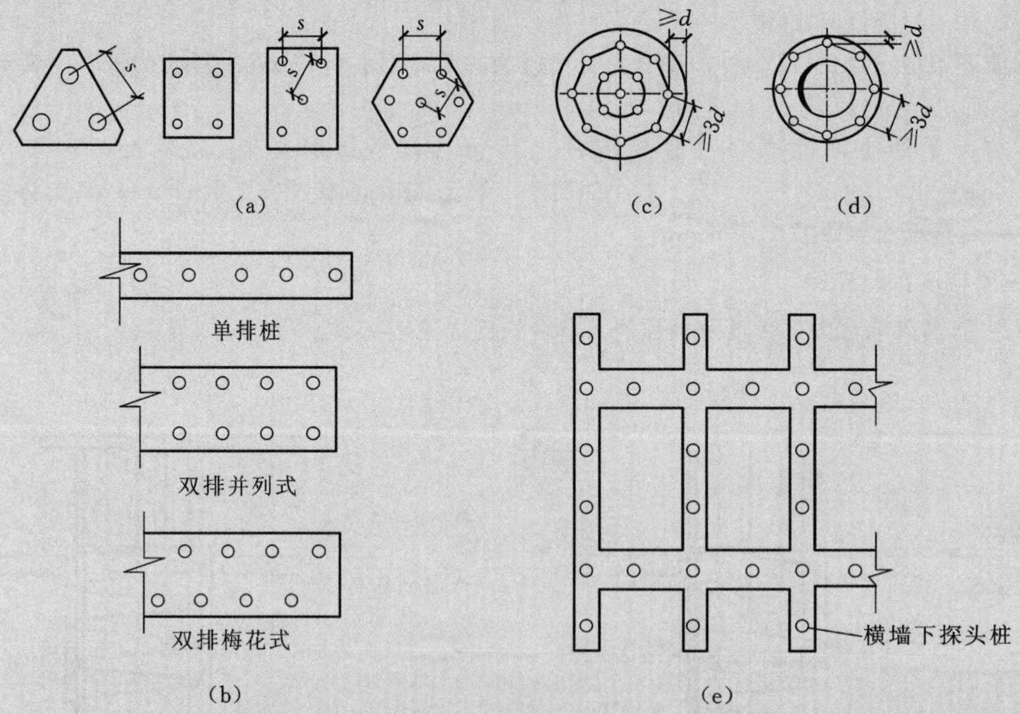

图 7.24 桩的平面布置形式

(a) 独立柱下桩基；(b) 排桩基础；(c) 圆形桩基；(d) 环形桩基；(e) 横墙下的探头桩

(2) 布置原则

合理地布桩是使各桩顶所受竖向荷载尽量相等，特别是偏心受压桩基偏心较大时，桩的布置是否经济合理尤为重要。桩的布置应符合下列原则：

① 布桩尽量紧凑,减小承台面积;但桩的中心距(桩距)不宜太小,否则挤土效应等因素影响桩的质量,降低桩的承载力,特别是挤土桩。

② 尽可能使桩群形心与竖向荷载作用点重合,减小偏心。由表 7.16 中式(7.14) 可以看出,M_{yk},M_{xk} 越小,各桩顶荷载 Q_i 越趋于均匀。

③ 在承台面积不增加的条件下,将桩尽可能布置在承台外围部分,提高惯性矩,使 $\sum x_i^2$ 及 $\sum y_i^2$ 增大。由表 7.16 中式(7.14) 可以看出 $\sum x_i^2$ 及 $\sum y_i^2$ 越大,各桩顶荷载 Q_i 越小。

④ 在承受弯矩较大方向应有较大的桩基惯性矩($\sum x_i^2$ 或 $\sum y_i^2$ 增大),承台的底面长边应与弯矩作用较大方向一致,减小该方向弯矩对桩顶产生的荷载。例如,为了加大横向刚度(惯性矩) 及减小横向弯矩对桩顶产生的荷载,在横墙外延线上(横向) 布置探头桩,如图 7.24(e) 所示。

⑤ 将桩尽量布置在结构桩顶产生荷载对受力有利位置。如桩箱基础,宜在箱形基础的墙下布桩;梁式桩筏基础,宜将桩布置在梁肋下,尽量避免板下布桩。另外尽量不在无墙的门洞部位布桩。对于大直径桩宜采用一柱一桩。

2. 桩基设计内容

(1) 所有桩基均应进行承载能力极限状态计算,包括:

① 桩基的竖向承载力计算、群桩承载力计算(承台效应);

② 桩端平面以下软弱下卧层承载力验算;

③ 桩基抗震承载力验算;

④ 承台计算和桩身结构(截面设计) 计算。

(2) 以下桩基尚应进行变形验算:

① 桩端持力层为软弱土的一、二级建筑物及桩端持力层为黏性土等的或存在软弱下卧层的一级建筑桩基的沉降验算。

② 承受较大水平荷载或对水平变位要求严格的一级建筑桩基的水平变位验算。

③ 对不允许出现裂缝或限制裂缝宽度的混凝土桩身和承台,应进行抗裂或裂缝宽度验算。

(3) 桩基荷载效应取值

《地基规范》关于荷载取值的规定:

① 按单桩承载力确定桩数时,传至基础或承台底面上的荷载效应应按正常使用极限状态下的标准组合。相应的抗力应取地基承载力特征值或单桩承载力特征值。

② 计算桩基沉降(地基变形) 时,传至承台底面上的荷载效应应按正常使用极限状态下的荷载效应准永久组合,不计入风荷载和地震作用。相应的限值为地基变形允许值。

③ 在设计承台强度(承台的截面设计),荷载效应应按承载力极限状态下荷载效应的基本组合,采用相应的分项系数。由永久荷载效应控制的基本组合值可取基本组合值的 1.35 倍。

④ 验算桩基的裂缝宽度时,应按正常使用极限状态下的标准组合。

7.5 其他深基础简介

7.5.1 沉井

沉井是一座四周有壁,上无顶下无底的筒形结构(矩形、圆形或其他异形) 的钢筋混凝土筒形结构如图 7.25 所示。施工时先在基础原位地面上预制钢筋混凝土筒形结构,当沉井高度大时,可分节浇筑;在第一节沉井完成并达到设计强度后,即可在井内挖土,使井筒在自重作用下下沉,下沉到一定深度后,再在其上预制第二节沉井,依次类推,直到沉井底部下沉到设计深度 → 井底素混凝土封底及钢筋混凝土底板 → 井内其他结构构件;利用上述原理,沉井下沉深度可达 100 m 左右。井壁厚度较大,一般在 0.5 ~ 1.8 m。沉井既是深基础又是施工中挡土和挡水围堰结构物的支护结构。其特点是施工顺序简单,无需特殊专业设备,可做成补偿性基础,减小沉降;但工期长,对粉砂、细砂类土有流砂现象,造成沉井倾斜。主要用于泵房、各类地下厂房、桥墩、水池等工程。

(a)　　　　(b)

图 7.25　沉井

(a) 沉井示意图;(b) 正在施工中的沉井

7.5.2　地下连续墙

地下连续墙是 20 世纪 50 年代国际上开发成功的一项新的深基础工程的施工方法,它是在泥浆护壁的条件下,使用专门的成槽机械,在地面开挖一条狭长的深槽,然后在槽内设置钢筋笼,浇筑混凝土成墙体,如图 7.26(a) 所示。当混凝土硬化达到一定强度后,在墙的一侧开挖基坑土方,地下连续墙体既是永久性建筑物的地下部分,又能对另一侧的填土、邻近基础、地下水流等起到挡土、支护和截流的作用。目前地下连续墙的最大开挖深度为 140 m,最薄的地下连续墙厚度为 20 cm。

(a)　　　　(b)

图 7.26　地下连续墙

(a) 浇筑中的地下连续墙;(b) 抓斗式地下连续墙成槽机

专用成槽机械有:抓斗式成槽机[图 7.26(b)]、冲击式成槽机、液压铣槽机及多头钻成槽机。施工时应视地质条件和筑墙深度选用。一般土质较软,深度在 15 m 左右时,可选用普通抓斗式;对密实的砂层或含砾土层可选用多头钻或加重型液压抓斗;在含有大颗粒卵砾石或岩基中成槽,以选用冲击钻为宜。

地下连续墙具有许多优点:

① 施工顺序简单,浇筑混凝土墙体不需要支模、养护;

② 施工无噪声、无振动、不扰动土体、不影响邻近建筑物,与邻近建筑物基础净距最小为0.3 m左右;

③ 可在墙长及密集的建筑群中施工;

④ 适用于各种土质的地基基础工程,而且可代替沉井,同时沉井不能解决的问题,用地下连续墙能迎刃而解。

本章小结

(1) 桩基础有各种不同的分类方法,如:

① 按使用功能分为竖向受压桩、抗拔桩、水平受荷桩及复合桩;

② 竖向受压桩根据传力途径分为摩擦型桩、端承型桩;

③ 根据施工方法分为预制桩和灌注桩。

此外还有其他分类方法,在此略。

(2) 单桩竖向承载力的确定取决于两方面:一是土与桩的相互作用,二是桩身强度。一般而言,单桩承载力往往前者起控制作用,即桩侧阻力和桩端阻力,但对于端承桩、超长桩(压弯效应、稳定承载力降低),其单桩承载力也可能由桩身强度起控制作用。

(3) 桩基础设计包括桩身设计和承台设计。

① 在桩身设计中,其主要设计步骤:确定桩型、桩长 → 计算单桩承载力特征值 → 初选桩数 → 布桩 → 确定承台的平面形状 → 计算各桩顶荷载标准组合 Q_{ki} → 单桩承载力特征值验算(如果不满足要求或桩数过多,重新调整桩数后,重新计算 Q_{ki},再验算单桩承载力特征值直到达到合理要求) → 计算各桩顶荷载设计值 N_i → 桩身截面承载力计算并符合构造要求。

② 承台板设计步骤:柱对承台板冲切、桩对承台板冲切及承台板的抗剪计算确定承台板厚度 → 抗弯计算确定承台板配筋并符合构造要求。

(4) 桩基施工图包括桩基平面布置图、承台配筋详图、桩身配筋图及文字说明等。

练 习 题

一、填空题

1. 桩基础的特点是 ________、________、________、________ 等。
2. 桩按使用功能分为 ________、________、________、________。
3. 桩按成桩过程中对土的影响分为 ________、________、________。
4. 预制桩沉桩的方法有 ________、________、________。
5. 灌注法成孔方法有 ________、________、________、________。
6. 单桩竖向承载力取决于地基土对 ________ 及 ________,一般取决于 ________。
7. 确定单桩承载力的方法有 ________、________ 及 ________;《桩基规范》规定设计等级为甲级的桩基其单桩承载力应通过 ________ 确定。
8. 柱下独立承台板厚度应满足 ________、________ 等要求。
9. 承台板的抗冲切计算包括 ________ 的冲切及 ________ 的冲切计算。
10. 承台底面钢筋的混凝土保护层厚度,无垫层不应小于 ________,当有混凝土垫层时,不应小于 ________。

二、单选题

1. 钢筋混凝土预制桩沉桩后宜间隔一定时间才可以进行静载荷试验,原因是(　　)。
   A. 打桩引起的孔隙水压力有待消散
   B. 因打桩黏性土被挤实的土体,其强度随时间而降低
   C. 桩身混凝土强度有待进一步提高
   D. 需待周围的桩施工完毕
2. 桩侧产生负摩阻力的因素有多种,其中(　　)一般不会引起负摩阻力。
   A. 大面积地面堆载使桩周围土压密
   B. 桩顶荷载加大
   C. 自重湿陷黄土由于浸水引起土的湿陷下沉
   D. 季节性冻土融化引起的下沉
3. 属于非挤土桩的是(　　)。
   A. 实心的混凝土预制桩　　B. 下端封闭的管桩
   C. 沉管灌注桩　　D. 干作业法钻(挖)孔灌注桩
4. 确定不属于预制桩成孔的方法是(　　)。
   A. 打入桩　　B. 静压桩　　C. 泥浆护壁钻孔桩　　D. 振冲桩
5. 在同一条件下,进行静力载荷试验的桩数不宜少于总桩数的(　　)。
   A. 1%　　B. 2%　　C. 3%　　D. 4%
6. 桩顶嵌入承台的长度,对于直径小于800 mm桩不宜小于(　　)。
   A. 40 mm　　B. 50 mm　　C. 70 mm　　D. 100 mm
7. 柱下独立承台板底部长向受力筋应置于短向受力筋的(　　)。
   A. 外侧　　B. 内侧　　C. 内侧或外侧　　D. 均不对
8. 可以认为,一般端承桩基桩的承载力(　　)单桩承载力。
   A. 等于　　B. 小于　　C. 大于　　D. 均不对
9. 某建筑场地在桩身范围内有较厚的粉细砂层,地下水位较高,如不采取降水措施,则不宜采用(　　)。
   A. 钻孔桩　　B. 人工挖孔桩　　C. 预制桩　　D. 沉管灌注桩
10. 桩顶竖向荷载由桩侧阻力承担70%,桩端阻力承担30%,该桩属于(　　)。
    A. 端承桩　　B. 摩擦桩　　C. 端承摩擦桩　　D. 摩擦端承桩

三、简答题

1. 承台效应是什么?
2. 桩的负摩擦力是指什么?

四、计算题

1. 有一多层钢筋混凝土框架结构,桩基采用沉管灌注桩;基本情况如图7.27所示,根据静力载荷试验测得三根试验桩单桩竖向极限承载力实测值分别为 $Q_1=1020$ kN,$Q_2=1120$ kN,$Q_3=1220$ kN。要求:确定单桩竖向承载力特征值 R_a。
2. 某承台下设置了3根直径为480 mm的灌注桩,桩长10.5 m,桩侧土层自上而下土层厚度及对应的桩侧阻力特征值依次为:淤泥厚6 m,$q_{s1a}=7$ kPa;粉土厚2.5 m,$q_{s2a}=28$ kPa;黏土很厚,桩端进入该层2 m,$q_{s3a}=35$ kPa。桩端阻力特征值 $q_{pa}=1800$ kPa,试计算单桩承载力特征值 R_a。
3. 某框架柱下独立桩基础,其中承台埋深1.5 m(室内外高差为0),承台下设有5根灌注桩,承台平面布置如图7.28所示,框架柱作用在地面处(±0.000)的荷载竖向标准值 $F_k=3700$ kN,弯矩 $M_k=1400$ kN·m(沿承台长边方向),水平力 $H_k=350$ kN,已知单桩承载力特征值 $R_a=1000$ kN。试验算单桩承载力是否满足要求。

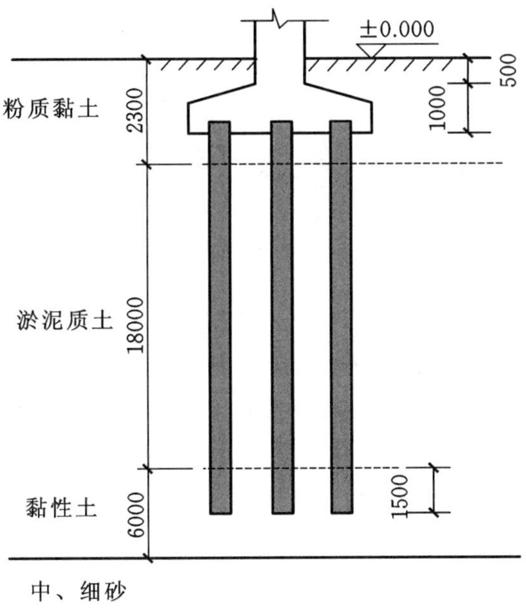

图 7.27 计算题 1 图

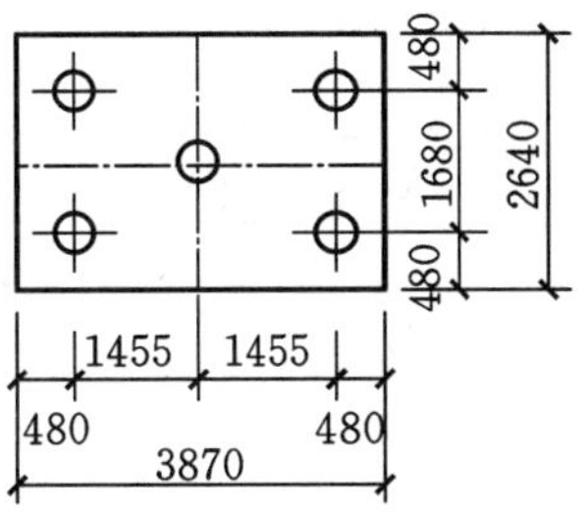

图 7.28 计算题 3 图

8　土压力、挡土墙及土坡稳定

【引言】

挡土墙是防止土体坍塌的构筑物，土压力是挡土墙承受的主要荷载。在土木、水利、交通等工程中，经常会遇到修建挡土构筑物的问题。为了保证挡土墙的稳定性，作用在挡土墙的土压力的大小、方向及作用点位置是挡土墙设计的关键问题。

在基坑开挖和天然土坡附近修建建筑物或构筑物时，当场地条件允许不设挡土墙时，为了保证施工安全及竣工后房屋的安全及正常使用，必须研究土坡的稳定性。

【学习要点】

(1) 明确三种土压力的概念、产生原因及实际应用；

(2) 掌握库伦土压力及朗肯土压力基本假定、适用条件及各自特点；

(3) 重点掌握静止土压力和朗肯土压力理论，解决实际工程土压力计算相关问题；

(4) 明确常见挡土墙类型及适用条件，重点掌握重力式挡土墙的设计原理及相关的构造要求；

(5) 明确影响土坡稳定性的因素及在实际工程中如何提高土坡的稳定性。

(6) 具有对无黏性土坡稳定性的分析能力。

【思政元素】

本课程融入的思政内容包括：(1) 顺应自然，改造自然，站在人与自然和谐共生的高度谋划发展；(2) 边坡生态防护工程建设，应树立“尊重自然、恢复自然”的理念，采取一切措施，尽快恢复边坡原来的自然植物，使防护工程的植被与周围环境融为一体；(3) 工程建设中合理利用资源、保护环境、美化环境。

8.1　概　　述

8.1.1　挡土墙在工程中的应用

挡土墙是指路基填土或山坡土体、防止填土或土体变形失稳的构造物，如海港码头、隧道、桥台等。图 8.1 所示为常见的挡土墙。

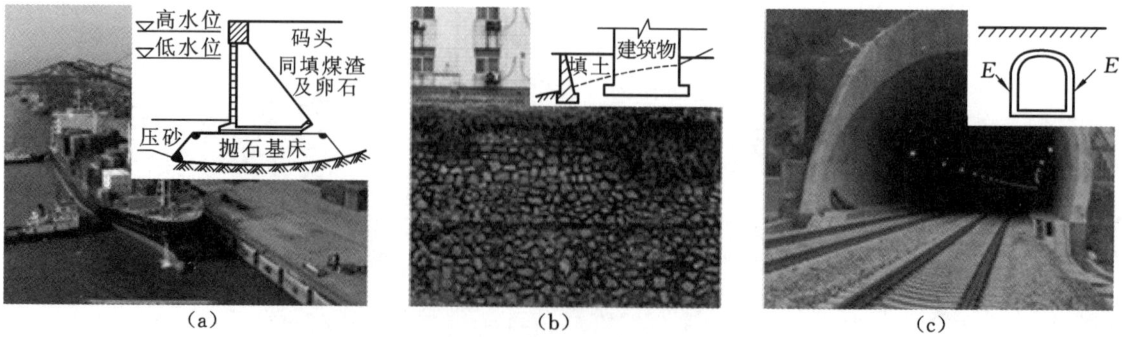

图 8.1　挡土墙应用举例

(a) 海港码头；(b) 支承建筑物周围土体的挡土墙；(c) 隧道两侧土墙体

8.1.2 挡土墙各部位术语

挡土墙可以采用无筋材料如毛石砌体、实心砖砌体，其墙体厚度较大，自重大，依靠挡土墙本身自重抵抗土压力，这种挡土墙称为重力式挡土墙，如图 8.2(a) 所示，但墙高不能太高，否则墙体自身强度不满足要求。当墙后填土过高，重力式挡土墙设计不能满足要求时，可采用钢筋混凝土悬臂式挡土墙，如图 8.2(b) 所示，其墙厚较小，依靠回填土与墙体共同保持填土的稳定性。在挡土墙横断面中，与被支承土体直接接触的部位称为墙背；与墙背相对的、临空的部位称为墙面；与地基直接接触的部位称为基底；与基底相对的、墙的顶面称为墙顶；基底的前端称为墙趾；基底的后端称为墙踵。当采用钢筋混凝土挡土墙时，基础底板挑出长度分别称为趾板、踵板。挡土墙还有其他形式，其他术语在后面内容中补充完善。

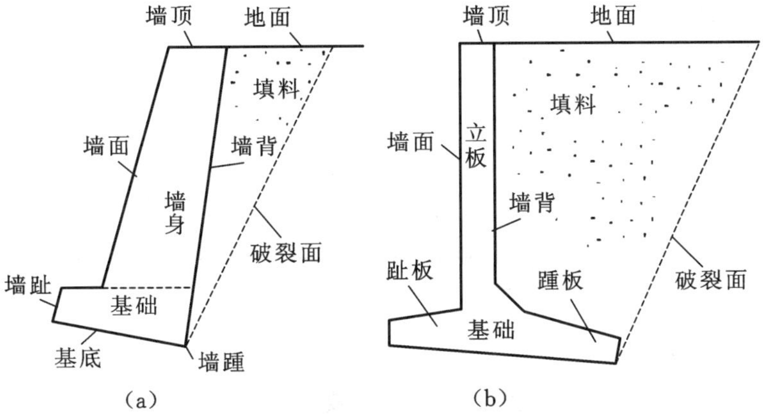

图 8.2 挡土墙各部位术语

(a) 重力式挡土墙；(b) 钢筋混凝土悬臂式挡土墙

8.1.3 作用在挡土墙上土压力的类型

土压力是挡土墙承受的主要荷载，挡土墙安全与否与土压力有着直接关系。土压力的计算是个比较复杂的问题，涉及因素很多。根据挡土墙可能位移的方向分为主动土压力、被动土压力和静止土压力。其基本概念见表 8.1 分析。

表 8.1 土压力类型分析表

类别	静止土压力	主动土压力	被动土压力
示意图	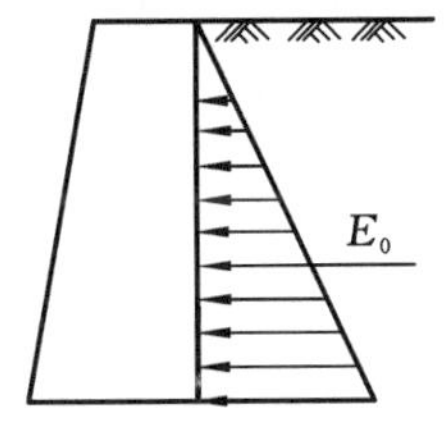	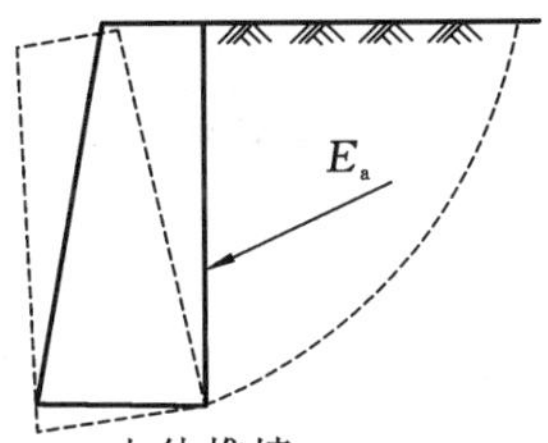	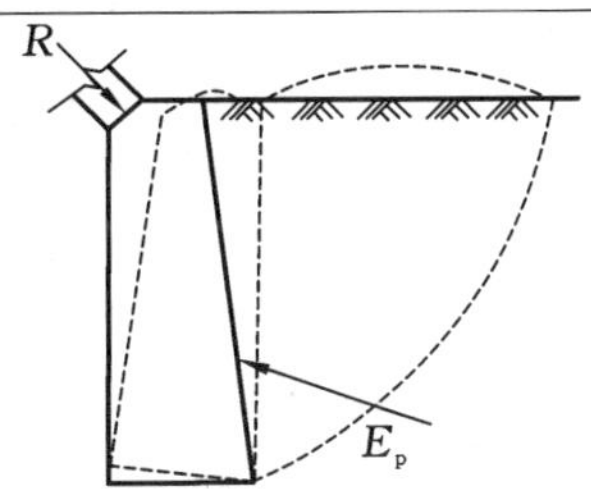
定义	挡土墙在墙后土体侧应力作用下，不发生任何方向的移动及转动而保持原来位置，即挡土墙静止不动，墙后填土处于弹性平衡状态时，土对墙的压力称为静止土压力，一般用 E_0 表示	(1) 挡土墙在墙后土体的压力下向离开土体方向移动或转动，墙后土体放松而有所下滑，土压力不断减小； (2) 当位移达到一定程度时，墙后土体即将产生连续滑动面时(图中弧线所示)，即墙后土体达到极限平衡状态，此时作用于墙上的土压力称为主动土压力，用 E_a 表示	(1) 挡土墙在外力 R 作用下，向着土体方向移动，墙后土体受到挤压而有上滑趋势，土压力不断增加； (2) 当墙的位移量足够大，墙后土体即将产生连续滑动面时，即土体达到极限平衡状态时，此时作用于墙上的土压力称为被动土压力，常用 E_p 表示

主动土压力

被动土压力

续表 8.1

类别	静止土压力	主动土压力	被动土压力
应用举例	如地下室外墙，由于上部结构刚度较大，墙体相对于土体几乎静止不动，则墙外土体给墙体的侧压力即为静止土压力	如自然土坡外侧的挡墙，由于墙体刚度较小，受到墙后土体的压力作用，有沿着土压力作用方向移动趋势，即向离开土体方向移动，土给挡土墙的压力应该是主动土压力	如拱桥桥台受到桥上荷载(其荷载 R 与土压力作用方向相反的趋势)推向土体，墙后土体受到挤压而有向上滑移趋势，此时认为作用在桥台上的土压力属于被动土压力
比较	根据挡土墙模拟试验观测及理论分析表明：当其他条件完全相同，达到极限平衡状态时，其关系为： ① 产生被动土压力所需要的位移 Δp 比产生主动土压力所需的位移 Δa 要大得多。如右侧图所示。 ② 主动土压力小于静止土压力，而静止土压力又小于被动土压力，即 $E_a < E_0 < E_p$	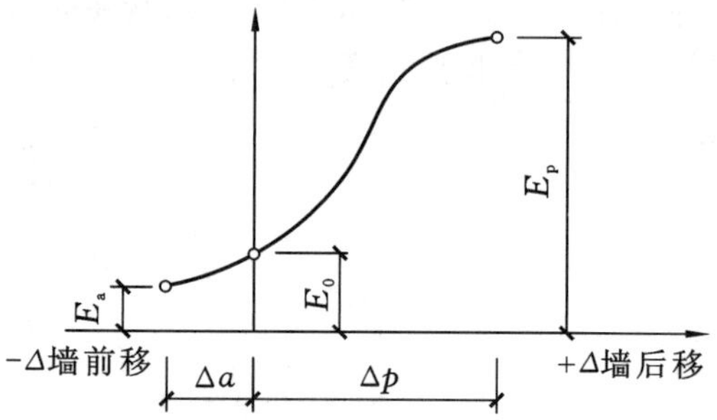	

8.1.4 三种土压力在挡土墙中的应用

在路基工程中，挡土墙可用以稳定路堤和路堑边坡，减少土石方工程量和占地面积，防止水流冲刷路基，并经常用于整治塌方、滑坡等路基病害，广泛用于支撑路基边坡、桥台、桥头引道和隧道洞口等处。

图 8.3(a)、(b)是土主动推的墙，所以作用力是主动土压力。图 8.3(c)地下室外墙没有水平位移，所以压力为静止土压力。图 8.3(d)拱桥在拱轴压力作用下通过挡土墙，对墙后填土产生推力，墙后土体受到挤压而有上滑趋势，当墙的位移量足够大，墙后土体即将产生连续滑动面时，此时作用于墙上的土压力称为被动土压力。因为墙主动先推的土，导致土体对墙体产生被动土压力。

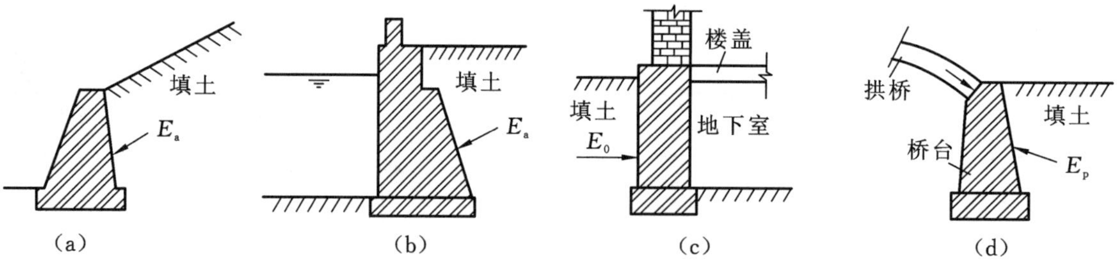

图 8.3　三种土压力实际应用举例

(a) 支承土坡挡土墙；(b) 堤坝挡土墙；(c) 地下室外墙；(d) 拱桥桥台

8.2　静止土压力

8.2.1 静止土应力计算

如图 8.4 所示，在墙后土体中任意深度 z 处取一微小单元体，作用在单元体上除了竖直自重应力 $\sigma_z=\gamma z$ 外，还作用有水平自重应力 σ_x，则 σ_x 在深度 z 处对挡土墙背面的侧应力称为静止土应力(土压力强度)，可按下式计算：

$$\sigma_x = K_0 \gamma z \tag{8.1}$$

式中　σ_x—— 静止土应力(kPa)；

γ—— 墙后土的重度(kN/m^3)；

K_0—— 静止土压力系数，或土的侧压力系数。

静止土压力系数 K_0 与土的性质、密实程度等因素有关，通过侧限条件下的试验测定，也可按经验公式 $K_0 = 1 - \sin\varphi'$(φ' 为土的有效内摩擦角）计算。当无试验资料时，《地基规范》给出 K_0 的取值，如表 8.2 所示。

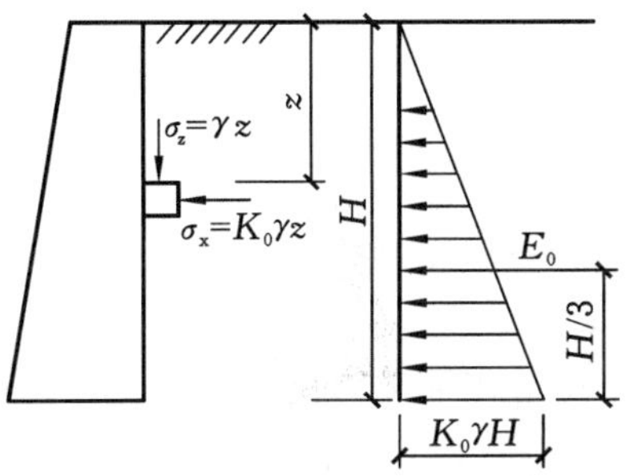

图 8.4　静止土压力计算示意图

表 8.2　静止土压力系数 K_0

土类	坚硬土	硬 - 可塑黏性土、粉质黏土、砂土	可塑-软塑黏性土	软塑黏性土	流塑黏性土
压力系数	0.2 ～ 0.4	0.4 ～ 0.5	0.5 ～ 0.6	0.6 ～ 0.75	0.75 ～ 0.8

8.2.2　静止土压力计算

若取挡土墙单位墙长 $l = 1$ m，根据材料力学原理，则作用在墙上侧应力 σ_x 的合力(图 8.4 中三角形面积)，即为静止土压力，E_0 按下式计算：

$$E_0 = \frac{1}{2}\gamma H^2 K_0 \tag{8.2}$$

式中　H—— 挡土墙高度(m)；

E_0—— 静止土压力(kN/m)，即沿挡土墙单位长度上的土压力；土压力方向垂直指向墙背，作用点距离墙底 $H/3$ 处，即静止土应力分布图形的形心处，如图 8.4 所示。

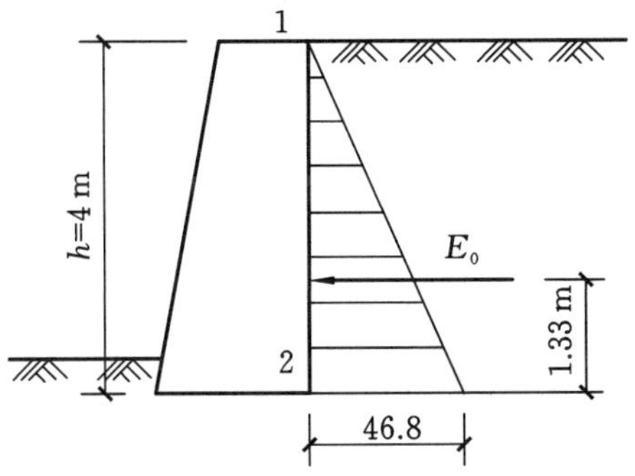

图 8.5　例 8.1 图

【例 8.1】　如图 8.5 所示，某挡土墙高 4.0 m，墙背垂直光滑，墙后填土面水平，填土重度 $\gamma = 18$ kN/m^3，静止土压力系数 $K_0 = 0.65$。要求：

(1) 计算控制点处静止土应力大小，并绘出土应力沿墙高的分布图；

(2) 计算静止土压力大小并在图中标出作用点位置。

【解】　(1) 计算墙底处土应力并绘制土应力分布图

$\sigma_x = K_0 \gamma H = 0.65 \times 18 \times 4 = 46.8$ kN/m^2，其分布图见图 8.5 中三角形部分。

(2) 计算静止土压力

$$E_0 = \frac{1}{2}\gamma H^2 K_0 = \frac{1}{2} \times 18 \times 4^2 \times 0.65 = 93.6 \text{ kN/m}$$

其作用点位置为：$H/3 = 4/3 = 1.33$ m。

➡ 技术提示

(1) 其他条件不变时，静止土应力沿挡土墙高度呈三角形分布。土压力作用点距墙底 $H/3$ 处。

(2) 静止土压力随着挡土高度 H、墙后填土重度 γ 以及静止土压力系数 K_0 增大而增大，其中静止土压力大小随挡土高度 H 成倍增加。

(3) 有效内摩擦角 φ' 越大，静止土压力系数 K_0 越小，则土压力、土应力越小，所以墙后填土应选透水性好的无黏性土。

8.3　朗肯土压力

朗肯(W.J.M.Rankine)

主动土压力和被动土压力的大小和土应力分布规律,除了与墙后填土可能的移动方向有关外,还受墙背倾斜方向、墙后填土的种类、填土面的形式、墙的截面刚度和地基的变形等一系列因素的影响,是比较复杂的问题。目前工程上仍沿用古典的土压力理论,即库伦土压力和朗肯土压力理论,其理论是在各自不同的假定条件下,应用不同分析方法得到的土压力计算公式。所以在实际工程中,计算土压力时,注意实际条件与土压力理论假定条件要基本相符。本节介绍朗肯土压力理论。

朗肯土压力理论是由英国学者朗肯(W.J.M.Rankine)1857年提出的,是通过研究竖向自重应力,得出的土压力理论。

➡ 技术提示

朗肯土压力理论基本假定:

(1) 假定挡土墙背垂直光滑(墙与垂向夹角为零,墙与土的摩擦系数为零);

(2) 墙后填土面水平。

8.3.1　主动土压力计算

1. 主动土应力

根据墙面光滑这个假定,就可以推断:墙背与填土之间不存在摩擦力,即沿墙背方向剪应力 $\tau=0$,根据切应力互等原理,水平和竖直方向的切应力均为零。根据材料力学强度理论可知:竖直 z 方向和水平 x 方向的压应力就分别为最大主应力 $\sigma_1=\sigma_z=\gamma z$、最小主应力 $\sigma_x=\sigma_a=\sigma_3$,见表8.3中的图(a)土应力单元体分析图。

根据第4章土的极限平衡条件式(4.9)可知:

$$\sigma_3=\sigma_1\tan^2(45°-\varphi/2)-2c\tan(45°-\varphi/2)$$

则主动土应力 σ_a 为:

$$\sigma_a=\sigma_3=\sigma_1\tan^2(45°-\varphi/2)-2c\tan(45°-\varphi/2)$$

其中 $K_a=\tan^2(45°-\varphi/2)$,$K_a$ 称为主动土压力系数。

主动土应力计算及分布通过表8.3分析并给出。

2. 主动土压力计算

主动土压力分布特点及主动土压力计算通过表8.3说明。

表8.3　朗肯主动土压力计算原理

主动土压力计算示意图	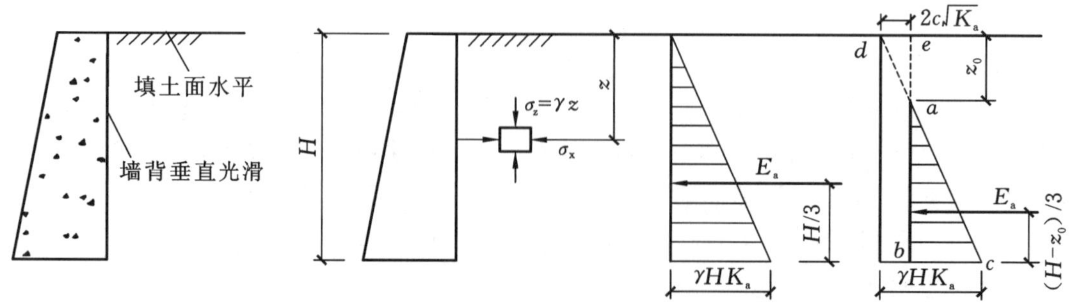

(a) 土应力单元体　　(b) 无黏性土　　(c) 黏性土

续表 8.3

类别	主动土应力及主动土压力计算分析过程	
	无黏性土($c=0$)	黏性土($c\neq 0$)
土应力计算	$\sigma_a=\sigma_3=\gamma z\tan^2\left(45°-\dfrac{\varphi}{2}\right)=\gamma zK_a$　(8.3)	$\sigma_a=\begin{cases}0 & \left(z\leqslant z_0=\dfrac{2c}{\gamma\sqrt{K_a}}\right)\\ \gamma zK_a-2c\cdot\sqrt{K_a} & (z>z_0)\end{cases}$　(8.5)
土压力	$E_a=\dfrac{1}{2}\gamma H^2\tan^2\left(45°-\dfrac{\varphi}{2}\right)=\dfrac{1}{2}\gamma H^2K_a$　(8.4)	$E_a=\dfrac{1}{2}(H-z_0)(\gamma HK_a-2c\sqrt{K_a})$ $=\dfrac{1}{2}\gamma H^2K_a-2cH\sqrt{K_a}+\dfrac{2c^2}{\gamma}$　(8.6)
符号说明	K_a— 主动土压力系数,$K_a=\tan^2\left(45°-\dfrac{\varphi}{2}\right)$; z_0— 临界深度,$z_0=\dfrac{2c}{\gamma\sqrt{K_a}}$[由 $\sigma_a=\gamma z\tan^2(45°-\varphi/2)-2c\tan(45°-\varphi/2)$ 可求得]	
应力分布特点	1. 无黏性土:见本表图(b) ① 主动土应力 $\sigma_a=\sigma_3=\gamma z\tan^2\left(45°-\dfrac{\varphi}{2}\right)=\gamma zK_a$ 沿墙高为直线分布,即与深度 z 成正比; ② 无黏性土主动土压力 E_a 通过三角形的形心,即作用在距墙底 $H/3$ 处。 2. 黏性土:见本表图(c) ① 主动土应力由两部分组成:$\sigma_a=\begin{cases}0 & \left(z\leqslant z_0=\dfrac{2c}{\gamma\sqrt{K_a}}\right)\\ \gamma zK_a-2c\cdot\sqrt{K_a} & (z>z_0)\end{cases}$ 一部分由土自重引起的土应力 γzK_a,另一部分是由黏聚力 c 引起的负侧应力 $2c\sqrt{K_a}$,这两部分叠加如上图(c) 所示。 其中 ade 部分为负值(设拉力为负"—"),即出现拉力,但实际上墙与土在很小的拉力下就会分离,因此计算土应力时该部分应略去不计,黏性土的土应力分布实际上仅是 abc 部分。 ② 黏性土主动土压力强度沿墙高也呈直线分布,E_a 通过三角形 abc 的形心,即作用点距墙底 $(H-z_0)/3$ 处	
比较	1.当黏性土与无黏性土 φ 值相同的情况下,从土应力计算公式可以看出:黏性土由于黏聚力 c 的作用,土应力要比无黏性土小,因此其主动土应力要比无黏性土的小。 2. 从 $K_a=\tan^2\left(45°-\dfrac{\varphi}{2}\right)$ 表达式看出,无论是无黏性土还是黏性土,主动土压力都会随着 φ 值的增大而减小,特别是无黏性土,提高墙后填土的内摩擦角,对减小主动土压力意义重大	

【例 8.2】 如图 8.6(a) 所示,已知一挡土墙高度 $H=6.0$ m,墙背直立、光滑,墙后填土表面水平,填土为黏性土,重度 $\gamma=18$ kN/m³,内摩擦角 $\varphi=30°$,黏聚力 $c=10$ kPa。

要求:

(1) 计算主动土应力并绘制土应力分布图。

(2) 计算土压力大小并在图中标出其作用点位置。

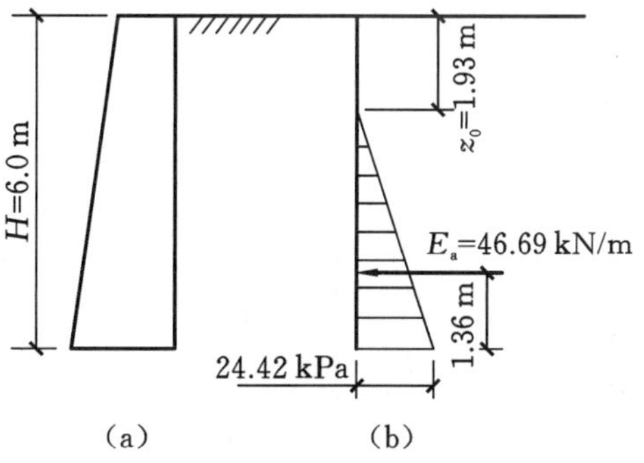

图 8.6　例 8.2 图

【解】 (1) 计算主动土压力系数 K_a

$$K_a=\tan^2\left(45°-\frac{30°}{2}\right)=0.333$$

(2) 计算黏性土土应力临界深度 z_0

$$z_0=\frac{2c}{\gamma\sqrt{K_a}}=\frac{2\times 10}{18\times\sqrt{0.333}}=1.93\ \text{m}$$

(3) 计算墙底处的土应力

$$\sigma_a = \gamma H K_a - 2c\sqrt{K_a} = 18 \times 6 \times 0.333 - 2 \times 10 \times \sqrt{0.333} = 24.42\ \text{kPa}$$

(4) 绘制土应力分布图,如图 8.6(b) 所示。

(5) 计算主动土压力 E_a 的大小及作用点位置:

$$E_a = \frac{1}{2} \times 24.42 \times (6 - 1.93) = 49.69\ \text{kN/m}$$

作用点离墙底的距离为:$c_0 = \dfrac{H - z_0}{3} = 1.36\ \text{m}$,如图 8.6(b) 所示。

➡ 技术提示

(1) 主动土压力大小除与挡土墙高度、墙后填土重度有关外,还与主动土压力系数 $K_a = \tan^2\left(45° - \dfrac{\varphi}{2}\right)$(内摩擦角 φ 越大,K_a 越小)和黏聚力 c 有关。

(2) 对于无黏性土,K_a 越小,土的侧应力 σ_a 越小,则主动土压力 E_a 越小。

(3) 对于黏性土,其他条件完全相同时,黏聚力 c 越大,则土的侧应力 σ_a 越小,则主动土压力 E_a 越小。另外,K_a 越小,黏聚力 c 越大;临界深度 z_0 越大,则主动土压力 E_a 越小。

(4) 理论上讲,其他条件完全相同时,黏性土的主动土压力小于无黏性土的主动土压力,但是位于地下水位以下的黏性土排水较差,往往内摩擦角要低。另外,水压力也会对挡土墙有较大的侧压力,所以墙后填土要用无黏性土并做好排水措施,以减小挡土墙土压力。

8.3.2 被动土压力计算

1. 被动土应力

在外力作用下向填土方向水平移动(水平方向均匀压缩),挤压土体,则 σ_x 会随着水平位移的不断发生而逐渐增加,达到被动极限平衡状态,此时 σ_x 即为被动土应力 σ_p,即

$$\sigma_x = \sigma_p = \sigma_1;\quad \sigma_z = \sigma_3 = \gamma z$$

根据第 4 章土的极限平衡条件式(4.8)可知:$\sigma_1 = \sigma_3 \tan^2(45° + \varphi/2) + 2c\tan(45° + \varphi/2)$,则

$$\sigma_p = \gamma z \tan^2(45° + \varphi/2) + 2c\tan(45° + \varphi/2)$$

其中 $K_p = \tan^2\left(45° + \dfrac{\varphi}{2}\right)$,$K_p$ 称为被动土压力系数。

被动土应力计算及分布见表 8.4。

2. 被动土压力

被动土压力在工程中应用较少,比如拱桥对桥台的压力,如图 8.3(d) 所示,其计算原理如表 8.4 所示。

表 8.4 朗肯被动土压力计算原理

被动土压力计算示意图	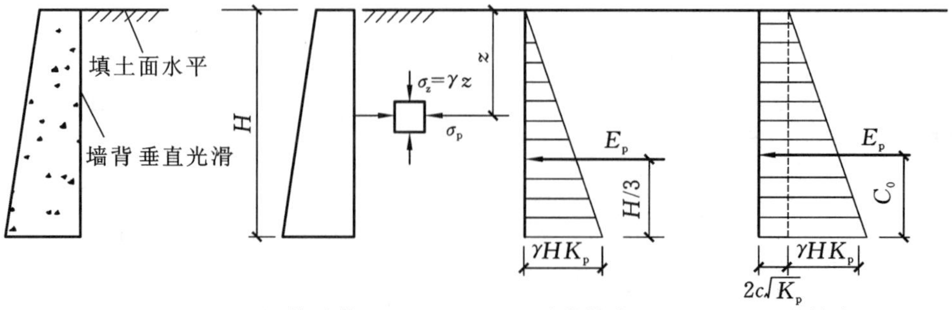 (a) 单元体　(b) 无黏性土　(c) 黏性土

续表 8.4

类别	被动土压力计算分析过程	
	无黏性土	黏性土
土应力计算	$\sigma_p=\sigma_1=\gamma z\tan^2\left(45°+\frac{\varphi}{2}\right)=\gamma zK_p$ (8.7)	$\sigma_p=\sigma_1$ $=\gamma z\tan^2\left(45°+\frac{\varphi}{2}\right)+2c\tan\left(45°+\frac{\varphi}{2}\right)$ $=\gamma zK_p+2c\sqrt{K_p}$ (8.9)
土压力	$E_p=\frac{1}{2}\gamma H^2K_p$ (8.8)	$E_p=\frac{1}{2}\gamma H^2K_p+2cH\sqrt{K_p}$ (8.10)
符号说明	K_p—被动土压力系数,$K_p=\tan^2\left(45°+\frac{\varphi}{2}\right)$; 其余符号意义同前	
应力分布特点	1. 无黏性土[图(b)所示] ① 被动土应力 $\sigma_p=\sigma_1=\gamma z\tan^2\left(45°+\frac{\varphi}{2}\right)=\gamma zK_p$,沿墙高为直线分布,即与深度 z 成正比; ② 无黏性土被动土压力 E_p 通过三角形的形心,即作用在距墙底 $H/3$ 处。 2. 对于黏性土[图(c)所示] ① 被动土应力由两部分组成,$\sigma_p=\gamma zK_p+2c\sqrt{K_p}$:一部分由土自重引起的土压力 γzK_p;另一部分是由黏聚力 c 引起的侧应力 $2c\sqrt{K_p}$。这两部分叠加如图(c)所示。 ② 黏性土被动土压力 E_p 沿墙高也呈梯形分布,E_p 通过梯形分布的形心,要通过实际分布数值计算	
比较	1. 当黏性土与无黏性土 φ 值相同的情况下,黏性土由于黏聚力 c 的作用,增加挡土墙的侧应力,因此黏性土的土压力要大于无黏性土的土压力; 2. 无论是无黏性土还是黏性土,被动土压力都会随着 φ 值的增大而增大	

➡ 技术提示

(1) 被动土压力大小除与挡土墙高度、前后填土重度有关外,还与被动土压力系数 $K_p=\tan^2\left(45°+\frac{\varphi}{2}\right)$(内摩擦角 φ 越大,K_p 越大)、黏聚力 c 有关。

(2) 对于无黏性土,K_p 越大,土的侧应力 σ_p 越大,则被动土压力 E_p 越大。

(3) 对于黏性土,其他条件完全相同时,黏聚力 c 越大,则土的侧应力 σ_p 越大,则被动土压力 E_p 越大。

(4) 其他条件完全相同时,黏性土的被动土压力大于无黏性土的被动土压力,但是位于地下水位以下的黏性土排水较差,往往内摩擦角要小。另外,水压力也会对挡土墙有较大的侧压力,所以墙后填土要用无黏性土并做好排水措施,以减小挡土墙侧压力。

8.3.3 几种常见情况主动土压力计算

实际情况下墙后填土不是单一填土,墙后填土往往由不同重度的土组成(包括墙后填土有地下水);另外,填土面上可能堆载,即填土表面存在荷载作用,但是只要符合朗肯土压力的基本假定即可,即挡土墙背垂直光滑、墙后填土面水平,完全从理论上可以解决复杂问题。下面以朗肯主动土压力理论为基础,通过举例说明特殊情况土压力计算。其计算步骤如下:

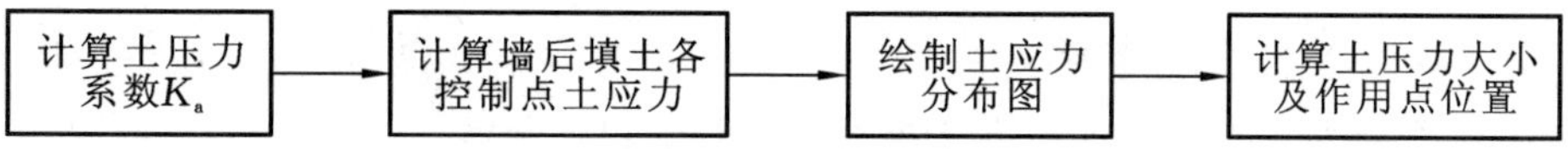

(1) 计算各土层的主动土压力系数 $K_{ai}=\tan^2\left(45°-\frac{\varphi_i}{2}\right)$。

(2) 计算墙后各土层分界面处或计算控制点主动土应力 σ_{ai}。

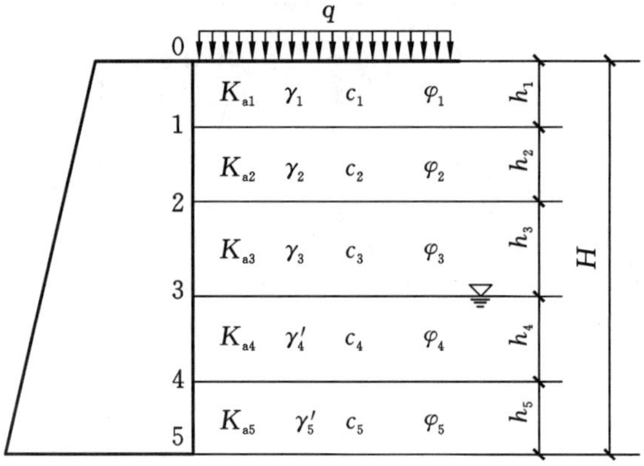

图 8.7　墙后填土各种情况土应力计算示意图

如图8.7所示,若计算控制点0、1、2、3、4、5主动土应力 σ_{ai},其中控制点2、3、4每个控制点要计算土层分界面处上、下土应力,即 $\sigma_{ai}=\max(\sigma_{a上},\sigma_{a下})$。

① 无黏性土 $c=0$

$$\sigma_{ai}=(\sum\gamma_i h_i+q)K_{ai} \tag{8.11}$$

式中　$\sum\gamma_i h_i$——计算控制点处竖向自重应力,当有地下水时,地下水位以下的土层取浮重度 γ'_i 计算;

q——填土面上作用均布荷载(kN/m²)。

② 黏性土 $c\neq 0$

$$\sigma_{ai}=(\sum\gamma_i h_i+q)K_{ai}-2c_i\sqrt{K_{ai}}\geqslant 0 \tag{8.12}$$

若计算 $\sigma_{ai}<0$ 时,应根据 $\sum(\gamma_i h_i+q)K_{ai}-2c_i\sqrt{K_{ai}}=0$ 计算临界深度 z_0,根据实际计算数值可做出判断。

(3) 根据各控制点的主动土应力绘制土应力分布图。

(4) 根据应力分布图,计算土压力大小及作用点位置。

【例8.3】 一挡土墙如图8.8(a)所示,其墙背光滑,填土水平且填土表面有均布荷载 $q=20$ kPa,设地下水位变化对填土抗剪强度指标不产生影响,均为:$c=0$,$\varphi=30°$,地下水位在地面下2.0 m处。

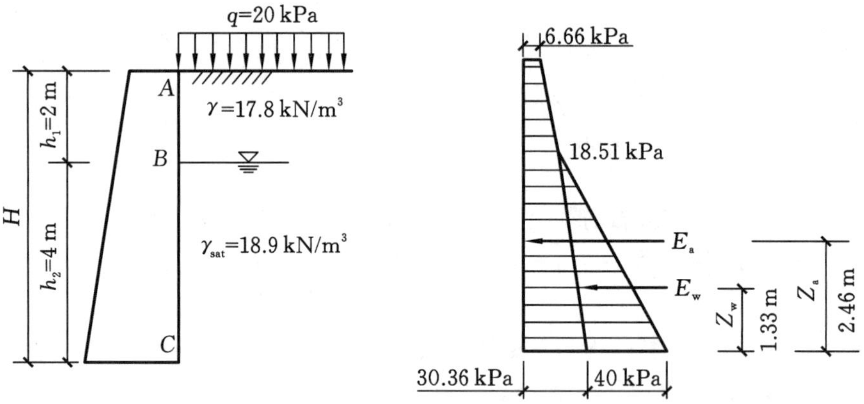

图 8.8　例 8.3 图

要求:(1) 计算各控制点主动土应力 σ_{ai};

(2) 绘制作用在挡土墙上主动土应力分布图;

(3) 求主动土压力 E_a 和水压力 E_w 及作用点位置。

【解】 (1) 计算主动土应力系数 K_a

$$K_a=\tan^2\left(45°-\frac{30°}{2}\right)=0.333$$

(2) 由公式 $\sigma_{ai}=(\sum\gamma_i h_i+q)K_{ai}$ 计算控制点 A、B、C 三点主动土应力,计算过程见表8.5。

(3) 绘制主动土应力分布图及水压力分布图,如图8.8(b)所示。

(4) 计算主动土压力及水压力合力及作用点位置,计算过程见表8.5。

表 8.5　例 8.3 计算过程

控制点土的侧应力	A	$\sigma_{aA}=qK_a=20\times0.333=6.66$ kPa
	B	$\sigma_{aB}=(q+\gamma h_1)K_a=(20+17.8\times2)\times0.333=18.51$ kPa
	C	$\sigma_{aC}=(q+\sum\gamma_ih_i)K_a=[20+17.8\times2+(18.9-10)\times4]\times0.333=30.36$ kPa
土压力计算 E_a	大小	$E_a=E_{a1}+E_{a2}+E_{a3}+E_{a4}$ $=6.66\times2+\frac{1}{2}\times(18.51-6.66)\times2+18.51\times4+\frac{1}{2}\times(30.36-18.51)\times4$ $=13.32+11.85+74.16+23.7=122.73$ kN/m
	作用点位置	$Z_a=(E_{a1}Z_1+E_{a2}Z_2+E_{a3}Z_3+E_{a4}Z_4)/E_a$ $=[13.32\times(4+\frac{1}{2}\times2)+11.85\times(4+\frac{1}{3}\times2)+74.16\times\frac{1}{2}\times4+23.7\times\frac{1}{3}\times4]/122.73$ $=(66.75+55.3+148.32+31.6)/122.73=301.97/122.73=2.46$ m 其作用点标注位置如图 8.8(b) 所示。
水的侧应力		$\sigma_{wB}=0$，　$\sigma_{wC}=\gamma_wh_2=10\times4=40$ kPa
水压力 E_w	大小	$E_w=\frac{1}{2}\times\sigma_{wB}\times h_w=\frac{1}{2}\times40\times4=80$ kN/m，其中 $h_w=h_2=4$
	位置	$Z_w=\frac{1}{3}\times4=1.33$ m　水压力作用点标注位置如图 8.8(b) 所示。
总压力	合力	$E=E_a+E_w=122.73+80=202.73$ kN/m
	位置	$Z=(E_aZ_a+E_wZ_w)/E=(122.73\times2.46+80\times1.33)/202.73=2.01$ m

➡ 技术提示

(1) 主动土压力的大小为分布图形的面积，其作用点位置在分布图形的形心处。

(2) 填土表面的荷载会增大挡土墙的侧压力，造成挡土墙不稳定，因此挡土墙后填土表面应尽量减少堆载。

(3) 实际上，地下水的存在会使土的含水量增加，抗剪强度降低，而使土压力增加。另外，地下水位以下的土对挡土墙也产生水压力，因此，挡土墙应有良好的排水措施，减小土压力和水压力至关重要。

【例 8.4】　一挡土墙高 $H=8$ m，墙背竖直光滑，填土面水平，墙后填土分两层，计算指标如图 8.9(a) 所示。要求：

(1) 计算各控制点主动土应力 σ_{ai}；

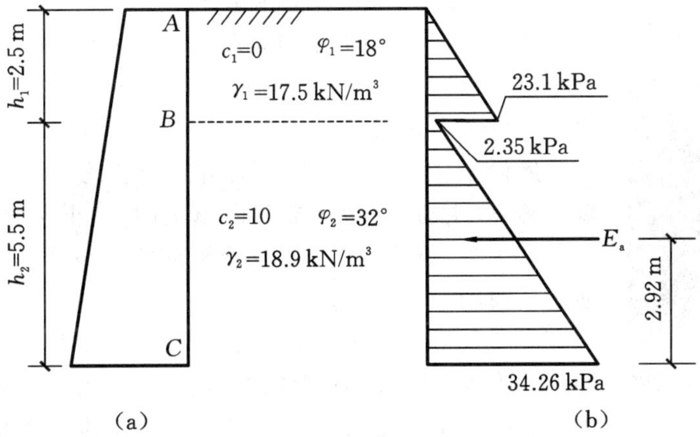

图 8.9　例 8.4 土压力计算

(2) 绘制作用在挡土墙上主动土应力分布图;

(3) 求主动土压力 E_a 大小及作用点位置。

【解】 (1) 计算各土层主动土应力系数 K_{a1} 及 K_{a2}

$$K_{a1}=\tan^2\left(45°-\frac{18°}{2}\right)=0.528,K_{a2}=\tan^2\left(45°-\frac{32°}{2}\right)=0.307$$

计算控制点 A、B、C 三主动土应力 σ_{ai},计算过程见表 8.6。

(2) 绘制主动土应力分布图,如图 8.9 所示。

(3) 计算主动土压力 E_a 及作用点位置,计算过程见表 8.6。

表 8.6 例 8.4 计算过程

控制点土的侧应力	A	$\sigma_{aA}=0$
	B	$\sigma_{aB上}=\gamma_1h_1K_{a1}=17.5\times2.5\times0.528=23.1$ kPa
		$\sigma_{aB下}=\gamma_1h_1K_{a2}-2c\sqrt{K_{a2}}=17.5\times2.5\times0.307-2\times10\times\sqrt{0.307}=2.35$ kPa
	C	$\sigma_{aC}=(\gamma_1h_1+\gamma_2h_2)K_{a2}-2c\sqrt{K_{a2}}=\sigma_{aB下}+\gamma_2h_2K_{a2}=2.35+18.9\times5.5\times\sqrt{0.307}=34.26$ kPa
总压力	大小	$E_a=E_{a1}+E_{a2}+E_{a3}$ $=\frac{1}{2}\times23.1\times2.5+2.35\times5.5+\frac{1}{2}\times(34.26-2.35)\times5.5$ $=28.88+12.93+87.75=129.59$ kN/m
	位置	$C_0=\frac{1}{E_a}\left[E_{a1}\times(\frac{1}{3}\times2.5+5.5)+E_{a2}\times\frac{5.5}{2}+E_{a3}\times\frac{5.5}{3}\right]$ $=\frac{1}{129.59}\times(28.88\times6.33+12.93\times2.75+87.75\times1.83)=2.92$ m 作用点位置如图 8.9(b) 所示

➡ 技术提示

① 对墙后填土成层的情况,由于各层土内摩擦角不同,主动土压力系数 K_a 也不同,因此在土层的分界面上,主动土压力强度会出现两个数值。

② 成层填土主动土压力的大小为分布图形的面积,其作用点位置在分布图形的形心处。

8.4 库伦土压力

库伦(C.A.Coulomb 1736—1806)

库伦土压力理论是法国学者库伦(C.A.Coulomb)1776 年提出的,其理论研究的挡土墙,墙背可倾斜,倾斜角为 α(俯斜时取正号,仰斜时取负号),墙背可光滑、可粗糙,墙背与土的摩擦角为 δ,墙后填土表面可水平、可倾斜,坡角为 β。

库伦土压力理论假定挡土墙是刚性的,墙后填土是无黏性土。当墙背移离(主动土压力) 或移向填土(被动土压力),墙后土体达到极限平衡状态时,墙后填土形成一个滑动的三角形土楔体,且滑动破裂面是通过墙踵的一个平面。

以三角形楔体作为研究对象,砌体自重为 G,未滑动土体对破裂面的反力为 R,挡土墙对楔体的作用力 E_a(主动) 或 E_p(被动),且这三个力处于平面汇交力系。根据三角形土楔体的力系平衡条件,求出挡土墙对滑动土楔体的支承反力 E_a（主动）或 E_p（被动），从而解出挡土墙墙背所受的土压力。

图 8.10、图 8.11 分别为主动土压力和被动土压力计算模型，各部位术语、挡土墙背填土之间的摩擦角为 δ（表 8.8 可查得），破裂面与滑动土体之间的内摩擦角为 φ。

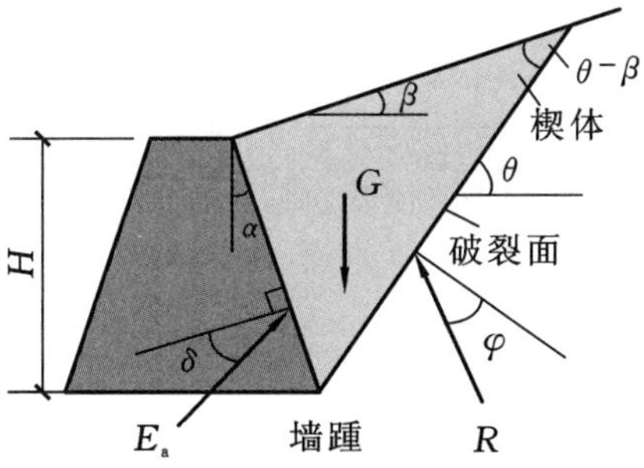

图 8.10　主动土压力计算、标注符号及术语

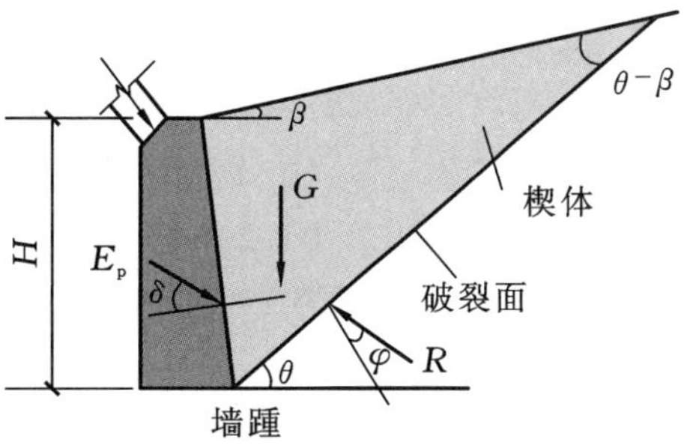

图 8.11　被动土压力计算、标注符号及术语

➡ 技术提示

1. 库伦土压力理论基本假定：

(1) 墙后填土为理想的散粒体，即为无黏性土，黏聚力 $c=0$；

(2) 滑动破裂面为通过墙踵的平面。

2. 由于主动土压力和被动土压力产生极限平衡状态位移方向不同，其作用方向不同。E_a 作用方向倾斜向上，被动土压力 E_p 作用方向倾斜向下，作用方向与墙背法线夹角均为墙背与回填土的摩擦角 δ。

8.4.1　主动土压力计算

挡土墙向前移动或转动，使土体沿某一破坏面 BC 滑动时，楔体 ABC 向下滑动处于主动极限平衡状态，取此楔体作为脱离体，分析其受力，根据静力平衡条件进行计算。对于不同的假定 θ 值，对应有不同的 E_a 和 E_p 值，根据数学中求极值的方法可求得最大 E_a 值，其对应的滑动面就是危险滑动面。表 8.7 所示是求主动土压力的计算原理[其推导过程复杂（略），会应用即可]。

表 8.7　库伦主动土压力计算原理

主动土压力计算示意图	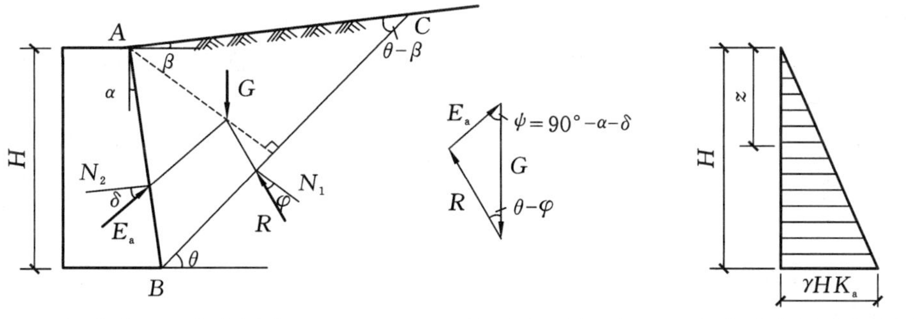（a）土楔ABC上作用力　（b）力矢三角形　（c）主动土压力分布图
受力分析	1. 研究对象：楔体 ABC 作为脱离体。 2. 受力分析： ① G— 楔体的自重； ② R— 滑动面 BC 下方对滑动楔体的反力，R 与 BC 破坏面法线 N_1 的夹角为 φ，即土的内摩擦角，滑动楔体有下滑趋势，下侧土体为阻止其下滑给予反力 R 位于法线 N_1 的下侧； ③ E_a— 墙背对楔体 ABC 的反力，E_a 的方向与墙背的法线方向 N_2 成 δ 角，即墙背与填土的摩擦角，当土体下滑时，墙对土体的阻力是向上的，故 E_a 必在 N_2 的下侧。

续表 8.7

主动土压力计算公式	$$E_a = \frac{1}{2}\gamma H^2 K_a \quad (8.13)$$ $$K_a = \frac{\cos^2(\varphi - \alpha)}{\cos^2\alpha\cos(\alpha+\delta)\left[1+\sqrt{\frac{\sin(\varphi+\delta)\cdot\sin(\varphi-\beta)}{\cos(\alpha+\delta)(\alpha-\beta)}}\right]^2} \quad (8.14)$$ 1. K_a— 库伦主动土压力系数或查阅相关教材； 2. δ— 墙背与墙后填土的摩擦角可由表 8.8 查得

表 8.8　土对挡土墙背的摩擦角

挡土墙情况	摩擦角 δ	挡土墙情况	摩擦角 δ
墙背平滑、排水不良	$(0 \sim 0.33)\varphi$	墙背很粗糙、排水良好	$(0.5 \sim 0.67)\varphi$
墙背粗糙、排水良好	$(0.33 \sim 0.5)\varphi$	墙背与填土间不可能滑动	$(0.67 \sim 1.0)\varphi$

【例 8.5】 挡土墙高 4.5 m，墙背倾斜角 $\alpha = 10°$(俯斜)，填土坡角 $\beta = 15°$，填土为砂土，$\gamma = 17.5\ kN/m^3$，$\varphi = 30°$，填土与墙背的摩擦角 $\delta = \frac{2}{3}\varphi$，试按库伦理论求主动土压力及作用点。

【解】 1.计算主动土压力系数 K_a

根据 $\alpha = 10°$，$\beta = 15°$，$\varphi = 30°$，$\delta = \frac{2}{3}\varphi = 20°$，由式(8.14)计算得：

$$K_a = \frac{\cos^2(\varphi - \alpha)}{\cos^2\alpha\cos(\alpha+\delta)\left[1+\sqrt{\frac{\sin(\varphi+\delta)\cdot\sin(\varphi-\beta)}{\cos(\alpha+\delta)(\alpha-\beta)}}\right]^2} = 0.489(\text{过程略})$$

2. 求主动土压力 E_a

$E_a = \frac{1}{2}\gamma H^2 K_a = \frac{1}{2} \times 17.5 \times 4.5^2 \times 0.489 = 86.64\ kN/m$，作用点距墙底 $H/3$ 处。

➡ 技术提示

1. 主动土应力沿墙高呈三角形分布。主动土压力的合力作用点在离墙底 $H/3$ 处，方向与墙背法线顺时针成 δ 角，与水平面成($\alpha + \delta$)角。

2. 当墙背直立、光滑，填土面水平，即取 $\alpha = 0$，$\delta = 0$，$\beta = 0$ 时，得 $K_a = \tan(45° - \varphi/2)$，与无黏性土的朗肯土压力表达式完全相同，说明朗肯土压力是库伦土压力的特例。

8.4.2　被动土压力计算

被动土压力计算公式的推导，与推导主动土压力公式相同，挡土墙在外力作用下向着填土方向移动，楔体破裂面向上隆起，当填土达到被动极限平衡状态时，同理根据楔体所受的三个力 G、R、E_p 和静力平衡条件进行计算。对于不同的假定 θ 值，对应有不同的 E_p 值，根据数学中求极值的方法可求得最大 E_p 值，其对应的滑动面就是危险滑动面。表 8.9 是求被动土压力的计算原理[其推导过程复杂(略)，会应用即可]。

表 8.9 库伦被动土压力计算原理

被动土压力示意图	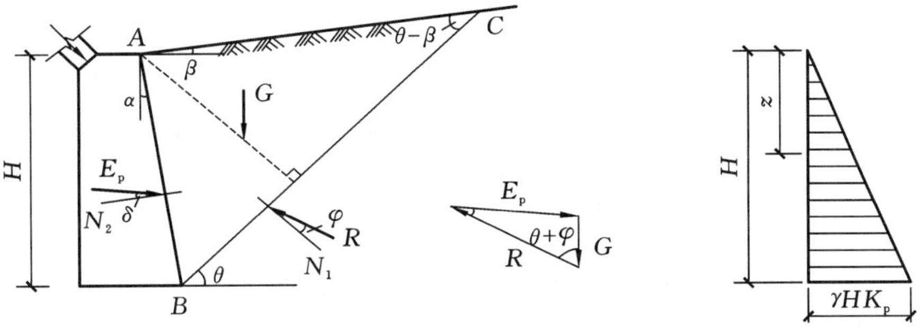 (a) 土楔ABC上作用力 (b) 力矢三角形 (c) 被动土压力分布图
受力分析	1. 研究对象:当挡土墙在外力作用下,取楔体 ABC 向上,滑动处于被动极限平衡状态,取此楔体作为脱离体。 2. 受力分析: ① G— 楔体的自重; ② R— 滑动面 BC 下方对滑动楔体的反力,R 与 BC 破坏面法线 N_1 的夹角为 φ,即土的内摩擦角,滑动楔体有上滑趋势,下侧土体为阻止其上滑给予反力 R 位于法线 N_1 的上侧; ③ E_p— 墙背对楔体 ABC 的反力,E_p 的方向与墙背的法线方向 N_2 成 δ 角,即墙背与填土的摩擦角,当土体上滑时,墙对土体的阻力是向下的,故 E_p 必在 N_2 的上侧。
被动土压力计算公式	$$E_p=\frac{1}{2}\gamma H^2K_p \qquad (8.15)$$ $$K_p=\frac{\cos^2(\varphi+\alpha)}{\cos^2\alpha\cos(\alpha-\delta)\left[1-\sqrt{\frac{\sin(\varphi+\delta)\cdot\sin(\varphi+\beta)}{\cos(\alpha-\delta)\ (\alpha-\beta)}}\right]^2} \qquad (8.16)$$ K_p— 库伦被动土压力系数;其余符号意义同前

➡ 技术提示

1. 被动土应力沿墙高呈三角形分布。被动土压力的合力作用点在离墙底 $H/3$ 处,方向与墙背法线逆时针成 δ 角,与水平面成$(\alpha+\delta)$角。

2. 当墙背直立、光滑,填土面水平,即取 $\alpha=0,\delta=0,\beta=0$ 时,得 $K_p=\tan^2\left(45°+\frac{\varphi}{2}\right)$,与无黏性土的朗肯土压力表达式完全相同,说明朗肯土压力是库伦土压力的特例。

8.4.3 两种土压力理论的比较

两种土压力理论的比较见表 8.10。

表 8.10 朗肯理论与库伦理论比较

理论类别	朗肯土压力	库伦土压力
分析方法	利用土中某点极限平衡条件,先计算墙背控制点的侧应力,并绘制侧应力分布图形,最后计算的分布面积就是土压力,土压力方向水平	利用静力平衡原理求墙后某一滑动楔块达到极限平衡状态时的土压力。土压力方向倾斜
基本假定	墙背垂直、光滑,墙后填土水平	填土为散粒体,滑动面为平面,滑动体为刚体
适用范围	黏性土和无黏性土均可	仅为无黏性土,但可用于墙背倾斜、粗糙,填土面不水平等情况

续表 8.10

两者计算结果比较及与实际情况差异	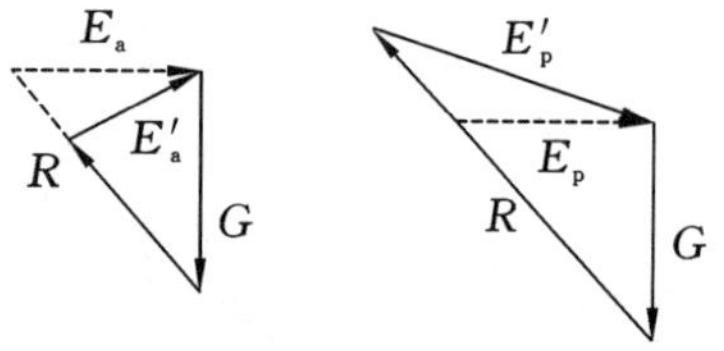 注:E_a、E_p 表示 $\delta = 0$ 时主动土压力及被动土压力 E'_a、E'_p表示 $\delta \neq 0$ 时主动土压力及被动土压力 1. 朗肯土压力理论由于忽略了墙与土之间的摩擦对土压力的影响($\delta = 0$),由图可知,计算主动土压力系数 E_a 比 $E'_a(\delta \neq 0)$ 偏大,主动土压力计算偏安全;被动土压力系数 E_p 比 $E'_p(\delta \neq 0)$ 偏小。 2. 库伦土压力理论由于考虑了墙背与土之间的摩擦力 $\delta \neq 0$,并可用于墙背倾斜,填土面倾斜的情况,但仅适合无黏性土。另外,库伦土压力理论假设破裂面是一平面,与按滑动面为曲面的计算结果有出入。 ① 主动土压力计算偏差约为 2% ~ 3%,基本能满足工程要求。 ② 对于被动土压力,破裂面接近于对数螺线,与因为假定滑动面是平面误差较大,计算结果可达到实际的 2 ~ 3 倍,因此,一般不用库伦理论计算被动土压力,宜按有限元分析或考虑对数螺线区的塑性理论分析,具体参见有关书籍
实际应用	对于计算主动土压力,两种理论与实际的差别都不大;至于被动土压力的计算,当 δ 和 φ 较小时,尚可应用;而当 δ 和 φ 较大时,误差都很大,均不宜采用,应采用其他理论计算

➡ 技术提示

影响土压力大小、方向及作用点位置的因素:

(1) 挡土墙位移大小及方式

挡土墙的位移大小及方式影响着土压力的大小及分布情况。产生被动土压力所需要的位移量大大超过产生主动土压力所需要的位移量。

(2) 挡土墙的形状及材料

挡土墙剖面形状,包括墙背为竖直或是倾斜,墙背为光滑或粗糙(不同材料挡土墙与不同填土之间摩擦角 δ 不同)不同的程度,土压力计算结果也不一样。

(3) 填土的性质及填料形状

① 挡土墙后填土的性质(γ、c、φ)不同(包括填土的松密程度,即重度、干湿程度等),土的抗剪强度指标内摩擦角和黏聚力的大小不同;② 填土的形状(水平、上斜或下斜)等,这些条件都影响土压力的大小。

8.5 地基规范法主动土压力计算

为了克服黏性土作为填土时,库伦公式计算挡土墙土压力的不足,《地基规范》引入了我国学者 20 年来的研究成果,得到计入黏聚力作用时土压力计算公式,即所谓的“广义库伦土压力理论”。

8.5.1 计算公式

$$E_a = \frac{1}{2}\gamma H^2 K_a \tag{8.17}$$

其中:

$$\begin{aligned} K_a = \frac{\sin(\alpha+\beta)}{\sin^2\alpha \sin^2(\alpha+\beta-\varphi-\delta)} \{ & K_q[\sin(\alpha+\beta)\sin(\alpha-\delta)+\sin(\varphi+\delta)\sin(\varphi-\beta)] \\ & +2\eta\sin\alpha\cos\varphi\cos(\alpha+\beta-\varphi-\delta)-2[K_q\sin(\alpha+\beta)\sin(\varphi-\beta) \\ & +\eta\sin\alpha\cos\varphi][K_q\sin(\alpha-\delta)\sin(\varphi+\delta)+\eta\sin\alpha\cos\varphi]^{\frac{1}{2}} \} \end{aligned} \tag{8.18}$$

$$K_q = 1 + \frac{2q}{\gamma H} \cdot \frac{\sin\alpha\cos\beta}{\sin(\alpha+\beta)} \tag{8.19}$$

$$\eta = \frac{2c}{\gamma H} \tag{8.20}$$

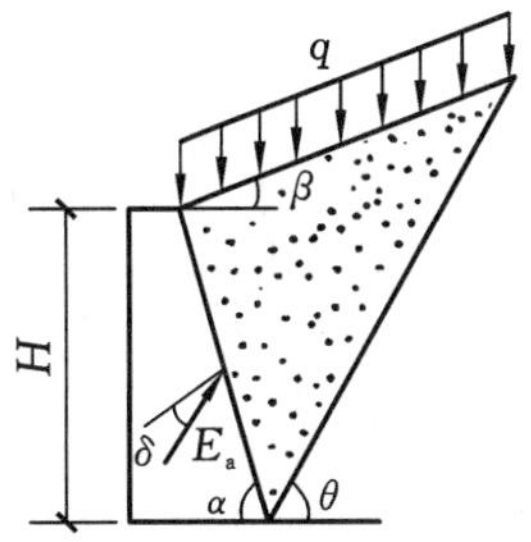

图 8.12　地基规范法计算主动土压力各符号在图中位置

8.5.2　主动土压力系数 K_a 简化计算

由式(8.18)可知：K_a 计算涉及的因素很多(α、β、φ、δ、c、q)，公式中符号代表位置如图 8.12 所示。为计算方便，对于墙高 $H \leqslant 5$ m，当填土质量满足设计要求且排水条件符合《地基规范》第 6.7.1 款规定的，主动土压力系数可通过曲线表查取，K_a 查取应符合表 8.11 的要求。

表 8.11　地基规范法简化计算填土类别、质量要求及 φ、c、δ 设定

填土类别	质量要求	抗剪强度 φ、c 设定	δ 设定
Ⅰ 类土	碎石土、密实度为中密，干密度应 $\rho_d \geqslant 2.0$ g/cm^3	$\varphi = 40°$、$c = 0$	$\delta = \frac{1}{2}\varphi$
Ⅱ 类土	砂土，包括砾砂、粗砂、中砂，其密实度应为中密，干密度应 $\rho_d \geqslant 1.65$ g/cm^3	$\varphi = 30°$、$c = 0$	$\delta = \frac{1}{2}\varphi$
Ⅲ 类土	黏土夹块石土，干密度应 $\rho_d \geqslant 1.90$ g/cm^3	$\varphi = 20°$、$c = 30$ kPa	$\delta = \frac{1}{2}\varphi$
Ⅳ 类土	粉质黏土，干密度应 $\rho_d \geqslant 1.65$ g/cm^3	$\varphi = 15°$、$c = 70$ kPa	$\delta = \frac{1}{2}\varphi$
备注	(1) 在实际工程中，抗剪强度指标变化大，当现场实测与表中设定较大时，K_a 建议按式(8.18)计算。 (2) 大量计算表明：墙背与填土之间的摩擦角 δ 取值对挡土墙土压力计算影响很小，因此规范取 $\delta = \frac{1}{2}\varphi$ 计算土压力系数 K_a 不会引起较大误差。 (3) 未考虑填土顶面荷载作用，当 $q \neq 0$ 时，K_q 建议按式(8.19)计算。		

➡ 技术提示

从图 8.13 至图 8.16 曲线图可以看出，主动土压力系数 K_a 变化情况如下：

(1) 同一类土在内摩擦角不变的条件下，主动土压力系数 K_a 随着填土面坡角 β 的减小而增大。

(2) 同一类土在内摩擦角且填土面坡角 β 不变的条件下，主动土压力系数 K_a 随着墙背与水平面的夹角 α 的减小而增大；反之，随着墙背与水平面的夹角 α 的增大，主动土压力系数 K_a 减小，所以挡土墙主动土压力以仰斜为最小，俯斜最大，垂直时居于两者之间。宜优先采用仰斜墙背。如图 8.17 所示。

(3) 对于 Ⅰ、Ⅱ 类土，挡土墙高度 H 对主动土压力系数 K_a 无影响，因此当 $H > 5$ m 时，其计算结果同式(8.18)，因为无黏性土 $c = 0$。

(4) 对于 Ⅲ、Ⅳ 类土，由于黏聚力 $c \neq 0$，挡土墙高度 H 对土压力系数 K_a 有影响，且 H 越大，主动土压力系数 K_a 越大。所以图 8.15 及图 8.16 是 $H = 5$ m 时的土压力系数 K_a。对于 $H < 5$ m 时，计算的土压力系数 K_a 偏大，对设计偏于安全，当 $H > 5$ m 时，按式(8.18) 计算 K_a。

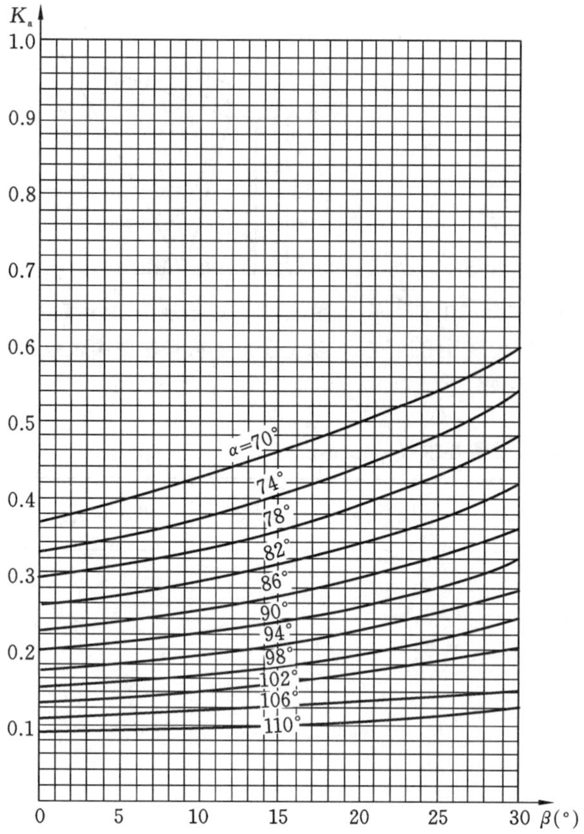

图 8.13 Ⅰ类土土压力系数 $K_a(\delta=\frac{1}{2}\varphi, q=0)$

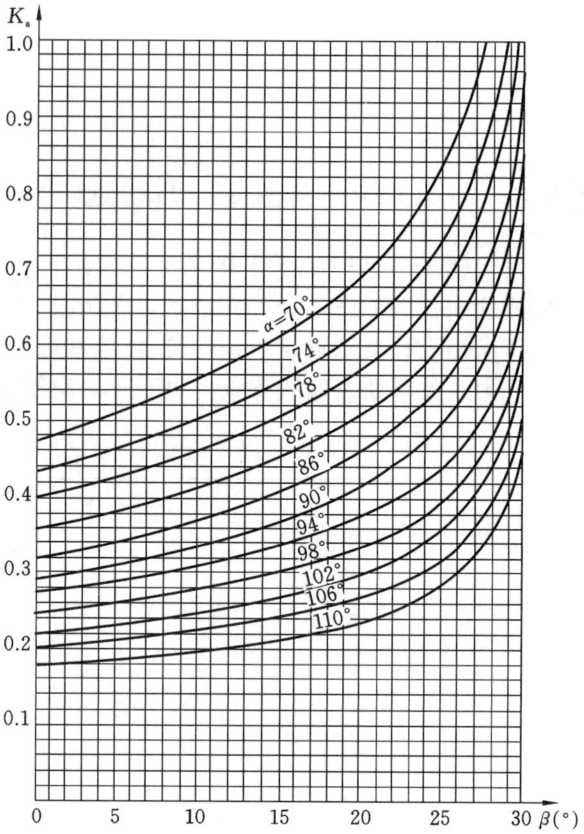

图 8.14 Ⅱ类土土压力系数 $K_a(\delta=\frac{1}{2}\varphi, q=0)$

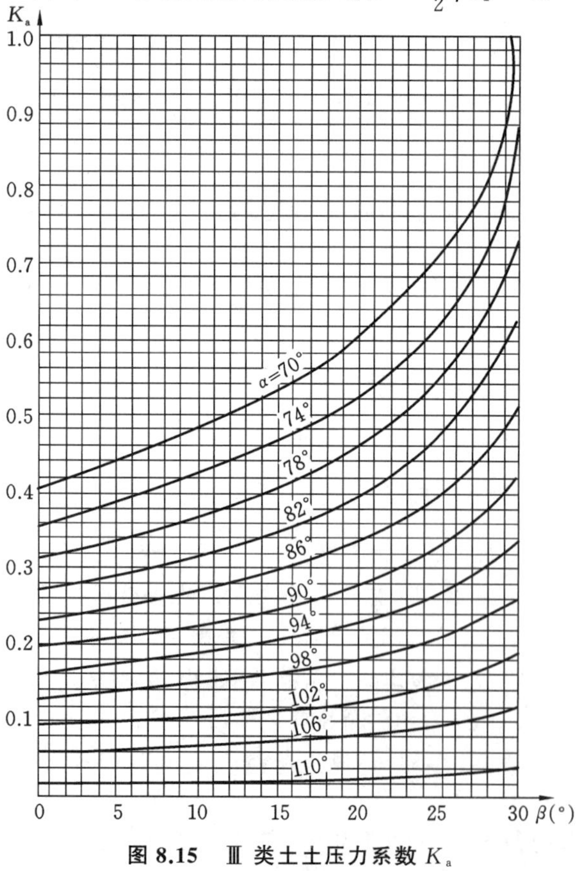

图 8.15 Ⅲ类土土压力系数 K_a

$(\delta=\frac{1}{2}\varphi, q=0, H=5\ \text{m})$

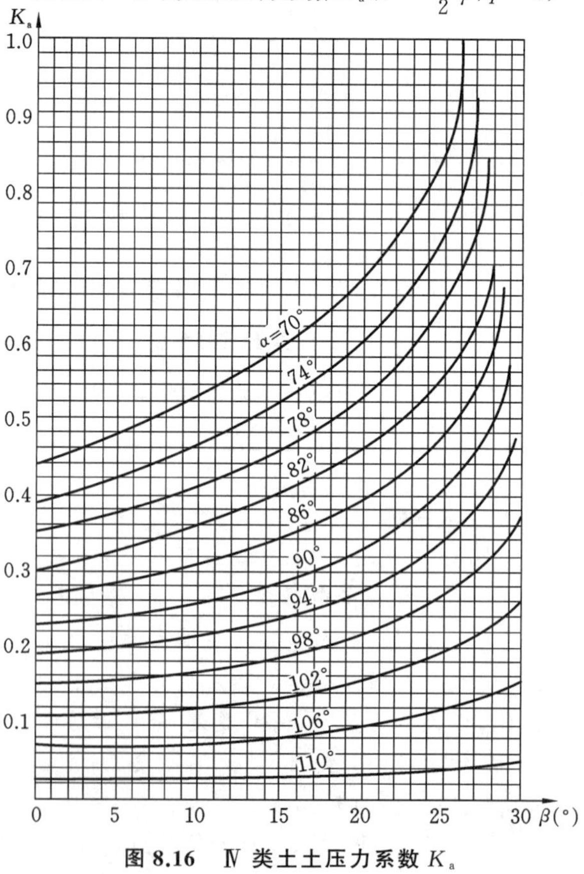

图 8.16 Ⅳ类土土压力系数 K_a

$(\delta=\frac{1}{2}\varphi, q=0, H=5\ \text{m})$

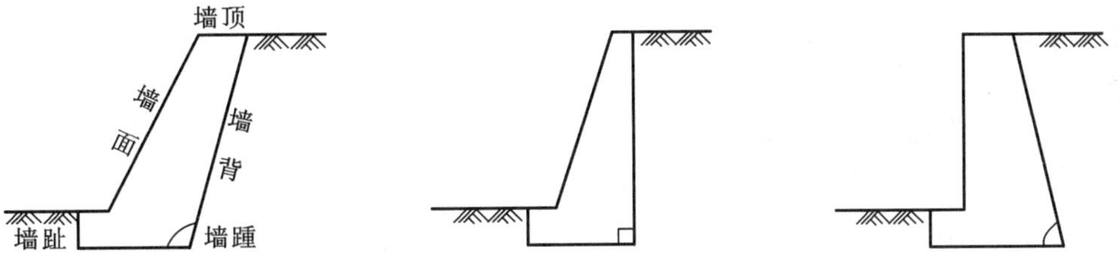

α>90° 主动土压力最小　　α=90° 主动土压力大小适中　　α<90° 主动土压力最大

(a)　　(b)　　(c)

图 8.17　墙背形式对土压力的影响

(a) 仰斜;(b) 垂直;(c) 俯斜

8.6　挡土墙类型

前面分析计算了作用在挡土墙上的土压力,明确了影响土压力的因素,其中挡土墙越高土压力越大。为了保证挡土墙在土压力作用下的稳定性及挡土墙自身强度满足要求,在进行挡土墙形式选择时,应考虑墙体的高度、挡土墙的用途、重要性、场地的地形与地质条件等因素,选择合理的结构形式,做到安全、适用、耐久及经济合理、方便施工。

常见的结构类型有重力式、钢筋混凝土悬臂式和扶壁式、桩板式、锚杆式、锚定板式等,各挡土墙组成、工作原理、特点等在以下各表中分析归纳。

8.6.1　重力式挡土墙

重力式挡土墙

重力式挡土墙是依靠墙身自重抵抗土体侧压力而保持稳定的,是挡土墙常用的一种形式,其特点、适用条件见表 8.12。

表 8.12　重力式挡土墙常见类型、特点及适用条件

重力式挡土墙常见类型	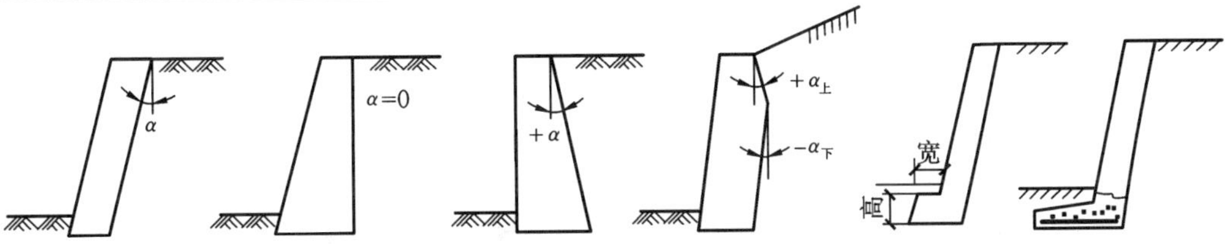(a)　(b)　(c)　(d)　(e)　(f) (1) 重力式挡土墙墙背形式　(2) 重力式挡土墙基础底板形式 (a) 仰斜;(b) 垂直;(c) 俯斜;(d) 折线形;(e) 墙趾台阶;(f) 钢筋混凝土底板
类型说明	(1) 墙背形式不同,主动土压力也不同。仰斜最小,用料经济;俯斜最大,底面横坡陡峻时采用,墙背也可做成台阶,增加墙背与填土之间的摩擦力。 (2) 折线形是下部仰斜,上部俯斜,减少上部断面面积,减少用料。 (3) 当墙体较高、地基承载力较低,为减小基底压力,增大基底面积,可在墙趾处伸出台阶,伸出长度不小于 200 mm,高度应符合台阶宽高比要求;也可采用钢筋混凝土底板,其设计同墙下钢筋混凝土条形基础
材料	(1) 重力式挡土墙可用块石、片石、混凝土预制块作为砌体。 (2) 采用片石混凝土,混凝土进行整体浇筑,一般都做成简单的梯形。 (3) 半重力式挡土墙可采用混凝土或少筋混凝土浇筑
特点	优点:就地取材,施工方便,经济效果好。重力式挡土墙在我国铁路、公路、水利、港湾、矿山等工程中得到广泛的应用。 缺点:由于没有钢筋,抗拉及抗剪强度较低,挡土墙高度受限,工程量大,劳动强度大,生产效率低
适用条件	适用于小型工程,墙高不大于 8 m

悬臂式挡土墙

8.6.2 悬臂式及扶壁式挡土墙

悬臂式和扶壁式挡土墙的结构稳定性是依靠墙身自重和踵板上方填土的重力来保证，而且墙趾板也显著地增大了抗倾覆稳定性，其特点、适用条件见表8.13。

表8.13 钢筋混凝土悬臂式及扶壁式挡土墙组成、特点及适用条件

钢筋混凝土挡土墙常见类型	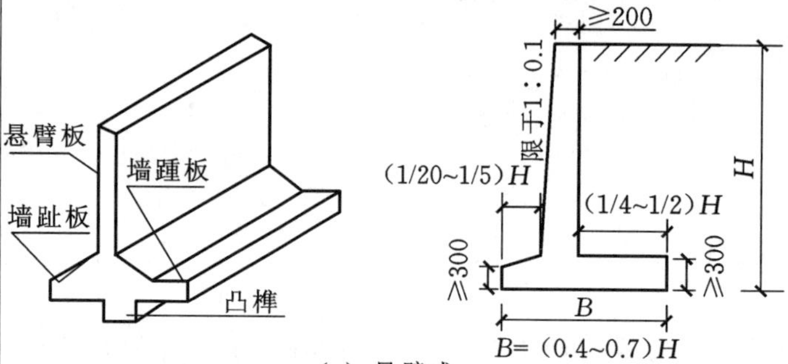 (a) 悬臂式 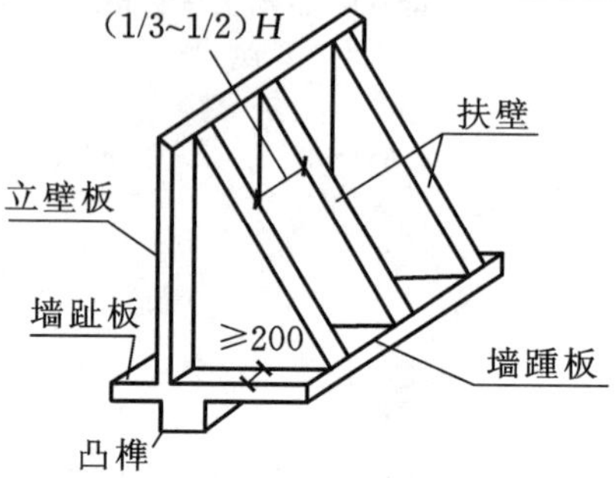 (b) 扶壁式
组成及构造	(1) 悬臂式挡土墙 ① 组成：立臂(悬臂板)、墙底板(墙趾＋墙踵板)、凸榫三部分。 ② 构造：如图(a)所示。 (2) 扶壁式挡土墙 ① 扶壁式挡土墙是在悬臂式挡土墙的基础上沿墙长每隔一定间距布置扶壁，提高墙体的稳定性，约束能力更强。 ② 组成：立臂(悬臂板)、墙底板(墙趾＋墙踵板)、凸榫、扶壁(加劲肋)四部分。 ③ 构造：立臂(悬臂板)、墙底板(墙趾＋墙踵板)同悬臂式，另扶壁净距取$\left(\frac{1}{3}\sim\frac{1}{2}\right)H$，墙踵板沿墙长挑出长度≥200 mm，扶壁板顶部厚度不小于150 mm，底部厚度不小于250 mm。 (3) 基础底板下端可设置凸榫 提高基础底板锚固力，达到提高挡土墙稳定性的目的。凸榫的厚度除了满足混凝土的直剪和抗弯要求外，为了便于施工，不应小于30 cm 扶壁式挡土墙
材料	两者均属于轻型支挡结构。墙身混凝土的等级不宜低于C25，钢筋HRB400、HRB300。主筋直径不宜小于12 mm；墙后填土应在墙身混凝土强度达到设计强度的70%方可进行，填料应分层夯实
工作原理	(1) 悬臂式和扶壁式挡土墙的结构稳定性是依靠墙身自重和踵板上方填土的重力来保证，而且墙踵板也显著地增大了抗倾覆稳定性，并大大减小了基底应力。 (2) 悬臂式挡土墙的受力模型相当于竖向的悬臂板，墙背(填土侧)竖向为受拉钢筋，水平方向(沿墙长度方向)为分布钢筋。 (3) 扶壁式挡土墙沿墙长每隔一定间距布置的扶壁是超静定结构，墙身在产生竖向弯曲的同时，由于扶壁作用墙身还产生水平弯曲，但在双向约束作用下，其变形小
特点	(1) 悬臂式挡土墙 ① 构造简单，施工方便，结构截面尺寸较小，自重轻。 ② 调整悬臂式挡土墙墙踵、墙趾板的悬挑长度，可使挡土墙的基底压力近似均匀分布，能适应较松软的地基，墙高一般为6～9 m。 ③ 经济效果好：悬臂式挡土墙通过墙踵板上的大量填土增加墙体自重，节约大量石料，减少开山采石，保护环境。 ④ 当墙高较大时，立壁下部的弯矩较大，墙体变形加大，钢筋与混凝土的用量剧增，影响这种结构形式的经济效果，此时宜采用扶壁式挡土墙。

续表 8.13

	（2）扶壁式挡土墙 ① 结构形式合理，高度大，适用范围广 扶壁式挡土墙由于扶壁作用改善了立壁和墙踵板的受力条件，提高了结构的刚度和整体性，减小了墙身的变形。通过调整扶壁式挡土墙墙踵、墙趾板的悬挑长度，可以使挡土墙的基底压力近似均匀分布，最大限度地减小挡土墙的基底压力的最大值，从而降低对地基承载力的要求，适应各种不良地基的情况。墙体高度大于悬臂式挡土墙高度，最大高度可达到 25 m。 ② 经济效果良好 扶壁式挡土墙通过墙踵板上的大量填土增加墙体自重，节约大量石料，减少开山采石，保护环境。 ③ 施工速度快，大大缩短建设工期 由于钢筋混凝土扶壁式挡土墙主要工程就是钢筋混凝土浇筑工作，不像加筋挡土墙等需要墙身和回填同时进行交叉作业，扶壁式挡土墙施工过程不受其他条件的限制，通过机械化施工能大大缩短工期
适用条件	（1）悬臂式挡土墙 适用于当地石料缺乏、地基承载力较低的一般中小型工程，墙高一般不大于 6 m。 （2）扶壁式挡土墙 在国家现行《建筑边坡工程技术规范》（GB 50330—2013）中，出于经济和实际情况的局限，限定钢筋混凝土扶壁式挡土墙挡土高度不宜超过 10 m。

8.6.3　锚拉式挡土墙

锚定板式挡土墙（图 8.18）、锚杆式挡土墙（图 8.19）以及板桩式挡土墙均属于锚拉式支挡结构，又为轻型挡土墙。锚杆式挡土墙的稳定性是依靠锚固在稳定岩土层的拉杆（又称为土层锚杆、土锚）所提供的拉力抵抗土压力；锚定板式挡土墙一般用于回填土工程中，是依靠锚定板、拉杆与密实填土之间的黏聚力，使锚定板拉杆受拉，通过该拉力抵抗土压力。而一般挡土墙是依靠挡土墙自重及墙踵板上分层夯实回填土产生的摩擦力及抗倾覆力矩抵抗土压力。

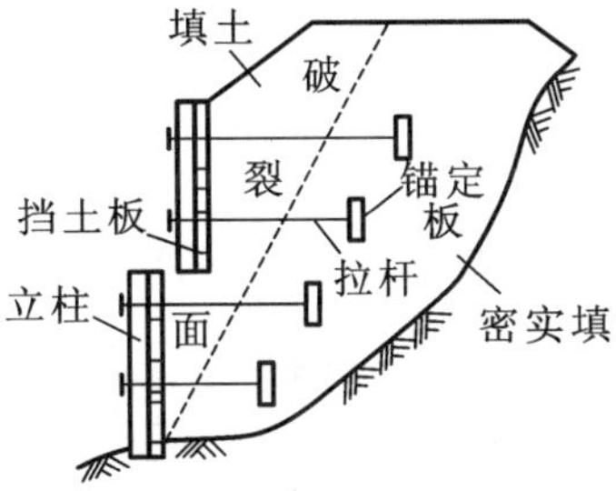

图 8.18　锚定板式挡土墙

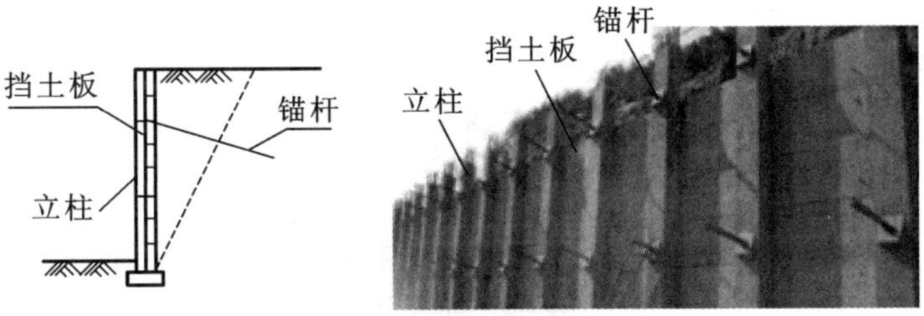

图 8.19　锚杆式挡土墙

锚杆式挡土墙和锚定板式挡土墙需要良好的锚固条件，将挡土墙的土压力传递到稳定的锚固土体中，一般只适合地质条件较好的挖方或填方很少的工程。其特点、适用条件见表 8.14。

表 8.14　锚拉式挡土墙组成、特点及适用条件

锚拉式挡土墙形式	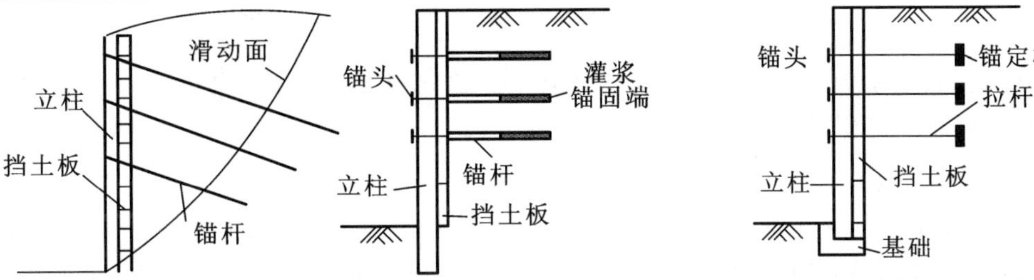 （a）锚杆式　（b）锚定板式

续表 8.14

组成	(1) 锚杆式挡土墙 由立柱、挡土板和锚杆组成。挡土板可由预制钢筋混凝土板拼装或现场现浇钢筋混凝土。锚杆根据土压力大小,采用普通热轧钢筋或预应力钢筋。 (2) 锚定板式挡土墙 由立柱、挡土板、基础、拉杆和锚定板组成。拉杆常采用较粗的热轧钢筋外裹防腐剂构成,前端与立柱相连,末端连接于锚固板上
工作原理	(1) 锚杆式挡土墙 依靠锚杆或拉杆锚入稳定岩土层所产生的拉力抵抗土压力,保证挡土墙稳定性。锚杆式挡土墙通常采用钻机钻孔,压力灌浆方法,将锚杆末端一定长度锚固于稳定土层,锚杆由于受力与灌浆要求,常做成向后有一定倾斜度。 (2) 锚定板式挡土墙 ① 一般用于填方工程中,拉杆及锚定板埋设时,应在填土夯填至拉杆高度以上 20 cm 后再挖槽就位,再将拉杆、锚定板埋入分层压密土中,其拉杆一般是水平的。 ② 依靠与填土之间黏结力对拉杆、锚定板产生的抗拔力抵抗土压力。
特点	(1) 锚杆式挡土墙施工占地少,基础开挖面积小,施工速度快。 (2) 锚定板式挡土墙结构轻,柔性大,占地少,造价低,施工速度快
适用条件	(1) 锚杆式挡土墙可作为山坡的支挡结构,也可用于地下工程的临时支撑。一般只适合地质条件较好的挖方或填方很少的工程。当墙较高时,可采用自上而下分级施工。 (2) 锚定板式挡土墙适用于填方地区,也可用作桥台、护坡等工程中

8.6.4 其他形式挡土墙

1. 板桩式挡土墙

板桩式挡土墙(图 8.20)主要由桩、挡土板组成,利用桩下端锚入足够深度作为下端支撑点,上端设置帽梁、拉杆与挡土墙伸出地面的立柱(桩)可靠连接,作为上端支撑点,与下端共同工作,保证挡土墙的稳定性。当挡土墙高度过大,根据设计尚需在中部设置腰梁或拉杆。

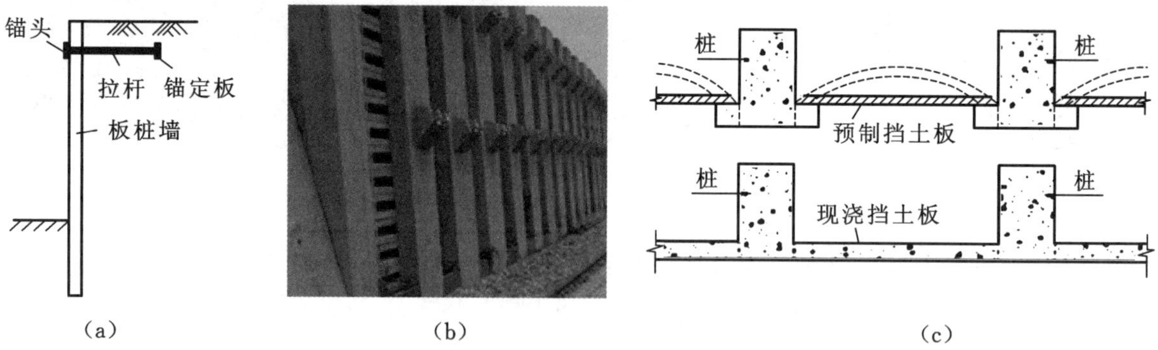

图 8.20 板桩式挡土墙

(a) 基本构造;(b) 某工程板桩式挡土墙;(c) 平面图

当墙体较高、土压力大,或其他挡土墙地基承载力不满足要求时,可采用板桩式挡土墙。常用于基坑、护堤、湖泊岸、海岸等挡土工程。

2. 加筋土挡土墙

加筋土是在土中加入加筋材料(或称筋带)的一种复合土,在土中加入加筋材料可以提高土体的抗剪强度,增加土体工程的稳定性。加筋挡土墙是利用加筋土做成的挡土墙,主要由墙面板、填土、布置填土中的筋带三部分组成,整体复合结构如图 8.21 所示。利用筋带与土之间的摩擦作用,抵抗土压力,其工作原理见图 8.22 的分析。

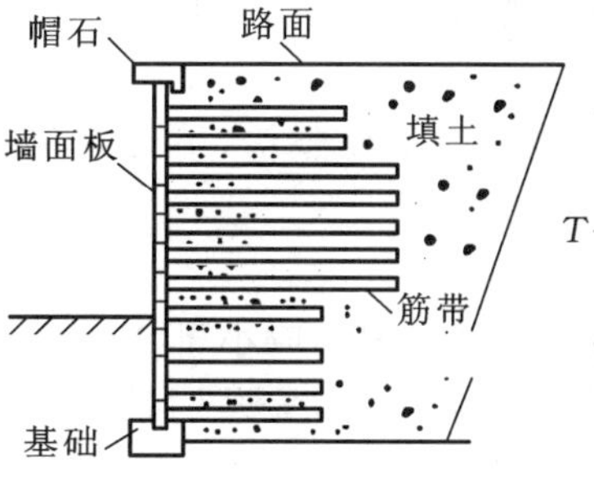

图 8.21　加筋土挡土墙组成

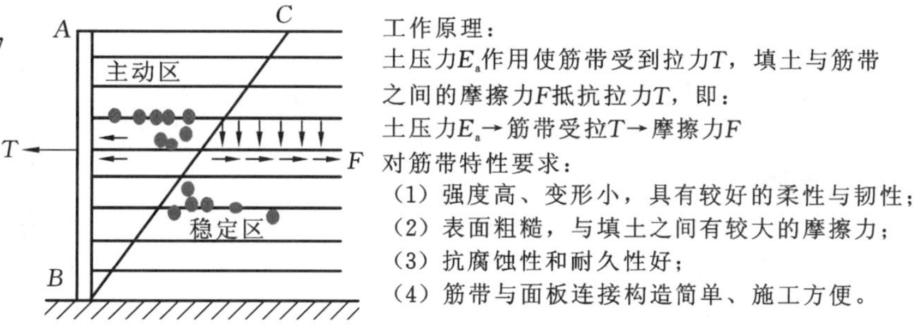

图 8.22　加筋土挡土墙工作原理

1) 筋带

(1) 筋带类型

① 金属材料，如扁钢带和带肋钢带，这类拉筋的效果好，但造价很高，其长期防腐难度大。

② 复合材料，常用的有钢筋混凝土筋带(图 8.23)、钢塑复合加筋带、钢塑复合格栅及玻璃纤维格栅(格栅形成网状结构使集料嵌锁和限制，提高摩阻力）等。我国铁路、高速公路及一级公路常采用钢筋混凝土筋带串联焊接或螺栓连接，外露钢筋表面采用沥青纤维布处理。但复合筋带造价低，性能较好，在一般的支挡结构中得到广泛应用。常见复合土工筋带类型如图 8.24 所示。

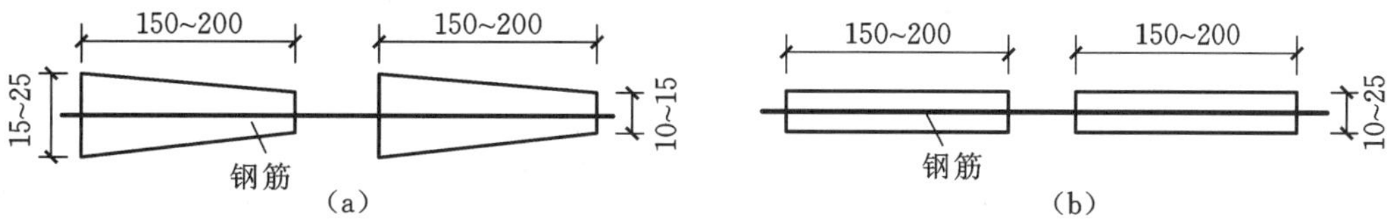

图 8.23　钢筋混凝土筋带形式(单位：cm)

(a) 楔形带；(b) 矩形带

(a)　(b)　(c)

图 8.24　复合土工筋带类型

(a) 钢塑复合加筋带；(b) 钢塑复合格栅；(c) 玻璃纤维格栅

钢塑复合材料是以钢丝为受力骨架，外裹聚乙烯树脂，聚乙烯树脂起到防锈、耐酸碱、常温抗老化的作用。外形有带状[图 8.24(a)] 和格栅式[图 8.24(b)]。带状的筋带是指高强镀锌钢丝外裹聚乙烯树脂，表面经热挤压而成的带粗糙花纹和肋条的复合材料。钢塑复合格栅是指高强度钢丝外裹聚乙烯树脂制成高强度筋带后，再经超声波焊接成型的土工合成材料。根据工程需要采用不同网孔直径和钢丝根数来改变筋带的拉力大小。钢塑复合材料的主要受力元件为钢丝，所以强度高、蠕变小。

玻璃纤维格栅主要成分是二氧化硅，是一种在其表面涂有特殊的改性沥青的复合材料，它既有玻璃纤维的优异性，又有与沥青混合料的相容性，极大地提高了土工格栅的耐磨性及抗剪切能力。其性能稳定、强度高、蠕变小，具有很强的耐磨性和抗冻性，造价低于钢塑复合材料，但强度、耐久性也低于钢塑复合材料。

(2) 复合材料的特点

① 施工便捷，复合筋带使用前无需加工，裁剪方便，可有效缩短工期，造价低；

② 强度高、蠕变小；

③ 能有效地提高加筋承载面的嵌锁、咬合作用,有效地约束土体的侧向位移,提高地基稳定性,极大地增强地基的承载力;

④ 适合各种环境,适用范围广,如公路及铁路的路基、路堤、路堑、桥台、滑坡整治,隧道口的防护,港口码头、护岸、防洪堤、水坝、水闸、围堤等各种支挡结构。

2) 墙面板

墙面板一般采用混凝土或钢筋混凝土预制,混凝土强度等级不小于 C20,厚度不应小于 80 mm。墙面板正面做成矩形、槽形、十字形、六边形、L 形等形式。板边一般有楔口和小孔,安装时使楔口相互衔接,并用短钢筋插入小孔,将墙面板从上、下、左、右串成整体墙面,如图 8.25 所示。面板应留泄水孔,如图8.26 所示。各类墙面板参考尺寸如表 8.15 所示。

图 8.25　格栅与墙砖连接

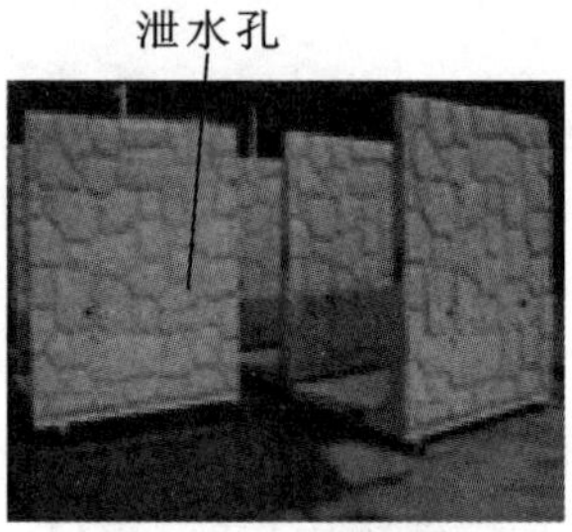

图 8.26　L 形墙面板

表 8.15　各类墙面板参考尺寸(mm)

面板形式	正面	侧面	高度(mm)	长度(mm)	厚度(mm)
十字形	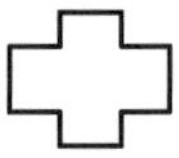		500 ~ 1500	500 ~ 1500	80 ~ 250
槽形	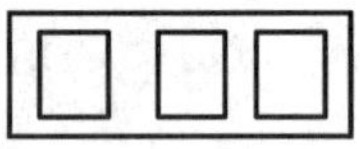	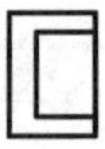	300 ~ 750	1000 ~ 2000	140 ~ 200
六边形	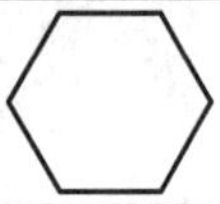		600 ~ 1200	700 ~ 1800	80 ~ 250
L 形	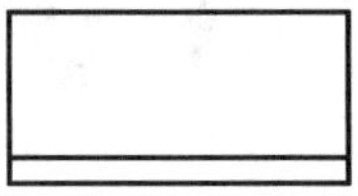		300 ~ 500	1000 ~ 2000	80 ~ 1200
矩形			500 ~ 1000	1000 ~ 2000	80 ~ 250

3) 填土

(1) 填料的特点

易于填筑与压实,与拉筋之间有可靠的摩阻力,不应对拉筋有腐蚀性,水稳定性好。

(2) 填料选择

① 通常选择有一定级配渗水的砂类土、砾石类土,另外填料较大粒径不得大于 15 cm。

② 采用黏性土和其他土作填料时,必须有相应的防水、压实等工程措施。

③ 填料中不应含有大量的有机物。

④ 泥炭、淤泥、冻结土、盐渍土、垃圾、膨胀土等禁止使用。

4) 面板与筋带连接

面板上与复合筋带的连接节点可采用预制钢拉环(直径 $\geqslant$ 10 mm)、钢板锚头(厚度 $\geqslant$ 3 mm) 或预留穿筋孔的形式。图 8.27 所示为槽形面板在翼缘上的预留穿筋孔。埋入土中的接头拉环,以浸透沥青的玻璃丝布绕裹两层防护。钢筋混凝土筋带与墙面板一般用焊接连接。图 8.28 为土工格栅与墙面板连接示意图。

图 8.27　槽形墙面板与拉筋连接

图 8.28　土工格栅与面板连接

5）其他构造

① 基础：一般用混凝土浇筑或浆砌片石砌筑条形基础，顶面可做一凹槽，以利于安装底层面板，其设计同墙下条形基础。

② 伸缩缝及沉降缝设置：通常每隔 10 ～ 20 m 设置沉降缝，在地基情况变化处及墙高变化处也应设置。伸缩缝与沉降缝统一考虑。缝宽 2 ～ 3 cm，缝内宜用沥青麻布或沥青木板填塞，缝的两端常设置对称的半块墙面板。

③ 帽石：挡土墙顶面，一般设置混凝土或钢筋混凝土帽石。帽石突出墙面 3 ～ 5 cm，其作用是约束墙面变形及提高墙体耐久性。

④ 在泄水孔附近要设置反滤层，保证排水通畅及填土的稳定性，如图 8.29 所示。

➡ 技术提示

加筋挡土墙的工作机理是依靠填土与筋带之间的足够摩擦力抵抗土压力，为了保证两者之间具有较大摩擦力，除对筋带的特性提出要求外，同时对填土的特点也提出了要求。若填土与筋带之间摩擦力受到影响，挡土墙稳定性一定降低，甚至遭到破坏。图 8.30 所示就是加筋挡土墙失稳破坏实例，六边形面砖向外鼓出，而失稳破坏往往是脆性破坏，所以在挡土墙设计、施工及使用期间，监督机制方面要引起足够重视，防患于未然。

图 8.29　墙后滤水层设置

图 8.30　加筋挡土墙失稳破坏

总之，加筋挡土墙具有下列明显特点，得到广泛应用。

（1）可装配式施工，施工简便、快速，节省劳力和缩短工期；

（2）具有一定的柔性，能够适应地基轻微变形，且抗震性强；

（3）可做成很高的垂直挡土墙，对地基承载力要求较低；

（4）节约占地，造型美观；

（5）造价低。

8.7 重力式挡土墙设计简介

上一节介绍了各类挡土墙类型、特点及适用条件,其中重力式挡土墙构造简单,可就地取材,造价低,对于小型支护结构有着明显优势,设计原理也较简单。本节分析重力式挡土墙设计要点。

8.7.1 重力式挡土墙的构造要求

挡土墙的设计,除满足受力计算外,还必须满足构造要求。合理地选择墙型和采取必要的构造措施,以保证其安全、合理和经济。

1. 挡土墙剖面尺寸

挡土墙墙背形式,在实际工程中,应根据使用要求、地形、施工条件、经济技术指标及安全等综合考虑。

(1) 挡土墙的高度

墙后被支挡的填土呈水平时,填土的高度为墙顶的高度。对长度很大的挡土墙,也可使墙顶低于填土顶面,用斜坡连接,以节省工程量。

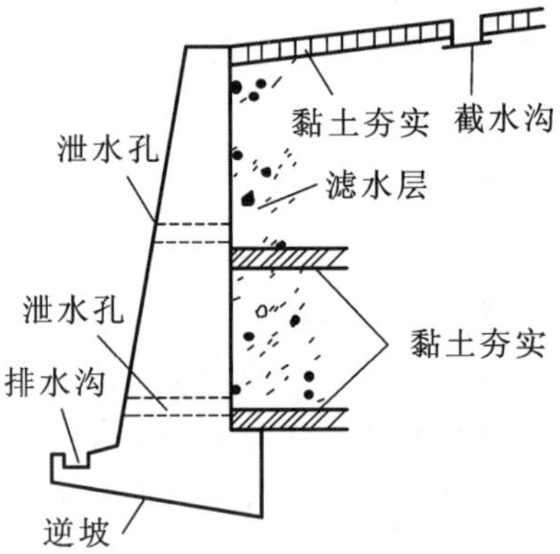

图 8.31 挡土墙排水构造

(2) 挡土墙的顶宽

《地基规范》规定:毛石挡土墙顶宽不宜小于400 m。混凝土挡土墙顶宽不宜小于200 mm。

(3) 挡土墙的底宽

挡土墙的底宽由整体稳定性确定,初定挡土墙底宽 $B\approx(0.5\sim0.7)H$(H 为挡土墙高)。初定尺寸后,经挡土墙抗滑移验算和抗倾覆验算,若安全系数过大,则适当减小底宽;反之,安全系数太小,则适当加大底宽。

(4) 挡土墙的逆坡

为了增加稳定性,将基底做成逆坡,如图8.31所示。对于土质地基,基底逆坡坡度≤1∶10;对于岩质地基,基底逆坡坡度≤1∶5。

2. 墙后回填土

(1) 质量要求

墙后填土宜选择透水性较强的填料,若采用黏土,应混入一定量的块石,增大透水性和抗剪强度,墙后填土应分层夯实。

(2) 对填土种类要求

① 理想的回填土:卵石、砾石、粗砂、中砂的内摩擦角 φ 大。主动土压力系数 $K_a=\tan(45°-\varphi/2)$ 小,使主动土压力减小,节省墙体工程量。无疑,上述粗粒土为挡土墙后理想的回填土。

② 可用的回填土:细砂、粉砂、含水量接近最优含水量的粉土、粉质黏土和低塑性黏土为可用的回填土;如当地无粗粒土,外运不经济,可就地取材。

③ 不能用的回填土:软黏土、成块的硬黏性土、膨胀土和耕植土,因性质不稳定,在冬季冰冻时或雨季吸水膨胀都将产生额外的土压力,对挡土墙的稳定性产生不利影响,故不能用作墙后的回填土。

3. 排水设施

若挡土墙后填土顶面有较大面积或用以阻挡山坡滑动,则应在填土顶面离挡土墙适当的距离处设置截水沟,将径流截断排出,并用混凝土衬砌,防止沟中积水下渗。

为使渗入墙后填土中的积水易于排出,通常在墙身不同部位布置适当的泄水孔。泄水孔入口处应用易于渗水的粗颗粒材料（卵石、碎石等）作滤水层，以免淤塞，并在泄水孔入口处下方铺设黏土夯实层，防止积水渗入挡土墙地基，如图 8.31 所示。

8.7.2　重力式挡土墙的计算

➡ 技术提示

（1）挡土墙破坏形式包括：倾覆失稳、滑移失稳、地基承载力失稳和墙身强度破坏。

（2）挡土墙的验算内容：

① 稳定性验算，包括抗倾覆和抗滑移的稳定性验算；

② 地基的承载力验算及基础设计；

③ 墙身强度验算。

1. 重力式挡土墙稳定性验算

在挡土墙设计时，一般先凭经验及构造要求初步拟定挡土墙的类型和尺寸，然后进行挡土墙的验算。如不满足要求，则改变截面尺寸或采取其他措施；仍不能满足要求时，可考虑改变其结构类型。重力式挡土墙稳定性验算原理见表 8.16。

表 8.16　重力式挡土墙稳定性验算原理

类型	抗倾覆验算	抗滑移验算
计算简图	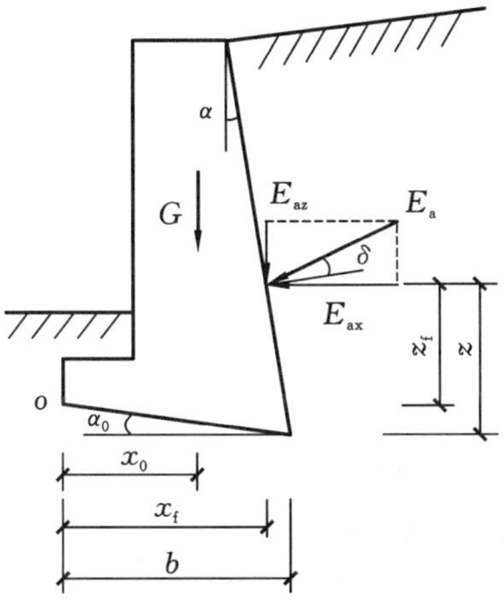	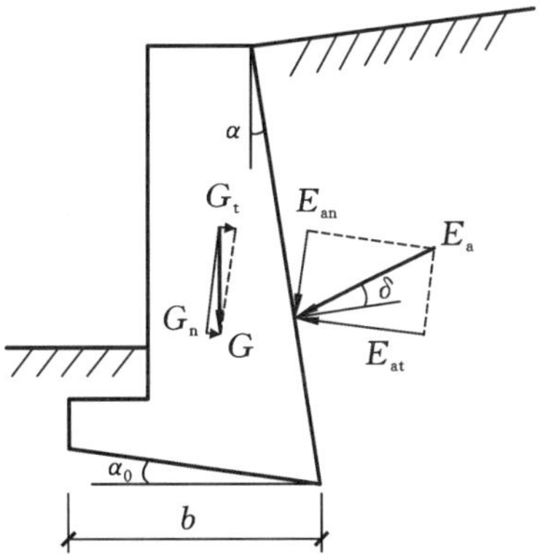
受力分析说明	（1）“o”点为转动中心。 （2）主动土压力 E_a 分力： ① 沿水平向：$E_{ax}=E_a\cos(\alpha+\delta)$， 作用点到“$o$”点垂直距离 z_f； ② 垂直向：$E_{az}=E_a\sin(\alpha+\delta)$， 作用点到“$o$”点水平距离 x_f。 （3）自重 G 的作用点到“o”点水平距离 x_0	（1）滑动面：沿基底逆坡方向滑动。 （2）主动土压力 E_a 分力： 平行滑动面：$E_{at}=E_a\cos(\alpha+\alpha_0+\delta)$； 垂直滑动面：$E_{an}=E_a\sin(\alpha+\alpha_0+\delta)$。 （3）挡土墙自重 G 分力： 平行滑动面：$G_t=G\sin\alpha_0$； 垂直滑动面：$G_n=G\cos\alpha_0$
外力	倾覆力矩：$E_{ax}z_f$（逆时针转）	滑移力：$E_{at}-G_t$
抗力	抗倾覆力矩：$Gx_0+E_{az}x_f$（顺时针转）	抗滑移力（摩擦力）为 $(E_{an}+G_n)\mu$，其中 μ 为基底与持力层土之间摩擦系数，查表 8.17
稳定验算	$K_t=\dfrac{Gx_0+E_{az}x_f}{E_{ax}z_f}\geqslant 1.6$　　(8.21)	$K_s=\dfrac{(G_n+E_{an})\mu}{E_{at}-G_t}\geqslant 1.3$　　(8.22)

续表 8.16

结论	通过以上分析可知： (1) 基底做成逆坡，α_0 越大，z_f 越小，倾覆力矩 $E_{ax}z_f$ 越小，稳定性越好。 (2) 挡土墙自重 G 越大，抗倾覆力矩 $Gx_0+E_{az}x_f$ 越大，稳定性越好。 (3) 基底做成逆坡，α_0 越大，滑动力 $E_{at}=E_a\cos(\alpha+\alpha_0+\delta)$ 越小，垂直滑动面的抗滑力 $E_{an}=E_a\sin(\alpha+\alpha_0+\delta)$ 越大，稳定性越好。 故重力挡土墙是靠重力保持稳定，为了提高挡土墙的稳定性，必须做成逆坡

表 8.17　土对挡土墙底的摩擦系数 μ

土的类别	黏性土			粉土	无黏性土		岩石	
	可塑	流塑	坚硬		中砂、粗砂、砾砂	碎石土	软质岩石	表面粗糙的硬质岩石
摩擦系数 μ	0.25～0.30	0.3～0.35	0.35～0.45	0.30～0.40	0.40～0.50	0.40～0.60	0.40～0.60	0.65～0.75

2. 地基承载力验算

挡土墙在自重及土压力的垂直分力作用下，基底压力按线性分布。其验算方法与天然地基上的浅基础验算相同，基底面积不满足要求，可考虑将墙趾外伸，扩大基底面积，墙趾外伸挑出长度、高度见条形基础设计要求。

3. 墙身强度验算

挡土墙在土压力 E_a、自重 G 等外力作用下，基底截面处内力有：轴向压力 N、弯矩 M、剪力 V，挡土墙要进行以下计算：偏压砌体承载力计算、截面抗剪计算。根据砌体材料不同分别应按《混凝土结构设计标准》(GB/T 50010—2010，2024 年版) 和《砌体结构设计规范》(GB 50003—2011) 的规定，进行抗压承载力和抗剪承载力验算。

➡ 技术提示

荷载效应取值规定：

(1)《地基规范》对挡土墙设计荷载效应取值规定：土压力采用承载力极限状态基本组合，但分项系数均为 1.0。

(2) 对墙身以及基础截面设计时，截面内力取承载力极限状态下基本组合，采用相应的荷载分项系数，即荷载效应设计值，以恒载作用效应为主，分项系数 $\gamma=1.35$，截面抗力取相应材料的设计强度。

(3) 地基承载力验算同浅基础，传至基底处荷载取正常使用极限状态荷载标准值，即轴向压力 N_k、弯矩 M_k、剪力 V_k，相应抗力取地基承载力特征值。

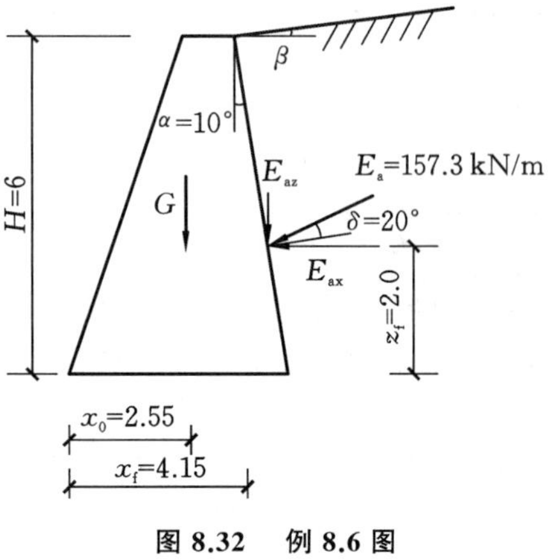

图 8.32　例 8.6 图

【例 8.6】 如图 8.32 所示，已知某挡土墙高 $H=6$ m，墙背倾角 $\alpha=10°$，墙后填土倾角 $\beta=10°$，墙背与填土摩擦角 $\delta=20°$。墙后填土为中砂，其重度 $\gamma=19$ kN/m^3，内摩擦角 $\varphi=30°$，$c=0$，持力层地基承载力特征值 $f_a=170$ kPa，要求：设计此挡土墙。

【解】 1) 初步选择挡土墙断面尺寸

根据构造要求，初步选定挡土墙顶宽 0.8 m，底宽 4.5 m。拟采用毛石砌筑料石 MU40，M7.5 水泥砂浆砌筑，设容重 $\gamma_{混}=24$ kN/m^3，$\alpha_0=0°$，则挡土墙自重为

$$G=\frac{(0.8+4.5)\times H\gamma_{混}}{2}=2.65\times 6\times 24=381.6\ \text{kN/m}$$

2）土压力计算

（1）计算主动土压力系数 K_a

已知 $\alpha=10°,\beta=10°,\delta=20°,\varphi=30°$，代入式(8.14)　得：$K_a=0.438$

（2）计算主动土压力 E_a 设计值

$$E_a=\frac{1}{2}K_a\gamma H^2=\frac{1}{2}\times 0.438\times 19\times 6^2=149.8\ \text{kN/m}$$

（3）计算主动土压力 E_a 的分力

① $E_{az}=E_a\sin(\alpha+\delta)=149.8\times\sin 30°=74.9\ \text{kN/m}$

$E_{ax}=E_a\cos(\alpha+\delta)=149.8\times\cos 30°=129.7\ \text{kN/m}$

② $E_{an}=E_a\cos(\alpha+\alpha_0+\delta)=E_a\cos(\alpha+\delta)=74.9\ \text{kN/m}$

$E_{at}=E_a\sin(\alpha+\alpha_0+\delta)=E_a\sin(\alpha+\delta)=129.7\ \text{kN/m}$

3）稳定性验算(取 $l=1$ m 为计算单元)

$G=381.6\times 1=381.6\ \text{kN}\quad E_a=149.8\times 1=149.8\ \text{kN}$

（1）抗滑移验算(查表 8.17 取中砂的摩擦系数 $\mu=0.4$)

$$K_s=\frac{(G+E_{az})\mu}{E_{ax}}=\frac{(381.6+74.9)\times 0.4}{129.7}=1.41>1.3，安全。$$

（2）抗倾覆验算

作用在挡土墙上的诸力对墙趾的力臂：$x_0=2.55$ m，$x_f=4.15$ m，$z_f=2.0$ m

$$K_t=\frac{Gx_0+E_{az}x_f}{E_{ax}z_f}=\frac{381.6\times 2.55+74.8\times 4.15}{129.7\times 2}=4.95>1.6，安全。$$

4）地基承载力验算

（1）基底荷载标准值计算

① 作用在基底的总垂直压力标准值：$N_k=G+E_{az}=381.6+74.9=456.5\ \text{kN}$

② 合力对墙趾的总力矩标准值：

$M_k=Gx_0+E_{az}x_f-E_{ax}z_f=381.6\times 2.55+74.9\times 4.15-129.7\times 2=1024.5\ \text{kN}\cdot\text{m}$

③ 对挡土墙形心轴偏心距 e(图 8.33)为：

$$e=2.25-\frac{M_k}{N_k}=2.25-\frac{1024.5}{456.5}=0.0058\ \text{m}<\frac{4.5}{6}=0.75\ \text{m}$$

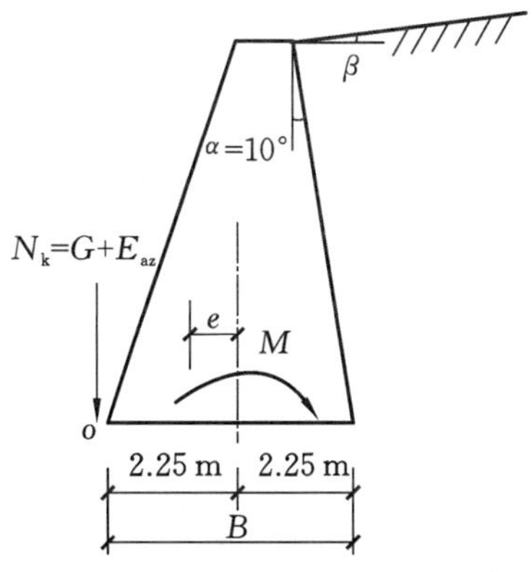

图 8.33　基底压力计算简图

（2）基底压力计算及地基承载力验算

$$\left.\begin{matrix}p_{kmax}\\p_{kmin}\end{matrix}\right\}=\frac{N_k}{A}\left(1\pm\frac{6e}{B}\right)=\frac{456.5}{4.5\times 1}\times\left(1\pm\frac{6\times 0.0058}{4.5}\right)$$

$$=\begin{matrix}102.2\\100.7\end{matrix}\ \text{kPa}\begin{matrix}<1.2f_a=204\ \text{kPa}\\>0\end{matrix}$$

$p=\frac{1}{2}(p_{kmax}+p_{kmin})=101.5\ \text{kPa}<f_a=170\ \text{kPa}$，所以基底面积满足地基承载力要求。

5）墙身强度验算(根据砌体结构规范规定验算)

（1）基底荷载设计值计算

作用在挡土墙的荷载是以恒载作用效应为主，分项系数 $\gamma=1.35$，其设计值 $N=1.35N_k=1.35\times 456.5=616.3\ \text{kN}$，$M=1.35M_k=1.35\times 1024.5=1383\ \text{kN}\cdot\text{m}$

（2）偏心距

$$e=2.25-\frac{M}{N}=2.25-\frac{1383}{616.3}=0.0058\ \text{m}<\frac{y}{6}=\frac{2.25}{6}=0.375\ \text{m}\quad(其中\ y=4.5/2=2.25)$$

(3) 墙身控制截面处(取基底处)承载力验算

① 已知:挡土墙采用毛料石,其强度等级 MU40,M7.5 水泥砂浆砌筑,其抗压强度 $f=4.85\ \text{N/mm}^2$,抗剪强度 $f_v=0.19\ \text{N/mm}^2$,计算高度 $H_0=2H=2\times6=12$ m(悬臂构件)

② 抗压强度验算,验算条件:$N\leqslant\varphi fA$。

$\varphi fA=0.834\times0.19\times4500\times1000=713\times10^3=710\ \text{kN}>N=617.3\ \text{kN}$,墙身抗压强度满足要求。

其中:高厚比 $\beta=\gamma_\beta\dfrac{H_0}{h}=1.5\times\dfrac{12}{4.5}=4$($\gamma_\beta$ 为高厚比修正系数,对于毛石及粗料石 $\gamma_\beta=1.5$)

承载力影响系数 $\varphi=0.834$,φ 由高厚比 $\beta=4$ 及相对偏心距 $\dfrac{e}{B}=\dfrac{0.375}{4.5}=0.083$ 查砌体结构设计规范可得。

8.8 土坡稳定

土坡是指具有倾斜坡面的土体,分为天然土坡和人工土坡。天然土坡是由于地质作用形成的土坡(如山坡、江河的岸坡);人工土坡是由人工开挖或回填形成的土坡(如路基、堤坝)。当土坡的顶面和底面水平且无限延伸,且土质均匀,称为简单土坡,其各部位名称如图 8.34 所示。

正常情况下土坡任一点的剪应力不大于该点的抗剪强度,即 $\tau\leqslant\tau_f$ 处于稳定状态,但是由于各种原因 $\tau>\tau_f$ 出现失稳状态,失稳破坏往往没有明显预兆,所以为保证土坡的稳定性,必须对土坡进行稳定分析。

8.8.1 无黏性土土坡稳定分析

无黏性土颗粒间没有黏聚力,颗粒间没有自由移动。在无黏聚力状态下,取坡面上某土粒作为研究对象,如图 8.35 所示,设某土粒自重为 W,W 分力:$T=W\sin\beta$(下滑力)和垂直坡面法向力 $N=W\cos\beta$。设土的内摩擦角为 φ,在坡面上引起摩擦力(抗滑力)$T'=N\tan\varphi=W\cos\beta\tan\varphi$,抗滑力和滑动力的比值为稳定安全因素 K,即

$$K=\frac{T'}{T}=\frac{W\cos\beta\tan\varphi}{W\sin\beta}=\frac{\tan\varphi}{\tan\beta} \tag{8.23}$$

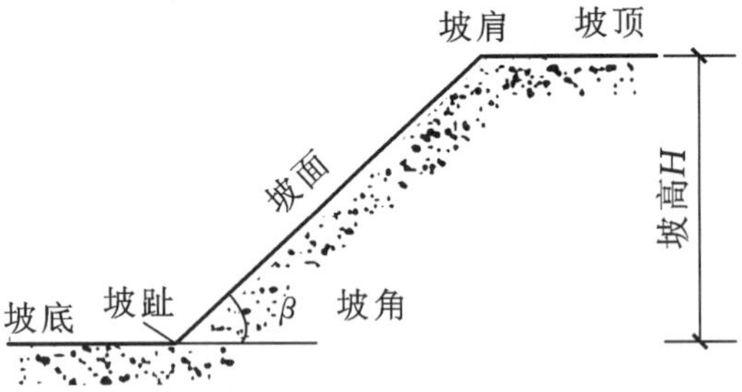

图 8.34 简单土坡各部位名称

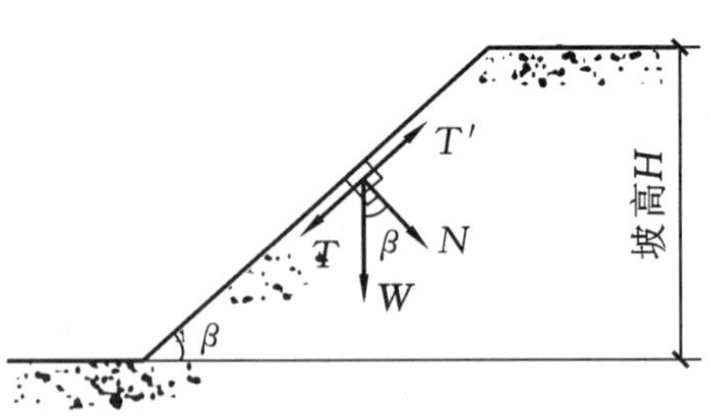

图 8.35 无黏性土稳定分析简图

➡ 技术提示

(1) 无黏性土稳定性与坡高无关,与土的内摩擦角 φ 及坡角 β 有关。

(2) 土坡的三种状态判断:

① $K<1$,即 $\varphi<\beta$,土坡处于失稳状态;② $K=1$,即 $\varphi=\beta$,土坡处于临界平衡状态,该状态坡角 β 称为自然休止角;③ $K>1$,即 $\varphi>\beta$,土坡处于稳定状态,一般要求安全系数 $K\geqslant1.3\sim1.5$。

【例 8.7】　某砂土场地需放坡开挖基坑，已知砂土的内摩擦角 $\varphi=32°$。

(1) 若取安全系数 $K=1.3$，求稳定坡角 β；

(2) 若取坡角 $\beta=23°$，求稳定安全系数 K。

【解】　(1) 由 $K=\tan\varphi/\tan\beta=1.3$ 得：$\beta=25.7°$

(2) 由 $\beta=23°$，得：$K=\tan\varphi/\tan\beta=1.47$

➡ 技术提示

对于均质的无黏性土土坡，干燥或完全浸水，土粒间无黏结力，可用上述原理判断其土坡的稳定性。但有渗流(土中水在一定压力差作用下，在孔隙中流动的现象) 作用时，研究表明：无黏性土土坡的稳定安全系数将近乎降低一半。有渗流作用的土坡比无渗流作用的土坡稳定性差。

8.8.2　黏性土土坡稳定分析

均质黏性土土坡由于存在黏聚力，失稳破坏时，颗粒间相互作用，其滑动面往往是曲面破坏。为了简化问题，通常近似地假定其破坏滑动面为圆弧滑动面。黏性土稳定分析的方法有整体圆弧滑动法、泰勒图表法、瑞典条分法等。整体圆弧法和泰勒图表法适用于均质简单土坡，条分法用于非均质、土坡外形复杂等情况。下面简要分析整体圆弧滑动法及条分法的基本思路，重点介绍泰勒图表法实际应用。

1. 整体圆弧滑动法

(1) 基本思路

如图 8.36 所示，ADC 为一假定的滑动圆柱面，设该滑动土体必须通过坡脚 A。将滑动面上土体(土体 $ABCDA$) 视为刚体，并以其作为脱离体，其转动圆心在 O 点，半径为 R。

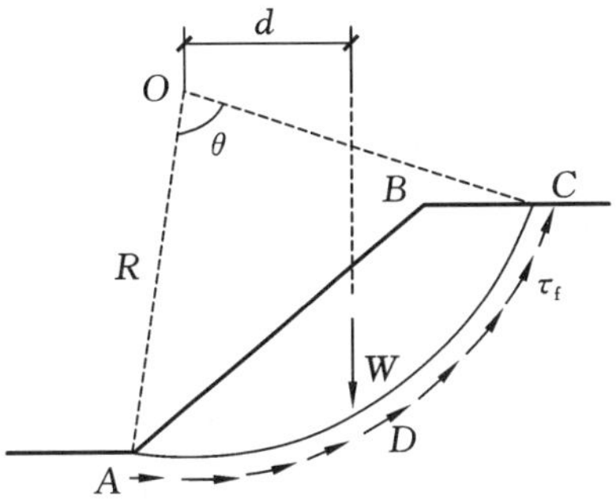

图 8.36　整体圆弧稳定分析法简图

滑动土体 $ABCDA$ 在自重 W 作用下处于极限平衡状态，绕圆心 O 下滑的滑动力矩为 $M_S=Wd$；阻止该土体滑动的抗滑力等于土的抗剪强度 τ_f 与滑弧 ADC 长度 L 的乘积；抗滑力矩($M_R=\tau_f LR$) 与滑动力矩的比值即为该土坡在给定滑动面上的安全系数 K。

$$K=\frac{M_R}{M_S}=\frac{\tau_f LR}{Wd} \tag{8.24}$$

(2) 确定危险滑动面

由于上述计算滑动面是假定的，求得安全系数并不是危险截面。所以实际计算时要事先假定一系列滑动面，多次试算计算安全系数，取 K_{min} 为危险截面。通过大量的计算分析，确定了最危险圆弧的经验方法，例如泰勒图表法，一直沿用至今。

2. 泰勒图表法

泰勒(D.W.Taylor，1937) 在分析整体圆弧滑动法的基础上，对均质简单土坡(均质的、坡高在 10 m 以内的土坡) 稳定问题作了进一步的研究，用图表的形式给出了确定均质简单土坡最危险滑动面圆心位置的方法。

(1) 基本思路

由于黏性土土坡的稳定性与土的抗剪强度指标 c、φ，土的重度 γ、坡角 β 和坡高 h 五个参数有密切关系，但其黏性土土坡稳定分析大都需要试算，计算工作量大。泰勒根据计算资料及理论分析得出此土坡处于极限平衡状态时五个参数间的关系，其中对应的坡高为临界坡高 h_{cr}。并将三个参数 c、γ、h_{cr} 合并为一个新的无量纲参数 $N=c/(\gamma h_{cr})$，N 称为稳定系数。然后通过 N-β(坡角) 及 φ 关系绘制成曲线(图 8.37) 来反映五个参数之间的关系,通过下面例题分析其在实际中的应用。

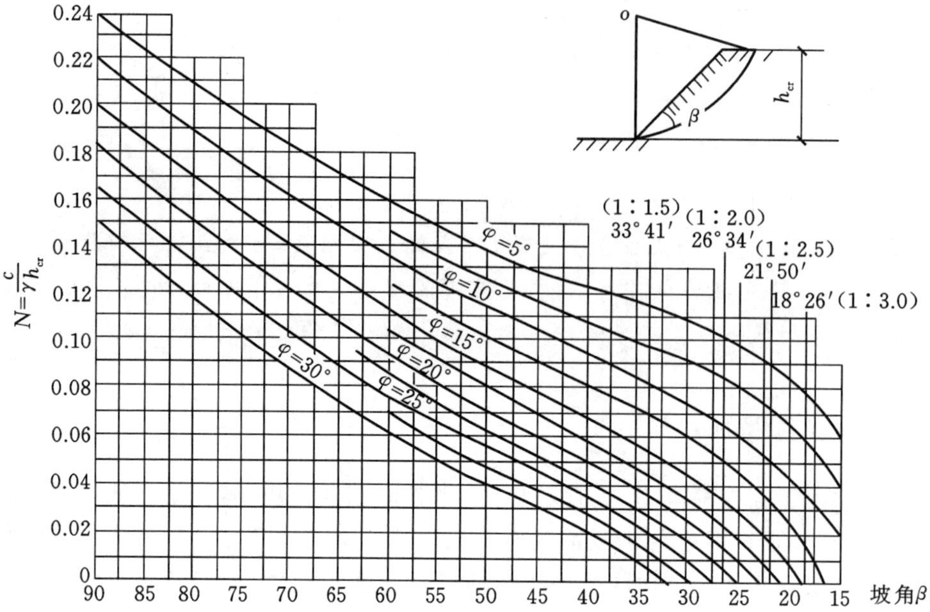

图 8.37　N-β 关系曲线

N— 稳定系数,$N=\frac{c}{\gamma h_{cr}}$;$h_{cr}$— 土坡临界高度;β— 坡角

(2) 应用

【例 8.8】 已知某开挖土坡,土的天然重度 $\gamma=18.9\ \text{kN/m}^3$,内摩擦角 $\varphi=10°$,黏聚力 $c=12\ \text{kN/m}^2$,若安全系数 $K=1.5$,试问:

(1) 土坡 $\beta=60°$ 时,边坡的最大允许高度是多少?

(2) 开挖深度为 6 m,坡角最大能做多大?

【解】 (1) 由 $\beta=60°$、$\varphi=10°$ 查图 8.37 得 $N=0.135$,再代入 $N=c/(\gamma h_{cr})$,得:

$h_{cr}=c/(\gamma N)=12/(18.9\times0.135)=4.7\ \text{m}$(土坡临界高度)

若安全系数 $K=1.5$,边坡的最高允许高度 $h=h_{cr}/K=4.7/1.5=3.1\ \text{m}$

(2) 开挖允许深度 $h=6\ \text{m}$,则临界深度 $h_{cr}=1.5\times6=9\ \text{m}$,代入 $N=c/(\gamma h_{cr})=12/(18.9\times9)=0.071$,由 $N=0.071$、$\varphi=10°$ 查图 8.37,允许最大边坡坡角 $\beta=28°$。

3. 瑞典条分法

在实际工程中,土坡轮廓形状比较复杂,由多层土组成,有时还存在特殊外力(如渗流、地震作用),各滑动面上法向应力不同,其抗剪强度不同,为此将滑动土体分为若干个土条,其中瑞典条分法又称费伦斯条分法,是条分法中最简单、最古老的一种。图 8.38 所示假定土坡沿圆弧面 ADC 滑动,其圆心位于 O 点,半径为 R,滑动土体 $ABCDA$ 分成若干个竖向土条,再计算各土条力系对圆弧圆心的抗滑移力矩 M_R 和滑动力矩 M_s,将抗滑移力矩和滑动力矩之比称为土坡的稳定安全系数,$K=M_R/M_s$。

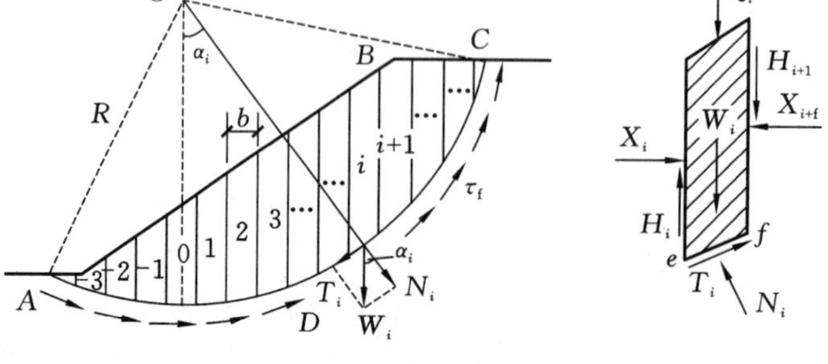

图 8.38　条分法土坡稳定分析示意图

$$K=\frac{M_{\mathrm{R}}}{M_{\mathrm{s}}}=\frac{\sum_{i=-k}^{n}R\left[(Q_i+W_i)\cos\alpha_i\tan\varphi_i+c_il_i\right]}{\sum_{i=-k}^{n}R(Q_i+W_i)\sin\alpha_i} \tag{8.25}$$

式中　Q_i—— 土条表面的竖向作用力，作用在土条的中心线上，大小已知；

W_i—— 土条的重力 W_i，其大小、方向、作用点位置均已知；

l_i—— 滑弧段 ef 的弧长；

c_i，φ_i——ef 上土的黏聚力和内摩擦角；

α_i—— 土条 i 底面的法线(亦即半径）与竖直线的夹角。

假定几个可能的滑动面分别计算相应的 K 值，并取 $K_{\min}$ 所对应的滑动面为最危险滑动面。$K_{\min}>1$，则土坡稳定(一般取 $K_{\min}=1.1\sim1.5$)。

由于抗滑移力矩 M_{R} 和滑动力矩 M_{s} 计算较复杂，仅给出表达式。另外，条分法用于分析外形比较复杂的黏性土土坡，特别是多层土土坡，计算工作量大，一般由计算机完成。

8.8.3　土坡稳定的影响因素及采取的措施

1. 影响因素

(1) 内部因素

① 斜坡的土质。各种土质的抗剪强度(c、φ、γ)、抗水能力是不一样的，如钙质或石膏质胶结的土、湿陷性黄土等，遇水后软化，使原来的强度降低很多。

② 斜坡的土层结构。如在斜坡上堆有较厚的土层，特别是当下伏土层(或岩层）不透水时，容易在交界面上发生滑动。

③ 斜坡的外形(坡度、坡高)。比如上陡下缓的凹形坡易于下滑，由于黏性土有黏聚力，当土坡不高时尚可直立，但随时间和气候的变化，也会逐渐塌落。

(2) 外部因素

① 降水或地下水的作用。持续的降雨或地下水渗入土层中，使土中含水量增高，土中易溶盐溶解，土质变软，抗剪强度降低；孔隙水压力的产生，使土体作用有动、静水压力，促使土体失稳，故设计斜坡时应针对这些原因，采用相应的排水措施。

② 震动的作用。如地震的反复作用下，砂土极易发生液化；对于黏性土，震动时易使土的结构破坏，从而降低土的抗剪强度；施工打桩或爆破，由于震动也可使邻近土坡变形或失稳等。

③ 人为影响。由于人类不合理地开挖，特别是开挖坡脚，或开挖基坑、沟渠、道路边坡时将弃土堆在坡顶附近；在斜坡上建房或堆放重物，都可引起斜坡变形破坏。

2. 采取措施

(1) 排水措施

设置排水系统，地表排水与地下排水是整治滑坡的可靠措施。在整治过程中，应以治水为本、支挡为辅，采用疏、截、排等综合措施以引开地表水，降低地下水，提高土体强度。

(2) 支挡措施

边坡开挖以后，破坏了土体原有稳定性，使边坡向基坑不稳定方向发展。随着时间的推移，边坡失稳的可能性逐渐增大，同时施工周期越长越容易受到降雨的影响，因此边坡在开挖后应及时支护。

(3) 减少人为因素的影响

① 减少震动的影响。边坡开挖施工过程中，尽量减少边坡周围震动对边坡的影响。如：边坡周围影响范围内尽量减少爆破、夯、锤击法预制桩施工作业。

② 杜绝和减少坡顶对边坡的应力。边坡顶部影响范围内禁止堆积土方、大宗建筑材料和设备，边坡顶部禁止载重汽车和施工机械的通行，减少外部因素给边坡施加破坏应力。

③ 严格按照施工规范组织施工。按照相关的规范规定,一般情况下,边坡开挖高度超过8 m,应分两级进行放坡:从坡顶往下8 m内按1∶1.5进行放坡;超过8 m后,按1∶2进行放坡。坚决杜绝不按规范和施工方案施工的现象发生。

(4) 做好边坡的变形观测

施工过程中做好边坡的变形观测,以便及时预报可能发生的滑塌,采取相应的对策。

① 人工观察。在地质条件较好的地区,对于高度较低的边坡施工,施工过程中安排专职安全人员观察巡视边坡的变化、变形情况。发现异常及时发出报警信号,以便施工人员和机械设备的迅速撤离,避免出现人员伤亡和设备损坏事故的发生。

② 仪器测量观察。对于高度较高的边坡施工,需要使用仪器对边坡变形进行观测。在观测区及其周围设立固定观测标桩,根据观测区的范围、地形条件和观测要求组成导线网,并与地区测量标志连接,用经纬仪、水准仪等仪器测定相对位移和绝对位移。

总之,滑坡是一种常见的工程现象和地质灾害现象,发生滑坡将会造成严重的工程事故,故应对土坡的稳定性进行验算,并做出正确的评价。滑坡的实质是土坡内滑动面上作用的滑动力超过了土的抗剪强度。土坡的稳定程度通常用安全系数来衡量,它表示土坡在预计的最不利条件下具备的安全保障。

本章小结

(1) 土压力是作用在挡土墙上的主要荷载,挡土墙根据墙后填土位移方向和所处状态分为主动土压力、静止土压力和被动土压力。除了地下室外墙按静止土压力计算外,大部分情况挡土墙承受主动土压力作用。

(2) 挡土墙类型有重力式、悬臂式、扶壁式、锚拉式、板桩式及加筋挡土墙,其中重力式挡土墙构造简单、来源广、造价低,但是高度不能太高,否则地基承载力及墙身强度不满足要求。

(3) 土坡失稳现象在生活中时有发生,关系到生命财产安全,明确影响稳定性的因素及采取的措施至关重要。

练习题

一、填空题

1. 根据墙的位移情况和墙后土体所处的应力状态,土压力可分为________、________和被动土压力三种。
2. 在相同条件下,产生主动土压力所需的墙身位移量Δa与产生被动土压力所需的墙身位移量Δp的大小关系是________。
3. 在挡土墙断面设计验算中考虑的主要外荷载是________。
4. 根据朗肯土压力理论,当墙后土体处于主动土压力状态时,表示墙后土体单元应力状态的应力圆与土体抗剪强度包线的几何关系是________。
5. 根据朗肯土压力理论,当墙后土体处于被动土压力状态时,表示墙后土体单元应力状态的应力圆与土体抗剪强度包线的几何关系是________。
6. 若挡土墙墙后填土抗剪强度指标为c、φ,则朗肯主动土压力系数等于________,被动土压力系数等于________。
7. 墙后为黏性填土时的主动土压力包括两部分:一部分是由土自重引起的土压力,另一部分是由________引起的土压力。
8. 当墙后填土有地下水时,作用在墙背上的侧压力有土压力和________两部分。
9. 当墙后无黏性填土中地下水位逐渐上升时,墙背上的侧压力产生的变化是________。
10. 墙后填土选用粗粒土相对于选用黏性土,主动土压力的变化是________。
11. 当挡土墙承受静止土压力时,墙后土体处于________应力状态。

12. 挡土墙在满足 ________ 的条件下，库伦土压力理论与朗肯土压力理论计算得到的土压力是一致的。

13. 库伦土压力理论假定墙后土体中的滑裂面是通过 ________ 的平面。

二、选择题

1. 挡土墙后填土的内摩擦角 φ、黏聚力 c 大小不同，对被动土压力 E_p 大小的影响是(　　)。

   A. φ 越大、c 越小，E_p 越大　　B. φ 越大、c 越小，E_p 越小

   C. φ、c 越大，E_p 越大　　D. φ、c 越大，E_p 越小

2. 朗肯土压力理论的适用条件为(　　)。

   A. 墙背光滑、垂直，填土面水平　　B. 墙背光滑、俯斜，填土面水平

   C. 墙后填土必为理想散粒体　　D. 墙后填土必为理想黏性体

3. 均质黏性土被动土压力沿墙高的分布图为(　　)。

   A. 矩形　　B. 梯形　　C. 三角形　　D. 倒梯形

4. 相同条件下，作用在挡土构筑物上的主动土压力、被动土压力、静止土压力的大小关系是(　　)。

   A. $E_p > E_a > E_0$　　B. $E_a > E_p > E_0$　　C. $E_p > E_0 > E_a$　　D. $E_0 > E_p > E_a$

5. 设计地下室外墙时，作用在其上的土压力应采用(　　)。

   A. 主动土压力　　B. 被动土压力　　C. 静止土压力　　D. 极限土压力

6. 根据库伦土压力理论，挡土墙墙背的粗糙程度与主动土压力 E_a 的关系为(　　)。

   A. 墙背越粗糙，K_a 越大，E_a 越大　　B. 墙背越粗糙，K_a 越小，E_a 越小

   C. 墙背越粗糙，K_a 越小，E_a 越大　　D. E_a 数值与墙背粗糙程度无关

7. 按挡土墙结构特点，下列类型挡土墙属于重力式挡土墙的是(　　)。

   A. 石砌衡重式挡土墙　　B. 钢筋混凝土悬臂式挡土墙

   C. 柱板式挡土墙　　D. 锚定板式挡土墙

8. 下列各项属于挡土墙设计工作内容的是(　　)。

   A. 确定作用在墙背上的土压力的性质　　B. 确定作用在墙背上的土压力的大小

   C. 确定作用在墙背上的土压力的方向　　D. 确定作用在墙背上的土压力的作用点

9. 若挡土墙完全没有侧向变形、偏转和自身弯曲变形，正确的描述是(　　)。

   A. 墙后土体处于静止土压力状态　　B. 墙后土体处于侧限压缩应力状态

   C. 墙后土体处于无侧限压缩应力状态　　D. 墙后土体处于主动土压力状态

10. 若墙后为均质填土，无外荷载，填土抗剪强度指标为 c，φ，填土的重度为 γ，则根据朗肯土压力理论，墙后土体中自填土表面向下深度 z 处的主动土应力是(　　)。

   A. $\gamma z\tan^2\left(45°+\dfrac{\varphi}{2}\right)-2c\tan^2\left(45°+\dfrac{\varphi}{2}\right)$　　B. $\gamma z\tan^2\left(45°+\dfrac{\varphi}{2}\right)+2c\tan^2\left(45°+\dfrac{\varphi}{2}\right)$

   C. $\gamma z\tan^2\left(45°-\dfrac{\varphi}{2}\right)+2c\tan^2\left(45°-\dfrac{\varphi}{2}\right)$　　D. $\gamma z\tan^2\left(45°-\dfrac{\varphi}{2}\right)-2c\tan^2\left(45°-\dfrac{\varphi}{2}\right)$

11. 下列描述正确的是(　　)。

   A. 墙后填土由性质不同的土层组成时，土压力沿深度的变化在土层层面处一定是连续的

   B. 墙后填土由性质不同的土层组成时，土压力沿深度的变化在土层层面处常出现突变

   C. 墙后填土中有地下水时，地下水位以下填土采用其浮重度计算土压力

   D. 墙后填土中有地下水时，地下水位以下填土采用其干重度计算土压力

12. 库伦土压力理论的基本假设包括(　　)。

   A. 墙后填土是无黏性土　　B. 墙后填土是黏性土

   C. 滑动破坏面为一平面　　D. 滑动土楔体视为刚体

13. 确定挡土墙墙背与土间的摩擦角时，重点考虑的因素包括(　　)。

   A. 墙背的粗糙程度　　B. 墙后土体排水条件

   C. 挡土墙的重要性　　D. 墙后填土的内摩擦角

14. 朗肯土压力理论与库伦土压力理论计算所得土压力相同的情况是(　　)。
   A. 墙后填土为无黏性土　　B. 墙背直立、光滑,填土面水平
   C. 挡土墙的刚度无穷大　　D. 墙后无地下水
15. 重力式挡土墙的设计应满足的基本要求包括(　　)。
   A. 产生墙身沿基底的滑动破坏
   B. 不产生墙身绕墙趾倾覆
   C. 地基承载力足够,不出现因基底不均匀沉降而引起墙身倾斜
   D. 墙身不产生开裂破坏

三、简答题

1. 影响土压力因素有哪些?
2. 简述挡土墙位移对土压力的影响。
3. 简述朗肯土压力理论的优缺点。
4. 简述库伦土压力理论的优缺点。
5. 简述挡土墙的排水措施及施工注意事项。
6. 简述挡土墙的主要结构形式及其特点。

四、计算题

1. 某挡土墙墙高 $H=6$ m,墙背直立、光滑,填土面水平,墙后填土共分两层,每层厚度3 m。上层土的物理力学性质指标:$c=10$ kPa,$\varphi=25°$,$\gamma=18$ kN/m^3;下层土的物理力学性质指标:$c=0$,$\varphi=30°$,$\gamma=19$ kN/m^3。分别求主动土压力、被动土压力及其作用点位置,并绘出土压力分布图。
2. 某砌体重力式挡土墙墙高 $H=5$ m,填土面水平,墙后填土为无黏性土,其物理力学性质指标:$c=0$,$\varphi=30°$,$\gamma=19$ kN/m^3。砌体重度 $\gamma_t=22$ kN/m^3,填土对墙背的摩擦角 $\delta=20°$,基底摩擦系数 $\mu=0.55$,地基承载力设计值 $f=180$ kPa。试按等腰梯形断面设计此挡土墙。

9　基坑工程简介

【引言】

自20世纪90年代以来，我国改革开放和国民经济持续高速增长的形势下，全国工程建设突飞猛进，高层建筑迅猛发展，各地还兴建了大型地下市政设施、地下商场、地铁车站等，导致多层地下室逐渐增多，基坑开挖深度超过10 m的比比皆是，但基坑工程具有多变性、复杂性、危险性等特点，所以对基坑工程的设计、施工及监测各环节要足够重视，确保施工阶段的安全。

【学习要点】

(1) 明确基坑工程的内容、特点；

(2) 掌握基坑支护类型、组成、工作原理、特点及适用条件；

(3) 理解地下水控制的方法、原理及适用条件；

(4) 明确基坑的现场检测与信息化施工的重要性。

【思政元素】

本单元融入的思政内容，包括：(1) 让学生充分了解基坑工程决策一定要遵循科学和规范，做到个人利益与集体利益的统一；(2) 深入实施人才强国战略；(3) 强化国家战略科技力量，优化配置创新资源，提升国家创新体系整体效能。

9.1　概　　述

9.1.1　基坑工程的应用与发展

在发达国家地下空间利用历史比较悠久，比如在日本大量道路、车站、停车场、铁路、电网、煤气、上下水及变电站等均设置在地下。我国近20年来，地下工程发展迅速，由一般的中、小型基坑发展到大型、多层基坑，如高层建筑多层地下室、地下铁道及地下车站、地下停车库、地下商场、地下医院、地下仓库、地下民防工事以及各种地下民用和工业设施等，基坑工程还由大城市向小城市发展。

基坑工程从20世纪80年代至90年代末的探索阶段到目前已发展到与结构、岩土、材料、施工、信息等多学科结合，基坑工程理论不断发展，促进了结构与岩土理论、施工与检测技术的发展。随着施工技术不断开发、改进与创新，基坑工程得到了前所未有的发展。

例如，盾构技术是以盾构为核心的建造隧道的施工方法，称为盾构工法，如图9.1所示。盾构机是一种用于软土隧道暗挖施工、具有金属外壳、壳内装有整机及辅助设备，在其掩护下进行土体开挖、土渣排运、推进和管片安装等作业，而使隧道一次成型的工作机械。

又如：逆作法地下工程施工顺序从上往下(图9.2)；同时地面一层的楼面结构已完成，为上部结构施工创造了条件，所以可以同时向上逐层进行地上结构的施工。如此地面上、下同步进行施工，直至工程结束。

此外，围护墙的支撑体系由地下室各层楼盖结构代替，对基坑起到水平内支撑作用，省去大量支撑费用，还可以解决特殊平面形状建筑或局部楼盖缺失所带来的布置支撑的困难，并使受力更加合

(a)　　　　　　　　　　　　　　(b)

图 9.1　地铁工程中盾构技术

(a) 地下铁路;(b) 盾构机

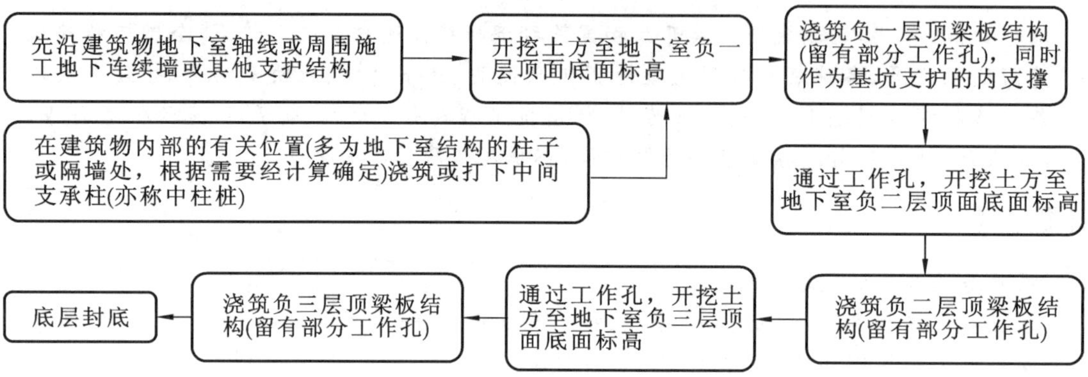

图 9.2　逆作法的工作原理

理。由于上述原因,再加上总工期的缩短,因而在软土地区,对于具有多层地下室的高层建筑,采用逆作法施工具有明显的经济效益。图 9.3 为逆作法方案示意图。

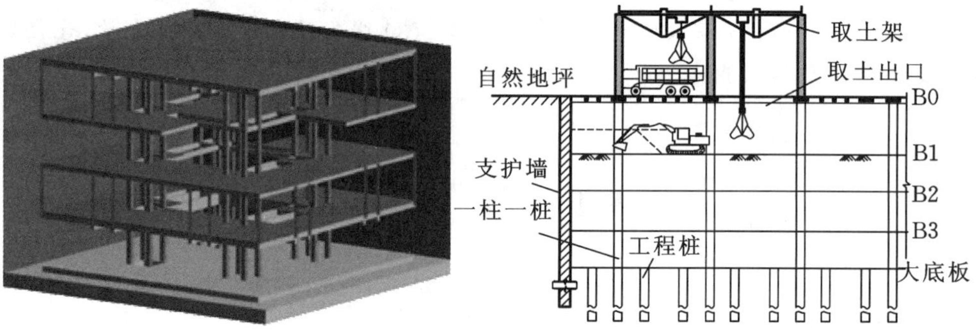

图 9.3　逆作法方案示意图

9.1.2　基坑工程的基本概念

1. 基坑

建筑基坑是指为进行建筑物(包括构筑物)基础与地下室的施工所开挖的地面以下的空间。基坑开挖后会产生多个临空面,这构成基坑围体,围体的某一侧面称为基坑侧壁。基坑的开挖必然对周边环境造成一定的影响,影响范围内的既有建(构)筑物、道路、地下设施、地下管线、岩土体、地下水体等统称为基坑周边环境。

(1) 基坑按挖深分为深基坑和浅基坑,深基坑一般是指开挖深度≥5 m或地下室≥3层的基坑。在城市中心建筑物稠密地区,高层建筑越来越高,基础埋深越来越大,主要采用深基坑。但是,地质条件和周围环境及地下管线越来越复杂,为了保证地下结构正常施工、周围环境不受损害,深基坑的支护问题是基坑工程中必须解决的主要问题。

(2) 基坑土方开挖的施工工艺一般有两种:无支护开挖和有支护开挖。

① 无支护基坑施工最简单、最经济的办法是放坡开挖,一般适用于基础埋置不深,施工期较短,挖基

坑时不影响邻近建筑物的安全的情况。当地下水位低于基底，或者渗透量小，不影响坑壁稳定性时也可采用放坡开挖。因此，在空旷地区或周围环境允许放坡而又能保证边坡稳定的条件下应优先选用。

② 有支护基坑施工一般适用于基坑壁土质不稳定，并且有地下水的影响的情况。当放坡开挖土方工程量过大，不经济，易受到施工场地或邻近建筑物限制时应采用有支护施工。图 9.4、图 9.5 为施工中的深基坑支护工程。

图 9.4 深基坑工程

图 9.5 内支撑深基坑支护

2. 基坑工程的内容

基坑工程是为保护基坑施工、地下结构的安全和周边环境不受损害而采取的支护、基坑土体加固、地下水控制、开挖等工程的总称，包括勘察、设计、施工、监测、试验等。基坑工程经常会受到场地条件、周边环境的限制，所以需要设计支护系统。基坑是否安全的关键是基坑的支护是否设计合理、施工是否规范。在有支护开挖的情况下，基坑工程一般包括下列内容：

(1) 基坑工程勘察；

(2) 基坑支护结构的设计和施工；

(3) 控制基坑地下水位；

(4) 基坑土方工程的开挖和运输；

(5) 基坑土方开挖过程中的工程监测；

(6) 基坑周围的环境保护。

总之，基坑工程是一门综合性很强的工程，是与地质工程、岩土工程、结构工程和岩土测试技术于一体的系统工程。所以工程从勘察、支护结构设计与施工、土方开挖与回填、地下水控制、信息化施工及周边环境保护均要抓好每一关，不能有一丝侥幸，否则损失难以挽回，后果惨重。在实际工程中，基坑失稳事故屡见不鲜。如图 9.6 所示，2009 年 6 月 27 日 5 时 30 分左右，位于上海市闵行区"莲花河畔景

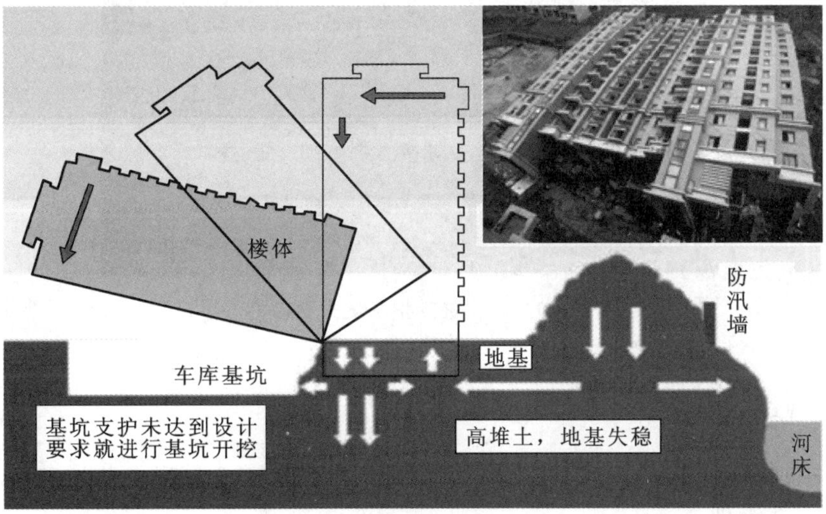

图 9.6 深基坑失稳工程事故

苑”商品房小区工地内,在没有任何先兆的情况下,一幢在建 13 层住宅楼向基坑开挖一侧方向整体倾倒。其主要原因是:

① 一侧高堆土,最高处达 10 m 左右,据估算堆土增加地面荷载 126 kPa,超过地基承载力特征值的 2 倍。

② 另一侧地下室基坑开挖,地下车库基坑支护为水泥搅拌悬臂式挡土墙,强度还未达到设计要求就进行正式开挖,开挖深度达 4.6 m。两方面原因导致主动土压力急剧加大,基坑支护失稳。

➡ 技术提示

对基坑工程的要求:

(1) 保证基坑四周边坡土体的稳定性,同时保证地下结构的施工空间;

(2) 保证不影响基坑周边建(构)筑物、地下管线、道路的安全和正常使用;

(3) 通过截水、降水、排水等措施,保证基坑工程施工作业面在地下水位以上,施工作业为干作业;

(4) 做到因地制宜、就地取材、保护环境、节约资源,保证工程的经济合理。

9.1.3 工程特点

(1) 支护结构临时性:基坑工程具有较大的风险性。基坑支护体系一般为临时措施,其荷载、强度、变形、防渗、耐久性等方面的安全储备较小。

(2) 基坑工程多样性:基坑所处区域地质条件的多样性,基坑周边环境的复杂性、基坑形状及基坑支护形式的多样性,决定了基坑工程具有明显的个性。

(3) 基坑工程影响环境特殊性:基坑工程的施工会引起周围地下水位变化和应力场的改变,导致周围土体的变形,对相邻环境会产生影响。

(4) 基坑工程理论复杂性:目前理论尚不完善,基坑工程是岩土、结构及施工相互交叉的科学,且受到多种复杂因素相互影响,土压力理论、基坑设计计算理论等尚待进一步发展。

(5) 基坑工程施工质量要求高,施工难度大。由于深基坑工程中的挖方量大,土体中原有天然应力的释放也大,这使基坑周围环境的不均匀沉降加大,基坑周围的建筑物出现不利的拉应力,地下管线的某些部位出现应力集中等,故深基坑支护工程的质量要求高,否则基坑最容易发生失稳破坏,如图 9.7 所示。

图 9.7　排桩支护基坑失稳破坏

9.1.4 基坑工程设计等级

《建筑基坑支护技术规范》(JGJ 120—2012) 根据基坑侧壁安全等级及基坑破坏后果将基坑工程设计等级划分为三个级别,见表 9.1。

表 9.1　基坑设计等级

一级	适用条件	重要工程或支护结构做主体结构的一部分，开挖深度大于 10 m，与邻近建筑物、重要设施的距离在开挖深度以内的基坑，基坑范围内有历史文物、近代优秀建筑、重要管线等需要严加保护的基坑
	破坏后果	支护结构破坏、土体失稳或过大变形对基坑周边环境及地下结构施工影响很严重
二级	适用条件	介于一级基坑、三级以外的基坑
	破坏后果	支护结构破坏、土体失稳或过大变形对基坑周边环境及地下结构施工影响严重
三级	适用条件	开挖深度小于 7 m 且周围环境无特殊要求的基坑
	破坏后果	支护结构破坏、土体失稳或过大变形对基坑周边环境及地下结构施工影响不严重

9.1.5　基坑的地质勘探

为了正确地进行支护结构设计和合理组织基坑工程施工，事先需对基坑及其周围环境进行勘察，主要体现在以下几个方面：

1. 岩土勘察

在建筑地基详细勘察阶段，同时宜对基坑工程进行岩土勘察，在基坑周边布置勘探点。① 勘探点位置：宜在开挖边界外开挖深度 1 ～ 2 倍范围内布置勘探点，勘探点的间距可为 15 ～ 30 m；地层变化较大时，应增加勘探点查明其分布规律。② 勘探点深度：深度不宜小于 1 倍开挖深度，软土地区应穿越软土层。勘察深度应满足基坑支护稳定性验算、降水或止水帷幕设计的要求。当基坑开挖边界外无法布置勘察点时，应通过调查取得相关资料。通过勘探，完成以下内容：

(1) 场地土层的类型、特点、土层性质；

(2) 基坑及围护墙边界附近，场地填土、暗浜、古河道及地下障碍物等不良地质现象的分布范围与深度，表明其对基坑工程的影响；

(3) 场地浅层潜水和坑底深部承压水的埋藏情况，土层渗流特性及产生流砂、管涌的可能性；

(4) 支护结构设计和施工所需土、水指标。

2. 水文地质勘察

水文地质勘察应查明场区水文地质资料及与降水有关的参数，并应包括下列内容：

(1) 地下各含水层的水位；

(2) 地下各含水层中水的补给情况和动态变化情况，与附近水体的连通情况；

(3) 基坑底以下承压水的水头高度和含水层的界面；

(4) 分析施工过程中水位变化对支护结构和基坑周边环境的影响，提出应采取的措施。

3. 基坑周边环境勘察

应调查基坑周边 2 倍开挖深度范围内建(构) 筑物及设施的状况，如图 9.8 所示，基坑工程紧邻已建建筑，应做好基坑周围环境保护措施。当附近有轨道交通设施、隧道、防汛墙等重要建(构) 筑物及设施，或降水深度较大时应扩大调查范围。主要内容有：

(1) 建(构) 筑物的结构形式、层数；基础类型和埋深、基础荷载大小；上部结构现状，如沉降与倾斜及保护要求等。

(2) 查明基坑周边各类地下设施，包括给水、排水、电缆、煤气、污水、雨水、热力等管线的分布与性状；地下交通工程、管线设施等的平面位置、埋深、结构形式、材料强度、断面尺寸、运营情况及保护要求等。

(3) 查明基坑四周道路的距离及车辆载重情况。

(4) 查明场地四周和邻近地区地表水汇流和排泄情况，地下水管渗漏情况及对基坑开挖的

图 9.8　基坑保护工程案例

影响。

此外,在进行支护结构设计之前,尚应对下述地下结构设计资料进行收集和了解:

(1) 支护结构形式、支撑布置与地下室的平面布置以及与建筑红线的相对位置等有关资料;

(2) 支撑体系中的立柱布置与基础的桩位布置图有关资料,应尽量利用工程桩作为立柱桩以降低造价;

(3) 开挖深度、围护墙及其支撑形式、地下室层数、各层楼板和底板的布置与标高以及地面标高等有关资料。

9.2　基坑支护结构的类型、特点和适用条件

基坑支护结构通常由挡土构件、支撑或土层锚杆及防渗帷幕等组成。在基坑支护结构中,直接承受土压力的构件叫挡土构件,挡土构件是设置在基坑侧壁并嵌入基坑底面的竖向构件。当基坑深度不大,依靠支挡构件自重就可以承受土压力作用,保证基坑工程的稳定,可以不设置支撑及锚杆。但当基坑埋深过大,挡土构件(如排桩)变形、稳定性不能满足设计要求时,应设置内支撑或土层锚杆作为挡土构件的支承点,形成土层锚杆支护、内支撑支护结构,统称排桩支护结构,其支挡构件类型较多。图 9.9 根据挡土构件不同将基坑支护做了分类,不同的支护结构,其受力、构造、施工工艺、特点及适用条件也不同,下面学习几种常见的支护结构。

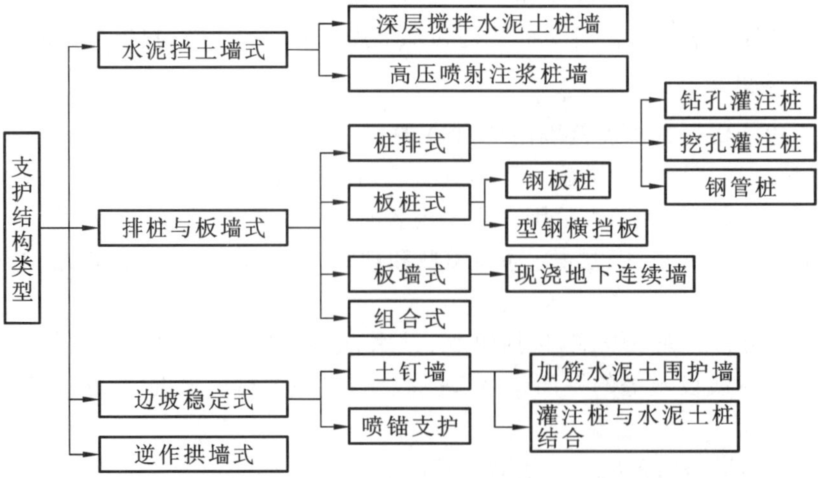

图 9.9　基坑支护结构类型

9.2.1　水泥土重力式挡土墙

1. 加固原理

水泥土重力式挡土墙是以水泥系材料为固化剂，通过特制的机械将水泥和地基土强行搅拌形成桩体，桩体之间相互搭接，在基坑侧壁形成一个具有相当厚度和重度的刚性实体结构。它依靠墙体本身的自重来平衡基坑内外的土压力，保证基坑四周土体的稳定性。

2. 施工方法

水泥土重力式挡土墙的桩身材料是水泥土，根据搅拌机工作原理及施工工艺不同，可分为水泥土深层搅拌桩墙、高压喷射注浆桩墙等，见表 9.2。

表 9.2　水泥土重力式挡土墙类型、特点及适用条件

类型	水泥土深层搅拌桩墙	高压喷射注浆桩墙
施工工艺	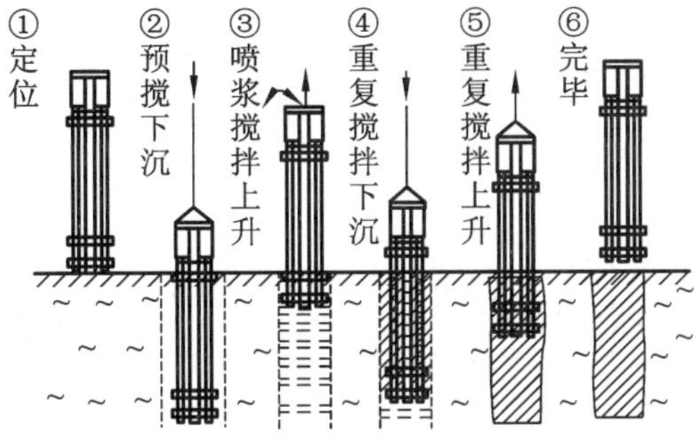	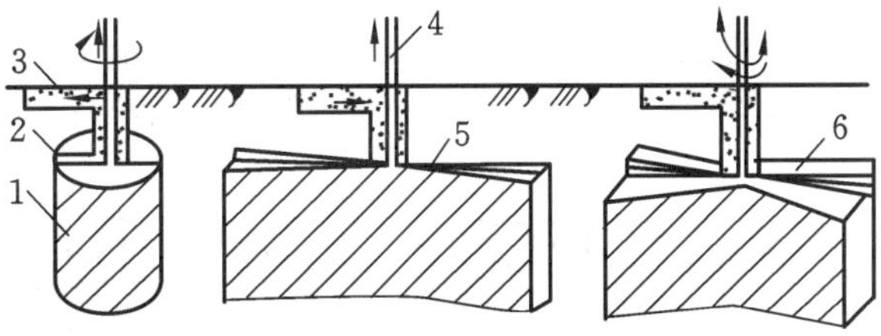 (a) 旋喷　(b) 定喷　(c) 摆喷 1— 桩；2— 射流；3— 冒浆；4— 喷射注浆；5— 板；6— 墙
工作原理	水泥土深层搅拌桩，通常称为搅拌桩，是以机械旋转的方法搅动地层，同时灌入水泥浆液或喷入水泥干粉，同土体充分混合形成桩体。分为干法和湿法。通常将干法称为粉喷桩，属于深层搅拌桩。 粉喷桩利用深层搅拌机将水泥粉和地基土原位搅拌形成圆柱状、格栅状或连续墙水泥土增强体。粉喷桩适合含水量较高的黏性土地基	高压喷射注浆法是利用钻机把带有特殊喷嘴的注浆管钻进至土层的预定位置后，用高压脉冲泵将水泥浆液通过钻杆下端的喷射装置，向四周以高速水平喷入土体，借助液体的冲击力切削土层，使喷流射程内土体遭受破坏，土体与水泥浆充分搅拌混合，胶结硬化后形成加固体，从而使地基得到加固。 根据喷射流的移动方式可分为旋喷、定喷、摆喷
特点	(1) 施工方便，施工进度快，工程造价低； (2) 防渗性能好； (3) 加固后的土体重度基本不变，对软弱下卧层不产生附加沉降； (4) 对土层地质条件要求较高，土质条件较差的土层，水泥土重力式挡土墙应慎重采用； (5) 与有支撑支护结构相比，重力式围护基坑周围地基变形较大，对邻近建筑物或地下设施影响较大	

续表 9.2

类型	水泥土深层搅拌桩墙	高压喷射注浆桩墙
适用条件	(1) 基坑的开挖深度越大,墙体的侧向位移就越大,墙体宽度就越大,造价就越高。根据经验,当基坑挖深不超过 7 m 时,墙体最大位移可能达到 20 cm 以上,使工程的风险相应增加。鉴于目前施工机械、工艺和控制质量的水平,开挖深度不宜超出 7 m。当周边环境要求较高时,采用水泥土重力式挡土墙支护,基坑开挖深度宜控制在 5 m 以内。 (2) 水泥土搅拌桩和高压旋喷桩在淤泥质土,含水量较高而地基承载力小于 120 kPa 的黏土、粉土、砂土等软土地基中施工效果较好;对于地基承载力较高、黏性较大或较密实的黏土或砂土,可采用先行钻孔套打、添加外加剂或其他辅助方法施工。 (3) 水泥土重力式挡土墙施工过程中,周边土体会产生一定的隆起或侧移,且在基坑开挖阶段墙体的侧向位移较大,会使坑外一定范围的土体产生沉降和变位	

3. 搅拌桩的平面布置形式

水泥土搅拌桩在基坑支护工程中运用很广泛,其基本方法是采用深层搅拌机械将相邻搅拌桩搭接施工,形成连续墙体来抵抗水和土产生的侧压力。一般布置成壁式或空腹格栅式,实体布置也可形成拱状结构。图 9.10 所示为水泥土挡墙的平面布置形式。

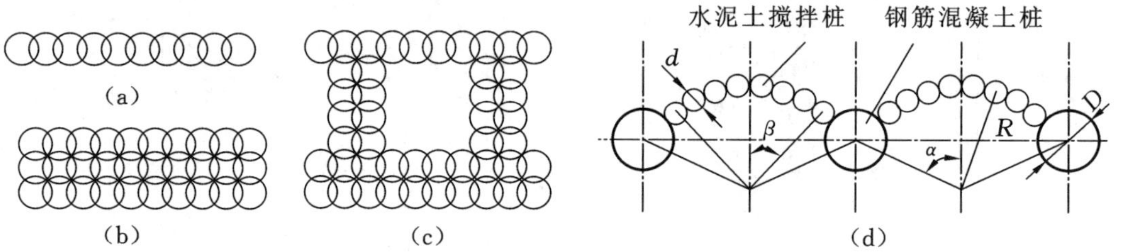

图 9.10　水泥土挡墙平面布置形式

(a) 壁式;(b) 实体式;(c) 格栅式;(d) 连拱式

格栅式增加了墙体的侧向刚度,提高了墙体的稳定性。连拱式支护结构是一种组合空间结构,其原理是将水泥土压力转化为沿拱轴方向的轴压力,这样可以利用水泥土受压强度较高的特性,充分发挥材料的作用,节省钢材,从而节省工程投资。而且这一结构其截面惯性矩和抗弯刚度远大于壁式布置,因而受力可靠,变位相对较小。

4. 构造要求

(1) 尺寸要求

桩长:$L=(1.8\sim2.2)H$(H 指基坑开挖深度)。

嵌固深度:对淤泥质土,不宜小于 $1.2H$;对淤泥,不宜小于 $1.3H$。

宽度:$B=(0.7\sim0.95)H$。对淤泥质土,不宜小于 $0.7H$;对淤泥,不宜小于 $0.8H$。

(2) 水泥土搅拌桩的搭接

水泥土搅拌桩的搭接长度不宜小于 150 mm。当兼作截水帷幕时,搅拌桩桩径宜取 450 ~ 800 mm,搅拌桩的搭接宽度应符合下列规定:

① 单排搅拌桩帷幕的搭接宽度,当搅拌深度不大于 10 m 时,不应小于 150 mm;当搅拌深度为 10 ~ 15 m 时,不应小于 200 mm;当搅拌深度大于 15 m 时,不应小于 250 mm。

② 对地下水位较高、渗透性较强的地层,宜采用双排搅拌桩截水帷幕。搅拌桩的搭接长度,当搅拌深度不大于 10 m 时,不应小于 100 mm;当搅拌深度为 10 ~ 15 m 时,不应小于 150 mm;当搅拌深度大于 15 m 时,不应小于 200 mm。

(3) 材料及其他方面基本要求

① 水泥土一般采用42.5级普通硅酸盐水泥或矿渣水泥，水灰比可选用0.4～0.5。水泥土的强度与土的性质、水泥掺入比、外掺物等因素有关。当水泥土搅拌桩兼作截水帷幕时，搅拌桩水泥浆液的水灰比宜取0.6～0.8。

② 水泥掺入比是指水泥质量与被加固软土质量之比。搅拌桩的水泥掺量宜取土的天然重度的15%～20%。在实际工程中水泥掺入比常选用70%～80%，另外掺加粉煤灰的水泥土，其强度均比不掺加粉煤灰的有所增加。

③ 水泥土墙体28 d无侧限抗压强度不宜小于0.8 MPa。当需要增强墙身的抗拉性能时，可在水泥土桩内插入杆筋。杆筋可采用钢筋、钢管或毛竹，杆筋的插入深度宜大于基坑深度，杆筋应锚入面板内。

④ 水泥土墙顶面宜设置混凝土连接面板，面板厚度不宜小于150 mm，混凝土强度等级不宜低于C15。

9.2.2　排桩及板桩支护结构

排桩是某种桩型按队列式布置组成的基坑支护结构，桩型有钢筋混凝土钻孔灌注桩和挖孔桩，此外还有工字钢桩或H型钢桩。板桩是一段段两边有锁口的槽形钢板、预制钢筋混凝土板成排地沉入土中，作为挡水、挡土的临时性围墙，用于较深坑槽、地下管道的施工，其中钢筋混凝土板桩作为永久性的挡土结构。

1. 排桩支护结构

排桩最常用的桩型是钢筋混凝土钻孔灌注桩和挖孔桩。开挖时，当不能放坡或由于场地限制而不能采用搅拌桩支护，开挖深度为6～10 m时，即可采用排桩支护。排桩支护结构通常由支护桩、支撑或土层锚杆及防渗帷幕等组成，其中支护桩可采用钻孔灌注桩、人工挖孔桩。排桩支护结构形式分为悬臂式支护结构、锚拉式支护结构(图9.11)及内支撑支护结构(图9.12)。

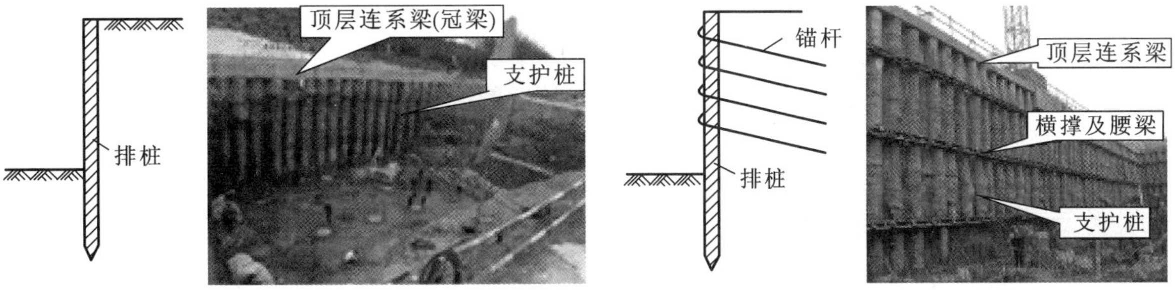

(a)　　　　　　　　(b)

图9.11　悬臂式排桩及多层锚拉支护

(a) 悬臂式排桩；(b) 多层锚拉支护

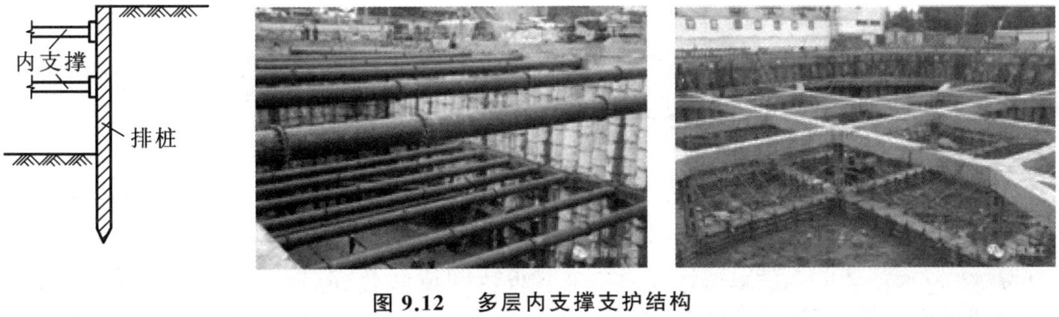

图9.12　多层内支撑支护结构

1）排桩平面布置形式及适用条件（表 9.3）

表 9.3　排桩平面布置形式及适用条件

平面布置形式	 （a）并列式　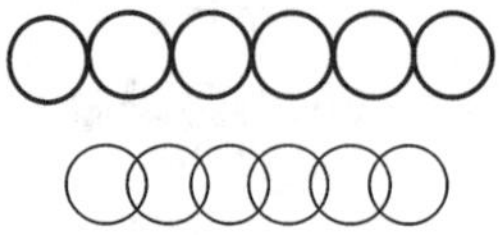 （b）连续式　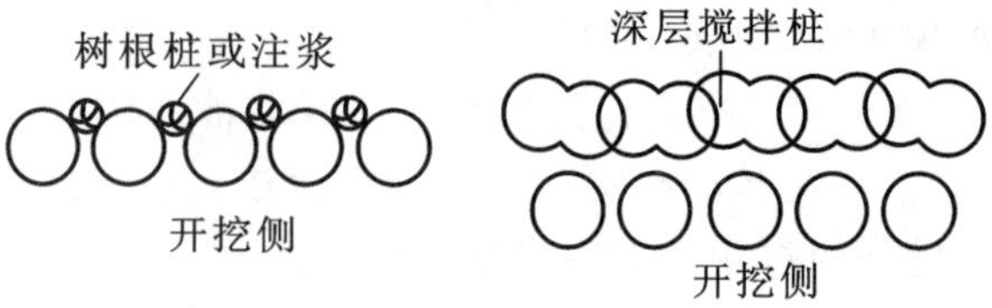 （c）组合式
适用条件	（1）并列式：当边坡土质尚好、地下水位较低时，可利用土拱作用，以稀疏钻孔灌注桩或挖孔桩支挡土坡。 （2）连续式：在软土中一般不能形成土拱，支挡结构应该连续排，另外密排的钻孔桩可互相搭接。 （3）组合式：将不同形式的排桩组合在一起的形式。例如： ① 在桩身混凝土强度尚未形成时，在相邻桩之间做一根素混凝土树根桩把钻孔桩排连起来。 ② 在地下水位较高的软土地区，可采用钻孔灌注排桩与水泥土搅拌桩防渗墙组合的方式

2）构造要求

排桩的桩型与成桩工艺应根据桩所穿过土层的性质、地下水条件及基坑周边环境要求等，选择混凝土灌注桩、型钢桩、钢管桩、水泥土搅拌桩等桩型，其中灌注桩最常见，其构造要求如下：

（1）灌注桩桩身构造要求

① 对悬臂式排桩，支护桩的桩径宜大于或等于 600 mm；对锚拉式排桩或支撑式排桩，支护桩的桩径宜大于或等于 400 mm；排桩的中心距不宜大于桩直径的 2.0 倍。

② 材料强度等级要求：桩身混凝土强度等级不宜低于 C25；纵向受力钢筋宜选用 HRB400、HRB500 级钢筋；箍筋宜用 HRB400 级钢筋。

③ 纵向受力钢筋的保护层厚度不应小于 35 mm；采用水下灌注混凝土工艺时，不应小于 50 mm。

④ 纵筋配筋要求

a. 单桩的纵向受力钢筋不宜少于 8 根，净间距不应小于 60 mm。

b. 当采用沿截面周边非均匀配置纵向钢筋时，受压区的纵向钢筋根数不应少于 5 根；当施工方法不能保证钢筋的方向时，不应采用沿截面周边非均匀配置纵向钢筋的形式。

c. 支护桩顶部设置钢筋混凝土构造冠梁时，纵向钢筋锚入冠梁的长度宜取冠梁厚度；冠梁按结构受力构件设置时，桩身纵向受力钢筋伸入冠梁的锚固长度。

⑤ 箍筋配筋要求

a. 箍筋可采用螺旋式箍筋，直径不应小于纵向受力钢筋最大直径的 1/4，且不应小于 6 mm；箍筋间距宜取 100 ～ 200 mm 且不应大于 400 mm 及桩的直径；

b. 沿桩身配置的加强箍筋应满足钢筋笼起吊安装要求，间距宜取 1000 ～ 2000 mm。

（2）其他构造要求

① 排桩采用素混凝土桩与钢筋混凝土桩间隔布置的钻孔咬合桩形式时，支护桩的桩径可取 800 ～ 1500 mm，相邻桩咬合不宜小于 200 mm。素混凝土桩应采用强度等级不小于 C15 的超缓凝混凝土，其初凝时间宜控制在 40 ～ 70 h，坍落度宜取 12 ～ 14 mm。

② 冠梁构造

支护桩顶部应设置混凝土冠梁，排桩冠梁标高宜低于地下管线标高。a. 冠梁宽度（水平方向）不宜小于桩径，冠梁高度不宜小于桩径的 60%（竖直方向）且不宜小于 400 mm。b.排桩与桩顶冠梁的混凝土强度等级宜大于 C20。c.当冠梁作为连系梁时可按构造配筋，冠梁钢筋应符合现行国家标准《混凝土结构设计规范标准》（GB/T 50010—2010，2024 年版）对梁的构造配筋要求。d.冠梁用作支撑或锚杆的传力构件时，尚应进行截面设计。

③ 排桩的桩间土防护措施

桩间土防护措施宜采用内置钢筋网或钢丝网的喷射混凝土面层。其具体要求为：a.喷射混凝土面层的厚度不宜小于 50 mm，混凝土强度等级不宜低于 C20；b.混凝土面层内配置的钢筋网的纵横向间距不宜大于 200 mm；c.钢筋网或钢丝网宜采用横向拉筋与两侧桩体连接，拉筋直径不宜小于 12 mm，拉筋锚固在桩内的长度不宜小于 100 mm。d.钢筋网宜采用桩间土内打入直径不小于 12 mm 的钢筋钉固定，钢筋钉打入桩间土中的长度不宜小于排桩净间距的 1.5 倍且不应小于 500 mm。

④ 基坑降水措施

在有可能出现渗水的部位应设置泄水管，泄水管应采取防止土颗粒流失的反滤措施。

2. 板桩支护结构

板桩支护结构由两大系统组成：挡墙系统和支撑（或拉锚）系统。板桩作为支挡构件按材料不同有钢板桩和预制钢筋混凝土板桩两种类型，如图 9.13 所示。

最常见的板桩是钢板桩。当基坑较深、地下水位较高且未采用施工降水时，采用板桩作为支护结构，既可挡土、防水，还可防止流砂的发生。钢板桩强度高，桩与桩之间的联系紧密，隔水效果好。钢板桩一般可回收重复使用 20 次以上，大大减少取土量和混凝土用量，是安全可靠并具有明显环保效益的围护形式。

图 9.13　板桩支护结构

(a) U 形钢板桩支护；(b) 预制钢筋混凝土板桩

1）钢板桩截面形式

钢板桩是带有锁口的一种型钢，其截面有一字形、U 形及 Z 形等，有各种尺寸及联锁形式，如图 9.14 所示。

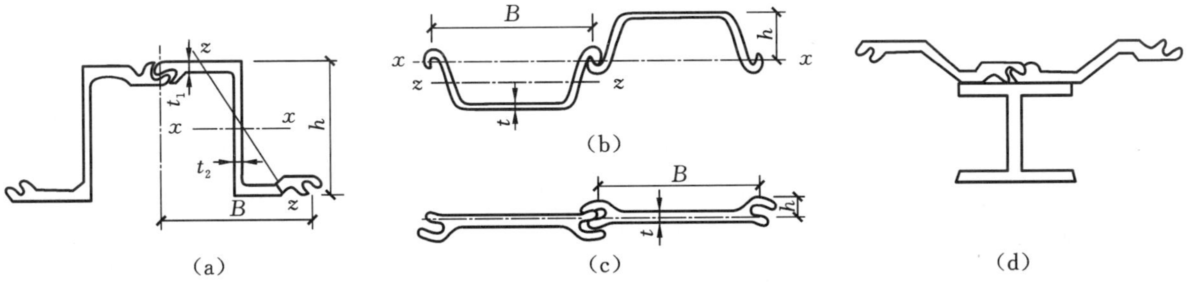

图 9.14　常用钢板桩的截面形式

(a) Z 形；(b) U 形；(c) 一字形；(d) 组合型

2）钢筋混凝土板桩

钢筋混凝土板桩具有施工简单、现场作业周期短等特点，曾在基坑中广泛应用，但由于钢筋混凝土板桩的施打一般采用锤击方法，振动与噪声大，同时沉桩过程中挤土也较为严重，在城市工程中受到一定限制。

支护系统作用是为挡墙系统提供支承，提高挡土构件的刚度并共同抵抗土压力，保证基坑的稳定性。

(1) 支撑系统：有大型钢管、H 型钢或格构式钢支撑，也可采用现浇钢筋混凝土支撑，如图 9.15(a)、(b) 及图 9.16 所示。

(2) 拉锚系统：常见的有钢筋、钢索、型钢拉杆或土锚杆，如图 9.15(c)、(d) 所示。

总之，板桩是深基坑开挖时的专用支护结构，在基坑开挖前将板桩打入土中，基坑开挖后，靠板桩

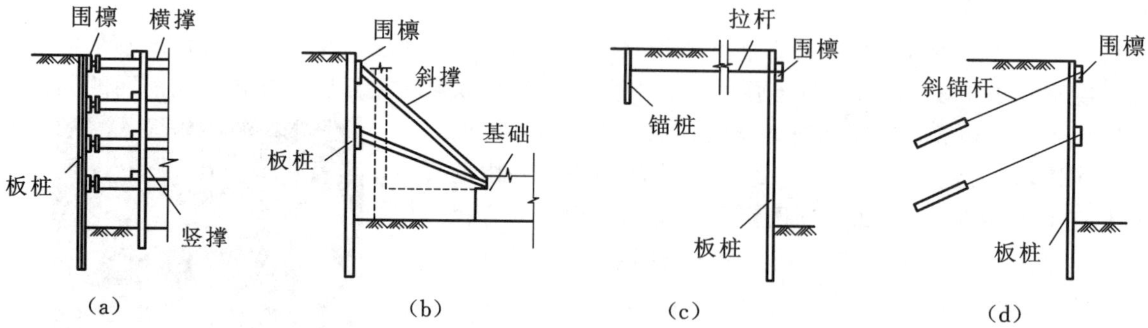

图 9.15　板桩支护系统

(a) 水平支撑;(b) 斜支撑;(c) 地面水平拉锚式;(d) 土层拉锚式

(a)

(b)

图 9.16　钢板桩内支撑

(a) 钢管横撑;(b) H 型钢内支撑

来抵抗水平向土压力及水压力。为保持其稳定,可在板桩的适当高度设置支撑或拉锚。钢板桩由于强度高,打设方便并可回收,是应用较广泛的一种支护结构。

9.2.3　地下连续墙支护

城市深基坑工程采用地下连续墙支护结构为多,其常用厚度为 600 ～ 800 mm,也可达约 1000 mm。尤其是在地下水位高的软土地区,当基坑深度大且邻近的建(构)筑物、道路和地下管线相距甚近时,它往往是首先考虑的支护方案。上海地铁的多个车站施工中都采用地下连续墙。地下连续墙既是深基础的一种形式,又是基坑支护结构中的支挡构件,作为支护结构,地下连续墙主要构造要求如下:

(1) 地下连续墙的墙体厚度宜按成槽机的规格,如选取 600 mm、800 mm、1000 mm 或 1200 mm。

(2) 一字形槽段长度宜取 4 ～ 6 m。当成槽施工可能对周边环境产生不利影响或槽壁稳定性较差时,应取较小的槽段长度,必要时,宜采用搅拌桩对槽壁进行加固。

(3) 地下连续墙的混凝土设计强度等级宜取 C30 至 C40。地下连续墙用于截水时,墙体混凝土抗渗等级不宜小于 P6,槽段接头应满足截水要求。当地下连续墙同时作为主体结构地下构件时,墙体混凝土抗渗等级应满足现行国家标准《地下工程防水技术规范》(GB 50108—2008) 及其他相关规范的要求。

(4) 地下连续墙的纵向受力钢筋应沿墙身每侧均匀配置,可按内力大小沿墙体纵向分段配置,且通长配置的纵向钢筋不应少于 50%;纵向受力钢筋宜采用 HRB400 级钢筋,直径不宜小于 16 mm,净间距不宜小于 75 mm。水平钢筋及构造钢筋宜选用 HPB300、HRB400 级钢筋,直径不宜小于 12 mm,水平钢筋间距宜取 200 ～ 400 mm。

(5) 地下连续墙墙顶应设置混凝土冠梁。冠梁宽度不宜小于墙厚,高度不宜小于墙厚的 60%。

(6) 地下连续墙纵向受力钢筋的保护层厚度，在基坑内侧不宜小于 50 mm，在基坑外侧不宜小于 70 mm。

(7) 钢筋笼两侧的端部与槽段接头之间、钢筋笼两侧的端部与相邻墙段混凝土接头面之间的间隙应不大于 150 mm，纵筋下端 500 mm 长度范围内宜按 1：10 的斜度向内收口。

9.2.4 锚杆构造要求

1. 锚杆布置

(1) 锚杆的水平间距不宜小于 1.5 m；多层锚杆，其竖向间距不宜小于 2.0 m。

(2) 锚杆锚固段的上覆土层厚度不宜小于 4.0 m。

(3) 锚杆倾角宜取 15°～25°，且不应大于 45°，不应小于 10°；锚杆的锚固段宜设置在土的黏结强度高的土层内。

(4) 当锚杆穿过的地层上方存在天然地基的建筑物或地下构筑物时，宜避开易塌孔、变形的地层。

2. 钢绞线锚杆、普通钢筋锚杆的构造

(1) 锚杆成孔直径宜取 100 ～ 150 mm。

(2) 锚杆自由段的长度不应小于 5 m，且穿过潜在滑动面进入稳定土层的长度不应小于 1.5 m；钢绞线、钢筋杆体在自由段应设置隔离套管。

(3) 土层中的锚杆锚固段长度不宜小于 6 m。

(4) 锚杆杆体的外露长度应满足腰梁、台座尺寸及张拉锁定的要求。

(5) 锚杆杆体用钢绞线应符合现行国家标准《预应力混凝土用钢绞线》(GB/T 5224—2023) 的有关规定。

(6) 普通钢筋锚杆的杆体宜选用 HRB400、HRB500 带肋钢筋。

(7) 锚杆注浆应采用水泥浆或水泥砂浆，注浆固结体强度不宜低于 M20。

3. 腰梁

(1) 锚杆腰梁可采用型钢组合梁或混凝土梁。锚杆腰梁应按受弯构件设计。

(2) 型钢组合腰梁可选用双槽钢或双工字钢，槽钢之间或工字钢之间应用缀板焊接为整体构件，焊缝连接应采用贴角焊。双槽钢或双工字钢之间的净间距应满足锚杆杆体平直穿过的要求。

(3) 采用型钢组合腰梁时，腰梁应满足在锚杆集中荷载作用下的局部受压稳定与受扭稳定的构造要求。当需要增加局部受压和受扭稳定性时，可在型钢翼缘端口处配置加劲肋板。

(4) 锚杆的混凝土腰梁、冠梁宜采用斜面与锚杆轴线垂直的梯形截面；腰梁、冠梁的混凝土强度等级不宜低于 C25。采用梯形截面时，截面的上边水平尺寸不宜小于 250 mm。

9.2.5 内支撑

内支撑是由若干个杆件组成的空间受力体系，其杆件截面要进行设计。总体来说，由水平支撑体系、竖向立柱和竖向斜撑组成。

水平支撑形式有：① 水平对撑或斜撑，可采用单杆、桁架、八字形杆系支撑；② 正交或斜交杆系支撑；③ 环形杆系或板系支撑。

竖向支撑作为水平支撑的支承点，主要由立柱及对立柱的支撑组成。

1. 特点

(1) 钢结构支撑拼装和拆除方便、迅速，可多次重复使用，且可根据控制变形的需要施加预顶力，有一定的优点。它的变形相对较大，因而支撑水平向的间距不能很大；但间距较小对于机械挖土不太方便，所以要综合考虑。

(2) 钢筋混凝土支撑刚度大,变形小,能有效地控制挡墙变形和周围地面的变形,宜用于较深基坑和周围环境要求较高的地区,但成型和发挥作用时间长,属于一次性支撑结构,拆除困难。

2. 一般构造

(1) 内支撑的平面布置规定

① 内支撑的布置应满足主体结构的施工要求,宜避开地下主体结构的墙、柱。

② 相邻支撑的水平间距应满足土方开挖的施工要求;采用机械挖土时,应满足挖土机械作业的空间要求,且不宜小于 4 m。

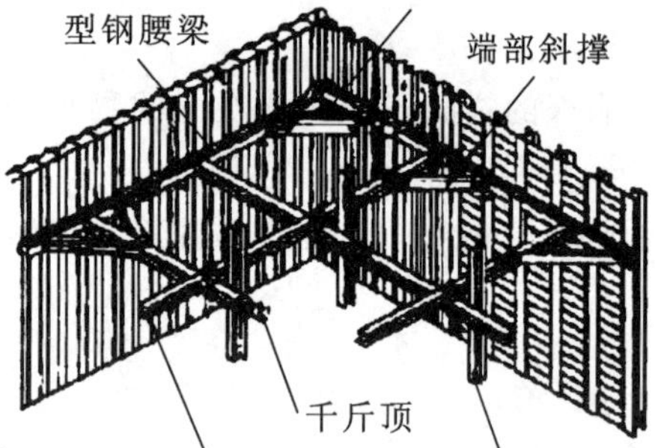

图 9.17 支撑的基本构成

③ 水平支撑应设置与挡土构件连接的腰梁;当支撑设置在挡土构件顶部所在平面时,应与挡土构件的冠梁连接;在腰梁或冠梁上支撑点的间距,对钢腰梁不宜大于 4 m,对混凝土腰梁不宜大于 9 m。

④ 在支撑端部两侧设置八字斜撑杆与冠梁、腰梁连接,八字斜撑杆宜在主撑两侧对称布置,且斜撑杆的长度不宜大于 9 m,斜撑杆与冠梁、腰梁之间的夹角宜取 45° ～ 60°,如图 9.17 所示。

⑤ 当设置支撑立柱时,临时立柱应避开主体结构的梁、柱及承重墙;对纵、横双向交叉的支撑结构,立柱宜设置在支撑的交汇点处。

⑥ 当采用竖向斜撑时,应设置斜撑基础,但应考虑与主体结构底板施工的关系。

(2) 支撑的竖向布置规定

① 支撑应避开主体结构地下底板和楼板的位置,当支撑下方的主体结构楼板在支撑拆除前施工时,支撑底面与下方主体结构楼板间的净距不宜小于 700 mm;

② 支撑至基底的净高不宜小于 3 m;

③ 采用多层水平支撑时,各层水平支撑宜布置在同一竖向平面内,层间净高不宜小于 3 m。

(3) 混凝土支撑的构造规定

① 混凝土的强度等级不应低于 C25。

② 支撑构件的截面高度不宜小于其竖向平面内计算长度的 1/20;腰梁的截面高度(水平方向)不宜小于其水平方向计算跨度的 1/10,截面宽度不应小于支撑的截面高度。

③ 支撑构件的纵向钢筋直径不宜小于 16 mm,沿截面周边的间距不宜大于 200 mm;箍筋的直径不宜小于 8 mm,间距不宜大于 250 mm。

(4) 钢支撑的构造规定

① 钢支撑构件可采用钢管、型钢及其组合截面;

② 钢支撑受压杆件的长细比不应大于 150,受拉杆件长细比不应大于 200;

③ 钢支撑连接宜采用螺栓连接,必要时可采用焊接连接;

④ 当水平支撑与腰梁斜交时,腰梁上应设置牛腿或采用其他能够承受剪力的连接措施;

⑤ 采用竖向斜撑时,腰梁和支撑基础上应设置牛腿或采用其他能够承受剪力的连接措施;腰梁与挡土构件之间应采用能够承受剪力的连接措施;斜撑基础应满足竖向承载力和水平承载力要求。

(5) 立柱的构造规定

① 立柱可采用钢格构柱、钢管柱、型钢柱或钢管混凝土柱等;

② 采用灌注桩作为立柱的基础时,钢立柱锚入桩内的长度不宜小于立柱长边或直径的 4 倍;

③ 立柱长细比不宜大于 25;

④ 立柱与水平支撑的连接可采用铰接;

⑤ 立柱穿过主体结构底板的部位,应有有效的止水措施。

9.2.6　土钉墙

1. 工作原理

天然土体通过钻孔、插筋(土钉或锚杆)、注浆来设置土钉(亦称砂浆锚杆)并与喷射混凝土面板相结合,形成类似重力挡墙的土钉墙,如图 9.18 所示,以抵抗墙后的土压力,保持开挖面的稳定。

(a)　(b)　(c)　(d)

图 9.18　土钉墙工艺流程

(a) 钻孔;(b) 插筋、注浆;(c) 铺设钢筋网;(d) 喷射混凝土面层

土钉墙支护是在基坑开挖过程中,在土体周边的侧壁上,通过钻孔或洛阳铲成孔后,将较密的细长杆件(土钉)钉插入孔中并在孔中注浆,并在坡面上铺设钢筋网和喷射钢筋网混凝土面层,通过土钉、土体和喷射混凝土面层的共同工作,形成复合土体。如图 9.19 所示。

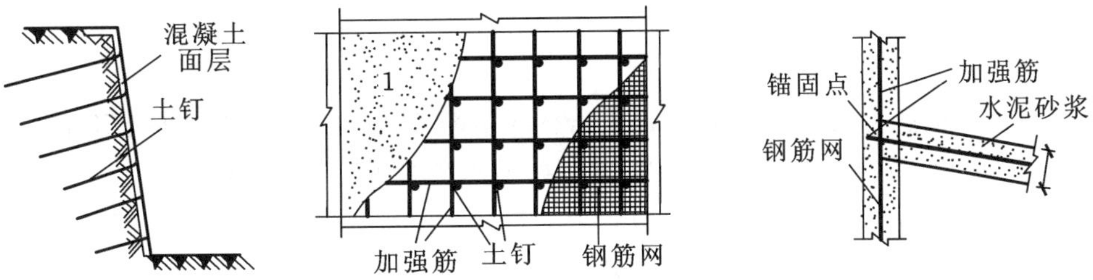

(a)　(b)　(c)

图 9.19　土钉墙结构示意图

(a) 土钉墙剖面;(b) 土钉墙立面;(c) 土钉墙节点

2. 土钉墙的特点及适用条件

(1) 土钉墙的特点

① 形成土钉复合体,显著提高边坡整体稳定性和承受边坡超载的能力;

② 钉长一般比锚杆的长度小得多,不加预应力,所以施工设备简单;

③ 随基坑开挖逐层分段作业,不占或少占单独作业时间,施工效率高,占用周期短;

④ 施工不需单独占用场地,当现场狭小、放坡困难、有相邻建筑物时显示其优越性;

⑤ 成本费用较其他支护结构显著降低;

⑥ 施工噪声、振动小,不影响环境;

⑦ 土钉墙本身变形很小,对相邻建筑物影响不大。

(2) 土钉墙适用条件

① 适用于地下水位低于土坡开挖段或经过降水措施后地下水位低于开挖层的情况的黏性土、粉性土、含有 30% 以上黏土颗粒的砂土边坡。

② 常用于开挖深度不大、周围相邻建筑或地下管线对沉降与位移要求不高的基坑支护。

3. 土钉墙的一般构造要求

(1) 土钉墙面坡度不宜大于 1∶0.2;

(2) 土钉水平间距和竖向间距宜为 1 ~ 2 m,土钉倾角宜为 5° ~ 20°。

(3) 成孔注浆型钢筋土钉的构造应符合下列要求:

① 成孔直径宜取 70 ~ 120 mm;

② 土钉钢筋宜采用 HRB400、HRB500 级钢筋,且直径宜取 16 ~ 32 mm;

③ 应沿土钉全长设置对中定位支架,其间距宜取 1.5 ~ 2.5 m,土钉钢筋保护层厚度不宜小于 20 mm;

④ 土钉孔注浆材料可采用水泥浆或水泥砂浆,其强度不宜低于 20 MPa。

(4) 土钉墙高度不大于 12 m 时,喷射混凝土面层的构造应符合下列规定:

① 喷射混凝土面层厚度宜取 80 ~ 100 mm。

② 喷射混凝土强度等级不宜低于 C20。

③ 喷射混凝土面层中应配置钢筋网和通长的加强钢筋,钢筋网宜采用 HPB300 级钢筋,钢筋直径宜取 6 ~ 10 mm,钢筋网间距宜取 150 ~ 250 mm;钢筋网间的搭接长度应大于 300 mm;加强钢筋的直径宜取 14 ~ 20 mm;当充分利用土钉杆体的抗拉强度时,加强钢筋的截面面积不应小于土钉杆体截面面积的二分之一。

(5) 土钉与加强钢筋宜采用焊接连接,其连接应满足承受土钉拉力的要求;当在土钉拉力作用下喷射混凝土面层的局部受冲切承载力不足时,应采用设置承压钢板等加强措施。

(6) 当土钉墙墙后存在滞水时,应在含水土层部位的墙面设置泄水孔或其他疏水措施。

9.2.7 喷锚支护

1. 工作原理

喷锚支护是通过钻孔方式将金属锚杆置入岩体中并灌浆,再借高压喷射混凝土和打入岩层中的金属锚杆的联合作用加固岩层的一种支护结构。喷锚支护是使锚杆、混凝土喷层和围岩形成共同作用的体系,以防止岩体松动、分离。如图 9.20 所示。

(a) (b)

图 9.20 岩层喷锚支护

(a) 喷锚支护结构组成;(b) 施工完成后喷锚支护

工艺流程:分层开挖土方 → 修整坡面 → 测定锚杆位置 → 锚杆钻机就位 → 锚杆打入设计深度 → 铺设钢筋网片 → 钢筋与锚杆焊接 → 喷射混凝土 → 锚杆体进行压力灌浆 → 挖土至下一层锚杆施工深度 → 重复以上工序直到设计深度。

喷锚支护工艺可以用于隧道工程中,喷射混凝土可以作为洞室围岩的初期支护,也可以作为永久性支护。把一定厚度的围岩转变成自承拱,可有效地稳定围岩。当岩体比较破碎时,还可以利用钢丝网拉挡锚杆之间的小岩块,增强混凝土喷层,辅助喷锚支护。

2. 特点

(1) 受力合理,提高工作效率

喷锚支护在隧洞开挖后,形成拱结构,可以将岩体上部岩土荷载通过拱的作用传到拱两侧土体。在隧洞开挖后,可及时进行喷锚支护,形成拱作用力,能为围岩提供径向抗力,有利于保持围岩周围岩土的稳定性,所以锚喷支护是一种符合岩体力学原理的积极支护方法。另外,作用效应快,缩短后续工序最早开始时间。

若采用锚杆预应力钢绞线，通过张拉预应力筋，对锚固区的岩土起到预压作用，其方向与土压力方向相反，抵消部分土压力，明显提高了岩土的稳定性。

(2) 材料之间的黏结力强，整体性好

灌浆后锚筋提高了喷锚支护延性、抗拉强度，与岩石、混凝土面层之间相互咬合和镶嵌，提高了共同工作能力。此外，喷射混凝土还可以将荷载从将要失稳的岩体传给周围稳定的岩体，防止岩石的滑落。

(3) 使用性能好

喷射混凝土的水泥含量较高而水灰比较低，抗渗性能较高，几乎无施工缝，使得喷层间黏结较好，因此具有较高的密封性能，提高了耐久性(抗腐蚀性、抗冻性)，维持了围岩原有的强度。

(4) 经济合理，造价低

大量工程实践统计显示，与传统的现浇混凝土支护相比，喷锚支护的厚度可减小 1/2～2/3，岩石开挖量可以减少 10%～15%，支护速度可以提高 2～4 倍，劳动力可节省一半，模板可节约 100%，混凝土可节省一半，整个支护成本可节约 40% 左右。因此，喷锚支护具有良好的经济性。

9.3　基坑工程地下水控制

9.3.1　概述

1. 地下水存在类型(图 9.21)

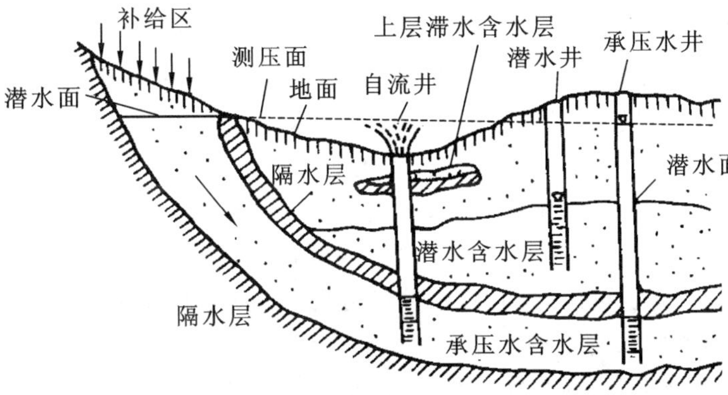

图 9.21　潜水、承压水及上层滞水含水层

(1) 上层滞水：它是大气降水或地表水在下渗途中遇到局部不透水层的阻挡后，在其上聚积而成的地下水。上层滞水是存在于包气带(含有空气的岩石层)中局部隔水层上的重力水。

(2) 潜水：它是地表以下第一个稳定水层。潜水层有自由水面，是重要的供水水源，通常埋藏较浅。

(3) 承压水：它是充满两个隔水层之间的承受静水压力的地下水，不容易受污染。在适宜的地形条件下，当钻孔打到该含水层时，水便喷出地表，形成自喷水流，故又称自流水。人们利用这种自流水作为供水水源和农田灌溉用水。

2. 地下水对基坑开挖的影响

在地下水位较高的地区进行基坑开挖时，由于含水层被切断，在水头差的作用下，地下水必然会不断地渗流入基坑，在动水压力作用下还可能引起流砂、管涌(在渗流作用下，土体细颗粒沿骨架颗粒形成的孔隙，水在土孔隙中的流速增大引起土的细颗粒被冲刷带走的现象，也称翻砂鼓水)(图 9.22)

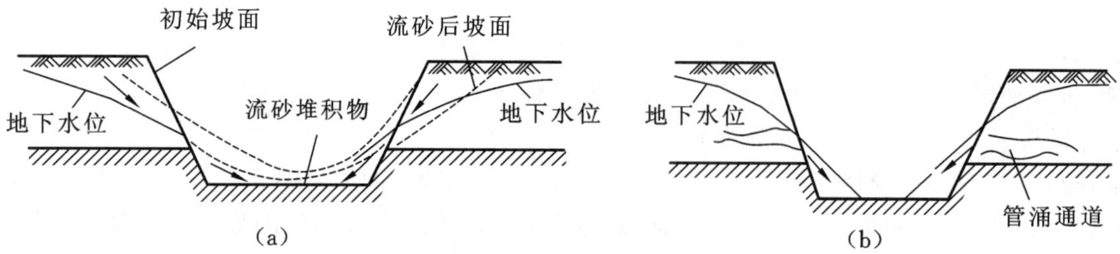

图 9.22　基坑破坏

(a) 流砂破坏;(b) 管涌破坏

和边坡失稳等现象。深基坑地下水处理不当容易引起以下施工风险:

(1) 地下水浸泡导致坑壁塌方、滑坡,造成施工险情;

(2) 地下水造成地基承载力下降,影响工程质量,增加工程造价;

(3) 增加施工难度,增加施工额外的费用支出。

9.3.2　控制地下水的方法

深基坑土方开挖本身就是一项高危险作业,必须采取有效的降水和排水措施,做好专项施工方案。排水一般采用集水井明沟排水法;降水一般采用人工井点降水法,如轻型井点降水、管井降水等。基坑施工前,应根据工程特点、地质水文条件及周边环境,制定排水或降水方案。

1. 集水井(坑)明沟排水

当基坑开挖深度不大,坑壁土体比较稳定,不易产生流砂、管涌和坍塌,土粒不至于被带走时,可采用集水井(坑)明沟排水法。

(1) 在基坑底或开挖面,沿基坑边一侧、两侧、四周或中央设排水明沟,在基坑四角或坑边设置集水井,使地下水沿排水沟流入集水井中,然后用抽水设备抽出基坑外。

(2) 排水沟和集水井应设置在基础范围以外,地下水流向的上游。排水沟边缘离开基坑坡脚应不少于 0.3 m,排水沟底宽不宜少于 0.3 m,纵向坡度宜为 0.1% ~ 0.2%,沟底面应比基坑底或开挖面低 0.3 ~ 0.5 m。集水井除在基坑四角设置外,还应沿基坑边每隔 30 ~ 40 m 设置一个,集水井底应比相连的排水沟低 0.5 ~ 1 m 或深于抽水泵进水阀的高度,集水井直径(或边长)宜为 0.7 ~ 1.0 m。

(3) 排水沟可挖成土沟,也可用砖砌;集水井壁可砌干砖,或用木板、竹片、混凝土管支撑加固;当基坑挖至设计标高时,集水井底宜铺约 0.3 m 厚的碎石滤层。

(4) 排水设备宜采用潜水泵、离心泵或污水泵,水泵的选型可根据排水量大小及基坑深度选用。

(5) 当基坑深度较大,地下水位较高且多层土中上部有透水性较强的土层时,可在边坡不同高度分段的平台上设置多层明沟,分层排除上部土层中的地下水(即分层明沟排水法),如图 9.23 所示。

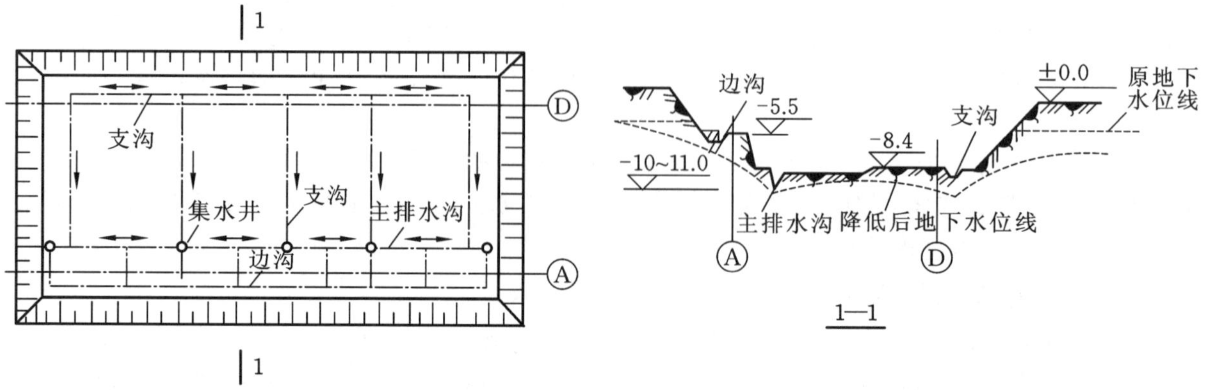

图 9.23　集水井明沟排水法

2. 人工井点降水法

当基坑开挖深度较大，地下水位较高，而土质较差（如粉砂、细砂等），宜采用人工降低地下水位。人工降低地下水位常用的是井点降水法。

井点降水设备主要由管路系统（含井点管或井管）和抽水设备两大部分组成，沿基坑的一侧或四周埋入深于坑底的井点滤管或井管，各井点管连接总管和抽水设备。常用井点降水法可分为两类：一类为真空抽水，有轻型井点（图 9.24）、电渗井点和喷射井点；另一类为非真空抽水，有管井井点和深井井点等。

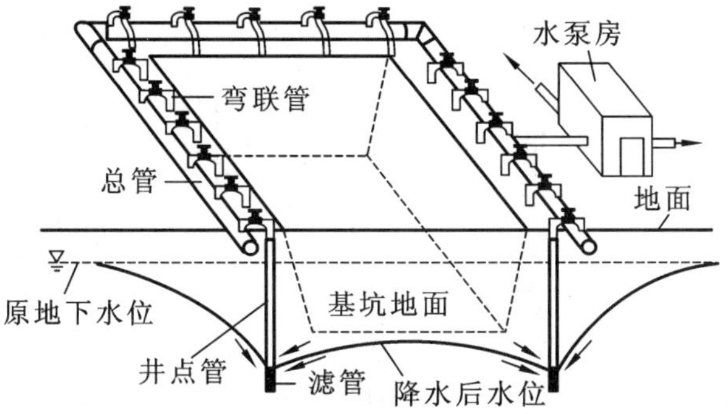

图 9.24　轻型井点降水法

（1）轻型井点降水法

沿基坑四周每隔一定间距布设井点管，井点管底部设置滤水管插入透水层，上部接软管与集水总管进行连接，集水总管为 ϕ150 钢管，沿总管周身设置与井点管间距相同的 ϕ40 弯联管，然后通过真空吸水泵将总管内的水抽出，从而达到降低基坑四周地下水位的效果，保证了基底干燥无水。

（2）喷射井点降水

如图 9.25 所示，喷射井点施工顺序是：安装水泵设备及泵的进出水管路；铺设进水总管和回水总管；沉设井点管（包括灌填砂滤料），接通进水总管后及时进行单根试抽、检验；全部井点管沉设完毕后，接通回水总管，全面试抽，检查整个降水系统的运转状况及降水效果。

本法设备较简单，排水深度大，可达 8 ～ 20 m，比多层轻型井点降水设备少，基坑土方开挖量少，施工快，费用低，在土渗透系数为 0.1 ～ 2 m/d 的粉土、砂土、泥质土层中使用。

（3）管井井点降水

如图 9.26 所示，管井井点的设备主要由管井、吸水管和水泵组成。管井井点就是沿基坑每隔 20 ～50 m 设置一个管井，每个管井单独用一台水泵（潜水泵、离心泵）不断抽水来降低地下水位，在土的渗透系数大（20 ～ 200 m/d）的土层中，宜采用管井井点。

管井井点设备较简单，排水量大，降水较深，较轻型井点具有更大的降水效果，可代替多组轻型井点作用，水泵设在地面，易维护。管井最大埋深可达 100 m。适用于渗透系数较大、地下水丰富的土层、砂层，含水层厚度大于 5.0 m。

（4）深井井点降水

当要求井内降水深度超过 15 m 时，可在管井中使用深井泵抽水，这种井点称为深井（管井）井点，如图 9.27 所示。深井井点一般可降低水位 30 ～ 40 m，有的甚至可达百米以上。常用的深井泵有两种类型：一种是深井潜水泵；另一种是电动机安装在地面上，通过传动轴带动多级叶轮工作而排水。

总之，选择降水方法时，应综合考虑土层情况、降水深度、周围环境、支护结构种类等因素。

以上介绍了深基坑支护的类型，常见各支护适用条件如表 9.4、表 9.5 所示。

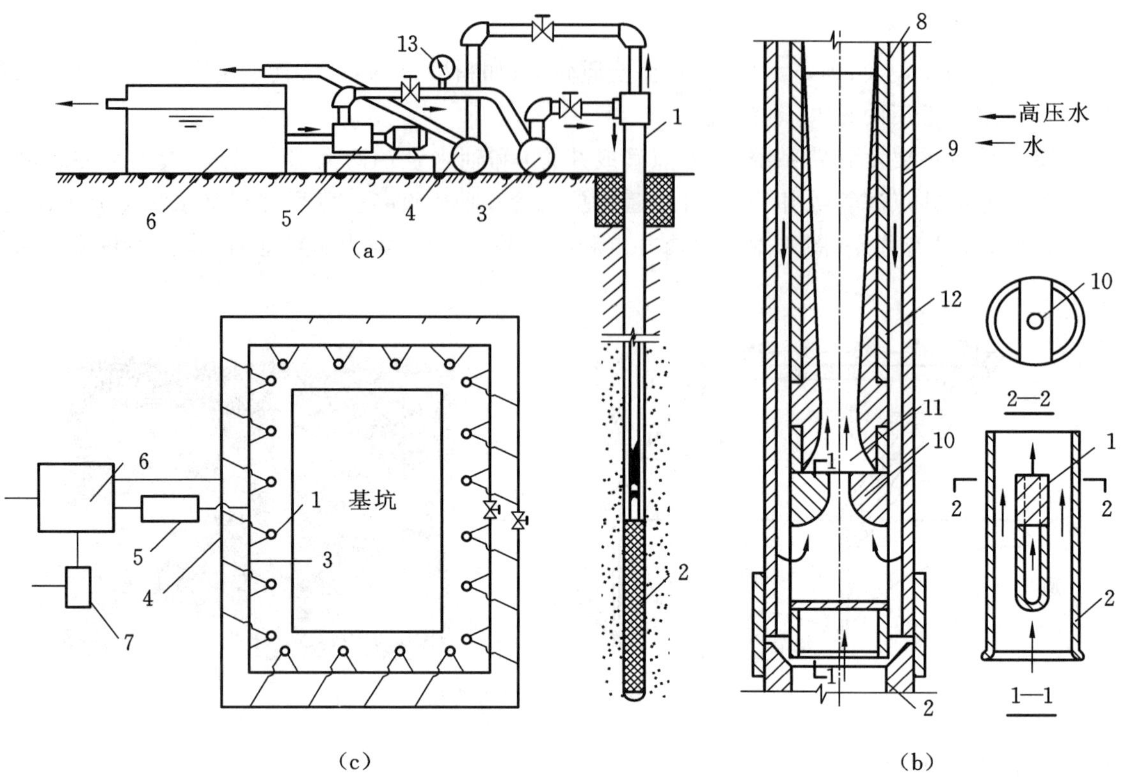

图 9.25　喷射井点法

(a) 喷射井点设备示意图;(b) 喷射器构造图;(c) 喷射井点平面布置图

1— 喷射井管;2— 滤管;3— 进水总管;4— 排水总管;5— 高压水泵;6— 集水池;7— 水泵;8— 内管;9— 外管;10— 喷嘴;11— 混合室;12— 扩散管;13— 压力表

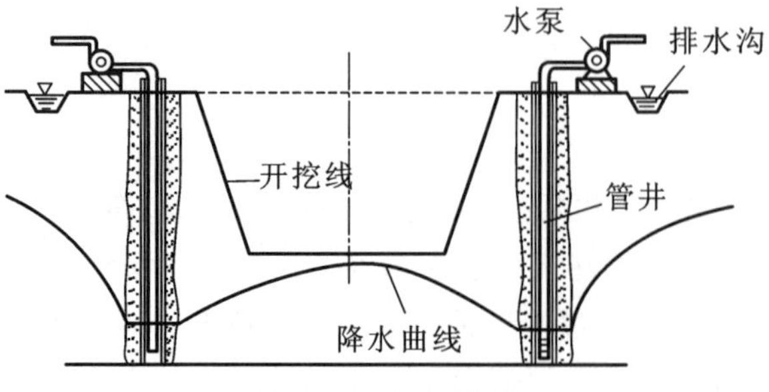

图 9.26　管井降水

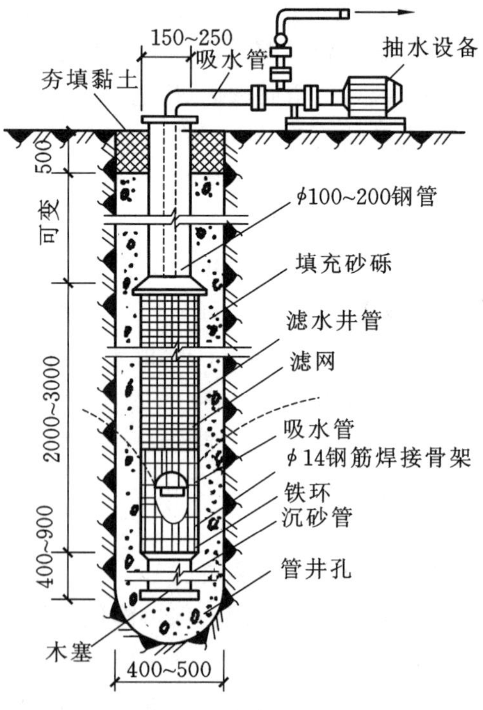

图 9.27　管井构造

表 9.4　排桩及板桩支护结构类型及适用条件

<table>
<tr><th rowspan="2">支护结构类型</th><th colspan="3">适用条件</th></tr>
<tr><th>安全等级</th><th colspan="2">基坑深度、环境条件、土类和地下水条件</th></tr>
<tr><td>锚拉式结构</td><td rowspan="5">一级
二级
三级</td><td>适用于较深基坑</td><td rowspan="5">(1) 排桩适用于可采用降水或截水帷幕的基坑；
(2) 地下连续墙宜同时用作主体结构地下室外墙，可同时用于截水；
(3) 锚杆不宜用在软土层和高水位碎石土、砂土层中；
(4) 当相邻基坑有建筑物地下室、地下构筑物等，锚杆有效锚固长度不足时，不应采用锚杆；
(5) 当锚杆施工会造成基坑四周建筑物、构筑物损害时，或违反城市地下空间规划等规定时，不应采用锚杆</td></tr>
<tr><td>支撑式结构</td><td>适用于较深基坑</td></tr>
<tr><td>悬臂式结构</td><td>适用于较浅基坑</td></tr>
<tr><td>双排桩</td><td>当锚拉式、支撑式、悬臂式不适用时，可考虑双排桩</td></tr>
<tr><td>支护结构与主体结构结合的逆作法</td><td>适用于基坑周围环境条件很复杂的深基坑</td></tr>
</table>

表 9.5　土钉墙、水泥土支护结构、放坡的适用条件

<table>
<tr><th colspan="2" rowspan="2">支护结构类型</th><th rowspan="2">安全等级</th><th>适用条件</th></tr>
<tr><th>基坑深度、环境条件、土类和地下水条件</th></tr>
<tr><td rowspan="4">土钉墙</td><td>单一土钉墙</td><td rowspan="4">二级
三级</td><td>适用于地下水位以上或经降水的非软弱土基坑，且基坑深度不宜大于 12 m</td></tr>
<tr><td>预应力锚杆土钉墙</td><td>适用于地下水位以上或经降水的非软弱土基坑，且基坑深度不宜大于 15 m</td></tr>
<tr><td>水泥土桩垂直复合土钉墙</td><td>(1) 用于非软弱基坑时，基坑深度不宜大于 12 m；
(2) 用于淤泥质土基坑时，基坑深度不宜大于 6 m；
(3) 不宜用在高水位的碎石土、砂土、粉土层中</td></tr>
<tr><td>微型桩垂直复合土钉墙</td><td>(1) 适用于地下水位以上或经降水的基坑，用于非软弱土基坑，且基坑深度不宜大于 12 m；
(2) 用于淤泥质土基坑时，基坑深度不宜大于 6 m</td></tr>
<tr><td colspan="2">水泥土重力式挡土墙</td><td>二级
三级</td><td>用于淤泥质土、淤泥基坑，且基坑深度不宜大于 7 m</td></tr>
<tr><td colspan="2">放坡</td><td>二级
三级</td><td>(1) 施工场地应满足放坡条件；
(2) 可与上述支护结构形式结合</td></tr>
</table>

9.4　基坑工程开挖及监测

9.4.1　基坑工程开挖

1. 一般基坑开挖要求

(1) 当支护结构构件强度达到开挖阶段的设计强度后，方可向下开挖；对采用预应力锚杆的支护结构，应在施加预加力后，方可开挖下层土方；对土钉墙，应在土钉、喷射混凝土面层的养护时间大于 2 d 后，方可开挖下层土方。

(2) 开挖至锚杆、土钉施工作业面时,开挖面与锚杆、土钉的高差不宜大于500 mm。

(3) 开挖时,挖土机械不得碰撞或损害锚杆、腰梁、土钉墙墙面、内支撑及其连接件等构件,不得损害已施工的基础桩。

(4) 当开挖揭露的实际土层性状或地下水情况与设计依据的勘察资料明显不符,或出现异常现象、不明物体时,应停止挖土,在采取相应处理措施后方可继续挖土。

(5) 挖至坑底时,应避免扰动基底持力土层的原状结构。

2. 软土基坑开挖要求

(1) 应按分层、分段、对称、均衡、适时的原则开挖。

(2) 当主体结构采用桩基础且基础桩已施工完成时,应根据开挖面下软土的性状,限制每层开挖厚度。

(3) 对采用内支撑的支护结构,宜采用开槽方法浇筑混凝土支撑或安装钢支撑;开挖到支撑作业面后,应及时进行支撑的施工。

(4) 对水泥土重力式挡土墙,沿墙方向分区段开挖,每一开挖区段的长度不宜大于40 m。

3. 其他方面开挖规定

(1) 当基坑开挖面上方的锚杆、土钉、支撑未达到设计要求时,严禁向下超挖土方。

(2) 采用锚杆或支撑的支护结构,在未达到设计规定的拆除条件时,严禁拆除锚杆或支撑。

(3) 基坑周边施工材料、设施或车辆荷载严禁超过设计要求的地面荷载限值。

4. 对基坑进行维护要求

(1) 雨期施工时,应在坑顶、坑底采取有效的截排水措施,排水沟、集水井应采取防渗措施;

(2) 基坑周边地面宜做硬化或防渗处理;

(3) 基坑周边的施工用水应有排放系统,不得渗入土体内;

(4) 当坑体渗水、积水或有渗流时,应及时进行疏导、排泄,截断水源;

(5) 开挖至坑底后,应及时进行混凝土垫层和主体地下结构施工;

(6) 主体地下结构施工时,结构外墙与基坑侧壁之间应及时回填。

5. 支护结构或基坑周边环境出现险情处理规定

支护结构或基坑周边环境出现《建筑基坑技术规程》(JGJ 120—2012) 规定的报警情况或其他险情时,应立即停止开挖,并应根据危险产生的原因和可能进一步发展的破坏形式,采取控制或加固措施。危险消除后,方可继续开挖。必要时,应对危险部位采取基坑回填、地面卸土、临时支撑等应急措施。当危险由地下水管道渗漏、坑体渗水造成时,尚应及时采取截断渗漏水水源、疏排渗水等措施。

9.4.2 基坑工程监测

1. 监测的重要性

随着城市化建设的迅速发展,深基坑工程日益增多,尽管有许多成功经验及实例,但基坑工程属于风险工程,由于其复杂性,目前仍存在一些问题,如:设计理论不完善,施工经验不足,重大安全事故隐患多,技术标准空白,监测行为不规范,总之,涉及管理、地质勘察、设计、施工、监测等方面。任何工程基坑事故无一例外地与监测不利或险情预报不准确有关,所以要重视基坑监测工作,提高监测人员的专业水平和优化管理体制。

2. 基坑监测内容

基坑监测主要包括支护结构、相关自然环境、施工工况、地下水状况、基坑底部及周围土体、周围建(构)筑物、周围地下管线及地下设施、周围重要的道路、其他应监测的对象。具体项目有:

(1) 支护结构顶点水平位移、深部水平位移;

(2) 支护结构及立柱沉降,基坑地面、周边建筑物、构筑物等沉降;

(3) 基坑各受力构件内力及荷载测定:如锚杆拉力,内支撑杆件轴力,支挡结构承受的土压力、水压力等。应根据支护结构的安全等级(表 9.6)考虑基坑监测项目。

表 9.6 基坑监测项目选择

序号	监测项目	支护结构安全等级		
		一级	二级	三级
1	支护结构顶点水平位移	应测	应测	应测
2	基坑周边建(构)筑物、地下管线、道路沉降	应测	应测	应测
3	坑边地面沉降	应测	应测	宜测
4	支护结构深部水平位移	应测	应测	选测
5	锚杆拉力	应测	应测	选测
6	支撑轴力	应测	宜测	选测
7	挡土构件内力	应测	宜测	选测
8	支撑立柱沉降	应测	宜测	选测
9	支护结构沉降	应测	宜测	选测
10	地下水位	应测	应测	选测
11	土压力	宜测	选测	选测
12	孔隙水压力	宜测	选测	选测

3. 监测方法及监测资料

(1) 监测方法

有多种监测技术和信号传输处理方式,一般有监控专家系统、智能控制系统、可视化监测软件等几类配套工具,反应时间可控制在 1 s 范围内,采样频率可达 100 Hz,完全能够做到实时监测,为工程建设提供信息化支持。

(2) 监测资料

监测报表和监测报告包括:① 工程概况;② 监测项目及监测点平面和立面布置图;③ 采用的仪器设备和监测方法;④ 监测数据处理方法和监测结果过程曲线;⑤ 监测结果分析。

4. 技术要求

根据表 9.6 选择基坑监测项目,并应根据支护结构构件、基坑周边环境的重要性及地质条件的复杂性确定监测点部位及数量。选用的监测项目及其监测部位应能够反映支护结构的安全状态和基坑周边环境受影响的程度。

(1) 支挡式结构顶部水平位移监测点布置要求

顶部水平位移监测点间距不宜大于 20 m,土钉墙、重力式挡墙顶部水平位移监测点的间距不宜大于 15 m,且基坑各边的监测点不应少于 3 个。基坑周边有建筑物的部位、基坑各边中部及地质条件较差的部位应设置监测点。

(2) 基坑周边建筑物沉降监测点布置要求

基坑周边建筑物沉降监测点应设置在建筑物的结构墙、柱上,并应分别沿平行、垂直于坑边的方向上布设。在建筑物邻基坑一侧,平行于坑边方向上的测点间距不宜大于 15 m。垂直于坑边方向上的测点,宜设置在柱、隔墙与结构缝部位。垂直于坑边方向上的布点范围应能反映建筑物基础的沉降差。必要时,可在建筑物内部布设测点。

(3) 下列监测项目监测点布置要求

① 对坑边地面沉降、支护结构深部水平位移、锚杆拉力、支撑轴力、立柱沉降、支护结构沉降、挡土构件内力、地下水位、土压力、孔隙水压力进行监测时,监测点应布设在邻近建筑物、基坑各边中部及地质条件较差的部位,监测点或监测面不宜少于3个。

② 坑边地面沉降监测点应设置在支护结构外侧的土层表面或柔性地面上。与支护结构的水平距离宜在基坑深度的20%范围以内。有条件时,宜沿坑边垂直方向在基坑深度的1～2倍范围内设置多测点的监测面,每个监测面的测点不宜少于5个。

③ 采用测斜管监测支护结构深部水平位移时,对现浇混凝土挡土构件,测斜管应设置在挡土构件内,测斜管深度不应小于挡土构件的深度;对土钉墙、重力式挡墙,测斜管应设置在紧邻支护结构的土体内,测斜管深度不宜小于基坑深度的1.5倍。测斜管顶部尚应设置用作基准值的水平位移监测点。

(4) 监测频次要求

支护结构顶部水平位移的监测频次应符合下列要求:

① 基坑向下开挖期间,监测不应少于每天一次,直至开挖停止后连续三天的监测数值稳定;

② 当地面、支护结构或周边建筑物出现裂缝、沉降,遇到降雨、降雪、气温骤变,基坑出现异常的渗水或漏水,坑外地面荷载增加等各种环境条件变化或异常情况时,应立即进行连续监测,直至连续三天的监测数值稳定;

③ 当位移速率大于或等于前次监测的位移速率时,则应进行连续监测;

④ 在监测数值稳定期间,尚应根据水平位移稳定值的大小及工程实际情况定期进行监测。

(5) 增加监测次数

除应根据支护结构施工和基坑开挖情况进行定期监测外,尚应在出现下列情况时进行监测:

① 支护结构水平位移增长时;

② 锚杆、土钉或挡土构件施工时,或降水井抽水等引起地下水位下降时,应进行相邻建筑物、地下管线、道路的沉降观测;

③ 当监测数值比前次数值增长时,应进行连续监测,直至数值稳定;

④ 对基坑监测有特殊要求时,各监测项目的测点布置、量测精度、监测频度等应根据实际情况确定。

(6) 巡查项目

在支护结构施工、基坑开挖期间以及支护结构使用期内,应对支护结构和周边环境的状况随时进行巡查,现场巡查时应检查有无下列现象及其发展情况:

① 基坑外地面和道路开裂、沉陷;

② 基坑周边建筑物开裂、倾斜;

③ 基坑周边水管漏水、破裂,燃气管漏气;

④ 挡土构件表面开裂;

⑤ 锚杆锚头松动,锚杆杆体滑动,腰梁和锚杆支座变形,连接破损等;

⑥ 支撑构件变形、开裂;

⑦ 土钉墙土钉滑脱,土钉墙面层开裂和错动;

⑧ 基坑侧壁和截水帷幕渗水、漏水、流砂等;

⑨ 降水井抽水不正常,基坑排水不通畅。

(7) 信息反馈及应急处理要求

基坑监测数据、现场巡查结果应及时整理和反馈。当出现下列危险征兆时应立即报警:

① 支护结构位移达到设计规定的位移限值,且有继续增长的趋势;

② 支护结构位移速率增长且不收敛;

③ 支护结构构件的内力超过其设计值;

④ 基坑周边建筑物、道路、地面的沉降达到设计规定的沉降限值，且有继续增长的趋势；
⑤ 基坑周边建筑物、道路、地面出现裂缝，或其沉降、倾斜达到相关规范的变形允许值；
⑥ 支护结构构件出现影响整体结构安全性的损坏；
⑦ 基坑出现局部坍塌；
⑧ 开挖面出现隆起现象；
⑨ 基坑出现流土、管涌现象。

本章小结

(1) 基坑工程是为保护基坑施工、地下结构的安全和周边环境不受损害而采取的支护、基坑土体加固、地下水控制、开挖等工程的总称，包括勘察、设计、施工、监测、试验等。

(2) 在基坑工程中，支护结构是最重要的组成部分，支护结构是承受基坑四周土压力保障基坑稳定性的重要承重结构。

(3) 当基坑深度不大，依靠支挡构件自身自重就可以承受土压力作用，保证基坑工程的稳定，可以不设置支撑及锚杆。但当基坑埋深过大，在挡土构件(如排桩)变形、稳定性不能满足设计要求时，根据设计要求设置内支撑或土层锚杆作为挡土构件的支承点，形成土层锚杆支护、内支撑支护结构，统称排桩支护结构，其支挡构件类型较多。

(4) 各类支护结构的适用条件见表9.4、表9.5。

(5) 深基坑土方施工必须采取有效的降水和排水措施，做好专项施工方案。排水一般采用集水井明沟排水法，降水一般采用人工井点降水法。基坑施工前，应根据工程特点、地质水文条件及周边环境，制定排水或降水方案。

(6) 基坑监测是基坑工程施工中的一个重要环节，是指在基坑开挖及地下工程施工过程中，对基坑岩土性状、支护结构变位和周围环境条件的变化，进行各种观察及分析工作，并将监测结果及时反馈，预测进一步施工后将导致的变形及稳定状态的发展，根据预测判定施工对周围环境造成影响的程度来指导设计与施工，实现所谓信息化施工。

练　习　题

一、填空题

1. 基坑按挖深分为__________和__________。基坑土方开挖大体分为__________和__________两种。
2. 基坑工程包括__________、__________、__________、__________及__________等。
3. 基坑工程的特点有：__________、__________、__________、__________等
4. 基坑工程设计等级分为__________、__________、__________三个等级。
5. 基坑支护结构通常由__________、__________、__________等组成。
6. 水泥土重力式挡土墙按搅拌机工作原理不同分为：__________、__________。
7. 排桩支护结构形式有：__________、__________、__________。
8. 基坑排水方法一般采用__________。降水一般采用人工井点降水法，方法有：__________、__________、__________等。
9. 井点降水设备主要由__________、__________两大部分组成。
10. 基坑监测主要包括：__________、__________、__________、__________、__________等监测对象。

二、简答题

1. 在基坑工程中，水泥深层搅拌桩的特点是什么？
2. 在基坑工程中，钢板桩的特点有哪些？
3. 在基坑工程中，柱列式灌注桩的特点有哪些？
4. 地下连续墙的特点是什么？
5. 土钉墙的特点是什么？

10 地基处理

【引言】

当天然地基承载力、变形及稳定性不满足设计要求时，需要对地基进行必要的加固或改良，提高地基土的承载力，保证地基稳定，减少房屋的沉降或不均匀沉降。

【学习要点】

1. 明确地基处理的方法、加固机理、适用条件及应用；
2. 明确复合地基概念及加固机理。

【思政元素】

本单元融入的思政内容，包括：(1)坚持不懈用新时代中国特色社会主义思想凝心铸魂；(2)弘扬中华传统美德，推动明大德、守公德、严私德，提高人民道德水准和文明素养；(3)实施创新驱动发展，加快实现高水平科技自立自强；(4)提升环境基础设施建设水平，推进城乡人居环境整治。

10.1 概　　述

10.1.1 基本概念

1. 地基处理的目的及处理对象(表 10.1)

表 10.1 地基处理的目的和对象

目的	(1) 提高地基承载力及地基稳定性，提高地基压缩模量及变形模量，减小地基变形。 (2) 改善地基土渗透性质：①防渗：如堤坝、闸基、码头、水池等的防渗；②排水：如软土地基排水固结，加速土体固结速度。 (3) 改善特殊土的不良特性；改善土的动力性能，如地基土抗震性能，防止砂土地震时液化和软弱土层震陷等
对象	(1) 软弱地基：包括软黏土、杂填土、冲填土、饱和土及泥炭土； (2) 区域性地基：湿陷性黄土、膨胀土、多年冻土、盐渍土、岩溶、山区地基及垃圾填埋土地基等

2. 地基处理方法及分类

(1) 按处理深度分为浅层处理和深层处理；

(2) 按处理对象土的性质分为砂性土处理和黏性土处理，后者又分为饱和土处理和非饱和土处理；

(3) 根据地基处理的加固机理有不同的分类方法，表 10.2 是一种分法，因为不少地基加固机理具有多种效用，例如土桩和灰土桩既有挤密作用又有置换作用。另外，地基处理方法也在不断发展，功能不断扩大,也使地基处理方法分类变得更加困难。

表 10.2 地基处理的加固机理分类

分类	方法	适用范围
压实夯实	机械碾压及重锤夯实	处理碎石土、砂土、粉土、低饱和度的黏性土、杂填土等地基,对饱和黏性土地基应慎用
置换	换土垫层法	各种浅层的软弱土地基
	振冲置换法	c_u<20 kPa 的黏性土、松散粉土和人工填土、湿陷性黄土地基等
	碎石桩法	一般软土地基
	石灰桩法	人工填土、软土地基
排水固结	加载预压法	软土、粉土、杂填土、冲填土等
	超载预压法	淤泥质黏性土和粉土地基
振密挤密	强夯法	松散碎石土、砂土,低饱和度粉土和黏性土,湿陷性黄土、杂填土和素填土地基
	振冲密实法	软土、粉土、杂填土、冲填土等黏粒含量少于10%的疏松散砂土地基
	挤密碎(砂)石桩法	松散砂土、杂填土、非饱和黏性土、黄土地基
	土、灰土桩法	地下水位以上的湿陷性黄土、杂填土、素填土地基
加筋	加筋土法	浅层软弱土地基处理、挡土墙结构
	锚固法	边坡加固,土锚技术应用中,必须有可以锚固的土层、岩层或构筑物
	竖向加固体复合地基法	各类软弱土地基,尤其是较深厚的软土地基
化学固化	深层搅拌法	饱和软黏土地基,对有机质较高的泥炭质土或泥炭、含水量很高的淤泥和淤泥质土的加固效果较差
	灌浆或注浆法	各类软弱土地基,建筑物纠偏等加固处理

在地基处理的若干方法中,由于加固机理不同,形成地基的工作原理、适用条件也不同。有的方法主要通过挤密法改善土的工程性质,而有的则是在土体中置入与原地基土不同特性的材料,使原土体部分被置换,即形成复合地基。

10.1.2 复合地基

复合地基是指部分土体被增强或被置换而形成的增强体和周围地基土共同承担荷载的地基。复合地基有两个基本特点:①加固区是由增强体和周围地基土两部分组成,是非均质和各向异性的;②增强体和周围地基土共同承担荷载并协调变形。

1. 复合地基分类

(1) 根据地基中增强体的设置方向可分为:水平向增强体复合地基(包括土工织物、金属材料、土工格栅、加筋等形成的复合地基)和竖向增强体复合地基(包括柔性桩、半刚性桩和刚性桩复合地基)。

(2) 根据成桩材料可分为散体材料类桩(如砂石桩、石灰桩、灰土挤密桩、土挤密桩等)、水泥土类桩(如水泥搅拌桩、高压喷射注浆桩等)和混凝土类桩(如水泥粉煤灰碎石桩、树根桩、锚杆静压桩等)。

(3) 根据成桩后桩体的强度或刚度可分为柔性桩(散体材料类桩)、半刚性桩(水泥土类桩)和刚性桩(混凝土类桩)。

2. 复合地基作用机理

复合地基在施工阶段的作用机理主要表现为挤密效应和排水固结效应,工作阶段的作用机理主要表现为桩体效应、褥垫层效应和加筋效应。

(1) 挤密效应:竖向增强体复合地基在施工过程中将桩位处的土部分或全部挤压到桩侧,使桩间土体挤压密实。

(2) 排水固结效应:有的增强体透水性强,如碎石桩,是良好的排水通道,能有效地缩短排水距离,加速桩间饱和软黏土的排水固结。

(3) 桩体效应:有的复合地基中桩体刚度大、强度高,如水泥粉煤灰碎石桩承担的荷载大,能将荷载传到地基深处,从而使复合地基承载力提高,地基沉降量减小。

(4) 褥垫层效应:如粉煤灰碎石桩是复合地基,在桩顶和基础底面间设置褥垫层过渡。褥垫层可调整桩土应力比,避免基底反力应力集中,保证荷载有效传至桩顶及桩间土。

(5) 加筋效应:水平向增强体复合地基,在荷载的作用下,发生竖向压缩变形,同时产生侧向位移。复合地基中的加筋材料将阻碍地基土侧向位移,防止地基土侧向挤出,提高复合地基中水平向的应力水平,改善应力条件,增强土的抗剪能力。

10.2 机械压实、强夯及强夯置换

10.2.1 机械压实法

1. 加固机理

挖除浅层软弱土或不良土后,分层铺填性能稳定的回填材料,采用碾压、振动压实机械(图10.1),如压路机、振动压路机、推土机、羊足碾等机械来回反复碾压、振动,使地基土密实、强度提高、减少沉降量,消除或部分消除土的湿陷性和胀缩性,防止土的冻胀作用以及改善土的抗液化性,该种地基处理后称之为压实地基。回填层按材料可分为砂垫层、碎石垫层、粉煤灰垫层、干渣垫层、灰土垫层等。每层铺土(虚铺)厚度为200~300 mm,压实系数λ_c=0.94~0.97。

(a) (b) (c)

图10.1 压实机械

(a) 平碾;(b) 羊足碾;(c) 振动压路机

2. 适用条件

常用于基坑面积宽大和开挖土方量较大的回填土方工程,一般适用于地下水位以上浅层地基处理,如软弱地基、湿陷性黄土地基、膨胀土地基、季节性冻土地基、素填土和杂填土地基等。

10.2.2 重锤夯实、强夯与强夯置换

(1) 重锤夯实及强夯就是以一定重量的重锤从一定高度自由落下,通过锤击能量,使地面下一定深度内土层达到密实状态的地基处理方法,如图10.2(a)所示。

(2) 强夯法是利用强大的夯击能给地基一冲击力,并在地基中产生冲击波,在冲击力作用下,夯

锤对上部土体进行冲切，使土体结构破坏，形成夯坑，并对周围土进行动力挤压，如图 10.2(b)所示。

(a)　　　　(b)　　　　(c)

图 10.2　重锤夯实与强夯

(a) 重锤夯实；(b) 强夯；(c) 强夯冲击波

(3) 强夯置换法是指利用重锤夯击排开软土，向夯坑内回填块石、碎石、砂或其他颗粒材料，最终形成块石(碎石)墩，块石(碎石)墩与周围混有砂石的夯间土形成复合地基。如图 10.3 所示。

重锤夯实、强夯及强夯置换的加固机理、特点及适用条件如表 10.3 所示。

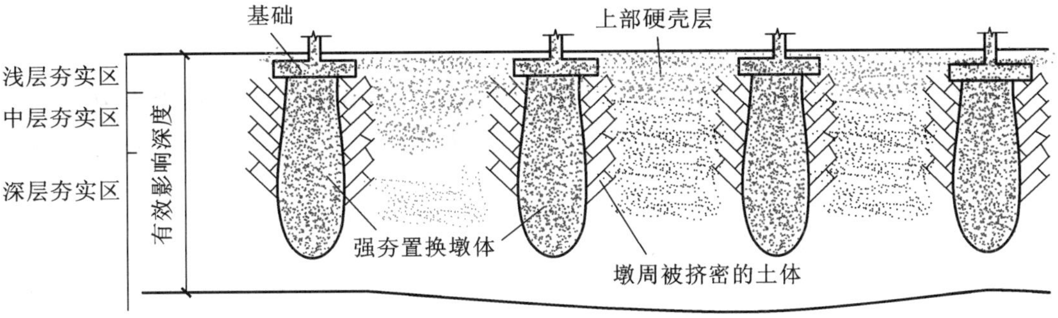

图 10.3　强夯置换形成复合地基

表 10.3　重锤夯实、强夯及强夯置换的加固机理、特点及适用条件

重锤夯实	技术参数	(1)锤重 $W=20\sim40$ kN，锤直径 $D=0.7\sim1.5$ m，落距 $H=3\sim5$ m； (2) 锤的形状为截头圆锥体，钢筋混凝土制作，其底部为钢板，锤体内充填废铁以使重心降低
	加固机理	用起重机械将夯锤提到一定高度后，让夯锤自由落下，重复夯击基土表面，使地基表面形成一层比较密实的硬壳层，从而使地基得到加固
	加固深度	属于浅层地基处理。因锤体较轻，锤底直径和落距较小，产生的冲击能也较小，故有效夯实深度不大，一般为锤底直径的一倍左右
	特点	方法简单、经济、施工快，但加固深度不大
	适用条件	(1) 该法适用于地下水位在 0.8 m 左右稍湿的杂填土、黏性土、湿陷性黄土和分层填土等地基。对于湿陷性黄土，重锤夯实可减少表层土的湿陷性；对于杂填土，则可减少其不均匀性。 (2) 在有效夯实深度内存在软黏土层时不宜采用
强夯	技术参数	(1) 锤重 $W=80\sim300$ kN，落距 $H=6\sim25$ m； (2) 夯锤可用铸钢制成，也可用钢壳内填混凝土制成，形状为方形或圆形； (3) 底面尺寸根据土类确定：一般砂性土和碎石土采用 $2\sim4$ m^2；黏性土采用 $3\sim4$ m^2

续表 10.3

强夯	加固机理	(1) 强夯法是用起重机械将重锤吊起,从一定高度自由落下,以强大的冲击能强制压实加固地基深层的密实方法(单次夯击能量大于 800 kN·m)。该法可提高地基承载力,降低其压缩性,减轻甚至消除砂土振动的液化危害,消除湿陷性黄土的湿陷性等。 (2) 用于处理杂填土、碎石土、砂性土和稍湿的黏性土时称为“强力夯实法”,简称“强夯法”。 (3) 用于处理饱和黏性土时称为“动力固结法”
	加固深度	属于深层地基处理。由于锤重和落距较大,产生的冲击能也较大,故有效夯实深度亦大,最大已达 10 余米
	特点	(1) 设备简单,施工工艺、操作简单。 (2) 工期短,成本低:①施工速度快,较换土回填和桩基缩短一半工期;②节省加固原材料。 (3) 加固效果显著:①可取得较高的承载力(一般地基强度可提高 2～5 倍);②变形沉降量小,压缩性可降低 2～10 倍,③加固影响深度大,可达 6～10 m。 (4) 适用范围十分广泛,不但能在陆地上施工,而且也可在水下夯实,适用土质范围广。 (5) 缺点是施工时噪声和振动较大,不宜在人口密集的城市内使用
	适用条件	(1) 碎石土、砂土、建筑垃圾、低饱和度的粉土、黏性土、素填土、杂填土和湿陷性黄土等地基; (2) 可用于防止粉土及粉砂的液化
强夯置换	加固机理	(1) 强夯置换法是在强夯的基础上,利用重锤高落差产生的高冲击能将碎石、片石、矿渣等性能较好的材料强力挤入地基中,在地基中形成一个一个的粒料墩,墩与墩间土形成复合地基,提高地基承载力,减小沉降; (2) 在强夯置换过程中,土体结构破坏,地基土体产生超孔隙水压力,但随着时间的增加,土体结构强度会得到恢复。粒料墩一般都有较好的透水性,利于土体中超孔隙水压力消散并固结
	特点	(1) 加固效果显著,施工工期短,施工费用低; (2) 个别工程因设计、施工不当,加固后会出现下沉较大或墩体与墩间土下沉不等的情况
	适用条件	(1) 适用于高饱和度的粉土与软塑至流塑的黏性土等地基上对变形控制要求不严的工程; (2) 采用强夯置换法加固后的地基,个别墩体与墩间土会出现不均匀下沉等情况,所以施工前必须通过现场试验确定其适用性和处理效果,否则不得采用

➡技术提示

重锤夯实与强夯加固机理的区别:

(1) 重锤夯实由于锤轻、落距小,对地基是浅层压密作用;

(2) 强夯主要是将势能转化为夯击能,在地基中产生强大的动应力和冲击波,进而对土体产生以下作用:

① (动力)压密作用——对多孔隙、粗颗粒、非饱和土为动力的密实机理,即强大的冲击能强制压密地基,使土中气相体积大幅度减小,土中孔隙体积被压缩。

② (动力)固结作用——对细粒饱和土为动力的固结机理,即强大的冲击能与冲击波,破坏土的结构,使土体局部液化并产生许多裂隙,作为排水通道,使土体固结;由于软土的触变性,强度得到提高。

③ 液化作用——导致土体内孔隙水压力骤然上升,当与上覆压力相等时,土体即产生液化,土丧失强度,土粒重新自由排列。

10.3 换土垫层法

换土垫层法是指当软弱地基的承载力或变形不能满足要求时，将软弱土或不良土开挖至一定深度，回填性能稳定的材料(常用的垫层有砂垫层、砂卵石垫层、碎石垫层、灰土或素土垫层、煤渣垫层、矿渣垫层等)，并分层压实至要求的密实度，形成双层地基。持力层就是换填后的土层，下卧层就是原天然软弱土，属于浅层地基处理。

10.3.1 换土垫层的作用、材料要求及适用条件

换土垫层的作用、材料要求及适用条件见表10.4。

表10.4 换土垫层的作用、材料要求及适用条件

作用	(1) 提高浅层地基承载力，减少地基沉降量。 (2) 加速土体排水固结，如换填无黏性土，如碎石土、砂土，加速软弱土层的排水固结时间，较早提高地基承载力，可加快施工进度。 (3) 防止冻胀，如地基土换填粗颗粒的垫层材料，材料孔隙大，不易产生毛细现象，因此可以防止寒冷地区土中结冰所造成的冻胀对基础及上部结构的影响
换填材料	(1) 理想材料为卵石、碎石、砾石、粗中砂，适用于处理透水性强的软弱黏性土地基。 (2) 素土：含碎石时最大粒径≤50 mm。 (3) 灰土：灰土体积比 2∶8 或 3∶7，土宜为黏性土或 $I_P>4$ 的粉土，粒径<15 mm；消石灰粒径≤5 mm；表面耕植土不宜采用并不得夹有未熟化的生石灰块和含有过多的水分。如：灰土地基是分层夯实而成，其承载能力可达 300 kPa。适用于一般黏性土地基加固，施工简单，取材方便，费用较低。 (4) 工业废料：如矿渣，应质地坚硬、性能稳定、无侵蚀性
施工方法	机械碾压法、重锤夯实法、振动压实法等
适用条件	(1) 淤泥、淤泥质土、湿陷性黄土、膨胀土、素填土、杂填土、季节性冻土浅层地基处理。如：当建筑物荷载不大(常用于处理多层或低层建筑的条形基础、独立基础以及基槽开挖后局部具有软弱土层的地基)，软弱土层厚度较小时，采用换填垫层法能取得较好的效果。 (2) 暗沟、暗塘等的浅层处理

10.3.2 垫层设计原理

1. 垫层厚度

如图10.4所示，垫层厚度应满足下卧土层的承载力要求，即作用在垫层底面处(软弱下卧层顶面处)土的自重应力 p_{cz} 与附加应力 p_z 之和不大于垫层底面处软弱下卧层地基承载力 f_{az}，即

$$p_{cz}+p_z\leqslant f_{az} \tag{10.1}$$

(1) 软弱下卧层顶面处附加应力 p_z

① 矩形基础

$$p_z=\frac{lbp_0}{(b+2z\tan\theta)(l+2z\tan\theta)} \tag{10.2}$$

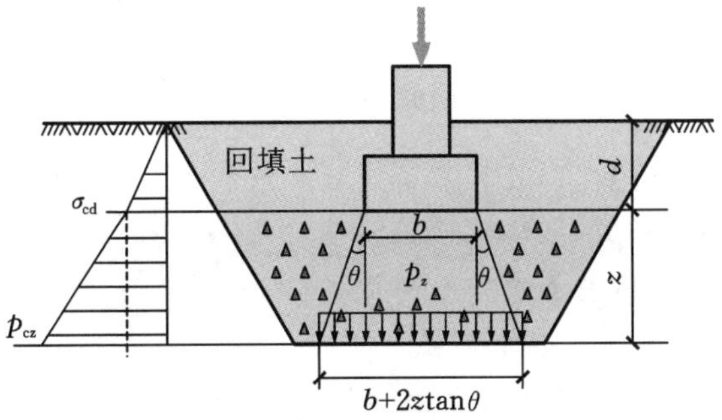

图10.4 确定垫层厚度及宽度计算简图

② 条形基础

$$p_z=\frac{bp_0}{b+2z\tan\theta} \tag{10.3}$$

式中 θ——地基压力扩散线与垂直线的夹角(°),可按表10.5采用。

其余符号意义见第6章。

表10.5 垫层压力扩散角 θ

z/b	换填材料		
	中砂、粗砂、砾砂、圆砾、角砾、石屑、卵石、碎石、矿渣	粉质黏土、粉煤灰	灰土
<0.25	0°	0°	28°
0.25	20°	6°	
≥0.50	30°	23°	

注:当 $0.25<z/b<0.50$ 时,θ 值可内插求得。

(2) 软弱下卧层顶面处地基承载力 f_{az}

$$f_{az}=f_{ak2}+\eta_d\gamma'_m(d+z-0.5) \tag{10.4}$$

式中 f_{az}——软弱下卧层顶面处地基承载力(kPa);

f_{ak2}——软弱下卧层深度未修正地基承载力特征值(kPa);

η_d——基础宽度和埋深的地基承载力修正系数,按基底下土的类别查表4.11取值;

γ'_m——软弱下卧层顶面以上土的加权平均重度(kN/m³);

d——基础埋深(m);

z——基础底面至软弱下卧层顶面处的距离(m)。

2. 垫层宽度的确定

垫层宽度 b' 需满足两方面要求:一是满足应力扩散的要求;二是防止垫层向两边挤动。通常可按当地经验确定或按下式计算:

$$b'\geqslant b+2z\tan\theta \tag{10.5}$$

式中 b'——垫层底面宽度;

z——基础底面下垫层的厚度。

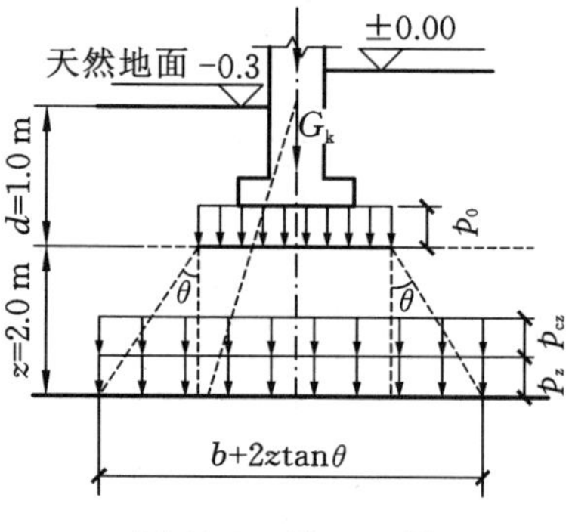

图10.5 例10.1图

【例10.1】 如图10.5所示,某轴心受压墙下条形基础,墙厚370 mm;基础宽度 $b=2$ m,地基土为淤泥质土,重度 $\gamma_1=18$ kN/m³;$e=0.87$ 及 $I_L=0.9$,查表4.11知:$\eta_d=1.0$;未修正地基承载力特征值 $f_{ak1}=90$ kPa。经计算基底附加应力 $p_0=155$ kPa,基底自重应力 $\sigma_{cd}=18$ kPa。要求:

1) 验算地基承载力是否满足要求。

2) 若不满足要求,采用碎石垫层换填进行地基处理,设换填后垫层重度 $\gamma=19.5$ kN/m³,地基承载力特征值 $f_{ak2}=140$ kPa,试确定换填垫层厚度 z。

3) 确定换填垫层宽度 b'。

【解】 1)验算基底处地基承载力(取条基单位长度:$l=1$ m)

$$\sigma_{cd}+p_0=18\times1+155=173\text{ kPa}>f_a=f_{ak1}+\eta_d\gamma_m(d-0.5)=90+1.0\times18\times(1-0.5)=99\text{ kPa}$$

故地基承载力不满足要求,采用碎石垫层换填地基处理。

2) 确定换填垫层厚度

(1) 初选换土垫层厚度 $z=2$ m

① 计算软弱下卧层顶面处的自重应力:$p_{cz}=1\times18+19.5\times2=57$ kN/m²

② 计算软弱下卧层顶面处的附加应力 p_z

$p_z=\dfrac{bp_0}{b+2z\tan\theta}=\dfrac{2\times155}{2+2\times2\times\tan30^\circ}=\dfrac{310}{4.3}=72.1$ kN/m²(由 $z/b=2/2=1>0.5$ 查表10.3得 θ

$=30°$)

(2) 计算软弱下卧层顶面处地基承载力

$f_{az}=f_{ak2}+\eta_d\gamma'_m(d+z-0.5)=140+1.0\times19\times(3-0.5)=188$ kPa

（其中：$\gamma'_m=p_{cz}/(d+z)=57/3=19\ kN/m^3$，为软弱下卧层顶面以上土的加权平均重度）

(3) 软弱下卧层顶面处地基承载力验算

$p_{cz}+p_z=57+72.1=129.1\ kPa<f_{az}=188\ kPa$，满足要求。

3) 确定换填垫层宽度 b'

$b'\geqslant b+2z\tan\theta=2+2\times2\times\tan 30°=4.3\ m$，取 $b'=4.5\ m$。

➡技术提示

(1) 换土垫层厚度不宜直接从承载力验算公式(10.1)求出，一般先初选换填垫层厚度 z，代入公式(10.1)验算，根据验算结果对垫层厚度做调整。①若不满足要求，可增大垫层厚度；②若厚度太大，不经济，可减小垫层厚度，直到达到满意结果。

(2) 下卧层顶面处地基承载力验算，基本原理同第6章，在此不再详述。但垫层不同压力扩散角 θ 取值通过 z/b 查表，不再需要压缩模量。

10.4 排水固结法

在饱和软土地基中施加荷载后，孔隙水被缓慢排出（超静水压力逐渐消散，有效应力逐渐提高），孔隙体积随之逐渐减小，地基发生固结变形，地基土承载力逐渐增大。

10.4.1 基本机理及适用条件

1. 加固机理

(1) 利用太沙基有效应力原理，土的固结就是在外荷载作用下，饱和土体孔隙水压消散和有效应力不断增加的过程，这一过程遵循有效应力原理。

(2) 根据太沙基固结理论，黏性土固结所需时间与排水距离的平方成正比，因此，加速土层固结最有效的方法是增加土层的排水途径，缩短排水距离。然后分级加载预压，使软土中孔隙加快排出水，地基土固结沉降加快完成。

2. 适用条件

排水固结一般适用于饱和软黏土、回填土、松散粉土、新近沉积土、有机质土及泥炭土地基。应用范围包括路堤、仓库、罐体、飞机跑道及轻型建筑物等。

10.4.2 加固系统组成

根据加固机理，为达到加速固结的目的，排水固结法由两大系统组成：一是排水系统，二是加压系统。如图10.6所示。

1. 排水系统

排水系统的主要作用是改变地基的排水边界条件，缩短排水距离和增加孔隙水排出的途径。当软土层靠近地表且较薄或土的渗透性好且施工周期较长时，可仅在地面铺设一定厚度的砂垫层而不设竖向排水通道，使土中的孔隙水在荷载作用下向上排至砂垫层而产生固结沉降。当软土层较厚时，为加快排水固结，应在地基中设置砂井等竖向排水体，与水平砂垫层一起构成排水系统。

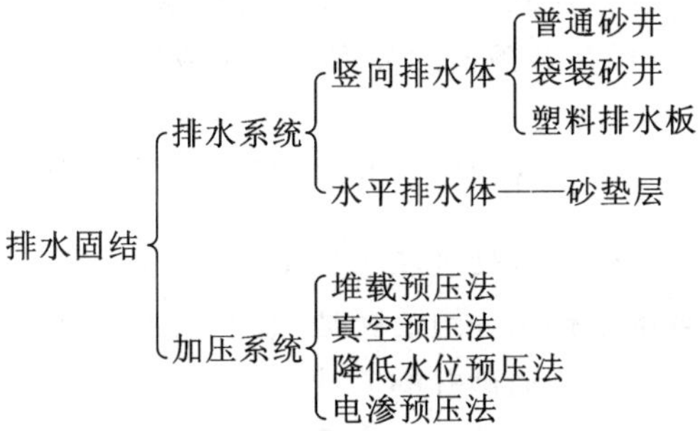

图 10.6 排水固结系统组成

2. 预压系统

对地基施加的荷载,包括自重应力 σ_{cz} 及建筑物荷载作用引起的附加应力 σ_z,超载预压一般取 $(1.2\sim1.5)\sigma_z$。

排水系统与加压系统总是联合使用的。目前,实际工程中应用较多的排水固结法有砂井(塑料排水板)堆载预压法和砂井(塑料排水板)真空预压法。

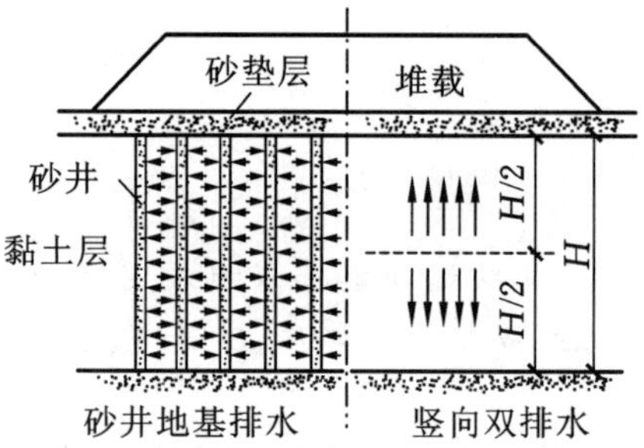

图 10.7 砂井堆载预压原理

10.4.3 砂井堆载预压法简介

砂井堆载预压法是在软黏土中设置一系列的竖向砂井,在软土顶层设置横向排水砂垫层,堆载的材料一般用填土、砂石等散体材料,如图 10.7 所示。

1. 砂井深度

砂井深度主要根据土层的分布、地基中的附加应力大小、施工期限和条件及地基稳定性等因素确定。当软土不厚(一般为 10～20 m)时,尽量要穿过软土层达到砂层;当软土过厚(超过 20 m),不必打穿软土,可根据建筑物对地基的稳定性和变形的要求确定。对以地基抗滑稳定性控制的工程,竖井深度应超过最危险滑动面 2.0 m 以上。

2. 砂井的布置

砂井布置形式有正方形和梅花形。普通砂井的直径为 300～500 mm,缩短砂井间距比增加砂井直径效果要好,即以“细而密”为佳。每个砂井的有效影响面积为圆面积,有效直径为 d_e,它与砂井间距 l 有关,如图 10.8 所示。

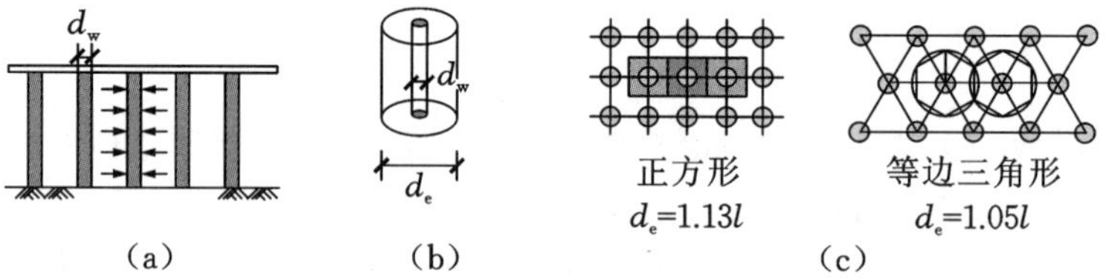

图 10.8 砂井布置

(a) 砂井预压;(b) 有效排水范围;(c) 砂井布置

砂井布置范围应大于建筑物基础外围轮廓线 2～4 m。

3. 砂垫层

在砂井顶面应铺设砂垫层,连通各个砂井形成通畅的排水面,以便将水排到场地以外。砂垫层厚度不应小于 0.5 m;砂料宜用中、粗砂,必须保证良好的透水性,含泥量不应超过 3%,渗透系数应大于 1×10^{-2} cm/s。

4. 预压荷载

预压荷载大小应根据设计要求确定。对于沉降有严格限制的建筑,应采用超载预压法处理。另外,预压荷载顶面的范围应大于或等于建筑物基础外缘所包围的范围。

10.4.4 袋装砂井和塑料排水板排水系统的概念

用砂井法处理软土地基,如地基土变形较大或施工质量稍差常会出现砂井被挤压截断,不能保持在软土中排水通道的畅通,影响加固效果。近年来普遍在砂井的基础上,出现了以袋装砂井和塑料排水板代替普通砂井的方法,避免了砂井不连续的缺点,而且施工简便,加快了地基的固结,节约用砂,在工程中得到了日益广泛的应用。

1. 袋装砂井

(1) 原理

袋装砂井是将装有散体砂的化纤纺织物细长袋子置于软土中作为竖向排水体的一种方法。袋装砂井(图 10.9)直径一般为 70～120 mm,布置间距为 1.0～2.0 m,形成复合地基,该地基具有足够的抗拉强度、耐腐蚀、对人体无害等特点。

(2) 砂子质量要求

装砂后砂袋的渗透系数不应小于砂的渗透系数。灌入砂袋的砂应为中、粗砂并振捣密实。砂袋留出孔口的长度至少 300 mm,应保证砂袋伸入砂垫层,并不得卧倒。

(3) 施工顺序

机具定位→打入套管→放入砂袋→拔出套管→机具移位→埋砂袋头,如图 10.10 所示。

图 10.9　袋装砂井排水固结

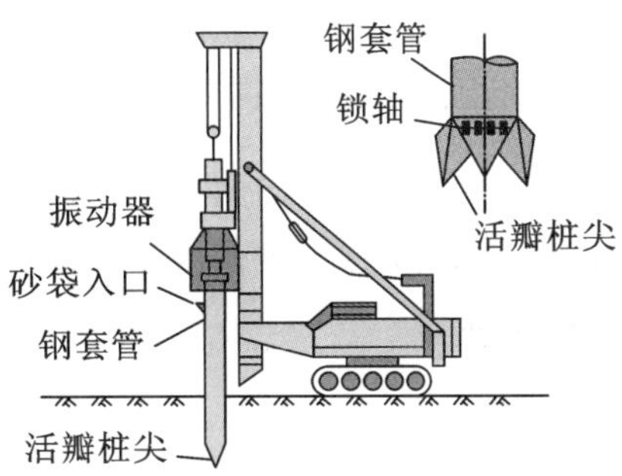

图 10.10　袋装砂井施工示意图

(4) 特点

袋装砂井桩处理软土地基具有施工设备较轻、固结效果明显的特点。砂柱受袋子约束,可保持较小的变化,砂粒不易挤入孔壁,减少用砂量;可加快施工速度,降低工程造价。

(5) 适用条件

适用于厚度较大的饱和软土和充填土地基处理,尤其适用于深层软土地基的排水固结加固。近年来,该方法在公路、机场、堤防、铁路和码头等工程中得到了广泛的应用。

2. 塑料排水板

塑料排水板别名塑料排水带,有波浪形、口琴形等多种形状。中间是挤出成型的塑料芯板,是排水带的骨架和通道,芯板起支撑作用并将滤层渗进来的水向上排出,两面以土工织物包裹作滤层,如图 10.11 所示,是淤泥、淤质土、冲填土等饱和黏性土及杂填土运用排水固结法进行软土地基处理的良好垂直通道,大大缩短软土固结时间。

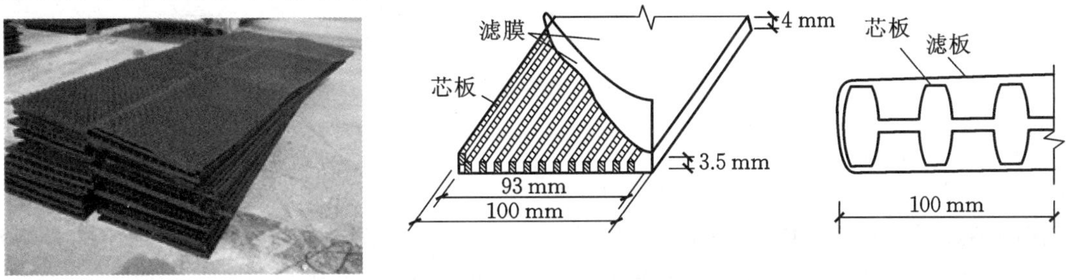

(a)　(b)

图 10.11　塑料排水板

(a) 样图;(b) 塑料排水板组成

(1) 原理

塑料排水板用插板机插入软土地基,在上部预压荷载作用下,软土地基孔隙水由塑料排水板排到上部铺垫的砂层或水平塑料排水管中,由其他地方排出,加速软土地基固结。

图 10.12　采用排水板固结法的地基

(2) 特点

① 滤水性好,排水畅通,排水效果有保证。

② 材料有良好的强度和延展性,能适合地基变形能力而不影响排水性能。

③ 排水板断面尺寸小,施打排水板过程中对地基震动小。

④ 可在超软弱地基上进行插板施工。

⑤ 施工快、工期短,每台插板机每日可插板 5000 m 以上,造价比袋装砂井低。

对于深厚的软土地基采用排水固结法进行加固时,从技术和经济上考虑,采用排水板几乎是唯一经济、有效、可行的方法,如图 10.12 所示。

10.4.5　其他预压系统概念

为了加速饱和黏性土固结速度,除设置有效排水系统外,还要增加预压系统。预压系统除堆载外,还可以采用真空预压、降低水位预压、电渗预压三种途径。

1. 真空预压法

(1) 原理

真空预压法就是在需要加固的软土地基中插入竖向排水通道(如砂井、袋装砂井或塑料排水板等),然后在地面铺设一层砂垫层,再在其上覆盖一层不透气的薄膜,在密封膜端部进行埋压处理。在膜下抽真空形成负压,在负压作用下,孔隙水逐渐渗流到竖向排水通道中而达到土体排水固结、强度增长的效果。如图 10.13 所示。

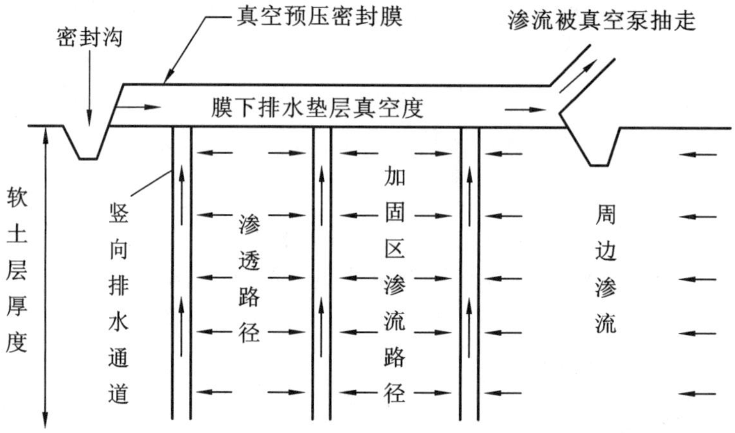

图 10.13　真空预压法原理

(2) 特点及应用

① 工期短,施工安全,不污染环境,费用低;

② 在固结过程中不仅土体产生垂直沉降,侧向也会产生水平位移。当在真空预压的影响范围内有其他建筑设施时,使用该法可能会危及其上部结构物的安全。

③ 真空预压加固软土地基,广泛应用于港口、码头、机场、工业与民用建筑等工程。

2. 降低水位预压法

降低水位预压法(图 10.14)是借井点抽水降低地下水位,以增加土的有效自重应力,达到预压目的。其降低地下水位原理、方法和需要设备基本与井点法基坑排水相同。这一方法适用于渗透性较好的砂土、粉土或在软黏土层中存在砂土层的情况,使用前应摸清土层分布及地下水位情况等。

3. 电渗预压法

电渗预压法(图 10.15)是在土中插入金属电极并通以直流电,由于直流电场的作用,土中的水分从阳极流向阴极,将水在阴极排出且无补充水源的情况下,引起土层的压缩固结。电渗预压法与降水预压法一样,是在总应力不变的情况下,通过减小孔隙水压力来增加土的有效应力作为固结压力的,所以不需要用堆载作为预压荷载,也不会使土体发生破坏。

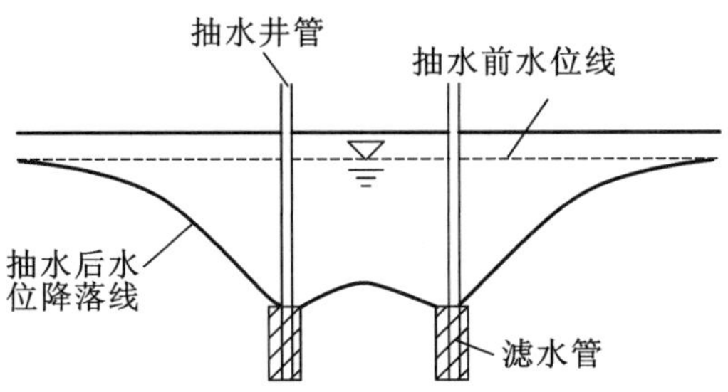

图 10.14 降低地下水位预压法

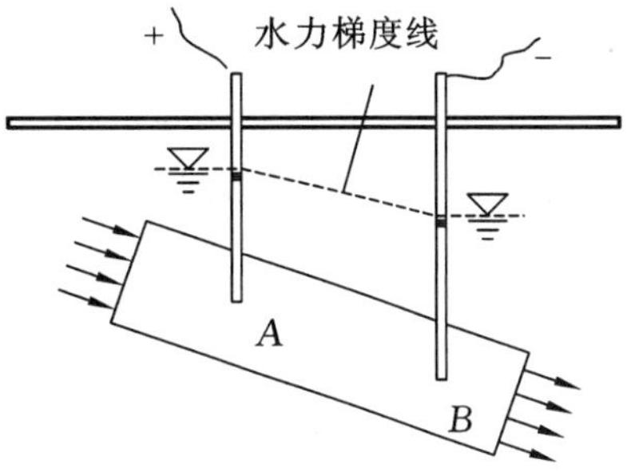

图 10.15 电渗预压法原理

10.5 挤密桩法及振冲法

10.5.1 挤密桩法

挤密桩法是以振动、冲击或带套管等方法成孔,然后向孔中填入砂、石、土(或灰土、二灰土、水泥土)、石灰或其他材料,再加以振实而成为直径较大桩体的方法,其工艺流程如图 10.16 所示。桩体对地基土具有横向挤密作用,在一定的挤密功能作用下土粒彼此移动,小颗粒填入大颗粒的孔隙,颗粒间彼此紧靠,孔隙减小,此时土的骨架作用随之增强,使土的压缩性减小、抗剪强度提高,从而提高地基承载力,减少沉降量,消除或部分消除土的湿陷性或液化性。

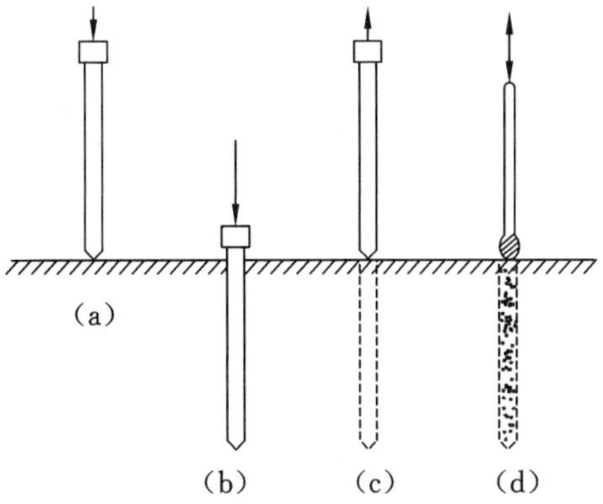

图 10.16 沉管成孔桩工艺流程

(a)桩机就位;(b)沉管挤土;(c)拔管成孔;(d)夯填桩孔

1. 挤密桩类型、加固机理及适用条件

(1) 细颗粒桩

细颗粒桩包括灰土桩、二灰(粉煤灰+石灰)桩、土桩、水泥土桩,其中:

① 灰土桩法是成孔后,在孔中灌入新鲜生石灰块,或在生石灰块中掺入适量的水硬性掺合料和火山灰,一般的经验配合比为 8∶2 或 7∶3。在拔管的同时进行振密或捣密,利用生石灰吸取桩周土体中水分进行水化反应,此时生石灰的吸水、膨胀、发热以及离子交换作用,使桩四周土体的含水量降低、孔隙比减小,使土体挤密和桩体硬化。桩和桩间土共同承受荷载,成为一种复合地基。

② 水泥土桩法是指将水泥和土按设计的比例拌和均匀,在孔内夯实至设计要求的密实度而形成加固体,并与桩间土组成复合地基的处理方法。这是一种施工周期短、造价低、施工文明、质量容易控制的地基处理方法。

(2) 粗颗粒桩

它是指采用振动、冲击沉管的方式在软弱地基中成孔后,再将碎石、砂或砂石挤压入已成的孔中,形成砂石所构成的密实桩体(又叫砂石桩),并和原桩周土组成复合地基的地基处理方法。砂石桩施工可以采用沉管法、冲击法、振动法等。

挤密桩类型、加固机理及适用条件见表10.6。

表10.6　挤密桩类型、加固机理及适用条件

细颗粒桩	土桩、灰土桩、二灰桩、水泥土桩	成孔方法	利用沉管、爆扩、冲击或钻孔扩孔
		填料特性	土、灰土、二灰土的粒径小,具有一定的黏结力、胶凝作用
		加固机理	(1) 成孔后,分层填入素土或灰土等廉价填料夯实成桩,同时桩周土体受到挤压,提高地基土密实度。桩间土被原位深层挤密,因此也可称为挤密桩法或深层挤密法; (2) 由于桩体填料具有一定的胶凝强度,与桩间挤密土组成人工复合地基,共同承担上部荷载
		适用条件及特点	(1) 原位处理、深层挤密、就地取材和以土治土,可获得显著的技术、经济与社会效益; (2) 用于处理深厚的湿陷性黄土地基和非饱和欠压密的填土地基,因此在我国西北和华北等地区已广泛应用
粗颗粒桩	砂石桩、碎石桩、砂桩	成孔方法	利用振动或冲击沉管方式成孔
		填料特性	砂、砾石、碎石的粒径大,无黏性
		加固机理	(1) 在软弱地基中成孔后,填入砂、砾石、碎石等材料并将其挤压入孔中,形成较大直径的、由砂石构成的密实桩体的地基处理方法; (2) 砂石桩用于处理松散砂土和塑性指数不高的非饱和黏性土地基,其挤密或振密效果较好,不仅可以提高地基的承载力、减少地基的固结沉降,而且防止砂土由于振动或地震所产生的液化; (3) 主要包括砂桩(置换)法、挤密砂桩法和沉管碎石桩法; (4) 挤密砂桩与排水砂井都是以砂为填料的桩体,但两者的作用是不同的。砂桩的作用主要是挤密,故桩径与填料的密度大,桩距较小;而砂井的作用主要是排水固结,故井径和填料密度小,间距大
		适用条件及特点	用于松散砂土地基,随着高效能施工机具的出现,应用范围已扩大到粉土、黏性土、素填土及杂填土地基

10.5.2　振冲法

振冲法又称振动水冲法,是指砂土地基通过加水振动可以变得密实的原理发展起来的地基加固方法,后来又被用于黏性土层中设置振冲置换碎石桩。振冲法是为改善不良地基,以满足建(构)筑物基础要求的地基加固处理方法。

振冲法施工的主要设备是振冲器,它类似于插入式混凝土振捣器,由潜水电动机、偏心块和通水管三部分组成。通过振冲器产生水平方向振动,振挤填料及周围土体,达到提高地基承载力、减少沉降量、增加地基稳定性、提高抗地震液化能力的地基处理方法。振冲挤密法加固的原理:一方面是靠振冲器的强力振动使饱和砂层发生液化,砂颗粒重新排列,孔隙减少;另一方面是靠振冲器的水平振动力,在加回填料情况下通过填料使砂层挤压加密。

图10.17所示为振冲置换碎石桩的工艺流程:(1)振冲器在吊机就位后,通过同时启动电动机和射水泵,在高频振动和高压水流的联合作用下,下沉到预定深度成孔;然后再进行清孔(用循环水带出孔中较稠泥浆);清孔后边向孔中逐段填入砂石料、边喷水振动,使填料振捣密实;逐段填料振密并逐段提升振冲器直至地面,从而在地基中形成一根较大直径的密实的碎石桩体。

按照地基土加固机理,振冲法可分为振冲挤密和振冲置换两类。

(1) 振冲挤密法:在砂土地基中主要作用是振冲挤密砂土地基,因为主要是利用振动和压力水使

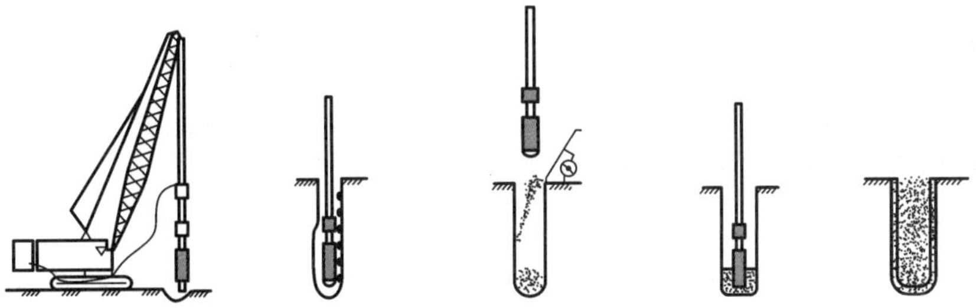

图 10.17 振冲置换碎石桩工艺流程

(a) 振冲器就位;(b) 振冲成孔;(c) 填石料;(d) 振密;(e) 成桩

砂层液化,砂颗粒相互挤密,重新排列,孔隙减少,从而提高砂层的承载力和抗液化能力,又称振冲挤密砂桩法。

(2) 振冲置换法:在软弱黏性土地基,振冲器成孔,以碎石、砂砾等散粒材料为填料振动密实形成桩体,与原地基土一起构成复合地基,使其排水性能得到很大改善,有利加速土层固结,使承载力提高,沉降量减少,又称振冲置换碎石桩法。置换碎石桩法桩体的压缩模量远比软弱土的大,基础传给复合地基的荷载与刚度有关,桩体刚度越大,分担的荷载越多,从而使软土负担的压力相应减少。图 10.18 所示为施工中的振冲置换碎石桩。

图 10.18 施工中的振冲置换碎石桩

10.6 水泥粉煤灰碎石桩(CFG 桩)法

10.6.1 CFG 桩基本概念

水泥粉煤灰碎石桩(简称 CFG 桩)是指由水泥、粉煤灰、石屑为混合料,加水拌和形成高黏结强度桩,并在基底和桩顶之间设置一定厚度的褥垫层,使桩体与桩间土共同作用形成复合地基,如图 10.19 所示。所以 CFG 桩加固地基是褥垫层、CFG 桩、桩间土协同工作的地基,其传力途径如图 10.20 所示。

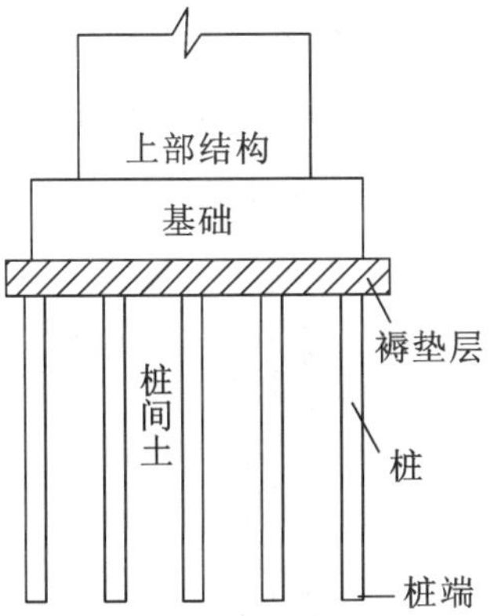

图 10.19 CFG 桩组成示意图

CFG 桩主要技术指标:

(1) 桩身混凝土强度满足设计要求,通常不小于 C15。

(2) 桩径宜取 350～600 mm,桩间距宜取 3～5 倍桩径。

(3) 桩端持力层应选择承载力相对较大的地层。

(4) 褥垫层宜用中砂、粗砂、碎石或级配砂石等,不宜选用卵石,最大粒径不宜大于 30 mm;厚度 150～300 mm。

(5) 当基础刚度较弱时宜在桩顶增加桩帽或在桩顶采用碎石土工格栅、碎石钢板网等方式调整桩土荷载分担比例,提高桩的承载能力。

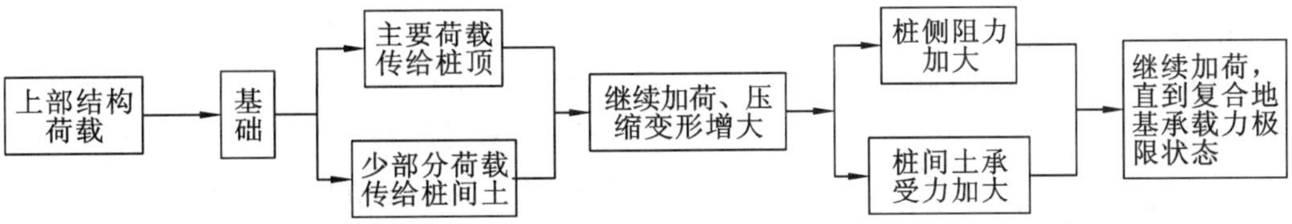

图 10.20 CFG 桩传力途径

10.6.2 CFG桩加固机理

在褥垫层协调作用下,由于桩的刚度较大,桩体分担了较多的荷载,随着荷载增加,桩侧阻力增大,同时桩间土被挤密,到达桩和桩间土共同作用下复合地基极限承载力。

1. 复合地基作用

(1) 置换作用:CFG桩桩体弹性模量远大于桩间土弹性模量,CFG桩承担荷载远大于桩间土承担荷载,土被CFG桩置换是复合地基承载力得到提高的主要原因。

(2) 排水作用:CFG桩桩体的渗透系数远大于桩间土层渗透系数,加速土体固结。

2. 褥垫层作用

(1) 保证桩与土共同承担荷载,通过褥垫层塑性调节作用把一部分荷载传到桩间土上,保证桩和桩间土始终参与工作并满足变形协调条件。

(2) 减小基础底面的应力集中

当褥垫层厚度 $H=0$ 时,桩对基础底板的应力集中显著,随着褥垫层厚度增加则桩对基础应力集中减小。当褥垫层超过一定厚度后,在基础底板设计时可不考虑桩对基础应力集中的影响,所以褥垫层厚度不能太小。

10.6.3 CFG桩工程特性

(1) 桩体刚度大,承载力高。CFG桩具有较大的刚性,不仅能充分发挥侧阻力,当桩端落在好土层上时,还具有明显的端承作用。

(2) 承载力可调性强:CFG桩桩长可从几米到20多米,可全桩长发挥桩的侧阻力,桩承担的荷载占总荷载40%~75%。

(3) 桩体排水作用:当上部土层透水性较差时,CFG桩形成一个良好的排水通道,孔隙水沿着桩体向上排出,直到CFG桩体硬结为止。

(4) 复合地基变形小:CFG桩复合地基模量大,地基沉降量小。当软弱土层较厚时,将桩端落在较硬土层,可以有效减小沉降。

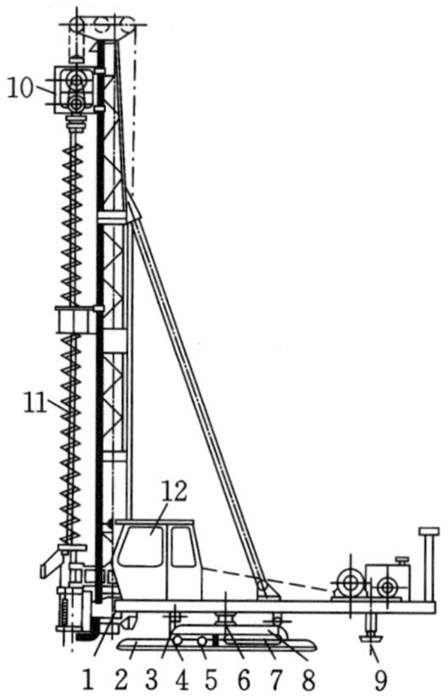

图 10.21 步履式长螺旋钻机

1—上盘;2—下盘;3—回转滚轴;4—行走滚轴;5—钢丝滑轮;6—回转中心轴;7—行走油缸;8—中盘;9—支腿;10—动力头;11—中空螺旋钻杆;12—钻机操作室

10.6.4 CFG桩施工方法及适用条件

CFG桩复合地基技术采用的施工方法有:长螺旋钻孔灌注成桩,长螺旋钻孔、管内泵压混合料灌注成桩,振动沉管灌注成桩等。

1. 长螺旋钻孔灌注成桩

该方法适用于地下水位以上的黏性土、粉土、素填土、中等密实以上的砂土,图10.21所示为步履式长螺旋钻机。施工处理深度一般小于30 m,常用桩径为400~420 mm。

2. 长螺旋钻孔、管内泵压混合料灌注成桩

施工工艺流程:钻机就位→钻进成孔→连续压灌混合料→提升钻杆成桩→钻机移位。其施工示意图如图10.22所示。

优点:①低噪声,无泥浆污染;②成孔制桩时不产生振动,避免了新打桩对已打桩产生的不良影响;③成孔穿透能力强,可穿透硬土层,诸如砂层、圆砾层和粒径不大于60 mm的卵石层;④施工效率高。

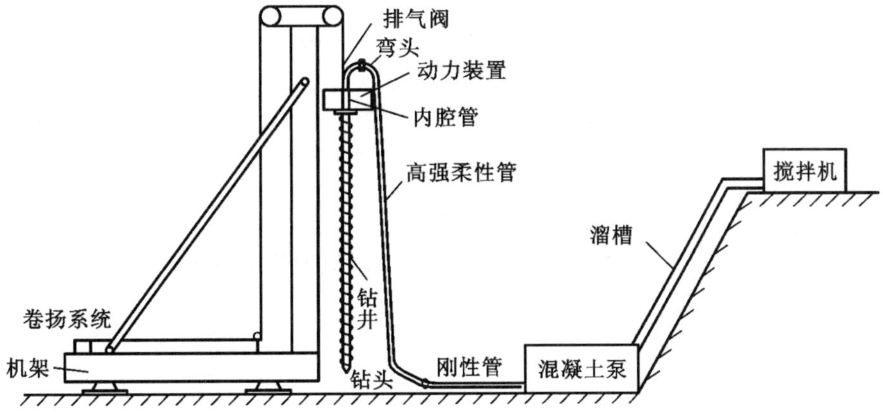

图 10.22 长螺旋钻孔、管内泵压混合料灌注桩施工示意图

适用于黏性土、粉土、砂土，以及对噪声或泥浆污染要求严格的场地。

3. 振动沉管灌注成桩

施工工艺流程：钻机就位→振动沉管孔→钻杆内灌注混合料→提升钻杆并补投混合料→成桩，如图 10.23 所示。施工处理深度一般小于 30 m，常用桩径为 360～420 mm。

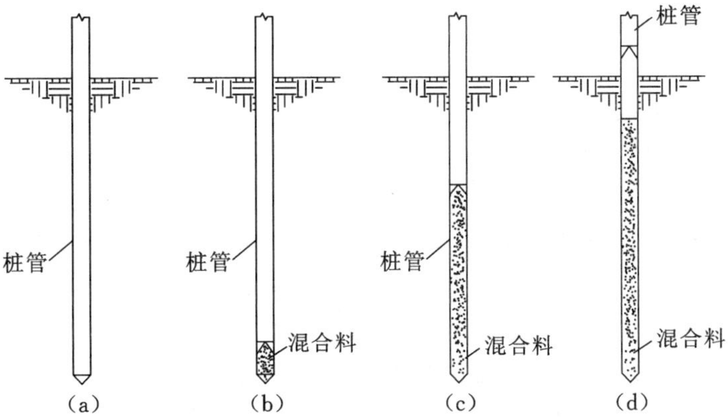

图 10.23 振动沉管灌注桩施工流程

(a) 振动沉管；(b)(c) 灌注混合料并振动拔管；(d) 成桩

特点：施工操作简单，费用低，对桩间土挤密效果显著，可消除地基液化。

振动沉管灌注桩施工存在的问题：①难以穿透砂层、卵石层等硬土层；②施工噪声较大，不适宜在城市居民区施工；③当临近已有建筑物施工时，振动对建筑物可能产生不良影响；④当施工顺序不当时，还有将邻桩挤断的可能。

适用于黏性土、粉土、淤泥质土、人工填土及无密实厚砂层的地基。

10.6.5 CFG 桩与碎石桩比较

CFG 桩与碎石桩比较见表 10.7。

表 10.7 CFG 桩与碎石桩比较

CFG 桩	桩体材料	桩体材料除了碎石以外，还有水泥、粉煤灰的成分，桩身具有高黏结强度
	加固机理	CFG 桩体刚度较大，能分担较大荷载，可在全长范围内受力，能充分发挥桩周摩阻力和端承力。在褥垫层作用下，桩体与桩间土共同工作而形成复合地基
	桩土应力比	CFG 桩土应力比(指桩体承担荷载与桩间土承担荷载比值)较高，一般为 10～40，且具有很大的可调性，容易满足设计要求
	适用条件	CFG 桩用于加固填土、饱和及非饱和黏性土、松散砂土、粉土等。对塑性指数高的饱和软黏土使用要慎重

续表 10.7

碎石桩	桩体材料	桩体为散体材料,桩身无黏结强度
	加固机理	碎石桩为柔性桩,属于挤密桩,依靠周围土体的约束力来承受上部荷载,无明显桩周摩阻力和桩端承力。在砂性地基土中,主要起挤密作用,不是复合地基
	桩土应力比	碎石桩桩土应力比一般为 1.5～4.0
	适用条件	碎石桩宜处理砂土、粉土、黏性土、填土以及软土,对不排水抗剪强度小于 20 kPa 软土使用要慎重
结论	(1) CFG 桩桩体刚度大于碎石桩,其桩体承载力大于碎石桩桩体承载力; (2) CFG 桩加固地基是形成复合地基,碎石桩对于砂性土地基主要是挤密作用,所以 CFG 桩地基承载力大于碎石桩地基承载力	

10.6.6 CFG 桩复合地基的应用与发展

CFG 桩是建设部“七五”计划课题,于 1988 年立项进行试验研究。1994 年被列为国家级重点推广项目。20 世纪 80 年代末至 90 年代初,CFG 桩多采用振动沉管打桩机施工;20 世纪 90 年代中期,开始应用长螺旋钻管孔内泵压 CFG 桩混合料成桩工艺,并在全国推广,近年逐渐开始在高层建筑中应用。其优势如下:

(1) 它吸取了振冲碎石桩和水泥搅拌桩的优点,第一,与普通振动沉管灌注桩一样,施工工艺简单,与振冲碎石桩相比,无场地污染,振动影响也较小。第二,所用材料仅需少量水泥,便于就地取材,基础工程不会与上部结构争“三材”,这也是比水泥搅拌桩优越之处。第三,受力特性与水泥搅拌桩类似。

(2) CFG 桩可全桩长发挥桩侧阻力,桩端落在密实土层时可很好地发挥桩端阻力,形成复合地基。置换作用强,地基承载力提高幅度大,复合地基弹性模量高,地基变形小。

(3) CFG 桩桩体材料可以掺入工业废料粉煤灰,不配钢筋,可充分发挥桩间土的承载力,工程造价仅为桩基的 1/3～1/2,经济效益和社会效益显著。

(4) CFG 桩采用长螺旋钻孔管内泵压成桩工艺,具有无泥浆污染、无振动、低噪声等特点,且施工速度快,工期短,质量容易控制。

10.7 化学加固法

化学加固法主要包括高压喷射注浆法、深层搅拌法和灌浆法。其中高压喷射注浆法和深层搅拌法是用特制的施工机械在地基深部将水泥和土强制融为一体,结硬后形成的桩体,不仅可以作为深基坑支护,同样也可以加固地基,与桩间土形成复合地基,提高地基承载力,减小变形。灌浆法是将某些固化材料,如水泥、石灰或其他化学材料灌入基础下一定范围内的地基岩土中,以填塞岩土中的裂缝和孔隙,防止地基渗漏,提高岩土整体性、强度和刚度。在闸、坝、堤等挡水建筑物中,常用灌浆法构筑地基防渗帷幕,是水工建筑物的主要地基处理措施。

10.7.1 高压喷射注浆法

1. 基本概念

高压喷射注浆法就是利用工程钻机钻孔至设计处理的深度后,用高压泥浆泵,通过安装在钻杆(喷杆)杆端置于孔底的特殊喷嘴,向周围土体高压喷射固化浆液(一般使用水泥浆液),同时钻杆(喷杆)以一定的速度边旋转边提升,高压射流使一定范围内的土体结构破坏,并强制与固化浆液混合,凝固后便在土体中形成具有一定性能和形状的固结体。固结体的形状与喷射流的移动方向有关,一般分为旋转喷射(简称旋喷)、定向喷射(简称定喷)和摆动喷射(简称摆喷),如图 10.24 所示。

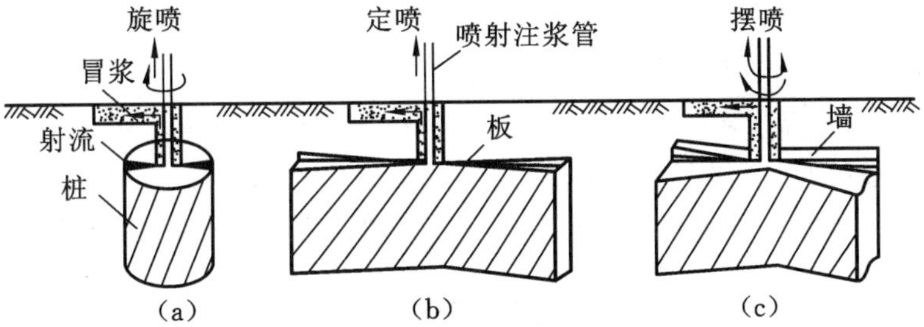

图 10.24 高压喷射注浆法喷射流的三种移动方式

(a) 旋喷;(b) 定喷;(c) 摆喷

(1) 旋喷法:喷嘴边喷浆、边旋转、边提升,加固体呈柱状。主要用于加固地基,提高地基的抗剪强度,改善地基土的变形性能,使其在上部结构荷载作用下,不至于破坏或产生过大的变形。

(2) 定喷法:喷嘴只喷不旋转、边提升,加固体呈板状或壁状。

(3) 摆喷法:喷嘴边喷浆、边摆动、边提升,喷射方式小角度摆动,加固体呈较厚墙体。

定喷法和摆喷法通常用于地基防渗,改善地基土的水力条件及边坡稳定性等工程。

2. 施工方法

注浆设备不同,高压喷射注浆施工方法也不同,根据注浆类型分为单管法、双重管法、三重管法、多重管法四种。图 10.25 为单管法高压喷射注浆施工流程,各注浆法工作原理见表 10.8。

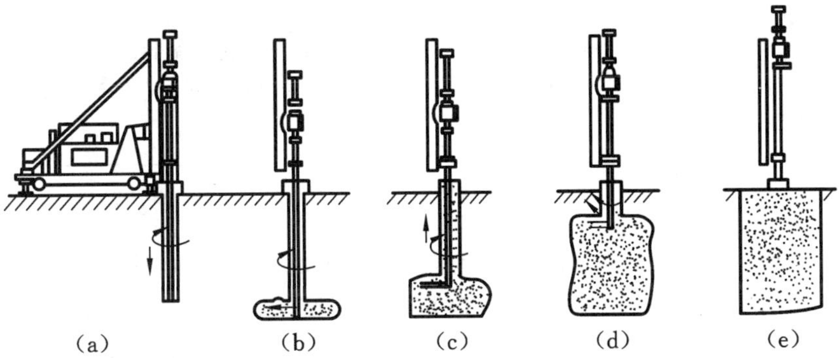

图 10.25 单管法高压喷射注浆施工流程

(a) 钻进就位钻孔;(b) 开始喷射;(c)、(d) 边旋喷边提升;(e) 旋喷结束成桩

表 10.8 高压喷射注浆法工作原理

<table>
<tr><td colspan="2">工作原理示意图</td><td>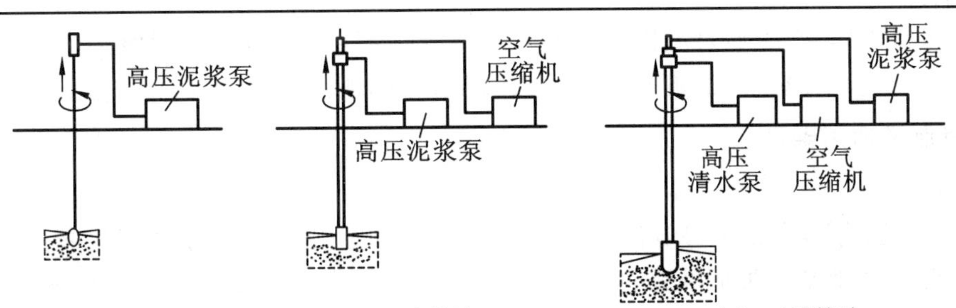
</td></tr>
<tr><td rowspan="2">单管法</td><td>工作原理</td><td>通过单根管路,利用高压浆液,喷射冲切破坏土体,成桩直径为 40～50 cm。其加固质量好,施工速度快,成本低,但固结体直径较小</td></tr>
<tr><td>喷浆要点</td><td>利用钻机等设备将安装在注浆管底部侧面的特殊喷嘴置入土层预定深度后,用高压泥浆泵等装置,以 20 MPa 左右的压力把浆液从喷嘴喷射出去冲击破坏土体,同时借助注浆管的旋转和提升运动,使浆液与土体混合,形成水泥土固体</td></tr>
</table>

续表 10.8

双重管法	工作原理	双重管法是在单管法的基础上又加以压缩空气,高压浆液从内喷嘴中高速喷出,在射流的外围加以压缩空气喷出。在土体中形成直径明显增加的柱状固结体,达 80～150 cm,直径较大
	灌浆要点	使用双通道的二重注浆管,同时喷出高压浆液和空气两种介质的射流冲击破坏土体,即以高压泥浆泵等发生装置喷射出 20 MPa 左右的浆液,从内喷嘴中高速冲出,并用 0.7 MPa 左右的压力把压缩空气从外喷嘴喷出。在高压浆液流和外环绕气流的共同作用下,破坏土体的能量显著增大,形成固结体的直径显然大于单管法
三重管法	工作原理	三重管旋喷法是使用分别输送水、气、浆三种介质的三重管。高压水射流和外围环绕的气流同轴喷射冲切破坏土体,形成较大空隙,喷浆管喷嘴边旋转边喷射,压入的浆液填充空隙,就会在地基中形成直径较大、强度较高的固结体,起到加固地基的作用
	灌浆要点	三重管法:使用分别输送水、气、浆三种介质的三通道注浆管。在 20～40 MPa 的水射流,并外环绕 0.7 MPa 空气流组成高压水与气的复合喷射流,冲切土体,以形成较大的孔隙,另外再由泥浆泵注入压力为 2～ 5 MPa 的浆液填充,形成固结体。国内主要采用这种三重管法。另一种三重管法是水泥浆采用高压喷射,并在其外围环绕空气流进行第二次冲击切削土体,此种方法形成的固结体直径大于前一种方法
多重管法	工作原理	多重注浆管喷射高压水流,切削破坏四周的土体,经高压水冲击下来的土和石成为泥浆后,立即用真空泵从多重管中抽出,装在喷嘴附近的超声波传感器及时测出空间的直径和形状,最后根据工程要求选用浆液、砂浆、砾石等材料进行填充,成桩直径可达 4 m
	灌浆要点	浆液凝固时间可通过速凝剂喷嘴注入速凝剂量调控,凝固时间可做到瞬间凝固。施工时可根据地压的变化,调整喷射压力,分别以高压水喷射流和高压水泥浆加四周环绕空气流的复合喷射流就可增大固结效果,固结体直径较大

3. 加固作用

(1) 高压喷射流切割破坏土体作用:喷流动压以脉冲形式冲击土体,使土体结构破坏出现孔洞。

(2) 混合搅拌作用:钻杆在旋转和提升的过程中,在射流后面形成空隙,在喷射压力作用下,迫使土粒向与喷嘴移动相反的方向(即阻力小的方向)移动,与浆液搅拌混合后形成固结体。

(3) 置换作用:三重管法又称置换法,高速水射流切割土体的同时,由于通入压缩空气而把一部分切割下的土粒排出灌浆孔,土粒排出后所空出的体积由灌入的浆液补入。

(4) 充填、渗透固结作用:高压浆液充填冲开的和原有的土体孔隙,还可掺入一定厚度的砂层而形成固结体。

(5) 压密作用:高压喷射流在切割破碎土体的过程中,在破碎带边缘还有剩余压力,这种压力对土层可产生一定的压密作用,使高喷桩体边缘部分的抗压强度高于中心部分。

4. 特点及适用条件

(1) 特点

① 适用范围广,本工法可以作为施工中的临时措施,也可作为永久建筑物的地基加固,特别适用于对已有建筑物地基的加固补强;

② 设备简单,施工方便,节约水泥,造价低;

③ 加固体强度大,加固深度较大;

④ 加固方法灵活,可垂直、倾斜、水平喷射。

(2) 适用条件

① 适用于处理淤泥、淤泥质土、黏性土、粉土、砂土、湿陷性黄土、碎石土以及人工填土等地基的加固。但对含有较多大粒块石、坚硬黏性土、大量植物根茎或含过多有机质的土及地下水流过大、喷

射浆液无法在注浆管周围凝聚的情况，不宜采用。

② 可用于既有建筑和新建筑的地基处理、深基坑侧壁挡土或挡水、基坑底部加固防止管涌与隆起、坝的加固与防水帷幕等工程。

10.7.2　深层搅拌法

1. 基本概念

深层搅拌法是利用水泥、石灰等材料作固化剂，通过特制的深层搅拌机械，在地基深处就地将软土和固化剂强制拌和，使软土硬结成具有整体性、水稳定性和较高强度的水泥加固体，与天然地基形成复合地基。深层搅拌法包括浆液喷射深层搅拌法（称为湿法）和粉体（水泥粉、石灰粉及水泥石灰混合粉）喷射深层搅拌法（称为干法）。湿法的工艺流程如图 10.26 所示。

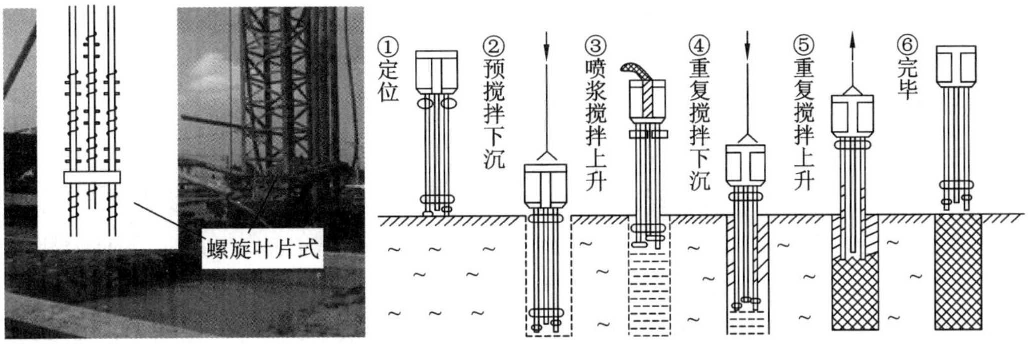

图 10.26　浆液喷射深层搅拌法（湿法）施工流程

粉体喷射深层搅拌法是利用喷粉机，使压缩空气携带粉体固化材料，经过高压软管和搅拌轴送到搅拌叶片背面的喷嘴喷出，喷入旋转叶片背后产生的孔隙中，并与土黏附在一起，在不断的搅拌作用下，固化材料与地基土均匀混合，而将固化材料分离后的气体传递到搅拌轴的周围，上升到底面释放掉。

2. 加固机理

软土与水泥采用机械搅拌加固的基本原理，是基于水泥加固土的物理化学反应过程，减少了软土中的含水率，增加了颗粒之间的黏结力，增大了水泥土的强度和足够的水稳定性。在水泥加固土中，由于水泥的掺量较小，一般占被加固土重的 10%～15%。水泥的水化反应完全是在具有一定活性的介质——土的围绕下进行，所以硬化速度较慢且作用复杂。水泥土加固软土的物理化学反应表现在：(1)水泥的水解和水化反应；(2)黏土颗粒与水泥水化物的作用；(3)碳酸化作用。

3. 深层搅拌法的特点及适用条件

(1) 特点

① 基本不存在挤土效应，对周围地基扰动小；

② 可根据不同土质和工程设计要求，合理选择固化剂及配方，应用较为灵活；

③ 施工无振动，无噪声，污染小，可在市区和建筑物密集地带施工；

④ 土体加固后，重度基本不变，软弱下卧层不致产生较大附加沉降；

⑤ 结构形式灵活多样，可根据工程需要选用块状、柱状、壁状、格栅状；

⑥ 与旋喷桩相比，水泥用量大为减少，造价低、工期短。

(2) 适用条件

① 深层搅拌法适用于加固较深较厚的淤泥、淤泥质土、粉土和含水量较高且地基承载力特征值不大于 120 kPa 的黏性土地基，对超软土效果更为显著。

② 多用于墙下条形基础，大面积堆料厂房基础，深基坑开挖时防止坑壁及边坡塌滑、坑底隆起等工程以及地下防渗墙等工程。

10.7.3　灌浆法

灌浆法是通过钻孔(或预埋管)将具有流动性和胶凝性的浆液按一定配比要求,用气压、液压或电化学原理,把某些能固化的浆液注入天然的和人为的裂缝或孔隙压入地层或建筑物的缝隙中胶结硬化成整体,达到防渗、固结、增强的工程目的。

1. 灌浆材料

(1) 水泥浆:水泥浆是由水泥和水混合经搅拌而制成的浆液。为了改进浆液性能,有时需要在浆中加入少量的添加剂。

(2) 黏土浆:黏土浆是黏土的微小颗粒在水中分散,并与水混合形成的半胶体悬浮液。选择灌浆用的黏土,一般要求:①塑性指数大于 17;②黏粒(粒径小于 0.005 mm)含量不小于 40%～50%;③粉粒(粒径 0.005～0.05 mm)含量小于 45%～50%;④含砂量(粒径 0.05～0.25 mm)不大于 5%。

(3) 水泥黏土浆:由水泥和黏土两种基本材料相混合所构成的浆液。

(4) 水泥-水玻璃浆液:以水泥和水玻璃溶液组成的一种灌浆材料。

2. 注浆孔布置形式

加固灌浆孔的布设常用方格形、梅花形和六边形,如图 10.27 所示。方格形的主要优点是便于补加灌浆孔,在复杂的地区宜采用这种方法,而梅花形和六边形布孔的主要缺点是不便于补加灌浆孔,预计灌浆后不需补加孔的地基多采用这种形式。对于加固注浆,一般采用等距布孔,梅花形布置。孔间距一般为 $a=0.8$ m(扩散半径),排间距 $b=0.87a$。在砂性土层,渗透注浆孔间距取 0.8～1.2 m;在黏性土层,劈裂注浆孔间距取 1.0～2.0 m。

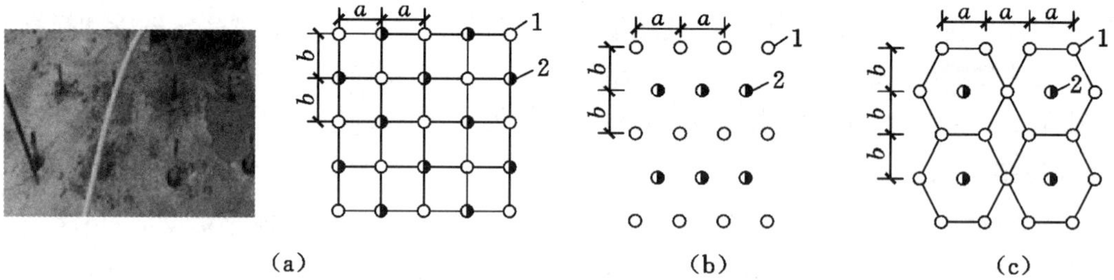

图 10.27　注浆孔的布置形式

(a) 方格形;(b) 梅花形;(c) 六边形

(1) 先施工 1 序孔;(2) 后灌注 2 序孔

3. 灌浆分类

(1) 按照灌浆的作用划分为帷幕灌浆、固结灌浆、回填灌浆、接触灌浆、接缝灌浆、补强灌浆和裂缝灌浆等。

帷幕灌浆是在坝基偏上游部位进行 1～3 排深孔灌浆,充填和胶结裂隙,构成一道不透水的帷幕,达到减少坝基渗漏和降低渗透水流对坝底的扬压力的目的,如图 10.28 所示。

固结灌浆是将坝基裂隙岩石胶结起来,提高其整体性、均匀性和承载能力。其涉及的平面范围大,孔深一般为 5～10 m。

接触灌浆是在坝体与岩基的结合面上进行灌浆,加强结合,提高坝体的抗滑稳定性,防止岩面集中渗漏并增加岩基表面的固结强度,如图 10.29 所示。

(2) 按被灌地层的构成划分为岩石灌浆、岩溶灌浆、砂砾石层灌浆和粉细砂层灌浆。

(3) 按照灌浆材料划分为水泥灌浆、水泥黏土灌浆、化学灌浆等,各灌浆材料的特点见表 10.9。

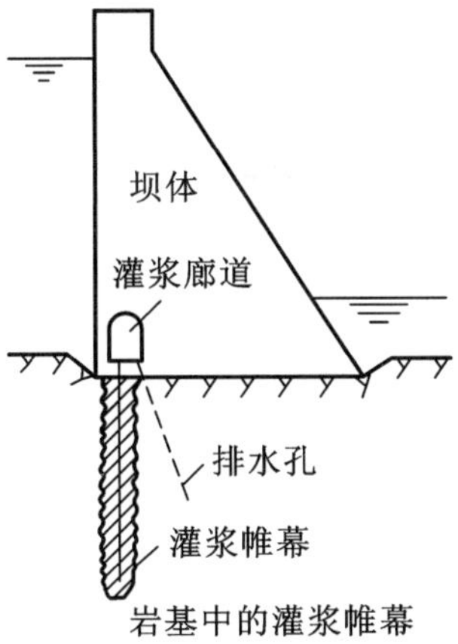

图 10.28 灌浆帷幕

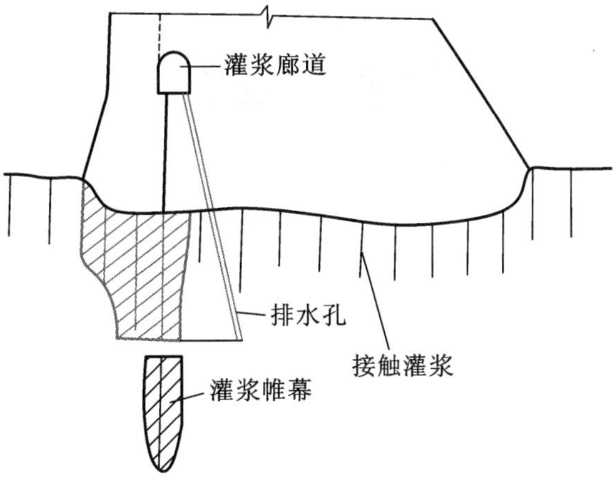

图 10.29 灌浆帷幕与接触灌浆

表 10.9 各灌浆材料的特点

灌浆材料种类	主要特点	适用范围
水泥浆	(1) 施工简单、方便,浆液凝结时间较长; (2) 可灌性差	粗砂地基防渗加固
黏土浆	(1) 材料来源广、廉价,黏土浆的结石强度和黏结力都比较低,抗渗压和冲蚀的能力很弱; (2) 可灌性较好	在低水头的防渗工程上才考虑采用纯黏土浆灌浆,如低水头堤身防渗加固
水泥黏土浆	(1) 水泥和黏土混合可以互相弥补缺点,构成性能较好的灌浆浆液; (2) 水泥黏土浆液较单液水泥类浆液成本低,流动性、抗渗性好,结石率高	粗砂地基防渗加固,目前大坝的砂砾石基础的防渗灌浆帷幕几乎都是采用水泥黏土浆灌注的
水泥-水玻璃	(1) 它克服了水泥浆液凝结时间过长的缺点,胶凝时间可以缩短到几十分钟,甚至数秒钟; (2) 可灌性比纯水泥浆也有所提高,价格较高	适合在动水状态下,粗砂层地基的防渗加固处理
水泥砂浆	(1) 施工技术要求较高,强度高,价格低; (2) 易沉淀,可灌性差	较大缺陷的充填加固和防渗处理
水玻璃	浆液稠度与水接近、可塑性好,可灌性比纯水泥浆高,但价格高	在水泥浆等颗粒状浆液满足不了要求时采用,如:细砂层和粉砂层地基防渗加固

(4) 按照使用的压力划分为常压灌浆(小于 40×10^5 Pa 的常规压力)和高压灌浆(压力不小于 40×10^5 Pa)。

(5) 按浆液注入方式又分为:

① 纯压式灌浆法。灌入的浆液都压入岩石裂隙中,不让其返回地面。如化学灌浆多为定量灌浆,常采用这种方式,如图 10.30(a)所示。

② 循环灌浆法。注入的浆量大于裂隙吸浆量,多余浆液经回浆管返回搅拌机。其主要优点是浆液不易沉淀,有利于保证灌浆质量。帷幕灌浆或固结灌浆多采用这种方式,如图 10.30(b)所示。

4. 适用条件

(1) 砂、砂砾石、粉细砂、软黏土、杂填土及淤泥地基。

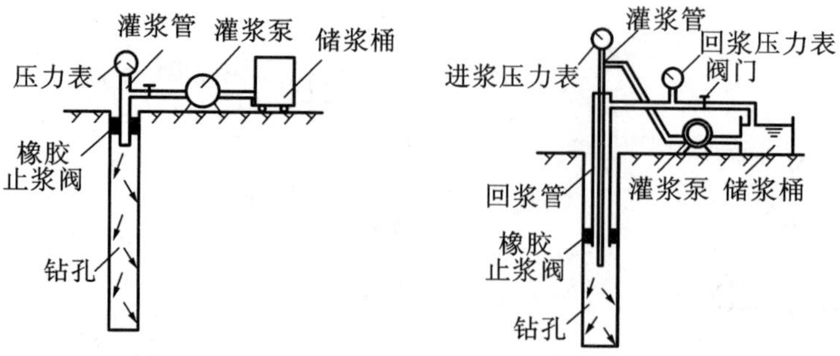

(a)　　(b)

图 10.30　浆液注入方式

(a) 纯压式灌浆法;(b) 循环灌浆法

(2) 裂隙和破碎岩石及岩石中的大型洞穴如岩溶洞穴等。

5. 应用

(1) 坝基:砂、砂砾石地基,喀斯特溶洞及断层软弱夹层等。

(2) 楼基:一般地基及振动基础等,包括对已有建筑物的修补。

(3) 道路基础:公路、铁道和飞机场跑道等。

(4) 地下建筑:输水隧洞、矿井巷道、地下铁道和地下厂房等。

(5) 其他:预填骨料灌浆、后拉锚杆灌浆和灌注桩后灌浆等。

本章小结

(1) 本章主要介绍了地基处理目的、复合地基概念及加固机理。

(2) 分析了重锤夯实、强夯、强夯置换的异同点及各加固机理、特点、适用条件。

(3) 分析了深层挤密法的工作原理、加固机理、适用条件及特点。

(4) 通过分析比较,明确了挤密碎石桩、振冲碎石桩、水泥粉煤灰碎石桩加固机理、特点及适用条件的异同点。

(5) 排水固结法的加固类型及两大系统组成对排水固结的作用、适用条件及特点。

(6) 分析了高压喷射注浆法、深层搅拌法的工作原理、加固机理、特点、适用条件。

(7) 灌浆法的分类和应用。

练习题

一、填空题

1. 地基处理目的是提高________,减小________,改善土体________及改善土体________等。

2. 地基处理对象包括________地基和________地基两大类。

3. 地基处理解决的问题有:(1)________问题;(2)________问题;(3)________问题;(4)________问题等。

4. 强夯置换对地基的加固作用有________、________及________。

5. 排水固结法加固机理两大系统,一是________,二是________。

6. 排水固结法地基加固方法有________、________、________等。

7. 振冲法按照地基加固作用机理分为________和________。

8. CFG 桩桩体特性有________、________、________等。

9. CFG 桩中,褥垫层的主要作用是________和________。

10. CFG 桩施工方法有________,________,________等。

二、单选题

1. 在夯实地基法中，(　　)属于深层地基处理，适用于稍湿的黏性土、砂土、湿陷性黄土、杂填土和分层填土地基的加固处理。

A. 强夯法　　B. 重锤夯实法　　C. 挤密桩法　　D. 换土垫层法

2. 在夯实地基法中，(　　)属于深层地基处理，适用于高饱和度的粉土与软塑、流塑的黏性土等地基上对变形控制要求不严的工程。

A. 强夯置换　　B. 重锤夯实法　　C. 强夯法　　D. 换土垫层法

3. (　　)一般适用于饱和软黏土、吹填土、松散粉土、新近沉积土、有机质土及泥炭土地基。应用范围包括路堤、仓库、罐体、飞机跑道及轻型建筑物等。

A. 挤密灰土桩法　　B. 重锤夯实法　　C. 排水固结法　　D. 换土垫层法

4. (　　)适用于处理地下水位以上天然含水率为12%～25%，厚度为5～15 m的素填土、杂填土、湿陷性黄土以及含水率较大的软弱地基等。

A. 强夯法　　B. 重锤夯实法　　C. 灰土挤密桩法　　D. 砂石桩

5. (　　)适用于挤密松散的砂土、素填土和杂填土地基。

A. 水泥粉煤灰碎石桩　　B. 排水固结法　　C. 深层搅拌桩　　D. 灰土挤密桩

6. 碎石桩不适用于挤密(　　)等地基，起到挤密周围土层、增加地基承载力的作用。

A. 松散砂土　　B. 素填土　　C. 杂填土　　D. 黏性土

7. 水泥粉煤灰碎石桩是在碎石桩的基础上掺入(　　)，加水拌和后制成的具有一定强度的桩体。

A. 大量水泥　　B. 少量水泥

C. 粉煤灰及适量石屑少量水泥　　D. 适量石灰

8. 强夯置换是在强夯的基础上，利用重锤高落差产生的高冲击能将(　　)等性能较好的材料强力挤入地基中，在地基中形成一个一个的粒料墩，墩与墩间土形成复合地基，提高地基承载力，减小沉降。

A. 大量水泥　　B. 少量水泥　　C. 粉煤灰及适量石屑　　D. 碎石、片石、矿渣

9. 软弱地基系指主要由淤泥、淤泥质土、冲填土、杂填土构成的地基，其特点是(　　)。

A. 强度低、压缩性小　　B. 渗透性小，固结稳定沉降时间短

C. 渗透性大，固结稳定沉降时间短　　D. 地基天然含水量过大，承载力低

10. 高压喷射注浆法，根据注浆管类型有单管法、双重管法及三重管法，其工作特点(　　)。

A. 单管法成桩后，桩体直径小、施工速度慢

B. 双重管法高压二管分别喷出浆液和压缩空气，在土体中形成直径明显增加的柱状固结体，桩体直径较小

C. 三重管法通过分别输送水、气、浆三种介质的三通道注浆管，在地基中形成直径较大、强度较高的固结体，起到加固地基的作用

D. 以上均不对

三、判断题

1. 水泥深层搅拌法在地基深处就地将软土和水泥浆强制拌和，使软土硬结成具有整体性、水稳定性和较高强度的水泥加固体，不属于复合地基。(　　)

2. 强夯法施工时，振动大，噪声大，对附近建筑物的安全和居民的正常生活有影响。(　　)

3. 排水固结法不适用于淤泥、淤泥质土、冲填土等饱和黏土的地基处理。(　　)

4. 化学加固法指的是将化学浆液灌入或喷入土中，使土体固结到达加固地基目的的处理方法。(　　)

5. 挤密法主要适用于处理松软砂土、素填土、杂填土、湿陷性黄土等。(　　)

6. 换土垫层法是指将天然弱土层挖去，分层回填强度较高、压缩性较低且无腐蚀性的砂土、素土、灰土、工业废料等材料，压实或夯实后作为地基持力层，持力层厚度不需要计算按构造要求确定即可。(　　)

7. 软弱土是指淤泥、淤泥质土和部分冲填土、杂填土及其他高压缩性土。 ( )
8. 强夯法有效加固深度的影响因素有很多,除了锤重和落距,还与地基土的性质、不同土层的厚度和埋藏顺序、地下水位等因素有关。 ( )
9. 强夯置换法适用于处理碎石土、砂土、低饱和度的粉土与黏性土、湿陷性黄土、素填土和杂填土等地基。 ( )
10. 强夯置换法适用于处理高饱和度的粉土与软塑、流塑的黏性土等地基上对变形控制要求不严的工程。 ( )

四、简答题

1. 软弱地基主要包括哪些地基? 具有何种工程特性?
2. 叙述强夯法及强夯置换法的适用范围以及对于不同土性的加固机理。
3. 叙述碎石桩和砂桩处理砂土液化的机理。
4. 叙述碎石桩和砂桩对黏性土加固的机理。
5. 简述水泥粉煤灰碎石桩的特点。
6. 阐述褥垫层在水泥粉煤灰碎石桩复合地基中的主要作用。
7. 阐述复合地基的概念、加固机理。

11 区域性地基

【引言】

某些土在成因过程中由于特殊原因与一般土有着显著区别的工程性质，称之为特殊土。对于特殊土地基，必须掌握其工程特性对工程的影响，分析其分布规律，并在设计和施工中采取有效的治理措施，保证建筑工程的安全及正常使用。

【学习要点】

(1) 明确特殊土的类型、特性、分布范围，对工程的影响及采取措施；

(2) 掌握黄土湿陷性评价。

【思政元素】

本单元融入的思政内容包括：(1)尊重自然、顺应自然、保护自然；(2)人与自然和谐共生；(3)提升生态系统多样性、稳定性、持续性。加快实施重要生态系统保护和修复重大工程。

11.1 概　　述

由于地理环境、气候条件、地质历史及矿物成分等不同，使一些地区土的工程特性不同于一般性质的土，称之为特殊土。常见的特殊土有湿陷性黄土、膨胀土、红黏土、软土以及盐渍土和多年冻土等。特殊土的分布存在一定的规律，表现出明显的区域性，也称之为区域性土。此外，山区地基(包括丘陵地带)工程地质条件更为复杂，存在不良的地质现象，主要表现为地基的不均匀性和场地的不稳定性(滑坡、崩塌及泥石流)两方面。在我国西南地区普遍存在如岩溶、土洞及土岩组合等不良地基，更具有直接和潜在的危险，所以对该类地基的处治应该提出更高、更科学的技术措施。特殊土主要分布及工程特性如表 11.1 所示。

表 11.1　特殊土类型、分布、成土环境及特征

序号	土类名称	主要分布区域	自然环境与成土环境	主要工程特性
1	软土	沿海地区及内陆湖泊湿地等，如天津、连云港、上海、宁波、温州、福州等	滨海、三角洲沉积、湖泊沉积，地下水位高，由水流搬运沉积	强度低，压缩性高，灵敏度高等
2	黄土	主要分布在山西、陕西、甘肃、河南，其次在宁夏、青海等	干旱半干旱气候，降水量少，蒸发量大，由风力沉积而成	湿陷性
3	膨胀土	云南、贵州、广西、四川、安徽、河南平顶山、河北邯郸、山东临沂等	温暖湿润，雨量充沛，化学风化	吸水膨胀，失水收缩
4	红黏土	主要分布在云南、贵州、广西、四川、鄂西、湘西等	碳酸盐岩系，北纬 33°以南，温暖湿润气候，残积、坡积为主	不均匀性、裂隙发育及上硬下软
5	冻土	青藏高原和大小兴安岭、东西部高山顶部等	高纬度、高海拔	冻胀性、融陷性

续表 11.1

序号	土类名称	主要分布区域	自然环境与成土环境	主要工程特性
6	盐渍土	(1)新疆、青海、西藏、甘肃、宁夏、内蒙古等内陆地区;(2)滨海部分地区	(1)荒漠半荒漠地区,年降雨量小,蒸发量大的地区;(2)受海水浸渍或海退的影响	盐胀性、溶陷性、腐蚀性

11.2 黄土地基

黄土是一种在干旱和半干旱气候条件下,经过风力搬运沉积而成的特殊土,是一种以粉粒为主的黄色或褐黄色粉状土。天然黄土在一定压力作用下,受水浸湿后,土的结构迅速破坏,发生显著的湿陷变形,强度也随之降低的,称为湿陷性黄土。

黄土在世界各地分布甚广,其面积达 1300 万 km^2,约占陆地总面积的 9.3%,主要分布于中纬度干旱、半干旱地区。在我国,黄土分布亦非常广泛,面积约 64 万 km^2,其中湿陷性黄土占黄土总面积的 60%以上,多表现在地表浅层。多分布于甘肃、陕西、山西地区,青海、宁夏、河南也有部分分布,其他如河北、山东、辽宁、黑龙江、内蒙古和新疆等地也有零星分布。

11.2.1 黄土的特征及结构

1. 黄土的特征

黄土特征为:①黄色、淡灰黄色、褐黄色;②粒度成分以粉土颗粒(0.05~0.01 mm)为主,占 60%~70%,粒度大小较均匀,黏粒含量较少,一般仅占 10%~20%;③含水量小,一般仅 8%~20%;④孔隙比大,一般在 1.0~1.1,且具有肉眼可见的大孔隙;⑤富含碳酸盐、硫酸盐及少量易溶盐,垂直节理发育,常呈现直立的天然边坡;⑥湿陷性。如图 11.1 所示。

2. 黄土的结构

图 11.2 为黄土结构示意图,由砂粒、粗粉粒通过胶结物连接作用,形成较大孔隙的结构体系,称之为粒状架空体系,其中砂粒、粗粉粒起骨架作用。胶结物是由于长期的干旱使土中水分不断蒸发,可溶盐逐渐浓缩沉淀而形成的沉积物。黄土中的盐类以及其存在状态对湿陷性也有着直接的影响,如以较难溶解的碳酸钙为主而具有胶结作用时,湿陷性减弱,但石膏及其他碳酸盐、硫酸盐和氯化物等易溶盐的含量较大时,湿陷性增强。经验证明,黄土的多孔性是黄土湿陷性的基本原因。

图 11.1 黄土的外观特征

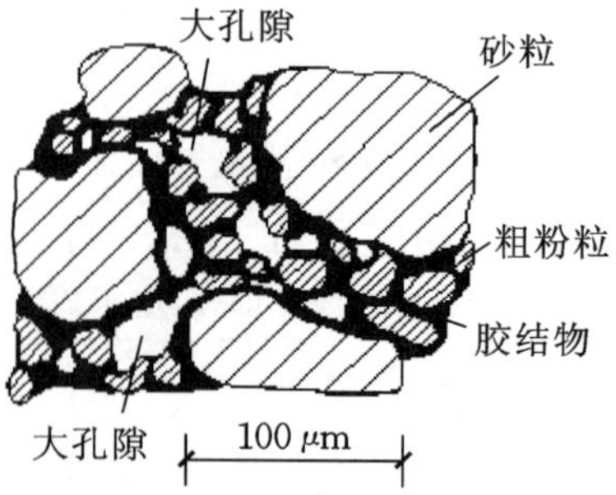

图 11.2 黄土结构示意图

11.2.2 黄土的分类

1. 按成因分类

黄土按其成因分为原生黄土和次生黄土，如表 11.2 所示。

表 11.2 原生黄土和次生黄土特性

成因分类	沉积原因	沉积年代	工程特性
原生黄土	由风力搬运堆积，没有经过次生扰动，不具备层理构造，又称老黄土。无大孔或略具大孔结构	一般属于中更新世（Q_1）的午城黄土，其形成年代久远	大孔结构退化，土质趋于密实，强度增加，压缩性减小，一般不具有湿陷性或具有轻微湿陷性
次生黄土	由原生黄土经过流水冲刷、搬运而重新堆积，具有层理，并含有较多的砂砾以至细砾石夹层的黄土	晚更新世（Q_3）的马兰黄土以及全新世（Q_4）黄土，形成年代较晚	较原生结构疏松，大孔发育，强度低且湿陷性高，需要进行地基处理，消除湿陷性

2. 按湿陷性分类

黄土的湿陷性是人们最为关注的问题。黄土湿陷性成因除与土的组成、沉积年代等内因有关外，还与浸湿条件、土体所受压力等外部条件有关。黄土浸湿后，压力在一定范围内时，压力越大，湿陷量越大，所以黄土的湿陷性分为在自重应力作用下和在自重应力与附加应力共同作用下的湿陷性。

(1) 黄土在自重应力作用下，分为自重湿陷性黄土和非自重湿陷性黄土，具体详见表 11.3。

(2) 黄土在自重应力和附加应力作用下，分为湿陷性黄土和非湿陷性黄土，具体详见表 11.3。

表 11.3 黄土湿陷性分类

黄土湿陷性分类		定义	特点
在自重应力作用下	自重湿陷性黄土	黄土受水浸湿后，在上覆土层自重应力作用下湿陷量过大，超过规定要求	湿陷后，土体结构破坏，强度显著降低
	非自重湿陷性黄土	若在自重应力作用下不发生湿陷，而需在自重和外荷共同作用下，才发生湿陷	浸湿后，没有明显湿陷，强度没有明显改变
在自重应力和附加应力共同作用下	湿陷性黄土	在自重和建筑物附加应力共同作用下，才能发生湿陷，超过规定要求	浸湿后，结构破坏，强度显著降低
	非湿陷性黄土	在自重和建筑物附加应力共同作用下，发生湿陷不明显	湿陷不明显，强度没有降低

非湿陷性黄土无大孔或略具大孔结构，一般不具有湿陷性或仅具轻微湿陷性。非湿陷性黄土地基的设计和施工与一般黏性土地基无甚差异，故下面仅讨论与工程建设关系密切的湿陷性黄土。

11.2.3 影响黄土湿陷性的因素

黄土的湿陷是一个复杂的地质、物理、化学过程，对于其湿陷机理国内外学者有各种不同假说，尽管解释黄土湿陷原因的观点各异，但归纳起来可分为外因和内因两个方面。

1. 外因

(1) 浸水：主要是建筑物本身的上下水道漏水、大量降雨渗入地下，以及附近修建水库、渠道蓄水渗漏等引起的黄土湿陷。

(2) 外部压力:在天然孔隙比和含水量不变的情况下,外加压力越大,黄土的湿陷量显著增加,但当压力超过某一数值后,再增加压力,湿陷量反而减少。

2. 内因

黄土的湿陷现象是一个复杂的地质、物理、化学过程,其湿陷机理国内外学者有各种不同假说,如毛细管假说、溶盐假说、胶体不足假说、欠压密理论和结构学假说等。但至今尚未获得能够充分解释所有湿陷现象和本质的统一理论,但达成共识的主要有以下几点:

(1) 物质成分

① 黄土中胶结物中黏粒含量及难溶性盐类(碳酸钙)越多,可把骨架颗粒包围起来,则结构越致密,湿陷性降低并使力学性质得到改善。可溶性盐类越多,浸水后,湿陷越严重。

② 胶结物中黏粒含量越少及胶结物所占比例越少,包裹骨架颗粒多呈薄膜状分布,骨架颗粒多数彼此直接接触,其结构疏松,强度降低而湿陷性增强。我国黄土湿陷性存在着由西北向东南递减的趋势,就是自西北向东南方向砂粒含量减少而黏粒含量增多,湿陷性减小的原因。

(2) 黄土的物理性质指标

① 天然孔隙比越大、天然含水量越小,可溶性盐含量越多,但浸湿后,湿陷性越强。

② 天然含水量越大,可溶性盐类溶解湿陷完成度很高,继续加水,湿陷增量越低。试验分析表明:饱和度 $S_r \geqslant 80\%$ 的黄土,称为饱和黄土,饱和黄土的湿陷性已退化。

11.2.4 湿陷性黄土的地基评价

正确评价黄土地基的湿陷性具有很重要的工程意义,其主要包括三方面内容:①查明一定压力下黄土浸水后是否具有湿陷性;②判别场地的湿陷类型,是自重湿陷性还是非自重湿陷性;③判定湿陷黄土地基的湿陷等级,即其强弱程度,评价场地的湿陷性等级。

11.2.4.1 湿陷性系数 δ_s 及总的湿陷量 Δs

1. 湿陷性系数 δ_s

某黄土层的湿陷性评价可用湿陷性系数 δ_s 的大小来描述,δ_s 为试样在一定压力作用下压缩稳定后,再浸水饱和所产生的附加下沉量与土样原始高度之比,通过室内侧限浸水抗压试验测定。

(1) 测定湿陷性系数 δ_s 原理

如图 11.3 所示,在压缩仪中将原状试样保持在天然湿度下(设土样原始高度为 h_0)分级加荷到规定的压力 p,当压缩稳定后测得试样高度 h_p,然后加纯水浸湿,测得下沉稳定后的高度为 h'_p,其湿陷性系数 δ_s 计算公式为:

$$\delta_s = \frac{h_p - h'_p}{h_0} \tag{11.1}$$

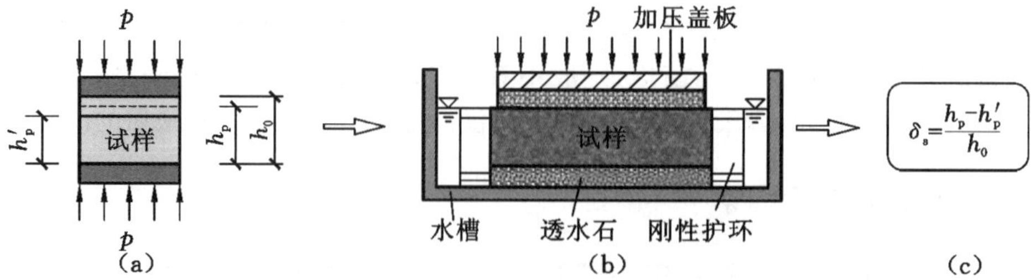

图 11.3 湿陷性系数 δ_s 测定流程示意图

(a) 试验分析示意图;(b) 压缩仪;(c) 湿陷性系数

(2) 测定湿陷性系数的压力 p 的取值

湿陷性系数的压力 p 应与黄土地基所受压力相当,《湿陷性黄土地区建筑规范》(GB 50025—

2018)规定：测定湿陷性系数的试验压力，应自基础底面(如基底标高不确定时，自地面下 1.5 m)算起，其取值规定如下：

① 基底压力小于 300 kPa 时，基底下 10 m 以内的土层应用 200 kPa，10 m 以下至非湿陷性黄土层顶面，应用其上覆土的饱和自重压力；

② 基底压力不小于 300 kPa 时，宜用实际基底压力，当上覆土的饱和自重压力大于基底压力时，应用其上覆土的饱和自重压力；

③ 对压缩性较高的新近堆积黄土，基底下 5 m 以内的土层宜用 100～150 kPa 压力，5～10 m 和 10 m 以下至非湿陷性黄土层顶面，应分别用 200 kPa 和上覆土的饱和自重压力。

(3) 黄土湿陷性判别

当 $\delta_s<0.015$ 时，为非湿陷性黄土；$\delta_s\geqslant0.015$ 时，为湿陷性黄土。工程中利用湿陷性系数 δ_s 来判别黄土湿陷性的强弱，见表 11.4。

表 11.4 黄土的湿陷性判别

湿陷系数	湿陷类别	湿陷性强弱
$\delta_s<0.015$	非湿陷性黄土	无湿陷性
$\delta_s\geqslant0.015$	湿陷性黄土	$0.015\leqslant\delta_s\leqslant0.03$ 时：轻微湿陷性
		$0.03<\delta_s\leqslant0.07$ 时：中等湿陷性
		$\delta_s>0.07$ 时：强烈湿陷性

2. 总湿陷量 Δ_s

总湿陷量 Δ_s 是湿陷性各黄土层在规定压力作用下，浸湿后到沉降稳定为止各黄土层湿陷量(同时要考虑各土层的修正系数 β)之和，可按下式计算：

$$\Delta_s=\sum_{i=1}^{n}\alpha\beta\delta_{si}h_i \tag{11.2}$$

式中 α——不同深度地基土浸水机率系数，按地区经验取值。无地区经验时可按表 11.5 取值。对地下水有可能上升至湿陷性土层内，或侧向浸水影响不可避免的区段，取 $\alpha=1.0$。

表 11.5 浸水机率系数 α

基础底面下深度 z(m)	α
$0\leqslant z\leqslant10$	1.0
$10<z\leqslant20$	0.9
$20<z\leqslant25$	0.6
$z>25$	0.5

δ_{si}——第 i 层土的湿陷性系数。

h_i——第 i 层土的厚度(cm)。

β——考虑基底下地基土的受水浸湿可能性和侧向挤出等因素的修正系数。在缺乏实测资料时，可按下列规定取值：(1)基底下 0～5 m 深度，取 $\beta=1.5$；(2)基底下 5～10 m 深度，取 $\beta=1.0$；(3)基底下 10 m 以下至非自重湿陷性黄土顶面深度，自重湿陷性黄土场地可按式(11.4)中 β_0 取用。

n——计算湿陷土层的数目，$\delta_s<0.015$ 土层不计算。

【例 11.1】 陕北某招待所为黄土地基，由探井取 3 个原状土进行浸水压缩试验，取样深度分别为

1.5 m、3.0 m、4.5 m;原状土高度 $h_0=20$ mm,在规定压力作用下,三个试样稳定后的高度分别 $h_{p1}=19.6$ mm,$h_{p2}=19.44$ mm,$h_{p3}=19.62$ mm;浸水稳定后的高度分别为 $h'_{p1}=18.38$ mm,$h'_{p2}=18.06$ mm,$h'_{p3}=19.12$ mm。要求:

(1) 判断各黄土的湿陷性。

(2) 设每土层厚度均为 1.5 m,计算土层总的湿陷量 Δ_s。

【解】 (1)由式(11.1)计算各试样湿陷性系数并判断各黄土的湿陷性

$$\delta_{s1}=\frac{h_{p1}-h'_{p1}}{h_0}=\frac{19.6-18.38}{20}=0.061\begin{matrix}>0.03\\<0.07\end{matrix},\quad 中等湿陷性黄土$$

$$\delta_{s2}=\frac{h_{p2}-h'_{p2}}{h_0}=\frac{19.44-18.06}{20}=0.069\begin{matrix}>0.03\\<0.07\end{matrix},\quad 中等湿陷性黄土$$

$$\delta_{s3}=\frac{h_{p3}-h'_{p3}}{h_0}=\frac{19.62-19.12}{20}=0.025\begin{matrix}>0.015\\<0.03\end{matrix},\quad 轻微湿陷性黄土$$

(2) 计算总湿陷量 Δ_s,$\alpha=1.0$

$$\Delta_s=\sum_{i=1}^{n}\alpha\beta\delta_{si}h_i$$

$$\Delta_s=1.0\times1.5\times(0.061\times1500+0.069\times1500+0.025\times1500)=349\ \text{mm}$$

11.2.4.2 自重湿陷性系数 δ_{zs} 及自重湿陷量 Δ_{zs}

1. 自重湿陷性系数 δ_{zs}

自重湿陷性系数 δ_{zs} 是划分自重湿陷性黄土和非自重湿陷性黄土的依据,通过室内侧限压缩试验测定。自重湿陷性系数 δ_{zs} 试验原理同湿陷性系数 δ_s,所不同的是所取压力不同,自重湿陷性系数 δ_{zs} 所施加压力是该黄土层上覆土的饱和自重压力,某土层自重湿陷性系数公式如下:

$$\delta_{zs}=\frac{h_z-h'_z}{h_0}\tag{11.3}$$

式中 h_z——为保持天然湿度和结构的土样,下沉稳定后的高度(cm);

h'_z——上述加压稳定后的土样加水浸湿后,下沉稳定后高度(cm);

h_0——土样的原始高度(cm)。

当 $\delta_{zs}<0.015$ 时,称为非自重湿陷性黄土;当 $\delta_{zs}\geqslant0.015$ 时,称为自重湿陷性黄土。

2. 自重湿陷量 Δ_{zs}

自重湿陷量 Δ_{zs} 指各土层自重应力作用下湿陷量(同时要考虑各土层的修正系数 β_0)的累计计算值,可按下式计算:

$$\Delta_{zs}=\beta_0\sum_{i=1}^{n}\delta_{zsi}h_i\tag{11.4}$$

式中 h_i——第 i 层土的厚度(cm)。

n——计算土层内湿陷土层的数目。计算厚度应从天然地面算起(当挖、填方厚度及面积较大时,自设计地面算起)至其下非湿陷性黄土层的顶面止,其中湿陷系数 $\delta_{zs}<0.015$ 土层不累计。

β_0——因土质地区而异的修正系数,当缺乏实测资料时,可按下列规定取值:陇西地区可取1.5;陇东—陕北—晋西地区取 1.2;关中地区取 0.9;其他地区可取 0.5。

当 $\Delta_{zs}\leqslant7$ cm 时,为非自重湿陷性黄土场地;当 $\Delta_{zs}>7$ cm 为自重湿陷性黄土场地。

工程实践表明,自重湿陷性黄土场地无外荷作用时,浸水后也会迅速发生剧烈的湿陷,甚至一些很轻的建筑物也难免遭受其害,而对非自重湿陷性黄土地基则很少发生。对两种湿陷性黄土地基,所采取的设计和施工措施应有所区别。因此必须正确划分场地的湿陷类型。

11.2.4.3 湿陷性黄土地基的湿陷等级

湿陷性黄土地基的湿陷等级，应根据基底下各土层累计总湿陷量 Δ_s 和自重湿陷量计算值 Δ_{zs} 按表 11.6 判定。

表 11.6 湿陷性黄土地基的湿陷等级

场地湿陷类型 / Δ_{zs}(mm) / Δ_s(mm)	非自重湿陷性场地	自重湿陷性场地	
	$\Delta_{zs}\leqslant 70$	$70<\Delta_{zs}\leqslant 350$	$\Delta_{zs}>350$
$50<\Delta_s\leqslant 100$	Ⅰ(轻微)	Ⅰ(轻微)	Ⅱ(中等)
$100<\Delta_s\leqslant 300$		Ⅱ(中等)	
$300<\Delta_s\leqslant 700$	Ⅱ(中等)	Ⅱ(中等)或Ⅲ(严重)	Ⅲ(严重)
$\Delta_s>700$	Ⅱ(中等)	Ⅲ(严重)	Ⅳ(很严重)

【例 11.2】 关中地区某建筑物场地初勘时，3 号探井的土工试验资料见表 11.7，试确定该场区的湿陷类型和湿陷等级。

【解】 (1) 自重湿陷量计算

其计算过程见表 11.7，通过计算得 $\Delta_{zs}=16.9$ cm>7 cm，为自重湿陷性黄土场地。

(2) 黄土地基的总湿陷量计算

其计算过程见表 11.7，取土深度<10 m，$\alpha=1.0$，通过计算得 $\Delta_s=754.25$ mm$=75.4$ cm>70 cm

(3) 确定场地湿陷性等级

由 $\Delta_{zs}=16.9$ cm 及 $\Delta_s=75.4$ cm，对照表 11.6 可知：湿陷性等级为Ⅲ(严重)。

表 11.7 勘探及试验资料及各土层湿陷量计算过程

3 号探井试验资料							各土层湿陷量计算过程				
土样编号	取土深度(m)	土粒相对密度 d_s	孔隙比 e	重度 (kN/m³)	湿陷系数 δ_{si}	自重湿陷系数 δ_{zs}	厚度 h_i (mm)	修正系数 β_0	修正系数 β	$\beta_0\delta_{zsi}h_i$ (mm)	$\alpha\beta\delta_{si}h_i$ (mm) $\alpha=1.0$
3-1	1.5	2.7	0.975	17.8	0.085	0.002#	1500	—	1.5	—	191.25
3-2	2.5	2.7	1.100	17.4	0.059	0.013#	1000	—	1.5	—	88.5
3-3	3.5	2.7	1.215	16.8	0.076	0.022	1000	0.9	1.5	19.8	114
3-4	4.5	2.7	1.117	17.2	0.028	0.012#	1000	0.9	1.5	—	42
3-5	5.5	2.7	1.126	17.2	0.094	0.031	500 500	0.9	1.5 1.0	27.9	70.5 47
3-6	6.5	2.7	1.300	16.5	0.091	0.075	1000	0.9	1.0	67.5	91
3-7	7.5	2.7	1.179	17.0	0.071	0.060	1000	0.9	1.0	54	71
3-8	8.5	2.7	1.072	17.4	0.039	0.012#	1000	0.9	1.0	—	39
3-9	9.5	2.7	0.787	18.9	0.002#	0.001#	—	—	—	—	—
3-10	10.5	2.7	0.778	18.9	0.0012#	0.008#	—	—	—	—	—
合计	—	—	—	—	—	—	—	—	—	$\Delta_{zs}=$ 169.2	$\Delta_s=$ 754.25

注：①“#”表示 δ_{si} 或 $\delta_{zs}<0.015$，属于非湿陷性土层，不参与累计；

② γ 按 $S_r=85\%$ 计算的土的重度。

③ 土样编号 3-5 取土深度 5.5，故将土层厚度 1 m 分为两个 0.5 m 分别计算，因为其修正系数 β 根据规定：基底下 0～5 m 深度，取 $\beta=1.5$；基底下 5～10 m 深度，取 $\beta=1.0$。

➡技术提示

(1) 判断黄土地基湿陷类型,应先按室内压缩试验数据累计自重湿陷量计算值 Δ_{zs},然后根据 $\Delta_{zs} \leqslant 7$ cm,判断为非自重湿陷性黄土场地,根据 $\Delta_{zs} > 7$ cm,判断为自重湿陷性黄土场地。

(2) 判别黄土地基湿陷等级,先计算各土层累计的总湿陷量 Δ_s 和自重湿陷量 Δ_{zs},后按表 11.6 确定。

(3) 计算各土层累计的总湿陷量 Δ_s 和自重湿陷量 Δ_{zs} 时,δ_{si} 或 $\delta_{zs} < 0.015$,属于非湿陷土层,不参与累计。

➡知识扩展

(1) 黄土的湿陷性系数 δ_s 与所承受的压力 p 大小有关,对于某黄土湿陷性系数 δ_s 与压力 p 之间的关系曲线(图 11.4),黄土所受压力 $p < p_{sh}$,即低于某一压力值,黄土的湿陷性系数 $\delta_s < 0.015$,可忽略湿陷影响,这个压力界限值称为湿陷起始压力 p_{sh}。

(2) 湿陷起始压力 p_{sh} 是一个很有实用价值的指标,例如:当设计荷载不大的非自重湿陷性黄土地基,可适当选取基础底面尺寸及埋深或土垫层厚度,使基底压应力 $\leqslant p_{sh}$,则可避免湿陷发生,在压力作用下,只有压缩变形,没有湿陷变形。

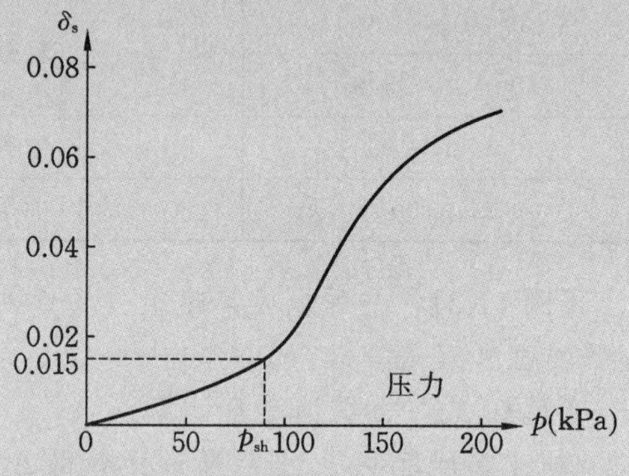

图 11.4　湿陷性系数 δ_s 与压力 p 关系曲线

我国各地湿陷起始压力相差较大,如兰州地区一般为 20～50 kPa,洛阳地区常在 120 kPa 以上。此外,大量试验结果表明,黄土的湿陷起始压力随土的密度、湿度、胶结物含量以及土的埋藏深度等的增加而增加。

11.2.5　湿陷性黄土地基的工程措施

在湿陷性黄土地区进行建设,地基应满足承载力、湿陷变形、压缩变形和稳定性的要求。其中湿陷性黄土地基的湿陷性会对构造物带来不同程度的危害,使结构物大幅度沉降、开裂、倾斜甚至严重影响其安全和使用,故应采取相应的工程措施。

1. 防水措施

做好建筑物在施工及长期使用期间的防水、排水工作,防止地基土受水浸湿。其基本防水措施包括:(1)做好场地平整和防水系统,防止地面积水;(2)压实建筑物四周地表土层,做好散水,防止雨水直接渗入地基;(3)排水管道离建筑物有一定防护距离;(4)提高防水地面、排水沟、检漏管沟和井等设施的设计标准,避免漏水浸泡局部地基土体等。

2. 结构及建筑措施

从地基基础和上部结构相互作用概念出发,提高结构的整体性,减小地基不均匀沉降。如:(1)选择适宜的结构体系;(2)提高基础刚度,采用有利于抵抗不均匀沉降的基础形式(如筏形基础、十字交叉梁基础等);(3)提高上部结构刚度,如砖混结构设置圈梁及构造柱;(4)预留适应沉降的净空等,以利于抑制地基不均匀沉降,减轻或避免上部结构的损坏。具体详见第 3 章减小地基不均匀沉降结构措施。

3. 地基处理措施

采用地基处理措施破坏湿陷黄土的大孔结构,消除地基湿陷性。常用的方法有:垫层法、夯实法、挤密法、桩基础、预浸水法等。常见地基处理方法见表 11.8。

表 11.8　湿陷性黄土地基常用的处理方法

<table>
<tr><td colspan="2">地基处理方法</td><td>适用范围</td><td>处理湿陷性土层厚度(m)</td></tr>
<tr><td colspan="2">垫层法</td><td>地下水位以上,局部或整片处理</td><td>1～3</td></tr>
<tr><td rowspan="2">夯实法</td><td>强夯</td><td rowspan="2">S_r＜60%的湿陷性黄土,局部或整片处理</td><td>3～6</td></tr>
<tr><td>重夯</td><td>1～2</td></tr>
<tr><td colspan="2">挤密法</td><td>地下水位以上,局部或整片处理</td><td>5～15</td></tr>
<tr><td colspan="2">桩基础</td><td>基础荷载大,有可靠的持力层</td><td>≤30</td></tr>
<tr><td colspan="2">预浸水法</td><td>Ⅲ、Ⅳ级自重湿陷性黄土场地,6 m以上尚应采用垫层等方法处理</td><td>可消除地面下6 m以下全部土层的湿陷性</td></tr>
<tr><td colspan="2">单液硅化或碱液加固法</td><td>一般用于加固地下水位以上的已有建筑物地基</td><td>≤10 m,单液硅化加固的最大深度可达20 m</td></tr>
<tr><td colspan="2">备注</td><td colspan="2">在雨季、冬季选择垫层法、夯实法和挤密法处理地基时,施工期间应采取防雨、防冻措施,并应防止地面水流入已处理和未处理的基坑或基槽内</td></tr>
</table>

11.3　软土地基

软土是软弱黏性土的简称,是指在静水或缓慢水流环境中沉积经生物化学作用形成的土,包括淤泥、淤泥质土、泥炭、泥炭质土等。当天然含水量大于液限($w>w_L$)、天然孔隙比 $e\geqslant1.5$ 时称淤泥;天然孔隙比 $1.0\leqslant e<1.5$ 时称为淤泥质土,淤泥、淤泥质土统称为淤泥类土。当软土中有机质含量 $W_u>60\%$时称为泥炭;有机质含量 $10\%<W_u\leqslant60\%$时,称为泥炭质土。在软土中淤泥、淤泥质土是软土存在的主要形式。

11.3.1　软土的成因类型和形成特征

软土按其成因和形成特征可分为四种:滨海环境沉积土、湖泊环境沉积土、河滩环境沉积土和谷地环境沉积土,如表 11.9 所示。

表 11.9　软土成因类型及特征

软土沉积环境	分布范围	特征
滨海环境沉积土	东海、黄海、渤海等沿海地区,如长江、珠江地区的三角洲沉积	地表0～3 m为硬壳层,下部3～60 m以淤泥层为主,夹有粉土、细砂及贝壳等
湖泊环境沉积土	洞庭湖、太湖、鄱阳湖、洪泽湖、昆明滇池等边缘地带	地表0～5 m为硬壳层,下部5～25 m以淤泥层为主,夹泥炭层多呈透镜体
河滩环境沉积土	长江中下游、珠江下游、韩江下游、淮河平原、松辽平原、闽江下游等	成层不均,以淤泥及软黏土为主,含砂与泥炭夹层,厚度一般小于2 m
谷地环境沉积土	西南、南方山区或丘陵地带,如广西、贵州、云南等省区的某些地区还存在山地型的软土	软土沉积于低洼处,长期饱水软化或间有微生物作用而形成。其分布面积不大,但厚度变化很大,有时相距2～3 m,厚度变化可达7～8 m

11.3.2 软土的工程特性

由于软土的特点使其具有一定的工程特性,两者之间的相关性见表 11.10。

表 11.10 软土的工程特性

软土的特点	工程特性
高含水量	① 软土的天然含水量一般为 50%~70%,山区软土有时高达 200%,其饱和度一般大于 95%; ② 软土的高含水量特征是决定其压缩性和抗剪强度的重要因素
高孔隙比	① 天然孔隙比在 1~2,最高达 3~4; ② 软土的高孔隙性特征是决定其压缩性和抗剪强度的重要因素
高压缩性	① 软土属于高压缩性的土,压缩系数大,一般 $a_{1-2}=0.5\sim1.5\ \text{MPa}^{-1}$,最大可达 $4.5\ \text{MPa}^{-1}$; ② 在建筑物的沉降方面为沉降量大
低强度	由于软土具有上述特性,使地基强度很低
低透水性	① 软土透水性能弱,对地基排水固结不利,影响地基的强度; ② 建筑物沉降延续的时间很长
触变性	① 当原状土受到振动以后,破坏了结构连接,降低了土的强度或很快地使土变成稀释状态; ② 软土的灵敏度 S_t 一般在 1~3,个别可达 8~9,为此当软土地基受振动荷载后,易产生侧向滑动、沉降及基底面两侧挤出等现象
流变性	软土除排水固结引起变形外,在剪应力作用下,土体还会发生缓慢而长期的剪切变形,对地基沉降有较大影响,对斜坡、堤岸、码头及地基稳定性不利
不均匀性	由于沉积环境的变化,黏性土层中常局部夹有厚薄不等的粉土使水平和垂直分布上有所差异,作为建筑物地基则易产生不均匀沉降

11.3.3 软土的工程措施

软土地基的主要问题是地基变形问题,沉降速率大及沉降稳定时间较长,特别是地基产生不均匀沉降,导致建筑物开裂、倾斜甚至倒塌,应采取必要的建筑及结构措施,确定合理的施工顺序和地基处理方法等。在第 3 章减少地基不均匀沉降的建筑措施、结构措施、施工措施已详述,下面主要分析地基处理措施。

(1) 当上部结构荷载不大时,充分利用表层密实的黏性土作为持力层,尽可能做到宽基浅埋,以满足软弱下卧层承载力要求。

(2) 采用换土垫层:鉴于换砂不利于防渗,且工程造价较高,一般应就地取材,以换填黏性土为宜。换土法要回填有较好压密特性土进行压实或夯实,形成良好的持力层,从而改变地基承载力特性,提高抗变形和稳定能力,施工时应注意坑边稳定,保证填料质量,填料应分层夯实。

(3) 采用置换及拌入法:在软土中掺入部分水泥、石灰等,形成加固体,与未加固部分土体形成复合地基,常用的方法有振冲置换碎石桩法、石灰桩法、深层搅拌法、高压喷射注浆法等。

(4) 排水固结法:对大面积厚层软土地基,采用砂井预压、真空预压、堆载预压等措施,加速地基排水固结,提高其抗剪强度。

(5) 对局部软土,如暗埋的塘、沟、坑、穴等,可采用局部深埋、局部挖除、换填垫层、灌浆、悬浮式短桩等方法处理。

11.4 膨胀土地基与红黏土地基

膨胀土与红黏土均属于高塑性黏性土，但其成因不同、矿物成分等不同，表现出的物理性质有相同的一面，又存在不同的特性。膨胀土一般含有较多的蒙脱石的亲水矿物成分，具有明显的吸水膨胀、失水收缩特性，如图 11.5 所示。红黏土的矿物成分主要以伊利石和高岭石为主，含少量或不含蒙脱石的特殊黏性土，吸水后膨胀性远小于膨胀土。两者均含有较多的黏粒，在天然状态下，有较大的强度，由于吸水后有一定膨胀性，但膨胀土的膨胀性大得多，形容膨胀土"晴天一把刀，雨天一团糟"，日本将膨胀土称之为问题黏土，膨胀土是工程性质不良的土，而红黏土是工程性质良好的土。

图 11.5 膨胀土的收缩

11.4.1 膨胀土地基

膨胀土是一类具有明显吸水膨胀、失水收缩的主要特殊黏性土，含有亲水性较强的黏土矿物。其天然含水量接近或略小于塑限，液性指数常小于零，多呈坚硬和硬塑状态，压缩性小，多属低压缩性土，一般强度较高，常被误认为是良好的地基。另外膨胀土在反复胀缩作用下，影响地基承载力，甚至导致建筑物破坏，特别是底层建筑墙体最容易开裂(图 11.6)，但失水后，会显现明显的裂隙(图 11.7)。

图 11.6 反复胀缩对建筑破坏

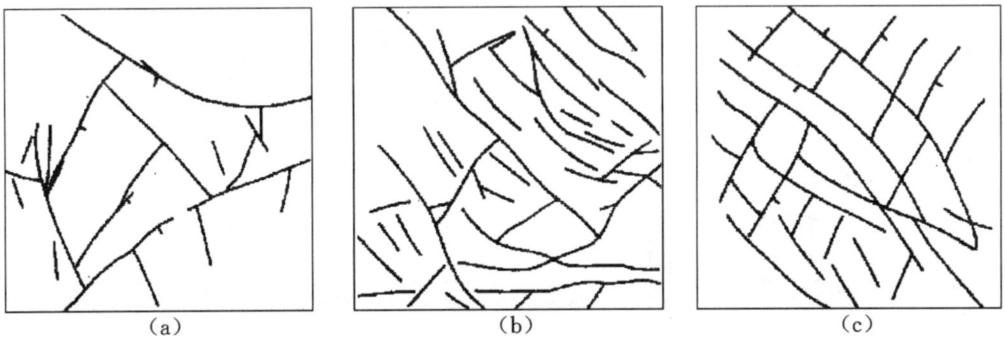

图 11.7 膨胀土的裂隙构造

(a) 洪积棕红色膨胀土；(b) 冲积棕黄色膨胀土；(c) 湖积灰白色膨胀土

膨胀土在我国分布范围很广，如广西、云南、湖北、安徽、四川、河南、山东、陕西、江苏和广东等地均有不同范围的分布。国外主要分布在南亚和非洲，另美国 50 个州中有膨胀土的占 40 个州，澳大利亚、南美洲和中东广大地区也都有不同程度的分布。

1. 膨胀土的特征

我国膨胀土除少数形成于全新世(Q_4)外,其地质年代多属第四纪晚更新世(Q_3)或更早一些,有黄、红、灰白等色,主要特征见表 11.11。

表 11.11　膨胀土的工程特性及分析说明

特征	特征描述
分布特征	多出露于二级及二级以上的河谷阶地、山前和盆地边缘及丘陵地带。地形坡度平缓,一般坡度小于 12°,无明显的天然陡坎
物理性质特征	(1) 膨胀土含有较高的蒙脱石亲水矿物;较高黏粒,粒径小于 0.002 mm 的胶体颗粒含量一般超过 20%。 (2) 液限大于 40%;塑性指数大于 17,且多在 22～35 之间。 (3) 在自然条件下,膨胀土液性指数常小于零,呈硬塑或坚硬状态,压缩性较低
胀缩特征	(1) 膨胀土吸水体积膨胀,使其上的建筑物隆起,如果膨胀受阻即产生膨胀力;失水体积收缩,造成土体开裂,并使其上的建筑物下沉。 (2) 土中蒙脱石含量越多,膨胀量和膨胀力越大。土的初始含水量越低,吸水后,膨胀量与膨胀力也越大。 (3) 初始含水量与胀后含水量愈接近,土的膨胀量就愈小。 (4) 膨胀土地区多为上层滞水(见第 9 章图 9.21)或裂隙水,水位随季节性变化,常引起地基的不均匀胀缩变形
崩解特征	膨胀土浸水后体积膨胀,发生崩解。强膨胀土浸水后几分钟即完全崩解;弱膨胀土崩解缓慢且不完全
裂隙特征	(1) 裂隙发育是膨胀土的一个重要特征,常见光滑面或擦痕。裂隙有竖向、斜交和水平三种,如图 11.7 所示。裂隙间常充填灰绿、灰白色黏土。竖向裂隙常出露地表,裂隙宽度随深度的增加而逐渐尖灭;斜交剪切缝隙越发育,胀缩性越严重。 (2) 膨胀土地区旱季常出现地裂,上宽下窄,长可达数十米至百米,深数米,壁面陡立而粗糙,雨季则闭合
超固结性特征	膨胀土大多具有超固结性,天然孔隙比小,密实度大,初始结构强度高

2. 影响膨胀土胀缩性的因素

影响膨胀土胀缩性的因素见表 11.12 分析。

表 11.12　影响膨胀土胀缩性的因素

影响因素		分析说明
内因	矿物成分	膨胀土中蒙脱石含量越多,亲水性越强,胀缩量越大,土中蒙脱石含量的多寡直接决定着土的胀缩性质的大小
	黏粒含量	(1) 黏粒含量越高,比表面积大,和水的接触面积大,吸水能力强,吸水后膨胀越大; (2) 孔隙比越小,密度越大,会导致黏粒含量越高,浸水后膨胀越大
	土的结构	膨胀土矿物成分在空间上的联结状态也影响其胀缩性质。经对大量不同地点的膨胀土扫描电镜分析得知,面与面连接的叠聚体是膨胀土的一种普遍的结构形式,这种结构比团粒结构具有更大的吸水膨胀和失水收缩的能力
外因	气候变化	季节性的气候变化导致土中水位剧烈变动,雨季水分增加,旱季则减少,会导致土体受季节性的影响而胀缩
	地形及地貌	同类的膨胀土地基,在地势较低的地段其胀缩量小于地势高的地段,因地势较低地段水位变化低于地势高的地段
	植物影响	建筑物位于炎热和干旱地区且周围有大量植物的地区,在干旱季节,由于树根的吸水作用,使土中水分进一步减少,加急了地基土的干缩
	日照影响	建筑物向阳面开裂多,背阴面开裂少。另外,高层建筑物如无隔热措施,也会因地基胀缩而不均匀变形导致开裂

3. 膨胀土引起的工程问题

如地基隆起、路面开裂、边坡失稳等这类问题不论国内或国外均时有发生。据报道，美国因膨胀土造成的损失平均每年在10亿美元以上，我国前几年因膨胀土造成的直接损失也在亿元级之数。因此，膨胀土工程问题已成为一个国际性的技术难题。

(1) 墙体开裂

膨胀土的膨胀引起地基隆起，导致墙体开裂(图11.8)，尤其是埋置深度较浅的低层建筑物，由于自重轻，土的胀缩交替还会使墙体出现交叉裂缝，如：山墙上的对称或不对称的倒八字形缝。

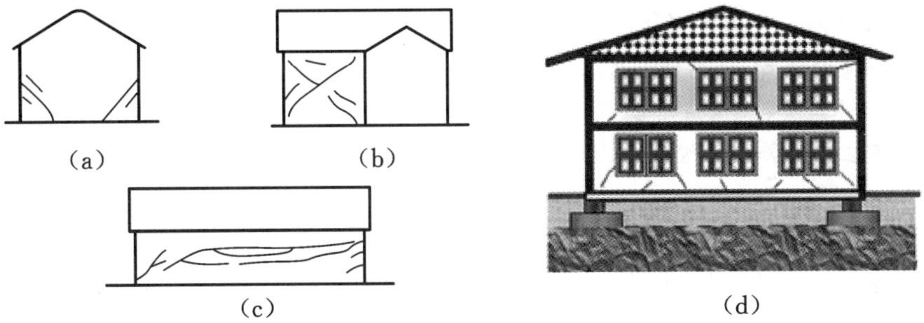

图11.8 膨胀土地基胀缩引起墙体开裂

(a) 山墙对称斜裂缝；(b) 墙面交叉裂缝；(c) 外纵墙水平裂缝；(d) 洞口四角应力集中最易开裂

(2) 边坡失稳

裂隙的发育已成为膨胀土的一个普遍而重要的特征。裂隙会随土中含水量的变化而产生闭合和张开，由此也带来膨胀土的强度和变形特性的反复变化，这种裂隙面一旦贯通，就会构成滑动面，造成边坡失稳[图11.9(a)、(b)]及道路开裂[图11.9(c)]。

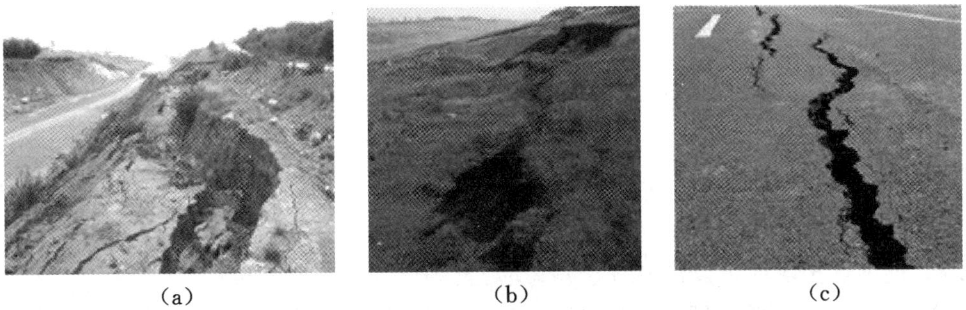

图11.9 膨胀土导致滑坡、道路破坏

(a) 浅层滑坡；(b) 深层滑坡；(c) 地裂道路破坏

(3) 桥梁、涵洞等附属工程破坏

如桥台、护坡、桥的两端与填土路堤之间的结合部位存在工程问题比较普遍，变形病害也较严重。涵洞因基础埋置深度较浅，自重荷载又较小，一方面直接受地基土胀缩变形影响，另一方面还受洞顶回填膨胀土不均匀沉降与膨胀压力的影响，故变形破坏比较普遍。无论桥基或涵基，在施工开挖基坑中由于膨胀土产生的施工效应，也常造成基坑开裂、坍塌，或受水浸湿软化等。

据报道世界上已有40多个国家发现膨胀土造成的危害，目前每年给工程建设带来的经济损失已超过百亿美元，比洪水、飓风和地震所造成的损失总和的两倍还多，膨胀土的工程问题已引起包括我国在内的各国学术界和工程界的高度重视。

4. 膨胀土地基的工程措施

膨胀土地基的工程建设，应根据当地气候条件、地基胀缩等级、场地工程地质和水文地质条件；结合当地建筑施工经验，因地制宜采取综合措施，一般可从表11.13所示的几方面考虑。

表 11.13 膨胀土地基的工程措施

措施项目	具体细则
场地选择	(1) 尽量选择地形条件比较简单、平坦,土质较均匀,胀缩性较弱的场地,坡地建筑比平坦场地的破坏严重,故应尽量避免在坎坡上建造建筑。 (2) 应避开地质条件不良地段,如浅层滑坡、地裂发育、地下水位变化剧烈等地段,这是因为膨胀土坡地具有多向失水性和不稳定性。 (3) 应利用和保护天然排水系统,并设置必要的排洪、截流和导流等排水措施,加强隔水、排水,防止局部浸水和渗漏现象
建筑措施	(1) 建筑体型力求简单,建筑平面不宜有过多的凹凸,建筑物不宜过长。 (2) 在地基土不均匀、高差较大及荷载差异较大位置应设置沉降缝。 (3) 民用建筑层数宜多于 2 层,以加大基底压力,防止膨胀变形。并应合理确定建筑物与周围树木间距离,避免选用吸水量大、蒸发量大的树种绿化
结构措施	提高结构的整体刚度,减少不均匀沉降(见第 3 章减少不均匀沉降结构措施)
施工措施	(1) 在施工中应尽量减少地基中含水量的变化。基槽开挖施工宜分段快速作业,避免基坑岩土体受到暴晒或浸泡。 (2) 最好在旱季施工,同时做好地表排水,雨季施工应采取防水措施。 (3) 当基槽开挖接近基底设计标高时,宜预留 150~300 mm 厚土层,待下一工序开始前再挖除;验槽后应及时封闭坑底和坑壁;基坑施工完毕后,应及时分层回填夯实
地基处理	换填垫层、土性改良、深基础等。其中土性改良可通过在膨胀土中掺入一定量的石灰来提高土的强度。也可采用压力灌浆将石灰浆液灌注到膨胀土的裂缝中起加固作用,必要时采用桩基础

11.4.2 红黏土地基

红黏土是碳酸盐类岩石在湿热气候条件下,经历了一定红土化作用而形成的一种含较多黏粒,富含铁、铝氧化物胶结的红色黏性土,是具有特殊工程性质的土。红土化作用是通过风化作用,去除土中钠、钾、钙等易溶物而保硅;通过去硅而保铁、铝、钛、金、镍等难溶物,红黏土中含有一定的矿产资源,如铁矿、铝土矿、钛矿、镍矿、金矿、锰矿等,所以人类对红土化作用研究较多。总之,只要风化产物的含铁量较高,能染红土壤就可以形成红土。

红黏土主要由高度风化作用形成的高岭石组成,粒径细小,所以这种土一般具有黏性,液限 $w_L \geqslant 50\%$。已形成的红黏土经再搬运、沉积后的黏土(含有一定的粗颗粒,其孔隙比、液限小于红黏土等)称为次生红黏土,$w_L \geqslant 45\%$。

红黏土是一般分布于热带、亚热带区域的红色土壤,这种土壤里红色的 Fe_2O_3 含量较高(一般达5%以上)。我国红黏土集中分布在北纬 33°以南的广西、贵州、云南,其次在安徽、川东、粤北、鄂西和湘西也有分布。一般分布在山坡、山麓、盆地或洼地中,主要为残积、坡积类型。常为岩溶地区的覆盖层,因受基岩起伏影响,厚度变化较大。

1. 红黏土的工程特征

(1) 矿物化学成分

红黏土的矿物成分主要为石英和高岭石(或伊利石),化学成分以 SiO_2、Fe_2O_3、Al_2O_3 为主,使土体具有较高的黏结强度,在自然条件下具有较好的水稳定性。由于红黏土分布区气候潮湿多雨,使红黏土具有明显的收缩性和裂隙发育等特征。

(2) 物理及力学性质

① 红黏土中黏土颗粒含量较高 $\rho_c = 55\% \sim 70\%$,即红黏土以含结合水为主,故其含水量虽高,但

土体一般仍处于硬塑或坚硬状态，较小液性指数($I_L=0.1\sim0.4$)，具有较高的强度和较低的压缩性。

② 较大孔隙比($e=1.1\sim1.7$)、较大的饱和度($S_r\approx85\%$)，较大的天然含水量($w=30\%\sim60\%$)，天然含水量几乎与液限相等。

③ 在孔隙比相同时，其承载力约为软黏土的 2～3 倍。此外，红黏土的各种性能指标变化幅度很大，具有较高的分散性。红黏土由于含有较多的黏粒及矿物成分不同于一般的黏性土，所以物理力学性能具有特殊性，如图 11.10 所示。

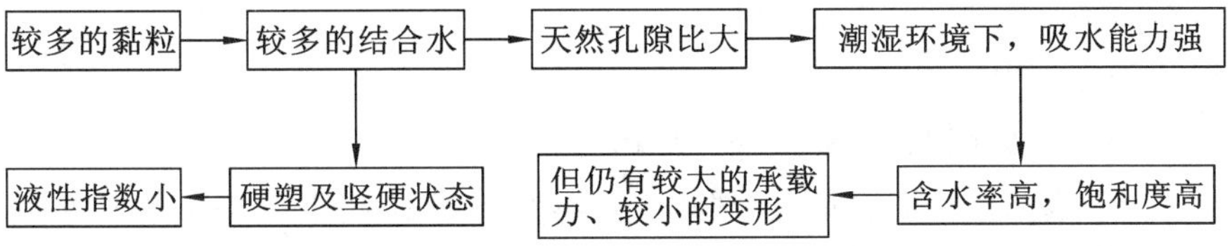

图 11.10　红黏土的矿物成分、较多黏粒对物理性质及力学性质影响

➡技术提示

(1) 红黏土高孔隙比、低压缩性、高塑性、高承载力的工程特性是其独特沉积条件所决定的。

(2) 研究表明，红黏土的强度主要由游离氧化铁所形成的铁质胶结作用产生，红黏土中的游离氧化铁含量越高，其力学指标越高，土中晶质的氧化铁对胶态的氧化铁比值越高，其力学指标也越高。

(3) 上硬下软现象

地层从地表向下由硬变软，相应地，土的强度则逐渐降低，压缩性逐渐增大。据统计，上部坚硬、硬塑状态的土约占红黏土层的 75%以上，厚度一般都大于 5 m，可塑状态的土约占 10%～20%，多分布在接近基岩处；软塑、流塑状态的土小于 10%，位于基岩凹部溶槽内。

所以一般尽量将基础浅埋，利用浅部坚硬或硬塑状态的土作为持力层，这样既充分利用其较高的承载力，又可使基底下保留相对较厚的硬土层，使传递到软塑土上的附加应力相对减小，以满足下卧层的承载力要求。图 11.11 是红黏土上硬下软特性在路基工程中的应用。

(4) 红黏土的胀缩特性

一般红黏土以收缩的胀缩特性在土体结构上表现为显著的裂隙性。天然状态下的红黏土呈致密状、无层理，上部易受大气影响，多呈半坚硬半硬塑状态；当表层失水超过土的塑限时，土中就会出现网状裂隙(图 11.12)，往深处逐渐减弱，呈网状微裂隙且逐渐闭合。

图 11.11　红黏土在路基工程中的应用

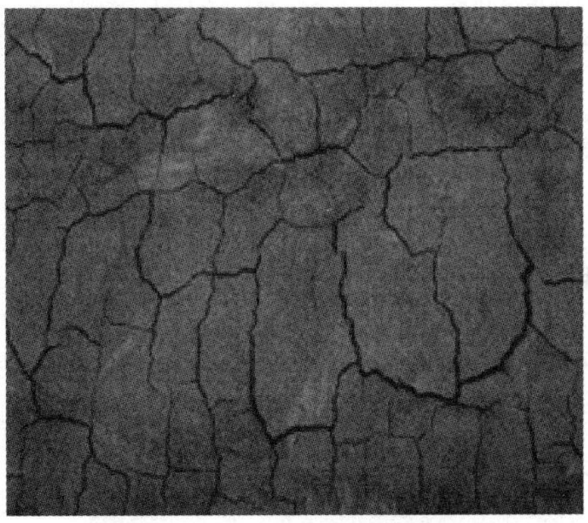

图 11.12　红黏土的裂隙性

(5) 不良工程特征

从土的性质来说，红黏土是较好的建筑地基，但也存在一些不良工程特征(图 11.13)：①有些地区的红黏土具有胀缩性；②厚度分布不均，常因石灰岩表面石芽、溶沟等的存在，其厚度相差很大(有的相距 1 m 厚度相差竟达 8 m)；③上硬下软，从地表向下由硬至软明显变化，接近下卧基岩面处，土常

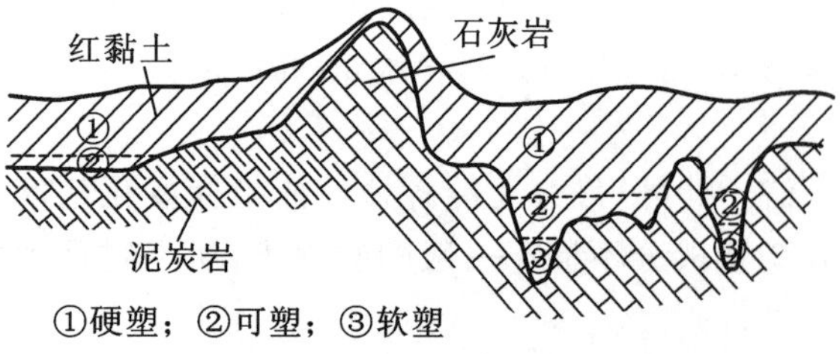

图 11.13　红黏土不均性及上硬下软土层

呈软塑或流塑状态，土的强度逐渐降低，压缩性逐渐增大；④因地表水和地下水的运动引起的冲蚀和潜蚀作用，岩溶现象一般较为发育，在隐伏岩溶上的红黏土层常有土洞存在，影响场地稳定性。

2. 红黏土地基工程措施

在工程建设中，应根据具体情况，充分利用红黏土上硬下软的分布特征，基础尽量浅埋。当红黏土层下部存在局部的软弱下卧层和岩层起伏过大时，应考虑地基不均匀沉降的影响，采取相应的措施。

为了清除红黏土中地基存在的石芽、土洞和土层不均匀等不利因素的影响，应采取换土、填洞、加强基础和上部结构整体刚度，或采用桩基和其他深基础等措施。

红黏土裂隙发育，在建筑物施工或使用期间均应做好防水排水措施，避免水分渗入地基。对于天然土坡和人工开挖的边坡及基槽，应防止破坏坡面植被和自然排水系统，坡面上的裂隙应加填塞，做好地表水、地下水及生产和生活用水的排泄、防渗等措施，保证土体的稳定性。对基岩面起伏大，岩质坚硬的地基，也可采用大直径嵌岩桩和墩基进行处理。

11.4.3　红黏土与膨胀土的区别

红黏土与膨胀土都属于高塑性特殊黏性土，红黏土除了具有较高的地基承载力和较低的压缩性外，还具有高收缩性和低膨胀性的另一特征，从膨胀上有一定的相似之处。在红黏土地区，也确有因胀缩变形而造成房裂的情况，但又不很普遍，红黏土不是典型的膨胀土，建在红黏土地基上的低层民用建筑开裂破坏的主要原因是不均匀收缩，因此不宜将红黏土归类到膨胀土里面去。红黏土与膨胀土的区别如表 11.14 所示。

表 11.14　红黏土与膨胀土的区别

膨胀土	矿物成分	以蒙脱石为主，亲水性强
	成因	(1) 从成因看，主要为湖积和冲洪积，其次为残坡积。膨胀土分布与气候有关，膨胀土主要集中在长江以北半干旱温热带气候地区，该地域广泛发育棕黄、灰白、灰绿色膨胀土。 (2) 成因无特殊条件要求，分布范围广，区别于红黏土
	主要特性	(1)一般胀缩相等，胀缩性、裂隙性大于红黏土；(2)不良地基
	主要分布	(1) 膨胀土分布主要与地貌有关，集中分布在Ⅱ级阶地以上、盆地及平原内部，例如成都平原、南(阳)襄(阳)盆地、汉中盆地等地区； (2) 仅少数残坡积膨胀土分布在低山丘陵剥蚀的地貌单元上
红黏土	矿物成分	以高岭石、伊利石为主，亲水性较强，但比膨胀土弱。颜色呈棕红或黄褐色
	成因	在热带、亚热带高温高湿条件下，经过复杂红土化作用生成具有游离氧化铁胶结结构(在红黏土地区尽量选择含游离氧化铁较高的红黏土作为地基，可得到较大的允许承载力和引起较小的地基沉降)
	工程特性	上硬下软，压实后水稳定性较好，强度较高，良好的天然地基；收缩性大于膨胀性；膨胀性不是红黏土主要特征
	主要分布	山坡、山麓、盆地或洼地。主要分布在云南、贵州、广西、安徽、四川东部等亚热带地区的山区

11.5　山区地基

在山区(包括丘陵地带)常会遇到地基软硬不均的问题,因此,在同一建筑物的基础可能部分落在岩基上,而另一部分却落在土层上,另外由于地表高差很大,平整场地后常使基础部分落在填方区,另一部分落在挖方区,这些都会导致基础产生不均匀沉降。此外,由于山区集水面积广,山洪暴发时表面水径流量大,往往容易造成滑坡和塌方等。

11.5.1　山区地基的特点

1. 基岩表面起伏变化大

基岩表面上覆土层厚度不同,在山顶基岩埋藏土层浅,有的露出在地表,在山麓常有大块孤石,在沟谷常遇到淤泥等软弱土层,所以山区地基常见土岩组合地基。如当建筑物较长时,常会碰到部分基础落在基岩上,而另一部分基础落在填土层上的情况[图 11.14(a)],有时建筑物中间出现冲沟的情况[图 11.14(b)],在此情况下如果采用同一种基础,就会导致地基产生不均匀性沉降,因此,设计该基础要慎重。

2. 山区地形高低不平

往往使同一建筑物的部分基础置于挖方区,而另一部分基础置于填方区,如一部分基础置于河道上,而另一部分基础置于硬土层上。另外建筑在山坡上的建筑物地基会出现半挖半填地基,如图11.15所示。如果这些地基处理不当,很可能产生较大不均匀沉降。

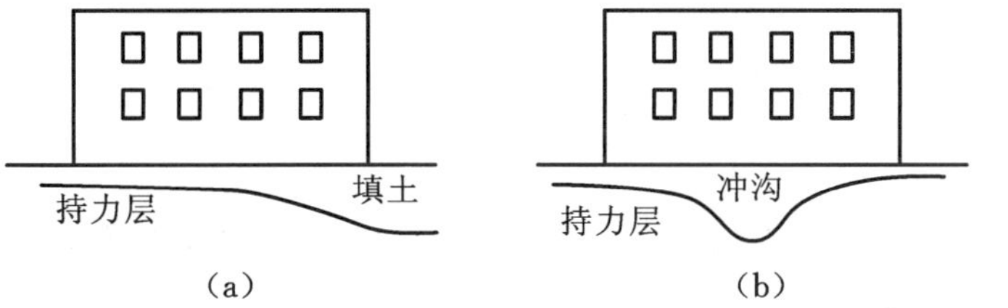

图 11.14　复杂的山区地基

(a) 土岩组合地基;(b) 有冲沟的土岩组合地基

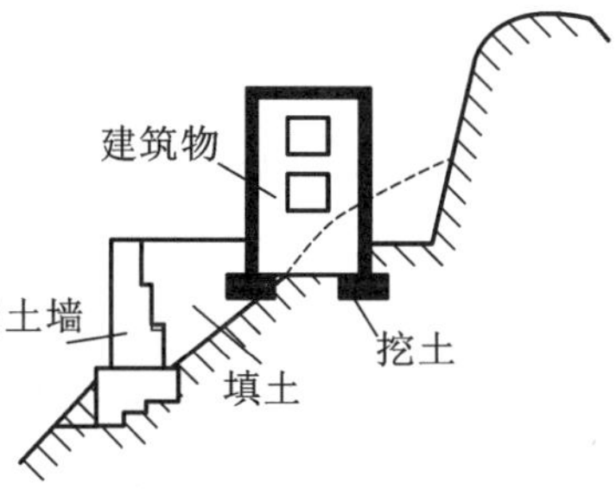

图 11.15　半挖半填地基

3. 工程地质和水文条件复杂

山区地基由于土层在平面与竖向分布上常有很大的差异,不但层次多,且各种土层的物理力学性质相差很大,在平面上土层厚度变化较大,各土层成分也不相同,这给建筑物施工带来了很大的困难。

(1) 普遍存在软土地基

山区地基存在大量的古河道、古池塘等,因为长时间不使用,很多的淤泥都堆积在此,久而久之就形成了软基土层,这些古河道、古池塘的最大特点就是面积很小,在施工时,虽然对建筑地基不会产生太大的消极影响,但是如果不认真仔细地处理,一样会产生严重的后果。

(2) 滑坡、崩塌、岩溶、土洞和泥石流等不良地质现象

我国岩溶的分布很广,黔、桂、川、滇等省区的山区普遍都是喀斯特地貌(图 11.16),该地貌存在大量的溶洞、溶沟、暗河等(图 11.17),基岩顶部填充土的性质以及厚度都不相同,这种地貌下形成的地基其性质非常不稳定,而且沉降也不均匀。例如贵州地貌深受地质构造控制,整个的大地貌以高原、山原、丘陵和山地为主。有相当一部分是岩溶作用形成的岩溶地基,溶洞隙数量较多,施工开挖中常遇到裂隙式串珠状溶洞,岩面上普遍覆盖红黏土(图 11.13),很难找到完整的基岩作为地基持力层。

图 11.16 喀斯特地貌

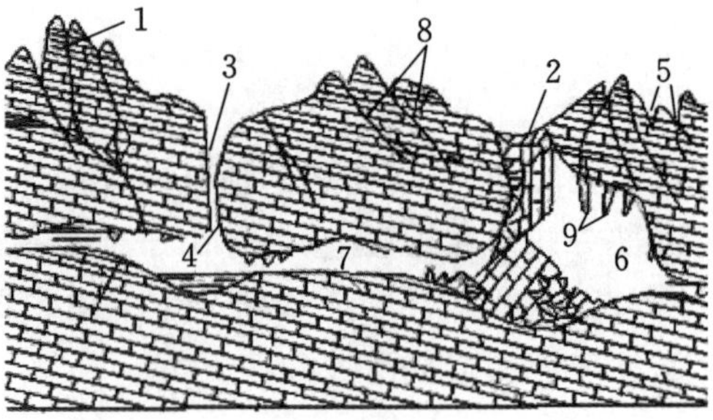

图 11.17 喀斯特岩层剖面示意图

1—石芽、石林;2—塌陷洼地;3—漏斗;4—落水洞;
5—溶沟、溶槽;6—溶洞;7—暗河;8—溶蚀裂隙;9—钟乳石

山区中经常出现泥石流等地质灾害,一旦发生灾害,破坏性非常大,因此在建筑工程施工时,要尽可能地避开有泥石流的地貌。

11.5.2 山区地基的类型

1. 土岩组合地基

在建筑地基的主要受力层范围内,遇到下列情况之一的属于土岩组合地基。

(1) 下卧基岩表面坡度较大地区

基岩面三种倾斜形式如图 11.18 所示。若下卧基岩表面坡度较大,其上覆土层厚薄不均,将使地基承载力和压缩性相差很大而引起建筑物不均匀沉降,致使建筑物倾斜或土层沿岩面滑动而丧失稳定。

① 如建筑物位于沟谷部位,基岩呈 V 形如图 11.18(c)所示,且岩石坡度较平缓,上覆土层强度较高时,对中小型建筑物,只须适当加强上部结构刚度,不必做地基处理。

② 若基岩呈八字形倾斜如图 11.18(b)所示,建筑物极易在两个倾斜面交界处出现裂缝,此时可在倾斜面交界处用沉降缝将建筑物分开。

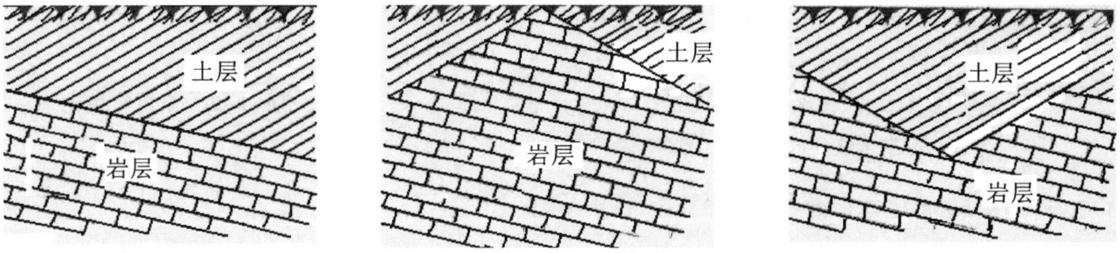

(a) (b) (c)

图 11.18 基岩面倾斜形式

(a) 单向倾斜;(b) 相背倾斜;(c) 相向倾斜

(2) 石芽密布并出露地表

石芽密布地基如图 11.19(a)所示,其特点是基岩表面凹凸不平,起伏较大,石芽间多被红黏土充填,即使采用很密集的勘探点,也不易查清岩石起伏变化全貌。其地基变形目前理论上尚无法计算。若充填于石芽间的土强度较高,则地基变形较小;反之变形较大,有可能使建筑物产生过大的不均匀沉降。

(3) 大块孤石或个别石芽露出地表地区

地基中夹杂着大块孤石[图 11.19(b)]及个别石芽露出地表[图 11.19(c)],多出现在山前洪积层中或冰碛层中,该类地基类似于岩层面相背倾斜,其变形条件最为不利,在软硬交界处极易产生不均匀沉降，造成建筑物开裂。

(a)　　(b)　　(c)

图 11.19　石芽地基和大块孤石地基

(a) 石芽密布露出地表；(b) 大块孤石地基；(c) 个别石芽露出地表

2. 岩溶地基

岩溶(喀斯特)是石灰岩、泥灰岩、白云岩、大理岩、石膏、岩盐层等可溶性岩石受水的化学作用和机械作用，在岩层中形成的溶洞[图 11.20(a)]、溶沟[图 11.20(b)]、裂隙等奇特的地面及地下形态的总称。

土洞是岩溶区常见的一种岩溶作用产物，是岩溶地区上覆土层在地表水或地下水作用(冲蚀、潜蚀及崩解)下形成的洞穴[图 11.20(c)]。所以土洞形成有三要素：①岩溶的存在；②水的活动；③土层。

(a)　　(b)　　(c)　　(d)

图 11.20　岩溶地基不良地质现象

(a) 溶洞；(b) 溶沟、溶槽；(c) 土洞；(d) 土层与岩层，土洞与溶洞

岩溶对地基的稳定性影响主要表现在以下方面：

(1) 在地基受力层范围内若有溶洞、暗河等有可能引起地基突然下沉；

(2) 岩溶造成的基岩面起伏较大，可使地基产生不均匀沉降；

(3) 有可能使基础下岩层产生滑动；

(4) 由于岩溶地区较复杂的水文地质条件[图 11.20(d)]，易产生新的工程地质问题。

11.5.3　工程措施

1. 土岩组合地基

土岩组合地基可分为结构措施和地基处理两方面，两者相互协调与补偿。

(1) 结构措施

建造在软硬相差比较悬殊的土岩组合地基上，若建筑物长度较大或造型复杂，为减小不均匀沉降所造成的危害，设置沉降缝将建筑物分开。必要时应加强上部结构的刚度，如加密隔墙、增设圈梁等。

(2) 地基处理

① 处理压缩性较高部分的地基，使之适应压缩性较低的地基。如采用桩基础、局部深挖、换填或用梁、板、拱跨越，当石芽稳定可靠时，以石芽作支墩基础等方法。此类处理方法效果较好，但费用较高。

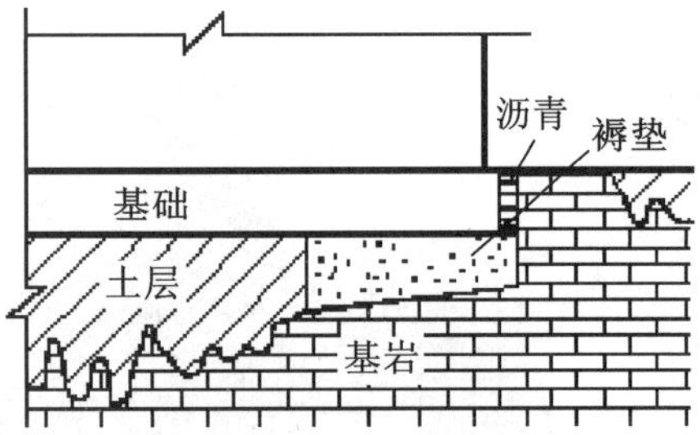

图 11.21　褥垫层构造图

② 处理压缩性较低部分的地基,使之适应压缩性较高的地基。如将石芽出露部位的岩石凿去,换填上压缩性较大的材料作为褥垫,如图 11.21 所示。褥垫可采用炉渣、中砂、土夹石(其中碎石含量占 20%～30%)或黏土等,厚度宜取 300～500 mm,然后分层夯实形成。褥垫在基底下一定深度范围内,作为基础的部分持力层,使基础整个持力层的变形协调。

基岩起伏变化较大的地基可采用人工挖孔桩、机械成孔桩等,将基础支撑在坚硬土(石)层上,使建筑物的沉降差满足设计要求,这种方法能同时取代或减少地基处理和开挖基坑的土方工程,可以节约人力和缩短工期,山区普遍采用此法。要使桩基础达到经济上合理、技术上安全可靠,必须做到精心设计和精心施工,否则虽采用了桩基础也会发生问题。

2. 岩溶地基

岩溶地基应遵循以地基处理为主、基础及结构处理为辅的原则。一般做地基的软硬调整,首先要了解岩溶的发育规律、分布情况和稳定程度。其次要查明溶洞、暗河、陷穴的界限以及场地有无出现涌水、淹没的可能性。在不稳定的岩溶地区进行建设,重要建筑物应避开岩溶强烈发育区,对一般岩溶地基,也必须结合岩溶的形态、工程要求、施工条件和经济安全原则,进行处理。地基处理方法有:

(1) 清爆换填

即清除覆土,爆开顶板,挖去松软填充物,分层回填上粗下细碎石滤水层,然后建造基础。适合处理顶板不稳定的浅埋溶洞地基。

(2) 梁、板跨越

对于洞壁完整、溶洞较大、强度较高而顶板破碎的岩溶地基,宜采用钢筋混凝土梁、板跨越,做成桥式结构,较完整的岩面可作为安全可靠的支承点。

宜万铁路溶洞隧道的贯通使百年梦想得到实现。宜万铁路位于喀斯特地貌山区,是世界上地质最复杂的铁路之一,有 34 座高风险的岩溶隧道,如野三关隧道地处湖北恩施州境内,全长 13833 m,是宜万铁路全线最长的隧道,地质条件最复杂,被专家列为世界级施工难题。隧道施工中遇到近 20 条断层、6 条地下暗河、多个岩溶管道、76 处岩溶岩腔、88 次突泥突水,均成功攻克,如图 11.22 所示。

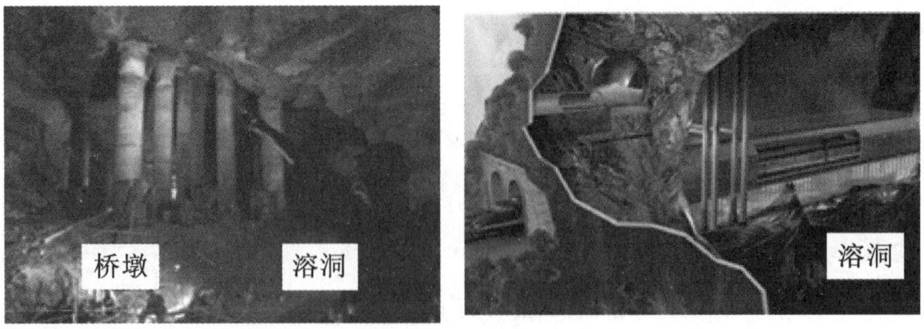

(a)　　　　(b)

图 11.22　宜万铁路野三关隧道

(a) 施工中的桥梁;(b) 通车后的桥梁

(3) 洞底支撑

洞底支撑适用于处理跨度较大,顶板具有一定厚度,但稳定条件差的区域,若能进入洞内,可用石砌柱、拱或钢筋混凝土柱支撑洞顶,但应查明洞底的稳定性。

(4) 灌填及灌浆法

① 灌填法是施工时在洞体范围的顶板上钻两个或多个孔洞,用水冲法将砂、砾石从孔中(直径>100 mm)灌入洞内,直至排气孔(小孔直径 50 mm)冒砂为止。若洞内有水,灌砂困难,也可用压力灌注 C15 的细石混凝土等。

② 灌浆法是用高压注浆进行加固,若基槽中有局部松动的较大岩块可钻孔插筋并注浆锚固。

先在岩土中按规定位置用钻机或手钻钻孔到要求的深度后,用压力水冲洗孔内污物和石料碎屑,然后在孔内插入直径 38～50 mm 的灌浆管,管底部 1.0～1.5 m 的管壁上布置梅花形注浆孔,用压浆泵将水泥浆压入灌浆管而注入岩土中,注浆完后拔出灌浆管。图 11.23 为某工程压力灌浆示意图。灌浆新技术不仅有效地防止了地表水渗入和岩溶土洞吸蚀塌落,保护了地基安全稳定,而且通过改善优化了工艺(施工设备简便、操作方便)、缩短了工期、降低了成本、质量可靠、投资省、不污染地下水,故值得在类似工程中推广应用。

灌填及灌浆处理适用于埋藏深、洞径大的土洞。

(5) 桩基础

岩溶地区基础可以浅埋的尽量浅埋,这样可以避免处理溶洞;当天然基础不能满足设计要求时,可考虑采用刚性桩或搅拌桩复合地基筏板基础或条形基础,使桩土共同受力,避免处理深层溶洞。采用复合地基基础相对桩基础来说,可以缩短工期、减少造价;当复合地基基础也不能满足承载力及变形要求时,才考虑使用桩基础。①岩溶地区的桩基础,宜采用钻、冲孔桩;②当单桩荷载较大,岩层埋深较浅时,宜采用嵌岩桩;③当基岩面起伏很大且埋深较大时,宜采用摩擦型灌注桩。图 11.24 所示为防止路堤地面塌陷而采用桩基础。

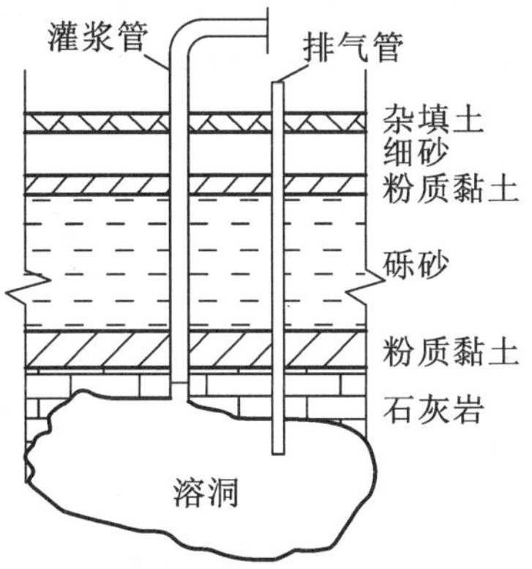

图 11.23 岩溶地基灌浆处理

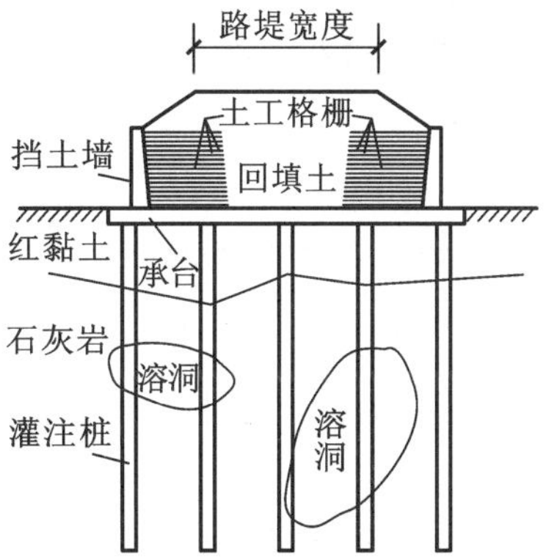

图 11.24 防止路堤塌陷采用的桩基础

(6) 水流排导

一般宜采用排水隧洞、排水管道等进行疏导,以防止水流通道堵塞,造成动水压力对基坑底板、地坪及道路等的不良影响。

总之,从工程建设角度讲,山区地基问题已引起工程界的高度重视。不同于一般平原地区的地基,山区地基具有其特殊性,只有通过详细的地质勘察,彻底查明地下工程地质、水文地质情况,充分了解地质结构及其土层分布特点,掌握其内在规律,科学规划,区分情况具体地加以分析处理,才能消除建筑物的地基隐患,达到预期的目的。

11.6 冻土地基及盐渍土地基

11.6.1 冻土地基

俗话说:“冰冻三尺,非一日之寒。”当冬季温度在 0 ℃以下,潮湿的土壤呈冻结状态时,称为冻土。

冻土是一种低温和易变的特殊土。冻土中的冰以冰晶或冰层的形式存在,冰晶可以小到微米甚至纳米级,冰层可厚到数米或百米。

1. 冻土类型及分布

冻土是指 0 ℃以下并含有冰的各种岩土。冻土按冻结时间分为季节性冻土和多年冻土。

(1) 季节性冻土

季节性冻土是指冬季冻结、夏季全部融化,呈周期性冻结、融化的土,但冻结深度只是在地表一定深度内,其下为永久不冻层,如图 11.25 所示。温度愈低且持续时间愈久,冻土层便愈厚。冻胀深度与当地气候、土的类别、温度以及地面覆盖情况(如植被、积雪、覆盖土层厚度等)有关。在工程实践中,把地表无积雪和草坡等条件下,多年实践测量最大冻结深度的平均值称为标准冻结深度 Z_0,Z_0取值见《地基规范》。季节性冻土面积占我国领土面积一半以上,季节冻结深度在黑龙江省南部、内蒙古东北部、吉林省西北部可超过 3 m,往南随纬度降低而减小。

在季节性冻土区建筑物的破坏主要是因地基土的冻胀而引发的,所以为防止冻害发生,应从地基土的处理和增强建筑物结构整体性两方面着手。就处理地基土来说,主要是通过削弱产生冻胀的三大要素(易冻胀土质、水分(土中水分及外界补给水分)及土中负温值)之一来达到防冻害的目的。

(2) 多年冻土

多年冻土又称永久冻土,指的是持续三年或三年以上冻结不融的土层。多年冻土分为两层:上部是夏融冬冻的活动层;下部是终年不融的多年冻结层,如图 11.26 所示。我国多年冻土面积占陆地面积的 25%。永久冻土按照地理位置的不同,可分为高纬度永久冻土和高海拔永久冻土两种。前者分布在东北地区,后者分布在西部高山高原及东部一些较高山地(如大兴安岭南端的黄岗梁山地、长白山、五台山、太白山)。

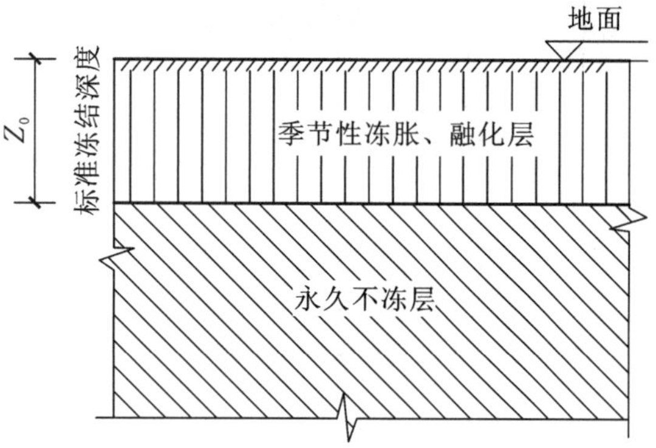

图 11.25 季节性冻土

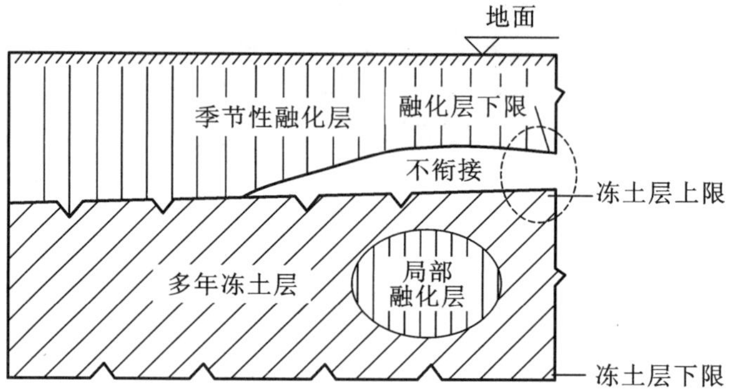

图 11.26 多年冻土层构造组成

永久冻土是一种对温度极为敏感的土体介质,含有丰富的地下冰,在冻土区修筑工程构筑物就必然面临两大危险:冻胀和融沉。在全球气候转暖和人类活动影响下,多年冻土地区工程地质条件产生了新的变化,冻土在不断退化,以融沉引起的破坏为主,这不仅大大提高了工程造价,而且严重影响工程的使用效果与寿命。

2. 物理及力学性质指标

为了定量分析冻土冻胀及融陷对工程的影响,需要通过试验测定,明确土的物理及力学性质指标,下面对冻土的主要常见指标做简单认识,详见表 11.15。

表 11.15 冻土物理及力学性质指标

各项指标			表达式及说明
物理性质	总含水率 w_n		（1）未冻水：负温下仍有一部分水不结冰，称之为未冻水。 （2）总含水率 w_n：指冻土中所有冰的质量 m_i 与未冻水的质量 m'_w 之和与土骨架（固体颗粒）m_s 质量之比，用百分比表示，即 $$w_n=\frac{m_i+m'_w}{m_s}=\frac{m_i}{m_s}+\frac{m'_w}{m_s}=w_i+w'_w \quad (11.5)$$ 式中 w_i——冰的质量 m_i 与土骨架 m_s 质量之比（%）； w'_w——未冻水的质量 m'_w 与土骨架质量 m_s 之比（%）。
物理性质	含冰量	相对含冰量 i_0	相对含冰量 i_0：指冰的质量 m_i 与全部水的质量（包括冻和未冻水，即 $m_w=m_i+m'_w$）之比，即 $$i_0=\frac{m_i}{m_w}\times 100\% \quad (11.6)$$
物理性质	含冰量	质量含冰量 i_g	质量含冰量 i_g：冰的质量 m_i 与土骨架 m_s 质量之比，即 $$i_g=w_i=\frac{m_i}{m_s}\times 100\% \quad (11.7)$$
物理性质	含冰量	体积含冰量 i_V	体积含冰量 i_V：冰的体积 V_i 与冻土总体积之比 V，即 $$i_V=\frac{V_i}{V}\times 100\% \quad (11.8)$$
力学性质	冻胀量 h_n、冻胀率 η		（1）土的冻胀是土冻结过程中土体体积增大的现象。 （2）冻胀量 h_n：对于无地下水源补给时，冻胀量等于在冻结深度 H 内的自由水（$w-w_p$）在冻结时的体积，冻胀量 h_n 可按下式计算： $$h_n=1.09d_s(w-w_P)H \quad (11.9)$$ 式中 d_s——土粒相对密度； w,w_P——土的含水量和土的塑限。 （3）冻胀率 η：冻胀量 h_n 与冻结深度 H 之比，也称之为冻胀强度，其表达式为： $$\eta=\frac{h_n}{H}\times 100\% \quad (11.10)$$
力学性质	冻胀力（作用效应）		（1）冻胀力：土中水冻结时，体积膨胀对基础产生的作用力。冻胀力分为法向和切向冻胀力。 （2）法向冻胀力是指地基土冻结时，随着土体的冻结，作用于基础底面向上的抬起力。 （3）平行向上作用于基础侧表面的抬起力，称为切向冻胀力
力学性质	冻结力（抗力）		（1）冻结力：冻土与基础表面冰晶胶结在一起，这种胶结力也称之为冻结力。冻结力只有在外荷载作用时才表现出来，且其作用方向总是与外荷载的作用方向相反，类似于摩擦力。 （2）在冻土层融化层回冻期间，冻结力起着抗冻胀的锚固作用；而融化层解冻时，又起到阻止基础下沉作用。基础表面越粗糙，冻结力越大

冻胀、融陷下沉和融化压缩是冻土地基对建筑物产生危害的最主要原因。土的冻胀作用常以冻胀量、冻胀强度、冻胀力和冻结力等冻土的力学性质指标来衡量。而冻胀作用、融陷下沉、融化压缩的强弱又与冻土的含冰量和未冰冻水含量有关。

3. 冻害防治措施

1）季节性冻土区冻害防治措施

在季节性冻土区建筑物的破坏主要是因地基土的冻胀而引发的，所以为防止冻害发生，应从地基土的处理和增强建筑物结构整体性两方面着手。其中地基处理方法主要有：

（1）换填法：即用粗砂、砾石等非（弱）冻胀性材料置换天然地基的冻胀性土。

（2）保温法：在建筑物底部或四周设置隔热层，增大热阻，以推迟地基土的冻结，提高土中温度，降低冻结深度，进而起到防止冻胀的目的。

(3) 排水、隔水法：即降低季节性冻土层范围内土体的含水量，隔断外水补给来源和排除地表水。

图 11.27　高原道路纵向冻胀裂开

2) 多年冻土区冻害防治措施

多年冻土地基主要用在路基工程中，在多年冻土地区，以融沉引起的破坏为主。多年冻土地区路基病害主要表现为不均匀沉陷、翻浆、局部路基开裂、产生大的纵向裂缝等，如图 11.27 所示。

多年冻土区冻害防治措施采用允许融化原则或保护多年冻土原则。

(1) 允许融化原则是允许地基土在建筑物使用期间或施工前，使冻土融化到计算深度，就是让其完全融化，或者通过换填等，让冻土消失。

(2) 保护多年冻土原则即在建筑物施工和规定使用期间，使地基土永远处于冻结状态，适用于全线的大部分路基地区。如：对于冻土层较厚段落，应主要从路基填料、基底处理两个方面考虑，可采取如下措施：

① 抬高路基：路基填料采用粗粒透水性好的材料，如砂砾、碎石渣等，以降低毛细水的影响，避免在路基内出现二次结冰冻胀。

② 块石气冷措施：在石料比较丰富的段落，路基基底清表后填筑 50～80 cm 厚的块石，由于块石间存在孔隙，可以防止路基内的热量传入地基中去，加上空气的流动加强了地基的蒸发作用，使基底的表面处于降温状态，同时相对空隙较大的块石基底又能抵御地基的冻胀变形，使冻胀应力能够得到释放，在冻土层发生融化时，块石的强度又能给予路基强有力的支撑，从而减少路基变形，而且它还是很好的毛细水隔断层，它的存在极大地改变了路基内冻土的形态，减少了路基边坡产生裂缝的可能。图 11.28 所示为防止路基下冻土层融化措施实例。

③ 设置通风管：对于冻土区地基土质较好和承载力较高的段落，可以考虑埋设水平通风管，通风管直径一般为 20～50 cm，高出地面 50～100 cm；通风管的进出口都有垂直于地面的钢管或桩与之连接，如图 11.29 所示。通风管埋设于路基体中，通过空气在通风管中的流动，使通风管周围路基体的温度与气温趋于一致，减少路基体传入地基的热量，增加路基体传入地基的冷量，保持多年冻土层及路基基底下季节活动层的冻结状态，维持路基体的稳定。

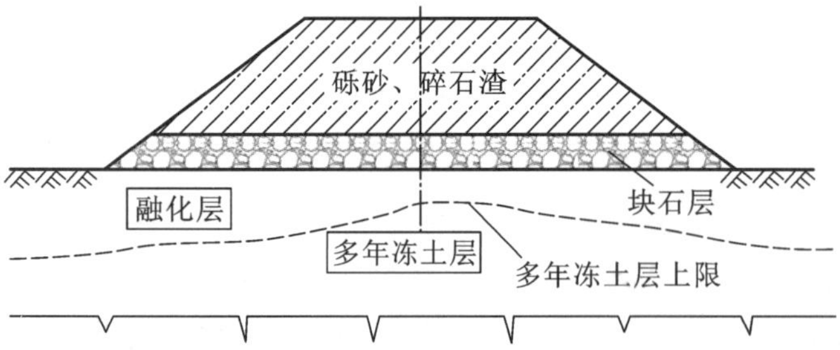

图 11.28　抬高路基并铺设粗颗粒填料

图 11.29　通风管冻土地基处理

④ 热管技术：热管传热利用了热传导原理与制冷介质的快速热传递性质，通过热管将发热物体的热量(冻土周围热量)迅速传递到热源外。图 11.30 为冻土地区热管工作原理示意图，在热管中注入液态制冷剂，夏季温度升高，热管周围冻土温度升高，热量传入热管从管口排出管外，保护冻土不被融化。

例如：青藏铁路全线经过海拔 4000 m 以上地段有 965 km，其中 550 km 是多年冻土。每到夏季，因地面温度升高，导致路基表层土质松软，给火车安全运行带来隐患，能否解决冻土融胀问题成为青藏铁路建设成败的关键。

专家们经讨论选择了主动保护冻土的措施，其中以热管技术保护冻土效果最佳。图 11.31 所示热管技术采用了低温热管，管长 7 m，其中埋入地下 5 m，地面露出 2 m。通过热管里的液态氨、露出地面管径外表的“翅片”，把蕴含在地表土层中的热量散发到空气中。一根长长的管子，就像是一个个自动传导冷热温度的“空调器”。

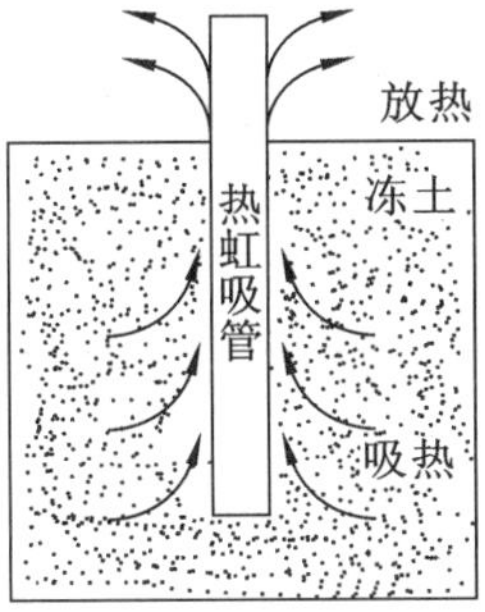

图 11.30 热管技术工作原理

图 11.31 热管技术在青藏铁路中应用

⑤ 桩基础

随着我国经济社会发展，多年冻土区的工程建设规模不断增大，基础埋深也在不断加大。另外遇到地势起伏较大，需架桥，桥台及桥墩下基础往往采用桩基础。在多年冻土区，“以桥代路”得到普遍应用。桥梁与一般冻土区桥梁一样，主要采用灌注桩基础，桩的承载力主要由冻土的冻结力形成。冻土区桩基础施工时应减少对冻土热扰动、缩短回冻过程、尽早形成承载力。选用抗冻胀性基础改变基础断面形状，利用冻胀反力的自锚作用增加基础抗冻拔的能力。

图 11.32 在世界屋脊修建的天路

图 11.32 所示为在世界屋脊修建的铁路桥梁，攻克了地基冻胀和融陷两大风险，将风险变为一道风景，里面蕴藏许多故事，是铁路建设者付出心血与智慧的结晶！但是，多年冻土区工程从设计到施工都有着不同于一般地区的特殊性。青藏铁路通过有关专家多年的试验研究解决了一系列冻土施工的难题，但是通过施工发现还有许多问题有待解决，诸如多年冻土地区工程的耐久性有待于实践验证，混凝土耐久性需进一步验证。

11.6.2 盐渍土地基

盐渍土是各种盐化、碱化土壤的统称。盐土是指土壤中可溶盐含量达到对作物生长有显著危害的土类。碱土则含有危害植物生长和改变土壤性质的多量交换性钠，又称钠质土。土的含盐量通常是指一定的土体内含盐的质量与其干土质量之比，以百分数来表示。《盐渍土地区建筑技术规范》(GB/T 50942—2014)及《岩土工程勘察规范》[2009 年版](GB 50021—2001)规定：地基土中易溶盐[石膏、芒硝(Na_2SO_4)、硫酸盐或氯化物]含量超过 0.3%时为盐渍土地基，否则为非盐渍土地基。盐渍土地基，发生盐类溶陷和盐类对基础工程腐蚀，地基会产生不均匀沉降和基础的破坏。图 11.33 所示为盐渍土对路基溶蚀而引起破坏。

图 11.33 盐渍土地基溶蚀引起路基破坏

1. 基本概念

(1) 盐渍土分类见表11.16。

表11.16 盐渍土的分类

分类方法	名称
按含盐的性质不同	氯盐渍土、亚氯盐渍土、亚硫酸盐渍土、硫酸盐渍土和碱性盐渍土
按盐的溶解度不同	易溶盐渍土、中溶盐渍土和难溶盐渍土
按含盐量分	弱盐渍土、中盐渍土、强盐渍土和过盐渍土

(2) 盐渍土中盐的来源、沉积的外部条件见表11.17。

表11.17 盐渍土中盐的来源、沉积的外部条件

盐渍土中盐的来源		① 岩石在风化过程中分离出少量盐; ② 海水浸入、倒灌等将盐渗入土中; ③ 工业污染,如工业废水、含盐的工业垃圾,使土中含盐量增高
盐渍土沉积外部条件	风力搬运	①在内陆干旱、半干旱地区,大风将含盐的土粒或盐的结晶体吹落至远处沉积、积聚并重新分布; ② 因蒸发量大,降雨量小,毛细作用强,极容易使盐分在地层表面聚集
	水流作用	在地表水、地下水及海水作用下,将所溶解的盐带到低洼处,周围封闭,排水不畅,地下水位高,使水分蒸发盐类聚集,水流作用是盐类迁移和重新分布的重要原因

(3) 盐渍土分布,除滨海盐渍土外,内陆盐渍土形成条件见表11.18。

表11.18 内陆盐渍土形成的外部条件

外部条件	气候	干旱或半干旱地区,降水量小,蒸发量大
	地段	① 在地势较低、地下水位较高、洼地周围封闭、排水不畅的地段,盐分随地面、地下径流而由高处向低处汇集,使洼地成为水盐汇集中心; ② 但从小地形看,积盐中心则是在积水区的边缘或局部高处,这是由于高处蒸发较快,地下水位高,利于水分蒸发盐类聚集

内陆盐渍土分布在洼地、盐湖和河流两岸的漫滩、低阶地、牛轭湖以及三角洲洼地、山间洼地等。例如山西运城盐湖是古老又典型的内陆咸水湖,是世界上三大硫酸钠型咸水湖之一,由于含盐量高,故被誉为"中国死海"。西北干旱地区,如青海、新疆有大面积的内陆盐渍土。全世界盐渍土面积计约897.0万km^2,约占世界陆地总面积的6.5%,占干旱区总面积的39%。中国盐渍土面积约有20多万km^2,约占国土总面积的2.1%。

2. 盐渍土的工程特征(表11.19)

表11.19 盐渍土的工程特性

沉陷性	盐渍土浸水后由于土中易溶盐的溶解,在自重压力作用下产生沉陷现象
盐胀性	硫酸盐沉淀结晶时体积增大,失水时体积减小,致使土体结构破坏而疏松。碳酸盐盐渍土中Na_2CO_3含量超过0.5%时,也具有明显的盐胀性
腐蚀性	硫酸盐盐渍土具有较强的腐蚀性;氯盐盐渍土、碳酸盐盐渍土也有不同程度的腐蚀性

表 11.19 所列的三个特征也是引起盐渍土地基破坏的主要原因，所以要综合考虑这些影响因素，合理选择基础类型，对地基中的不良地质情况进行合理的处理，复杂盐渍土地区的建筑安全是可以得到保证的。

3. 盐渍土地基的防护措施

下面通过实例分析，指出盐渍土地基的防护措施。图 11.34 所示路堤原天然地面为盐渍土，回填土采用非盐渍土。盐渍土的盐分溶解度随温度升高而增大并产生毛细作用，盐渍土中盐遇水溶解，经蒸腾作用水分由地表蒸发，一部分盐分却留存在路基填土中，和毛细水上升到路堤地面，随时间推移越聚越多。当温度下降，空气相对湿度增加，盐吸收水分子尤其是硫酸钠吸水膨胀，最终盐要聚集到路基上层，渗入并破坏路面，影响公路交通，从而导致路面结构破坏。其防治方法有：

(1) 设置隔离层

在路基内设置隔离层，防止水分进入路基上部。如果只是隔断毛细水，可用粗粒渗水材料；如果要求同时隔断毛细水和汽态水，则可用沥青、土工布等不透水材料。隔离层的埋置深度，对高等级公路要满足减少盐胀、冻胀的要求，同时考虑经济性和耐久性，一般以 1.0～1.5 m 为宜。隔离层是处治路基盐胀最有效、最简便的措施，应优先考虑，如图 11.35 所示。

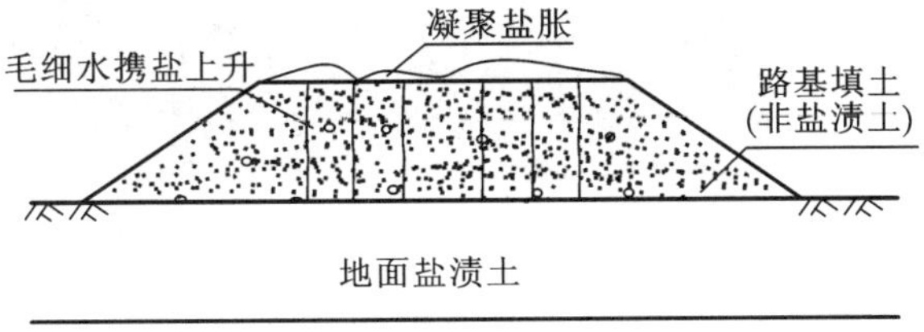

图 11.34　盐渍土对路基破坏分析示意图

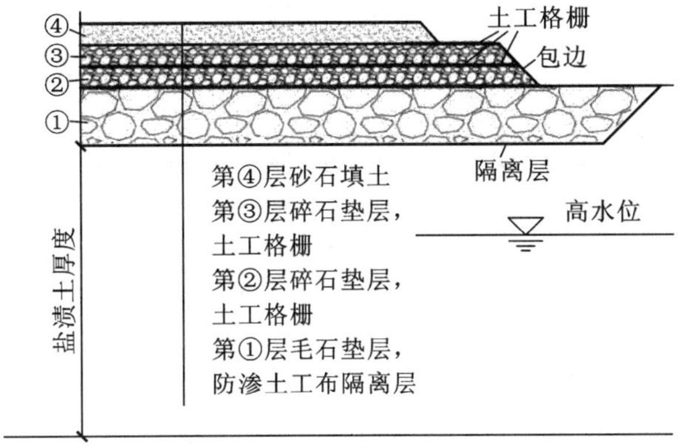

图 11.35　高水位盐渍土路基地基处理构造示意图

(2) 抬高路基高度

抬高路基高度以减少进入路基上部的水分和盐分，施工简便，亦是最常用的措施，如图 11.28 所示。但要注意的是，如果抬高高度不足，则效果不佳。若路基抬高太多，也存在路基整体性不足等其他缺陷问题。所以不宜单纯采用此法，应与其他方法协调配合处理地基。例如：冻深大于 1 m，粉质亚黏土硫酸盐盐渍土路基要高出地下水位 6～7 m 才能有效防治盐胀。

(3) 换土法

清除地基表层松散土层及盐渍土层，然后用灰土或易夯实的非盐渍土和粗颗粒土层(碎石类土或砂土垫层)作为持力层，隔断有害毛细水的上升。换土法适用于溶陷性或盐胀性较大且厚度不大的盐渍土。图 11.35 为高水位盐渍土地基处理后构造示意图，设置了隔离层、挖去部分盐渍土换填一定厚度的毛石，为了进一步阻断毛细水上升，设置四层足够厚度、毛细水上升高度小的垫层及填土，综合应用了上述处理措施。另外为提高路基的整体性，防止各种因素导致路面的开裂和路基地基承载力下降，设置了土工格栅形成复合地基。

(4) 浸水预溶法

当盐渍土土层厚度不大或渗透性较好时，可采取浸水预溶，水头高度不应小于 30 cm，浸水坑的平面尺寸每边应超过拟建房屋边缘 2.5 m，且需现场试验确定浸水时间与预溶深度。

(5) 重锤击实及强夯法

重锤击实可处理浅部土层；强夯法适用于盐渍土层位于地下水位以上，且空间比较大、场地附近无建筑物的场地。两者处理方法的目的是消除基土的湿陷量，提高其密实度及承载力，降低透水性，阻挡水流下渗;同时破坏土的原有毛细结构,阻隔土中盐分向上运移。

(6) 浸水预溶+强夯法或浸水预溶+预压法

此方案适用于处理厚度较大、渗透性较好的盐渍土,可处理盐渍土层的深度取决于预溶深度和夯击能量。

(7) 桩基础或墩式基础

墩基础包括灰土墩、砾石墩、混凝土墩等。将基础埋置于盐渍土层以下,或隔断有害毛细水的上升;或铺设隔绝层、隔离层,以防止盐分向上运移。对土层厚、溶陷性高的盐沼地,埋置深度应大于临界深度。

图 11.36 所示为某高速铁路盐渍土地基处理及桩基础组合的一种新型的路基结构形式。地基加固体包括设置在地基中的加固桩以及设置在路基两侧的板桩墙,新型路基结构克服了盐渍土路基稳定性不够、防水能力差的缺点,能更好地保证路基工程的稳定性和防水性。

另外,钢筋混凝土基础及构件设计在盐渍土地区应满足耐久性的相关要求及规定,图 11.37 所示为天津大港钢筋混凝土桩自然腐蚀情景,所以要认真对待盐渍土对混凝土结构,特别是钢结构的腐蚀问题。

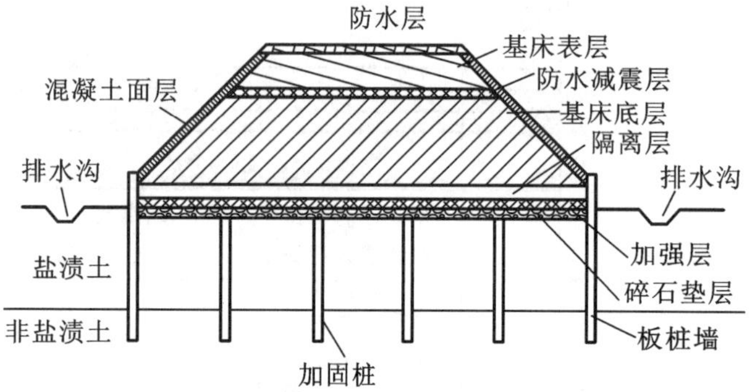

图 11.36 高速铁路盐渍土路基新型结构构造示意图

图 11.37 滨海盐渍土钢筋混凝土桩自然腐蚀

总之,在规划工程建筑场地时,应在满足工程需要的前提下,尽量避开具有强溶陷性、盐胀性或腐蚀性的地段;在设计过程中,要综合考虑工程特点、结构形式、荷载大小、重要性及适用功能要求及施工工艺等综合方面,本着安全、经济、合理及方便施工的原则,选择合理的基础类型及地基处理方案,复杂盐渍土地区的建筑安全才能得到保证;施工人员应充分发挥主观能动性,采取可靠的技术措施,因地制宜,积极防治盐渍土的地质危害。

本章小结

(1) 本章主要介绍了湿陷性黄土、软土、膨胀土、红黏土、山区地基、冻土、盐渍土这些特殊土的特征和分布及对工程性质的影响和危害、工程评价方法和处理措施。

(2) 黄土的湿陷性等级根据总湿陷量 Δ_s 和自重湿陷量计算值 Δ_{zs} 判定,其中湿陷性系数通过测定求得。尽管黄土湿陷原因的观点各异,归纳起来黄土的结构特征及物质成分是产生湿陷性的内在原因,黄土受水浸湿和荷载作用是发生湿陷的外因。

(3) 膨胀土湿胀干缩的内在机制是其含有大量蒙脱石、伊利石等亲水性黏土矿物和普遍具有黏土矿物颗粒聚集体之间面-面接触的分散结构,而外在因素则是水的作用。

(4) 红黏土是碳酸盐岩在湿、热气候下经红土化作用形成,其工程地质特征主要表现在具有较高的力学强度、较低的压缩性,从地表向下由硬变软,顶部存在一承载力较高的硬壳层。红黏土的地基处理可采用宽基浅埋、做褥垫、低压缩材料置换、基坑开挖保温保湿、采用大直径嵌岩桩或墩基等措施。

(5) 岩溶和土洞是在岩溶地区,易溶岩层和其上覆盖的红黏土中分别发育的不良地质现象。岩溶发育的条件是可溶性岩层具有足够溶解能力和足够流量的水、地表水下渗、地下水流动等。土洞发育的条件是可溶性岩层上覆盖土层受地表水冲蚀或地下水潜蚀。在掌握岩溶和土洞发育规律、评价其稳定性的基础上，地基处理的措施分别是换填、梁板跨越、洞底支撑、灌填及灌浆、采用桩基础、水流排导等。

(6) 季节性冻土的冻胀和融陷下沉是冻土地基对建筑物产生危害的主要因素。土的冻胀作用常以冻胀量、冻胀强度、冻胀力和冻结力等冻土的力学性质指标来衡量。而冻胀作用、融陷下沉、融化压缩的强弱又与冻土的含冰量和未冻水含量有关。其大小可用冻土的总含水量、含冰量等物理性质指标来表现。季节性冻土地基常采用浅基础、桩基础。多年冻土地基常采用通风基础、热泵基础，也采用桩基础，视具体情况而定。

(7) 盐渍土成因有多种，主要靠风力和水流的作用完成盐分的迁移和聚集。盐渍土地区要提高建筑材料本身的防腐能力，控制搅拌混凝土或砂浆的用水和砂石料含盐量，在混凝土或砖石砌体表面做防水层和防腐涂层。尤其要注意水对盐渍土地基的稳定性影响最大，应设计完整的排水系统，避免基础附近积水。

练 习 题

一、填空题

1. 湿陷性黄土按成因可分为__________、__________两大类。
2. 膨胀土的主要特性是__________、__________。
3. 软土的主要特性有__________、__________、__________等。
4. 季节冻土处理应从冻土三要素入手，冻土三要素是指__________、__________、__________。
5. 红黏土的主要特性是__________、__________、__________。
6. 冻土的特性是__________、__________。
7. 盐渍土的主要特性是__________、__________、__________。
8. 黄土地基的主要特性是__________。
9. 山区地基不良地质现象有__________、__________、__________、__________等。
10. 喀斯特地貌地质构造存在不良的地质现象有__________、__________、__________、__________等。

二、单选题

1. 黄土的自重湿陷量(　　)时判断为非自重湿陷性黄土。

   A. $\Delta_{zs} \leqslant 7$ cm　　B. $\Delta_{zs} \leqslant 15$ cm　　C. $\Delta_{zs} \geqslant 15$ cm　　D. $\Delta_{zs} > 7$ cm

2. 我国黄土主要分布在(　　)地区。

   A. 云南、四川、贵州、广西等　　B. 青海、甘肃、宁夏、陕西及山西

   C. 上海、宁波、杭州、福州等　　D. 均不对

3. 当土的有机质含量 $W_u > 60\%$，则称为(　　)。

   A. 淤泥　　B. 淤泥质土　　C. 有机质土　　D. 泥炭土

4. 软弱土的工程特性有(　　)。

   A. 含水量高、孔隙比大　　B. 压缩模量值大

   C. 渗透系数值大　　D. 压缩系数值小，灵敏度高

5. 下列关于黄土的湿陷性强弱的叙述，正确的是(　　)。

   A. 含水量越大、孔隙比越小、湿陷性越强　　B. 含水量越大、孔隙比越大、湿陷性越强

   C. 含水量越小、孔隙比越小、湿陷性越强　　D. 含水量越小、孔隙比越大、湿陷性越强

6. 工程中利用湿陷性系数 δ_s 来判别黄土的湿陷性强弱，当 δ_s 为(　　)可判断该黄土为湿陷性黄土。

   A. $\delta_s \geqslant 0.015$　　B. $\delta_s \geqslant 0.030$　　C. $\delta_s < 0.015$　　D. $\delta_s \geqslant 0.070$

7. 我国红黏土主要分布在哪些地区？(　　)。

   A. 云南、四川、贵州、广西、鄂西、粤北

   B. 西北地区如青海、甘肃、宁夏、陕西、山西、河北等

   C. 东南沿海如上海、宁波、杭州、福州等

   D. 均不对

8. 黄土的主要成因是(　　)。

A. 水流搬运沉积　B. 风力搬运沉积　C. 岩层表面残积　D. 冰川搬运沉积

9. 黄土的湿陷性系数是指(　　)。

A. 浸水后引起的湿陷变形量与试样开始高度之比

B. 浸水引起试样湿陷变形量与试样湿陷前高度之比

C. 浸水引起试样湿陷变形量加上压缩变形量之和与试样开始高度之比

D. 浸水前引起试样压缩变形量与试样开始高度之比

10. 某房屋墙面角端的裂缝为山墙上的对称或不对称的倒八字形缝，外纵墙下部出现水平缝，墙体外侧并有水平错动，根据以上现象判断该建筑物地基为(　　)地基。

A. 黄土　B. 填土　C. 不均匀　D. 膨胀土

11. 对盐渍土地基，主要是根据(　　)做出评价的。

A. 含盐成分、含盐量和抗压强度　B. 融陷量、胀盐量和腐蚀性

C. 含盐成分、塑性指数和抗压强度　D. 均不对

12. 黄土的湿陷性等级是根据(　　)指标进行评价的。

A. 湿陷性系数和总湿陷量　B. 自重湿陷性系数和自重总湿陷量

C. 总湿陷量和自重湿陷量　D. 湿陷性系数和自重湿陷性系数

13. 红黏土、黄土和软土具有高孔隙比特征，红黏土的工程性质是(　　)。

A. 具有湿陷性、高压缩性、强度低　B. 具有湿陷性、低压缩性、强度高

C. 无湿陷性、低压缩性、强度高　D. 显著失水收缩、吸水膨胀

14. 膨胀土的膨胀、冻土的冻胀、盐渍土的盐胀，这三种现象中，(　　)与土体中的黏土矿物成分和含水率密切相关。

A. 膨胀土的膨胀　B. 冻土的冻胀　C. 盐渍土的盐胀　D. 均不对

15. 湿陷、融陷、溶陷，其中(　　)现象是黄土地基的主要特征。

A. 湿陷　B. 融陷　C. 溶陷　D. 均不对

三、简答题

1. 简述软土的特性与成土环境。
2. 何为湿陷性黄土、自重湿陷性黄土和非自重湿陷性黄土？
3. 红黏土具有大孔隙，为什么不具有湿陷性？

12 地基与基础的抗震问题

【引言】

我国是一个地震多发国家，发生地震的区域分布很广，近几十年来，强烈地震频频发生，如1976年唐山大地震、2008年四川汶川大地震，每次地震都对人民的生命财产和经济建设造成巨大的损失，并造成桥梁、道路、建筑物破坏，其中很多破坏是由于地基与基础震害引起的，因此对地基与基础的震害应有足够的重视。实践证明，正确地进行抗震设计，并采取有效抗震措施，是减轻或避免地震损失的重要手段。

调查表明，地震造成建筑物损坏程度，除了与地震震级、所在地点位置以及建筑结构本身的强度和动力特性等有关外，还与建筑物的地基条件有密切关系，其中场地、地基及基础条件不同，其震害也不同，本章主要讲述与地基及基础相关的抗震基本知识。

【学习要点】

(1) 明确建筑场地相关基本概念；

(2) 了解场地土液化的基本机理、条件、危害、液化性程度判别及采取抗震措施；

(3) 掌握天然地基、桩基础不进行抗震验算条件及与基础抗震承载力验算的一般要求；

(4) 掌握软弱土地基、不均匀地基震害及抗震措施。

【思政元素】

本单元融入的思政内容包括：(1)国家安全是民族复兴的根基，社会稳定是国家强盛的前提；(2)坚持安全第一、预防为主，建立大安全大应急框架，完善公共安全体系；(3)增强全民国家安全意识和素养，筑牢国家安全人民防线；(4)坚持人民至上，一切不为人民造福的理论都是没有生命力的；(5)提高公共安全治理水平，提高防灾减灾救灾和急难险重突发公共事件处置保障能力。

12.1 场　　地

12.1.1 基本概念

由于职业院校普遍没有开设"建筑结构抗震设计"课程，只在《混凝土结构设计基本原理》中对上部结构相关的抗震基本知识有初步认识，但对于地基与基础相关的抗震基本知识未涉及，本章结合实际情况对地基与基础抗震问题做些补充，做到与上部结构抗震知识衔接，使学生在识读结构施工图中涉及设计说明时不至于茫然。

1. 卓越周期

地震时，从震源发出的地震波在土层中传播时，经过不同性质地质界面的多次反射，将出现不同周期的地震波。若某一周期的地震波与地表岩土体的固有周期相近，由于共振的作用，这种地震波的振幅将得到放大，此周期称为卓越周期。振幅越大，地震烈度越大，地面震动越严重。

(1) 卓越周期大小与场地覆盖土厚度及土的剪切波速有关,场地覆盖土层厚度不同、土的坚硬程度不同,地基土固有周期也不同。

(2) 覆盖土层厚度越大、越松软,当地震波从深部传来的剪切波通过它向地面传播时就会发生多次反射,地震波因叠加而增强,当地震波的振动周期与地表岩土体的固有周期相近时,达到较长卓越周期。一般来讲,震级越大、震中距越大,高频分量被长距离传播路径所过滤,低频(长周期)分量越显著;软土地基上卓越周期显著、土层越厚,卓越周期值越大。由于地震波传播是从深部传至地表,卓越周期长、振幅大,称之为远震。

(3) 覆盖土层厚度越小、土质越坚硬,当地震波从深部传来的剪切波速越大,传播时间越短,地震波的振动周期越短,当地震波的振动周期与地表岩土体的自振(固有)周期相近时,达到较短卓越周期。硬土地基上则包含多种频率成分,卓越周期不显著。由于地震波传播从深部传至地表速度快、卓越周期短,振幅小,称之为近震。

2. 设计地震分组

在结构施工图中,总会出现设计地震分组一词,该如何理解呢?旧版《建筑抗震设计规范》计算地震作用考虑计算参数时,要考虑"设计远震"和"设计近震"。新版《建筑抗震设计规范》不再提及"设计远震"和"设计近震",而用设计分组所取代,地震设计分三组,即第一组、第二组和第三组,对于设计分组可以这样理解:第一组、第二组大概相当于旧规范的"设计近震",第三组相当于旧规范的"设计远震",设计地震分组是根据地震加速度峰值、设防烈度、所在地区板块构造结构等因素综合分析后给出的。

3. 特征周期 T_g

在计算结构上的地震作用时,除需考虑设计地震分组外,还要考虑岩土特征周期,该如何理解呢?

特征周期是根据覆盖层厚度 H 和土层剪切波速 V_s 按公式 $T_g=4H/V_s$ 计算的周期,表示场地土最主要的振动特征周期。特征周期是抗震设计计算地震作用的重要参数,并综合场地安全性评价的结果由《建筑抗震设计标准》(GB/T 50011—2011,2024年版)给出。卓越周期越大,则特征周期越大。特征周期与设计分组关系如表12.1所示。

表12.1　特征周期(s)

设计地震分组	场地类别				
	I_0	I_1	Ⅱ	Ⅲ	Ⅳ
第一组	0.20	0.25	0.35	0.45	0.65
第二组	0.25	0.30	0.40	0.55	0.75
第三组	0.30	0.35	0.45	0.65	0.90
备注	(1) 场地类别与覆盖土层厚度及土层软硬(刚度)有关,见表12.3,I_0类土特征周期最小;Ⅳ类土特征周期最大。 (2) 设计地震分为三组,第一组特征周期最小,第二组次之,第三组最大。 (3) 特征周期不同,建筑承受的地震影响系数 α 不同(图12.1);α 越大,地震作用力越大,震害越严重				

4. 建筑结构的自振周期 T

在计算结构上的地震作用时,除需要上述参数外,还需要结构的自振周期。结构的自振周期顾名思义是反映结构的动力特性,与结构的质量 m 及刚度 k 有关。对于简单的单质点自由度体系(例如单层钢筋混凝土装配式厂房,主要荷载集中在屋盖处),结构的自振周期 $T=2\pi\sqrt{m/k}$,可以看出结构刚度越大,自振周期越小;结构自重越大,自振周期也越大。

建筑的破坏有一个过程,当建筑开裂后,结构刚度 k 降低,自振周期 T 将加大,对于坚硬场地(场地特征周期小)，若结构的自振周期大(例如高柔结构)并远离场地的特征周期，不会发生共振，故结构的地震作用将减小。

➡技术提示

(1) 当建筑物的自振周期与场地的卓越周期相等或相近时，地震时可能发生共振，建筑物的震害比较严重。例如覆盖土层越厚、土质刚度越差，或震级大、震中距越大，其卓越周期较大。

建在该场地的高柔结构(高层建筑结构或高耸构筑物)由于刚度较小、结构自振周期较长，建在软弱地基上，容易发生共振，其震害严重；反之，刚度大的结构(层数少、整体性好)结构自振周期小，一般不会与卓越周期长的岩土体发生共振，所以震害要轻。

(2) 建筑物质量越大，结构自振周期越大，在地震作用下水平侧移越大，则地震作用越大，抗震性能不好，所以尽量采用轻质高强材料，减小地震作用。

(3) 影响结构刚度的因素有：①截面形式及尺寸；②杆件长度及约束能力；③材料的弹性模量；④结构的整体性。

5. 建筑结构的地震作用 F

对于简单的单质点自由度体系，水平地震作用 F 与质点的重量G、地震影响系数 α 的关系为：$F=\alpha G$，由此可知，结构重量 G(符合某些基本假定时，结构重量集中在单质点)越大，地震作用 F 越大。地震分为小震、中震和大震，其地震影响系数 α 不同，设计原则是做到小震不坏、中震可修、大震不倒，其中要计算小震地震作用，其地震影响系数 α 是小震时的影响系数，取值见《建筑抗震设计标准》。

图 12.1 所示地震影响系数 α 与结构的自振周期 T 之间的关系曲线由三部分组成，即上升直线段＋水平直线段＋下滑曲线段。计算地震影响系数 α 参数复杂，与结构的自振周期 T、所在场地岩土的特征周期 T_g、设防烈度等有关(可参见建筑结构抗震设计相关书籍及规范)。但是从曲线分布可以看出：

① $T\leqslant 0.1$ s 时，地震影响系数 α 随结构自振周期 T 增大而增大；

② 0.1 s$<T\leqslant T_g$ 时，在此阶段地震影响系数 α 不变且到达最大值，所以在结构设计时，结构自振周期尽量避开此范围。

③ $T>T_g$ 时，地震影响系数 α 随着结构自振周期 T 的增大而明显减小，所以结构自振周期控制在该范围地震作用最小。

④ $T>5T_g$，地震影响系数 α 随着结构自振周期 T 的增大而缓慢减小。

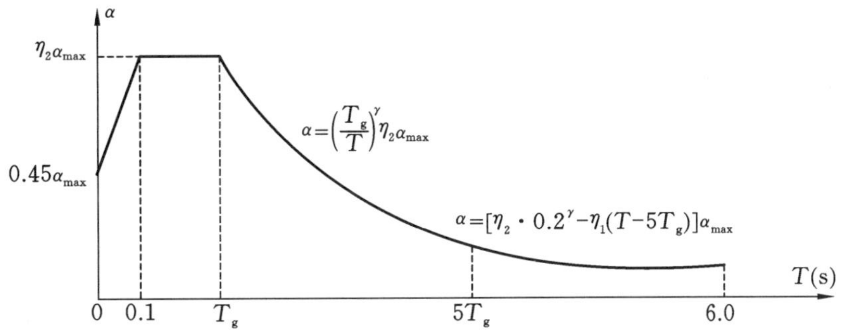

图 12.1　地震影响系数 α 曲线

➡知识扩展

1. 结构的自重 G 越大，则惯性越大，地震作用 F 越大，所以对于高层建筑，由于自重大，地震作用大。

2. 由图 12.1 可知，地震影响系数 α 越大，地震作用 F 越大。影响地震影响系数 α 的主要因素有：

(1) 结构的自振周期越大，地震影响系数越小，地震作用 F 相对减小。

应提高其延性(概念设计及数值计算相结合)和自振周期，减小地震作用，如延性框架结构、延性剪力墙，即高柔结构。

(2) 与建筑场地类别有关。覆盖土层越厚、土的刚度越小,特征周期越大,与高柔结构发生共振的概率越大,所以高柔结构要提高地基的强度、刚度,减小特征周期,避免发生共振。

(3) 设防烈度与设计地震分组有关,第一组特征周期最小,第二组次之,第三组最大。设防烈度越大,第三组地震基本加速度(见《建筑抗震设计标准》)越大,则地震影响系数越大。

3. 为了提高抵抗地震作用的能力,做到"小震不坏、中震可修、大震不倒",进行抗震设计时,采用概念设计与数值设计相结合,做到提高结构的延性,如延性框架(强柱弱梁、强剪弱弯、强节点弱构件)、延性剪力墙,延性越好,消耗地震能越大,抗震性能越好。

4. 设置减震、隔震装置,如基础与上部结构之间设置隔震层,使地震波的能量大部分由隔震层消耗,减少了上部结构的承受地震作用。10多年的地震灾害损失案例表明,隔震技术能有效降低地震对建筑物水平方向的破坏,采用隔震技术的建筑物,基本可以保证房屋在大地震中不倒塌。

12.1.2 场地类别

场地即指工程群体所在地且具有相似的反应谱特征,其范围相当于厂区、居民小区和自然村或不小于1.0 km^2 平面面积的区域。相似的反应谱特征可以理解为:具有相近的卓越周期,归为同一类场地及特征周期。卓越周期的大小与土的剪切波速和覆盖土层厚度有关。

国内外大量震害表明:建在不同建筑场地上即使相同的建筑物,其震害差异是十分显著的。一般来讲,土质越软,震害层土层越厚,建筑物震害越严重;反之越轻。因此研究场地条件对建筑震害的影响是建筑抗震设计中十分重要的问题。

建筑场地(场地条件)类别不同,其房屋震害也不同。《建筑抗震设计标准》场地类别的确定是根据土层的刚度(剪切波速)和覆盖土层厚度而划分的,下面介绍建筑场地的类别划分。

1. 土的类型

(1) 预备知识

地震波按传播方式分为纵波、横波和面波三种类型。

纵波是质点的运动方向与波的传播方向一致的波,又称P波(压缩波)。特征:传播速度快,最先到达震中;它使地面发生上下振动,破坏性较弱。

横波是质点的运动方向与波的传播方向垂直的波,又称S波(剪切波)。特征:在地壳中的传播速度慢,第二个到达震中;它使地面发生前后、左右摇晃,破坏性较强。

面波:又称L波,是由纵波与横波在地表相遇后激发产生的混合波。特征:其波长大、周期长、振幅强;只能沿地表面传播,是造成建筑物强烈破坏的主要因素。

(2) 土的类型

根据《建筑抗震设计标准》,土的类型是通过现场原位波速仪测定各土层的剪切波速 v_{si}(m/s)来划分的。图12.2所示,波速测试仪是根据波信号来确定钻孔所在处地层波速的一种方法。其工作原理是:①电磁震激振源垂直于井壁作用瞬时冲击力,这种冲击力在井壁地层中产生两种振动波,一种是质点振动方向垂直于井壁,沿井壁方向传播,称为S波(剪切波或横波);另一种是质点振动方向与传播方向相同,称为P波(压缩波,纵波);②利用放置到钻孔中的检波器接收S波的振动信号并转换成电信号,然后传输到计算机;③计算机对接收到的信号进行数据处理,从而计算出剪切波传播速

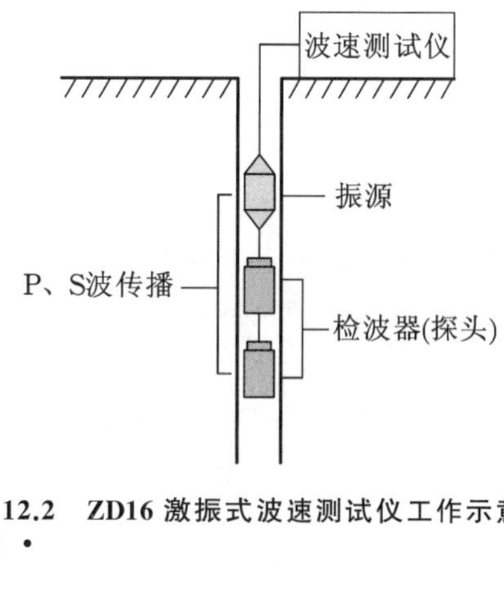

图12.2 ZD16激振式波速测试仪工作示意图

度。《建筑抗震设计标准》中根据土层的剪切波速大小将岩土的类型分为五类，如表 12.2 所示。

表 12.2　土的类型

土的类型	岩土名称和性状	土层剪切波速范围(m/s)
岩石	坚硬、较硬且完整的岩石	$v_s>800$
坚硬土或软质岩石	(1) 破碎和较破碎的岩石或软和较软的岩石； (2) 密实的碎石土	$800\geqslant v_s>500$
中硬土	(1) 中密、稍密的碎石土； (2) 密实、中密的砾石、粗砂、中砂； (3) $f_{ak}>150$ kPa 的黏性土和粉土，坚硬黄土	$500\geqslant v_s>250$
中软土	(1) 稍密的砾石、粗砂、中砂，除松散外的细砂、粉砂； (2) $f_{ak}\leqslant150$ kPa 的黏性土和粉土； (3) $f_{ak}>130$ kPa 的填土、可塑性黄土	$250\geqslant v_s>150$
软弱土	(1) 淤泥、淤泥质土、松散的砂、新近沉积的黏性土和粉土； (2) $f_{ak}\leqslant130$ kPa 的填土，流塑黄土	$v_s\leqslant150$
备注	f_{ak}为由载荷试验等方法得到的地基承载力特征值	

剪切波不能在气体或液体中传播，剪切波速只与土的骨架性质有关，而与气体或液体特性无关。因此，剪切波速更能客观地反映土的性质，土层越坚硬、越密实，则土层刚度越高，土层的剪切波速越大。

2. 土层等效剪切波速

场地的刚度一般用土的剪切波速来表示，土的剪切波速是土的重要动力参数，最能反映土的动力特性。

另外，场地土在一定深度范围内是由若干层不同剪切波速的土组成，为此在保证剪切时间、计算深度不变的条件下，折算成一种相当土层，其对应的剪切波速称之为等效剪切波速 v_{se}，计算公式如下：

$$v_{se}=d_0/t \tag{12.1a}$$

$$t=\sum_{i=1}^{n}(d_i/v_{si}) \tag{12.1b}$$

式中　v_{se}——土层等效剪切波速(m/s)；

d_0——计算深度(m)，取覆盖层厚度和 20 m 两者的较小值；

t——剪切波在地面至计算深度之间的传播时间(s)；

d_i——计算深度范围内第 i 土层的厚度(m)；

v_{si}——计算深度范围内第 i 土层的剪切波速(m/s)；

n——计算深度范围内土层的分层数。

3. 建筑场地覆盖层厚度的确定

建筑场地覆盖层厚度的确定，应符合下列要求：

(1) 一般情况下，应按地面至剪切波速大于 500 m/s 且其下卧各层岩土的剪切波速均不小于 500 m/s的土层顶面的距离确定。

(2) 当地面 5 m 以下存在剪切波速大于其上部各土层剪切波速 2.5 倍的土层，且该层及其下卧各层岩土的剪切波速均不小于 400 m/s 时，可按地面至该土层顶面的距离确定。

(3) 剪切波速大于 500 m/s 的孤石、透镜体，应视同周围土层。

4. 建筑场地的类别

建筑的场地类别，应根据土层等效剪切波速 v_{se}和场地覆盖层厚度按表 12.3 划分为四类，其中 Ⅰ

类又分为Ⅰ$_0$、Ⅰ$_1$两个亚类。

表 12.3 各类建筑场地类别及覆盖土层厚度(m)

岩石的剪切波速 v_s 或土的等效剪切波速 v_{se}(m/s)	场地类别				
	Ⅰ$_0$	Ⅰ$_1$	Ⅱ	Ⅲ	Ⅳ
$v_s>800$	0				
$800\geqslant v_s>500$	—	0			
$500\geqslant v_{se}>250$	—	<5	≥5		
$250\geqslant v_{se}>150$	—	<3	3~50	>50	
$v_{se}\leqslant 150$	—	<3	3~15	15~80	>80

【例 12.1】 已知某建筑场地的地质钻孔资料如表 12.4 所示。要求:确定建筑场地类别。

表 12.4 场地地质钻孔资料

土层编号	层底深度(m)	土层厚度(m)	土层名称(m)	土层剪切波速 v_s(m/s)
①	9.5	9.5	砂	170
②	37.8	28.3	淤泥质土	135
③	48.6	10.8	砂	240
④	60.1	11.5	淤泥中粉质黏土	200
⑤	68.0	7.9	细砂	330
⑥	86.5	18.5	砾石夹砂	550

【解】 (1) 确定地面以下 20 m 范围内土的类型

① 剪切波速从地面到 20 m 深度范围内的传播时间:

$$t=\sum_{i=1}^{n}(d_i/v_{si})=9.5/170+10.5/135=0.134\ \text{s}$$

② 等效剪切波速: $v_{se}=d_0/t=20/0.134=149.3\ \text{m/s}$

由表 12.2 可知:若 $v_{se}<150$ m/s,故表层土属于软弱土。

(2) 确定覆盖土层厚度

由表 12.3 可知:68 m 以下的土层为砾石夹砂,土层剪切波速大于 500 m/s,所以覆盖土层应定为 68 m。

(3) 确定建筑场地类别

根据表 12.3 可知:$v_{se}<150$ m/s 和覆盖土层厚 68 m 在 15~80 m 之间,所以该建筑场地属于Ⅲ类场地。

图 12.3 断裂带

5. 场地条件对震害的影响

(1) 局部地形的影响

震害调查表明在高差比较大(30~50 m 以上)的局部孤突地形(如山脊、山丘或台地边缘)以及陡坡、河岸等处,地震时建筑物的损坏程度往往比平坦地带要严重得多。

(2) 局部地质构造的影响

局部地质构造主要指断层(图 12.3),断层为地质构造的薄弱环节,断层可分为发震断层与非发震断层。发震断层为具有潜在地震活动的断层;与地震活动没有成因联系的一般断层，在地震作用下不会产生新的错动，称为非发震断层。多数浅源地震与发震断层有关。场地选择应尽量使建筑远离断层及其破碎带。

(3) 地下水位的影响

地下水位越浅震害越重，地下水位在 5 m 以内，震害最为明显。对于不同类型土，地下水位影响程度不同。例如细砂、粉砂及部分粉土、软弱黏性土、淤泥及淤泥质土影响最大；黏性土次之；碎石土影响最小。

6. 场地地段划分及建筑场地选择（见表 12.5）

表 12.5　场地地段划分

<table>
<tr><td rowspan="4">地段划分</td><td>有利地段</td><td>稳定基岩，坚硬土，开阔、平坦、密实、均匀的中硬土等</td></tr>
<tr><td>一般地段</td><td>不属于有利、不利和危险的地段</td></tr>
<tr><td>不利地段</td><td>软弱土，液化土，条状突出的山嘴，高耸孤立的山丘、陡坡、陡坎，河岸和边坡的边缘，平面分布上成因、岩性、状态明显不均匀的土层（含古河道、疏松的断层破碎带、暗埋的塘浜沟谷和半填半挖地基），高含水量的可塑性黄土，地表存在结构性裂缝等</td></tr>
<tr><td>危险地段</td><td>可能发生滑坡、崩塌、地陷、地裂、泥石流等及地震断裂带上可能发生地表位错的部位</td></tr>
<tr><td colspan="2">建筑场地选择</td><td>(1) 考虑因素：建设场地的地基土性质也是决定地震时是否会出现地基失稳（震陷、液化、滑坡）的关键性因素，因此在地震区进行建设时，必须加强场地的地质勘察工作。
(2) 选择原则：
① 应选择对抗震有利的地段；
② 避开不利地段，当无法避开时，应采取适当的抗震措施；
③ 不应在危险地段建造建筑物</td></tr>
</table>

12.2　液化地基及其他地基

在强大的地震波作用下，地基土的震害有：砂土地基的液化、软土地基的震陷、不均匀地基产生不均匀沉降及地裂等，其中液化地基涉及因素较多、理论较复杂，因此预测砂土液化造成的危害以及治理可能液化的地基土，是当今国内外土动力学研究的一个重要方向。本节重点分析液化地基问题，对于其他地基震害处理措施基本同非地震地基处理方法。

12.2.1　液化的基本概念

在强大的地震波作用下，有些土（如细砂、粉砂）变成了可流动的水土混合物，如液体一样在地层中流动或喷出地面，这种现象称之为土的液化，习惯称之为砂土液化。液化的砂土从地裂缝或土质松软的地方冒出地面，形成喷砂冒水现象，如图 12.4 所示。

(a)　　(b)　　(c)

图 12.4　地基液化产生喷砂冒水现象

(a) 喷砂冒水使地面开裂；(b) 古河道出现典型的喷砂冒水孔；(c) 喷砂冒水孔成群出现

1. 液化机理

处于地下水位以下的饱和松散的细砂、粉砂及粉土颗粒,在强烈震动下发生相对位移,颗粒结构趋于压密,但颗粒间孔隙水来不及排泄而受到挤压,使孔隙水压力急剧增加、有效应力减小。当孔隙水压力增加到一定程度后,有效应力变为零,土粒之间因摩擦产生的抗剪能力消失,地基失去了承载力。土颗粒便形同"液体"一样处于悬浮状态,形成所谓液化现象。

2. 液化成因

(1) 地面震动:能引起砂土液化的震动主要来自 5.0 级以上的浅源地震,也有一些工程,如爆破等,会引起局部砂土液化,但一般规模较小。

(2) 粉细砂层:易发生液化的砂土一般是粒径为 0.02～1 mm 的砂粒,地层比较年轻,多属于全新世(指距今大约 1.2 万年以来)形成的松散的粉砂、细砂。

(3) 砂层埋深浅且地下水位浅,一般埋深在 10～20 m,而地下水位一般在 4～5 m。

因此砂土液化多发生在沿海、沿江、沿河、环湖以及冲积平原地带,5.0 级以上浅源地震引起的地面震动比较显著且持续时间较长,所以砂土液化最常见于地震中,而这类灾害发生过程都隐藏在地下,不易察觉,但有时可造成巨大危害,因此被称为"隐形的地震杀手"!

固体颗粒粒径大小、土中黏粒含量的大小、级配情况等也影响土的抗液化能力。级配越好、粒径越大、黏粒含量越多,抗液化能力越强。在地震区,一般应避免用未经加固处理的可液化土层作天然地基的持力层。

➡技术提示

(1) 产生液化的条件:除地震外部条件外,需饱和、松散的细砂、粉砂或粉土。

(2) 不易产生液化的条件:①地下水位较低;②含有较多黏粒:由于有黏聚力、孔隙密闭度提高,孔隙水压力增加很慢;③密实度高的砂土;④基础埋深较大,自重应力大。

3. 场地及地基震害

1) 地表破坏

(1) 地裂缝

① 重力地裂缝:由于地面剧烈震动而引起的惯性力超过了土的抗剪强度所致;

② 构造地裂缝:指地壳深部断层错动延伸至地面的裂缝,与地质构造有关。

(2) 喷水冒砂

在地下水位较高的平原及沿海地区,地下存在埋深较浅的细砂层或粉土层,地震时这部分土体最易液化,从地裂缝或土质松软的地方冒出地面。

地基的液化会造成:喷水冒砂、河堤裂缝(图 12.5)、桥梁破坏(图 12.6)、淹没农田、淤塞渠道、滑移、路基被掏空(图 12.7)开裂,有的地段产生很多陷坑、地面下陷形成大坑(图 12.8),建筑物产生巨大沉降和严重倾斜甚至倒塌(图 12.9)等震害。

图 12.5　地基液化引起台中港码头地面沉陷、裂缝

图 12.6　因地震导致地基失效使缅甸在建大桥破坏

图 12.7　美国阿拉斯加州因地震地面塌陷

图 12.8　农田因地震地表喷砂冒水、地表下一定深度溶洞坍塌形成大坑

(3) 地面下沉

在强烈的地震作用下，在回填土和孔隙较大的黏性土等松软而压缩性较高的土层中，往往发生震陷，建筑物被破坏，此外，在岩溶洞和采空区也常发生震陷。

(4) 滑坡、塌方

在强烈的地震作用下，常引起河岸坍塌、公路堵塞、山体滑坡甚至使建筑物破坏，如图 12.10 所示。

图 12.9　日本新潟地震(1964)地基液化导致建筑整体倒塌

图 12.10　汶川大地震使北川县城四面山体大面积滑坡

2) 地基失效破坏

在工程结构震害破坏案例中，除上部结构因构件的强度、稳定性及节点连接破坏导致工程结构破坏外，在强烈地震作用下，一些建筑物上部结构整体性好、承载力高，上部结构基本没有损坏；但是由于地基承载力下降及失效。液化对建筑物产生震害：①地面开裂下沉使建筑物产生过度下沉或整体倾斜；②不均匀沉降引起建筑物上部结构破坏，使梁板等水平构件及其节点破坏，使墙体开裂和建筑物体型变化处开裂；③室内地坪上鼓、开裂，设备基础上浮或下沉。

12.2.2　地基土液化判别

在地基失效震害中，其中液化地基出现震害较为常见，所以必须明确影响液化的因素、对液化程度的判断并采取相应的抗液化措施。

1. 影响地基土液化的因素

(1) 地质年代：年代愈久、土的性质愈稳定，抗液化能力愈强。

(2) 固体颗粒矿物成分、粒径、级配及土的相对密实程度：

① 细砂较粗砂易液化，颗粒均匀的砂较颗粒级配良好的砂易液化。

② 黏性颗粒含量多的土不易液化，黏性颗粒含量越少越易液化。

③ 土的相对密实度 D_r 是衡量无黏性土密实程度指标，D_r 越大，土越密实，抗液化能力越强。

(3) 土层埋深及地下水位深度上覆土层的厚度：

① 地下水位较浅者比水位较深时易液化。

② 土层埋深越大、上覆土层越厚、所受压力越大，越不易液化。

(4) 地震烈度越高、地震作用越大，地基土越易液化；地震持续时间越长地基土越易液化。

2. 地基土液化的判别

对存在饱和砂土和粉土(不含黄土)的地基，抗震设防烈度6度时，一般情况可不进行地基土液化判别和处理，但对液化沉陷敏感的乙类建筑可按抗震设防烈度7度的要求进行地基土液化判别和处理；抗震设防烈度7～9度时，乙类建筑可按本地区抗震设防烈度的要求进行地基土液化判别和处理。地基土液化判别分两步进行：第一步，初步判别；第二步，根据标准贯入试验判别。若初步判别为不液化土，可不进行第二步判别。

(1) 初步判别

饱和的砂土或粉土(不含黄土)，当符合下列条件之一时，可初步判别为不液化或可不考虑液化影响：

① 地质年代为第四纪晚更新世(Q_3)及其以前时，7、8度烈度区可判为不液化。

② 粉土的黏粒(粒径小于0.005 mm的颗粒)含量百分率，7度、8度和9度烈度区分别不小于10、13和16时，可判为不液化土。

③ 浅埋天然地基的建筑，当上覆非液化土层厚度和地下水位深度符合下列条件之一时，可不考虑液化影响：

$$d_u > d_0 + d_b - 2 \tag{12.2a}$$

$$d_w > d_0 + d_b - 3 \tag{12.2b}$$

$$d_u + d_w > 1.5d_0 + 2d_b - 4.5 \tag{12.2c}$$

式中 d_w——地下水位深度(m)，宜按设计基准期内年平均最高水位采用，也可按近期内年最高水位采用；

d_u——上覆盖非液化土层厚度(m)，计算时宜将淤泥和淤泥质土层扣除；

d_b——基础埋置深度(m)，不超过2 m时应采用2 m；

d_0——液化土特征深度(m)，可按表12.6采用。

表12.6 液化土特征深度 d_0(m)

饱和土类别	抗震设防烈度		
	7度	8度	9度
粉土	6	7	8
砂土	7	8	9

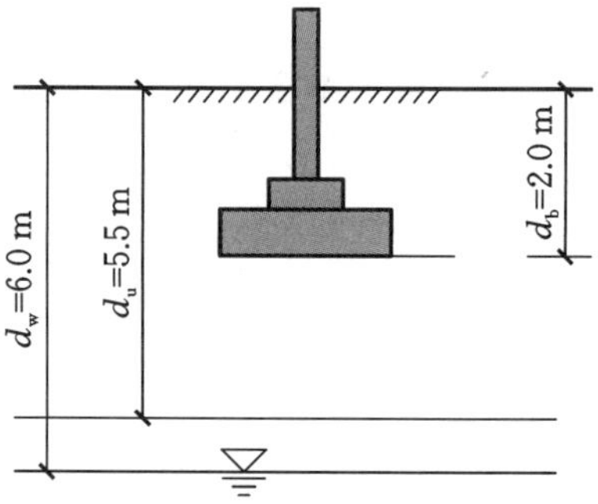

图12.11 例12.2图

【例12.2】 图12.11为某场地地基剖面图，上覆非液化土层厚度 d_u=5.5 m，其下为砂土，地下水位深度为 d_w=6 m，基础埋深 d_b=2 m，该场地为8度烈度区。判断砂土的液化性。

【解】 (1) 查表12.6得：液化土特征深度 d_0=8 m。

(2) 当上覆非液化土层厚度和地下水位深度符合下列条件之一时，可不考虑液化影响：

① 由式(12.2a)$d_u > d_0 + d_b - 2$ 判断是否满足该条件？

$d_u = 5.5 < d_0 + d_b - 2 = 8 + 2 - 2 = 8$，不满足条件。

② 由式(12.2b)$d_w > d_0 + d_b - 3$ 判断是否满足该条件？

$d_w = 6 < d_0 + d_b - 3 = 8 + 2 - 3 = 7$，不满足条件。

③ 由式(12.2c)$d_u + d_w > 1.5d_0 + 2d_b - 4.5$ 判断是否满足该条件？

$d_u + d_w = 5.5 + 6 = 11.5 = 1.5d_0 + 2d_b - 4.5 = 1.5 \times 8 + 2 \times 2 - 4.5 = 11.5$，不满足条件。

通过计算均不满足上述条件之一，所以需要进一步判断地基液化的影响。

(2) 标准贯入试验判别法

经初步判断需要进一步做液化判别时，应采用标准贯入试验进一步判别地面下20 m深度内的土层液化。经统计整理后即为标准贯入试验锤击数 N 与规范规定的临界值 N_{cr} 比较来确定是否会液化。

① 标准贯入临界锤击数 N_{cr}

《建筑抗震设计标准》规定：在地面下20 m深度范围内，标准贯入锤击数临界值 N_{cr} 可按下式计算：

$$N_{cr} = N_0 \beta [\ln(0.6d_s + 1.5) - 0.1d_w]\sqrt{3/\rho_c} \tag{12.3}$$

式中 N_0——液化判别标准贯入锤击数基准值，可按表12.7采用；

d_s——饱和土标准贯入试验点深度(m)

d_w——地下水位(m)；

ρ_c——黏粒含量百分率，当小于 3 或为砂土时，应采用 3；

β——调整系数，设计地震第一组取 0.80，第二组取 0.95，第三组取 1.05。

表 12.7　液化判别标准贯入锤击数基准值 N_0

设计基本地震加速度(g)	0.10	0.15	0.20	0.30	0.40
液化判别标准贯入锤击数基准值 N_0	7	10	12	16	19

② 液化判别

$N<N_{cr}$为液化土；$N\geqslant N_{cr}$为不液化土。

12.2.3　地基液化等级评价

在标准贯入试验只是对场地是否出现液化做了进一步判别，但是对于液化地基造成的危害程度没有做定量分析，《建筑抗震设计标准》规定对于存在液化土层，应在探明各土层的深度和厚度后，计算每个钻孔的液化指数 I_{lE}，再根据液化指数 I_{lE} 划分液化等级来评价液化造成的危害。

1. 液化指数

对存在液化砂土层、粉土层的地基，应探明各液化土层的深度和厚度，按下式计算每个钻孔的液化指数 I_{lE}：

$$I_{lE}=\sum_{i=1}^{n}(1-N_i/N_{cri})d_iW_i \tag{12.4}$$

式中　I_{lE}——液化指数；

n——在判别深度范围内每一个钻孔标准贯入试验点的总数；

N_i，N_{cri}——i 点标准贯入锤击数的实测值和临界值，当实测值大于临界值时应取临界值；当只需要判别 15 m 范围以内的液化时，15 m 以下的实测值可按临界值采用；

d_i——i 点所代表的土层厚度(m)，可采用与该标准贯入试验点相邻的上、下两标准贯入试验点深度差的一半，但上界不高于地下水位深度，下界不深于液化深度；

W_i——i 土层单位土层厚度的层位影响权函数值(单位为 m^{-1})。当该层中点深度不大于 5 m 时应采用 10，等于 20 m 时应采用零值，5～20 m 时应按线性内插法取值，如图 12.12 所示。

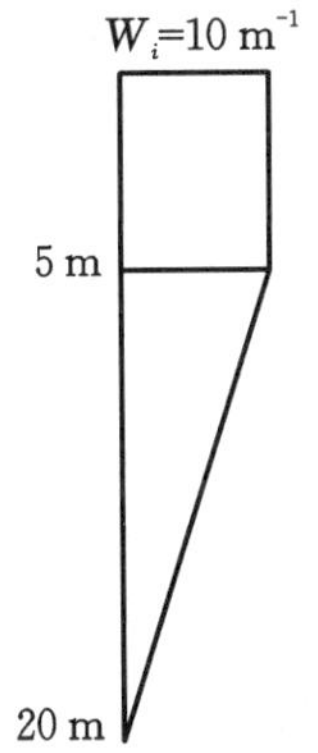

图 12.12　W_i 的取值

2. 液化等级

液化指数与液化等级之间存在明显对应关系。液化指数 I_{lE} 越大，场地喷砂冒水和建筑物液化导致震害越严重，根据液化指数 I_{lE} 大小、液化等级做了分类及对应震害，如表 12.8 所示。

表 12.8　液化等级分类及对应震害

液化等级	液化指数 I_{lE}		地面喷水冒砂及对建筑物震害情况
	判别深度 15 m	判别深度 20 m	
轻微	$0<I_{lE}\leqslant5$	$0<I_{lE}\leqslant6$	① 地面无喷水冒砂，或仅在洼地、河边有零星的喷水冒砂点； ② 对建筑物震害小，一般不致引起明显的震害
中等	$5<I_{lE}\leqslant15$	$6<I_{lE}\leqslant18$	① 地面喷水冒砂可能性大，从轻微到严重均有，多数属中等； ② 对建筑物震害较大，可造成不均匀沉陷和开裂，有时不均匀沉陷可达 200 mm
严重	$I_{lE}>15$	$I_{lE}>18$	① 地面一般喷水冒砂都很严重，地面变形很明显； ② 对建筑物震害很大，不均匀沉陷可能大于 200 mm，高重心结构可能产生不允许的倾斜，严重影响正常使用，修复困难

【例 12.3】 某工程为 8 度抗震设防烈度，地质年代为 Q_4，钻孔资料自上而下为：砂土层至 2.1 m，砂砾层至4.4 m，细砂层至 8.0 m，粉质黏土层至 15 m；砂土层及细砂层黏粒含量 ρ_c<3%；地下水位深 1.0 m；基础埋深为 1.5 m；设计基本加速度为 0.15g，设计地震分组属于第一组。试验结果如表 12.9 所示。要求：评价场地液化等级。

表 12.9 液化分析表

试验数据			计算结果				
①	②	③	④	⑤	⑥	⑦	⑧
测点	测点深度 d_{si}(m)	标贯值 N_i	测点所代表土层厚 d_i(m)	标贯临界值 N_{cri}	d_i 的中点深度 z_i(m)	W_i	I_{lE}
1	1.4	5	1.1	6	1.55	10	1.83
2	5.0	7	1.1	11.23	4.95	10	4.14
3	6.0	11	1.0	12.23	6.0	9.3	0.94
4	7.0	17	—	13.12	—	—	—
结论	I_{lE}=1.83+4.14+0.94=6.91，5<I_{lE}≤15，查表 12.8 得该场地液化等级为中等						

【解】 1) 初步判断

① 由式(12.2a)$d_u>d_0+d_b-2$ 判断是否满足该条件？

$d_u=0<d_0+d_b-2=8+1.5-2=7.5$，不满足条件。

② 由式(12.2b) $d_w>d_0+d_b-3$ 判断是否满足该条件？

$d_w=1<d_0+d_b-3=8+1.5-3=6.5$，不满足条件。

③ 由式(12.2c) $d_u+d_w>1.5d_0+2d_b-4.5$ 判断是否满足该条件？

$d_u+d_w=0+1=1<1.5d_0+2d_b-4.5=1.5\times8+2\times1.5-4.5=10.5$，不满足条件。

通过计算均不满足上述条件之一，所以需要进一步判断地基液化的影响。

2) 土层液化判别

(1) 根据已知条件绘制柱状图(图 12.13 中左侧所示，并图示每层土层厚度)。

(2) 根据已知条件在图 12.13 中进一步图示测点位置及从地面算起每测点的深度(d_{s1}～d_{s4})。

(3) 分析计算每一测点所代表土层厚度 d_i

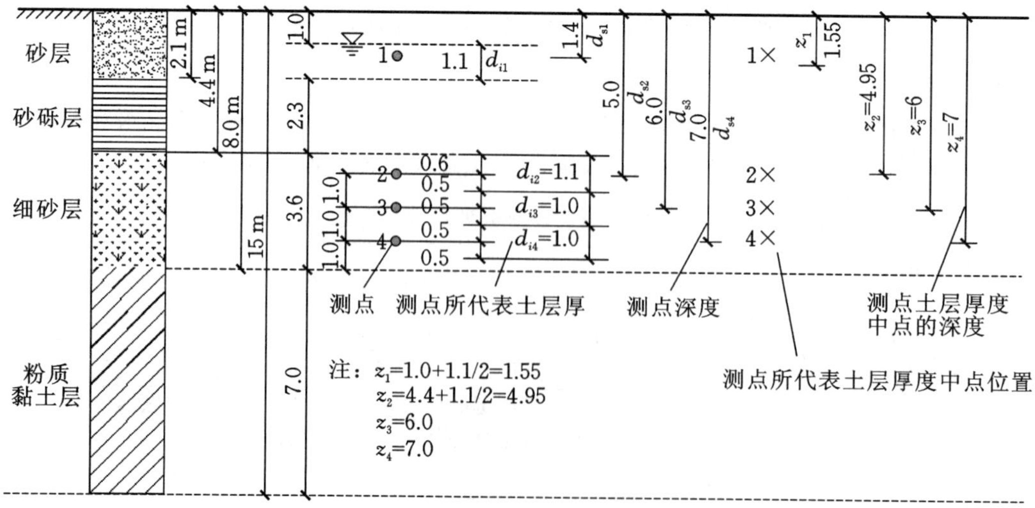

图 12.13 液化等级评价计算分析简图

① d_i 计算考虑的原则:可采用与该标准贯入试验点相邻的上、下两标准贯入试验点深度差的一半,但是遇到天然土层,以天然层面为界限(包括地下水位处)。

② 每一测点土层所代表土层厚度 $d_{i1} \sim d_{i4}$,分析过程、计算数值标注于图 12.13 中。

3) 分析计算每一测点所代表土层厚度中点深度 $z_1 \sim z_4$(分析过程、计算数值标注于图 12.13 中)

4) 计算各土层标准贯入临界锤击数 N_{cr} 并对液化土层及不液化土层做出判断

(1) 计算基本参数

① 由抗震设防烈度 8 度,设计基本加速度 0.15g,查表 12.7 得标准贯入锤击数基准值 $N_0=10$;②设计地震第一组调整系数 $\beta=0.8$;③地下水位 $d_w=1.0$ m;④黏粒含量 $\rho_c<3\%$ 时,取 $\rho_c=3\%$。

(2) 计算 1~4 土层标准贯入临界锤击数 N_{cr}

第 1 层土:$d_{s1}=1.4$

$$N_{cr}=N_0\beta[\ln(0.6d_s+1.5)-0.1d_w]\sqrt{3/\rho_c}=10\times0.8\times[\ln(0.6\times1.4+1.5)-0.1\times1]\sqrt{\frac{3}{3}}$$

$$=8(\ln2.34-0.1)=6$$

其他层依次类推,将计算结果填入表 12.9 中,通过计算第 4 测点所代表土层 $N>N_{cr}$,所以为不液化土层。1~3 层为液化土层,需计算液化指数。

5) 对液化等级评价

① 计算 1~3 代表液化土层液化指数 $I_{lEi}=(1-N_i/N_{cri})d_iW_i$

第 1 层土:将 $d_{i1}=1.1$、$N_{i1}=5$、$N_{cri}=6$、$W_1=10$ 代入式(12.4)

$$I_{lEi}=(1-N_i/N_{cri})d_iW_i=(1-5/6)\times1.1\times10=1.83$$

其他层依次类推,并将计算结果填入表 12.9 中。

② 1~3 代表液化土层,液化指数之和:$I_{lE}=\sum_{i=1}^{n}[1-N_i/N_{cri}]d_iW_i=6.91$,对照表 12.8 可知该场地液化程度为中等。

12.2.4 地基抗液化措施

地基抗液化措施应根据建筑的重要性、地基的液化等级,结合具体情况综合确定。当液化砂土层、粉土层较平坦且均匀时,宜按表 12.10 选用地基抗液化措施。

表 12.10 抗液化措施

建筑抗震设防类别	地基的液化等级		
	轻微	中等	严重
乙类	部分消除液化沉陷,或对基础和上部结构进行处理	全部消除液化沉陷,或部分消除液化沉陷且对基础和上部结构进行处理	全部消除液化沉陷
丙类	对基础和上部结构进行处理亦可不采取措施	对基础和上部结构进行处理,或采取更高要求的措施	全部消除液化沉陷,或部分消除液化沉陷且对基础和上部结构进行处理
丁类	可不采取措施	可不采取措施	对基础和上部结构进行处理,或采取其他经济的措施
备注	甲类建筑的地基抗液化措施应进行专门研究,但不宜低于乙类的相应要求		

1. 消除液化影响的地基处理措施

全部消除及部分消除液化影响的地基处理措施及技术指标要求见表 12.11。

表 12.11　消除液化的地基处理措施及技术指标要求

	处理液化深度及其他要求
全部消除液化措施	(1) 采用桩基时，桩端深入液化深度以下稳定土层中的长度(不包括桩尖部分)，应按计算确定，且对碎石土，砾、粗砂、中砂，坚硬黏性土和密实粉土尚不应小于 0.5 m，对其他非岩石尚不应小于 1.5 m； (2) 采用深基础时，基础底面埋入液化深度以下稳定土层中的深度，不应小于 0.5 m； (3) 采用加密法(如振冲、振动加密、砂桩挤密、强夯等)加固时，应处理至液化深度下界，且处理后土层的标准贯入锤击数的实测值不应小于相应的临界值； (4) 挖除全部液化土层； (5) 采用加密法或换土法处理时，在基础边缘以外的处理宽度，应超过基础底面下处理深度的 1/2 且不小于基础宽度的 1/5
消除部分液化措施	(1) 处理深度应使处理后的地基液化指数 I_{lE} 减少，当判别深度为 15 m 时，其 I_{lE} 不宜大于 4，当判别深度为 20 m 时，其 I_{lE} 不宜大于 5；对独立基础与条形基础，尚不应小于基础底面下液化特征深度 d_0 和基础宽度 b 的较大值。 (2) 处理深度范围内，应挖除其液化土层或采用加密法加固，使处理后土层的标准贯入锤击数实测值 N_i 不应小于相应的临界值 N_{cri}。 (3) 采用加密法或换土法处理时，在基础边缘以外的处理宽度，应超过基础底面下处理深度的 1/2 且不小于基础宽度的 1/5。 (4) 采取较小液化震陷的其他方法，如增厚非液化土层厚度和改善周边排水条件

2. 减轻液化影响的基础和上部结构处理措施

基础的结构形式、刚度及上部结构的整体性等也是液化时对建筑造成影响不可忽视的重要因素，减轻液化的基础和上部结构处理措施如表 12.12 所示。

表 12.12　减轻液化影响的基础和上部结构处理措施

基础埋深要求	选择合理基础埋深，减小土层液化对地基承载力及变形的影响。如：浅基础基底及承台底面要进入稳定的非液化土层；桩基础的桩端要进入非液化土层一定深度
减少不均匀沉降措施	(1) 调整基础底面尺寸，使上部结构竖向荷载尽可能与基础底面形心重合，减少基础偏心； (2) 加强基础的刚度及整体性，如采用箱基、筏基或钢筋混凝土十字形基础等； (3) 减轻荷载，减小地震作用。提高上部结构的整体刚度和均匀对称性，合理设置沉降缝，避免采用对不均匀沉降敏感的结构形式等； (4) 管道穿过建筑物处应预留足够尺寸或采用柔性接头等，避免液化震陷、管道开裂甚至造成次生灾害

➡技术提示

防治液化措施主要从预防砂土液化的发生和防止或减轻建筑物不均匀沉降两方面入手。具体包括：

(1) 合理选择场地；

(2) 采取振冲、夯实、爆炸、挤密桩、换土等措施处理地基，提高砂土密度；

(3) 排水降低砂土孔隙水压力；

(4) 采用整体性较好的筏形基础、深桩基等方法。

12.2.5　软弱土地基及不均匀地基抗震措施

软弱土一般指软土(即淤泥和淤泥质土)、杂填土和冲填土。工程建设上常把淤泥和淤泥质土简称为软土，把主要受力层由软弱土组成的地基称为软弱土地基。软弱土抗剪强度低、压缩性较高、渗透性较小。

高压缩性饱和软土在地震中产生不同程度的震陷，造成上部结构的倾斜或破坏；杂填土、回填土和冲填土等松软填土地基，土质松软且承载力较低，易产生沉陷，使结构开裂。

在地震区，对饱和的淤泥和淤泥质土、杂填土、不均匀地基，不能直接用作建筑物的天然地基。这些地基土在地震作用下，会全部或部分丧失承载力，或者产生不均匀沉降，造成建筑物的破坏或影响其正常使用。

对于软弱土地基应采用地基处理措施如换土垫层法、重锤夯实法、强夯法、深层挤密法、砂井顶压法等或者采用桩基础。

对于不均匀地基抗震措施如：沟、坑、古河道、坡地半挖半填等非匀质地基在地震中的不均匀沉降或地裂缝引起上部结构破坏，其措施同特殊土地基处理。

12.3　地基及基础的抗震验算简介

大量震害表明，在静力荷载作用下设计的各类建筑场地上的地基，在地震作用下，建筑物因地基失效而破坏比例较少，而多半是地基液化、软弱土地基震陷和不均匀地基沉降导致的破坏。因为在静力荷载作用下，地基与基础设计有较大的安全储备，充分考虑了结构的延性，另外在长期荷载作用下，地基土不断固结，承载力提高，能抵抗在地震作用下短暂的、较大的动力荷载作用。在地震作用下，地基失效虽占较小比例，一旦发生震害建筑物就难以修复甚至出现不可挽回的损失，所以应对地基的震害进行深入研究并在设计中采取相应的措施。

12.3.1　天然地基不进行抗震承载力验算的条件

《建筑抗震设计标准》规定，可不进行天然地基及基础抗震验算的条件如下：

(1) 本标准规定可不进行上部结构抗震验算的建筑物。

(2) 地基主要受力层不存在软弱黏性土层（软弱黏性土层是指 7 度、8 度、9 度地基承载力特征值分别小于 80 kPa、100 kPa、120 kPa 的土层）的下列建筑：

① 一般单层厂房和单层空旷房屋；

② 砌体房屋；

③ 不超过 8 层且高度在 24 m 以下的一般民用框架和框架-抗震墙房屋；

④ 基础荷载与③项相当的多层框架厂房和多层混凝土抗震墙房屋。

12.3.2　天然地基抗震承载力验算

1. 地基抗震承载力

当不符合上述条件时，应进行地基抗震承载力验算。在第 4 章确定地基承载力是研究静力荷载作用下的地基承载力，即当地基不发生整体剪切破坏时（p-s 没有明显拐点），地基承载力是根据地基变形允许值确定的。地基变形包括弹性变形和残余变形，而地震作用时间很短，地基只能产生弹性变形，所以从变形角度来讲，地基地震作用下变形要小于静力荷载作用下变形，所以地基抗震承载力 f_{aE} 可以大于静力荷载作用下地基的承载力特征值 f_a。另外，地震作用的短暂性、偶然性，从经济角度而言，地基抗震承载力取值应该比静力荷载作用下地基承载力有所提高。地基抗震承载力按下式计算：

$$f_{aE}=f_a\zeta_s \tag{12.5}$$

式中　ζ_s——地基抗震承载力调整系数，见表 12.13。

表 12.13 地基抗震承载力调整系数

岩土名称和性状	ζ_s
(1) 岩石、密实的碎石土;(2)密实的砾石、粗砂、中砂;(3) $f_{ak} \geqslant 300$ kPa 的黏性土和粉土	1.5
(1)中密、稍密实的碎石土;(2)中密和稍密的砾石、粗砂、中砂;(3)密实和中密的细砂、粉砂;(4)150 kPa $\leqslant f_{ak} < 300$ kPa 的黏性土和粉土;(5)坚硬的黄土	1.3
(1)稍密的细砂、粉砂;(2)100 kPa$\leqslant f_{ak} < 150$ kPa 的黏性土和粉土;(3)新近沉积的黏性土和粉土;(4) 可塑的黄土	1.1
(1)淤泥及淤泥质土;(2)松散的砂;(3)填土;(4)新近沉积的黄土及流塑的黄土	1.0

2. 地基抗震承载力验算条件

(1) 竖向抗压承载力验算

$$p \leqslant f_{aE} \tag{12.6a}$$

$$p_{max} \leqslant 1.2 f_{aE} \tag{12.6b}$$

式中 p,p_{max}——地震作用效应标准组合时,基底压力平均值及基底压力最大值(kPa),其取值见《建筑抗震设计规范》。

f_{aE}——地基抗震承载力特征值(kPa)。

受偏心荷载作用的基础除符合式(12.6a)的要求外,尚应符合式(12.6b)的要求。

(2) 水平抗滑稳定验算

地震时承受较大地震作用的建筑物基础(如多层框架的抗震墙基础),应验算水平抗滑稳定性。验算可采取一般方法,$k = M_R / M_s \geqslant 1.2$。其中 k 指安全系数(当滑动面为平面时 $k \geqslant 1.3$);M_R 指抗滑移力矩;M_s 指滑移力矩。

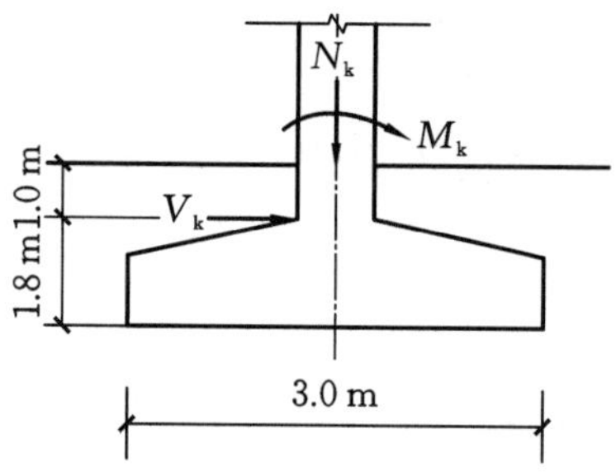

图 12.14 例 12.4 图

【例 12.4】 有一抗震独立柱基础,基底面积 $l \times b = 3.0\ \text{m} \times 2.8\ \text{m}$;地震作用效应标准组合轴力、水平力及弯矩分别为:$N_k = 1600$ kN、$V_k = 100$ kN、$M_k = 200$ kN·m,如图 12.14 所示;基础及回填土平均重度 $\gamma_G = 20\ \text{kN/m}^3$;设防烈度 7 度,Ⅱ类场地;基础持力层为黏土层,液性指数 I_L 及孔隙比 e 均小于 0.85;持力层地基承载力特征值 $f_{ak} = 160$ kPa;基底以上土的加权平均重度 $\gamma_m = 18\ \text{kN/m}^3$。要求:验算地基抗震承载力是否满足要求。

【解】 (1) 计算静力荷载作用下地基承载力特征值 f_a 及地基抗震承载力特征值 f_{aE}

$$f_a = f_{ak} + \eta_b \gamma (b-3) + \eta_d \gamma_m (d-0.5) = 160 + 1.6 \times 18 \times (2.8-0.5) = 226.24\ \text{kPa}$$

其中 $\eta_b = 0.3$、$\eta_d = 1.6$(由表 4.11 查得)

$$f_{aE} = f_a \zeta_s = 226.24 \times 1.3 = 294.11\ \text{kPa}$$

其中 $\zeta_s = 1.3$(由表 12.13 查得)

(2) 基底压力计算

① 基础及回填土重量

$$G_k = \gamma_G A \bar{d} = 20 \times 2.8 \times 3.0 \times 2.8 = 470.4\ \text{kN}$$

② 计算偏心距

$$e = \frac{(M_k + V_k \times 1.8)}{N_k + G_k} = \frac{200 + 100 \times 1.8}{1600 + 470.4} = \frac{380}{2070.4} = 0.184\ \text{m} < \frac{l}{6} = \frac{3}{6} = 0.5\ \text{m}$$

③ 计算基底压力

$$\frac{p_{kmax}}{p_{kmin}} = \frac{N_k + G_k}{A}\left(1 \pm \frac{6e}{l}\right) = \frac{2070.4}{2.8 \times 3.0} \times \left(1 \pm \frac{6 \times 0.184}{3}\right) = 246.5 \times (1 \pm 0.368) = \frac{337}{156}\ \text{kPa}$$

(3) 验算

$$p_{kmax}=337\ kPa<1.2f_{aE}=1.2\times294.11=353\ kPa$$

且

$$p_k=\frac{N_k+G_k}{A}=246.5\ kPa<f_{aE}=294.11\ kPa$$

所以基底面积满足要求。

12.3.3 桩基不进行抗震承载力验算的条件

《建筑抗震设计标准》规定:承受竖向荷载为主的低承台桩基,当地面下无液化土层,且桩承台周围无淤泥、淤泥质土和地基承载力特征值不大于 100 kPa 的填土时,下列建筑可不进行桩基抗震承载力验算:

(1) 砌体房屋和可不进行上部结构抗震验算的建筑。

(2) 7 度和 8 度时,一般单层厂房、单层空旷房屋和不超过 8 层且高度在 24 m 以下的一般民用框架房屋及与其基础荷载相当的多层框架厂房。

12.3.4 桩基抗震承载力验算

1. 桩基竖向抗震承载力验算

地震时作用于桩上的竖向荷载(按地震作用与重力荷载代表值作用效应组合考虑)应不超过单桩竖向抗震承载力设计值,其验算公式如下:

$$N_{Ek}\leqslant1.25R \tag{12.7a}$$

$$N_{Ekmax}\leqslant1.25R \tag{12.7b}$$

式中 N_{Ek},N_{Ekmax}——地震作用效应标准组合时,作用在桩顶的平均竖向荷载和桩顶承受最大荷载;

R——复合基桩竖向抗震承载力特征值(kPa),详见第 7 章式(7.12)及《建筑桩基技术规范》第 5.2.5款取值规定。

2. 桩基水平抗震稳定性验算

地基中(桩长范围内)存在可液化土层时,应分别按液化前和液化时的情况进行水平抗震稳定性验算,详见《建筑桩基技术规范》。

➡技术提示

(1) 设计桩基时尽可能采用低承台,同一建筑单元承台底面标高最好统一;承台周围土必须分层仔细夯实。

当承台周围土为可液化土或极限承载力小于 80 kPa 或不排水抗剪强度小于 15 kPa 的软弱土时,宜对承台外一定范围内的土进行加固。

(2) 在抗震设防区,桩端进入液化层以下稳定土层中的长度如表 12.11 所示。桩端应尽可能设置在同一种持力层中,以减少不均匀沉降。

(3) 对建于可能因地震引起上部土层滑移地段的基础,应考虑滑移对桩产生的附加水平力。

12.4 基础的隔震

传统的结构是通过增强结构本身的抗震性能(强度、刚度及延性)来抵抗地震作用,即依靠结构本身存储和消耗地震能量,是一种被动消极的"硬碰硬"的抗震对策。由于地震存在不确定性,从半经验半理论概率统计计算地基承载力仍存在许多不确定性,所以结构仍存在一定程度的危险性及不经济性。采用"软化"结构,以"以柔克刚"的方式在结构底部设置建筑隔震层来避免、限制和吸收传入结构的能量,是结构抗震设计的新方向。

隔震技术是通过在底部设置水平柔性的隔震装置,使结构隔震系统在地震作用下发生较大水平变位,延长结构的基本自振周期,通过隔震层变形消耗地震能量从而保护上部结构。

12.4.1 基础隔震原理

基础隔震技术就是在建筑物的基础或下部结构与上部结构之间设置隔震装置(由隔震器、阻尼装置等组成),形成隔震层,把房屋结构与基础隔离开,如图 12.15(b)所示。地震发生时,其传力途径:地震波→地面→基础→隔震层→上部结构。隔震层(耗能装置)吸收主要地震波能量,只有少部分地震波传至上部结构,减少输入到上部结构的地震能量,同时延长上部结构的自振周期(从图 12.1 地震反应谱曲线可知,结构自振周期越大,地震作用越小),降低上部结构的地震反应。图 12.15(a)是传统抗震结构,由于没有隔震层,地震波能量基本传至上部结构,基础耗能很少,所以地震反应较大,地震位移大,结构的地震作用大。

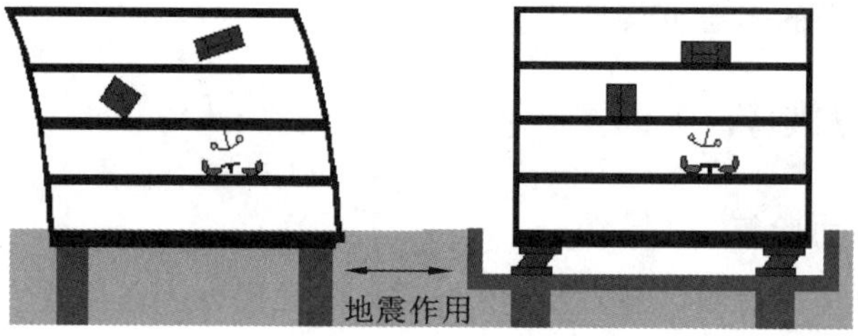

图 12.15 隔震原理示意图

(a) 传统抗震结构;(b) 基础隔震结构

工程试验经验和近 10 多年的地震灾害损失案例表明,隔震技术能有效降低地震对建筑物水平方向的破坏,减少建筑物上部结构的地震作用的 50%～80%。采用隔震技术的建筑物不仅可以保证建筑结构的整体完整、防止非结构构件的破坏,还能避免建筑物内部结构、设施的破坏以及由此引起的次生灾害。

12.4.2 隔震层组成与类型

隔震层一般由隔震支座和消耗器组成。隔震支座一方面支撑建筑物竖向荷载,另一方面在水平方向提供一个较小的水平刚度,并且具有较大的自复位功能。消耗器又称阻尼器,主要用来吸收或耗散地震能,抑制隔震层产生较大位移。

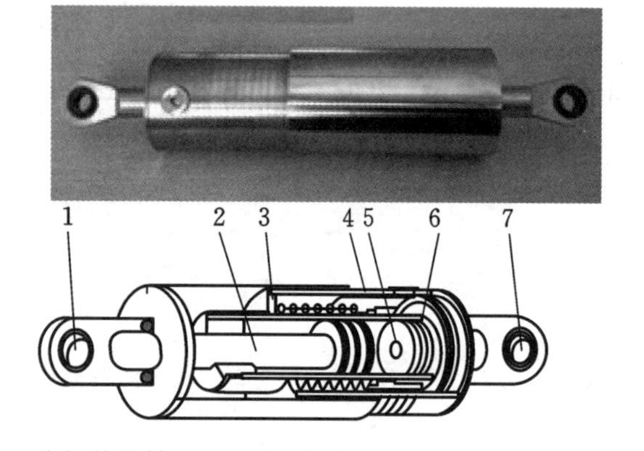

1—头部关节轴承;2—活塞杆;3—液压缸;4—储油缸;5—阻尼控制阀;6—行程指示刻度;7—尾部关节轴承

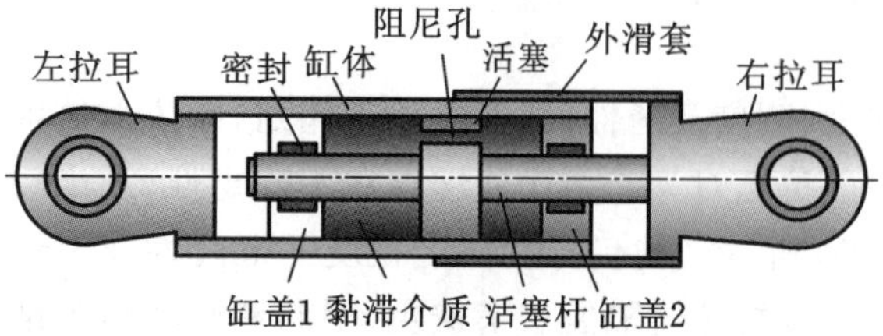

图 12.16 黏滞阻尼器构造图

1. 阻尼器

使自由振动衰减的各种摩擦和其他阻碍作用,称之为阻尼。安置在结构系统上的"特殊"构件可以提供运动的阻力,耗减运动能量的装置,称为阻尼器。阻尼器是耗减运动能量的装置。在航天、航空、军工、汽车等行业中早已应用各种各样的阻尼器(或减震器)来减振消能。从 20 世纪 70 年代起,人们开始逐步地把这些技术转用到建筑、桥梁、铁路等结构工程中,其发展十分迅速。

常用的阻尼器有金属变形阻尼器、黏弹性阻尼器、黏滞(液体)阻尼器、摩擦阻尼器。其中较为成熟且适用于大跨度桥梁的主要是黏滞阻尼器，一般由缸体、活塞、阻尼通道、阻尼材料、导杆和密封材料等部分组成，如图 12.16 所示。其工作原理为：阻尼器在外力作用下，活塞杆向缸体内运动，弹性胶体快速通过狭窄的阻尼孔，以此产生较大的阻力和热能，外部能量绝大部分由阻尼器吸收耗散，而不是传递给桥梁上部结构，从而达到抗震消能效果。

阻尼器应用于桥梁建设中主要起到以下几个作用：(1)减少桥梁在地震等载荷作用下的横、纵向位移；(2)减少桥梁伸缩缝的距离；(3)吸收消耗桥墩受力，减小桥墩设计尺寸；(4)桥梁斜拉索安装阻尼器可以控制拉索风振影响，延长使用寿命。

2. 橡胶隔震支座

建筑隔震橡胶支座由多层橡胶和多层钢板或其他材料交替叠置组合而成，又称叠层橡胶隔震支座。常见的有两种：无铅芯橡胶支座（又称为普通橡胶支座，简称 LNR 支座）[图 12.17(a)]和有铅芯橡胶支座（简称 LRB 支座）[图 12.17(b)]。

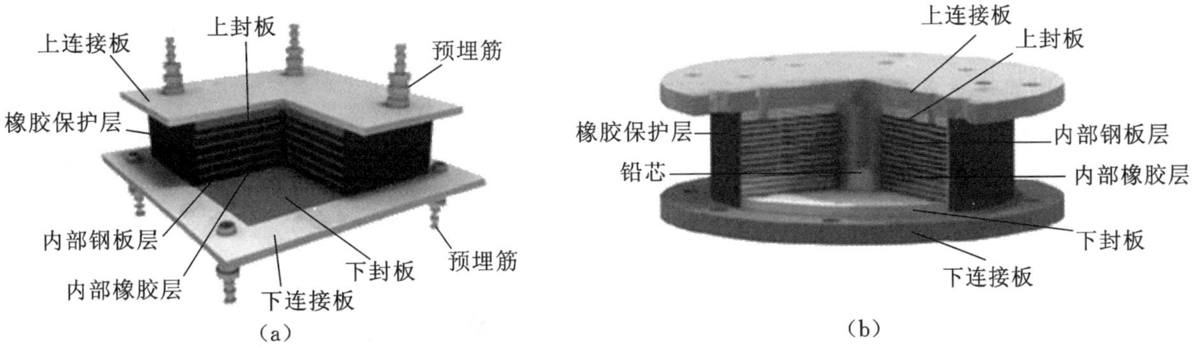

图 12.17 橡胶支座

(a) 无铅芯橡胶支座；(b) 有铅芯橡胶支座

(1) 普通橡胶支座 LNR

普通橡胶支座采用天然橡胶或氯丁二烯橡胶制造，支座做法是每层钢板上涂满黏结剂，再与橡胶板交替叠放后，在高温高压作用下硫化成型。该支座具有一定的弹性，但本身没有明显的阻尼性，所以它需要和其他阻尼器配合使用。图 12.18 所示为橡胶支座在桥梁工程中的应用，其中阻尼器一端通过连接件与桥梁上部结构连接，另一端通过连接件与桥墩连接，以传递水平剪力；隔震支座采用夹层钢板与橡胶板紧密结合，承受竖向荷载。所以该连接形式又具有较大的抵抗水平变形能力和耐反复荷载疲劳的能力。

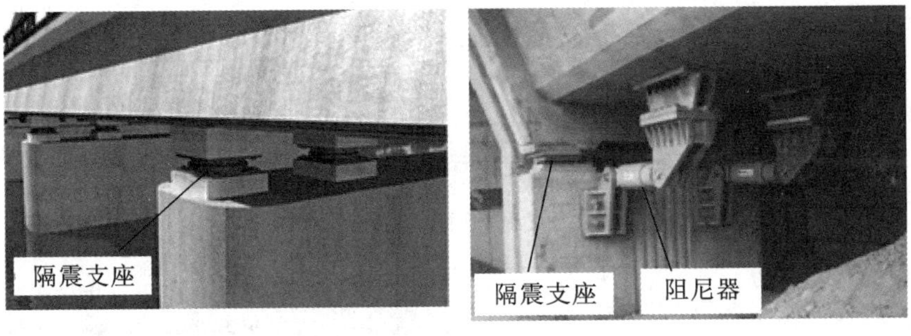

图 12.18 隔震层在桥梁中的应用

(2) 有铅芯橡胶支座 LRB

有铅芯橡胶支座是在橡胶支座中部挖孔，灌入铅棒，铅芯的作用是在地震时提供阻尼消耗地震能量，地震结束后支座在橡胶的回复力作用下复原后，铅芯又重新冷却结晶，可继续投入使用。

图 12.19 所示为被网友戏称为“楼坚强”的四川雅安市芦山县人民医院综合大楼，经历了 2013 年 4 月 20 日的 7.0 级强烈地震后（当时地震烈度等级介于 8、9 度之间，该大楼设计抗震设防烈度为 7 度），其主体结构却安然无恙。造就“楼坚强”的关键就是大楼基础与上部结构之间那 83 根直径为 500 mm

和 600 mm 的橡胶减震支座,经受住地震考验,对推广建筑减震技术具有重要价值。图 12.20 所示为高层建筑地下结构设置的隔震层。

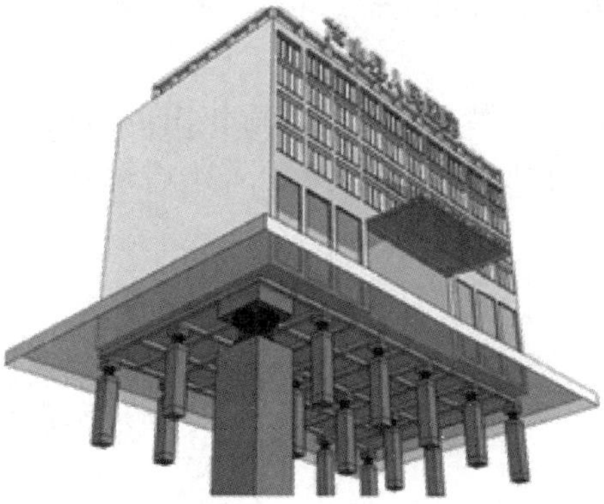

图 12.19　橡胶支座隔震层在建筑工程中的应用

图 12.20　隔震层在建筑工程中的应用

3. 高阻尼建筑隔震橡胶支座 HDR

高阻尼建筑隔震橡胶支座是 LRB 支座的升级款,它的特点是绿色环保,减少重金属污染。因为铅是重金属,有毒性,高阻尼支座通过特殊的橡胶配方实现了需要的阻尼,从而避免了使用铅芯生产、回收过程中的铅泄露。铬的物理特性和铅相似,但是它的毒性比铅的小,研究者也尝试用铬代替铅来提供阻尼,但铬的成本太高,所以几乎无法推广。

4. 平板式滑动隔震支座

平板式滑动隔震支座就是在普通橡胶支座上按照支座尺寸大小粘覆一层厚 2～4 mm 的聚四氟乙烯板(图 12.21)而成,形成四氟滑板式支座。四氟滑板式支座除具有普通板式橡胶支座的竖向刚度与弹性变形,且能承受垂直荷载及适应梁端转动外,利用聚四氟乙烯板与不锈钢板间的低摩擦系数($\mu_f \leqslant 0.08$)可使桥梁上部构造水平位移不受限制。图 12.22 为四氟矩形滑板支座组装示意图。

图 12.21　聚四氟乙烯板

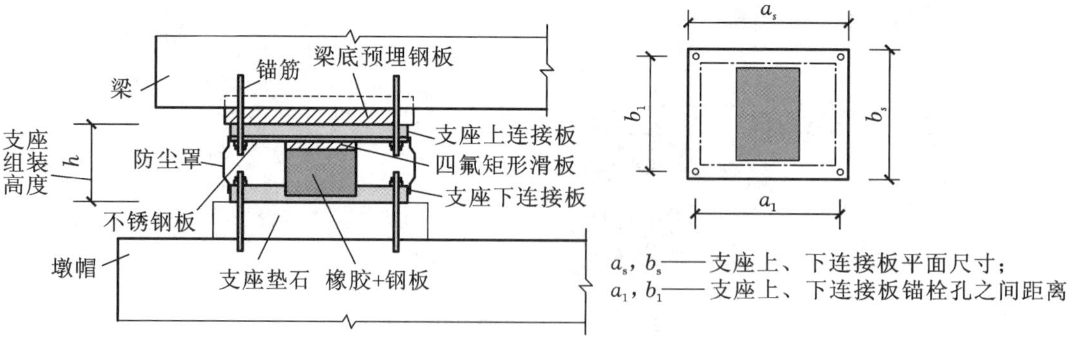

图 12.22　四氟矩形滑板支座组装示意图

5. 摩擦摆隔震支座

(1) 基本构成

图 12.23 为摩擦摆隔震支座示意图,该支座主要由上、下支座板和一个铰接滑块组成。摩擦摆隔震支座嵌在滑块空腔中的铰接滑块与滑动面具有相同的曲率半径,可与滑动面完全贴合,并使上支座板在支座滑动时始终保持水平。

（2）工作原理

① 摩擦摆隔震支座是将传统的平面摩擦滑移隔震装置改为球面，使其具有比较强的抗平扭能力、复位能力和良好的稳定性。

② 采用滑动面的设计是为了延长结构的自振周期，从而大幅度减小由于地震作用带来的动力放大效应。

③ 滑动面接触的滑块底面涂有聚四氟乙烯复合材料，吸收较多的地震能。

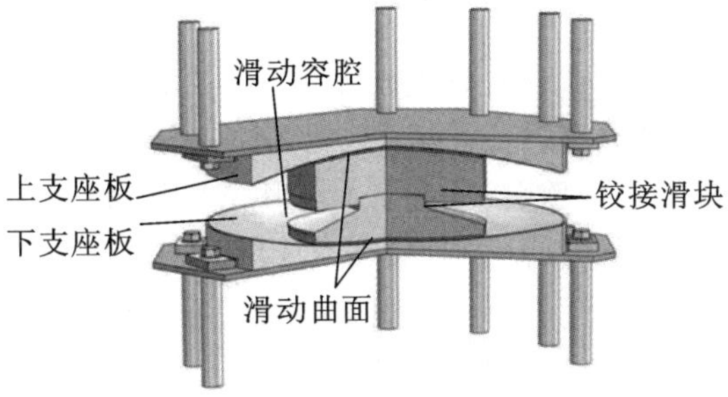

图 12.23 摩擦摆隔震支座示意图

总之，摩擦摆系统具有良好的隔震效果，不需要阻尼向心机构就可以自动复位，但是复位并不是百分之百，存在一定的震后残余位移，并且摩擦摆支座的滑块在滑动过程中摩擦生热对结构产生一些不良影响，这些问题都是抗震工程学者正在通过数值模拟和试验研究逐步完善的地方。相信不久的将来，摩擦摆支座将会更加稳定、可靠、经济，推动人类抗震减灾事业快速发展。

隔震支座支承房屋上部的全部重量，不具备竖向较大变形和恢复能力，故目前隔震技术仅可降低水平地震作用，并不能降低竖向地震作用。

12.4.3 隔震层设置位置及应用

1. 设置位置

隔震层宜设置在结构的底部（基础部位或地下室顶部、首层底部），也可设置在首层顶部或其他部位；当设置在其他部位时，应进行详细的结构分析并采取可靠的措施，如图 12.24 所示。隔震层处于不同位置，对结构整体振动特征的影响不同，对层位移影响尤其不同。

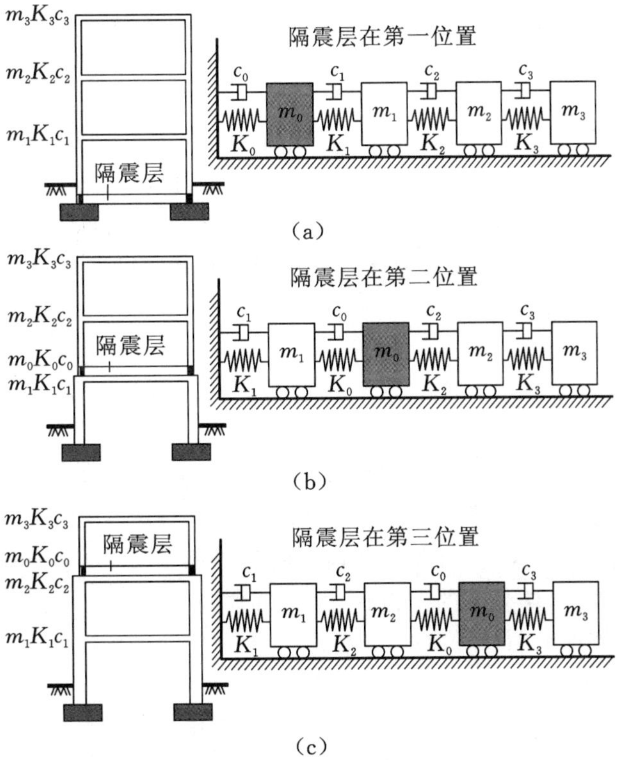

图 12.24 隔震层设置位置

（a）底层隔震；（b）中间层隔震；（c）顶层隔震

2. 特征参数

在建筑结构分析和设计中,“层”是一个极其重要的特征。所谓隔震结构,是指在原有 n 层结构中增加一个“隔震层”,隔震层作为新增加的质点考虑,形成 $n+1$ 层新结构,以改变整体结构的基本振动特性,隔震层的振型由 $n+1$ 个质点形成多质点串联自由度体系,根据振型的变形曲线,可以求出作用在每一质点的地震作用。当前应用较多的是底层隔震,隔震层结构也常常称为“基底隔震结构”,如图 12.25、图 12.26 所示。隔震层则为结构工程师提供了广阔的发挥空间,工程师可以做以下工作:

① 根据结构而不是建筑特点,设置隔震层的“层间抗侧刚度 k_i”;

② 根据结构而不是建筑特点,设置隔震层的“层间阻尼 c_i”;

③ 根据结构而不是建筑特点,设置隔震层的位移需求 u_i。

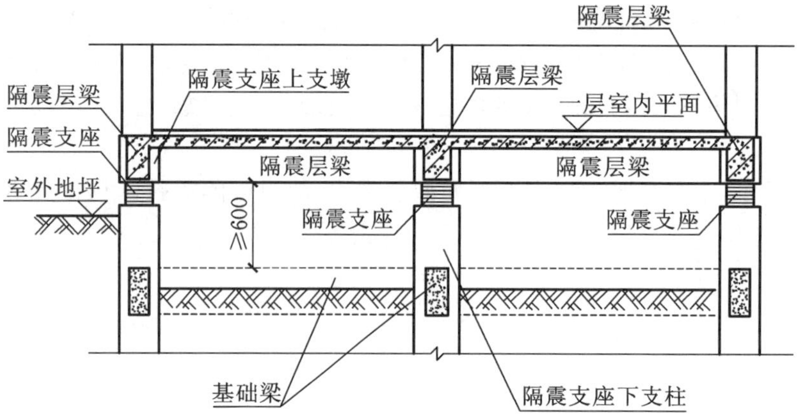

图 12.25 隔震层设置在基础和上部结构之间

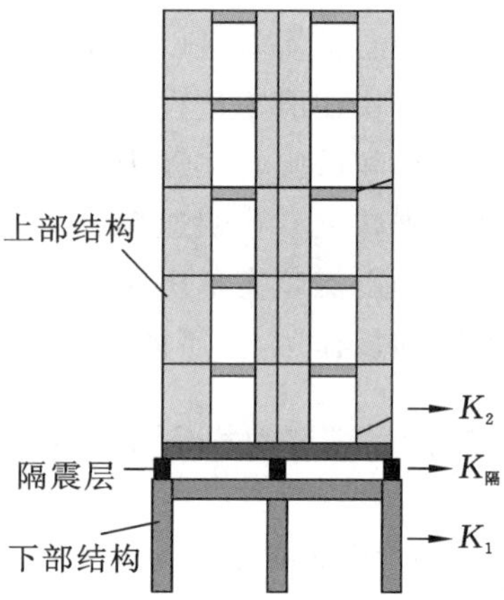

图 12.26 隔震层设置在下部结构与上部结构之间

由于可在隔震层对结构整体抗震特征参数进行调整,因此大大扩展了结构工程师设计的自由度。工程师可以运用自身的专业素养灵活设计结构形式,而不是被动接受某种结构形式。

3. 应用

隔震技术已在我国及美国、日本等发达国家广泛应用,目前世界最大的单体隔震建筑是北京大兴国际机场。我国云南省是地震频发的省份,也是建筑隔震技术运用最为广泛的省份。云南生产的隔震橡胶支座近年来已在云南 44 栋建筑物上使用,附近地区发生地震时采用橡胶支座的建筑的震感比周围其他建筑明显减少,至今没有任何一个支座出现异常现象。下面列举隔震结构在实际工程中的应用。

(1) 阻尼器应用

我国台湾地区由于地理位置位于地震带上且离台风的发源地较近,所以地震和台风经常发生。如图 12.27 所示,建造 101 大楼时必须解决两大难题:防震和防风。据勘探距 101 大楼 200 m 左右处有 10 m 厚的断层。除地基、基础及上部结构需要进行各项精心设计外,其中最大的措施是为了减小强风对建筑物晃动影响,在 88～92 楼层挂置一个重达 660 t 的巨大钢球[图 12.27(b)],利用摆动来减缓建筑物的晃幅。钢球直径 5.5 m,是目前全球最大的质量阻尼器,这也是全世界唯一向游客开放观赏的巨型阻尼器。另外,101 大楼外形的锯齿状,经由风洞测试,能减少 30%～40%风所产生的摇晃。

上海环球金融中心大楼地上 101 层,地下 3 层,高 492 m,属于超高层建筑的最高标准。风阻尼器布置在建筑标高 394 m 处,90 层还安装了 2 台风阻尼器(图 12.28),每台阻尼器振动体重 150 t,每台阻尼器总重约 270 t,长×宽×高=9.0 m×9.0 m×4.4 m。一旦建筑物因强风产生的摇晃可以通过传感器传至风阻尼器,此时风阻尼器的驱动装置会控制配重物的动作进而降低建筑物的摇晃程度。通过引入风阻尼器,将能使强风时加在建筑物上的加速度(重力)降低 40%左右。另外,风阻尼器也可以降低强震对建筑物,尤其是建筑物顶部的冲击。

(a)　　　　(b)

图 12.27　101 大楼及其阻尼器

(a) 锯齿形的外形；(b) 钢珠风阻尼器

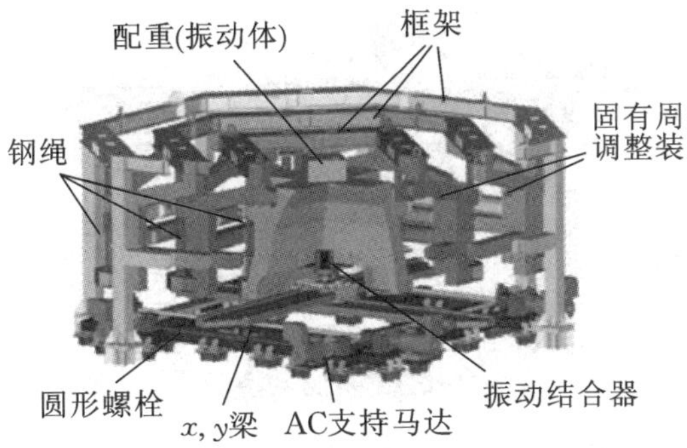

图 12.28　上海环球金融中心风阻尼器构造

① 2008 年 5 月 12 日汶川大地震发生时，上海环球金融中心工程的幕墙单元板正在安装，大型塔吊也在进行吊装作业，但是由于阻尼器接收到大楼的振动信息后立即启动，减少了大楼的振动，在大楼上施工的人员均未感到异常。

② 2008 年 7 月 28 日至 31 日风力较大，达 5～8 级，在上海环球金融中心 96 层上测量的最大风力达到 11 级，经实际验证，大楼能轻松抵抗 11 级以上的大风，大楼上部的人员没有任何不舒适的感觉，效果良好。

(2) 组合隔震技术应用

昆明航站楼工程地上三层、局部四层、地下三层，南北长约 855.1 m，东西宽约 1132 m，中轴屋脊最高点相对标高 72.25 m。上部结构采用钢筋混凝土框架结构，屋顶及支承屋顶为结构屋顶，形状为双曲面，隔震层采用组合隔震技术，如图 12.29 所示。

① 在隔震层布置一定数量的阻尼器来控制大震位移；

② 中心区采用叠层橡胶隔震支座，外围采用铅芯橡胶隔震的组合来提高隔震效率；限制隔震层的偏心率及避免隔震结构的扭转，并在一个柱下并联多个隔震支座的做法如图 12.30 所示。

图 12.29　昆明机场组合振动台振动模型试验

图 12.30　一柱设置多个橡胶支座

(3) 隔震层在桥梁工程中的应用

港珠澳大桥是连接香港、珠海和澳门的超大型跨海大桥，对促进香港、澳门和珠江三角洲西岸地区经济进一步发展具有重要的战略意义。该大桥全长 55 km，是目前世界最长跨海大桥，被誉为新世界七大奇迹之一，是桥梁界的“珠穆朗玛峰”。

港珠澳大桥使用的抗风隔震橡胶支座(图 12.31)，是在橡胶支座的基础上，在支座的上、下连接钢板之间设置防落梁拉索(拉索装置具有足够的强度，又具有一定的柔性)。当支座发生剪切变形时，防落梁拉索与支座同步运行，不影响支座的正常使用，在罕遇地震条件下，当地震位移达到支座容许使用位移时，防落梁拉索装置起到限位作用，防止落梁。图 12.32 所示为港珠澳大桥模型振动试验。

图 12.31　港珠澳大桥隔震橡胶支座

图 12.32　港珠澳大桥模型振动试验

港珠澳大桥是一座世界瞩目的桥梁,设计寿命120年,抗16级台风、8级地震,不仅仅代表中国桥梁建设的最先进水平,更是我国综合国力的体现,港珠澳大桥将是中国走向世界的又一张新名片。

桥梁抗震的两大方法是隔震和耗能。隔震原理下的延性设计和隔震设计已经被规范收录采用,而采用耗能原理的各种阻尼器还未在规范中体现,相信阻尼器和阻尼支座在桥梁上一定会有应用空间。

➡技术提示

(1) 隔震结构一方面要求在强震下产生较大水平位移,扩大自振周期,减小地震作用,以切断地震能量的传输通道;另一方面,又要通过基底摩擦或其他增加阻尼的方式使位移不致过大,这样必然又形成能量传输通道,可见隔震结构并不是"完全隔震结构"。完全隔震,则隔震层位移过大(理论上是无限大位移);为限制位移,则应增加阻尼;但增加阻尼会削弱隔震效果,因此设计隔震结构就是在"位移控制"与"能量传输"两者之间找到平衡。

(2) 为达到上述目标,隔震结构在隔震层总是同时设置叠层橡胶隔震支座和阻尼器,两者功能可单独设置,也可合二为一(如当前广泛使用的"铅芯阻尼橡胶"产品)。即使采用铅芯阻尼橡胶,某些特定结构为了有效控制位移,常常也需要额外设置阻尼器。

12.4.4　隔震结构应具备的特性、特点及适用范围

结构隔震体系是指在结构物底部与基础面(或底部柱顶)之间设置某种隔震装置而形成的结构体系。它包括上部结构、隔震装置和下部结构三部分。

1. 隔震结构应具备的特性

为了达到明显的减震效果,隔震装置或隔震体系必须具备下述四项基本特性。

(1) 承载特性:具有较大的竖向承载能力,确保建筑结构物安全及正常使用。

(2) 隔震特性:隔震装置的水平刚度远远小于上部结构的层间水平刚度,地震能主要由隔震层消耗,上部结构分担较小地震能,层间只有较小位移,上部结构在强地震中仍处于弹性状态,确保建筑结构物和生命财产在强地震中的安全。

(3) 复位特性:由于隔震装置具有水平弹性恢复力,使隔震结构体系在地震中具有瞬时自动"复位"功能。地震后,上部结构恢复至初始状态,满足正常使用要求。

(4) 阻尼消能特性:较大的阻尼可使上部结构的位移明显减小,水平位移较小。

2. 隔震结构的特点

具备上述四项特性的隔震结构,与传统的抗震结构体系相比较,具有以下特点:

(1) 有效地减轻结构的地震反应,保证建筑物安全及正常使用。

(2) 在地面剧烈震动时,上部结构仍能处于正常的弹性工作状态,这既适用于一般民用建筑结构,确保人们在强地震中的绝对安全,也适用于某些重要结构物、生命线工程结构物、内部有重要设备

的建筑物等，确保在强地震中正常使用。

(3) 由于隔震体系的上部结构承受的地震作用大幅度降低，使结构设计材料用量降低、节点构造简单、施工方便，造价明显降低。虽然隔震装置需要增加造价(约5%)，但建筑总造价仍可降低。

从隔震技术应用效果可知，对于抗震设防烈度大于或等于8度，高度大于或等于6层的建筑，应用隔震技术后，设防烈度可降低2度。10000 m^2 左右的9层建筑仅钢筋就可以节约100多万元的投资；同样按规范设计的建筑，应用隔震技术房屋设防目标高，安全性明显提高；对于政府机关建筑、高层民用住宅、生命线工程等容易产生次生灾害的重要建设工程，应用隔震技术可以提高建筑安全性；对于设有地下室的建筑，应用隔震技术，其投资效益比可进一步提高。

(4) 震后无须修复。地震后只对隔震装置进行必要的检查，而无须考虑建筑结构物本身的修复。地震后可很快恢复正常生活或生产，这带来极明显的社会和经济效益。

3. 适用条件

(1) 地震区二至三十层的建筑，例如：住宅、办公楼、教学楼、宿舍楼、影剧院、旅馆、大商场等。

(2) 地震区的生命线工程，例如：医院、急救中心、指挥中心、水厂、电厂、粮食加工厂、通信中心、交通枢纽、机场等。

(3) 地震区的重要建筑结构物，例如：重要历史性建筑、博物馆、重要纪念性建筑物、文物或档案馆、重要图书资料馆、法院、监狱、危险品仓库、有核辐射装置建筑等。

(4) 内部有重要仪器设备的建筑结构物。例如，计算机中心、精密仪器中心、实验中心、检测中心等。

(5) 桥梁、架空输水架等重要结构物。

4. 不得采用隔震建筑结构的条件

(1) 基础土层不稳定，如软弱地基、液化场地。因可能使建筑物局部倾斜，对隔震垫产生剪切和扭转等不良影响。

(2) 结构柔性较大，固有周期较长。如高层建筑、高柱墩桥梁等，原结构自重周期较大，水平地震影响系数在反应谱曲线上已经处于尾部，增加隔震延长结构周期，对于减少地震力并不明显，见图12.1。

(3) 软弱场地，特征周期与自振周期大(长周期)，可能产生共振。

(4) 支座中出现拉应力，偏心距增大，对隔震垫产生附加弯曲等不利影响。

12.4.5　隔震技术的未来发展趋势

随着隔震技术的成熟以及广泛推广应用，标志着人类住上在强地震中确保安全的房屋的时代已到来。它为人类减轻地震灾害提供了一条更加合理、有效、安全的新途径，将引起建筑结构耐震技术的变革，是人类耐震技术发展史上一个重要的里程碑，隔震技术的未来发展呈现越来越宽广的前途。

(1) 夹层橡胶垫隔震技术，包括隔震装置和隔震体系，仍需不断发展、完善和优化。

(2) 其他各种隔震技术，如滑块隔震、滑层隔震、滚球(或滚轴)隔震、柱顶摇摆隔震等，正在不断发展和完善。当其步入较为成熟的阶段，将会得到广泛的应用和发展。

(3) 混合隔震技术(多种隔震技术的混合应用)，可能成为今后隔震技术发展的新途径。

(4) 高新技术智能材料隔震装置的研制开发和成功应用，将会成为隔震技术发展史上新的里程碑。

21世纪，特别是近二三十年人们对建筑物抗震能力的提高已经做了巨大的努力，取得了显著的成果。2008年汶川地震后，我国防震技术措施有了很大的提高，人们跳出了传统增强梁、柱、墙抗震能力的观念，结合结构的动力性能，巧妙地避免或减少了地震、风力的破坏。

基础隔震利用各种阻尼器吸能、耗能系统，高层建筑屋顶上的质量共振阻尼系统和主动控制减震体系已经走向了工程实际，有的已经成为减少震动不可缺少的保护措施。特别是对于难以预料的地震，破坏机理还不十分清楚的多维震动，这些结构的保护系统就显得更加重要。

本章小结

(1) 主要阐述了与场地、地基及基础相关的抗震基本知识,明确了卓越周期、地震设计分组、特征周期、结构自振周期的基本概念。

(2) 进一步分析了影响自振周期的因素,地震影响系数与自振周期、特征周期的地震反应谱曲线关系,明确了地震作用的影响因素。

(3) 明确了结构发生共振的原因及共振对震害的影响。

(4) 通过分析明确了场地土刚度、覆盖土层厚度对场地土类别的影响、场地土类别的划分。

(5) 简述了砂土液化产生机理、震害、液化条件及采取的措施。

(6) 分析了液化初步判别、进一步判别及液化程度的评价方法及采取的措施。

(7) 根据《建筑抗震设计标准》要求,给出了地基与基础、桩基础抗震承载力表达式及抗震验算表达式、不进行抗震验算的条件。

(8) 简述了隔震技术的原理,隔震层的组成、作用及在实际工程中的应用;隔震结构的特性、特点及适用范围,隔震技术的发展前景。

练 习 题

一、填空题

1. 建筑场地的类别是根据__________及土层的__________而划分的。
2. 地震波按传播方式分为三种类型:__________、__________和__________。
3. 建筑场地应选择对抗震__________的地段,避开__________地段,不应在__________地段建造建筑物。
4. 除地震及其他振动的外因外,液化地基产生的条件:__________、__________的细砂、粉砂或粉土。
5. 地表震害有__________、__________、__________等。
6. 地基土液化性判别分两步进行:第一步,__________;第二步,根据__________判别。
7. 地基土液化性判别分两步进行,若初步判别为__________,可不进行第二步__________判别。
8. 根据液化指数 I_{lE} 大小,液化等级分为__________、__________及__________。
9. 高压缩性饱和软黏土地基在地震中产生不同程度的__________,造成上部结构的倾斜或破坏。
10. 杂填土、回填土和冲填土等松软填土地基,土质松软且承载力较低,易产生__________,使结构开裂。

二、判断题

1. 结构的自振周期 $T=2\pi\sqrt{\frac{m}{k}}$ 是结构的动力特性,与结构的质量和刚度有关,质量越大,自振周期越小。 (　　)
2. 卓越周期大小与场地覆盖土厚度及土的剪切波速有关;软土土层越厚,剪切波速越小,卓越周期值越大。 (　　)
3. 软弱场地上的建筑开裂后,自振周期降低,将接近场地的特征周期,使结构的地震作用进一步加大,故破坏严重。 (　　)
4. 结构越柔,自振周期越长,结构在地震作用下的加速度反应越小,即地震影响系数 α 越小,结构所受到的地震作用就越大。 (　　)
5. 刚度大的结构(层数少、整体性好),其自振周期小,一般不与卓越周期长的土岩体发生共振,所以震害要轻。 (　　)
6. 土层类型是根据土层的剪切波速分类的。 (　　)
7. 纵波是质点的运动方向与波的传播方向一致的波,又称P波(压缩波)。其特征为:传播速度快,最先到达震中;它使地面发生上下振动,破坏性较强。 (　　)
8. 横波是质点的运动方向与波的传播方向垂直的波,又称S波(剪切波)。其特征为:在地壳中的传播速度慢,第二个到达震中;它使地面发生前后、左右摇晃,破坏性较强。 (　　)

9. 土的级配越好、粒径越大、黏粒含量越多，抗液化能力越高。　（　　）

10. 在地震区，确定基础埋深时，一般应避免用未经加固处理的可液化土层作天然地基的持力层。　（　　）

三、单选题

1. 当建筑物的自振周期与场地的卓越周期相等或相近时，（　　）。

A. 地震时可能发生共振，建筑物的震害比较严重

B. 地震时不可能发生共振，建筑物的震害比较轻

C. 地震时可能发生共振，振幅较小，建筑物的震害比较轻

D. 地震时可能发生共振，振幅较大，建筑物的震害比较轻

2. 场地覆盖土层越厚、土质刚度越差，或（　　），其卓越周期较大。

A. 震级小、震中距大　　B. 震级小、震中距小

C. 震级大、震中距大　　D. 震级大、震中距小

3. 地震波按传播方式分为三种类型：纵波、横波和面波，其中（　　）。

A. 纵波是质点的运动方向与波的传播方向一致的波，又称 P 波（压缩波）。特征：传播速度快，最先到达震中；它使地面发生上下振动，破坏性较强

B. 横波是质点的运动方向与波的传播方向垂直的波，又称 S 波（剪切波）。特征：在地壳中的传播速度慢，第二个到达震中；它使地面发生前后、左右摇晃，破坏性较弱

C. 面波又称 L 波，是由纵波与横波在地表相遇后激发产生的混合波。特征：波长大、周期大、振幅强；只能沿地表面传播，是造成建筑物强烈破坏的主要因素

D. 纵波使地面发生前后、左右摇晃，破坏性较弱

4. 处于地下水位以下的饱和松散的细砂、粉砂及粉土颗粒，在强烈震动下发生相对位移，颗粒结构趋于压密，导致（　　）。

A. 颗粒间孔隙水来不及排泄而受到挤压，使孔隙水压力急剧减小、有效应力增加

B. 孔隙水压力急剧增加、有效应力减小。当孔隙水压力增加到一定程度后，有效应力变为零，土粒之间因摩擦产生的抗剪能力消失，地基失去了承载力

C. 孔隙水压力急剧增加、有效应力减小。当孔隙水压力增加到一定程度后，有效应力变为最大，地基达到最大承载力

D. 若孔隙水压力变为零，土粒之间因摩擦产生的抗剪能力消失，地基失去了承载力。土颗粒便形同“液体”一样处于悬浮状态，形成所谓液化现象

5. 易产生液化可能的条件是（　　）。

A. 地下水位较低的密实砂土

B. 黏性土，由于有黏聚力大、孔隙密闭度提高，孔隙水压力增加很慢

C. 密实度高、埋深较大的砂土，由于自重应力大

D. 地下水位较高的松散细砂、粉砂

6. 饱和的砂土或粉土（不含黄土），当符合下列条件之一时，可初步判别为不液化或可不考虑液化影响。（　　）。

A. 地质年代为第四纪晚更新世（Q_3）及其以前时，抗震设防烈度 9 度时可判为不液化

B. 粉土的黏粒（粒径小于 0.005 mm 的颗粒）含量百分率，7 度、8 度和 9 度烈度区分别不小于 10、13 和 16 时，可判为不液化土

C. 地质年代为第四纪 Q_4 全新世以后沉积土，抗震设防烈度 7、8 度时可判为不液化

D. 均不对

7. 当初步判断需要进一步液化判别时，标准贯入试验锤击数 N 与规范规定的临界值 N_{cr} 比较来确定是否会液化，（　　）。

A. $N<N_{cr}$ 为液化土　　B. $N\geqslant N_{cr}$ 为液化土

C. $N\geqslant N_{cr}$ 可能为液化土也可能为非液化土　　D. 不符合规范要求

8. 根据液化指数 I_{lE}($I_{lE}=\sum_{i=1}^{n}(1-N_i/N_{cri})d_iW_i$)划分液化等级来评价液化造成的危害，其表示正确的是(　　)。

A. 液化指数 I_{lE}越大，抗液化能力越强

B. 液化指数 I_{lE}越小，抗液化能力越强

C. 液化指数 I_{lE}与标准贯入试验取得的数据关系不大，是通过静力载荷试验得到的统计分析数据

D. 均不对

9. 下述对基础和上部结构的处理措施中(　　)不能减轻液化影响。

A. 选择较小的基础埋置深度，使基础埋深小于液化土层底面的埋深

B. 减小基础的偏心

C. 加强基础的整体性及刚度

D. 加强上部结构的整体刚度及均匀对称

10. 在下列地基抗液化措施中，不满足减轻液化影响要求的措施有(　　)。

A. 采用箱形基础

B. 减轻荷载，增强上部结构整体刚度和均匀对称性

C. 选择合理的基础埋深

D. 提高基础强度

四、简答题

1. 什么叫砂土的液化?

2. 地基抗震承载力比静力荷载作用下地基承载力取值提高的原因是什么?

3. 举例说明不进行地基抗震承载力验算的条件。

五、计算题

1. 如图 12.33 所示，某建筑场地抗震设防烈度 8 度，场地土自上而下依次为：自地表至 7 m 深为黏土，以下为松散砂土；场地处于全新世 Q_4 的一级阶梯上。要求：初步判断砂土的液化性。

2. 如图 12.34 所示，某场地位于冲积平原上，地下水位 3.0 m，地表至 5 m 深为黏性土、可塑状态，5 m 以下为砂层，黏粒含量为 4%、稍密状态；标准贯入试验资料如表 12.14 所示。拟采用桩基础，设计地震分组为第一组，抗震设防烈度 8 度，设计地震基本加速度为 0.3g。要求：判断砂土的液化可能性。

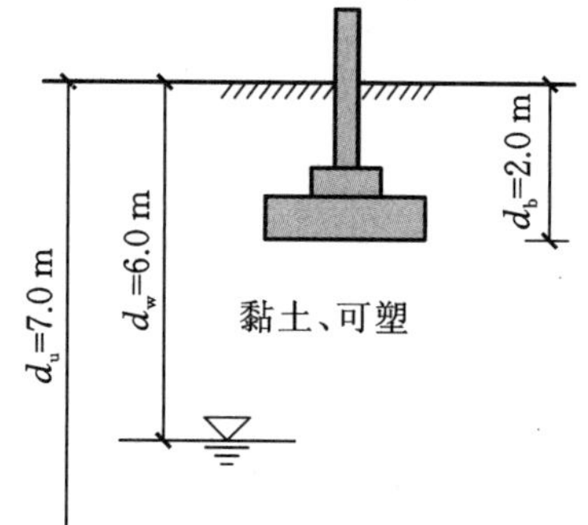

图 12.33　计算题 1 图

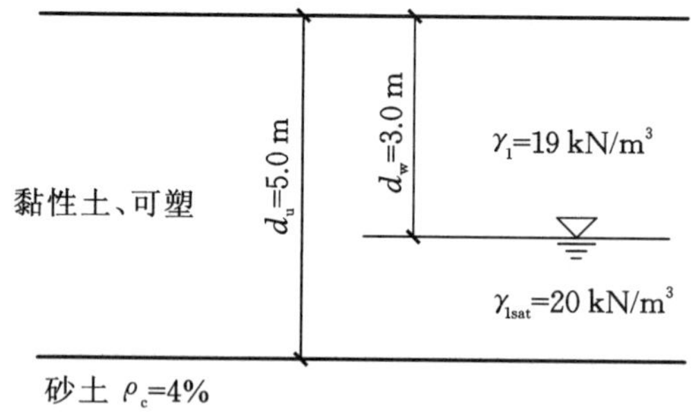

图 12.34　计算题 2 图

表 12.14　标准贯入试验资料

标准贯入深度 d_{si}(m)	6	8	10	12	14	16	18
实测标准贯入锤击数 N_i	10	18	16	17	20	18	28

参考答案

练习题 1

一、填空题

1. 复杂性、易变性、分散性　2. 内部作用、外部作用　3. 物理　化学　生物

4. 岩浆岩　沉积岩　变质岩　5. 不均匀系数 C_u　曲率系数 C_c　6. 单粒结构　蜂窝结构　絮状结构

7. 压实系数　8. 灵敏度　9. 含水量　液性指数　密实程度　10. 含水量　土类　级配　压实能量

11. 22.5%　12. 1.87 g/cm^3　13. 1.53 g/cm^3　14. 0.593　37.2%　15. 18　黏土

二、单选题

1. C　2. A　3. D　4. A　5. A　6. C　7. B　8. C　9. D　10. C

三、判断题

1. ×　2. √　3. ×　4. ×　5. ×　6. ×　7. ×　8. √　9. ×　10. ×　11. √　12. √　13. ×　14. √　15. √

16. √

四、简答题(略)

五、计算题

1. $e=0.805$、$n=44.6\%$、$S_r=43\%$、$\rho_d=1.48\ g/cm^3$、$\rho_{sat}=1.93\ g/cm^3$、$\rho'=0.93\ g/cm^3$

2. 计算 $\rho_d=1.54\ g/cm^3<\rho'_d=1.6\ g/cm^3$，不满足要求。

3. 计算现场压实填土干密度 $\rho_d=1.66\ g/cm^3$，压实系数 $\lambda'_c=\dfrac{\rho_d}{\rho_{max}}=\dfrac{1.66}{1.73}=0.96>\lambda_c=0.95$，满足要求。

练习题 2

一、填空题

1. 自重应力　附加应力　2. 基底　天然地面　3. $G_k=96$ kN　4. $p_k=147.5$ kPa

5. $e=0.217$　梯形分布

二、单选题

1. A　2. B　3. D　4. C　5. C　6. A　7. C　8. B　9. D　10. C　11. C　12. B　13. A　14. C

15. B　16. A

三、判断题

1. ×　2. √　3. √　4. √　5. ×　6. √　7. ×　8. ×　9. √　10. √　11. √　12. √

四、简答题(略)

五、计算题

1.(略)

2. $p_q=187$ kPa　$\sigma_{cd}=17.8$ kPa　$p_{0q}=169.2$ kPa

3. $p_k=243$ kPa　$\sigma_{cd}=23.54$ kPa　$p_{0k}=219.46$ kPa

4. $p_k=149$ kPa　$\sigma_{cd}=18.5$ kPa　$p_{0k}=130.5$ kPa

5. (1) $p_k=213$ kPa　$p_{kmax}=273$ kPa　$p_{kmin}=153$ kPa　(2) $p_{0k}=175.5$ kPa

6. $\sigma_{zA}=19.99$ kPa　$\sigma_{zE}=35.04$ kPa　$\sigma_{zO}=48.08$ kPa　$\sigma_{zF}=10.46$ kPa　$\sigma_{zG}=8.14$ kPa

7. $\sigma_{zA}=69.53$ kPa　$\sigma_{zB}=50.87$ kPa

练习题 3

一、填空题

1. 土层厚度　排水方式　渗透系数　2. 孔隙水压力　有效应力

3. e-p　压缩系数　压缩模量　p-s　变形模量　4. 分层总和法　地基基础设计规范法

5. 沉降量　沉降差　局部倾斜　整体倾斜

二、单选题

1. A　2. A　3. B　4. B　5. A　6. B　7. A　8. B　9. C　10. C　11. B　12. B　13. C　14. A　15. C　16. B　17. C　18. D　19. B　20. D

三、判断题

1. ×　2. ×　3. ×　4. √　5. √　6. ×　7. ×　8. √　9. ×　10. √　11. √　12. ×　13. √　14. √　15. ×　16. √

四、简答题(略)

五、计算题

1. $E_0=3.88$ MPa

2. $s=45.1$ mm

3. (1)第①层土 $a_{1-2}=0.28\ \text{MPa}^{-1}$　第②层土 $a_{1-2}=0.26\ \text{MPa}^{-1}$

(2) 实际的压缩系数及压缩模量:第①层土 $a=0.52\ \text{MPa}^{-1}$、$E_{s1}=3.44$ MPa;
第②层土 $a=0.4\ \text{MPa}^{-1}$ 及压缩模量 $E_{s2}=4.24$ MPa;

(3) 压缩量第①层土 $\Delta h_1=39.6$ mm　第②层土 $\Delta h_2=16.3$ mm

练习题 4

一、填空题

1. 直接剪切试验　三轴压缩试验　无侧限抗压试验　十字板剪切试验　2. 快剪　固结快剪　慢剪　3. 内摩擦角　黏聚力　4. 较大　5. 临塑荷载　6. 45°　7. 饱和软黏土　8. 不固结不排水剪切　9. 排水　10. 整体剪切破坏　局部剪切破坏　冲剪破坏

二、单选题

1. C　2. B　3. D　4. A　5. C　6. C　7. A　8. A　9. D　10. A　11. B　12. B　13. C　14. C　15. C

三、判断题

1. ×　2. ×　3. √　4. √　5. √　6. ×　7. ×　8. ×　9. ×　10. √　11. √　12. √　13. ×　14. ×　15. √

四、简答题(略)

五、计算题

1. $\tau_{max}=250$ kPa　$\alpha=45°$　$\sigma=325$ kPa　$\tau=216.5$ kPa

2. (1) $f_a=258$ kPa;(2) $f_a=257.72$ kPa

练习题 5

一、填空题

1. 滑坡　岩溶　2. 地形　地貌　3. 可行性研究勘察(选址勘察)　初步勘察(初勘)　详细勘察(详勘)
4. 勘探　原位测试　岩土工程等级　5. 坑探　钻探　触探　地球物理勘探

二、选择题

1. B　2. A　3. B　4. A　5. ABCD　6. BC

练习题 6

一、填空题

1. 扩展基础　柱下条形基础　筏形基础　箱形基础　2. 甲级　乙级　丙级　甲级　乙级　变形
3. 持力层　软弱下卧层　地基变形　4. 质量及强度等级　台阶宽高比
5. 抗冲切　抗剪　抗剪和抗冲切　抗弯　6. 全部贯通　1/3
7. 梁板式　平板式　框架-核心筒结构　筒中筒结构　8. 底板和顶板　外墙和内墙
9. 柱下筏形基础　墙下条形基础剪力墙　梁板式筏形基础　平板式筏形基础
10. 集中标注　原位标注　基础底板编号　截面竖向尺寸　配筋　基础底面标高
11. 基础底板　基础梁　横向配筋　纵向配筋
12. 集中标注　原位标注　基础梁编号　截面尺寸　配筋　底面标高　必要的文字注解
13. 编号　厚度　板底与顶部贯通纵筋及跨数和外伸情况　14.中心线

15. 基础结构平面布置图　基础详图　文字说明

二、单选题

1. A　2. B　3. B　4. B　5. C　6. B　7. B　8. B　9. D　10. C　11. C　12. B　13. C　14. D　15. A
16. C　17. B　18. B　19. B　20. B

三、判断题

1. ×　2. ×　3. ×　4. √　5. √　6. ×　7. √　8. √　9. √　10. √　11. √　12. √　13. ×　14. ×　15. ×

四、简答题

1. 答：无筋扩展基础其材料是由砖、毛石、混凝土、灰土及三合土组成，具有较好的抗压强度，但抗拉、抗剪强度很低；设计时是通过对基础的构造限制，即限制刚性角来保证基础的拉应力和剪应力不超过相应材料强度。

2. 答：(1)建筑物的用途；(2)工程地质及水文地质条件；(3)地基冻融条件；(4)相邻建筑物基础的埋深；(5)作用在地基上的荷载大小及性质。

3. 答：(1)刚度大，抵抗地基不均匀沉降能力强及地基变形小。
(2) 埋深和基础宽度大，提高地基承载力和稳定性。
(3) 可做成带有地下室的补偿性基础，减小基底附加应力和附加变形；同时地下室的充分利用，创造了经济效益。
(4) 箱基混凝土体积大，一般厚度超过 1 m，水化热较高，内外温差较大，会导致混凝土开裂，基坑的施工难度大；如箱基基坑的开挖、坑壁的支护、降水措施以及受施工条件的限制等各种因素会对箱基的质量造成很大的不利影响，应该从各方面引起高度的重视。

五、六题答案(略)

练习题 7

一、填空题

1. 承载力高　稳定性好　沉降稳定快　抗震性能好
2. 竖向抗压桩　竖向抗拔桩　水平受荷桩　复合受荷桩
3. 挤土桩　非挤土桩　部分挤土桩　4. 打入法　振冲法　静压法
5. 干作业法　泥浆护壁法　套管成孔法　爆破成孔法　6. 桩的支承能力　桩身强度　桩的支承能力
7. 现场静载荷试验　静力触探试验　经验参数法　静载荷试验
8. 抗剪计算　抗冲切计算　9. 柱对承台　桩对承台
10. 70 mm　50 mm

二、单选题

1. A　2. B　3. D　4. C　5. A　6. B　7. A　8. A　9. B　10. C

三、简答题(略)

四、计算题

1. $R_a=560$ kN
2. $R_a=600$ kN
3. 满足要求，其中 $Q_k=801.3$ kN，$Q_{kmax}=1132.1$ kN

练习题 8

一、填空题

1. 静止土压力　主动土压力　2. $\Delta a<\Delta p$　3. 土压力　4. 相切　5.相切
6. $\tan^2\left(45°-\frac{\varphi}{2}\right)$，$\tan^2\left(45°+\frac{\varphi}{2}\right)$；　7. 土的黏聚力　8. 水压力　9. 增大　10. 减小
11. 自重(或侧限)　12. 墙背直立光滑且填土面水平　13. 墙踵

二、选择题

1. C　2. A　3. B　4. C　5. C　6. B　7. A　8. ABCD　9. AB　10. D　11. BC　12. ACD
13. ABD　14. B　15. ABCD

三、简答题(略)

四、计算题(略)

练习题 9

一、填空题

1. 深基坑　浅基坑　无支护开挖　有支护开挖　2. 勘察　设计　施工　监测　试验
3. 支护结构临时性　多样性　特殊性　理论复杂性　4. 一级　二级　三级
5. 支护桩(挡土构件)　支撑　土层锚杆
6. 水泥土深层搅拌桩墙　高压喷射注浆桩墙
7. 悬臂式支护结构　锚拉式支护结构　内撑式支护结构
8. 集水井明沟排水法　轻型井点　管井井点　深井井点
9. 管路系统　抽水设备　10. 支护结构　施工工况　地下水状况　基坑底部　周围土体

二、简答题

1. 答:深层搅拌桩优点:一般坑内无支撑,便于机械化快速挖土;具有挡土、止水的双重功能;一般情况下较经济;施工中无振动、无噪声、污染少、挤土轻微,在闹市区内施工具有优越性。
   缺点:首先是位移相对较大,尤其在基坑长度大时,为此可采取中间加墩、起拱等措施以限制过大的位移;其次是厚度较大,只有在红线位置和周围环境允许时才能采用,而且在进行水泥土搅拌桩施工时要注意防止影响周围环境。
2. 答:钢板桩优点:强度、塑性、韧性好,重复使用;施工方便,工期短。缺点:在地下水位高的地区需采取隔水或降水措施;抗弯能力较弱,多用于深度小于或等于 4 m 的较浅基坑或沟槽,顶部宜设置一道支撑或拉锚;围护刚度小,开挖后变形较大。
3. 答:灌注桩特点:施工时无振动、无噪声等环境公害,无挤土现象,对周围环境影响小;墙身强度高,刚度大,围护稳定性好,变形小;当工程桩也为灌注桩时,可同步施工,有利于施工组织、缩短工期;桩与桩之间主要通过桩顶冠梁和围檩连成整体。
4. 答:地下连续墙特点:刚度大,防水效果好,是围护结构中最强的围护形式,适用于地质条件差、基坑深度大、周边环境要求较高的基坑,但造价较高,施工时需要用专业设备。
5. 答:土钉墙特点:具有主动嵌固作用,增强边坡稳定性,施工简单且工期短,在土质较好条件下具有很好的技术、经济效果。

练习题 10

一、填空题

1. 地基承载力及稳定性　变形　渗透性质　动力特性
2. 软弱　区域性
3. 强度及稳定性　压缩及不均匀沉降　渗漏、潜蚀及管涌　动荷作用下的土体液化
4. 压密作用　固结作用　消除液化作用
5. 排水系统　加压系统
6. 砂井堆载预压法、真空预压法、降低地下水位
7. 振冲挤密　振冲置换
8. 刚度大　承载力高　排水作用
9. 置换作用　排水作用
10. 长螺旋钻孔灌注成桩　长螺旋钻孔、管内泵压混合料灌注成桩　振动沉管灌注成桩

二、单选题

1. A　2. A　3. C　4. C　5. A　6. A　7. C　8. D　9. D　10. C

三、判断题

1. ×　2. √　3. ×　4. √　5. √　6. ×　7. √　8. √　9. ×　10. √

四、简答题(略)

练习题 11

一、填空题

1. 原生黄土　次生黄土　2. 吸水膨胀　失水收缩　3. 强度低　压缩性高　渗透性小　4. 土质　水　温度
5. 不均性　裂隙发育　上硬下软土质　6. 冻胀性　融陷性　7. 盐胀性　溶陷性　腐蚀性　8. 湿陷性
9. 滑坡　崩塌　岩溶　泥石流　10. 溶洞　溶沟或溶槽　暗河　裂隙

二、单选题

1. A　2. B　3. D　4. A　5. D　6. A　7. A　8. B　9. A　10. D　11. B　12. C　13. C　14. A　15. A

三、简答题(略)

练习题 12

一、填空题

1. 覆盖土层厚度　等效剪切波速
2. 纵波　横波　面波
3. 有利　不利　危险
4. 饱和　松散
5. 地裂缝　喷砂冒水　地面下沉
6. 初步判别　标准贯入试验
7. 不液化土　标准贯入试验
8. 轻微　中等　严重
9. 震陷
10. 沉陷

二、判断题

1. ×　2. √　3. √　4. ×　5. √　6. √　7. ×　8. √　9. √　10. √

三、单选题

1. A　2. C　3. C　4. B　5. D　6. B　7. A　8. B　9. A　10. D

四、简答题(略)

五、计算题

1. 答案:场地为不液化土。
2. 答案

表 12.14　计算题 2 参考答案

标准贯入深度 d_{si}(m)	6	8	10	12	14	16	18
实测标准贯入锤击数 N_i	10	18	16	17	20	18	28
标准贯入临界锤击数 N_{cri}	16.15	17.08	19.01	20.65	22.09	23.36	24.49
液化判别结论	液化土	不液化土层	液化土	液化土	液化土	液化土	不液化土

备注:

(1) 计算参数:①由设防烈度 8 度,设计基本加速度 0.3g,表 12.7 标准贯入锤击数基准值 $N_0=16$;②设计地震第一组调整系数 $\beta=0.8$;③地下水位 $d_w=3.0$ m;④黏粒含量均小于 $\rho_c=4\%$,取 $\rho_c=4\%$。

(2) $N_{cr}=N_0\beta\left[\ln(0.6d_s+1.5)-0.1d_w\right]\sqrt{3/\rho_c}$。

参 考 文 献

[1] 中华人民共和国住房和城乡建设部.建筑地基基础设计规范:GB 50007—2011[S].北京:中国建筑工业出版社,2011.

[2] 中华人民共和国住房和城乡建设部.建筑桩基技术规范:JGJ 94—2008[S].北京:中国建筑工业出版社,2008.

[3] 中华人民共和国住房和城乡建设部.建筑基桩检测技术规范:JGJ 106—2014[S].北京:中国建筑工业出版社,2014.

[4] 中华人民共和国住房和城乡建设部.建筑基坑支护技术规程:JGJ 120—2012[S].北京:中国建筑工业出版社,2012.

[5] 中华人民共和国住房和城乡建设部.建筑抗震设计标准:GB 50011—2010(2024 年版)[S].北京:中国建筑工业出版社,2024.

[6] 中华人民共和国住房和城乡建设部.混凝土结构设计标准:GB/T 50010—2010(2024 年版)[S].北京:中国建筑工业出版社,2024.

[7] 中华人民共和国住房和城乡建设部.砌体结构设计规范:GB 50003—2011(2015 年版)[S].北京:中国建筑工业出版社,2015.

[8] 中华人民共和国住房和城乡建设部.钢筋混凝土施工图平面整体表示法制图规则及构造详图:16G101—3[S].北京:中国建筑工业出版社,2016.

[9] 中国建筑标准设计研究院.G101 系列图集常见问题答疑图解:17G101—11[S].北京:中国建筑工业出版社,2017.

[10] 中华人民共和国住房和城乡建设部.建筑地基处理技术规范:JGJ 79—2012[S].北京:中国建筑工业出版社,2013.

[11] 中华人民共和国住房和城乡建设部.岩土工程勘察规范:GB 50021—2001(2009 年版)[S].北京:中国建筑工业出版社,2009.

[12] 中华人民共和国住房和城乡建设部.湿陷性黄土地区建筑规范:GB 50025—2018[S].北京:中国建筑工业出版社,2018.

[13] 中华人民共和国住房和城乡建设部.膨胀土地区建筑技术规范:GB 50112—2013[S].北京:中国建筑工业出版社,2013.

[14] 中华人民共和国住房和城乡建设部.软土地区工程地质勘察规范:JGJ 83—1991[S].北京:中国建筑工业出版社,1992.

[15] 山西省住房和城乡建设厅.建筑地基基础勘察设计规范:DBJ04/T258—2016[S].太原:山西科学技术出版社,2016.

[16] 赵明华.土力学地基与基础疑难释疑[M].2 版.北京:中国建筑工业出版社,2004.

[17] 吕西林.高层建筑结构[M].3 版.武汉:武汉理工大学出版社,2011.

[18] 张诚大.地基与基础工程[M].北京:中国建筑工业出版社,1992.

[19] 罗福午.土木工程质量事故分析及处理[M].2 版.武汉:武汉理工大学出版社,2010.

[20] 龚晓楠.地基处理手册[M].3 版.北京:中国建筑工业出版社,2008

[21] 常士骠.工程地质手册[M].4 版.北京:中国建筑工业出版社,1992.

[22] 陈仲颐,周景星,王洪谨.土力学[M].北京:清华大学出版社,1994.

[23] 汪正荣.基坑工程[M].北京:机械工业出版社,2004.

[24] 高大钊.深基坑工程[M].北京:机械工业出版社,2002.